Springer-Lehrbuch

Walter Hussy
Margrit Schreier
Gerald Echterhoff

Forschungsmethoden in Psychologie und Sozialwissenschaften für Bachelor

2., überarbeitete Auflage

Mit 54 Abbildungen und 23 Tabellen

Springer

Inhaltsverzeichnis

1

Die Methodenausbildung nimmt im Psychologiestudium einen breiten Raum ein; dies ergibt sich aus dem Gegenstand der Wissenschaft Psychologie.

Die Methodenausbildung nimmt sowohl im Diplomstudiengang Psychologie als auch in den neuen Bachelor- und Masterstudiengängen einen breiten Raum ein. Gerade im Grundstudium bzw. im Bachelorstudiengang widmet manches Institut der Methodenlehre mehr als 25% der gesamten Veranstaltungszeit. Viele Studienanfänger fragen sich, weshalb dieser Aufwand betrieben wird und wofür und weshalb in der Psychologie überhaupt Methoden benötigt werden.

Die Begründung ergibt sich zum einen aus dem Gegenstand und zum anderen aus dem Anspruch der Wissenschaft Psychologie.

▶ Definition Gegenstand der Psychologie

Definition

Gegenstand der Psychologie ist das Erleben, Verhalten und Handeln des Menschen.

1.1.1 Gegenstand der Psychologie

Der Gegenstand der Psychologie ist thematisch sehr breit gefächert, die Fragestellungen sind variabel und komplex.

Was in der Definition so einfach klingt, wird im Forschungsalltag schnell kompliziert, denn die wissenschaftliche Beschäftigung mit besagtem »Erleben, Verhalten und Handeln des Menschen« kann zu extrem vielfältigen, komplexen und variablen Fragestellungen führen:

- Welche Bedeutung haben Wahrnehmung und Aufmerksamkeit?
- Wie kann man Gefühle klassifizieren?
- Welche Einflussgrößen determinieren unser Sozialverhalten?
- Worin liegen Gemeinsamkeiten und Unterschiede der Konzepte »Problemlösen«, »Denken«, »Intelligenz« und »Kreativität«?
- Welchen Stellenwert haben bewusste und unbewusste Prozesse?
- Was sind die biologischen und entwicklungspsychologischen Grundlagen menschlichen Erlebens, Verhaltens und Handelns?

Es bedarf einer breiten Palette an Methoden zur Beantwortung der vielfältigen Fragen. Methodenvielfalt ist auch deshalb nötig, da Erleben, Verhalten und Handeln oft nicht direkt beobachtbar sind und mit »methodischer« Hilfe erschlossen werden müssen (z. B. die Merkmale Intelligenz oder Gedächtnisleistung).

Wenn man sich vor Augen führt, dass dies nur ein kleiner Ausschnitt möglicher Fragen zum Gegenstand der Psychologie ist, wird intuitiv klar, dass die verschiedensten Methoden zur Anwendung kommen müssen, um einen breiten Erkenntnisgewinn in der Psychologie zu erzielen. Es kommt noch hinzu, dass ein beträchtlicher Teil dieses Erlebens, Verhaltens und Handelns nicht direkt beobachtbar ist und erst erschlossen werden muss. Wir können z. B. nicht direkt erkennen, ob und was ein Individuum weiß und denkt, wie intelligent es ist, was es beabsichtigt oder was es fühlt, um nur einige Beispiele zu nennen. Direkt beobachtbares Verhalten erfordert andere Methoden, um es zu erfassen als nicht direkt beobachtbares Verhalten. Wenn es darum geht, die Frage zu beantworten, ob die Mitarbeit im Unterricht in gemischtgeschlechtlichen Klassen besser ist als in gleichgeschlechtlichen Klassen, reicht es z. B. aus, eine Schulklasse systematisch zu beobachten. Dagegen muss man einen Intelligenztest einsetzen, wenn man wissen möchte, wie intelligent ein Individuum ist, also gänzlich andere Methoden verwenden.

Ein weiteres Beispiel kann dem Themenbereich »Gedächtnis« entnommen werden: Möchte man untersuchen, wie gut Versuchspersonen in einem Experiment Informationsmaterial behalten können, das sie vorher **intentional** gelernt haben, so verwendet man die Methoden »freie Reproduktion« oder »Wiedererkennen«. Andere Methoden dagegen sind geeigneter, wenn es darum geht, die Behaltensleistung bei **unbewusst** aufgenommenen Informationen zu testen. Hier würde man eher implizite Gedächtnistests wie »Buchstabieren« oder »Satzergänzen« einsetzen.

1.1.2 Wissenschaftlicher Anspruch der Psychologie

Auch der wissenschaftliche Anspruch ist vielfältig. Man begnügt sich nicht damit, zu den einzelnen Fragen, die einen Wissenschaftler interessieren, sorgfältige Beschreibungen vorzulegen. Vielmehr hat man auch das Ziel, menschliches Erleben, Verhalten und Handeln zu erklären, also Ursachen dafür zu finden, Verhalten vorherzusagen oder gar zu verändern.

Die Psychologie will menschliches Erleben, Verhalten und Handeln beschreiben, erklären, vorhersagen und verändern.

So kann sich ein Wissenschaftler darauf beschränken, die Begriffe »Attraktivität« und »beruflicher Erfolg« jeweils für sich sorgfältig zu **beschreiben** (klassifizieren, benennen, definieren usw.) und ihren **Zusammenhang zu erfassen**: Er könnte genau festlegen, was einen attraktiven Menschen ausmacht und ab welchem Gehalt jemand als beruflich erfolgreich gilt. Dann könnte er beobachten, ob solche attraktiven Menschen auch häufig beruflich erfolgreich sind.

Beschreiben meint, Merkmale zu klassifizieren, benennen, definieren und auch, Zusammenhänge zu erfassen.

Er kann sich aber darüber hinaus auch noch dafür interessieren, ob nun die Attraktivität eine **Ursache** für den beruflichen Erfolg ist oder umgekehrt. Denn ein beobachteter Zusammenhang – attraktive Menschen sind häufig beruflich erfolgreich – sagt allein noch nichts darüber aus, was Ursache und was Wirkung ist (es könnte ja sein, dass erfolgreiche Menschen attraktiver wirken, weil sie mehr Zufriedenheit ausstrahlen, sich teure Kosmetik leisten können etc.). Ersichtlich benötigt man bei diesen unterschiedlichen Zielsetzungen auch verschiedene Methoden. Bei der Zusammenhangserfassung kommt eine Korrelationsstudie, bei der Ursache-Wirkungs-Analyse ein Experiment zum Einsatz.

Erklären meint herauszufinden, welches Merkmal ein anderes kausal verursacht (dies geht noch nicht aus einem statistischen Zusammenhang hervor). Beschreiben und Erklären bedürfen unterschiedlicher Methoden.

Häufig besteht darüber hinaus noch Interesse an der **Vorhersage** von Erleben, Verhalten und Handeln. Die allen geläufigen Wahlprognosen sind ein praktisches Anwendungsbeispiel dafür. Und auch hierfür wurden und werden spezielle Methoden entwickelt, etwa die Auswahl einer repräsentativen Stichprobe.

Vorhersagen meint, künftiges Erleben oder Verhalten zu prognostizieren.

Schließlich beschäftigt sich die Wissenschaft Psychologie auch mit der **Veränderung** menschlichen Erlebens, Verhaltens und Handelns. In der Klinischen Psychologie erforscht man die psychischen Erkrankungen und entwickelt Methoden zu ihrer Erfassung und Behandlung (Diagnostik- und Therapiemethoden). In jüngerer Zeit legt man auch verstärkt Wert auf die Verhinderung von Erkrankungen und widmet sich zu diesem Zweck den sog. Präventionsmethoden. In ▶ Abschn. 1.2 werden diese unterschiedlichen Ziele wissenschaftlichen Handelns besprochen.

Verändern meint, psychische Merkmale – in der Klinischen Psychologie: psychische Erkrankungen – zu diagnostizieren und gezielt zu beeinflussen.

Eine weitere, damit verwandte Begründung für die Bedeutung der Methodenlehre als Teilbereich der Psychologie liegt in dem heutigen Selbstverständnis des Faches, eine **empirische Wissenschaft** zu sein.

Definition

Eine **empirische Wissenschaft** ist daran interessiert, Hypothesen und Theorien zu den Fragen zu entwerfen, mit denen man sich gerade beschäftigt. Diese Hypothesen und Theorien werden nun ihrerseits mit der Realität konfrontiert. Man vergleicht also – wie in anderen Naturwissenschaften auch – die gedankliche Antwort auf die Frage mit den in der Realität diesbezüglich vorfindbaren Sachverhalten.

▶ Definition
Empirische Wissenschaft

Inwieweit es in der empirischen Forschung tatsächlich gelingen kann, Sachverhalte in der Realität zu erfassen, ist eine umstrittene Frage. Diskutiert wird sie vor allem in der sog. **Wissenschaftstheorie**, auf der die Methodenlehre aufbaut (zum Zusammenhang zwischen Wissenschaftstheorie und Methodenlehre ▶ Abschn. 1.1.2; für eine Einführung in die Wissenschaftstheorie vgl. Breuer, 1991).

Die **Wissenschaftstheorie** beschäftigt sich mit der Frage, ob und wie mit Methoden der Forschung reale Sachverhalte erfasst werden können.

Die alleinige gedankliche Beschäftigung – und sei sie noch so intensiv – reicht also in aller Regel nicht aus, um Fragen zum menschlichen Erleben, Verhalten und Handeln schlüssig zu beantworten. Aus diesem empirischen Selbstverständnis resultiert die Ent-

Psychologische Fragen können nicht allein durch gedankliche Beschäftigung nachhaltig beantwortet werden – es bedarf einer Vielzahl an Methoden.

Jeder der zahlreichen Themenbereiche der Psychologie kann in sich wiederum mit ganz verschiedenen Fragen angegangen werden – die wiederum unterschiedliche Methoden verlangen.

wicklung und Anwendung einer Vielzahl weiterer Methoden, die dem Bereich der Forschungs- und Auswertungsmethoden zuzuordnen sind.

Schon nach diesen Zeilen kann man erkennen, dass es sich um eine große Anzahl an Methoden handeln muss, die in der Wissenschaft Psychologie eingesetzt werden. Es vervielfacht sich diese Anzahl aber noch, wenn man bedenkt, dass es völlig unterschiedliche Arten von Fragestellungen geben kann, die man an einen einzelnen, konkreten Gegenstandsbereich der Psychologie herantragen kann: So kann man einerseits fragen, was einen Menschen wohl bewegt, der eine für seinen weiteren Werdegang wesentliche Prüfung nicht bestanden hat. Oder man kann fragen, welche kognitiven und motivationalen Voraussetzungen für die erfolgreiche Bewältigung der Prüfungssituation gegeben sein müssen. Im ersten Fall steht das Verstehen des Menschen im Vordergrund, im zweiten Fall die Ursache-Wirkungs-Analyse für das Resultat seines Handelns, also welche Faktoren grundsätzlich ursächlich für Erfolg und Misserfolg sind.

Zum Thema Drogenkonsum kann man bspw. nach individuellen Gründen fragen oder nach allgemeinen Persönlichkeitsmerkmalen, die dafür prädisponieren.

Ein anderes Beispiel: Es ist gleichermaßen bedeutsam, einerseits zu fragen, weshalb ein junger Mensch Drogen konsumiert und wie er überhaupt damit in Kontakt gekommen ist und andererseits zu untersuchen, welche Persönlichkeitsvariablen einen jungen Menschen für den Drogenkonsum prädisponieren. Beide Fragestellungen gehören zum gleichen Themenbereich, erfordern aber doch unterschiedliche Methoden: Bei der ersten Fragestellung könnte man beispielsweise Fallstudien mit unstandardisierten Interviews heranziehen. Dagegen verlangt die zweite Frage nach einer Zusammenhangs- bzw. Prognosestudie.

? Kontrollfragen

1. Womit beschäftigt sich die Wissenschaft Psychologie?
2. Nennen Sie einige inhaltliche Beispiele aus dem Gegenstandsbereich!
3. Geben Sie einige Gründe für die Methodenvielfalt an!
4. Was bedeutet es, wenn sich eine Wissenschaft als empirisch bezeichnet?
5. Wie ist das prinzipielle methodische Vorgehen einer empirischen Wissenschaft?

▶ Weiterführende Literatur

Breuer, F. (1991). *Wissenschaftstheorie für Psychologen. Eine Einführung* (5. Aufl.). Münster: Aschendorff.

1.2 Was ist Wissenschaft – Wie entsteht Wissen?

Lernziele

- Was sind Wissenschaften, welche Ziele verfolgen sie?
- Wie gelangen Wissenschaftler zu Erkenntnissen?
- Was hat wissenschaftliches Handeln mit dem Lösen von Problemen zu tun?
- Was sind psychologische Methoden?
- Was versteht man unter induktivem und deduktivem Vorgehen?
- Was versteht man unter quantitativem und qualitativem methodischen Vorgehen?
- Was versteht man unter Methodologie und Wissenschaftstheorie?

Doch zunächst einen Schritt zurück: Was bedeutet eigentlich »Wissenschaft« allgemein? Warum benötigen Wissenschaften insgesamt – hier am Beispiel der Psychologie – spezielle Methoden?

1.2.1 Wissenschaftliches Handeln benötigt spezielle Methoden, um Erkenntnisse zu gewinnen

Wissenschaftler und Menschen im Alltag haben eines gemeinsam: Sie stellen Fragen

- Werden meine Schulnoten besser, wenn ich fleißiger lerne?
- Warum fällt es mir so schwer, mit dem Rauchen aufzuhören?
- Warum ist Monika depressiv geworden?

Menschen im Alltag haben mit Wissenschaftlern zunächst die Gemeinsamkeit, dass sie Fragen stellen und versuchen, diese zu beantworten.

Menschen stellen ständig Fragen. Man könnte sagen, das ganze Leben besteht daraus, solche Fragen zu stellen und Antworten darauf zu finden: Wir handeln, stoßen auf eine Frage, versuchen diese zu beantworten und uns danach zu richten, dies führt zu neuen Fragen usw. Aus den Antworten auf unsere Fragen leiten wir Regeln ab, nach denen wir uns in unserem Alltag richten und auf die wir uns verlassen.

Auch Wissenschaftler stellen Fragen, hier einige Beispiele für Fragen aus der psychologischen Forschung:

- Wie kann ein Lehrer Schüler, die unterschiedlich begabt sind, gleichzeitig in einer Unterrichtsstunde fördern?
- Warum rauchen Menschen, obwohl sie wissen, dass Rauchen krank macht?
- Warum sind manche Menschen anfälliger für eine Angststörung als andere?

Die Grundfragen des Alltags und der Wissenschaft unterscheiden sich nicht wesentlich voneinander, sie befassen sich mit dem gleichen Gegenstand.

Wie man sieht, unterscheiden sich die Fragen der Wissenschaft im Kern gar nicht so sehr von unseren Alltagsfragen. Sie sind vielleicht etwas abstrakter formuliert oder nicht ganz so auf die persönliche Situation eines Einzelnen bezogen – aber sie befassen sich genau wie die Alltagsfragen auch mit dem menschlichen Erleben und Verhalten. Wissenschaftler versuchen nun ebenfalls, Antworten auf diese Fragen zu finden – denn Wissenschaftler haben von Berufs wegen die Aufgabe, zu ihrem Gegenstandsbereich Wissen zu generieren oder anders gesagt: Erkenntnis zu gewinnen.

► **Definition Ziel wissenschaftlicher Tätigkeit**

Definition

Allgemeines **Ziel jeder wissenschaftlichen Tätigkeit** ist das Generieren von beständigem Wissen. Psychologie als Wissenschaft möchte Erkenntnisse zu ihrem Gegenstandsbereich schaffen, möchte Antworten auf Fragen geben, die das menschliche Erleben, Verhalten und Handeln betreffen.

Doch wo liegt denn dann der Unterschied zwischen dem »alltagspsychologischen« Wissenserwerb und dem wissenschaftlichen Vorgehen? Was ist das Besondere an wissenschaftlichem Handeln?

Der Unterschied zwischen Wissenschaftlern und »Alltagsmenschen« liegt darin, auf welche Art die Fragen beantwortet werden.

Der Unterschied liegt weniger in der Art der Fragen, sondern darin, wie diese beantwortet werden. – Schauen wir uns dazu zunächst etwas genauer an, wie Menschen im Alltag Fragen beantworten und Wissen generieren, um daraus abzuleiten, worin das Besondere der wissenschaftlichen Methode liegt.

Der »alltagspsychologische« Weg zur Erkenntnis

Alltagsstrategien zur Beantwortung von Erkenntnisfragen:

Welche Strategien verwenden wir im Alltag, um Fragen zu beantworten und Wissen zu erwerben? Woher bekommen wir unsere Antworten, also unsere ganz persönliche Erkenntnis?

Überzeugungsstrategie: Man gibt sich bei der Beantwortung der Frage als sehr überzeugt aus, ohne die Antwort unbedingt genau zu kennen. Menschen gehen dann oft unkritisch von der Richtigkeit der Antwort aus.

Die Überzeugungsstrategie Eine Möglichkeit, Fragen zu beantworten und Erkenntnis zu generieren, ist schlicht, sich als sehr überzeugt von einer Antwort zu zeigen, ohne eigentlich genau zu wissen, wo die Antwort herkommt: »Ich bin zutiefst davon überzeugt, dass Fleiß die Schulnoten positiv beeinflusst«. Die so geäußerte Überzeugung als

Antwort auf die erste der oben genannten Fragen ist ein Beispiel für diese Strategie. Es erschließt sich hier auf den ersten Blick, dass in dieser Antwort noch kein Hinweis auf die Richtigkeit oder Falschheit der Erkenntnis liegt. Dennoch neigen Individuen dazu – in welchem Kontext auch immer – in dieser Form vorgetragenen Behauptungen zu folgen. Wahlkampfreden quellen über von diesen Formulierungen.

Berufung auf Autoritäten: Man beruft sich auf eine Autorität, z. B. einen renommierten Wissenschaftler, um sich und andere von der Richtigkeit einer Antwort zu überzeugen.

Die Berufung auf Autoritäten Wir wirken dann besonders überzeugend in unseren Antworten, wenn wir uns auf Autoritäten berufen, die sich einmal mit dem Thema befasst haben: »Rauchen befriedigt ein Bedürfnis nach Entspannung und Ablenkung. Es hat ja schon Freud gesagt, dass sich der Mensch nach dem Lustprinzip verhält. Einmal damit angefangen, ist es schwer, wieder aufzuhören«. Zwar ist es hier nicht ganz so offensichtlich, doch auch diese Strategie, die oft und erfolgreich im Alltag eingesetzt wird, führt leicht zu einer untauglichen Begründung. Denn der alleinige Bezug auf einen noch so renommierten Wissenschaftler ist kein ausreichender Beleg für die Richtigkeit einer Aussage – schließlich kann sich der Wissenschaftler in diesem Punkt geirrt haben oder seine Aussage wurde aus dem Zusammenhang gerissen.

Beispiele: Man nennt eine Reihe von Beispielen, die alle für einen bestimmten Sachverhalt sprechen. – Doch auch bei einer großen Anzahl von Beispielen darf eine Antwort nicht als »bewiesen« betrachtet werden.

Beispiele Höchst eindringlich und überzeugend wirkt vor allem das Aneinanderreihen von Beispielen: »Fall X, Fall Y, Fall Z usw. zeigen doch, dass Depression vererbt wird. Monikas Mutter und Großmutter hatten doch auch eine Depression – ist doch klar, dass sie auch depressiv wurde«. Dieser Versuch der Antwort auf die Frage, warum Monika depressiv wurde, bezieht seine Überzeugungskraft aus der Vielzahl von gleich lautenden Erfahrungen. Hier ist die Aussagekraft schon etwas größer, aber selbst eine für das Alltagsverständnis sehr große Anzahl von Beispielen liefert keine verlässliche Grundlage für eine Verallgemeinerung, wie weiter unten am Beispiel des induktiven Schlusses noch gezeigt wird (◘ Abb. 1.1).

Erkenntnis wird im Alltag aus der individuellen Erfahrung abgeleitet. – Doch Erfahrungen täuschen uns häufig falsche Tatsachen vor, denn die »Datenbasis« ist meist lückenhaft und es unterlaufen uns Fehler bei Beobachtungen und Schlussfolgerungen.

Zusammenfassend kann man sagen: Wir bilden im Alltag Erkenntnisse (Vermutungen, Meinungen, Behauptungen) aufgrund der gesammelten Erfahrungen, die wir gemacht haben. (Erfahrungen können dabei eigene Beobachtungen, Meinungsäußerungen anderer oder vage Erinnerungen usw. sein.) Doch wie die Beispiele gezeigt haben, sind die mit unseren Alltagsstrategien gefundenen **Antworten meist nicht besonders verlässlich** und beständig. Denn die Datenbasis zum Erwerb von Erkenntnissen im Alltag, also diese eigene Erfahrung, ist lückenhaft, kommt punktuell bzw. unsystematisch zustande und unterliegt – wie beschrieben – verschiedenen Verzerrungen und Fehlerquellen. Im Alltag kommen wir erstaunlich gut damit zurecht – doch was sagt die Wissenschaft dazu?

Der wissenschaftliche Weg zur Erkenntnis

Alltagsmethoden sind nicht »wissenschaftstauglich«, denn die Wissenschaft fordert **gesicherte Erkenntnisse**.

Die Aufgabe der Wissenschaft besteht, wie wir gesehen haben, darin, möglichst **zuverlässige und gültige Erkenntnisse** zu generieren. Doch wenn die Alltagsmethoden zur Erkenntnisgewinnung so lückenhaft und fehleranfällig sind wie beschrieben, können diese wissenschaftlichen Ansprüchen nicht genügen, denn die damit gewonnenen Antworten sind nur vorläufig und können nicht als gesichert und geprüft betrachtet werden.

Wissenschaft = Problemlösen: Wie kommt man an eindeutige und gesicherte Antworten?

Somit hat ein Wissenschaftler, der aus seinem Alltagsverständnis heraus nur vorläufige Antworten auf eine Frage besitzt, ein Problem und sein Job ist es, dieses Problem zu lösen. Wir können uns **wissenschaftliches Handeln entsprechend als einen Prozess des Problemlösens** vorstellen, denn der Wissenschaftler muss bildlich gesprochen die Barriere überwinden, die ihn von einer eindeutigen und gesicherten Antwort auf seine Frage trennt.

Definition

Aus allgemeinpsychologischer Sicht stellt **wissenschaftliches Handeln** somit ein Beispiel für einen Problemlöseprozess dar. Nach Hussy (1998) liegt ein Problem vor, wenn ein gegebener Ausgangszustand (eine vorläufige Antwort auf eine Frage) in einen Zielzustand (geprüfte Aussage) überführt werden soll, wobei eine Barriere diese Überführung erschwert.

► Definition Wissenschaftliches Handeln als Problemlösen

Doch welche Möglichkeiten gibt es, diese Barriere zu überwinden und zu geprüften Antworten zu kommen? – Nun, die Wissenschaft hat dazu eigene **Methoden** entwickelt, die in der Lage sind, zuverlässige und gültige Untersuchungsergebnisse zu erzielen und damit eindeutige und gesicherte Antworten auf Forschungsfragen zu geben.

Nur mit psychologischen Methoden können langfristig **gültige Antworten** entstehen.

Definition

Unter **psychologischen Methoden** verstehen wir Vorgehensweisen, mit deren Hilfe wir Antworten auf Fragen aus dem Gegenstandsbereich der Psychologie erhalten können. Im Lexikon der Psychologie (Wenninger, 2001, Bd. 3) finden wir die etwas abstraktere Definition: »Methode, griechisch ‚meta hodos', der Weg zu etwas hin, das wissenschaftliche Vorgehen bzw. auf einem Regelsystem aufbauendes Verfahren, das zur Erlangung von wissenschaftlichen Erkenntnissen dient.« Methoden sind folglich eingebunden in einen wissenschaftlichen Problemlöseprozess mit dem Ziel der Generierung von Erkenntnissen.

► Definition Psychologische Methoden

In der langen Tradition wissenschaftlichen Handelns haben sich sehr viele und unterschiedliche Wege zur Erkenntnisgewinnung (Problemlösestrategien) herausgebildet. Wir wollen uns zwei für die Psychologie typische Vorgehensweisen kurz ansehen. Es handelt sich dabei zum einen um die Unterscheidung von **induktivem vs. deduktivem Vorgehen** und zum anderen um den **quantitativen vs. qualitativen Weg**.

Zwei typische Unterscheidungen von Wegen zur Erkenntnis: **induktives vs. deduktives** sowie **quantitatives vs. qualitatives** Vorgehen.

Induktives und deduktives Vorgehen

Definition

In der Logik versteht man unter **Induktion** die Methode des Schlussfolgerns von Einzelfällen auf das Allgemeine und Gesetzmäßige. Das umgekehrte Vorgehen kennzeichnet den deduktiven Weg. Unter **Deduktion** versteht man somit die Ableitung des Besonderen und Einzelnen aus dem Allgemeinen (aus Regeln, Gesetzmäßigkeiten, Modellen, Theorien).

► Definition Induktion vs. Deduktion

Beim **induktiven Vorgehen** versucht man, ausgehend von wiederholten Einzelbeobachtungen oder einer sorgfältigen Einzelfallanalyse, auf eine generelle Regel zu verallgemeinern. Das klassische Beispiel ist der weiße Schwan: Weil wir bisher nur weiße Schwäne gesehen haben, schließen wir daraus auf den allgemeinen Fall, dass alle Schwäne weiß sind. Ein Besuch im Zoo kann uns aber vom Gegenteil überzeugen, wenn wir dem »Trauerschwan« begegnen (◘ Abb. 1.1). Dieser in Australien und Neuseeland, also

Induktives Vorgehen: Von Einzelfällen wird auf allgemeine Regeln geschlossen.

◘ **Abb. 1.1** Der induktive Schluss: Alle Schwäne sind weiß!? © photos.com

1

außerhalb unseres normalen Erfahrungshorizonts, lebende Schwan ist ganz schwarz, der Schnabel leuchtend rot.

Das induktive Vorgehen entspricht im Kern der Alltagsstrategie, Erkenntnis aus Erfahrungen zu gewinnen. Induktive Schlüsse sind nicht sicher, sondern per se nur mit einer gewissen Wahrscheinlichkeit richtig.

Das induktive Vorgehen entspricht, wie das Beispiel zeigt, im Grunde der oben beschrieben Alltagsstrategie, Antworten auf Fragen durch das Heranziehen gleichlautender Erfahrungen zu erhalten. Der induktive Schluss vom Einzelnen auf das Allgemeine ist somit nicht unproblematisch; induktive Schlüsse haben nur Wahrscheinlichkeitscharakter, sie lassen sich nicht begründen oder beweisen und sollten stets kritisch hinterfragt werden.

Stärke des induktiven Vorgehens: Zu Beginn eines Forschungsprozesses neue Regelhaftigkeiten zu entdecken. Es spielt eine wichtige Rolle im Kontext der qualitativen Methoden.

Dennoch kommt dieser Methode im Forschungsprozess große Bedeutung zu, da sich **neue Regelhaftigkeiten** und Gesetzmäßigkeiten mit anderen Methoden nicht erkennen bzw. erschließen lassen. Sie ist häufig die Grundlage, auf der andere wissenschaftliche Methoden, wie auch die im Folgenden beschriebene, aufbauen. Auch ist das induktive Vorgehen relevant für die qualitativen Methoden (s. unten).

Deduktives Vorgehen: Der Forschungsprozess geht von einer zugrunde liegenden Theorie aus. Eine Theorie enthält alles bisher bestehende Wissen zu einem Thema und damit die Möglichkeit, die aktuelle Frage zu beantworten.

Beim **deduktive Vorgehen** versucht der Wissenschaftler, zunächst eine grundlegende **Theorie** zu finden, die eine Antwort auf seine Frage beinhalten könnte. Eine Theorie, d. h. eine Art Zusammenstellung des bislang vorhandenen Wissens zu einem Gebiet, kann auf vagen ersten Überlegungen und der eigenen Erfahrung beruhen, oder bereits ein gut abgesichertes Theoriegebäude sein. – Eine Theorie könnte lauten »Alle Schwäne sind weiß.« Der Wissenschaftler ist sich bewusst, dass diese Theorie noch keine gesicherte Aussage ist. Er macht sich nun daran, sie zu überprüfen:

Aus der Theorie wird eine **Hypothese**, eine vorläufige Antwort auf eine ganz konkrete Fragestellung abgeleitet. Die Überprüfung der Hypothese lässt Rückschlüsse auf die Gültigkeit der Theorie zu.

Im zweiten Schritt leitet er aus dieser Theorie eine vorläufige Antwort auf seine Frage ab, eine sog. **Hypothese**. Eine Hypothese ist eine ganz konkrete Aussage, die in einem Experiment exakt untersucht werden kann, sie könnte z. B. lauten »Auch die Schwäne in Neuseeland sind weiß«. Die Annahme ist: Wenn die Theorie stimmt, dann muss auch die Hypothese zutreffen – trifft sie nicht zu, kann auch die Theorie nicht stimmen. Nun führt er eine Untersuchung durch, um anhand der erhobenen Daten zu einer Entscheidung über die Richtigkeit der Hypothese zu kommen – und damit einen Hinweis zu erhalten, ob auch die Theorie als bewährt oder nicht bewährt anzusehen ist. Jeder weiße Schwan, der ihm auf seiner Forschungsreise nach Neuseeland begegnet, würde seine Theorie stützen, beim ersten schwarzen Schwan, den er sieht, müsste er die Theorie verwerfen bzw. korrigieren (▣ Abb. 1.2).

▣ **Abb. 1.2** Der verpasste Bus

Eine Theorie kann nie als »bewiesen« gelten, nur den Status »geprüfte Aussage« erhalten.

Aus dem Beispiel wird deutlich, dass man im wissenschaftlichen Erkenntnisprozess eigentlich nie davon sprechen kann, eine Theorie zu »beweisen« – sie kann lediglich den Status einer geprüften Aussage erhalten.

Im Folgenden wird das deduktive Vorgehen noch einmal am ▶ Beispiel einer bekannten Theorie aus der Sozialpsychologie erläutert:

Beispiel

Theorie der kognitiven Dissonanz

Die Theorie der kognitiven Dissonanz von Festinger (1978) besagt, dass Menschen es als einen unangenehmen Zustand empfinden, wenn sie zwischen ihrer Einstellung und ihrer Handlung einen Widerspruch feststellen, also zwischen Einstellung und Handlung eine Dissonanz entsteht. Ein Raucher, der eigentlich davon überzeugt ist, dass Rauchen krank macht, müsste demnach Dissonanz erleben, wenn er sich eine Zigarette anzündet.

Der Kern der Theorie besteht nun in der Annahme, dass die betroffene Person in solchen Situationen etwas unternimmt, um die unangenehme Dissonanz zu reduzieren – z. B. indem sie eine Umbewertung der eigenen Einstellung vornimmt oder ihr Verhalten verändert. Ein Raucher könnte die erlebte Dissonanz z. B. reduzieren, indem er aufhört zu rauchen oder indem er von nun an leugnet, dass Rauchen krank machen kann.

Um diese allgemeine Theorie mittels der deduktiven Methode zu überprüfen – also um eine Antwort auf die Frage zu erhalten, ob diese Theorie stimmt – muss eine konkrete Hypothese abgeleitet werden, die in einer Untersuchung überprüft werden kann. In einer typischen experimentellen Untersuchung zur Überprüfung dieser Theorie werden Personen vom Versuchsleiter oder von der Versuchsleiterin dazu verleitet, etwas zu tun, was kognitive Dissonanz erzeugt. Wenn die Theorie stimmt, müssten – so die konkrete Hypothese – sie auch in diesem Experiment etwas unternehmen, um die Dissonanz wieder zu reduzieren. In dieser Untersuchung wurden die Personen gebeten, recht stupide Aufgaben zu bearbeiten. Ein Teil von ihnen wurde dafür gut, der andere Teil schlecht bezahlt. Die schlecht bezahlten Personen berichteten hinterher, dass sie die Aufgaben als interessant empfunden hätten, während die gut bezahlten Personen angaben, dass sie die Aufgaben als langweilig empfanden.

Wie die Theorie voraussagte, dürfte auch hier eine Umbewertung stattgefunden haben: Die schlecht bezahlten Versuchspersonen schienen ihre ursprüngliche Dissonanz (so wenig Geld für ein so langweiliges Experiment) (unbewusst) reduziert zu haben, indem sie die Untersuchung im Nachhinein als interessant bewerteten.

Das Experiment war somit in der Lage, die Hypothese zu bestätigen und die Theorie der kognitiven Dissonanz zu stützen.

Das deduktive Vorgehen, das auf **Karl Popper** (1902–1994) zurückgeht, ist heute weithin als »*die* wissenschaftliche Methode« anerkannt. Für das **Erarbeiten einer psychologischen Theorie** ist aber in der Regel das Heranziehen induktiver wie deduktiver Vorgehensweisen sowohl simultan als auch sequenziell unabdingbar.

Das deduktive Vorgehen ist heute als »die wissenschaftliche Methode« akzeptiert.

Quantitative und qualitative Methoden

Je nach Forschungsgegenstand bzw. Art der Fragestellung bedient man sich in der Wissenschaft sog. quantitativer oder qualitativer Methoden. In den folgenden Kapiteln werden diese Methoden ausführlich besprochen. Deshalb hier nur eine knappe Kennzeichnung.

Definition

Beim **quantitativen Ansatz** kommen objektiv messende (standardisierte) Verfahren, beim **qualitativen Ansatz** eher sinnverstehende (unstandardisierte) Verfahren zum Einsatz.

► **Definition Quantitative vs. qualitative Vorgehensweise**

Quantitative Vorgehensweisen verwenden zum Zweck der Erkenntnisgewinnung beispielsweise inferenzstatistische Auswertungsverfahren, standardisierte Tests zur Datenerhebung und Korrelationsstudien sowie Experimente als Forschungsmethoden. Sie werden eingesetzt, wenn sich die Forschungsfrage auf Zusammenhänge möglichst konkreter Variablen bezieht und allgemeingültige Aussagen getroffen werden sollen. – Es geht um Fragen wie »Gibt es einen Zusammenhang zwischen Fernsehkonsum und Schulerfolg?« oder »Ist häufiges Fernsehen ursächlich für geringeren Schulerfolg?«

Mit **quantitativen Methoden** werden Merkmale oder Zusammenhängen exakt gemessen, meist an einer großen Gruppe von Individuen. Dadurch können allgemeingültige Aussagen getroffen werden.

Konkret werden dabei die beiden fraglichen Variablen (Häufigkeit des Fernsehens und Schulerfolg) an einer Stichprobe von Versuchspersonen möglichst exakt gemessen (erhoben), in eine Zusammenhangs- bzw. Kausalbeziehung gebracht und die erhobe-

1

nen Daten inferenzstatistisch ausgewertet (Korrelationskoeffizient bzw. t-Test). Teil I des Buches widmet sich diesen Methoden im Einzelnen.

Beim deduktiven Vorgehen kommen meist quantitative Verfahren zum Einsatz.

Quantitative Verfahren werden meist im Zusammenhang mit dem deduktiven Erkenntnisgewinn verwendet.

Bei **qualitativen Verfahren** liegt der Fokus eher auf der intensiven Untersuchung weniger bzw. einzelner Fälle.

Im **qualitativen Ansatz** finden Methoden wie das unstandardisierte Interview, die teilnehmende Beobachtung, die Gruppendiskussion oder die qualitative Inhaltsanalyse Anwendung. Im Mittelpunkt der Betrachtung stehen hier Fragen wie »Was bewirkt die Arbeitslosigkeit im Anschluss an eine erfolgreiche Ausbildung im Fall von H.R.?« oder »Welche psychosozialen Auswirkungen hat Arbeitslosigkeit«? Die Untersuchung fokussiert dabei typischerweise wenige Fälle, die einer umfassenden Analyse unterzogen werden.

Konkret werden dabei freie Gesprächs- und Beobachtungsmethoden, Briefe, Lebensläufe, Tagebücher usw. eingesetzt, um ein Gesamtbild des Falls im seinem historischen und sozialen Kontext zu erhalten. Teil II des Buches widmet sich diesen Methoden im Einzelnen.

Mit qualitativen Verfahren werden häufig neue Forschungsfragen generiert und selten präzise Hypothesen geprüft. Qualitative Verfahren sind eng mit der induktiven Vorgehensweise verbunden.

Qualitative Verfahren werden meist eingesetzt, um neue Forschungsfragen zu generieren und neue Themengebiete zu erschließen. Sie sind weniger zum Testen von Hypothesen geeignet und sind deshalb eng verbunden mit der induktiven Vorgehensweise.

Die Auswahl der richtigen Methode richtet sich nach dem Forschungsgegenstand und der Phase des Forschungsprozesses.

Welcher Ansatz von beiden adäquater ist, ergibt sich also aus dem Forschungsgegenstand und dem analytischen Interesse des Forschers. Man muss dabei allerdings sehr genau beachten, in welcher Weise die verwendeten Verfahren das Ergebnis bedingen, denn wissenschaftliche Erkenntnis ist auch ein Produkt der eingesetzten Methoden. Nicht nur deshalb empfiehlt es sich häufig, beide methodischen Ansätze zu kombinieren (▶ Teil III).

1.2.2 Einige Begriffe: Methoden, Methodologie und Wissenschaft

Der Vollständigkeit halber wollen wir uns abschließend zu diesen einführenden Überlegungen noch knapp mit den Begriffen der Methodologie und Wissenschaftstheorie beschäftigen. Wir beziehen uns dabei hauptsächlich auf Erläuterungen aus dem Lexikon für Psychologie (Wenninger, 2001, Bd. 3; 2002, Bd. 5).

▶ Definition Methodologie

Definition

Die **Methodologie** ist die Theorie der wissenschaftlichen Methoden (Methodenlehre), die sich insbesondere mit der sachgerechten Anwendung von Forschungsmethoden beschäftigt (Wenninger, 2001, Bd. 3)

Die **Methodenkritik** hinterfragt die Auswahl von Methoden und die Form der Anwendung in konkreten Situationen.

Sinn einer Methodenlehre ist es daher, die methodischen Vorgehensweisen und Konzepte möglichst nachvollziehbar zu gestalten und zur Diskussion zu stellen (Statistik, Experiment). Innerhalb der Methodenlehre ist die Methodenkritik als Problematisierung von Forschungsmethoden zu verstehen. Sie beschränkt sich nicht nur auf die methodischen Mängel im Forschungsprozess (z. B. Fehlerquellen bei der Erhebung und Auswertung von Daten), sondern hinterfragt auch kritisch, mit welchen theoretischen Vorannahmen, Werthaltungen und Vorausurteilen an das Untersuchungsobjekt herangegangen wird und welcher Teil der Wirklichkeit in welcher Form abgebildet wird (z. B. quantitative vs. qualitative Methoden).

Definition

Unter einer **Wissenschaft** versteht man die Gesamtheit von Erkenntnissen, die auf einen Erkenntnisgegenstand bezogen sind und in einem Begründungszusammenhang stehen. Einzelwissenschaften beziehen sich auf umgrenzte Themenbereiche: z. B. Neurologie, Psychologie, Soziologie. Kennzeichnend für Wissenschaften sind methodisch begründete Vorgehensweisen, d. h. intersubjektiv nachvollziehbare Prozesse des Forschens und Erkennens (Wenninger, 2002, Bd. 5).

▶ Definition Wissenschaft

Man versteht somit unter Wissenschaft einen Problemlöseprozess mit dem Ziel der Generierung von Wissen (Erkenntnissen). »Wissenschaft repräsentiert somit eine Forschungslogik, d. h. eine bestimmte Methode, die man befolgen muss, um Probleme zu lösen und auf diese Art Erkenntnisse zu sammeln. Wissen und Erkenntnisse sind die Produkte wissenschaftlicher Tätigkeit. Man spricht in diesem Fall von wissenschaftlichen Erkenntnissen« (Hussy & Jain, 2002, S. 14f).

Wissenschaft = Forschungslogik; ein **Problemlöseprozess** mit dem Ziel, Wissen zu generieren.

Definition

Bei der **Wissenschaftstheorie** handelt es sich um jene Disziplin, die sich mit dem Begriff und der Einteilung von Wissenschaften, ihren Erkenntnisprinzipien und Methoden, sowie ihrer Sprache beschäftigt (Wenninger, 2002, Bd. 5).

▶ Definition Wissenschaftstheorie

Ein modernes Verständnis der Wissenschaftstheorie ist eine philosophisch reflektierte und gleichzeitig fachspezifische Methodenlehre. Als erster Wissenschaftstheoretiker gilt **Aristoteles** (384 v. Chr. – 322 v. Chr.), der noch heute gültige Grundbegriffe wie »Form«, »Inhalt«, »Schluss«, »Beweis« und »Definition« schuf und eine Einteilung der Wissenschaften in theoretische, auf Erkenntnis zielende und in praktische, angewandte, auf Handeln zielende Wissenschaft vornahm. Für die Psychologie wichtige wissenschaftstheoretische Ansätze sind u. a.
- die Logik,
- der Empirismus,
- die Phänomenologie,
- der kritische Rationalismus,
- der Strukturalismus und
- die Systemtheorie.

Die **Wissenschaftstheorie** und ihre Grundbegriffe gehen auf Aristoteles zurück.

Aus diesen grundlegenden Ausführungen ergibt sich sehr deutlich, dass die Methoden der Psychologie, in die eingeführt werden soll, in vielfältiger Weise mit dem Gegenstand der Psychologie, ihrer Methodologie sowie mit der zugehörigen Wissenschaft und Wissenschaftstheorie verknüpft sind und in einer intensiven Interaktion stehen.

? Kontrollfragen

1. Was ist ein Problem?
2. Inwiefern kann man wissenschaftliche Tätigkeit als einen Problemlösevorgang verstehen?
3. Was sind psychologische Methoden?
4. Welche Mittel und Wege zur wissenschaftlichen Erkenntnisgewinnung kennen Sie?
5. Geben Sie ein Beispiel für den Einsatz der Deduktion im Rahmen des experimentellen Vorgehens?

▶ Weiterführende Literatur

Groeben, N. & Westmeyer, H. (1981). *Kriterien psychologischer Forschung* (2. Aufl.). München: Juventa.
Westermann, R. (2000). *Wissenschaftstheorie und Experimentalmethodik. Ein Lehrbuch zur Psychologischen Methodenlehre*. Göttingen: Hogrefe.

1

1.3 Vier Basisziele wissenschaftlicher Tätigkeit in der Psychologie

Lernziele
- Welche Ziele wissenschaftlicher Tätigkeit unterscheidet man?
- Wie unterscheidet sich das Beschreiben vom Erklären?
- Was sind intervenierende Variablen bzw. hypothetische Konstrukte?
- Was sind Zusammenhangs- bzw. Kausalrelationen?
- Wie kommt man zu einem effektiven und stabilen Prognosemodell?
- Welche Formen der Beeinflussung und Veränderung unterscheidet man?

Vier Ziele wissenschaftlicher Tätigkeit: Beschreiben, Erklären, Vorhersagen, Verändern:

In den bisherigen Überlegungen sind schon wiederholt Ziele wissenschaftlicher Tätigkeit zur Sprache gekommen. Im folgenden Abschnitt wollen wir diese Gedanken systematisieren und ergänzen, indem wir uns etwas intensiver als bisher mit dem Beschreiben, Erklären, Vorhersagen und Verändern menschlichen Erlebens, Verhaltens und Handelns beschäftigen. Ausführlicher gehen Nolting und Paulus (2008, Kap. 7) auf diese Thematik ein (Hussy & Jain, 2002; ▶ Abschn. 1.2).

1.3.1 Beschreiben

Jede wissenschaftliche Tätigkeit beginnt damit, die in der Fragestellung enthaltenen Begriffe genau zu **beschreiben**.

Das sorgfältige **Beschreiben** ist die Grundlage jeder wissenschaftlichen Tätigkeit. Interessiert sich ein wissenschaftlich tätiger Psychologe etwa dafür, ob eine von ihm entwickelte Therapie gegen Angst wirksam ist, muss er zunächst genau angeben, was er unter Angst versteht und wie die Therapie im Einzelnen aussieht, bevor er sich Gedanken darüber macht, mit welchen Methoden er die Effizienz der Therapie überprüft.

Beschreiben bedeutet im wissenschaftlichen Kontext mehr als im alltäglichen Sinne: **Benennen, Ordnen, Klassifizieren, Definieren, Auszählen** und **Messen.**

Beschreibung im alltäglichen Sinne meint so viel wie **darlegen** bzw. **konstatieren.** »Man stellt sprachlich dar, dass bestimmte Sachverhalte vorliegen, man benennt Erscheinungsformen und Merkmale« (Nolting & Paulus, 2008, S. 171). Im wissenschaftlichen Kontext kommt ein weiterer Bedeutungsaspekt hinzu, nämlich das Feststellen im Sinne von **ermitteln.** Zu diesem Zweck gibt es eine Reihe von Methoden (Erhebungsmethoden), die wir uns im weiteren Verlauf noch näher ansehen werden (▶ Kap. 2), wie etwa das Auszählen, Beobachten, Urteilen, Messen oder auch Testen.

▶ Definition Beschreiben

Definition
Beim **Beschreiben** werden Angaben über die Erscheinungsformen und Merkmale von mindestens einem Sachverhalt gemacht. Dies geschieht durch
- Benennen,
- Ordnen und Klassifizieren,
- Definieren,
- Angaben zu Häufigkeit bzw. Ausprägungsgrad.

Beschreibungen können auch durch **Operationalisierungen** gegeben werden. Operationalisierung bedeutet, ein Merkmal beobachtbar und messbar zu machen.

Zum Beschreiben gehört auch das **Operationalisieren**, d. h. anzugeben, wie man ein bestimmtes Konzept – wie etwa Angst oder Intelligenz – empirisch erfassen will. Es kann die Form des Definierens annehmen, wenn wir etwa festlegen, dass Intelligenz jener Sachverhalt ist, den der Intelligenztest misst (operationale Definition). Operationalisierung kann auch bedeuten, eine Angabe zum Ausprägungsgrad eines konkreten Merkmals zu machen, das man direkt beobachten kann: »Person X hat einen Intelligenzquotient von 110« stellt eine Beschreibung dar, die durch Operationalisierung gewonnen wird. »Intelligenz« an sich kann man nicht direkt beobachten oder messen, den klar definierten Intelligenzquotienten dagegen schon. Operationalisierung bedeutet

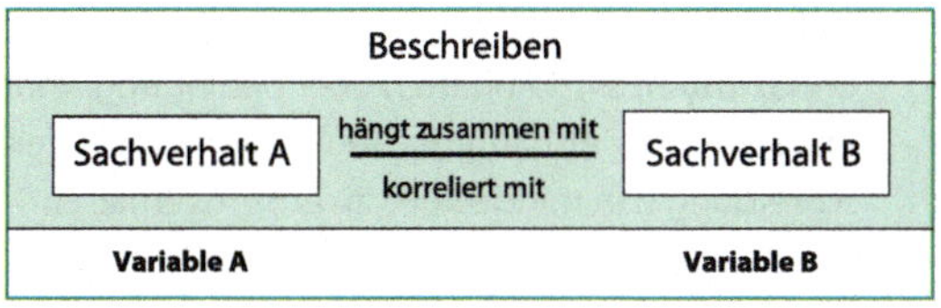

Abb. 1.3 Beim Beschreiben von zwei Sachverhalten A und B interessiert in der Regel auch deren Zusammenhang; es handelt sich also um eine Zusammenhangsrelation

also, ein Merkmal beobachtbar und messbar zu machen. In ▶ Abschn. 1.6.3 und ▶ Abschn. 1.6.4 wird das Vorgehen näher erläutert.

»Um Beschreibungen handelt es sich auch, wenn mehrere Sachverhalte und ihre Relationen zueinander beleuchtet werden. Dabei wird jeder Sachverhalt – wie besprochen – zunächst für sich beschrieben. Danach erfolgt eine Analyse der Beziehungen zwischen den Sachverhalten« (Hussy & Jain, 2002, S. 18; Abb. 1.3). Sie erbringt Angaben über den Zusammenhang der Sachverhalte (▶ Beispiel).

Es können auch mehrere Sachverhalte und die Beziehung zwischen diesen Sachverhalten beschrieben werden.

Beispiel

Zusammenhang von Intelligenz und Ängstlichkeit

Interessieren wir uns beispielsweise für den Zusammenhang von Intelligenz und Ängstlichkeit, so müssen wir zunächst die beiden Begriffe Intelligenz bzw. Ängstlichkeit durch Benennen, Ordnen, Klassifizieren und/oder Operationalisieren beschreiben. Eine bereits genannte Möglichkeit dazu bestünde darin, die Merkmale bei vielen Menschen mithilfe von adäquaten Testverfahren zu messen. Erst im Anschluss daran erfolgt die Analyse des Zusammenhangs. Dies bedeutet, dass wir diesen Zusammenhang nicht nur vermuten, sondern auch seine Art spezifizieren: Es gibt einen **positiven Zusammenhang** zwischen Intelligenz und Ängstlichkeit. Das bedeutet, dass Personen mit hoher Intelligenz auch hohe Ausprägungsgrade in einem Ängstlichkeitstest aufweisen bzw. dass Personen mit hoher Ängstlichkeit auch hohe Ausprägungsgrade in der Intelligenz aufweisen. Umgekehrt sollten Personen mit niedriger Intelligenz auch niedrige Ausprägungsgrade in der Ängstlichkeit besitzen. Würden wir einen **negativen Zusammenhang** vermuten, so würde er sich dadurch zeigen, dass hohe Ausprägungsgrade in dem einen Merkmal mit niedrigen Ausprägungsgraden im anderen Merkmal einhergehen: Bei hoher Ängstlichkeit würden wir niedrige Ausprägungen der Intelligenz erwarten und umgekehrt. Auf die statistische Erfassung solcher psychologischer Zusammenhänge wird in ▶ Abschn. 4.1 etwas ausführlicher eingegangen.

1.3.2 Erklären

Wie unterscheidet sich »Erklären« von »Beschreiben«?

Beim Beschreiben wird keine Aussage über eine Kausalrelation zwischen den betrachteten Variablen etabliert, also keine Ursache-Wirkungs-Beziehung angenommen: Hohe Ausprägungsgrade von z. B. Intelligenz und Ängstlichkeit treten gemeinsam auf! – Das ist eine reine Zusammenhangsaussage und bedeutet nicht, dass eine der beiden Variablen ursächlich für die andere ist.

Die Beziehung zwischen zwei Sachverhalten beim Beschreiben nennt man eine **Zusammenhangsrelation.**

Häufig möchten Wissenschaftler aber noch einen Schritt weiter gehen. Sie möchten menschliches Erleben, Verhalten und Handeln auch **erklären** können. Dieses Ziel setzt voraus, dass man zunächst die interessierenden Sachverhalte exakt beschreibt und danach eine Kausalrelation zwischen ihnen aufzeigt mithilfe dafür geeigneter Methoden: Wenn Personen intelligent sind, dann sind sie auch ängstlich! Intelligenz wird in diesem Fall als ursächlich für Ängstlichkeit angesehen. Hier liegt keine Beschreibung, sondern eine Erklärung vor.

Beim Erklären bestimmt die Richtung der Beziehung zwischen zwei Sachverhalten das Ursache-Wirkungs-Gefüge (**Kausalrelation**). Veränderungen im Sachverhalt A sind ursächlich für Veränderungen im Sachverhalt B.

Übrigens bezeichnet man in der Forschung veränderliche Größen wie Intelligenz oder Ängstlichkeit als Variablen. Man nennt darüber hinaus die Sachverhalte, die eine Auswirkung auf andere haben, auch **unabhängige Variable** und Sachverhalte, die von anderen beeinflusst werden, **abhängige Variable.** Im ▶ Abschn. 1.6 wird der Begriff »Variable« noch eingehender erläutert.

Sachverhalte werden meist als **Variablen** (veränderliche Größen) bezeichnet. Wenn Variable A die Variable B bedingt (ursächlich für sie ist), dann nennt man A unabhängige Variable (UV) und B abhängige Variable (AV).

1

► Definition Erklärung

Definition

Erklärungen sind Angaben über Bedingungsverhältnisse von Sachverhalten bzw. Angaben über Abhängigkeiten zwischen Sachverhalten. Erklärungen setzen die Beschreibung von mindestens zwei Sachverhalten voraus.

Betrachten wir den Unterschied zwischen dem Beschreiben und Erklären aus methodischer Sicht, so erkennen wir, dass im ersten Fall ein Zusammenhang und im zweiten Fall eine Ursache-Wirkungs-Beziehung angenommen wird. Es ist somit die Art der Relation, die darüber entscheidet, ob wir beschreiben oder erklären (■ Abb. 1.3 und ■ Abb. 1.4). Dabei ist der Unterschied zwischen diesen beiden Relationen – rein formal gesehen – sehr gering, bei der Zusammenhangsbeziehung ist die Richtung unspezifiziert (Intelligenz – Ängstlichkeit), bei der Kausalbeziehung ist sie spezifiziert (Intelligenz → Ängstlichkeit).

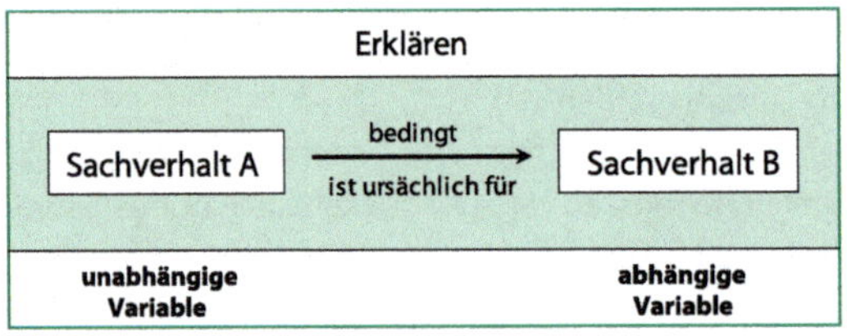

■ **Abb. 1.4** Beim Erklären bedingt die unabhängige Variable die abhängige Variable. Die Beziehung zwischen den beiden Variablen ist eine Kausalrelation

Der formal kleine Unterschied zwischen dem Beschreiben und Erklären (ungerichtete Relation vs. gerichtete Relation) ist aus inhaltlicher Sicht entscheidend, da im ersten Fall eine Zusammenhangsaussage und im zweiten Fall eine Kausalaussage vorliegt.

Aus inhaltlicher Sicht dagegen ist der Unterschied beachtlich und entscheidend: Begnügt man sich damit, Merkmale (Variable) und ihre Zusammenhänge zu beschreiben, oder strebt man an, darüber hinaus die eine Variable aus der anderen (den anderen) zu erklären. Von daher ist es unabdingbar, dass man immer sehr genau das jeweils angestrebte Ziel im Auge behält. Andernfalls liefe man Gefahr, aus einer Analyse falsche Schlüsse zu ziehen – indem man z. B. nach einer Zusammenhangsanalyse vorschnell auf eine bestimmte Kausalrelation zwischen beiden Variablen schließt.

Die **Zusammenhangsbeziehung** ist **ungerichtet** und wird meist als Linie **ohne Pfeil** dargestellt. Positive bzw. negative Zusammenhänge sind durch gleichsinnige bzw. gegenläufige Veränderung gekennzeichnet. Ein fehlender Zusammenhang ist durch die unsystematische Variation der Werte der beiden Variablen erkennbar.

In ■ Abb. 1.5 sind Zusammenhangs- und Kausalrelation vergleichend dargestellt. Man erkennt, dass die Zusammenhangsbeziehung als **Linie ohne Pfeile** dargestellt ist und für »hängt zusammen mit« bzw. »korreliert mit« steht. Die Art des Zusammenhangs kann positiv oder negativ sein.

Ein **positiver Zusammenhang** liegt dann vor, wenn viele Personen (z. B. Vp 4 in ■ Abb. 1.5), die einen hohen Intelligenzwert aufweisen, auch einen hohen Ängstlichkeitswert besitzen. Hat im umgekehrten Fall eine Person einen niedrigen Intelligenzwert (z. B. Vp 6), so weist sie häufig auch einen entsprechend gering ausgeprägten Ängstlichkeitswert auf. Ein **negativer Zusammenhang** liegt dagegen dann vor, wenn viele Personen, die einen hohen Intelligenzwert besitzen, gleichzeitig wenig ängstlich sind (z. B. Vpn 7, 11 und 12), bzw. jene mit einem niedrigen Intelligenztestwert leicht Angst empfinden (z. B. Vpn 8 und 9). **Kein Zusammenhang** zwischen den beiden Variablen wäre dann gegeben, wenn sie zufällig (unabhängig voneinander) variieren würden. ► Abschn. 3.3.1 beschäftigt sich noch detaillierter mit der Frage, wie man die Stärke eines positiven bzw. negativen Zusammenhangs statistisch untersuchen kann.

Die **Kausalrelation** ist **gerichtet** und wird als **Linie mit Pfeil(en)** dargestellt, wobei der Pfeil von der verursachenden auf die beeinflusste Variable zeigt. Ein Doppelpfeil zeigt an, dass sich die Variablen gegenseitig bedingen.

Die **Kausalrelation** ist als **Linie mit Pfeil** dargestellt. Der Pfeil zeigt von der verursachenden (bedingenden) Variable auf die beeinflusste Variable. Um bei dem gewählten Beispiel zu bleiben: »Intelligenz bedingt (ist ursächlich für) Ängstlichkeit!« Im zweiten Beispielfall, der in ■ Abb. 1.5 aufgegriffen ist, verhält es sich genau umgekehrt: »Ängstlichkeit ist ursächlich für (bedingt) Intelligenz!« Im dritten Fall wird eine doppelte kausale Anhängigkeit angenommen, verdeutlich durch den **Doppelpfeil**: Die Sachverhalte beeinflussen sich gegenseitig.

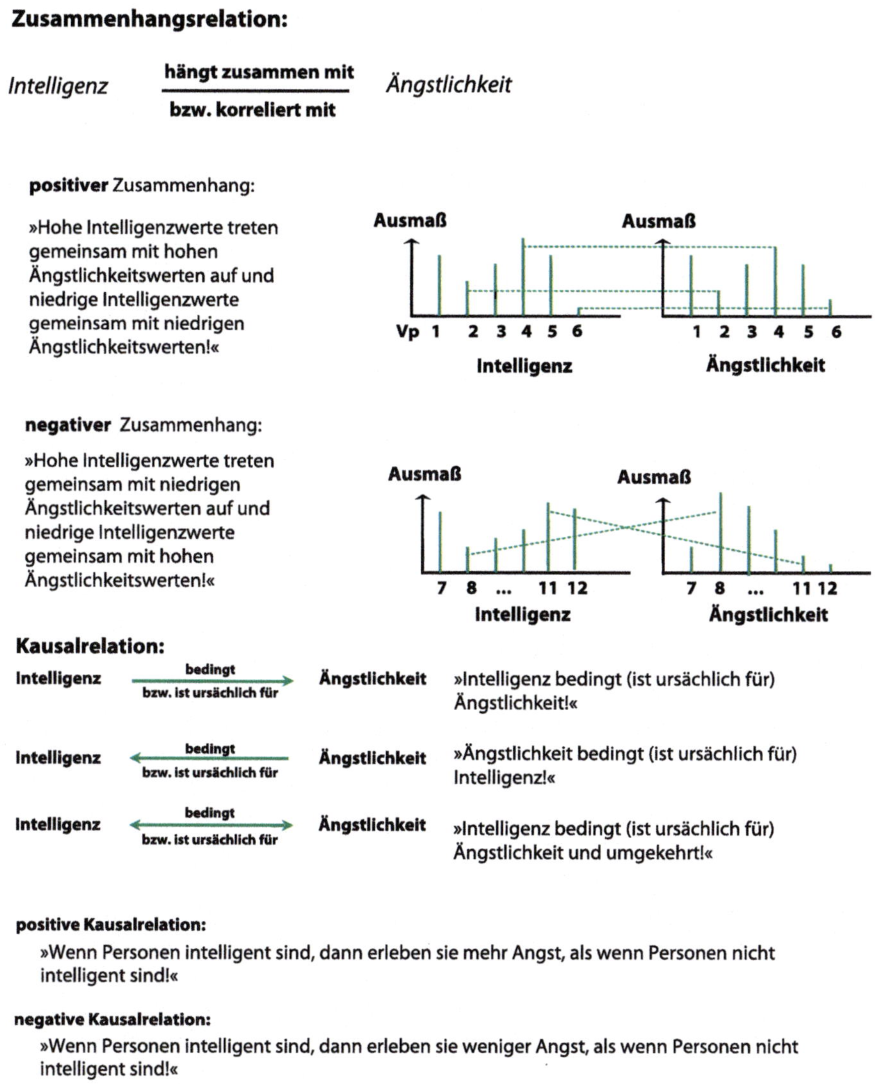

Abb. 1.5 Zusammenhangs- vs. Kausalrelation

In allen drei Beispielfällen zur Kausalrelation wird nur ausgesagt, dass ein Einfluss vorliegt. In welcher Art und Weise er sich auswirkt, wird dabei nicht angegeben. Diese zusätzlichen Informationen sind dagegen in positiven und negativen Kausalaussagen enthalten. Von einer **positiven Kausalrelation** sprechen wir, wenn die Richtung der Veränderung in der bedingenden und beeinflussten Variablen gleichsinnig ist: »Wenn Personen intelligent sind, dann erleben sie mehr Angst, als wenn sie nicht intelligent sind«! Noch deutlicher wird das Gesagte bei der »Je-desto«-Formulierung: »Je intelligenter Menschen sind, desto ängstlicher sind sie auch!« Dementsprechend sprechen wir von einer **negativen Kausalrelation**, wenn die Richtung der Veränderung in der bedingenden und beeinflussten Variablen gegenläufig ist: »Wenn Personen intelligent sind, dann erleben sie weniger Angst als Personen, die nicht intelligent sind!« oder »Je intelligenter Menschen sind, desto weniger ängstlich sind sie!«

Analog zu den positiven, negativen und fehlenden Zusammenhangsrelationen gibt es auch die entsprechenden Kausalrelationen.

Wesentlich ist auch die Unterscheidung zwischen einer **Erklärung erster und zweiter Ordnung** (Laucken, Schick & Höge, 1996). Bei den bisher besprochenen Fällen handelt es sich um Erklärungen erster Ordnung: Das Bedingungsgefüge ist unmittelbar, d. h., es sind keine weiteren Variablen beteiligt (je höher die Intelligenz, desto höher die Ängstlichkeit). Solche **direkten Abhängigkeiten** sind in der Psychologie jedoch selten

Bei **Erklärungen erster Ordnung** bezieht sich die Kausalrelation von der verursachenden direkt auf die beeinflusste Variable. Die hierbei eventuell fehlende Begründung (warum) wird in der **Erklärung zweiter Ordnung** durch eine dazwischentretende Variable gegeben. Diese dazwischentretende (**intervenierende**) Variable wird gelegentlich auch als hypothetisches Konstrukt bezeichnet.

1

Sachverhalt A → Sachverhalt X → Sachverhalt B

Abb. 1.6 Formale Darstellung einer Erklärung zweiter Ordnung

zu finden, denn man kann sich in der Regel immer noch nach dem »Warum« fragen. Deshalb findet man häufig Konstruktionen, die zwischen der bedingenden und beeinflussten Variablen noch eine sog. **intervenierende (dazwischentretende) Variable** (hypothetisches Konstrukt) postulieren, die ihrerseits nicht direkt beobachtbar ist und von daher erschlossen werden muss. Lautet die Erklärung erster Ordnung »Je intelligenter Menschen sind, desto weniger Angst haben sie«, so könnte eine entsprechende Erklärung zweiter Ordnung lauten: »Intelligente Menschen haben weniger Angst, weil sie ihren Verstand stärker gewichten und die Emotionen dadurch kontrollieren können. Die formale Darstellung dazu hat das in Abb. 1.6 dargestellte Aussehen.

Der bedingende Sachverhalt A ist die Variable Intelligenz. Der nicht direkt beobachtbare, intervenierende Sachverhalt X ist die Fähigkeit zur rationalen Kontrolle (»Angst hilft nicht weiter.«). Der abhängige Sachverhalt B ist das Ausmaß der resultierenden Angst.

Welche Methoden verwendet man zur Analyse von Zusammenhängen und zum Erklären

Es ist **unzulässig und irreführend** (weil ungeprüft), einen festgestellten Zusammenhang kausal zu interpretieren, auch wenn er noch so plausibel erscheint. Drängt sich eine solche Vermutung auf, so ist sie gesondert experimentell zu prüfen.

Im ► Abschn. 3.3.1 werden Methoden vorgestellt, mit deren Hilfe Zusammenhangsfragen entschieden werden können (z. B. Korrelationsstudien), so etwa auch die Frage, ob es einen Zusammenhang zwischen Intelligenz und Ängstlichkeit gibt und ob er positiver oder negativer Art ist. Dagegen werden Kausalfragen mit experimentellen Methoden entschieden (► Abschn. 3.2), wie etwa auch die Frage, ob Intelligenz ursächlich für Ängstlichkeit ist und welche Art von Relation (positiv oder negativ) vorliegt. Ergebnisse aus Zusammenhangsstudien müssen rein deskriptiv (beschreibend) interpretiert werden, d. h., es bleibt bei der Feststellung, dass der fragliche Zusammenhang vorliegt oder nicht. Häufig unterliegen Forscher (und gerade auch Wissenschaftsjournalisten) der Versuchung, den gefundenen Zusammenhang kausal zu interpretieren. Dieser Schritt ist nicht zulässig. Dazu bedarf es erst einer weiteren (experimentellen) Untersuchung, in welcher (sozusagen in einem zweiten Untersuchungsschritt) das Vorliegen oder Nichtvorliegen der kausalen Abhängigkeitsstruktur geklärt wird.

1.3.3 Vorhersagen

Prädiktor vs. Kriterium

Ein weiteres Basisziel wissenschaftlich tätiger Psychologen ist das **Vorhersagen**.

Das Vorhersagen menschlichen Erlebens, Verhaltens und Handelns ist ein weiteres hochgestecktes Ziel wissenschaftlich tätiger Psychologen. Das Vorhersagen von Verhalten in einem konkreten Fall setzt voraus, dass der Gegenstand zuvor genau beschrieben und erklärt wurde, denn es baut darauf auf.

► Definition Vorhersagen

Definition

Vorhersagen (Prognosen) sind vorwärts gerichtete Erklärungen. Derselbe Bedingungszusammenhang, den man annimmt, um einen Sachverhalt zu erklären, dient dazu, das Eintreten eines zukünftigen Sachverhalts zu prognostizieren (Nolting & Paulus, 2008).

Auch hier gibt es **unabhängige** und **abhängige Variablen**, die aber im Kontext der Prognose als **Prädiktoren** bzw. **Kriterien** bezeichnet werden.

Wurden beim Erklären die beteiligten Größen »unabhängige (bedingende)« und »abhängige (beeinflusste) Variable« genannt, so sprechen wir beim Vorhersagen von **Prädiktorvariablen** und **Kriteriumsvariablen**. Jene Variablen, die sich beim Erklären eines Sachverhaltes bewähren (unabhängige Variablen), werden nun zu Vorhersagevari-

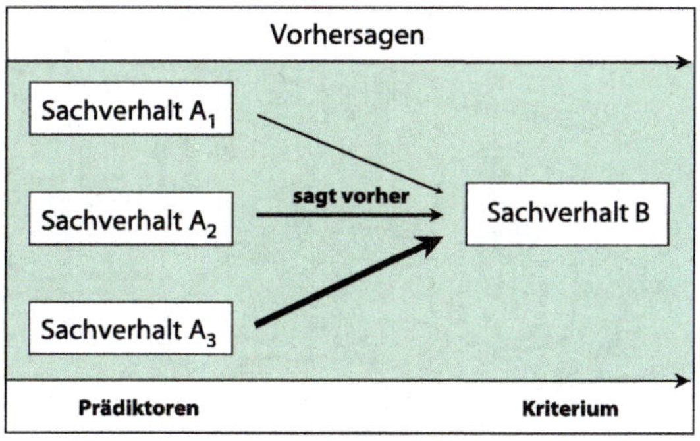

Abb. 1.7 Prognosemodell mit drei Prädiktoren zur Vorhersage des Kriteriums. Das unterschiedliche Gewicht der Prädiktoren ist durch die variierende Pfeilstärke dargestellt

ablen (Prädiktoren), d. h., sie werden herangezogen, um andere Variablen vorherzusagen. Und jene Variablen, die aus einem anderen Sachverhalt erklärt wurden (abhängige Variablen), werden im Prognosezusammenhang zum Kriterium, also zur vorherzusagenden Variablen. Abb. 1.7 veranschaulicht das Prognosemodell.

Will man z. B. das Ergebnis einer Wahl vorhersagen, muss man zunächst herausfinden, welche unabhängigen Variablen das Wahlverhalten (abhängige Variable) beeinflussen. Dazu zählen z. B. das Alter, das Geschlecht, die Konfession, der soziale Status, die Wohngegend usw. Diese das Wahlverhalten erklärenden Variablen werden nun zu Vorhersagen herangezogen, sie werden zu Prädiktoren für das Kriterium (Wahlverhalten).

Prognosemodelle

Zumeist ist ein Kriterium aufgrund der Komplexität menschlichen Erlebens, Verhaltens und Handelns nur aus mehreren Prädiktoren vorhersagbar.

Das Beispiel zeigt auch: Menschliches Erleben, Verhalten und Handeln ist meist multidimensional bedingt, d. h., ein bestimmter Sachverhalt hat meist mehrere Ursachen. Wenn ein »Geflecht« aus Prädiktor- und Kriteriumsvariablen in einem Schaubild oder Modell zusammengefasst wird, spricht man von einem **Prognosemodell**. Es gibt kein bewährtes Prognosemodell, das bei der Vorhersage eines nur einigermaßen komplexen Ausschnitts aus dem Gegenstandsbereich der Psychologie mit weniger als mindestens einer Hand voll Prädiktoren auskäme.

In eine Prognose werden jene Prädiktoren aufgenommen, die den höchsten **Erklärungswert** besitzen (ursprüngliches Prognosemodell).

Wenn ein Wissenschaftler ein Prognosemodell entwirft, dann bezieht er zunächst jene Prädiktoren ein, die in vorausgehenden Ursachenanalysen den höchsten **Erklärungswert** besaßen. Dabei können die Erklärungswerte verschiedener Prädiktoren durchaus unterschiedlich sein – entsprechend gewichtet fließen sie in die Vorhersage der Kriteriumsvariablen ein. Haben z. B. Untersuchungen gezeigt, dass der soziale Status einen höheren Erklärungswert für das Wahlverhalten hat als z. B. das Alter, erhält der soziale Status bei der Berechnung der Vorhersage des Wahlverhaltens ein höheres Gewicht.

Das ursprüngliche Prognosemodell wird durch nachfolgende Prognosestudien **schrittweise verbessert** (die Genauigkeit erhöht), indem die Gewichtungen der Prädiktoren an die Empirie angepasst werden. Das Ziel besteht in der Stabilisierung der Prognosegenauigkeit auf hohem Niveau.

In einer neuen Studie wird nun das Prognosemodell samt seiner verschieden gewichteten Prädiktoren überprüft. Ist es in der Lage, in einem konkreten Fall das Wahlverhalten untersuchter Personen vorherzusagen? Je nach Ergebnis der Untersuchung und den resultierenden aktuellen Erklärungswerten der einzelnen Prädiktoren kann das Prognosemodell nun optimiert werden, d. h., dass die Prädiktoren erneut adäquat gewichtet werden. Dieses neue Modell wird nun ein weiteres Mal in einer neuen Studie überprüft, optimiert usw.

Durch dieses Vorgehen kann die **Prognosegenauigkeit** eines Modells nach und nach ansteigen, aber nicht beliebig hoch. Das Ziel der Forscher besteht in der Stabilisierung der Genauigkeit auf hohem Niveau. Dass das Erreichen dieses Ziels nicht einfach ist und immer wieder mit Rückschlägen gerechnet werden muss, zeigt das Beispiel der Bundestagswahlen 2005, für die ein klarer Sieg der Union vorhergesagt wurde – eine Prognose, die sich so bekanntlich nicht erfüllte.

1

Abb. 1.8 Nostradamus

Statistische vs. individuelle Prognose

Prognostiziert man das Verhalten großer Gruppen von Menschen, so liegen dem sog. **statistische Prognosemodelle** zugrunde. Davon sind die **individuellen Prognosen** zu unterscheiden. Je höher die Prognosegenauigkeit eines statistischen Prognosemodells, desto höher die Anzahl korrekter individueller Prognosen aus der entsprechenden Gruppe. Allerdings bleibt unklar, für welches einzelne Individuum aus der Gruppe die Prognose zutrifft.

Zu beachten ist, dass sich die besprochenen Beispiele auf große Gruppen (Stichproben) von Personen beziehen. Man nennt solche Modelle deshalb **statistische Prognosemodelle**. Für sie gilt das genannte Ziel der Stabilisierung der Genauigkeit auf hohem Niveau. Davon unterscheidet man die **individuelle Prognose**, d. h. die Vorhersage menschlichen Erlebens oder Verhaltens in einem konkreten Einzelfall. Der individuelle Prognosewert kann niemals bei 100% liegen, da das menschliche Erleben, Verhalten und Handeln immer von einem individuellen, komplexen Bedingungsgefüge bestimmt wird. Je höher aber der statistische Prognosewert, desto höher auch die Anzahl korrekter individueller Prognosen, wenngleich unklar bleibt, für welche einzelnen Personen (Abb. 1.8).

So kann man versuchen, ein Vorhersagemodell für den Studienerfolg zu entwickeln, in welches bewährte Variablen wie Abiturnote, Leistungsbereitschaft, Studienmotivation usw. einbezogen werden. Durch Gewichtung der Variablen kann das Prognosemodell vielleicht von ursprünglich 65% auf 85% Vorhersagegenauigkeit gesteigert werden. Im Sinne einer statistischen Prognose bedeutet diese Modelloptimierung, dass sich die Vorhersagegenauigkeit von 65 auf 85% gesteigert hat. Bei einer Stichprobe von 100 Personen sagt das Anfangsmodell für 65 Studienanfänger und -anfängerinnen den Erfolg korrekt voraus, das optimierte Modell für 85 Personen. Im Sinne der individuellen Prognose beobachten wir ebenfalls ein Ansteigen der korrekten Prognosen mit der Modelloptimierung, wir wissen aber im Einzelfall nicht, für welche Person die Vorhersage zutrifft.

Eine weitere Determinante der Prognosegenauigkeit ist der **Prognosezeitraum**.

Schließlich ist leicht nachvollziehbar, dass der Zeitraum der Prognose ihre Genauigkeit mitbestimmt. Eine Vorhersage des Ergebnisses einer Wahl 2 Jahre vor diesem Ereignis hat aufgrund des nicht vorhersehbaren zwischenzeitlichen Geschehens eine geringere Aussicht auf hohe Genauigkeit als eine Prognose 2 Wochen oder gar 2 Tage vor der Wahl.

Bedingungen für die Vorhersagegenauigkeit sind also:

- Präzision der Beschreibung der am Prognosemodell beteiligten Sachverhalte (Variablen),
- adäquate Auswahl der Prädiktoren (welche unabhängigen Variablen haben einen hohen Erklärungswert),
- die Gewichtung der Prädiktoren gemäß ihrer empirischen Bedeutung (welche Prädiktoren haben im vorliegenden Datensatz einen hohen Prognosewert) und
- der Zeitraum der Prognose (je länger, desto ungenauer).

1.3.4 Verändern

Von großem Interesse und großer Bedeutung ist in der Forschung – gerade im klinisch-pädagogischen Kontext – auch das Ziel, menschliches Erleben, Verhalten und Handeln zu beeinflussen bzw. zu **verändern**. Besonders deutlich wird dieses Ziel, wenn es z. B. um die Entwicklung einer Therapiemethode zur Minderung depressiver Probleme geht: Wie muss ein solches Verfahren aussehen, damit betroffenen Menschen insofern geholfen werden kann, als sie das Leben wieder als lebenswert empfinden können? Eine Frage aus dem pädagogischen Kontext könnte lauten: Wie muss mein Englischunterricht aussehen, damit die Schüler am meisten davon profitieren? Voraussetzung für eine erfolgreiche Veränderung ist die bewährte Beschreibung, Erklärung und Prognose der beteiligten Sachverhalte.

Ein viertes Basisziel wissenschaftlich tätiger Psychologen besteht im **Verändern** menschlichen Erlebens, Verhaltens und Handelns. Diesem Ziel kommt vor allem im klinischen und pädagogischen Kontext große Bedeutung zu.

Auch wenn im vorliegenden grundlagenwissenschaftlichen Zusammenhang dieses Ziel nicht den großen Stellenwert einnimmt, der ihm im klinischen Kontext zukommt, sollen doch auch hier die allgemeinen Arten von Veränderungen unterschieden werden. Es handelt sich dabei um das Korrigieren, Fördern und Vorbeugen.

Man unterscheidet in erster Linie drei Arten der Veränderung: Korrektur, Förderung und Prävention.

Definition

Beeinflussen und Verändern als **Korrektur**: In diesem Fall gilt der Ausgangszustand als »problematisch«, »gestört«, »unnormal«; die Intervention soll folglich in erster Linie etwas Negatives aufheben und nicht so sehr etwas Positives entwickeln. Hier liegt der Schwerpunkt von Aktivitäten, die insbesondere unter Begriffen wie »Therapie« oder »Rehabilitation« zu finden sind.

► Definition Korrektur

Beeinflussen und Verändern als **Förderung**: Bei dieser Zielsetzung strebt man einen höheren, »besseren« Zustand an, ohne dass der Ausgangszustand als problematisch gilt. Zu denken ist vor allem an Begriffe wie Erziehung, Unterricht, Ausbildung oder Training. Statt von Förderung kann man auch von Optimierung sprechen.

► Definition Förderung

Beeinflussen und Verändern als **Prävention**: Hier geht es darum, das Eintreten eines schlechten Zustands zu verhindern. Man greift ein, damit bestimmte Risiken sich nicht erfüllen. Beispiele hierfür sind das Erlernen von Stressbewältigung zur Prävention psychischer Probleme (auch Psychohygiene genannt) oder die Mitarbeiterschulung zwecks Unfallverhütung am Arbeitsplatz (Nolting & Paulus, 2008).

► Definition Prävention

Kontrollfragen

1. Was versteht man unter »Beschreiben durch Operationalisieren«?
2. Wie wird die Zusammenhangsrelation formal dargestellt?
3. Was versteht man unter einer Erklärung zweiter Ordnung?
4. Geben Sie ein Beispiel für eine positive Kausalrelation zwischen zwei Variablen!
5. Bei welchen wissenschaftlichen Zielsetzungen spricht man von unabhängigen und abhängigen Variablen bzw. von Prädiktor- und Kriteriumsvariablen?
6. Wovon hängt die Vorhersagegenauigkeit eines Prognosemodells ab?
7. Welche Arten von Veränderungen unterscheidet man?

► Weiterführende Literatur

Nolting, H.-P. & Paulus, P. (2008). *Psychologie Lernen. Eine Einführung und Anleitung* (8. Aufl.). München: Psychologie Verlags Union.

1

1.4 Systematik psychologischer Methoden

Lernziele
- Wie kann man die vielfältigen Methoden einordnen?
- Wie unterscheiden sich qualitative und quantitative Methoden?
- Welchen historischen Hintergrund besitzen qualitative und quantitative Methoden?
- Anhand welcher Kriterien beurteilt man wissenschaftliche Untersuchungen?
- Kann man Methoden nach dem Untersuchungsverlauf ordnen?
- Was unterscheidet Methoden der Diagnostik, der Intervention und der Evaluation von reinen Forschungsmethoden?

Es wird eine **Systematisierung** erstellt, die die funktionale Zusammengehörigkeit der Methoden verdeutlicht. Die erste Dimension unterscheidet **qualitative von quantitativen Methoden**, die zweite stellt den Bezug der Methoden zu den unterschiedlichen **Phasen im Forschungsprozess** her.

Bei der beschriebenen Methodenvielfalt ist eine ordnungsstiftende Systematisierung hilfreich. Zu diesem Zweck beschäftigen wir uns zunächst noch einmal genauer mit der Unterscheidung zwischen **qualitativen und quantitativen Methoden** und gehen dabei auch auf die historische Perspektive ein. Danach betrachten wir die unterschiedlichen Methoden vor dem Hintergrund des **Forschungsprozesses**, in dessen Rahmen sie zur Anwendung kommen, und unterscheiden dabei zwischen **Forschungsansätzen, Erhebungs- und Analysemethoden**. Abschließend werfen wir noch einen kurzen Blick auf eine Reihe von Methoden, die eher außerhalb des Forschungskontexts eingesetzt werden, wie bei anwendungsnahen Problemen der Diagnostik, Intervention und Evaluation.

1.4.1 Qualitative und quantitative Methoden

Merkmale qualitativer und quantitativer Methoden

Im ersten Schritt unterscheiden wir qualitative und quantitative Methoden.

Im Zusammenhang mit der Betrachtung der Methodenvielfalt sind wir bereits auf die Unterscheidung der beiden Methodenklassen gestoßen (▶ Abschn. 1.1.1). Im folgenden Abschnitt betrachten wir diese Unterscheidung im Kontext eines Systems, welches versucht, diese Vielfalt zu systematisieren. Eine **erste Möglichkeit zur Klassifikation** psychologischer Methoden besteht eben in der Unterscheidung von **quantitativen und qualitativen Methoden**. Ergänzend zum bisher Gesagten werden die beiden Zugangsweisen weiter beschrieben und hinsichtlich ihrer wissenschaftlichen Gütekriterien eingeordnet. Auch der historische Hintergrund, der die Wurzeln und die weitere Entwicklung der beiden Ausrichtungen beleuchtet, findet eine angemessene Würdigung und begründet die Wahl dieser ordnungsstiftenden Dimension in der Systematik.

▶ **Definition Qualitative und quantitative Methoden**

Definition
Unter qualitativer Forschung, in deren Rahmen die **qualitativen Methoden** zur Anwendung kommen, verstehen die Sozialwissenschaften eine sinnverstehende, interpretative wissenschaftliche Verfahrungsweise bei der Erhebung und Aufbereitung sozial relevanter Daten. Die **quantitativen Methoden** werden im Rahmen der quantitativen Forschung eingesetzt und repräsentieren eine Vorgehensweise zur numerischen Darstellung empirischer Sachverhalte.

Auf einer sehr allgemeinen Ebene zeichnen sich hier also zwei Strömungen ab: der quantitative Weg und der qualitative Weg. Beide Wege präferieren jeweils unterschiedliche – »objektiv« messende vs. »sinnverstehende« – Methoden der Datenerhebung und der Datenauswertung (▶ Abschn. 1.1.1).

Historischer Hintergrund

Natürlich kann eine Beschreibung des historischen Hintergrunds psychologischer Methoden an dieser Stelle nur von kursorischem Charakter sein, da die Zielsetzung dieses Abschnitts darin besteht, die systematische Einteilung in qualitative und quantitative Methoden zu untermauern und aus einer scheinbaren Beliebigkeit herauszuführen, denn – um sinngemäß mit Ebbinghaus (1850–1909) zu sprechen – »die Psychologie hat zwar eine lange Vergangenheit aber nur eine kurze Geschichte« (1908). Entsprechend gibt es viele Quellen, die es ermöglichen, sich ausführlich mit der historischen Betrachtung der psychologischen Forschungsmethoden zu beschäftigen (z. B. Schönpflug, 2000).

Das kritische Datum in der Diskussion um die Geburtsstunde der **wissenschaftlichen Psychologie** ist 1879, als Wilhelm Wundt (1832–1920) in Leipzig das erste Institut für **experimentelle Psychologie** und damit auch das erste psychologische Labor gründete, das beispielgebend für viele weitere psychologische Institute weltweit wurde. Natürlich war diese Gründung kein momentaner, zeitlich isolierter Akt, sondern fußte auf einer intensiven, weit zurückreichenden Beschäftigung mit der menschlichen Seele im Kontext **philosophischer Betrachtungen** (z. B. Platon: 427–347 v. Chr.; Aristoteles: 384–322 v. Chr.), die im 19. Jahrhundert verstärkt durch **naturwissenschaftliche Einflüsse** vor allem aus der Medizin, Physiologie und Physik ergänzt wurden (Donders, 1868; Fechner, 1860; Wundt, 1862).

Als Geburtsstunde der wissenschaftlichen Psychologie gilt die Gründung des ersten Instituts für experimentelle Psychologie im Jahr 1879 in Leipzig durch **Wundt** (■ Abb. 1.9).

■ **Abb. 1.9** Wundt - Labor

Obwohl die eigentlichen Wurzeln psychologischer Analysen somit zweifellos geisteswissenschaftlicher Natur sind, entwickelte sich die von da an eigenständige Wissenschaft Psychologie zunächst verstärkt naturwissenschaftlich: Das Experiment wurde zum Paradigma psychologischer Forschung (► Abschn. 3.2). Als wesentliche Merkmale experimentellen Vorgehens werden

- die objektive Beschreibbarkeit seelischer Vorgänge,
- die willkürliche Herbeiführbarkeit und Veränderbarkeit seelischer Vorgänge,
- die Wiederholbarkeit experimenteller Studien

hervorgehoben. Die von Wundt in diesem Rahmen bevorzugte Datenerhebungsmethode war die Introspektion, nach der Probanden aufgefordert wurden, ihre Empfindungen mit zuvor erlernten, festgelegten technischen Ausdrücken wiederzugeben. Inhaltlich beschäftigte sich Wundt schwerpunktmäßig mit der Apperzeption, also dem Übergang von wahrnehmungsphysiologischen und wahrnehmungspsychologischen Prozessen. Die **quantitativen Methoden**, die in ihren Grundzügen im ersten Teil des Buches beschrieben werden, entwickelten sich im Verlauf der folgenden 100 Jahre aus den damaligen ersten methodischen Ansätzen.

Bis zur Gründung des Labors in Leipzig waren die Bemühungen um den Gegenstand der Psychologie fast ausschließlich **geisteswissenschaftlicher** Natur. Danach entwickelte sich die eigenständige Wissenschaft Psychologie verstärkt **naturwissenschaftlich.** Wundt etablierte das Experiment als Forschungsparadigma auch in der Psychologie und bevorzugte die Introspektion als Datenerhebungsmethode. Es waren dies die Anfänge der heute existierenden quantitativen Methoden.

Nicht nur in Deutschland fand Wundt mit seiner Auffassung von Psychologie und ihren Forschungsmethoden viele Anhänger (z. B. weitere Laboratorien für experimentelle Psychologie in Berlin und Göttingen). Auch in den USA wurden – beeinflusst durch Wundt – sehr bald psychologische Laboratorien eingerichtet, so etwa an der University of Pennsylvania, der Indiana University und der University of Wisconsin.

1

Aber auch die ursprünglich geisteswissenschaftliche Ausrichtung der Psychologie entwickelte sich weiter. Auf **Dilthey** geht die sog. geisteswissenschaftliche Psychologie zurück, die mit ihrer hermeneutischen Vorgehensweise die Grundlage für die heutigen qualitativen Methoden legte. Der Ansatz ist ein verstehender, den ganzen Menschen umfassender.

Diese naturwissenschaftliche Sicht- und Herangehensweise blieb allerdings nicht unwidersprochen. Es entwickelten sich alternative inhaltliche und methodische Auffassungen. So beschäftigte sich Freud (1856–1939) mit der Behandlung neurotischer und psychotischer Patienten und erstellte auf der Grundlage von Fallstudien (Studien über Hysterie, Freud & Breuer, 1895) und der Deutung von Träumen die Grundzüge der Psychoanalyse. Eine andere Strömung, die noch heute die Grundlage für die sog. **geisteswissenschaftliche Psychologie** darstellt, geht auf Dilthey (1833–1911) zurück. Er gilt als Begründer der Erkenntnistheorie der Geisteswissenschaften und als einer der Hauptvertreter der hermeneutischen Wissenschaften. Sein Ziel war es, eine Erfahrungswissenschaft der geistigen Erscheinungen zu begründen, welche eine feste Grundlage zur Sicherung der Selbstständigkeit der Geisteswissenschaften gegenüber den Naturwissenschaften geben konnte. 1894 publizierte Dilthey sein für die Psychologie zentrales Werk »Ideen über eine beschreibende und zergliedernde Psychologie«, worin der experimentalpsychologische Ansatz zur Untersuchung der geistigen Phänomene abgewiesen und stattdessen ein

- verstehender,
- den ganzen Menschen umfassender,
- hermeneutischer

Ansatz gefordert wurde. Dabei stellte er jedoch den Wert quantitativer Forschungsmethoden nicht grundsätzlich in Frage. Vielmehr forderte er eine wissenschaftliche Vorgehensweise, bei der die Methode so ausgewählt wird, dass sie dem Untersuchungsgegenstand optimal gerecht wird. Verstehende Psychologie muss in seinem Sinn hermeneutisch-introspektiv vorgehen und das subjektive Erleben des Menschen in den Mittelpunkt der Betrachtung stellen. Bis heute entwickelten sich die **qualitativen Methoden**, die in ihren Grundzügen in Teil II dieses Buches beschrieben werden, zum erheblichen Teil aus diesen ersten Ansätzen.

Zunächst gab es erbitterte Debatten zwischen den Vertretern der beiden Methodenausrichtungen (**Methodenstreit**). Heute gewinnt die Position an Gewicht, wonach beide methodischen Wege gemeinsam eingesetzt werden können.

Erkennbar boten diese natur- und geisteswissenschaftlichen Positionen hinreichend Diskussionsmöglichkeiten. In der Soziologie und Psychologie wurden jahrzehntelang erbitterte Debatten über Sinn und Unsinn der jeweils eigenen bzw. anderen Methoden geführt (der sog. **Methodenstreit**). Während die Vertreter der dominierenden naturwissenschaftlichen Psychologie den alternativen Ansatz entweder ignorierten oder als unwissenschaftlich abtaten, ließen Vertreter der geisteswissenschaftlichen Psychologie kein gutes Haar an der »atomistischen Variablenpsychologie«. Inzwischen weicht dieser Streit zunehmend der Erkenntnis, dass es keine »guten« oder »schlechten« Methoden per se gibt, sondern nur – im Sinne Diltheys – der jeweiligen Fragestellung »angemessene« bzw. »unangemessene« Methoden, und dass deren integrierte Verwendung, so wie sie in Teil III beschrieben wird, in der Regel gewinnbringend eingesetzt werden kann (Teddlie & Tashakkori, 2009; ► Beispiel).

Beispiel

Experiment oder Fallstudie?

Zwei Beispiele mögen das Gesagte illustrieren. Möchte ein Wissenschaftler analysieren, von welchen Einflussgrößen die Reaktionszeit abhängt (Alter, Geschlecht, Konzentrationsfähigkeit, Müdigkeit usw.), so kann er ein **Experiment** mit der Reaktionszeit als abhängige Variable und Alter, Geschlecht usw. als unabhängige Variable planen und durchführen – dies wäre ein Beispiel für die quantitative Methodik: Er bildet Gruppen mit Personen unterschiedlichen Geschlechts, Alters usw. und erfasst in jeder Gruppe die Reaktionszeit mithilfe der Methode der **Zeitmessung**. Nun berechnet er, ob sich die durchschnittlich gemessenen Reaktionszeiten zwischen den Gruppen unterscheiden, ob also beispielswiese die durchschnittliche Reaktionszeit in der Gruppe älterer Personen höher ist als in der Gruppe jüngerer Personen. Die statistischen Analysen (welche es gibt, illustriert ► Kap. 4) zeigen, wie viel von der Variabilität der Reaktionszeit auf die jeweiligen Einflussgrößen (wie Alter und Geschlecht) zurückzuführen ist, d. h., wie stark somit die Ein-

▼

flussgrößen die Reaktionszeit kausal bedingen. Hier würde man also von einem adäquaten Einsatz der Forschungsmethode des **Experiments** und der Datenerhebungsmethode des **Messens** (der Reaktionszeit) sprechen.
Umgekehrt verwendet man etwa bei der Analyse von Problemen, die sich beim Übergang von Förderschülern ins berufliche Leben ergeben, beispielsweise den Ansatz der **Fallstudie** mit **Interviewmethoden** und **hermeneutischen Techniken** (qualitative Methodik). Dabei erfährt man – vor dem Hintergrund der gesamten Person, ihrer Geschichte, Familie und Umwelt – etwas über die Sorgen, Hoffnungen und Enttäuschungen der betroffenen Schülerinnen und Schüler, wo sie sich angenommen bzw. abgelehnt fühlen und welchen Stellenwert der erfolgreiche Übergang für sie hat. Man erhält also auf beschreibender Ebene ein subjektives Bild von der fraglichen Situation. Hier hätten wir es mit einem adäquaten Einsatz der Forschungsmethode »Fallstudie« und des Erhebungsinstruments »qualitatives Interview« zu tun.
Vor allem das zweite Beispiel zeigt, dass die zusätzliche Verwendung der jeweils anderen Methodenklasse durchaus hilfreich sein kann. So könnten die Fallstudien der Förderschüler die Grundlage für die Erstellung weiterführender Hypothesen bilden, die in der Folge anhand einer größeren Stichprobe unter Anwendung quantitativer Methoden zu überprüfen wären.

Bewertungskriterien

Es gehört schon seit Jahrzehnten zum Standard quantitativer Untersuchungen, sich an den sog. klassischen **Gütekriterien** messen zu lassen bzw. die Untersuchungen so zu planen, dass sie diesen nach ihrem Abschluss genügen. Das bedeutet, dass sich nicht jede empirische Untersuchung wissenschaftlich nennen kann, sondern diese Kriterien erfüllen muss. Für qualitative Untersuchungen hat sich die Diskussion um solche Bewertungsmaßstäbe erst in den 90er Jahren entwickelt und ist bisher nicht zu einem Abschluss gekommen, sodass generell akzeptierte Bewertungskriterien für die qualitative Forschung bisher nicht vorliegen.

Die Wissenschaftlichkeit empirischer Forschung wird an sog. **Gütekriterien** geprüft. In der quantitativen Forschung handelt es sich dabei bereits seit vielen Jahrzehnten um die **Objektivität, Reliabilität** und **Validität**.

Dem Aufbau des Buches entsprechend stellen wir an dieser Stelle die quantitativen Gütekriterien etwas eingehender dar, während einige in Teil II näher zu besprechenden qualitativen Gütekriterien nur knapp kommentiert werden.

Zu den quantitativen Gütekriterien gehören
- Objektivität,
- Reliabilität und
- Validität.

Objektivität

Definition

Bei der **Objektivität** handelt es sich um ein allgemeines Gütekriterium wissenschaftlicher Untersuchungen: Verschiedene Forscher müssen unter den gleichen (Versuchs-) Bedingungen zu den gleichen Ergebnissen gelangen (Unabhängigkeit der Resultate von Versuchssituation und Versuchsleitern).

▸ **Definition Objektivität (intersubjektive Vergleichbarkeit)**

Objektivität bedeutet also: Das Ergebnis einer Untersuchung oder eines Tests muss theoretisch und empirisch nachvollzogen werden können. Im Speziellen wird bei der Objektivität die Unabhängigkeit des Testresultats von den situativen Testbedingungen, vor allem aber auch von den Personen, die den Test durchführen, auswerten und die Testresultate interpretieren, beurteilt. Man spricht deshalb auch von **intersubjektiver Übereinstimmung**. Objektivität kann vor allem dann erreicht werden, wenn Durchführung, Auswertung und Interpretation des Tests weitgehend standardisiert sind.

Objektivität (intersubjektive Vergleichbarkeit) liegt vor, wenn unterschiedliche Personen, die einen bestimmten Test (eine Untersuchung) durchführen, auswerten und interpretieren, auch **zum gleichen Ergebnis kommen**.

Wenn die zu testenden Personen während der Testbearbeitung durch unterschiedliche Einflüsse (etwa Lärm, zu hohe oder zu niedrige Raumtemperaturen, aber beispielsweise auch durch unterschiedliche Informationen darüber, welche Bedeutung dem Testergebnis
▼

1

zukommt etc.) tangiert werden, wenn sich der Testleiter in verschiedenen Testgruppen oder verschiedenen Testpersonen gegenüber unterschiedlich verhält, wenn nicht genau festgelegt ist, wie nach Durchführung des Tests die einzelnen Test-Items auszuwerten sind, wenn nicht einheitlich geregelt ist, wie das Gesamtresultat zustande kommt und was es besagt – dann sind alles dies Anzeichen für eine mangelnde Testobjektivität. (Wenninger, 2001, Bd. 3, S. 167)

Objektivität muss vorliegen, damit die weiteren Gütekriterien erfüllt sein können.

Objektivität ist die Voraussetzung dafür, dass die weiteren Gütekriterien erfüllt sein können.

▶ Definition Reliabilität (Zuverlässigkeit)

Reliabilität

Definition

Reliabilität bezeichnet die Zuverlässigkeit und Beständigkeit einer Untersuchung. Reliabel ist ein Instrument dann, wenn es bei einem relativ gleich bleibenden Verhalten gleiche oder ähnliche Ergebnisse liefert.

Reliabilität (Zuverlässigkeit) liegt vor, wenn eine Untersuchung (ein Test) im Wiederholungsfall bei relativ gleich bleibenden Bedingungen **vergleichbare Ergebnisse** liefert (Retest-Reliabilität).

Zu diesem Gütekriterium gibt es eine Reihe von Möglichkeiten, es konkret zu bestimmen, so etwa durch die **Test-Retest-Reliabilität**, die in der Literatur oft auch als Stabilität bezeichnet wird. Sie beschreibt das Ausmaß der Übereinstimmung bei einer wiederholten Anwendung der Instrumente (Methoden) bei der gleichen Stichprobe. Ein Intelligenztest hat eine niedrige Reliabilität, wenn viele gemessene Personen zum Zeitpunkt 1 einen hohen IQ und drei Wochen später (Zeitpunkt 2) einen niedrigen IQ bescheinigt bekommen. Die Größe dieser Übereinstimmung lässt sich durch die Berechnung eines Korrelationskoeffizienten, d. h. eines Maßes für einen statistischen Zusammenhang (▶ Kap. 4) quantifizieren. Je höher die Übereinstimmung, desto höher die Reliabilität.

Die Reliabilität kann auch mit der Höhe der Übereinstimmung unterschiedlicher Testanwender (Rater) bestimmt werden (Interrater-Reliabilität).

Eine weitere Möglichkeit der Reliabilitätsbestimmung ist die **Interrater-Reliabilität**: Man versteht darunter die Höhe der Übereinstimmungen der Einschätzungsergebnisse unterschiedlicher Beobachter bzw. unterschiedlicher »Testanwender« (Rater). Die Interrater-Reliabilität ist somit hoch, wenn verschiedene Rater bei den gleichen Testpersonen zu gleichen oder ähnlichen Einschätzungen (Ratings) kommen (▶ Beispiel).

Beispiel

Subjektive Leistungsbeurteilung im Sport

Die Beurteilung von Leistungen beim Geräteturnen, Skispringen oder Eiskunstlauf durch Preisrichter bzw. Juroren entspricht dieser Situation. Das Beispiel zeigt auch, dass die Beurteilungsübereinstimmung (Interrater-Reliabilität) durchaus keine Selbstverständlichkeit ist, sondern durch gezielte Maßnahmen – z. B. Beurteilerschulung – erst erreicht werden muss (▶ Abschn. 2.3).

Reliabilität setzt Objektivität voraus. Eine Untersuchung, die nicht objektiv ist, kann auch nicht reliabel (zuverlässig) sein.

▶ Definition Validität (Gültigkeit)

Validität

Definition

Die **Validität** beurteilt eine quantitative Untersuchung danach, ob sie auch gemessen hat, was sie messen wollte. Ursprünglich beurteilte dieser Qualitätsmaßstab ein diagnostisches Messinstrument, z. B. einen Intelligenztest, danach, ob es misst, was es zu messen vorgibt, also ob ein Intelligenztest tatsächlich Intelligenz und nicht etwa Frustrationstoleranz misst.

Dazu wurden differenzierte Validitätskriterien wie **Inhaltsvalidität, Konstruktvalidität, Übereinstimmungsvalidität** usw. entwickelt, die uns aber an dieser Stelle noch nicht näher interessieren. Bei der Besprechung der quantitativen Erhebungsmethoden (▶ Kap. 2) kommen wir auf diese Thematik zurück. Die Validität setzt die Objektivität und Reliabilität einer Untersuchung voraus. Das bedeutet, dass eine Untersuchung, die nicht objektiv und/oder reliabel ist, auch nicht valide sein kann.

Man unterscheidet v. a. Inhalts-, Konstrukt- und Übereinstimmungsvalidität (▶ Kap. 2)

Im experimentellen Kontext, mit dem wir uns im ▶ Abschn. 3.2 beschäftigen, lernen wir weitere spezielle Validitätsaspekte kennen, wie z. B. die **interne und externe Validität**, die **Ableitungsvalidität** usw. Überhaupt muss man beachten, dass die hier am psychologischen Test orientierte Darstellung der quantitativen Gütekriterien auch für die Operationalisierung (▶ Abschn. 1.5.4) und andere Erhebungs- und Auswertungsverfahren Anwendung findet und dabei auch weiter differenziert wird.

Im experimentellen Kontext werden **weitere Validitätsaspekte** – wie interne und externe Validität – unterschieden.

Gütekriterien für die qualitative Forschung

Die Gütekriterien für die quantitative Forschung können nicht einfach eins zu eins auf die qualitative Forschung übertragen werden. Die erläuterten Unterschiede in der Zielsetzung der beiden Ausrichtungen verlangen nach Beurteilungskriterien, die diesen Zielen angepasst sind. In ▶ Kap. 8 wird näher darauf eingegangen.

Hier ein erster Überblick: Nach Mayring (2002) zählen zu den qualitativen Gütekriterien

- Verfahrensdokumentation,
- argumentative Interpretationsabsicherung,
- Regelgeleitetheit,
- Nähe zum Gegenstand,
- kommunikative Validierung und
- Triangulation.

Seit den 90er Jahren des letzten Jahrhunderts werden auch in der quantitativen Forschung Kriterien entwickelt. Dazu zählen die **Verfahrensdokumentation**, die **argumentative Interpretationsabsicherung**, die **Regelgeleitetheit**, die **Nähe zum Gegenstand**, die **kommunikative Validierung** und die **Triangulation**.

Verfahrensdokumentation Viele Methoden werden für eine bestimmte Klasse von Fragestellungen entwickelt. Um den gesamten Forschungsprozess für andere nachvollziehbar zu machen, müssen alle gewählten Vorgehensweisen sorgfältig dokumentiert werden. Dies betrifft insbesondere die Zusammenstellung des Analyseinstrumentariums, die Durchführung und Auswertung der Datenerhebung, aber auch die Explikation des Vorverständnisses.

Verfahrensdokumentation: Die Planung, Durchführung und Auswertung einer Untersuchung muss genau **dokumentiert** werden.

Argumentative Interpretationsabsicherung Interpretationen spielen die entscheidende Rolle in qualitativ orientierten Ansätzen; sie sind jeweils argumentativ zu begründen.

Argumentative Interpretationsabsicherung: Interpretationen sind zu **begründen**.

Regelgeleitetheit Trotz Offenheit gegenüber dem Untersuchungsgegenstand und der Bereitschaft, ggf. geplante Analyseschritte zu modifizieren, darf nicht ein völlig unsystematisches Vorgehen resultieren.

Regelgeleitetheit: Das Vorgehen in einer Untersuchung **folgt Regeln**.

Nähe zum Gegenstand Diese wird vor allem dadurch erreicht, dass man möglichst nahe an der Alltagswelt der beforschten Subjekte anknüpft. Inwieweit das gelingt, ohne dass Verzerrungen resultieren, stellt ein wichtiges Gütekriterium dar.

Nähe zum Gegenstand: Personen müssen in ihrer **natürlichen Umwelt** beforscht werden.

Kommunikative Validierung Die Gültigkeit der Untersuchung kann man auch dadurch überprüfen, indem man die Ergebnisse den beforschten Personen nochmals vorlegt und mit ihnen diskutiert. Stimmen sie mit den Befunden überein, so kann das ein wichtiges Argument zur Absicherung der Ergebnisse sein.

Kommunikative Validierung: Die Untersuchungsergebnisse werden **mit den Beforschten diskutiert**.

Triangulation Triangulation meint, dass man versucht, für die Fragestellung unterschiedliche Lösungswege zu entwerfen und die Ergebnisse zu vergleichen. Dabei ist es nicht das Ziel, völlige Übereinstimmung zu erreichen. Aber die Ergebnisse der verschie-

Triangulation: Die Fragestellung wird mit **unterschiedlichen Methoden** untersucht und die Ergebnisse werden miteinander verglichen.

denen Perspektiven können miteinander verglichen werden, Stärken und Schwächen der jeweiligen Analysewege können aufgezeigt und schließlich zu einem kaleidoskopartigen Bild zusammengesetzt werden. Natürlich sind auch Vergleiche qualitativer und quantitativer Analysen sinnvoll und möglich.

1.4.2 Methoden im Forschungsprozess

Im zweiten Systematisierungsschritt unterscheiden wir die Methoden nach ihrer Anwendung im **Forschungsverlauf**.

Die **zweite Dimension zur Systematisierung** der Methodenvielfalt in der Psychologie orientiert sich am Ablauf des Forschungsprozesses (▶ Beispiel). Man unterscheidet dabei

- den allgemeinen Forschungsansatz oder das Forschungsdesign,
- die Datenerhebung und
- die Datenanalyse.

Beispiel

Untersuchungsablauf zur Hypothese »Studentinnen sind fleißiger als Studenten«

Eine empirische Untersuchung beginnt mit der **Entwicklung der Fragestellung**, z. B. »Sind Studentinnen fleißiger als Studenten?« Danach wird sich der Forscher überlegen, welche generelle Vorgehensweise er für die Überprüfung der Fragestellung heranziehen wird (**Wahl des Forschungsansatzes**). Im Beispielsfall könnte er sich für einen Mittelwertvergleich mit zwei Untersuchungsgruppen, bestehend aus Studentinnen bzw. Studenten, entscheiden. Danach folgt die Phase der **Datenerhebung**, in welcher die empirischen Daten gesammelt werden. In unserem einfachen Beispiel würden die Studierenden einen Fragebogen bearbeiten, der Auskunft über ihr Studier- bzw. Arbeitsverhalten gibt. Es folgt die Phase der **Auswertung** der gesammelten Daten mithilfe statistischer Analyseverfahren, also z. B. durch einen t-Test, der Auskunft darüber gibt, ob sich die beiden Gruppen hinsichtlich des Zeitaufwands für das Studium unterscheiden (▶ Kap. 4 zu statistischen Tests). Auf der Grundlage des Ergebnisses kann die Hypothese angenommen oder zurückgewiesen werden (▶ Abschn. 1.5).

Forschungsansatz

Der **Forschungsansatz** (**Forschungsdesign**) legt die grundlegende Vorgehensweise zur Beantwortung der Fragestellung fest.

Mit dem **Forschungsansatz** bestimmt man also die übergreifende, gegenstandsbezogene Vorgehensweise, wählt also beispielsweise das Experiment (▶ Abschn. 3.2) zur Überprüfung der Kausalhypothese »Intelligenz ist ursächlich für Ängstlichkeit«. Widmet man sich dagegen der Frage, ob es einen Zusammenhang zwischen Schul- und Studienerfolg gibt, wäre die Korrelationsstudie (▶ Abschn. 3.3.1) das adäquate Forschungsdesign. Solche Methoden spezifizieren dann, wie die Untersuchung anzulegen ist. Dies umfasst häufig auch eine Festlegung in Bezug auf die Art und Weise der Stichprobenziehung sowie die Methoden der Datenerhebung und -auswertung.

Zu den quantitativen Forschungsansätzen gehören u. a. das **Experiment**, die **Varianten des Experiments**, und die **nichtexperimentellen Ansätze** (**Korrelationsstudie, Prognosestudie, Metaanalyse**).

Zu den experimentellen Forschungsdesigns zählen neben dem **Experiment** noch eine Reihe von Varianten des Experiments, wie das **Quasi- und Feldexperiment** sowie die **Einzelfallforschung**. In ▶ Abschn. 3.2 werden diese Methoden im Einzelnen vorgestellt. Nichtexperimentelle Forschungsdesigns sind neben der **Korrelationsstudie** z. B. auch die **Prognosestudie** und die **Metaanalyse**. Im Einzelnen werden diese Methoden in ▶ Abschn. 3.3 besprochen.

Zu den qualitativen Forschungsansätzen gehören u. a. die **deskriptive Feldforschung**, die **Handlungsforschung**, die **gegenstandsbezogene Theoriebildung** und die **Fallstudie**.

Die bisher genannten Forschungsansätze sind quantitativer Art. Aber auch im qualitativen Ansatz gibt es Forschungsansätze, Erhebungs- und Analysemethoden. Sie werden in Teil II besprochen und in der folgenden ◘ Tab. 1.1 zusammen mit den quantitativen Verfahren systematisch dargestellt. Zu den qualitativen Forschungsansätzen zählt z. B. die **deskriptive Feldforschung**, bei welcher der Wissenschaftler seine Fragestellung (z. B. Welche Auswirkungen hat Arbeitslosigkeit bei Schulabgängern?) dadurch zu beantworten sucht, dass er sich ins Feld (in die Alltagssituation der betroffenen Menschen) begibt und seine Beobachtungen anstellt, um eine möglichst große Nähe zu erreichen. Weitere häufig eingesetzte qualitative Forschungsansätze sind die **gegen-**

standsbezogene Theoriebildung, die **Handlungsforschung**, die **Biografieforschung** und die **Fallstudie**.

Erhebungsmethoden

Steht der allgemeine Forschungsansatz, kommen, wie im obigen Beispiel beschrieben, (Daten-) **Erhebungsmethoden** zum Einsatz. Soll z. B. ein möglicher Zusammenhang zwischen den Variablen Intelligenz und Ängstlichkeit untersucht werden, so könnte man die Intelligenz mit einem Test und die Ängstlichkeit mit einem Fragebogen bestimmen. Es resultieren zwei Zahlenreihen, die die empirische Grundlage für die Überprüfung der anstehenden Fragestellung bilden. Damit sind die Methoden des **Testens** und **schriftlichen Befragens** als mögliche Erhebungsmethoden genannt. Aber auch das **Beobachten, Zählen** und **Interviewen** stellen Verfahren dar, mithilfe derer Daten erhoben werden können. In ▶ Kap. 2 werden diese und weitere Erhebungsmethoden näher betrachtet.

Bei der Durchführung einer Untersuchung werden Daten erhoben. Zu den dabei eingesetzten Erhebungsmethoden gehören im quantitativen Vorgehen u. a. das **Beobachten**, das **Testen** und das **schriftliche und mündliche Befragen**.

Auch im qualitativen Bereich gibt es Erhebungsmethoden, die in Teil II Gegenstand der Analyse sind und in ◻ Tab. 1.1 zusammen mit den quantitativen Verfahren eingeordnet sind. Neben den Interviewmethoden zählt die **teilnehmende Beobachtung** zu den am häufigsten gewählten Verfahren. Sie wird in der Regel in Kombination mit der deskriptiven Feldforschung eingesetzt und ist die Grundlage dafür, dass die Menschen in ihrer natürlichen Umgebung und im gewohnten Umfeld beobachtet werden können. Auch das **Struktur-Lege-Verfahren** und die **Gruppendiskussion** zählen zu dieser Verfahrensgruppe.

Zu den qualitativen Erhebungsmethoden zählen u. a. die **teilnehmende Beobachtung**, die **Gruppendiskussion** und das **Struktur-Lege-Verfahren**.

Analysemethoden

Die Entscheidung darüber, ob eine Hypothese angenommen oder zurückgewiesen wird, erfolgt aufgrund der Ergebnisse der (Daten-) **Analysemethoden**, die je nach der Art des vorliegenden Datenmaterials ausgewählt werden. Im oben aufgeführten Beispiel zur Frage nach dem Zusammenhang von Intelligenz und Ängstlichkeit könnte der Korrelationskoeffizient die Antwort geben. Prüft man andererseits die zugehörige Kausalhypothese (Intelligenz ist ursächlich für Ängstlichkeit), wertet man die nach einem experimentellen Versuchsplan erhobenen Daten mit einer Varianzanalyse aus.

Nach der Untersuchungsdurchführung werden die erhobenen Daten zum Zweck der Hypothesenentscheidung analysiert. Es gibt sowohl im quantitativen als auch im qualitativen Bereich eine Vielzahl von **Datenanalysemethoden**. In ◻ Tab. 1.1 sind einige genannt.

Es gibt eine Vielzahl von Verfahren, die im Zusammenhang mit der statistischen Datenanalyse eingesetzt werden. ▶ Kap. 4 vermittelt dazu einen knappen Überblick. Auch zu dieser Methodengruppe gibt es neben den genannten quantitativen Verfahren auch qualitative Methoden, die in Teil II dargestellt und in ◻ Tab. 1.1 in die Klassifi-

◻ Tab. 1.1 Klassifikation verschiedener methodischer Ansätze und Herangehensweisen

Methodenklasse	Quantitativer Ansatz	Qualitativer Ansatz
Forschungsansatz (Forschungsdesign)	(Labor-) Experiment Quasiexperiment Korrelationsstudie Metaanalyse etc.	Deskriptive Feldforschung Handlungsforschung Biografische Methode Gegenstandsbezogene Theoriebildung etc.
(Daten-) Erhebungsmethoden	Beobachten Zählen Urteilen Testen etc.	Interview Struktur-Lege-Verfahren Gruppendiskussion Teilnehmendes Beobachten etc.
(Daten-) Analysemethoden	Beschreibende Methoden Schlussfolgernde Methoden Multivariate Methoden Modelltests etc.	Inhaltsanalyse Hermeneutik Semiotik Diskursanalyse etc.

kationsdimensionen eingeordnet werden, wie beispielsweise die Inhaltsanalyse, die Semiotik oder die Diskursanalyse.

1.4.3 Methoden am Rand des Forschungskontexts

In den Anwendungsfeldern der Psychologie gibt es weitere Methoden, die aber auch im Forschungskontext eingesetzt werden können. Dabei handelt es sich um Methoden der **Diagnostik**, der **Intervention** und der **Evaluation**.

Aus den bisherigen Ausführungen geht klar hervor, dass die im vorliegenden Buch besprochenen Methoden aus dem **Forschungskontext** stammen, d. h. benutzt werden, um im Rahmen der Wissenschaft Forschungsfragen zu beantworten. Aber auch außerhalb der Forschungslandschaft werden in der Psychologie Methoden eingesetzt, die hier zur Vervollständigung des Überblicks zumindest gestreift werden sollen. Es handelt sich um Methoden aus den anwendungsnahen Themenbereichen der Psychologie, wie der **Diagnostik**, der **Intervention** und der **Evaluation**. Andererseits können diese Methoden durchaus auch einmal im Forschungskontext auftreten bzw. bestimmte Methoden, z. B. Fragebogen, werden auch in beiden Bereichen eingesetzt. Am Rand des Forschungskontextes bedeutet also, dass diese Methoden nicht allein und nicht primär in der wissenschaftlichen Forschung Verwendung finden.

Diagnostik

Die Methoden der Diagnostik sind primär die **Testverfahren**. Ihre Ergebnisse (Merkmalsausprägungen) werden verwendet, um Entscheidungen über nachfolgende Maßnahmen treffen zu können.

Im Kontext von Beratung (Erziehungsberatung, Laufbahnberatung usw.) werden Methoden eingesetzt, die der Analyse und Erhebung von Eigenschaften und Merkmalen von Personen dienen und Diagnose- oder Testverfahren genannt werden.

► Definition Psychologische Diagnostik

Definition

Die **psychologische Diagnostik** repräsentiert Vorgehensweisen, welche eine Erfassung von Charakteristika von Personen, Personengruppen, Institutionen, Situationen etc. zur Folge haben. Die Erfassung und Gewinnung von Charakteristika erfolgt zielgerichtet und systematisch mit wissenschaftlich fundierten Methoden, wie Testverfahren, Fragebogen, Verhaltensbeobachtungen und Anamnesen. Mit der Diagnostik wird das Ziel verfolgt, Erkenntnisse über die Merkmalsträger (Probanden, Klienten, Patienten) zu gewinnen und für eine Entscheidung über eine nachfolgende Maßnahme, wie Beratung, Therapie, Training etc., zu nutzen.

Man gewinnt somit relevante Charakteristika von Merkmalsträgern und integriert gegebene Daten zu einem Urteil (Diagnose, Prognose). Die Integration wird als diagnostische Urteilsbildung bezeichnet und in einem Gutachten festgehalten.

Mit qualitativen diagnostischen Verfahren (z. B. qualitativer Interviews) soll ein möglichst vorurteilfreies, **umfassendes Bild der Persönlichkeit** erstellt werden.

Neben den vielfältigen standardisierten Verfahren, die durch möglichst für alle Probanden gleichartig strukturierte und durchgeführte Methodik zu möglichst objektiven Vergleichsaussagen führen sollen, gibt es die sog. qualitativen Verfahren, die über einzelne Individuen möglichst umfangreiche, aussagekräftige Informationen zutage fördern sollen. In qualitativen Interviews soll durch gezieltes Hinterfragen von Antworten und durch freies Erzählen und themenzentrierte Ausführungen der Probanden ein möglichst vorurteilsfreies und nicht von normengestützten Vergleichsinteressen geleitetes Bild der Persönlichkeit oder der individuellen Denkleistungen erstellt werden.

Intervention

Die sich an den diagnostischen Prozess anschließenden Maßnahmen nennt man auch **Interventionen** (Beratung, Therapie, Training usw.).

Der angesprochene Beratungskontext umfasst neben der Diagnostik – wie der Begriff schon nahelegt – auch die psychologische Intervention.

Definition

Unter einer **Intervention** versteht man in der Psychologie geplant und gezielt eingesetzte Maßnahmen, um Störungen vorzubeugen (Prävention), sie zu beheben (Psychotherapie) oder deren negative Folgen einzudämmen (Rehabilitation). Wie schon bei der Diagnostik ist auch hier deutlich zu erkennen, dass der Einsatz der Methoden praktischen, in diesem Fall psychologisch-klinischen Belangen dient.

▶ Definition Intervention

Um die vielfältigen Ziele in den genannten Feldern erreichen zu können, bedient man sich vornehmlich therapeutischer Methoden wie etwa einer Vielzahl an Verhaltens- und Gesprächstherapievarianten (z. B. systematische Desensibilisierung, Habituation), Musiktherapie, Maltherapie usw.

Eine Studie zur Beschreibung und Bewertung von Personen, Organisationen, Strukturen und/oder Prozessen nennt man **Evaluation**. Die Überprüfung der Wirksamkeit einer Intervention stellt eine Evaluation dar.

Evaluation

Der Evaluation begegnen wir immer dann, wenn es darum geht, Sachverhalte, Personen oder Prozesse einzuschätzen, zu beurteilen oder zu bewerten.

Definition

Evaluation (Evaluierung) ist in der allgemeinen Bedeutung des Begriffs die Beschreibung, Analyse und Bewertung von Prozessen und Organisationseinheiten, insbesondere im Bildungsbereich, in den Bereichen Gesundheit und Entwicklungshilfe, der Verwaltung oder der Wirtschaft. Evaluation kann sich sowohl auf den Kontext (Voraussetzungen, Rahmenbedingungen), die Struktur, den Prozess als auch auf das Ergebnis (Produkt) beziehen.

▶ Definition Evaluation

Beschreibt und bewertet eine Studie die Leistungsfähigkeit von Absolventinnen und Absolventen der Hauptschule, so würde es sich dabei um eine Evaluation des Produkts einer Schulbildungsinstitution handeln. Anders als die Grundlagenforschung orientiert sich die Evaluation an den konkreten Fragen von Entscheidungsträgern, z. B. in der Bildungspolitik und -verwaltung, aber auch von Lehrern, Schülern und Eltern.

Wird basierend auf den Ergebnissen der Grundlagenforschung nach praktischen Umsetzungsmöglichkeiten gesucht, spricht man von Intervention (s. oben). Die Bewertung dieser Maßnahmen (z. B. Therapie- bzw. Unterrichtsformen) fällt in den Bereich der Evaluation. Dabei kann es vorkommen, dass Interventions- und Evaluationsforschung nicht sequenziell, sondern auch parallel ablaufen.

Damit ist die Evaluation auf ein breiteres Spektrum an Methoden angewiesen, um zeitgerecht hilfreiche Informationen zur Entscheidungsfindung bereitzustellen. Diese Methoden stammen in der Regel aus dem Kanon der bekannten Forschungsmethoden und sind selten für die jeweilige Evaluationsstudie entwickelt. Wie bereits aus den aufgeführten Definitionen hervorgeht, hat Evaluation somit primär das Ziel, praktische Maßnahmen zu überprüfen, zu verbessern oder über sie zu entscheiden und somit zur Handlungsoptimierung in komplexen Situationen beizutragen.

Die vielfältigen Evaluationsmethoden stammen in der Regel aus dem Kanon der bekannten Forschungsmethoden.

1

Kontrollfragen

1. Nennen Sie zwei Dimensionen für eine Systematik psychologischer Forschungsmethoden!
2. Welchen historischen Hintergrund haben die qualitativen Methoden?
3. Was versteht man unter Test-Retest-Reliabilität bzw. Interrater-Reliabilität?
4. Wie würden Sie die Methode der deskriptiven Feldforschung in die Systematik einordnen?
5. Geben Sie ein Beispiel für eine qualitative Erhebungsmethode!
6. Nennen Sie eine quantitative Auswertungsmethode (Datenanalyse)!
7. Worin unterscheiden sich Methoden der Intervention und der Evaluation?
8. Welches ist der primäre Anwendungsschwerpunkt von diagnostischen Methoden?

▸ Lernziele

Bortz, J. & Döring, N. (2006). *Forschungsmethoden und Evaluation für Human- und Sozialwissenschaftler* (4. Aufl.). Berlin: Springer.

Mey, G. & Mruck, K. (Hrsg.). (2010). *Handbuch qualitative Forschung in der Psychologie*. Wiesbaden: VS Verlag für Sozialwissenschaften.

1.5 Hypothese

Lernziele

- Was ist eine Hypothese?
- Wie unterscheiden sich Alltagshypothesen von wissenschaftlichen Hypothesen?
- Gibt es unterschiedliche Arten von Hypothesen und ihrer Überprüfung?
- Wann – im Forschungsprozess – formuliert man die Hypothesen?
- Wie kommt man eigentlich zu Hypothesen?
- Inwiefern steuert die Hypothese den Forschungs-
- prozess?

Die bereits häufiger verwendeten Begriffe »**Hypothese**« und »**Variable**«, die im Bereich der quantitativen Methoden von zentraler Bedeutung sind, werden im Folgenden näher betrachtet.

Um ein vertieftes Verständnis von psychologischen Methoden zu erlangen, haben wir uns in den ersten einführenden Abschnitten mit der Funktion der Methoden im Forschungsprozess, mit den Zielen wissenschaftlicher Tätigkeit und mit der Systematik psychologischer Methoden beschäftigt. Bevor wir die einzelnen Felder des entwickelten Klassifikationssystems (▫ Tab. 1.1) in den Teilen I und II näher betrachten, ist es für das bessere Verständnis hilfreich, sich mit zwei grundlegenden Begriffen vertraut zu machen, die vor allem für die quantitativen Methoden von zentraler Bedeutung sind: Gemeint sind die Begriffe »Hypothese« und »Variable«. In beiden Fällen folgen wir der entsprechenden Darstellung von Hussy und Jain (2002). Beide Begriffe wurden bereits verwendet und in aller Kürze definiert, weil eine einleitende Darstellung der wissenschaftlichen Grundzusammenhänge gar nicht ohne die zentralen Begriffe »Hypothese« und »Variable« auskommt. In den folgenden Abschnitten werden sie nun ausführlicher erklärt.

1.5.1 Was ist eine Hypothese?

Wie beschrieben beschäftigt sich ein wissenschaftlich tätiger Psychologe mit dem menschlichen Erleben, Verhalten und Handeln. Er stellt Fragen nach deren Sinn und Ursachen und versucht, darauf Antworten zu finden.

▸ Definition Hypothese

Definition

Vorläufige (vermutete) Antworten, die Forscher auf ihre Fragen geben, nennt man **Hypothesen** (Hussy & Jain, 2002). Um Vermutungen handelt es sich so lange, als der wissenschaftliche Nachweis noch aussteht.

»Es gibt einen Zusammenhang zwischen Intelligenz und Ängstlichkeit« ist ein Beispiel für eine vorläufige Antwort auf die Frage, ob es diesen Zusammenhang gibt. Erst wenn wir in einer validen empirischen Untersuchung nachgewiesen haben, dass es diesen Zusammenhang tatsächlich gibt, wird aus der Hypothese eine geprüfte Aussage.

1.5.2 Merkmale einer wissenschaftlichen Hypothese

Wissenschaftliche Hypothesen weisen eine Reihe von **Merkmalen** auf.

Jeder Mensch stellt (vermutlich) täglich viele Vermutungen an. Sie zeigen sich auch in Erwartungen, die ihrerseits zumindest teilweise erfahrungsbasiert sind. »Vermutlich wird das Benzin auch in den nächsten Monaten und Jahren noch teurer!« wäre ein Beispiel für eine Hypothese aus dem Alltag. Deshalb handelt es sich dabei aber noch lange nicht um eine wissenschaftliche Hypothese. Letztere sollten folgende Merkmale aufweisen:
- präzise und widerspruchsfreie Formulierung,
- prinzipielle Widerlegbarkeit,
- Operationalisierbarkeit und
- Begründbarkeit.

Formulierung und Widerlegbarkeit

Idealerweise lässt die **Formulierung** einer Hypothese bereits ihre formalen Merkmale – Kausalhypothese, universelle Hypothese usw. – erkennen.

Die **Formulierung** von Hypothesen findet häufig keine große Beachtung. Oftmals ist man als Leser einer wissenschaftlichen Untersuchung sogar gezwungen, die Untersuchungshypothese zu rekonstruieren. Da sich bei diesen Versuchen Irrtümer einschleichen können, empfiehlt es sich, eine möglichst präzise Formulierung zu verwenden, die auch schon die Art der Hypothese kenntlich macht:
- »Es gibt einen Zusammenhang zwischen Intelligenz und Ängstlichkeit«,
- »Intelligenz ist ursächlich für Ängstlichkeit«,
- »Intelligenz ist zumeist ursächlich für Ängstlichkeit«

sind Formulierungsbeispiele für Zusammenhangs-, Kausal- bzw. quasiuniverselle Hypothesen, die die Art der Hypothese unmittelbar transparent machen (zu Hypothesenarten ► Abschn. 1.5.3).

Präzise formulierte Hypothesen lassen leichter erkennen, ob sie **widerspruchsfrei** sind. In sich widersprüchliche Hypothesen sind nicht widerlegbar.

Immer wieder findet man auch Hypothesenformulierungen, die nicht widerspruchsfrei sind. In sich widersprüchliche Hypothesen sind **nicht widerlegbar** und von daher unwissenschaftlich. Nicht immer ist die Widersprüchlichkeit so leicht zu erkennen wie in dem bekannten Beispiel: »Wenn der Hahn kräht auf dem Mist, ändert sich das Wetter oder es bleibt wie es ist«. Diese These trifft aufgrund ihrer widersprüchlichen Formulierung immer zu und ist deshalb nicht widerlegbar. Man sagt auch, dass sie keinen empirischen Gehalt besitzt. **Widerspruchsfreiheit** muss aber auch im Hinblick auf das Hintergrundwissen bestehen.

Operationalisierbarkeit

Die (abstrakten) Begriffe einer Hypothese müssen **erfassbar** und **messbar** sein. Dieses Erfassen und Messen von Begriffen nennt man **operationalisieren**.

Die Widerlegbarkeit einer Hypothese ist weiterhin abhängig von der Art der Operationalisierung der in ihr enthaltenen abstrakten Begriffe. Wie in ► Abschn. 1.3.1 erwähnt und in ► Abschn. 1.6.3 noch näher auszuführen, müssen abstrakte und komplexe Begriffe genau beschrieben und definiert sein. Es muss also angegeben werden, wie sie zu beobachten und zu erfassen (messen) sind, damit eine Hypothese prinzipiell widerlegbar ist, d. h., dass sie mit der Empirie konfrontiert werden kann. Anders formuliert: Eine Hypothese, die »schwammige« Begriffe verwendet, kann nicht überprüft (und damit ggf. widerlegt) werden, denn die Voraussetzung für eine Überprüfung in einer Studie ist, dass man die beschriebenen Größen überhaupt exakt beobachten bzw. messen kann. Die Hypothese »Das Es funktioniert nach dem Lustprinzip« ist erst überprüf- und damit auch prinzipiell widerlegbar, wenn die Begriffe »Es« und »Lustprinzip«

operationalisiert werden können. Das Gleiche gilt für das uns vertraute Beispiel von Intelligenz und Ängstlichkeit: Erst wenn dazu gesagt wird, wie diese beiden komplexen und abstrakten Begriffe zu erfassen sind (z. B. mittels Test und Fragebogen), können die zugehörigen Zusammenhangs- und/oder Kausalhypothesen überprüft und somit prinzipiell auch widerlegt werden.

Begründbarkeit

Wenn es der Forschungsstand erlaubt, muss eine Hypothese **gut begründet** sein.

Schließlich gilt die **Begründbarkeit** einer Hypothese als Merkmal für ihre Wissenschaftlichkeit. Hiermit soll betont werden, dass nicht jede beliebige Vermutung auch gleich eine wissenschaftliche Hypothese ist. Allerdings muss der Stand der Forschung zum jeweiligen Fragebereich berücksichtigt werden. Eine Hypothese sollte immer dann hinreichend begründet sein, wenn dazu theoretisches und empirisches Wissen in hinreichendem Umfang vorliegen. Allerdings gibt es genügend (neue) Forschungsbereiche, bei welchen kein umfangreiches Vorwissen existiert. Hier wäre es verfehlt, eine differenzierte Hypothesenbegründung zu verlangen, weil diese Forderung aufgrund mangelnden Wissens nicht erfüllbar wäre. Dennoch sollten Forscher sich in jedem Fall bemühen, die Überlegungen nachvollziehbar zu machen, die zur Aufstellung der Hypothese geführt haben.

1.5.3 Arten von Hypothesen und ihre Überprüfung

Wir unterscheiden drei **Hypothesenarten**:

Groeben und Westmeyer (1981) unterscheiden acht Hypothesenarten mit unterschiedlicher Bedeutung für die Wissenschaft Psychologie. Wir gehen hier in erster Linie auf die verschiedenen universellen Hypothesen ein, also auf Hypothesenarten, die den Anspruch haben, allgemeingültige oder nahezu allgemeingültige vorläufige Antworten auf Forschungsfragen zu formulieren. Es handelt sich dabei um

- universelle Hypothesen,
- beschränkt universelle Hypothesen und
- quasiuniverselle Hypothesen.

Universelle Hypothesen

Die **universelle Hypothese** hat einen generellen Gültigkeitsanspruch. Ein gegenteiliger Fall reicht aus, um sie zu widerlegen. Sie ist aber nicht endgültig zu bestätigen.

In der **universellen Hypothese** wird die Aussage ohne jede Einschränkung formuliert; sie soll ohne Einschränkung gelten. Ein Beispiel dafür ist die Hypothese »Intelligenz bedingt Ängstlichkeit«. Einschränkungen könnten sich z. B. auf die fragliche Personengruppe beziehen (gilt nur für Erwachsene) oder die Situation betreffen (gilt nur in Gefahrensituationen) usw. Die Überprüfung einer (unbeschränkt) universellen Hypothese kann nur zu ihrer Widerlegung führen. Es genügt ein gegenteiliger Fall und die Hypothese kann – vereinfacht dargestellt – als falsifiziert gelten (z. B. »Alle Schwäne sind weiß.«). Dagegen ist ihre Bestätigung nicht möglich, weil die Überprüfung niemals als abgeschlossen gelten kann. Selbst wenn sich in allen bisherigen Überprüfungen die Hypothese bewährt hat, kann die nächste Untersuchung ein gegenteiliges Ergebnis bringen. Da keinerlei Einschränkungen vorliegen, ist eine vollständige Überprüfung nicht möglich, ganz abgesehen davon, dass auch zukünftige Ereignisse nicht in den Prüfprozess einbezogen werden können.

Beschränkt universelle Hypothesen

Aufgrund der großen interindividuellen Variabilität menschlichen Erlebens und Verhaltens ist es realistischer, **beschränkt universelle Hypothese** zu formulieren, also raumzeitliche oder personenbezogene Einschränkungen zu formulieren. Sie ist widerlegbar, aber ebenfalls nicht endgültig zu bestätigen.

Nun ist menschliches Erleben, Verhalten und Handeln dadurch ausgezeichnet, dass es sehr variabel ist und zwar sowohl innerhalb einer Person als auch zwischen verschiedenen Personen. Von daher ist es unrealistisch zu erwarten, dass wir in der Psychologie zu solch **uneingeschränkten Allaussagen** kommen können, wie sie mit universellen Hypothesen postuliert werden. Aus diesem Grund haben **beschränkt universelle Hypothesen** eine größere Wahrscheinlichkeit, nicht widerlegt zu werden. »Intelligenz bedingt bei erwachsenen Personen die Ängstlichkeit« wäre ein Beispiel für eine beschränkt universelle Hypothese ebenso wie »Intelligenz bedingt in Gefahrensituationen die Ängstlichkeit«. Für die Überprüfung gelten vergleichbare Überlegungen wie jene, die zur universellen Hypothese angestellt wurden. Daraus lässt sich ableiten, dass es vom Ausmaß der Einschränkung abhängt, ob ein Prüfprozess alle betroffenen Personen (z. B. alle Erwachsenen) umfassen kann. Da aber auch hier das Argument gilt, dass in Zukunft ein widersprechender Fall auftreten kann, bleibt es auch für die beschränkt universelle Hypothese dabei, dass sie zwar falsifizierbar, aber nicht verifizierbar ist.

Quasiuniverselle Hypothesen

Einen Ausweg aus dem Problem verspricht die **quasiuniverselle Hypothese**. »Die Intelligenz bedingt **zumeist** die Ängstlichkeit« ist ein Beispiel für diese Hypothesenart. Ersichtlich bezieht sich hier die Einschränkung nicht auf den situativen oder zeitlichen Kontext und auch nicht auf die betroffenen Personen, sondern auf die Wahrscheinlichkeit des Zutreffens. Ausnahmen werden in Kauf genommen. Der Forscher begnügt sich damit, **Regelhaftigkeiten** zu erkennen. Regelverstöße werden in einem gewissen Umfang zugelassen. Gesetzesmäßige Aussagen, die eine uneingeschränkte Geltung beanspruchen, sind nicht das Ziel von Untersuchungen mit quasiuniversellen Hypothesen. Die Überprüfung dieser Hypothesenart ist Gegenstand der weiteren Erörterungen des vorliegenden Buches. Es ist insbesondere die Inferenzstatistik, die hierzu herangezogen wird (▶ Kap. 4.2).

Die Einschränkungen bei der **quasiuniversellen Hypothese** beziehen sich auf die Wahrscheinlichkeit ihres Zutreffens. Somit werden Ausnahmen in Kauf genommen.

Die quasiuniverselle Hypothese treffen wir im Bereich der psychologischen Forschung am häufigsten an. Sie ermöglicht es, sich dem Ziel, allgemeingültige Aussagen formulieren und überprüfen zu können, anzunähern, erfordert aber andererseits einen großen statistischen und versuchsplanerischen Aufwand für ihre Überprüfung. Das Ergebnis der Überprüfung kann in der Zurückweisung wie auch in der Beibehaltung der Hypothese bestehen. Diese Beurteilung der Hypothese, bekannter unter den Begriffen der **Falsifikation** und **Verifikation**, darf allerdings nicht als endgültige Zuordnung der Prädikate »falsch« bzw. »wahr« verstanden werden, sondern ist auf dem Hintergrund der konkreten Untersuchung zu sehen. Das bedeutet, dass jede Untersuchung spezifische Merkmale aufweist, wie etwa die Art der Operationalisierung der Variablen oder die Art der gewählten Stichprobe. Genau diese spezifischen Merkmale führen dazu, dass die Beibehaltung oder Zurückweisung der Hypothese nicht generell gilt, sondern zunächst nur für die untersuchungsspezifischen Bedingungen. Wiederholungen mit veränderten Merkmalen (Replikationen) prüfen die Möglichkeiten der Verallgemeinerung (▶ Beispiel).

Quasiuniverselle Hypothesen sind in der psychologischen Forschung **sehr verbreitet**. Sie ermöglichen – mit großem methodischem Aufwand – vorläufige Bestätigungen oder Zurückweisung.

Beispiel

Sind Studentinnen fleißiger als Studenten? Der Geltungsbereich!

Greifen wir zur Illustration dieser Gedankengänge das Beispiel mit der Hypothese auf, dass Studentinnen fleißiger sind als Studenten. Eine präzise Formulierung könnte lauten: »Studentinnen verbringen mehr Zeit mit der Vor- und Nachbereitung von Veranstaltungen und Prüfungen als Studenten«. Nehmen wir einmal an, dass von beiden Gruppen 20 Personen befragt wurden (Datenerhebung). Die Auswertung (Datenanalyse) erbringt das Ergebnis, dass Studentinnen wöchentlich im Durchschnitt 18 Stunden mit Vor- und Nachbereitungstätigkeiten für Veranstaltungen und Prüfungen beschäftigt sind, Studenten dagegen 11 Stunden. Die inferenzstatistische Überprüfung der Mittelwertdifferenz weist das Ergebnis als signifikant, d. h. nicht mit dem Zufall erklärbar aus. Wir können die Hypothese aufgrund dieser Konfrontation mit der Realität also beibehalten. Allerdings müssen wir diese Aussage **einschränken auf die Besonderheiten der Untersuchung**, also auf das Alter und den Studiengang der untersuchten Studierenden, den verwendeten Fragebogen, die Art der Datenerhebung (schriftlich vs. mündlich, Einzel- vs. Gruppenuntersuchung) usw. In Wiederholungsstudien (Replikationen) können diese Einschränkungen näher geprüft werden.

Weitere Hinweise dazu finden sich in ▶ Abschn. 3.2.5.

1

1.5.4 Zeitpunkt der Formulierung von Hypothesen

In einem **Prüfexperiment** werden die Hypothesen **vor der Untersuchungsdurchführung** formuliert, bei einem **Erkundungsexperiment** dagegen werden die Hypothesen **nach der Untersuchung** auf der Grundlage der erhobenen Daten aufgestellt.

In der Regel werden Hypothesen formuliert, bevor eine Untersuchung durchgeführt wird und die Ergebnisse vorliegen. In diesem Fall sprechen wir von einem **Prüfexperiment** oder von einer hypothesenprüfenden Untersuchung. Nicht so häufig kann man den Fall antreffen, dass die Ergebnisse einer Untersuchung dazu herangezogen werden, die Hypothesen zu formulieren. In diesem Fall sprechen wir von einem **Erkundungsexperiment** oder von einer hypothesengenerierenden Untersuchung.

Hypothesenprüfende Untersuchungen

Die hypothesenprüfende Untersuchung (Prüfexperiment) liefert eine **geprüfte Aussage**. Eine Entscheidung über Annahme oder Zurückweisung der Hypothese ist möglich.

Im **hypothesenprüfenden Fall** findet man eine vorläufige Antwort auf eine Forschungsfrage, also die Hypothese, durch eigene Beobachtungen und durch ein sorgfältiges Literaturstudium, welches den Erkenntnisstand der Wissenschaft zum fraglichen Gegenstand vermittelt. Zur Hypothesenprüfung entwickelt der Wissenschaftler – wie im Beispiel zum Studienfleiß gezeigt – einen geeigneten Versuchsplan, der es ermöglicht, seine Vermutung mit der Empirie, also in der Realität vorfindbaren Sachverhalten, zu vergleichen. Mit dem Versuchsplan (Befragen von je 20 männlichen und weiblichen Studierenden nach der in das Studium investierten Zeit) konstruiert er somit eine Prüfsituation, die exakt auf die jeweilige Hypothese zugeschnitten ist und die es von daher ermöglicht, über ihre Annahme oder Zurückweisung zu entscheiden. In jedem Fall resultiert eine geprüfte Aussage, auch wenn immer noch kritische Fragen zur Validität der Hypothesenprüfung gestellt werden müssen (▶ Abschn. 1.5.3 und ▶ Abschn. 3.2).

Hypothesengenerierende Untersuchungen

Die hypothesengenerierende Untersuchung (Erkundungsexperiment) liefert eine **ungeprüfte Hypothese**. Eine Entscheidung über Annahme oder Zurückweisung der Hypothese ist nicht möglich.

Im **hypothesengenerierenden Fall** handelt es sich um Untersuchungen mit Erkundungscharakter. Das bedeutet, dass der Forschungsstand nicht sehr differenziert ist, man weiß insgesamt noch nicht viel zu dem Themengebiet, und das Aufstellen einer gut begründbaren Hypothese fällt schwer (▶ Abschn. 1.4.2). Die Untersuchung zum fraglichen Gegenstand lässt die Hypothese deshalb offen, bezieht aber sehr wohl die relevanten Konzepte mit ein. Wenn beispielsweise nur wenige Erkenntnisse zur Relation von Intelligenz und Ängstlichkeit vorliegen, plant man eine Untersuchung, in der die beiden Konzepte korrelativ oder kausal aufeinander bezogen sind, ohne sich in einer konkreten Hypothese festzulegen, wie die Relationen exakt aussehen. Die sich ergebenden empirischen Ergebnisse bilden nun die Grundlage dafür, die exakte Hypothesenformulierung vorzunehmen. Ergibt sich aus der Datenlage z. B. eine positive Korrelation, so wird man diesen vorgefundenen Zusammenhang in die jetzt exakt formulierbare Hypothese aufnehmen: »Intelligenz und Ängstlichkeit korrelieren positiv«. Aufgrund der Untersuchungsergebnisse wird also eine Hypothese erstellt (generiert).

Das **gleichzeitige Generieren und Prüfen** einer Hypothese in einer einzigen Untersuchung (am gleichen Datensatz) **ist nicht möglich!**

Während aus einer hypothesenprüfenden Untersuchung also eine geprüfte Aussage resultiert, ermöglicht die hypothesengenerierende Untersuchung »nur« das Aufstellen einer Hypothese. Man könnte hypothesengenerierende Untersuchungen als »Vorläufer« von hypothesenüberprüfenden Untersuchungen bezeichnen. Die generierte Hypothese kann nun ihrerseits geprüft werden. Dazu muss eine eigene Untersuchung geplant und durchgeführt werden. Dabei ist unbedingt zu beachten: Die Daten, die zur Generierung der Hypothese herangezogenen wurden, können nicht gleichzeitig zu ihrer Überprüfung verwendet werden! Das Aufstellen und Überprüfen einer Hypothese kann sich somit nicht auf die eine und gleiche Datenbasis beziehen, sondern erfordert unabhängige empirische Sachverhalte (▶ Abschn. 3.3.6)! Anderenfalls wären die Zufälligkeiten, die bei der Erstellung der Datenbasis eine Rolle gespielt haben könnten, zwangsläufig auch mit in der Hypothesenprüfung und Hypothesenbewertung enthalten.

1.5.5 Generierung von Hypothesen

In den bisherigen Überlegungen ist bereits mehrfach Bezug auf das Aufstellen von Hypothesen genommen worden. Wie kommt ein Wissenschaftler zu seinen Hypothesen? Nachfolgend wollen wir drei Vorgehensweisen erläutern:
- deduktive,
- induktive und
- intuitive
- Aufstellung von Hypothesen.

Wir unterscheiden drei Vorgehensweisen beim **Generieren von Hypothesen**:

Deduktive Hypothesengenerierung

Wie bereits besprochen ist Forschung als Problemlöseprozess zu verstehen, in welchem nach einer Antwort auf eine Frage (aus dem Gegenstandbereich der jeweiligen Wissenschaft) gesucht wird. Gestalten wir die Suche in der Weise, dass wir zunächst ein intensives Literaturstudium betreiben und uns die zugehörigen Theorien und Modelle bzw. die gefundenen empirischen Sachverhalte erarbeiten, um daraus die Antworten abzuleiten, so beschreiten wir den **deduktiven Weg**. Bei der Antwort handelt es sich dann um eine Spezifikation aus einem generellen Sachverhalt (Theorie, Modell; ▶ Beispiel).

Bei der **deduktiven Hypothesenbildung** formuliert der Wissenschaftler eine spezifische Vermutung auf der Grundlage eines generellen Sachverhalts (z. B. aus einer Theorie).

Beispiel

Kurzzeitgedächtnishypothese aus einer Deduktion

In einem vorausgehenden Literaturstudium findet man beispielsweise eine Theorie zum Kurzzeitgedächtnis, die besagt, dass menschliche Individuen 7+/–2 Informationseinheiten behalten können. Das Literaturstudium verrät auch, dass diese Theorie bereits durch entsprechende Untersuchungen mit Ziffern und Buchstaben empirisch gestützt wurde. So gelangt man zu der Vermutung, dass Informationseinheiten nicht nur Ziffern und Buchstaben sein können, sondern dass der gleiche Sachverhalt auch für Wörter (Sätze) gilt, die Theorie also auch mit anderen Gegenständen als Ziffern oder Buchstaben »funktionieren« könnte. Aus der **generellen** Theorie (Menschen können sich generell 7+/–2 Informationseinheiten merken) wird für eine folgende Untersuchung eine neue **spezifische** Hypothese abgeleitet (Die Versuchspersonen der Untersuchung können sich maximal 7+/–2 Wörter aus einer zu lernenden Wortliste merken.)

Induktive Hypothesengenerierung

Umgekehrt verfährt man, wenn man den **induktiven Weg** beschreitet. Bei der Suche nach der Antwort bezieht man sich in diesem Fall nicht auf eine zugrunde liegende Theorie (die ihrerseits in vielen Fällen schon als relativ abgesichert gilt), sondern auf einzelne, zugehörige Beispiele, denen man in der Literatur oder auch im täglichen Leben begegnet. Aus diesen Einzelbeispielen entwickelt man dann die Hypothese in Form eines Abstraktionsprozesses (▶ Beispiel).

Bei der **induktiven Hypothesenbildung** formuliert der Forscher eine generelle Vermutung aus einer Reihe spezifischer Sachverhalte (z. B. eine Vielzahl von Einzelbeobachtungen).

Beispiel

Kurzzeitgedächtnishypothese aus einer Induktion

So beobachtet man beispielsweise immer wieder, dass Personen (einschließlich der eigenen Person) kurzfristig eine begrenzte Anzahl an Zahlen und Buchstaben, allgemein an Informationen behalten können. Ein anschauliches Beispiel stellt das Telefonieren dar: Die Rufnummer kann aus dem Gedächtnis gewählt werden. Mit Vorwahl wird die gleiche Aufgabe schon schwierig. Außerdem gelingt der Vorgang nur kurze Zeit. Möchte man die gleiche Nummer nach 5 Minuten erneut wählen, muss man sie häufig nochmals nachschlagen. Daraus kann man nun ebenfalls eine Hypothese wie die im vorigen Beispiel genannte ableiten. Zu der Hypothese, dass Menschen ein Kurzzeitgedächtnis mit begrenzter Kapazität und begrenztem Umfang besitzen, führt hier also ein Abstraktionsprozess, dem viele solcher und ähnlicher Beobachtungen zugrunde liegen.

Diese beiden Wege verlaufen nur in Ausnahmefällen in der beschriebenen reinen Form. In der Regel liegt beim Aufstellen von Hypothesen eine aus beiden Wegen gemischte

Häufig gehen beide Wege in die Hypothesenbildung ein. Und oft spielt auch Intuition eine wichtige Rolle.

Form vor. Und nicht selten spielen auch der **Zufall** und die **Intuition** eine entscheidende Rolle. Die Entdeckung der Grundlage der klassischen Konditionierung soll als Beispiel dienen (Hussy & Möller, 1994; Hussy & Jain, 2002; ▶ Beispiel).

Beispiel

Klassisches Konditionieren

Pawlow war ursprünglich – als Physiologe – an der Verdauung interessiert, speziell an der Frage, wann beim Füttern eines Hundes die Speichelsekretion eintritt. Im Zuge seiner Untersuchungen fand er heraus, dass die Tiere mit zunehmender Vertrautheit mit der Fütterungssituation (das gleiche Fressen, der gleiche Napf, der gleiche Pfleger) sogar schon Speichel produzierten, bevor sie das Fressen im Maul hatten. Bei gleich bleibender Fütterungssituation verlegte sich die Speichelproduktion zeitlich immer weiter nach vorn: Schon der Anblick des Pflegers bewirkte schließlich bereits die Speichelproduktion. Pawlow erkannte darin (auf induktivem Wege, also durch teils zufällige Beobachtungen) das Prinzip, dass ursprünglich neutrale Reize bei hinreichend häufiger Kombination mit einem Verstärker selber die verstärkende Wirkung übernehmen können, und begründete damit die Theorie und Methode des klassischen Konditionierens, ein wesentlicher wenngleich ursprünglich nicht geplanter Beitrag zur Lernpsychologie, der auch heute noch große Bedeutung besitzt.

1.5.6 Die Hypothese im Forschungsprozess

Der gesamte Forschungsprozess ist als ein **Vorgang des Problemlösens** aufzufassen. Wie muss vorgegangen werden, damit die Konfrontation der Hypothese mit der Empirie zu einer Entscheidung über die Hypothese (und die Theorie) führt.

Nicht nur das Aufstellen von Hypothesen, sondern der gesamte Forschungsprozess kann als Problemlösevorgang aufgefasst werden. Hypothesen übernehmen dabei die Funktion, eine Verbindung zwischen Theorie und Empirie herzustellen, wodurch der Forschungsprozess geleitet wird. In ◘ Abb. 1.10 ist diese Überlegung veranschaulicht.

Der rechte Teil von ◘ Abb. 1.10 repräsentiert den deduktiven Weg der Hypothesenerstellung und -prüfung. Aus der Theorie wird die Hypothese abgeleitet und mit der Empirie konfrontiert. Das Ergebnis der Hypothesenprüfung wirkt sich seinerseits auf die zugrunde liegende Theorie aus, indem – vereinfacht dargestellt – im Bestätigungsfall der Grad ihrer Bewährung steigt und im negativen Fall die Theorie modifiziert werden muss.

Im linken Teil der Abbildung, die den induktiven Weg darstellt, kommt neben dem Konzept des Problembereichs, welches wir synonym zum Begriff des Forschungsgegenstands verwenden, noch der Begriff des Hintergrundwissens dazu. Die induktive Hypothesenbildung startet mit Beobachtungen im Problembereich und einer darauf bezogenen Abstraktion. Der weitere Forschungsablauf ist nahezu identisch, mit der Ausnahme, dass – je nach Forschungsstand – eventuell erst eine Theorie aus den geprüften Aussagen gebildet werden muss (▶ Beispiel).

◘ **Abb. 1.10** Die Stellung der Hypothese im Forschungsprozess

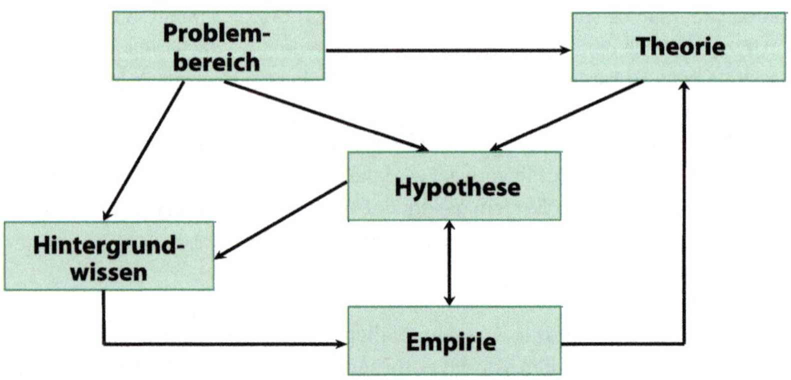

Definition

Unter dem **Hintergrundwissen** versteht man Wissensbestände, die benötigt werden, um jene Untersuchungssituation zu konstruieren, mit welcher die Hypothese konfrontiert werden soll.

▶ Definition Hintergrundwissen

Beispiel

Testverfahren als Hintergrundwissen

Bei unserer Beispielshypothese müssen wir uns mit den Begriffen Intelligenz und Ängstlichkeit auseinandersetzen. Allerdings beginnen wir hier nicht bei null, sondern ziehen das dazu verfügbare fachspezifische Wissen heran, um zu Beschreibungen, Definitionen und Operationalisierungen zu kommen (▶ Abschn. 1.5.4). Intelligenz erfassen wir z. B. mit einem Intelligenztest und Ängstlichkeit mit einem entsprechenden Fragebogen. Wir beziehen also das bereits vorhandene Fachwissen – in diesem Fall die Kenntnis über spezielle Erhebungsverfahren – mit in die Konstruktion der Untersuchungssituation ein.

Die Konstruktion der Untersuchungssituation im Sinne der Versuchsplanung und -durchführung wird auch im weiteren Verlauf von der Hypothese und dem Hintergrundwissen geleitet. So ist etwa die Frage zu entscheiden, in wie vielen Ausprägungsgraden die Intelligenz realisiert werden soll, ob wir also zwei, drei oder mehr unterschiedliche Intelligenzniveaus in die Untersuchung aufnehmen. Hierbei ist es in erster Linie das methodische Hintergrundwissen, welches hilft, die Entscheidungen zu treffen.

? Kontrollfragen

1. Nennen Sie ein Beispiel für eine quasiuniverselle Hypothese!
2. Warum wird diese Hypothesenart in der psychologischen Forschung so häufig verwendet?
3. Formulieren Sie eine universelle Kausalhypothese?
4. Muss man wissenschaftliche Hypothesen in jedem Fall ausführlich begründen?
5. Kann man Hypothesen auch im Nachhinein formulieren?
6. Welches ist der Unterschied zwischen einer hypothesenprüfenden und -generierenden Studie?
7. Geben Sie ein Beispiel für eine intuitive Hypothesengenerierung!
8. Beschreiben Sie den induktiven Weg der Hypothesengenerierung!
9. Welche Position hat die Hypothese im Forschungsprozess?

▶ Weiterführende Literatur

Hussy, W. & Möller, H. (1994). Hypothesen. In T. Herrmann & W. H. Tack (Hrsg.), *Enzyklopädie der Psychologie. Methodologie und Methoden. Serie 1: Forschungsmethoden der Psychologie. Band 1: Methodologische Grundlagen der Psychologie* (S. 475–507). Göttingen: Hogrefe.

1.6 Variable

Lernziele

- Was versteht man unter einer Variablen?
- Welche unterschiedlichen Arten von Variablen gibt es?
- Was passiert bei der Operationalisierung von Variablen?
- Was ist dabei zu beachten?

Auch der Begriff »Variable« ist von Bedeutung für das Verständnis der folgenden Darstellungen. Wir haben ihn bisher zwar schon vielfach verwendet, wollen uns jetzt aber etwas näher mit ihm beschäftigen.

1

1.6.1 Was ist eine Variable?

Eine **Variable** ist ein Merkmal (in der Psychologie aus dem Bereich menschlichen Erlebens, Verhaltens und Handelns), das unterschiedliche Ausprägungsgrade annehmen kann, welches also **variiert**. Der Ausprägungsgrad eines Merkmals kann zwischen verschiedenen Personen, aber auch innerhalb einer Person variieren (**inter- und intraindividuelle Unterschiede**).

Menschliche Individuen weisen eine unüberschaubare Anzahl von Merkmalen auf. Wenn wir menschliches Erleben, Verhalten und Handeln beschreiben und erklären wollen, dann geschieht dieses auf der Grundlage dieser Merkmale. Unsere Beispielhypothese verdeutlich auch diesen Sachverhalt: Intelligenz bedingt Ängstlichkeit. Es sind die beiden Merkmale Intelligenz und Ängstlichkeit, zwei Beispiele aus einer Fülle anderer möglicher Merkmale, für die wir uns interessieren, die wir beschreiben und erklären wollen. Und solche Merkmale werden auch Variablen genannt, da sie veränderlich sind bzw. weil sie **variieren**. Diese Variabilität besteht sowohl innerhalb einer Person (intraindividuell) als auch zwischen verschiedenen Personen (interindividuell). Menschen sind unterschiedlich intelligent, ängstlich usw. Aber auch die gleiche Person ist – z. B. zu unterschiedlichen Zeitpunkten – unterschiedlich ängstlich.

Variabilität kennzeichnet den Gegenstandsbereich der Psychologie. Konstanz ist dagegen kaum vorzufinden. Eine Konstante wäre ein Merkmal mit nur einer Ausprägung. Variablen haben viele, mindestens aber zwei Ausprägungen.

► Definition
Variable vs. Konstante

Definition

Variablen sind veränderliche Beobachtungsgrößen. Psychologische Variablen sind veränderliche Beobachtungsgrößen aus dem Bereich des menschlichen Erlebens, Verhaltens und Handelns. Jede Variable hat mindestens zwei, in der Regel viele Ausprägungen. **Konstanten** sind Beobachtungsgrößen mit nur einer Ausprägung. Sie sind im Gegenstandsbereich der Psychologie kaum vorzufinden (Hussy & Jain, 2002).

1.6.2 Arten von Variablen

Wir unterscheiden verschiedene **Arten von Variablen**:

Bei der unüberschaubaren Vielfalt von Variablen gibt es zwangsläufig auch eine Vielzahl an Einteilungsgesichtspunkten. Wir wollen uns an dieser Stelle mit den **qualitativen vs. quantitativen Variablen** und den **konkreten vs. abstrakten Variablen** beschäftigen. Die für uns ebenfalls interessante Klasse der **experimentellen Variablen** lernen wir in ► Kap. 3 kennen.

Die Merkmalsausprägungen unterscheiden sich bei **quantitativen Variablen** nach dem Zahlenwert, bei **qualitativen Variablen** nach ihrer Beschaffenheit.

Qualitative vs. quantitative Variablen Bei quantitativen Variablen ist es möglich, den Merkmalsausprägungen gemäß einer Abbildungsvorschrift (Skala) Zahlenwerte zuzuordnen (z. B. Alter: 15, 45, 70 Jahre; ► Abschn. 2.2.2). Bei qualitativen Variablen unterscheiden sich die Ausprägungen nicht nach Zahlenwerten, sondern nach ihrer Beschaffenheit (Qualität). Ein Beispiel für eine qualitative Variable stellt die Augenfarbe dar. Blau, grau, braun, grün usw. sind qualitative Ausprägungen dieser Variablen. Selbstverständlich kann man den Merkmalsausprägungen auch in diesem Fall Zahlen zuordnen (z. B. weiblich 0, männlich 1), aber diese verlieren dann ihre metrischen Eigenschaften und behalten nur noch den Status von Namen.

Das Ausmaß der direkten Beobachtbarkeit kennzeichnet den Unterschied zwischen **konkreten** und **abstrakten Variablen**.

Konkrete vs. abstrakte Variablen (einfache vs. komplexe Variablen) Variablen können mehr oder weniger leicht direkt beobachtbar sein. Die Reaktionszeit ist eine direkt beobachtbare, konkrete Variable (Stoppuhr vorausgesetzt). Dagegen entziehen sich Variablen wie Intelligenz oder Planungsfähigkeit der direkten Beobachtung, sie sind abstrakt. Man sieht es Menschen meistens nicht an, wie intelligent oder vorausschauend sie sind. Zur Erfassung abstrakter Variablen müssen sehr differenzierte Messinstrumente herangezogen werden. Eng damit verwandt ist die Unterscheidung zwischen einfachen und komplexen Variablen. Sie bezieht sich auf die Anzahl der Bedeutungsaspekte, die von der Variablen jeweils umfasst werden. Die Reaktionszeit ist somit nicht nur eine konkrete, sondern auch eine einfache Variable und die Intelligenz nicht nur eine abstrakte, sondern auch eine komplexe Variable.

1.6.3 Operationalisierung von Variablen

Definition

Wenn eine Hypothese mit abstrakten und/oder komplexen Variablen geprüft, also mit der Realität konfrontiert werden soll, müssen diese Variablen der Beobachtung und Erfassung zugänglich gemacht werden, d. h., sie müssen **operationalisiert** werden. Dies geschieht dadurch, dass ihnen auf der Basis des vorliegenden Hintergrundwissens empirische Sachverhalte (d. h. konkret mess- bzw. beobachtbare Größen) zugeordnet werden. Dadurch wird entscheidbar, ob und in welcher Ausprägung die abstrakten (theoretischen) Begriffe in der (empirischen) Realität vorliegen.

▶ Definition Operationalisierung

Vor 100 Jahren hätte die Operationalisierung des Begriffs Intelligenz noch Schwierigkeiten gemacht. Heute beziehen wir uns auf das vorliegende Wissen über die Möglichkeiten der Erfassung von Intelligenz mittels Intelligenztests. Dieses Wissen haben wir bereits als Hintergrundwissen kennengelernt. Beobachtbar – also operationalisiert – wird Intelligenz demnach dadurch, dass Personen in eine Situation gebracht werden, in der sie intelligentes Verhalten zeigen können. Im Beispielsfall (»Es gibt einen Zusammenhang zwischen Intelligenz und Ängstlichkeit«) bearbeiten sie die Items eines Tests, der intelligentes Verhalten abverlangt. Damit ist auch die Grundlage für das Erfassen (Messen) der Intelligenz gelegt: Die Anzahl korrekt gelöster Testitems gibt Auskunft über die jeweilige Ausprägung der Variablen Intelligenz. Die in ◘ Abb. 1.10 enthaltene Relation zwischen der Hypothese und dem Hintergrundwissen steht für den Operationalisierungsvorgang. Das Hintergrundwissen ist selbst nicht Gegenstand der Hypothesenprüfung und wird als zutreffend vorausgesetzt.

Erst indem man Variablen beobachtbar macht (Personen beschäftigen sich mit einem Intelligenztest, wenn man wissen möchte, wie intelligent sie sind), kann man sie auch messen (Anzahl gelöster Aufgaben). Diesen Vorgang nennt man **operationalisieren.**

Natürlich muss auch der theoretische Begriff Ängstlichkeit operationalisiert werden. Auch hierbei beziehen wir uns auf das Hintergrundwissen, welches Informationen über Fragebögen zur Erfassung der Ängstlichkeit enthält. Der Vorgang ist im Prinzip der gleiche wie beim Intelligenztest: Die Probanden bearbeiten Fragen, die Situationen repräsentieren, in welchen sich ängstliches Verhalten niederschlagen kann. Die Anzahl der in Richtung »ängstliches Verhalten« beantworteten Fragen stellt die Ausprägung der Variablen »Ängstlichkeit« dar.

Das Operationalisieren stellt einen der wichtigsten, aber auch schwierigsten Schritte in der psychologischen Forschung dar. Viele abstrakte Variablen sind vielschichtig und haben einen komplexen Bedeutungskern. Das Operationalisieren solcher Variablen reduziert deren **semantischen Gehalt** zwangsläufig. Wünschenswert sind Operationalisierungen, die den Bedeutungskern treffen, weil damit die Reduktion des semantischen Gehalts gering gehalten und die Verallgemeinerbarkeit der Ergebnisse erleichtert wird. Wählt man dagegen einen eher randständigen Bedeutungsaspekt aus, so resultiert eine starke Reduktion des semantischen Gehalts und die Ergebnisse gelten eben auch nur für diesen Bedeutungsaspekt (▶ Beispiel).

Es gibt viele Arten, abstrakte und komplexe Variablen beobachtbar und messbar zu machen, weil das Bedeutungsspektrum solcher Variablen vielschichtig ist. Ziel muss es sein, den **Bedeutungskern** mit der gewählten Form der Operationalisierung zu treffen. Aber selbst optimale Operationalisierungen reduzieren zwangsläufig den **semantischen Gehalt** einer komplexen Variable. Also muss die Operationalisierung den semantischen Gehalt in einem möglichst geringen Ausmaß reduzieren.

1

Beispiel

Operationalisieren von Fleiß

Greifen wir zur Illustration das »Fleißbeispiel« noch einmal auf. Der Bedeutungskern des Begriffs umfasst »arbeitsame Zielstrebigkeit«. Im Beispiel hatten wir Fleiß operationalisiert als die Anzahl der Stunden pro Woche, die die Studierenden mit der Vor- und Nachbereitung von Veranstaltungen und Prüfungen verbringen. Man hätte auch andere Operationalisierungsformen wählen können, z. B. die Anzahl der aus der Bibliothek entliehenen Bücher oder die in der Universität verbrachten Stunden. In allen drei Fällen ist die Bedeutung des Begriffs Fleiß nicht voll erfasst, denn Fleiß besteht eben nicht *nur* darin, lange zu lernen, oder *nur* darin, viele Bücher zu lesen, sondern ist eine Summe all dessen (Reduktion des semantischen Gehalts); mit dem ersten Vorschlag wird die Bedeutung vielleicht noch am besten erfasst! Im folgenden Abschnitt kommen wir auf diese Problematik zurück.

Dem Vorgang des Operationalisierens entsprechen zwei Hypothesenebenen, nämlich die **theoretisch-inhaltliche Hypothese** (TIH) für die nicht operationalisierte Form und die **empirisch-inhaltliche Hypothese** (EIH) für die operationalisierte Form.

▶ **Definition Theoretisch-inhaltliche und empirisch-inhaltliche Hypothese**

Hager (1984) schlägt vor, den Operationalisierungsaspekt bei der Kennzeichnung einer Hypothese wie folgt zu beachten.

Definition

Eine Hypothese, bei welcher noch keine Operationalisierung ihrer abstrakten Variablen vorgenommen wurde, nennt man **theoretisch-inhaltliche Hypothese** (TIH). Durch die Operationalisierung wird aus der TIH die **empirisch-inhaltliche Hypothese** (EIH).

Zu unserer Beispielshypothese lautet die quasiuniverselle TIH: Es gibt zumeist einen Zusammenhang zwischen Intelligenz und Ängstlichkeit.

Die zugehörige EIH lautet: Personen, die in einem Intelligenztest hohe Werte erzielt haben, erhalten auch in einem Ängstlichkeitsfragebogen zumeist hohe Werte und umgekehrt.

Für die entsprechende **quasiuniverselle Kausalhypothese** lauten die Formulierungen:

- TIH: Intelligente Personen agieren zumeist ängstlich.
- EIH: Wenn Personen in einem Intelligenztest hohe Werte erzielen, dann erhalten sie in einem Ängstlichkeitsfragebogen meistens höhere Werte als weniger intelligente Personen.

Da eine Variable ganz unterschiedlich operationalisiert werden kann (Intelligenz könnte man beispielsweise auch durch den höchsten erreichten Schulabschluss erfassen), kann die gleiche TIH über verschiedene EIH geprüft werden.

- EIH_2: Wenn Personen einen hohen Schulabschluss besitzen, dann erhalten sie in einem Ängstlichkeitsfragebogen meistens höhere Werte als Personen mit einem niedrigeren Abschluss.

Somit hängt die Entscheidung über die TIH auch unmittelbar von der EIH, also der Art der Operationalisierung, ab. Es ist deshalb unverzichtbar, die Art der Operationalisierung so genau wie möglich mitzuteilen.

1.6.4 Reliabilität und Validität der Operationalisierung

Der Versuch der optimalen Operationalisierung einer Variablen entspricht dem Streben nach einer **validen** (gültigen) **Operationalisierung**. Eine Variable ist dann valide operationalisiert, wenn ihr Bedeutungskern getroffen und ihr semantischer Gehalt möglichst wenig reduziert ist.

Wenn wir versuchen, den Bedeutungskern einer Variablen mit der Operationalisierung möglichst vollständig zu erfassen, so entspricht dieses Vorgehen dem Versuch, die **Validität** der Operationalisierung zu gewährleisten. Eine valide (gültige) Operationalisierung einer abstrakten Variablen liegt demnach dann vor, wenn die zugeordneten empirischen Konzepte tatsächlich jenes Merkmal abbilden, welches zu erfassen beabsichtigt ist.

Das bedeutet, dass Intelligenz dann valide operationalisiert ist, wenn der verwendete Test tatsächlich Intelligenz misst und nicht etwa Frustrationstoleranz. Bei standardisierten und normierten Testverfahren ist diese Annahme in der Regel gewährleistet. Die erwähnte Operationalisierung von Intelligenz über den erreichten Schulabschluss hingegen besitzt sicherlich nicht die gleiche Gültigkeit, da der erreichte Schulabschluss noch von einer Reihe weiterer Variablen (z. B. Leistungsbereitschaft, häusliche Unterstützung usw.) abhängt. Diese Form der Operationalisierung hätte folglich den Mangel, nicht valide zu sein, den Bedeutungskern stark einzuschränken und eine Verallgemeinerung nicht zuzulassen.

Die Operationalisierung einer Variablen sollte aber auch deren reliable, d. h. zuverlässige Erfassung mit sich bringen (▶ Abschn. 1.3.1). **Reliabilität** liegt dann vor, wenn die gewählte Form der Operationalisierung im Wiederholungsfall vergleichbare Werte erbringt. Liegt dieser Sachverhalt nicht vor, müssen andere empirische Konzepte der abstrakten Variablen zugeordnet werden.

Es ist aber auch darauf zu achten, dass die gewählte Form der Operationalisierung auch **reliabel (zuverlässig)** ist, also im Wiederholungsfall vergleichbare Ergebnisse erbringt.

Nun kann man nicht erwarten, dass im Wiederholungsfall exakt der gleiche Wert resultiert. Es gibt eine Reihe von Ursachen dafür, dass wir in der Regel leicht veränderte Werte erhalten – auch wenn das Messinstrument an sich reliabel ist. Diese Ursachen sind vor allem in

- den beobachteten Personen,
- den Erfassungsinstrumenten und
- in der Auswertung der erfassten Daten

zu sehen.

Die Reliabilität ist niemals perfekt (niemals exakt gleiche Ergebnisse), weil **Messfehler** in den untersuchten Personen, den Messinstrumenten und in der Auswertung Veränderungen und Ungenauigkeiten bewirken.

Probanden Die Probanden befinden sich zu den beiden Beobachtungszeitpunkten nicht im gleichen körperlichen und mentalen Zustand. Alleine schon der Erinnerungseffekt beim zweiten Zeitpunkt kann zu Veränderungen führen. In der Regel ist aber auch der emotionale und motivationale Zustand verändert, was ebenfalls Einfluss auf die Messwerte nehmen kann.

Die Probanden unterscheiden sich von Messzeitpunkt zu Messzeitpunkt.

Messinstrumente Die Messinstrumente bzw. deren Bedienung können ebenfalls zu Veränderungen führen. Das Ablesen eines Maßstabs oder die Bedienung einer Stoppuhr führen bei der objektiv gleichen Reizgrundlage nicht immer zum gleichen Ergebnis.

Die Bedienung der Messinstrumente kann zu Veränderungen führen.

Auswertung Bei der Auswertung eines Tests oder Fragebogens können Fehler auftreten, die ebenfalls zu veränderten Werten führen.

Auch bei der Auswertung kann es zu Fehlern kommen.

Die Veränderungen und Ungenauigkeiten kommen also durch **Messfehler** zustande, die nie völlig ausgeschaltet werden können, obwohl Maßnahmen wie Standardisierung und Training helfen, den Messfehler klein zu halten. Sind die Veränderungen im Wiederholungsfall dagegen groß, erreicht die Operationalisierung nicht die notwendige Reliabilität und muss optimiert werden.

Von besonderer Bedeutung ist der Aspekt der **Einmalmessung.** Erfassen wir die Reaktionszeit eines Probanden mithilfe einer Stoppuhr ein einziges Mal und schließen daraus auf seine Reaktionsfähigkeit, so kann diese (eine) Messung zufällig stark messfehlerbehaftet und damit unreliabel sein. Folglich wäre auch der Schluss auf die generelle Reaktionsfähigkeit falsch. Epstein (1979) konnte in einem aufschlussreichen Experiment zeigen, dass die Mittelung von vielen Einzelmessungen die Reliabilität erheblich verbessern kann. Der Grund liegt in der Mittelung der Messfehler über viele Messungen hinweg. Das bedeutet in dem Fall der Operationalisierung der Reaktionszeit, dass mehrere Messungen durchgeführt werden und eine mittlere Zeit bestimmt wird. In unserem Beispielfall der Intelligenz-Ängstlichkeits-Hypothese ist diese Maßnahme bereits berücksichtigt, denn der Intelligenztest enthält viele **Items** (d. h. Testfragen bzw. -aufgaben), die zu einem mittleren Wert zusammengefasst werden. Vergleichbare Ar-

Das Problem von Messfehlern als Grund für eine reduzierte Reliabilität wird bei **Einmalmessungen** besonders schwerwiegend.

gumente gelten für den Ängstlichkeitsfragebogen. Operationalisierungen durch Einmalmessungen müssen folglich immer auf dem Hintergrund mangelnder Reliabilität kritisch beleuchtet werden.

Kontrollfragen

1. Was versteht man unter einer Variablen?
2. Weshalb gibt es im Gegenstandsbereich der Psychologie unzählige Variablen, aber so gut wie keine Konstante?
3. Worin besteht der Unterschied zwischen einer abstrakten und komplexen Variablen?
4. Was versteht man unter dem Bedeutungskern einer Variablen?
5. Was versteht man unter Operationalisierung?
6. Geben Sie ein Beispiel für eine TIH! Machen Sie daraus eine EIH!
7. Welche Probleme hat man mit Einmalmessungen?

Weiterführende Literatur

Hussy, W. & Jain, A. (2002). *Experimentelle Hypothesenprüfung in der Psychologie*. Göttingen: Hogrefe.

1.7 Forschungsethik

Lernziele

- Warum impliziert gerade der Gegenstand der Psychologie ethische Probleme im Forschungskontext?
- Der Aufbau und die Ergebnisse der Milgram-Studie!
- Das Für und Wider der Milgram-Studie!
- Welche ethischen Prinzipien können bei Untersuchungen am Menschen verletzt werden?
- Wie können solche Verletzungen vermieden werden?
- Welche institutionellen Maßnahmen sind dabei hilfreich?

Psychologie ist eine empirische Wissenschaft, die ihre Erkenntnisse aus der Konfrontation ihrer Hypothesen mit der Realität gewinnt, wobei diese Realität im menschlichen Erleben, Verhalten und Handeln besteht. Hypothesen werden dadurch geprüft, dass die vermuteten Erlebens-, Verhaltens- und/oder Handlungsweisen bei Menschen (Probanden, Versuchspersonen) in adäquaten Situationen beobachtet werden. Ein Vergleich widerlegt oder bestätigt die Hypothese.

Bedingt durch ihren Gegenstand ist empirischer Erkenntnisgewinn in der wissenschaftlichen Psychologie in der Regel an die Bereitschaft von Versuchspersonen gebunden, an **Untersuchungen teilzunehmen**. Dies kann zu ethischen Problemen führen (z. B. Verletzung der Unversehrtheit).

Empirischer Erkenntnisgewinn ist in der Psychologie somit in aller Regel daran gebunden, dass Probanden gefunden werden, die an den jeweiligen Untersuchungen teilnehmen. Aus dieser Situation kann sich eine Reihe von ethischen Problemen ergeben, die nachfolgend im Überblick abgehandelt werden sollen. Eine ausführliche Darstellung und Erörterung der Problematik gibt Schuler in seinem Werk: Ethische Probleme psychologischer Forschung (1980; s. auch Hussy & Jain, 2002).

Zunächst wird die Milgram-Studie (Milgram, 1963) in ▶ Abschn. 1.7.1 als exemplarische Grundlage für die weiteren Ausführungen beschrieben. Aus der Vielzahl ethischer Probleme werden

- die Verletzung der psychischen und/oder physischen Unversehrtheit und Integrität,
- die fehlende Transparenz der Untersuchungssituation,
- das Vorhandensein von Täuschungen,
- die unfreiwillige Untersuchungsteilnahme sowie
- die mangelnde Vertraulichkeit der Untersuchungsergebnisse

herausgegriffen und erörtert (▶ Abschn. 1.7.2). Auf die spezielle Problematik der Psychologiestudierenden, die im Rahmen ihres Studiums eine bestimmte Anzahl von Stunden über die Teilnahme an Untersuchungen nachzuweisen haben, wird ebenfalls in ▶ Abschn. 1.7.2 eingegangen. Institutionelle Beiträge zur Bewältigung der Ethikproblematik (▶ Abschn. 1.7.3) schließen die Überlegungen ab.

1.7.1 Die Milgram-Studie

Die **Milgram-Studie** zeigt, welche ethischen Probleme bei Versuchsteilnehmern ausgelöst werden können und ist deshalb Mitauslöser für die **Diskussion ethischer Probleme** in der empirischen Psychologie.

Milgram wollte mit seiner Studie erforschen, wie weit der Gehorsam von Menschen gegenüber Autoritätspersonen reicht. Seine Probanden (Pbn, auch Versuchspersonen, Vpn, genannt) übernahmen die Rolle eines Lehrers, der einem Schüler beim Einprägen von Wortpaaren »hilft«. Der Versuchsleiter (Vl) teilte jeweils zwei Vpn per Zufall die Rolle des Lehrers bzw. Schülers zu. Zu erlernen war eine Reihe von Wortpaaren (z. B. Mädchen – zart). Nach anfänglicher Präsentation dieser Wortpaare prüfte der »Lehrer« das Behalten des »Schülers« dadurch, dass er ein Wort des Paares vorgab (Mädchen) und der Schüler ergänzte das zweite Wort (zart).

Die Vpn mussten in der Rolle eines Lehrers einen Schüler immer dann mit einem Elektroschock bestrafen, wenn dieser einen Fehler machte. Die Stärke des Schocks steigerte sich von Fehler zu Fehler (bis zu 450 Volt). Der Schüler reagierte mit Unmut, Bitten, Flehen, Schmerzäußerungen bis hin zu Schreien. Der VL hielt die Lehrer an, die Untersuchung nicht zu unterbrechen. Wenn die Lehrer nach der vierten Anweisung immer noch protestierten, wurde abgebrochen. 26 von 40 Vpn bestraften bis 450 Volt. Die Stromstöße waren nicht echt und die Äußerungen und Schreie des Schülers kamen vom Tonband.

Lehrer und Schüler befanden sich in getrennten Räumen und kommunizierten über Mikrofone und Lautsprecher. Machte der Schüler einen Fehler, korrigierte ihn der Lehrer und bestrafte ihn. Diese Strafe bestand in einem Elektroschock. Zu Beginn der Untersuchung hatte der Lehrer gesehen, wie der Schüler verkabelt wurde. Selber erhielt er probeweise einen Schock von 15 Volt. Der Lehrer wurde in dem Glauben gelassen, dass die Bestrafung den Lern- und Behaltenserfolg verbessert. Besonders problematisch für den Lehrer war allerdings die Tatsache, dass der Elektroschock immer stärker wurde, und zwar gab es eine Steigerung um jeweils 15 Volt, kenntlich gemacht durch eine Reihe von 30 beschrifteten Schaltern für jeden einzelnen Stromschlag (15 Volt, 30 Volt, 45 Volt usw. bis 450 Volt). Der Lehrer konnte also die jeweilige Schockstärke ablesen und teilte sie dem Schüler mit (Ich bestrafe Sie mit 15 Volt bzw. 30 Volt usw.). Über die Lautsprecher konnte der Lehrer die Reaktionen des Schülers hören. Diese reichten von anfänglichen Unmutsäußerungen, über immer heftigere Proteste, Bitten und Flehen aufzuhören, Schmerzensschreie bis hin zu ausbleibender Reaktion sowohl auf die Fragen als auch auf die Strafen.

Die Lehrer reagierten sehr deutlich auf diese Belastungssituation: Sie schwitzen und zitterten, sie stotterten und stöhnten, sie wandten sich an den Vl, der mit bei ihnen im Raum saß, sie standen auf und wollten nicht mehr weiter machen. Der Vl reagierte standardmäßig mit einer der folgenden vier Anweisungen:

- Bitte fahren Sie fort.
- Das Experiment erfordert, dass Sie weiter machen.
- Es ist absolut erforderlich, dass Sie weiter machen.
- Sie haben keine Wahl. Sie müssen weiter machen.

Wenn die Lehrer nach der vierten Anweisung immer noch protestierten, wurde abgebrochen.

Die Bestrafung mit Stromschlägen war fingiert. Die Reaktionen des Schülers, der in Wirklichkeit ein Mitarbeiter des Vl war, kamen vom Tonband. Aber keine Vp hatte diese Täuschungen bemerkt. Alle waren davon ausgegangen, dass die Situation echt war. Trotzdem brach – auch zur großen Überraschung von Milgram – kein Pb vor 300 Volt ab. 5 Vpn weigerten sich, höher zu bestrafen. Zwischen 315 und 375 Volt brachen weitere 9 Vpn ab. Der Rest (26 von 40 Vpn) bestrafte bis zur vollen Stromstärke von 450 Volt (▶ Für die Praxis).

Für die Praxis

Kontroverse

Es verwundert nicht, dass die Studie eine heftige Kontroverse darüber auslöste, ob es zulässig sei, Vpn in eine solche Situation zu bringen. Die Befürworter stellen den Erkenntnisgewinn in den Vordergrund, wonach akademische Autorität (Vl), mit nur geringen verbalen Druckmitteln ausgestattet, ausreicht, um Menschen zu ernsthaft verletzendem Verhalten (möglicher Weise mit tödlichem Ausgang) zu veranlassen (**zweckrationale Begründungsperspektive**). Die Gegner stellen die starke psychische Belastung der Vpn heraus und argumentieren mit möglichen bleibenden Schädigungen

▼

(**wertrationale Begründungsperspektive**). Die auch noch heute andauernde Diskussion führte zur Entwicklung von Richtlinien, die ethisch problematische Auswirkungen von psychologischen Untersuchungen auf die Vpn vermeiden oder mindern sollen und die im nachfolgenden Abschnitt dargestellt und diskutiert werden.

1.7.2 Ethische Prinzipien bei der Planung und Durchführung von Untersuchungen

Psychische und physischen Unversehrtheit und **Integrität** der Teilnehmer!

Das erste Prinzip für eine neu zu planende Studie besteht in der Gewährleistung der psychischen wie physischen Unversehrtheit und Integrität der Teilnehmer.
Hierbei geht es um die Wahrung der Intimsphäre und die Vermeidung von verbalem und/oder bildhaftem Untersuchungsmaterial, welches als anstößig, provozierend oder demütigend erlebt wird. Außerdem ist zu prüfen, ob die Vpn im Rahmen der Untersuchung starke psychische Belastungen erfahren, wie in der Milgram-Studie. Aber auch weniger gravierend erscheinende Maßnahmen müssen sorgfältig abgewogen werden, etwa bei einer Misserfolgsinduktion durch falsche Rückmeldung (Ihre Leistung liegt bisher weit unter dem Durchschnitt der Teilnehmer).

Untersuchung soll für die Vpn **transparent** sein.

Das zweite Prinzip bezieht sich darauf, dass die Untersuchung für die Vpn transparent sein soll.
Diese Forderung nach Durchschaubarkeit bezieht sich sowohl auf die Untersuchungssituation als auch auf ihre Fragestellung. Nur eine völlig transparente Untersuchung ermöglicht den Vpn eine verantwortliche Entscheidung über ihre Teilnahme oder Nichtteilnahme. Spätestens an dieser Stelle wird aber auch klar, dass durch die Transparenz die Erreichung des Untersuchungsziels gefährdet bzw. ganz verhindert werden kann. Wären die Vpn in der Milgram-Studie darüber informiert gewesen, dass »Gehorsam gegenüber Autorität« analysiert werden soll, hätten sie sich wahrscheinlich anders verhalten und die Ergebnisse hätten mit Blick auf die Validität der Untersuchung bezweifelt werden müssen.

Vermeidung von **Täuschung**.

Vermeidung von Täuschung heißt die dritte Richtlinie.
Die Milgram-Studie enthält massive Täuschungen. Bestrafung als Determinante des Lern- und Behaltensprozesses wurde vorgetäuscht. Die Rollenvergabe von Lehrer und Schüler (durch Zufall) war eine Täuschung. Und schließlich und vor allem wurde auch die Bestrafung vorgetäuscht. Aber auch beim genannten Beispiel der Misserfolgsinduktion handelt es sich um eine Täuschung. Täuschungen werden von vielen Vpn als eine massive Beeinträchtigung des Selbstwertgefühls erlebt. Sie erklären sich zur Teilnahme an der Untersuchung bereit und werden dann – sozusagen zum Dank – auch noch (massiv) getäuscht. Aus der wertrationalen Position sind Täuschungen somit prinzipiell zu vermeiden. Die zweckrationale Position macht demgegenüber geltend, dass dann viele Untersuchungen nicht mehr durchgeführt werden könnten. Die Logik entspricht dem bei der Transparenz geführten Argumentationsstrang. Hätten die Vpn gewusst, dass der Schüler ein Gehilfe des Vl ist, dass keine Bestrafungen in Form von Stromschlägen ausgeführt wurden, dass die Reaktionen des Schüler vom Band kamen usw., wären andere Ergebnisse beobachtet worden und deren Aussagekraft hätte bei null gelegen, da nicht der Gehorsam gegenüber Autorität, sondern irgendetwas erfasst worden wäre (starke Beeinträchtigung der Validität).

Es gibt keine allgemeingültigen Lösungen für den Konflikt zwischen **wert- und zweckrationaler Begründungsperspektive**! Es gibt nur die persönliche Lösung, für die der Wissenschaftler die Verantwortung zu tragen hat. **Ethische Prinzipien** und **Kosten-Nutzen-Abwägung** können dabei helfen.

Gibt es eine allgemeingültige Lösung für diesen Konflikt? Nein! Es gibt nur die persönliche Lösung, für die der Wissenschaftler die Verantwortung zu tragen hat. Dabei wird er sich in der Mehrzahl der Fälle nicht an den Extrempositionen orientieren, sondern eher eine **Kosten-Nutzen-Abwägung** vornehmen: Was kann ich als Wissenschaftler gegenüber den Pbn verantworten (Kosten), um die gesuchte Information zu erhalten (Nutzen). Dabei ist aber zu beachten, dass die Relevanz der gesuchten Information für die Abwägung von großer Bedeutung ist. Je wichtiger die gesuchte Information, desto höher der Nutzen. Die Wichtigkeit lässt sich am Beitrag der gesuchten Information zu einer wichtigen psychologischen Theorie festmachen. Aber noch eine zweite Überlegung spielt hier eine entscheidende Rolle: Kann man die gesuchte Information vielleicht auch auf einem anderen, die Pbn weniger belastenden Weg erlangen? Man sucht somit nach einer Untersuchungsform, die diese Intransparenz und/oder Täuschung nicht mit sich bringt. Voruntersuchungen und Gespräche mit Fachkollegen helfen ebenfalls, diese Kosten-Nutzen-Abwägung verantwortlich zu vollziehen. Kosten-Nutzen-Abwägungen haben ihre Grenzen. Welcher Nutzen rechtfertigt spürbare und nachhaltige Verstöße gegen die psychische und physische Integrität bzw. Unversehrtheit der Untersuchungsteilnehmer?

Als vierte Richtlinie ist die Freiwilligkeit der Teilnahme zu nennen.
Grundsätzlich ist die Untersuchungsteilnahme freiwillig. Jeder wie auch immer geartete Druck oder Zwang ist zu vermeiden. Studierende der Psychologie müssen für die Zulassung zur Diplom-Vorprüfung in der Regel eine bestimmte Anzahl an Vpn-Stunden nachweisen. Damit ist die Freiwilligkeit der Teilnahme natürlich verletzt, auch wenn noch immer die Möglichkeit besteht, aus den angebotenen Untersuchungen auszuwählen. Diese Einschränkung ist allerdings aus einer anderen Überlegung heraus zu rechtfertigen: Die Erfahrungen, die die Studierenden beim Ableisten ihrer Vpn-Stunden sammeln, sollen gerade dazu dienen, die ethische Problematik aus der Sicht der Vpn in ihrer ganzen Breite und Vielfalt kennenzulernen, um sie dann später – in eigenen Untersuchungen – besser berücksichtigen zu können. Campell (1969) hat vorgeschlagen, zur Entschärfung dieser Problematik in etwa folgenden Text bei der Begrüßung der Erstsemester einzuführen, um bereits von Beginn an maximale Transparenz herzustellen (hier z. B. angepasst an die Studien- und Prüfungsordnung des Psychologischen Instituts der Universität zu Köln; ▶ Für die Praxis).

Freiwilligkeit der Teilnahme.

Für die Praxis

Information für die Erstsemester (mod. nach Campbell, 1969)

- **Warum muss ich überhaupt an Experimenten teilnehmen?**

Ihr werdet in diesem sowie in dem folgenden Semester an vielen Experimenten teilnehmen, die von den Drittsemestern im Rahmen ihres Experimentalpraktikums durchgeführt werden. Im 3. Semester werdet auch Ihr Experimente durchführen, um das, was Ihr in den Methodenveranstaltung gelernt habt, auch praktisch umzusetzen. Für die Teilnahme an den Experimenten bekommt ihr Versuchspersonenstunden bescheinigt. Insgesamt müsst ihr 40 sammeln, um zur Diplom-Vorprüfung zugelassen zu werden.

- **Erfahre ich immer sofort, worum es in den Experimenten geht?**

Um die Ergebnisse des Experiments nicht zu verfälschen oder zu gefährden, kann es nötig sein, dass die Versuchsleiterinnen und Versuchsleiter euch den genauen Untersuchungszweck und ihre Hypothesen ganz oder teilweise verbergen oder sogar andere als die eigentlichen nennen. Bis zu dem Zeitpunkt, wenn alle Termine einer Gruppe durchgeführt und alle Daten gesammelt worden sind, werdet Ihr dann nicht darüber informiert werden können, welche Experimente das genau waren und was genau untersucht wurde.

- **Was bedeutet das denn für mich, wenn getäuscht wird? Kann das gefährlich für mich werden?**

Wir können euch auf jeden Fall heute schon versichern, dass ihr in keine gefährlichen Situationen geraten werdet. Außerdem habt Ihr jederzeit das Recht, den Versuch abzubrechen, wenn euch wider Erwarten die Situation zu sehr belasten sollte. Auch wird eure Privatsphäre nicht angetastet und eure Antworten werden völlig anonym behandelt, was durch das verwendete Codewort gewährleistet wird.

- **Und wann erfahre ich dann, was genau untersucht wurde?**

Ihr werdet auf jeden Fall die Möglichkeit bekommen, über das Experiment, den Hintergrund sowie die Ergebnisse informiert zu werden. Normalerweise geschieht dies im Rahmen einer Plenumsveranstaltung in der letzten Semesterwoche, bei der alle Gruppen ihre Versuche vorstellen. Der genaue

▼

Termin wird rechtzeitig bekannt gegeben. Außerdem werden die Praktikumsberichte nach ihrer Fertigstellung in der Institutsbibliothek einsehbar sowie in einer Kurzform im Internet abrufbar sein. Manche Gruppen werden vielleicht auch noch zusätzlich andere Möglichkeiten der Information zu ihren Untersuchungen anbieten. Genauere Hinweise darauf, wann und wo ihr etwas über die Experimente erfahren könnt, an denen ihr teilgenommen habt, werden sie Euch dann bei den Versuchsterminen selbst mitteilen.

Einhaltung der **Vertraulichkeit** der Untersuchungsergebnisse.

Die Einhaltung der Vertraulichkeit der Untersuchungsergebnisse ist als fünfte Grundforderung heute eigentlich eine Selbstverständlichkeit.

Im Vergleich zu den 60er Jahren des letzten Jahrhunderts, als diese Diskussion begann, ist unser diesbezügliches Verständnis sehr geschärft. Dennoch darf man dieses Prinzip keinesfalls aus den Augen verlieren, denn bei Versäumnissen wird eine Menge an Kredit, den die Wissenschaft Psychologie besitzt, verspielt und damit das Finden von Vpn wesentlich erschwert.

Nach Abschluss der Untersuchung sind die Teilnehmer **komplett aufzuklären.**

Nach Abschluss der Untersuchung (der Datenerhebung und Auswertung) sind die Vpn komplett zu informieren.

Sie sind im Sinne einer sechsten Forderung **aufzuklären** über die Zielsetzungen, die evtl. vorhandenen Intransparenzen und/oder Täuschungen und über die Ergebnisse. Sind deutliche Probleme in Folge der Untersuchung zu erkennen, so liegt es in der Verantwortung des Vl, hier für eine Bearbeitung und Betreuung zu sorgen. Außerdem ist zu diesem Zeitpunkt sicherzustellen, dass alle **Versprechungen,** die beim Einwerben der Pbn gegeben wurden, **erfüllt werden** (Bescheinigung von Vpn-Stunden, Auszahlung von Vpn-Geldern, Verteilung von Preisen, Rückmeldung von Ergebnissen usw.). Natürlich stellt die nachträgliche Aufklärung keine Möglichkeit zur Rechtfertigung oder gar Heilung von Verstößen gegen die Prinzipien dar. Vielmehr ist sie als unabdingbare Vorgehensweise zur gebotenen (Wieder-) Herstellung des informationellen Gleichgewichts anzusehen.

Vertrag über die Rechte und Pflichten.

Im Übrigen ist es im Sinne einer siebten Grundforderung sehr sinnvoll, mit der Vp einen Vertrag über ihre Rechte und Pflichten abzufassen, gemeinsam zu besprechen und zu unterschreiben.

Das folgende Vertragsbeispiel kann als Leitlinie gelten (▶ Für die Praxis):

Für die Praxis

Vertrag zwischen Versuchsleiter/in und Versuchsteilnehmer/in

Liebe/r Untersuchungsteilnehmer/in!

Es folgt eine Information über deine Rechte und Pflichten als Versuchsperson sowie über unsere Verpflichtungen als Versuchsleiter/in:

1. Freiwilligkeit der Teilnahme
Du hast dich freiwillig dafür entschieden, an dieser Untersuchung teilzunehmen. Wir danken dir sehr für diese Bereitschaft, mit deiner Mitarbeit zum Zustandekommen unserer Untersuchung beizutragen.

2. Schutz vor Schädigung und Belastung
Außerdem möchten wir versichern, dass wir uns bemühen, dir in diesem Experiment keine seelischen oder körperlichen Belastungen zuzumuten und dass das Wohlergehen der Versuchsteilnehmer/innen Vorrang vor reinem Interesse an signifikanten Ergebnissen hat.

▼

3. Abbruchrecht
Sollten nun entgegen unseren Bemühungen während des Versuchs Belastungen auftreten, die du für zu schwerwiegend erachtest, so hast du die Möglichkeit, die Untersuchung abzubrechen. Ein Versuchspersonenschein wird dann für die Zeit ausgestellt, bei der du tatsächlich am Versuch teilgenommen hast. Aufgrund des Abbruchs musst du aber keinerlei negative Konsequenzen befürchten.

4. Potenzielle Täuschung bzw. unvollständige Information
In diesem Experiment ist es aus methodischen Gründen leider nicht möglich, die Teilnehmerinnen und Teilnehmer vollständig vor der Durchführung des Experiments über die Ziele und Vorgehensweise aufzuklären [wenn keine Täuschung, diesen Abschnitt weglassen].

5. Recht auf postexperimentelle Aufklärung
Wir versichern, dass nach Abschluss der Erhebungsphase der einzelnen Experimente auf Nachfrage sämtliche gewünschten Informationen über Ablauf, Zweck und Ergebnis des Versuchs gegeben werden können (Kontaktmöglichkeit s. unten). (Darüber hinaus wird es in der letzten Semesterwoche eine Abschlussveranstaltung geben, bei der sämtliche Versuche sowie die Ergebnisse vorgestellt werden. Wenn ihr euch darüber hinaus noch genauer informieren wollt, könnt ihr dann nach Fertigstellung der Praktikumsberichte diese in Kurzform im Internet abrufen oder in der Institutsbibliothek in der Langversion einsehen.)

6. Pflichten als Versuchsperson
Diesen geschilderten Rechten jeder Versuchsperson stehen natürlich auch einige nachvollziehbare Pflichten gegenüber. Die Planung und Durchführung einer Untersuchung erfordert viel Zeit und Mühe. Es ist deshalb wichtig, dass du versuchst, die Aufgabenstellungen der Untersuchung so gut wie möglich zu erfüllen. Dazu gehört, dass du offen und ehrlich auf die Fragen antwortest und den Versuch ernst nimmst. Eine uninteressierte und oberflächliche Mitarbeit gefährdet die Erreichung der Untersuchungsziele erheblich, und es wäre sehr schade, wenn dadurch die ganze Arbeit, die in die Vorbereitung des Experiments gesteckt worden ist, umsonst gewesen wäre.

7. Gewährleistung der Anonymität
Abschließend wollen wir darauf hinweisen, dass deine Antworten streng vertraulich behandelt werden. Zu diesem Zweck wird ein Codewort gebraucht, das nur du kennst und das die Zuordnung der Daten zu deiner Person verhindert.
Wir danken dir noch einmal sehr für deine Teilnahme!

Dieser Vertrag wurde gelesen und zur Kenntnis genommen:

____________________ ____________________

Unterschrift der Versuchsleiter/innen Unterschrift der Versuchsperson

E-Mail-Adresse der Vp:
Telefonnummer der Vp:

Ein ganz wesentlicher Vertragsbestandteil über die bereits erörterten Prinzipien hinaus ist der Hinweis auf die **Möglichkeit zum Abbruch** bei übermäßiger psychischer Belastung, der auch keinerlei negative Konsequenzen für die Vp nach sich ziehen darf (die Versprechen müssen – zumindest anteilig – eingehalten werden). Aber auch der Hinweis auf die **Pflichten der Vpn** ist wesentlich, weil hier die zentralen Interessen des Vl angesprochen und gewürdigt sind.

Wesentliche Vertragsbestandteile sind Hinweise auf die Möglichkeit zum **Abbruch**, aber auch auf die Pflicht zur **ernsthaften Mitarbeit**.

1

1.7.3 Institutionelle Maßnahmen

Neben der individuellen gibt es zunehmend auch die **institutionelle Lösungsvariante**, bei der **Ethikkommissionen** prüfend tätig werden können bzw. müssen.

Abschließend muss darauf hingewiesen werden, dass es für den Konflikt zwischen Kosten und Nutzen zwei Lösungsvarianten gibt: Die erste Variante ist die **individuelle**, bei der Forschende gehalten sind, die dargestellten Abwägungen vorzunehmen und zu einer persönlichen Entscheidung zu kommen, für die sie auch die Verantwortung übernehmen. Darüber hinaus findet aber **die institutionelle Lösungsvariante** zunehmend Verbreitung. Hierbei werden ethische Richtlinien von Ethikkommissionen nicht nur erstellt, sondern sie sind auch zunehmend damit betraut, deren Einhaltung zu prüfen. Schon bisher haben beispielsweise die American Psychological Association (APA, 1982) sowie die Deutsche Gesellschaft für Psychologie (DGfPs; DGP & BDP, 1999) und der Berufsverband Deutscher Psychologinnen und Psychologen (BDP, 1999) ethische Richtlinien erstellt, die den voranstehenden Ausführungen zugrunde liegen. Inzwischen gibt es darüber hinaus z. B. in den USA an jeder Hochschule eine Ethikkommission, der jede am Menschen durchzuführende Untersuchung zur Genehmigung vorgelegt werden muss, wodurch die persönliche Beurteilung durch die Forschenden durch eine institutionelle Entscheidung ergänzt wird.

? Kontrollfragen

1. Weshalb ist die ethische Problematik insbesondere in der psychologischen Forschung von Relevanz?
2. Stellen Sie am Beispiel der Milgram-Studie die wert- und zweckrationale Begründungsperspektive einander gegenüber!
3. Was versteht man unter Kosten-Nutzen-Abwägung?
4. Nennen Sie Beispiele für die Verletzung des Prinzips der Freiwilligkeit der Teilnahme!
5. Welche Punkte umfasst in der Regel ein Vertrag zwischen Versuchsleiter und Versuchspersonen?
6. Welche institutionellen Hilfen zur Behandlung ethischer Probleme stehen dem Forscher zur Verfügung?

► Weiterführende Literatur

DGP & BDP. (1999). *Ethische Richtlinien der Deutschen Gesellschaft für Psychologie e. V. und des Berufsverbands Deutscher Psychologinnen und Psychologen e. V.* Bonn: Berufsverband Deutscher Psychologinnen und Psychologen e. V.

Israel, M. & Hay, I. (2006). *Research ethics for social scientists*. London: Sage.

Schuler, H. (1980). *Ethische Probleme psychologischer Forschung*. Göttingen: Hogrefe.

1.8 Literatur

American Psychological Association. (1982). *Guidelines and ethical standards for researchers*. Washington, DC.: American Psychological Association.

Breuer, F. (1991). *Wissenschaftstheorie für Psychologen. Eine Einführung* (5. Aufl.). Münster: Aschendorff.

Campbell, D. T. (1969). Reforms as experiments. *American Psychologist, 24*, 409–429.

DGP & BDP. (1999). *Ethische Richtlinien der Deutschen Gesellschaft für Psychologie e. V. und des Berufsverbands Deutscher Psychologinnen und Psychologen e. V.* Bonn: Berufsverband Deutscher Psychologinnen und Psychologen e. V.

Donders, F. C. (1868). *Onderzochingen gedan in het Physiologisch Laboratorium Utrechtsche Hoogeschool.* Tweede Reeks II, 92–120. Übersetzt von Koster, W.G. 1969. On the speed of mental processes. Acta Psychologica 30, 412–431.

Epstein, S. (1979). The stability of behavior: I. On predicting most of the people much of the time. *Journal of Personality and Social Psychology*, 37, 1097–1126.

Fechner, G. (1860). *Elemente der Psychophysik* (2 Bde.). Leipzig: Breitkopf und Hartel.

Festinger, L. (1978). *Theorie der kognitiven Dissonanz*. Bern: Huber. (Original erschienen 1957: A theory of cognitive dissonance. Evanston, Ill.: Row, Peterson.).

Freud, S. & Breuer, J. (1895). *Studien über Hysterie*. Leipzig/Wien: Franz Deuticke.

Groeben, N. & Westmeyer, H. (1981). *Kriterien psychologischer Forschung* (2. Aufl.). München: Juventa.

Hager, W. (1987). Grundlagen einer Versuchsplanung zur Prüfung empirischer Hypothesen in der Psychologie. In: G. Lüer (Hrsg.), *Allgemeine Experimentelle Psychologie* (S. 43-264). Stuttgart: Fischer.

Hussy, W. (1998). *Denken und Problemlösen* (2. Aufl.). Stuttgart: Kohlhammer.

Hussy, W. & Jain, A. (2002). *Experimentelle Hypothesenprüfung in der Psychologie*. Göttingen: Hogrefe.

Hussy, W. & Möller, H. (1994). Hypothesen. In T. Herrmann & W. H. Tack (Hrsg.), *Enzyklopädie der Psychologie. Methodologie und Methoden. Serie 1: Forschungsmethoden der Psychologie. Band 1: Methodologische Grundlagen der Psychologie* (S. 475–507). Göttingen: Hogrefe.

Laucken, U., Schick, A. & Höge, H. (1996). *Einführung in das Studium der Psychologie*. (7. Aufl.). Stuttgart: Klett-Cotta.

Mayring, P. (2002). *Einführung in die qualitative Sozialforschung* (5. Aufl.). Weinheim: Beltz.

Mayring, P. (2007). Designs in qualitativ orientierter Forschung. *Journal für Psychologie 15*, Ausgabe 2.

Milgram, S. (1963). Behavioral study of obedience. *Journal of Abnormal and Social Psychology 67*, 371–378.

Nolting, H.-P. & Paulus, P. (2008). *Psychologie Lernen. Eine Einführung und Anleitung* (8. Aufl.). München: Psychologie Verlags Union.

Schönpflug, W. (2000). *Geschichte und Systematik der Psychologie. Ein Lehrbuch für das Grundstudium*. Weinheim: PsychologieVerlagsUnion.

Teddlie, C. & Tashakkori, A. (2009). *Foundations of mixed methods research*. Los Angeles, CA: Sage.

Wenninger, G. (Hrsg.). (2001). *Lexikon der Psychologie*. (Band 3). Heidelberg, Berlin: Spektrum.

Wenninger, G. (Hrsg.). (2002). *Lexikon der Psychologie*. (Band 5). Heidelberg, Berlin: Spektrum.

Wundt, W. (1862). *Beiträge zur Theorie der Sinneswahrnehmung*. Leipzig: Winter.

Teil I Quantitative Methoden

Im Einleitungskapitel (▶ Kap. 1) haben wir konzeptuelle Grundlagen zu Forschungsmethoden der Psychologie vorgestellt, auf die wir im weiteren Verlauf wiederholt Bezug nehmen werden. In Teil I stehen nun die quantitativen Methoden im Mittelpunkt. Quantitative Ansätze sind heutzutage sicherlich alles in allem, d. h. sowohl im deutschsprachigen als auch im internationalen Raum und quer durch die verschiedenen Teilbereiche, die vorherrschende Methode der wissenschaftlichen Psychologie. Dies ist eine Beobachtung und impliziert keine Bewertung. Eine Beherrschung und hinreichende Kenntnis quantitativer Methoden ermöglicht Psychologinnen und Psychologen, sich am wissenschaftlichen Betrieb der Psychologie in einer zunehmend globalisierten Forschungswelt nicht nur aktiv zu beteiligen, sondern dem Geschehen auch kritisch zu folgen. Eine methodenkritische Kompetenz im Bereich quantitativer Ansätze stellt eine wichtige Qualifikation dar, die zu einem angemessenen und auch ethisch vertretbaren Umgang mit Theorien und Instrumenten der Psychologie befähigt. So kann beispielsweise ein psychotherapeutisches Verfahren nur dann fach- und klientengerecht eingesetzt werden, wenn der Anwender die Wirksamkeit dieses Verfahrens und die Bedingungen der Wirksamkeit aufgrund von Befunden der Psychotherapieforschung richtig einschätzen kann. Zudem liegen Befunde aus Studien zur Therapiewirksamkeit in der überwältigenden Mehrheit in quantitativer Form vor, sei es in Form von Mittelwertunterschieden in Einzelstudien oder von zusammenfassenden Gesamtwerten (Effektgrößen) aus Metaanalysen.

Quantitative Methoden haben eine große Verbreitung und Bedeutung in Psychologie und Sozialwissenschaften; ihre Beherrschung erlaubt es, selbst aktiv zu forschen und Forschungsergebnisse kritisch zu bewerten.

Gemäß dem in ▶ Kap. 1 vorgestellten Klassifikationssystem beginnen wir in ▶ Kap. 2 mit den quantitativen Erhebungsmethoden, zu denen das Beobachten, Messen, Selbstberichtsverfahren und Testen zählen. Es folgen in ▶ Kap. 3 die Erörterungen zu den quantitativen Forschungsmethoden, wie dem Experiment bzw. seinen Varianten und den nichtexperimentellen Methoden. ▶ Kap. 4 gibt schließlich einen kurzen Überblick zu den quantitativen Analysemethoden, wobei deskriptive und inferenzstatistische Auswertungsverfahren unterschieden werden.

Quantitative Informationen sind numerische Informationen, also Informationen in Form von Zahlen.

Bevor wir diese drei Hauptaspekte im Einzelnen vorstellen, möchten wir auf die besonderen Merkmale und auch Vorzüge quantitativer Daten als Grundlage psychologischer Forschung eingehen. Quantitativ bedeutet, dass Informationen in Form von **Zahlen**, also in numerischer Form vorliegen. Vor Anwendung dieser Methoden ist also sicherzustellen, dass Informationen überhaupt in numerischer Form vorhanden sind. Die Hauptvorteile der Quantifizierung sind: die hohe Präzision, die gute Vergleichbarkeit, die einfache Verknüpfbarkeit sowie die Sparsamkeit der Zusammenfassung. Wie Beobachtungen und Informationen aus wissenschaftlichen Erhebungen in Zahlen überführt werden können, ist Gegenstand von ▶ Kap. 2.

Die Vor- und Nachteile der Quantifizierung von Informationen werden an einem Beispiel illustriert.

Eine fiktive Untersuchung zur Methodenkompetenz Die Vor- und Nachteile, die mit dem »Format der Zahl« verbunden sind, lassen sich anhand einer fiktiven Untersuchung illustrieren. Nehmen wir an, eine Psychologin an einem Institut der Universität »Alma Mater« erhielte vom Forschungs- und Wissenschaftsministerium die Anfrage, wie kompetent die Studierenden der Psychologie an ihrer Hochschule im Umgang mit quantitativen Methoden sind. Um diese Frage beantworten zu können, muss die Psychologin über entsprechende Daten verfügen – entweder aus bereits vorliegenden oder eigens durchzuführenden Erhebungen. Nehmen wir an, solche Daten wären mithilfe von unten genauer vorgestellten Methoden – wie etwa Befragungen und Tests – verfügbar. Welche Rolle spielt es, ob diese Daten in quantitativer Form vorliegen oder nicht?

Beispiel

Qualitative und quantitative Daten aus der fiktiven Untersuchung zur Methodenkompetenz

Vergleichen wir zunächst Daten in quantitativer Form mit Daten in qualitativer Form, wie sie von einem einzelnen Studierenden stammen könnten. Eine qualitative Information aus einer Befragung könnte z. B. lauten: »Der Student X fühlt sich nicht sehr sicher, aber auch nicht besonders unsicher im Umgang mit psychologischen Methoden; er scheint über relativ gute Kenntnisse der Datenerhebungsverfahren zu verfügen, während er in anderen Bereichen ein paar Wissenslücken aufweist.« Eine entsprechende quantitative Information aus der Befragung wäre hingegen: »Gesamtwert des Student X für Methodenkompetenz = 102,7; für Kenntnisse von Datenerhebungsverfahren = 118,3; für Kenntnisse von Forschungsmethoden = 95,8; und für Kenntnisse von Analyseverfahren = 93,9.« (Anmerkung: Häufig wird in der Fachliteratur auch ein Punkt als Dezimaltrennzeichen verwendet. In diesem Band verwenden wir durchgängig das Komma, da der Punkt in deutschsprachigen Texten zur Abtrennung der Größenordnung 10^3 verwendet wird, z. B. bei 10.000.)

Quantitative Daten sind isoliert betrachtet bedeutungslos; ihr Verständnis erfordert zusätzliche Informationen (über die Skala und Vergleichsstandards).

Während eine qualitative Angabe den Grad der Methodenkompetenz auf rein verbaler Ebene beschreibt, liefert eine quantitative Angabe Zahlen, die Auskunft darüber geben sollen, welche genaue Ausprägung eine Merkmal (im Beispiel die Methodenkompetenz des Studenten) hat. Während die qualitativ kommunizierten Informationen einen gewissen Eindruck vom Leistungsstand vermittelt (so ungefähr: »guter Durchschnitt mit Stärken und Schwächen«), kann man mit den Zahlen zunächst nicht viel anfangen. Denn numerische Daten sind ohne weitere Informationen bedeutungslos. Zwei Aspekte sind besonders wichtig: die Vorschrift bzw. Skala, nach der die Zahlenwerte gebildet werden (ein zentraler Gegenstand der Messtheorie), sowie Vergleichsstandards (ein zentraler Gegenstand der Testtheorie). Damit lässt sich abschätzen, ob 118,3 ein hoher oder geringer Wert ist und *wie* gut der Werte genau ist.

Beispiel

Vergleichsstandard in der fiktiven Untersuchung zur Methodenkompetenz

Nehmen wir für die fiktive Untersuchung zur Methodenkompetenz an, dass die Leistungswerte der Methodenkompetenz anhand einer geeigneten Skala (Intervallskala; ▶ Abschn. 2.2.2) gemessen wurden, dass der Mittelwert in der Population der Studierenden 100 beträgt und dass der Großteil aller Studierenden (sagen wir ca. 70%) Werte zwi-

▼

schen 85 und 115 hat. Auf dieser Grundlage lassen sich die quantitativen Daten folgendermaßen interpretieren: Der Student X liegt mit seinem Gesamtwert von 102,7 leicht über dem Durchschnitt der Vergleichspopulation; seine Leistungen in einem Teilbereich, die Kenntnisse von Datenerhebungsverfahren, sind mit 118,3 besser als die des Großteils aller Studierenden; die Leistungen in zwei weiteren Teilbereichen liegen leicht unter dem Mittel.

Merkmale quantitativer Daten

Präzision Die Quantifizierung von Informationen erlaubt eine vergleichsweise hohe Präzision (► Beispiel). Numerisch repräsentierte Informationen sind präzise, weil sie – unter bestimmten Bedingungen (► Abschn. 2.2.2) – sehr genau die Ausprägung eines Merkmals bei einem Merkmalsträger (in der Psychologie zumeist eine Person) angeben. Der Student X hat den Wert von 102,7 für Methodenkompetenz und keinen anderen. Das Verständnis von verbal repräsentierten Informationen erfordert, dass der semantische Gehalt, der Sinn oder das Gemeinte interpretiert werden. Dies ist schon bei eher einfachen und kurzen sprachlichen Äußerungen ein voraussetzungsreicher Prozess, der je nach Merkmalen des Sprechers, des Rezipienten, des Kontexts oder der verwendeten sprachlichen Codes zu unterschiedlichen Ergebnissen führen kann (zu Details und Prozeduren der Interpretation qualitativ-verbaler Informationen ► Kap. 6).

Ein Vorteil quantitativ vorliegender Informationen (bzw. der Repräsentation in Zahlenform) ist die vergleichsweise hohe **Präzision**.

Vergleichbarkeit Anhand quantitativer Informationen lässt sich auch feststellen, wie der Student X (mit dem Wert 102,7 für Methodenkompetenz) im Vergleich zu einem Studenten von einer anderen konkurrierenden Hochschule abschneidet. Nehmen wir an, der Student Y von der Universität Y-Dorf habe den Wert 101,2. Die Methodenkompetenz von Student X liegt also um 1,5 Skalenpunkte über der von Student Y. Wenn die Skala zur Messung der Methodenkompetenz bestimmte Eigenschaften hat (mindestens Intervallskalenniveau; ► Abschn. 2.2.2), dann besagt der Unterschied zwischen den beiden Werten nicht nur, dass der eine Wert größer ist, sondern auch, *wie* groß der Unterschied ist. Ein Beispiel für eine allseits bekannte Skala dieser Art ist die physikalische Messung der Länge von Objekten: Wenn ein Brett X die Länge von 102,7 cm und ein Brett Y die Länge von 101,2 cm aufweisen, dann ist nicht nur klar, dass X länger ist als Y, sondern auch wie groß der Unterschied ist: exakt 1,5 cm. Dieser Vergleich ist auf Basis qualitativ-verbaler Informationen nur schwer zu vermitteln (vgl. Myung & Pitt, 2002; Ratcliff, 1998): Zwar können wir den Unterschied zwischen den Studenten X und Y sowie die Richtung des Unterschieds (Wert von X ist größer) verbal darstellen, z. B. durch den Satz: »Die Methodenkompetenz von Student X ist ein wenig größer als die von Student Y«. Jedoch kann der Ausdruck »ein wenig größer« recht unterschiedlich interpretiert werden und ist nicht so präzise wie eine quantitative Angabe des Unterschieds. Quantitativ vorliegende Information zeichnen sich also durch ihre Vergleichbarkeit aus.

Ein weiterer Vorteil quantitativ vorliegender Informationen ist die **Vergleichbarkeit**; Merkmalsträger bzw. Objekte lassen sich auf Basis quantitativer Informationen präzise vergleichen.

Verknüpfbarkeit sowie Übersichtlichkeit und Sparsamkeit der Zusammenfassung
Neben der Präzision und der guten Vergleichbarkeit quantitativer Informationen sind noch weitere Vorzüge zu nennen: Die einfache Verknüpfbarkeit durch Operationen sowie die Übersichtlichkeit und Sparsamkeit der zusammenfassenden Darstellung von Werten mehrerer Merkmalsträger. Informationen, die in der Form von Zahlen vorliegen, können durch Operationen miteinander in Beziehung gesetzt und somit verrechnet werden. Um beispielsweise die drei oben benannten Werte für die verschiedenen Teilkompetenzen des Studenten X für Datenerhebungsverfahren, Forschungsmethoden und Analyseverfahren (118,3; 95,8; 93,9) miteinander zu verknüpfen, könnte man sie addieren und dann durch die Anzahl (also drei) dividieren. Man erhält so einen Wert, der die Gesamttendenz der Methodenkenntnisse des Studenten X angibt: den Durchschnittswert oder, in statistischer Fachsprache, das arithmetische Mittel (»mean«), in diesem Fall aufgerundet 102,7. So einfach lassen sich quantitative Infor-

Mithilfe einfacher Operationen können quantitative Informationen **verknüpft** sowie **übersichtlich** und **sparsam zusammengefasst** werden.

mationen aus drei unterschiedlichen, aber miteinander zusammenhängenden Teilbereichen zusammenfassen – es beansprucht lediglich zwei einfache Rechenschritte. Man braucht sich also durch die Verwendung von mathematischen Operationen nicht abschrecken zu lassen. Die Methodenlehre und Statistik im Psychologiestudium erfordert in der Tat selten mehr als den Vollzug der Grundrechenarten.

Exkurs

Verknüpfung und Zusammenfassung qualitativer Informationen

Wie kann man die verbal formulierten (also qualitativen) Informationen »relativ gute Kenntnisse der Datenerhebungsverfahren«, »ein paar Wissenslücken in der Kenntnis von Forschungsmethoden« und »weitere, aber nicht gravierende Wissenslücken zu Analyseverfahren« miteinander verknüpfen bzw. zusammenfassen? Selbst die einfachsten Operationen der Mathematik sind hier nicht anwendbar: Die verbalen Informationen lassen sich z. B. nicht einfach »addieren«. Das heißt natürlich nicht, dass die Integration, Zusammenfassung und Kommunikation qualitativer Informationen nicht auch einen wertvollen Beitrag zur Erkenntnisgewinnung in der Psychologie liefern kann – ganz im Gegenteil, der Umgang mit verbalen Informationen ist ganz klar eine bedeutsame, unerlässliche und vielfältig genutzte Quelle der Erkenntnis. Dies zeigt allein schon die große Rolle, die die Rezeption von Texten aus Fachbüchern und Fachzeitschriften für die Wissenschaft hat. Auf die Verrechnung und Verknüpfung von Zahlenkolonnen alleine können sich Forschung, Bildung und Wissenschaft keinesfalls verlassen.

Im weiteren Verlauf von Teil I dieses Buches geht es nun darum zu zeigen und fassbar zu machen, wie psychologische Forschung sich quantitative Informationen nutzbar machen kann, um zu wissenschaftlichen Erkenntnissen zu gelangen. Dabei beginnen wir mit einem elementaren und unerlässlichen Schritt der empirischen Forschung: Der Erhebung von Daten, z. B. durch Messen, Befragung, Testen oder neurowissenschaftliche Verfahren (▶ Kap. 2). Darauf folgt eine Übersicht über verschiedene Arten von Forschungsmethoden, also verschiedene Zugänge und Grundkonzepte, die dazu dienen, wissenschaftliche Fragen und Hypothesen auf der Grundlage quantitativer Daten anzugehen (▶ Kap. 3). Hierzu lassen sich im Wesentlichen experimentelle und nichtexperimentelle Zugänge unterscheiden. Im letzten Kapitel dieses Teils (▶ Kap. 4) geht es darum, wie quantitative Daten, die im Rahmen eines bestimmten methodischen Zugangs erhoben wurden, ausgewertet werden. Dabei wird ein Überblick über die wichtigsten statistischen Verfahren geboten, die zur Analyse von Untersuchungen in der Psychologie herangezogen werden (■ Abb. 0.1).

■ **Abb. 0.1** Quantifizierung

1.1 Literatur

Myung, J. & Pitt, M. A. (2002). Mathematical modeling. In J. Wixted & H. Pashler (Eds.), *Steven's handbook of experimental psychology* (3rd ed., Vol. 4, Methodology in experimental psychology, pp. 429–460). New York: Wiley.

Ratcliff, R. (1998). The role of mathematical psychology in experimental psychology. *Australian Journal of Psychology, 50,* 1–2.

2 Quantitative Erhebungsmethoden

Gerald Echterhoff

Erhebungsmethoden der psychologischen Forschung lassen sich unterteilen in Verfahren des Beobachtens, Zählens und Messens (▶ Abschn. 2.2), Verfahren des Selbstberichts (▶ Abschn. 2.3), psychologische Tests (▶ Abschn. 2.4) sowie biopsychologische bzw. neurowissenschaftliche Messungen (▶ Abschn. 2.5). Diese Verfahren sind nicht völlig distinkt voneinander, sondern weisen Überschneidungen auf. Beispielsweise spielen Überlegungen zur Qualität einer Messung bei Selbstberichtsverfahren, Tests oder biopsychologischen Verfahren eine Rolle. Bevor wir diese Klassen von Verfahren vorstellen, gehen wir zunächst auf die Besonderheiten psychologischer Datenerhebungen ein, also auf die besonderen Bedingungen, die für psychologische Erhebungen im Unterschied zu Datenerhebungen in anderen Wissenschaften gelten (▶ Abschn. 2.1). Am Ende dieses Abschnitts behandeln wir zudem eine neuere und zunehmend wichtiger werdende Quelle von Daten für psychologische Untersuchungen: das Internet (▶ Abschn. 2.6). Hiermit ist keine eigenständige Methode angesprochen, sondern eine vergleichsweise neuartige Möglichkeit, Datenerhebungen mithilfe aller vorgestellten Methoden – mit Ausnahme der neurowissenschaftlichen Messungen – durch die Verwendung eines neuen Mediums zu realisieren. Im Zentrum des kurzen Abschnitts steht, was bei der Nutzung des Internets als Quelle von psychologischen Daten zu beachten ist, um diese auf eine methodisch möglichst korrekte Art zu gewinnen.

Zunächst geben wir einen kurzen Gesamtüberblick über das Kapitel, das Abschnitte zu den Besonderheiten psychologischer Datenerhebungen, zu den Methoden des Beobachtens, Zählens und Messens, zu Selbstberichtsverfahren, zu Tests, zu biopsychologischen Erhebungsmethoden und zur Datenerhebung im Internet enthält.

Um eine wissenschaftliche Fragestellung in der Psychologie in der gewünschten Breite und Tiefe zu beantworten, reicht es oft nicht aus, sich lediglich einer der hier vorgestellten Arten der Datenerhebung zu bedienen. Daher ist prinzipiell anzustreben, eine Fragestellung mit verschiedenen Datenerhebungsverfahren bzw. auf Basis verschiedener Datenquellen zu untersuchen. Jedoch ist es häufig nicht möglich oder sinn-

Eine Kombination verschiedener Datenerhebungsverfahren bei der Untersuchung einer Fragestellung ist grundsätzlich wünschenswert, aber nicht immer realisierbar oder aus methodischen bzw. inhaltlichen Gründen sinnvoll.

2

voll, innerhalb einer einzigen Studie oder Untersuchung verschiedene Methoden einzusetzen – sei es aus ökonomischen oder versuchsplanerischen Gründen. Während aus einer übergeordneten wissenschaftlichen Perspektive eine Kombination der verschiedenen Methoden grundsätzlich wünschenswert ist, werden sich Psychologen und Psychologinnen, die eine konkrete einzelne Untersuchung durchführen, oft auf wenige Methoden konzentrieren und diese gemäß der zu beantwortenden Fragestellung gezielt auswählen.

2.1 Besonderheiten psychologischer Erhebungen

Lernziele

- Den Bezug zwischen den Zielen der Psychologie und den Methoden der Datenerhebung verstehen.
- Die potenziellen Nachteile von Selbstauskünften von Versuchspersonen als Datenquelle kennenlernen.
- Das Problem der Reaktivität erkennen und anhand von Beispielen benennen.
- Verschiedene Maßnahmen zur Verringerung des Reaktivitätsproblems kennenlernen und dabei Unterschiede zwischen Feld- und Laborstudien verstehen.
- Den möglichen Beitrag indirekter bzw. impliziter Messverfahren zur Behandlung des Reaktivitätsproblems identifizieren.

In diesem Abschnitt werden Verfahren vorgestellt, mit deren Hilfe psychologische Phänomene quantitativ erfasst werden.

Bei der Datenerhebung im Bereich quantitativer Methoden geht es stets darum, das Erleben und Verhalten von Menschen, z. B. ihre Kognitionen, Gefühle, Motivationen und ihren Umgang miteinander, möglichst genau zu erfassen, und zwar in numerischer Form. Die Vor- und Nachteile quantitativer Informationen haben wir eingangs diskutiert. In diesem Abschnitt stellen wir Verfahren vor, mit deren Hilfe in der Psychologie zu solchen quantitativen Informationen gelangt werden kann.

2.1.1 Erhellung nicht direkt beobachtbarer Phänomene

Ein zentrales Ziel psychologischer Forschung ist die Erhellung der **Black Box** (des nicht direkt beobachtbaren psychischen Innenlebens).

Besonderheiten psychologischer Datenerhebung wurden schon zu Anfang dieses Buchs (▶ Kap. 1) angesprochen: Der psychologischen Forschung geht es im Kern um die Erhellung nicht direkt beobachtbarer Phänomene, vor allem der Vorgänge »im Kopf« von Menschen. Die wissenschaftliche Psychologie versucht spätestens seit dem Ende der Dominanz behavioristischer Ansätze (in den 1950er/1960er Jahren), in die sog. »Black Box«, also in das Innere des psychischen Systems vorzudringen und die darin ablaufenden Prozesse zu erhellen. Was erlaubt es Menschen, sich an ihre Kindheit, Lernstoff aus dem Geschichtsunterricht oder an Gedichte zu erinnern? Wie kommen Menschen dazu, andere Personen als mehr oder weniger attraktiv einzuschätzen? Was passiert beim Lösen von Problemen, also etwa bei der Planung der besten Reiseverbindung von X nach Y oder der Suche nach bestimmten Informationen im Internet?

Beobachtbares Verhalten ist psychologisch bedeutsam, wenn es im Hinblick auf zugrunde liegende psychische Phänomene interpretiert werden kann.

Viele der Prozesse, die aus psychologischer Sicht bei all diesen Beispielen relevant sind, finden innerhalb des psychischen Systems der sich erinnernden, urteilenden und denkenden Individuen statt. Dass sich solche Vorgänge in einem von außen nicht direkt zugänglichen Inneren abspielen, ist besonders augenfällig an der Herkunft des Wortes »erinnern« ablesbar, das sich vom althochdeutschen Raumadjektiv »innaro« (das/der Innere, innerer) herleitet. Es sei angemerkt, dass auch schon direkt beobachtbares Verhalten von Menschen informativ sein kann. Jedoch interessiert es die heutige Psychologie primär im Hinblick darauf, welche Schlüsse daraus auf die zugrunde liegenden Strukturen, Prozesse und Mechanismen des psychischen Geschehens gezogen werden können. Offenes Verhalten bleibt aus psychologischer Sicht bedeutungslos, solange es nicht im Hinblick auf das Innenleben der menschlichen Psyche interpretiert wird.

Zu Beginn von Untersuchungen des Innenlebens der Black Box steht die Frage, ob die interessierenden psychischen Prozesse den untersuchten Personen selbst zugänglich und bekannt sind und ob die Personen über diese Prozesse auch ohne unerwünschte Verzerrungen Auskunft geben können, diese also den Forschenden in angemessener Form kommunizieren können. Kritisch ist stets zu überprüfen, ob solche **Selbstauskünfte** von Personen hinreichend reliabel und valide sind (▶ Abschn. 1.4). Falls diese Fragen – zumindest tendenziell – bejaht werden können, so bietet sich eine Datenerhebung mithilfe von Selbstberichtsverfahren an (▶ Abschn. 2.3). Bei solchen Verfahren, zu denen etwa eine mündliche Befragung oder die Selbstbeurteilung auf Ratingskalen gehören, berichten die Untersuchungsteilnehmer und -teilnehmerinnen über ihr eigenes psychisches Geschehen, über innere Vorgänge, beispielsweise über ihre Gefühle, Denkprozesse, Motive, Erinnerungen etc. Falls Auskünfte der untersuchten Personen als nicht hinreichend reliable und valide Quellen für Informationen über die interessierenden psychischen Prozesse gelten können (s. unten), so sind Selbstberichtsverfahren zu vermeiden und die relevanten Daten stattdessen mithilfe von Verfahren zu erheben, die ohne Selbstauskünfte der Befragten auskommen (z. B. Beobachtungs- und Messverfahren oder biopsychologische Methoden; ▶ Abschn. 2.2 und ▶ Abschn. 2.5).

Bei der Forschungsplanung ist zu berücksichtigen, ob die untersuchten Personen Zugang zu den relevanten psychischen Prozessen haben und ob sie über diese Prozesse ohne unerwünschte Verzerrungen selbst Auskunft geben können; nur dann sind Selbstauskünfte prinzipiell reliable und valide Datenquellen.

2.1.2 Reaktivität

Eine zentrale Überlegung zu Beginn der Planung einer psychologischen Studie betrifft die mögliche **Reaktivität** des Untersuchungsgegenstands (■ Abb. 2.1).

Von Beginn an ist die Reaktivität des Untersuchungsgegenstands zu beobachten.

Definition

Reaktivität bei psychologischen Datenerhebungen bedeutet die Veränderung bzw. Verzerrung der erhobenen Daten schon aufgrund der Kenntnis der untersuchten Personen darüber, dass sie Gegenstand einer Untersuchung sind. Aufgrund von Reaktivität verändert sich die Beschaffenheit des zu erforschenden Gegenstands.

▶ **Definition Reaktivität**

■ **Abb. 2.1** Reaktivitätsproblem – Schnäppchenjäger

Wenn eine Person beim Lösen eines komplexen Problems im Alltag befragt wird, was ihr gerade durch den Kopf geht oder wie sie das Problem anzugehen versucht, kann der interessierende psychische Prozess genau durch diesen Akt der Befragung verändert werden. Ähnliches kann in sozialpsychologischen Studien zur zwischenmenschlichen Anziehung geschehen, wenn etwa zwei untersuchte Personen während des Kennenlernens befragt werden, wie sympathisch oder attraktiv sie einander finden. Wie wir sicherlich aus eigener Erfahrung wissen, kann sich unser Erleben grundlegend verändern, wenn wir dazu befragt werden oder wissen, dass wir beobachtet werden (▶ Beispiel).

Datenerhebungen in Psychologie und Sozialwissenschaften verändern oft schon den Gegenstand; hierfür gibt es viele Beispiele.

2

Beispiel

Reaktivität: Aufforderungscharakteristika beim Hawthorne-Effekt

Ein populäres Beispiel für Reaktivität ist der Hawthorne-Effekt. In einer klassischen Studie von Roethlisberger und Dickson (1939) in den Hawthorne-Werken der Western Electric Company in den USA zeigte sich, dass schon die bloße wissenschaftliche Untersuchung der Arbeiterinnen zu einer Steigerung der Produktivität führte. Diese Produktivitätssteigerung war unabhängig davon, welche Veränderung der Arbeitsbedingungen von den Forschern implementiert wurde: Die Arbeiterinnen zeigten z. B. eine verbesserte Leistung nicht nur bei einer Erhöhung, sondern auch bei einer Verringerung der Beleuchtungsstärke am Arbeitsplatz! Es handelt sich hierbei um einen Effekt, der in der psychologischen Literatur auf die Bewertungserwartung der untersuchten Personen oder Aufforderungscharakteristika (»demand characteristics«) der Untersuchung zurückgeführt wird.

Die **Reaktivität** ist eine beständige Herausforderung an die psychologische Forschung, da das Bewusstsein, beobachtet zu werden, das Verhalten der Beobachteten beeinflussen kann.

Das Problem der Reaktivität stellt sich in allen Forschungsbereichen, in denen Menschen der Untersuchungsgegenstand sind. Viele Befunde zeigen, dass das bloße Bewusstsein, beobachtet oder wissenschaftlich untersucht zu werden, das Verhalten und Erleben der untersuchten Personen beeinflussen kann. Wenn Menschen annehmen, dass sie von anderen beobachtet und bewertet werden, versuchen sie beispielsweise, durch ihr Verhalten beim Beobachter einen positiven Eindruck zu hinterlassen (► Beispiel).

Beispiel

Reaktivität: Aufforderungscharakteristika beim Waffeneffekt

Auch experimentelle Laboruntersuchungen können Aufforderungscharakteristika beinhalten, d. h. mehr oder weniger subtile Hinweise darauf, wie sich die Versuchspersonen verhalten sollten. In den bekannten Experimenten zum Waffeneffekt (Berkowitz & LePage, 1967) hatten die (männlichen) Versuchspersonen die Option, einen Mitarbeiter der Versuchsleitung, der den Versuchspersonen jedoch als ein regulärer Versuchsteilnehmer vorgestellt wird, mit einem elektrischen Schock zu bestrafen. Dieser Konfident der Versuchsleitung hatte ihnen zuvor ebenfalls einen Schock erteilt. Die Versuchspersonen wählten häufiger die Option des Schocks, wenn sich im Versuchsraum ein Revolver und ein Gewehr (versus ein Paar Badmintonschläger) befanden. Diesen Befund interpretieren Berkowitz und LePage als Beleg für die Hypothese, dass Hinweisreize, die mit Aggression assoziiert sind, aggressive Gedanken auslösen können, die zu aggressivem Verhalten führen. Jedoch machten Kritiker dieser Interpretation geltend, dass der festgestellte Unterschied alleine durch die Aufforderungscharakteristika des Versuchsaufbaus erklärbar ist und somit nicht auf aggressive Gedanken der Versuchspersonen zurückgeführt werden muss. Dieser Alternativerklärung zufolge signalisieren die Waffen im Versuchsraum den Versuchspersonen, wie sie sich in der Situation verhalten sollen, nämlich aggressiv, indem sie der anderen Person einen Elektroschock erteilen.

Es sei angemerkt, dass Ergebnisse nachfolgender Studien gegen die Erklärung durch Aufforderungscharakteristika sprechen. So zeigte eine Studie von Turner, Simons, Berkowitz und Frodi (1977), dass der Waffeneffekt reduziert wurde, wenn den Versuchspersonen die Einsicht in die zugrunde liegende Hypothese erleichtert wurde.

2.1.3 Maßnahmen zur Reduzierung von Reaktivität

Dem Problem der Reaktivität ist aufmerksam und mithilfe geeigneter Strategien zu begegnen.

Die Probleme, die sich aus der Reaktivität der menschlichen Untersuchungssubjekte ergeben, sind seit Langem bekannt. Psychologinnen und Psychologen müssen sich stets darüber im Klaren sein, ob und in welcher Hinsicht ihre Datenerhebung reaktiv sein könnte und welche nichtreaktiven Verfahren alternativ zur Verfügung stehen (zu solchen Verfahren bei qualitativen Beobachtungen vgl. ► Abschn. 6.2; für eine Übersicht über nichtreaktive Verfahren vgl. Webb, Campbell, Schwartz, Sechrest & Grove, 1981). Im Folgenden nennen wir einige der wichtigsten Strategien, derer sich in der Forschung bedient werden kann, um das Problem der Reaktivität zu verringern (Tab. 2.1).

Tab. 2.1 Maßnahmen zur Verringerung des Reaktivitätsproblems

Maßnahme	Erläuterung
Untersuchte in Unkenntnis darüber lassen, dass sie untersucht werden	Nur in Feld-, Archiv- oder Internetstudien praktikabel, nicht in Laborstudien; kann ethisch problematisch sein
Untersuchten Anonymität zusichern	Besonders wichtig bei der Erhebung von persönlichen Meinungen, Einstellungen oder anderen sensiblen Daten
Untersuchten eine Coverstory über den Untersuchungszweck mitteilen	Wichtig in hypothesenprüfenden Studien, in denen die Untersuchten die erforschten Verhaltensweisen kontrollieren oder gezielt steuern können; dies ist aber jeweils ethisch zu reflektieren (▸ Abschn. 1.7.2)
Maße einsetzen, die die Untersuchten nicht kontrollieren oder beeinflussen können (nichtreaktive Messverfahren)	Wird angenommen für biopsychologische Maße, die willkürlich nicht oder kaum steuerbare physiologische Vorgänge erfassen, wie etwa die Messung des Kortisolspiegels oder bildgebende Verfahren zur Registrierung der Gehirnaktivität
Indirekte/implizite Messverfahren einsetzen	Neuerer Ansatz, bei dem die Untersuchten aus der Art der gemessenen Verhaltensweisen (oft Reaktionszeiten) nicht oder nur schwer auf das untersuchte psychologische Konstrukt (z. B. Vorurteile gegenüber Fremdgruppen) schließen können; die Verfahren (z. B. der IAT) werden noch kritisch diskutiert, sind aber eine interessante Option

Maßnahme 1: Unkenntnis der Untersuchten darüber, dass sie Gegenstand einer Untersuchung sind Die effektivste Möglichkeit zur Behandlung des Reaktivitätsproblems besteht darin, die Versuchspersonen gänzlich darüber im Unklaren zu lassen, dass sie untersucht werden. Diese Möglichkeit besteht bei Studien mit archivarischem Material (z. B. Tagebüchern), Feldstudien oder Studien im Internet (WWW), jedoch nicht bei Laboruntersuchungen. Denn bei Laborstudien ist es natürlich unvermeidlich, die Teilnehmenden darüber in Kenntnis zu setzen, dass sie das Labor zum Zweck der Durchführung einer Studie aufsuchen. Studien im Feld, also in natürlicher Umgebung, können hingegen stattfinden, ohne dass die Untersuchten informiert werden, dass sie Gegenstand einer Untersuchung sind. In der Tat liegt der Reiz und Vorteil von Feldstudien gerade darin, Erleben und Verhalten von Menschen ohne Eingriff durch den Forscher in natürlichen Umgebungen zu erheben (▸ Beispiel).

Die Untersuchten in **Unkenntnis** darüber zu lassen, dass sie Gegenstand einer Untersuchung sind, ist die effektivste Maßnahme, jedoch bei Laborstudien nicht realisierbar.

Beispiel

Unkenntnis der Untersuchten über stattfindende Untersuchung in einer Feldstudie

In einem sozialpsychologischen Feldexperiment prüften Ellsworth, Carlsmith und Henson (1972) beispielsweise die Hypothese, dass ein relativ langer Blickkontakt Menschen unangenehm ist und zu Fluchtverhalten führt. In einer Versuchsbedingung blickte ein an der Kreuzung postierter Mitarbeiter (der als solcher für die Autofahrer nicht erkennbar war) intensiv in ihre Richtung. In einer Kontrollbedingung schaute der Mitarbeiter von ihnen weg, also in eine andere Richtung. Ellsworth et al. stellten fest, dass Autofahrer nach dem Wechsel einer Ampel auf Grün in der ersten Bedingung schneller wegfuhren.

Ob nichtreaktive Feldstudien wie die von Ellsworth et al. (1972; ▸ Beispiel) durchgeführt werden sollten, hängt u. a. von forschungsethischen Überlegungen (▸ Abschn. 1.7) ab. Ein Vorgehen wäre etwa nicht vertretbar, wenn den Untersuchten durch die Untersuchung ernstzunehmende Nachteile entstehen können (z. B. wenn in der gerade genannten Studie von Ellsworth et al. befürchtet worden wäre, dass der Blickkontakt zu einem deutlich höheren Unfallrisiko führen könnte).

Die Durchführbarkeit nichtreaktiver Feldstudien hängt von forschungsethischen Rahmenbedingungen ab.

Maßnahme 2: Zusicherung von Anonymität Da in Laborstudien keine völlige Unkenntnis der Teilnehmenden über die Durchführung einer Studie realisierbar ist, müssen ggf. andere Wege zur Verringerung des Reaktivitätsproblems beschritten werden. Eine simple Maßnahme besteht darin, den Versuchsteilnehmerinnen und -teilnehmern

Die Zusicherung von **Anonymität** ist vor allem in Laborstudien und Umfragen von Bedeutung.

Anonymität zuzusichern und die hohe Bedeutung unverfälschter Aussagen und Verhaltensweisen deutlich zu machen. Solche Maßnahmen sind besonders bei Umfragen unerlässlich, bei denen persönliche Meinungen, Einstellungen oder andere sensible Daten erfragt werden und die Forschenden auf die Ehrlichkeit und die Kooperation der Befragten angewiesen sind.

Die Formulierung einer **Coverstory** ist bei hypothesenprüfenden Untersuchungen sinnvoll, falls die Kenntnis der Hypothesen durch die Untersuchten die Validität oder Präzision der Hypothesenprüfung gefährdet.

Maßnahme 3: Formulierung einer Coverstory In Untersuchungen, die der Prüfung von Hypothesen dienen, kann zudem eine sog. **Coverstory** eingesetzt werden, die gezielt bestimmte Erwartungen über die Fragestellung und den Versuchshintergrund bei den Versuchspersonen induziert (▶ Beispiel). Wenn die Kenntnis der Hypothesen die Validität oder Präzision der Untersuchung (▶ Abschn. 3.2.5) gefährdet, dann sollte die Coverstory einen anderen als den wirklichen Hintergrund beinhalten, die Versuchspersonen also über den Sinn und Zweck des Experiments täuschen (zur ethischen Problematik ▶ Abschn. 1.7).

Beispiel

Coverstory in sozialpsychologischen Studien

In Milgrams (1963) klassischer Studie zu Gehorsam besagte die Coverstory z. B., dass die Versuchspersonen die Rolle eines Lehrers übernehmen sollten, dessen Aufgabe es sei, einer lernenden Person Wortpaare beizubringen. In den Studien zum Waffeneffekt von Berkowitz und LePage (1967) wurde den Versuchsteilnehmern mitgeteilt, es ginge um die Bewertung von Problemlösevorschlägen durch milde elektrische Schocks und die Reaktion der bewerteten Person auf solche Schocks. Somit sollten die Teilnehmer von der wahren Fragestellung abgelenkt werden, die sich nicht auf die Reaktionen der bewerteten Person, sondern auf das (aggressive) Verhalten der bewertenden Person richtete.

Durch die Verwendung **nichtreaktiver Messverfahren** können die Ergebnisse von den Untersuchten nicht bzw. kaum kontrolliert oder beeinflusst werden.

Maßnahme 4: Verwendung nichtreaktiver Messverfahren Eine weitere Möglichkeit, das Problem der Reaktivität in Laborstudien zumindest zu verringern, besteht im Einsatz von Maßen oder Datenerhebungsmethoden, deren Befunde eine untersuchte Person nicht kontrollieren oder beeinflussen kann. Bei einigen Verfahren können die Untersuchten vermutlich keinen oder keinen nennenswerten Einfluss auf das Ergebnis der Messung nehmen, selbst wenn sie den genauen Zweck der Messung kennen. Hierzu zählen biopsychologische Maße, die willkürlich nicht oder kaum steuerbare physiologische Vorgänge erfassen, wie etwa die Registrierung der elektrodermalen Aktivität oder des Kortisolspiegels sowie bildgebende Verfahren zur Registrierung der Gehirnaktivität (▶ Abschn. 2.5).

Durch die Verwendung **indirekter/impliziter Messverfahren** können Verhaltensaspekte (z. B. Reaktionszeiten) ausgewertet werden, deren Zusammenhang mit der Fragestellung den untersuchten Personen in der Regel verborgen ist.

Maßnahme 5: Verwendung indirekter/impliziter Messverfahren Zudem werden in jüngerer Zeit Maße entwickelt, die das Reaktivitätsproblem reduzieren, indem den untersuchten Personen ein anderer als der wahre Zweck der Messung suggeriert wird. Diese Maße werden als **indirekte** bzw. **implizite** Messverfahren bezeichnet. Bei diesen Maßen werden Verhaltensaspekte ausgewertet, die die untersuchten Personen vermutlich nicht mit der wirklichen Fragestellung oder den Forschungshypothesen in Zusammenhang bringen können. Bei einigen neueren Verfahren wird etwa aus der Antwortzeit bzw. den Reaktionslatenzen von Versuchspersonen bei der Beantwortung von Fragen oder Aufgaben auf die zugrunde liegenden kognitiven Strukturen und Prozesse geschlossen (▶ Beispiel). Da diese Verfahren nicht auf einer expliziten (offenen) Befragung der Versuchspersonen nach ihren psychischen Zuständen basieren, werden sie als implizit bezeichnet.

Beispiel

Beispiel für ein implizites Verfahren zur Einstellungsmessung: Der IAT

Das bekannteste unter den impliziten Verfahren ist der »Implicit Association Test« (IAT; Greenwald, McGhee & Schwartz, 1998). Mithilfe des IAT soll erfasst werden, wie schnell Personen verschiedene Stimuli miteinander assoziieren. Der IAT basiert auf der Grundidee, dass Menschen um so schneller auf Stimuli reagieren können, je stärker zu dem Zeitpunkt bereits verwandte kognitive Konzepte und Strukturen »in ihrem Kopf« mitaktiviert oder voraktiviert sind. Wenn eine deutsche Versuchsperson beispielsweise schneller mit derselben Reaktion (z. B. Drücken ein und derselben Taste) auf türkische Namen und negative Begriffe wie »Krieg« oder »Ärger« antwortet als auf deutsche Namen gepaart mit negativen Begriffen, dann wird dies als Indikator dafür interpretiert, dass die Person eher Negatives mit der Kategorie »türkisch« verbindet. Dieses Reaktionszeitmuster zeigt der Testlogik zufolge eine implizit negative Einstellung gegenüber Türken an. Viele Versuchspersonen gehen nicht davon aus, dass durch ihre Reaktionsgeschwindigkeit auf diese Assoziationen geschlossen wird, und können zudem die Schnelligkeit einer spontanen Reaktion kaum kontrollieren. Daher wird in der Forschung angenommen, dass dieses Messverfahren nicht durch Erwartungen oder eine bewusste Antwortkontrolle der Versuchspersonen verfälscht werden kann. Zwar wäre eine gezielte Beeinflussung von Reaktionen durch die Untersuchten möglich; jedoch kann diese ausgeschlossen werden, wenn die Untersuchten die Reaktionen nicht mit dem eigentlichen Ziel der Messung in Verbindung bringen.

Obwohl die Interpretation und Güte solcher impliziter Erhebungsmethoden, vor allem des IAT (▶ Beispiel), nicht unumstritten sind (z. B. Blanton & Jaccard, 2006), so haben sie die wissenschaftliche Diskussion über nichtreaktive Zugänge zum psychischen Geschehen auf jeden Fall erheblich vorangebracht und der Forschung stimulierende Impulse verliehen. Da ein abschließendes Urteil über den Nutzen impliziter Messverfahren derzeit nicht gefällt werden kann, ist es sicherlich lohnend, diese bei der Prüfung nichtreaktiver Erhebungsalternativen auch in Erwägung zu ziehen.

Eine endgültige Bewertung impliziter Messverfahren ist noch nicht möglich. Sie haben die Forschung stimuliert, werden aber auch weiterhin kontrovers diskutiert.

? Kontrollfragen

1. In welchen Hinsichten unterscheiden sich Datenerhebungen in der Psychologie von Datenerhebungen in anderen empirischen Wissenschaften? Welche besonderen Herausforderungen ergeben sich für psychologische Messungen?
2. Was ist bei der Erhebung von Selbstauskünften von Versuchspersonen zu beachten?
3. Worin besteht das Problem der Reaktivität und wie kann es verringert werden?
4. Inwiefern unterscheiden sich die Möglichkeiten zur Behandlung des Reaktivitätsproblems zwischen Feld- und Laborstudien?
5. Wozu dient die Formulierung einer Cover Story in psychologischen Untersuchungen?
6. Welche Rolle können Reaktionszeiten bei der Behandlung des Reaktivitätsproblems in psychologischen Datenerhebungen spielen? Stellen Sie einen Bezug zu neueren impliziten Messverfahren her.

▶ Weiterführende Literatur

Pelham, B., & Blanton, H. (2007). *Conducting research in psychology: Measuring the weight of smoke* (3rd ed.).Belmont: Thomson Wadworth.
Webb, E. J., Campbell, D. T., Schwartz, R. F., Sechrest, L. & Grove, J. B. (1981). *Nonreactive measures in the social sciences.* Boston: Houghton Mifflin.

2

2.2 Beobachten, Zählen und Messen

Lernziele

- Beobachtung im Alltag von wissenschaftlicher Beobachtung unterscheiden.
- Verschiedene Arten von Beobachtungsstichproben kennenlernen.
- Die grundlegenden Verfahren des Zählens und Messens definieren und unterscheiden.
- Grundlagen der Messtheorie kennenlernen.
- Verschiedene Arten von Merkmalen (diskrete, stetige) unterscheiden und den Bezug dieser Unterscheidung zur Wahl der Datenerhebungsverfahren würdigen.
- Die unterschiedlichen Skalenniveaus verstehen.
- Verstehen, was zulässige Transformationen sind und weshalb diese für psychologische Datenerhebungen bedeutsam sind.

Im Anschluss an die einführenden Bemerkungen zu den Besonderheiten psychologischer Datenerhebungen und insbesondere dem Problem der Reaktivität folgt nun die Darstellung der gängigen Erhebungsmethoden.

2.2.1 Beobachten

Selektivität und Konstruktivität

Die **wissenschaftliche Beobachtung**, d. h. die systematische und regelgeleitete Registrierung des Auftretens bzw. der Ausprägung von ausgewählten, psychologisch relevanten Merkmalen oder Ereignissen, ist – wie die visuelle Wahrnehmung überhaupt – selektiv und konstruktiv.

Jede Datenerhebung beinhaltet den Vorgang der visuellen Wahrnehmung, also Beobachtung. Mit **Beobachtung** als eigener Datenerhebungsmethode ist jedoch etwas weniger Allgemeines gemeint, nämlich die systematische und regelgeleitete Registrierung des Auftretens bzw. der Ausprägung von ausgewählten, psychologisch relevanten Merkmalen oder Ereignissen (vor allem von Verhaltensweisen von Menschen). Die Beobachtung ist mit den typischen Herausforderungen der visuellen Wahrnehmung konfrontiert, also mit der Selektion von Informationen aus einem komplexen, sich ständig verändernden Strom von permanent eintreffenden visuellen Daten und deren Organisation zu bedeutungsvollen und stabilen Einheiten. Viele Ansätze und Befunde der Wahrnehmungspsychologie weisen darauf hin, dass diese Prozesse in einem beachtlichen Maß konstruktiv und aktiv gestaltend auftreten (z. B. Neisser, 1979). Jede Beobachterin und jeder Beobachter erzeugt also ein Bild der Wirklichkeit, das u. a. von ihren bzw. seinen Einstellungen, Erwartungen und Vorerfahrungen abhängt. Solche Beobachtereinflüsse sind bei der Wahrnehmung anderer Menschen, also komplexer und zugleich höchst relevanter Objekte, besonders stark ausgeprägt (z. B. Higgins & Bargh, 1987).

Bei der wissenschaftlichen Beobachtung wird, im Unterschied zur Beobachtung im Alltag, ihre Selektivität und Konstruktivität bedacht und möglichst kontrolliert.

In der Psychologie ist aus den genannten Gründen in einem erheblichen Ausmaß mit beobachterabhängigen Erwartungs- und Einstellungseffekten zu rechnen. Beobachtung als psychologische Datenerhebungsmethode unterscheidet sich von der (ununterbrochen stattfindenden) Beobachtung im Alltag darin, dass im ersteren Fall die beobachterabhängige Selektivität und Konstruktivität berücksichtigt und möglichst kontrolliert werden soll. Um dies zu leisten, erfolgt die wissenschaftliche Beobachtung auf systematische und regelgeleitete Weise (Bortz & Döring, 2006).

▶ Definition Wissenschaftliche Beobachtung

Definition

Wissenschaftliche Beobachtung ist die systematische und regelgeleitete Registrierung des Auftretens bzw. der Ausprägung von ausgewählten, psychologisch relevanten Merkmalen oder Ereignissen. Sie folgt einem zuvor festgelegten Beobachtungsplan, der festlegt,

1. was beobachtet werden soll (Kategorien für das/die interessierende/n Ereignis/se oder Merkmal/e);

▼

2. welche Aspekte weniger oder nicht relevant sind;
3. welchen Interpretationsspielraum der Beobachtende bei der Beobachtung hat;
4. wann, wie lange und wo die Beobachtung erfolgt (Zeitpunkte, Zeiträume, Situationen);
5. auf welche Weise das Beobachtete registriert und protokolliert wird.

Werden mehrere Personen zur Beobachtung eingesetzt, ist zu entscheiden, ob und wie die Beobachtungsaufgabe unter ihnen aufgeteilt wird und auf welche Aspekte sie jeweils achten sollen. Das Ziel dieser Festlegungen besteht darin, die Reliabilität, Validität und Objektivität (▶ Abschn. 1.4) der durch die Beobachtung erhobenen Daten zu sichern. Ein Beispiel für ein Beobachtungssystem zur Untersuchung der Interaktion von Schülern und Lehrern ist in ◘ Tab. 2.2 wiedergegeben.

Ein Beobachtungssystem soll die Reliabilität, Validität und Objektivität der Daten sichern.

Auswahl von Stichproben

Auch wenn diese Gütekriterien gesichert sind, so kann Beobachtung, auch wenn sie sich technischer Hilfsmittel und Apparate wie etwa einer Videoaufzeichnung bedient, nie die Gesamtheit aller Ereignisse erfassen und muss sich daher mit mehr oder weniger großen Ausschnitten begnügen. Die Beobachtung muss also auf Stichproben des Gesamtgeschehens beschränkt bleiben; damit stellt sich wie auch bei der Auswahl von Personenstichproben die Frage der Repräsentativität (▶ Abschn. 3.1.3). Die stichprobenartig ausgewählten Beobachtungseinheiten sollten natürlich hinreichend typisch und repräsentativ sein.

Da Beobachtung niemals alles erfassen kann, müssen **Stichproben** des Gesamtgeschehens ausgewählt werden.

Zwei Hauptformen der **Stichprobenziehung** sind zu unterscheiden: die Zeitstichprobe und die Ereignisstichprobe. Die beiden Arten der Stichprobenziehung unterscheiden sich darin, an welchen Punkten der zu untersuchende Gegenstand (z. B. Verhaltensweisen von Angestellten, die unter Zeitdruck stehen) beobachtet wird.

◘ **Tab. 2.2** Beispiel für ein Beobachtungssystem: Das »Verbal Interaction Category System« zur Beobachtung der Lehrer-Schüler-Interaktion von Amidon und Hunter (1967; dtsch. Grell, 1980)

Kategorie	Unterkategorie (Verhaltensaspekte)
Vom Lehrer ausgehendes Verbalverhalten	Äußert Informationen oder Meinungen
	Gibt Anweisungen
	Stellt enge Fragen
	Stellt weite Fragen
Lehrererwiderung	Akzeptiert a) Gedanken, b) Verhalten, c) Gefühle
	Lehnt a) Gedanken, b) Verhalten c) Gefühle ab
Schülererwiderung	Voraussagbare Antwort an Lehrer
	Nichtvoraussagbare Antwort an Lehrer
	Antwort an Mitschüler
Vom Schüler ausgehendes Verbalverhalten	Beginnt Gespräch mit Lehrer
	Beginnt Gespräch mit Mitschüler
Anderes	Stille
	Durcheinander

Bei der **Zeitstichprobe** werden Beobachtungen in festen Intervallen aufgezeichnet.

Zeitstichprobe Bei der Zeitstichprobe werden Beobachtungen in festgelegten Zeitabständen protokolliert, z. B. in 20-Sekunden-Intervallen. So könnte etwa in festen Zeitintervallen aufgezeichnet werden, was beobachtete Angestellte unter Zeitdruck tun, z. B. Text in einen Computer eingeben, Informationen aufnehmen oder mit anderen Mitarbeitern sprechen.

Bei der **Ereignisstichprobe** wird das Auftreten, die Auftretensdauer (oder -häufigkeit) von definierten Ereignissen aufgezeichnet.

Ereignisstichprobe Im Fall einer Ereignisstichprobe wird hingegen registriert, ob, wie lange oder wie oft bestimmte zuvor definierte Ereignisse auftreten, ohne dass einem festen zeitlichen Rhythmus gefolgt wird. Die Beobachterin bzw. der Beobachter wartet hierbei darauf, dass sich ein zuvor definiertes Ereignis zeigt, und protokolliert dann, um welches Ereignis es sich handelt und ggf. wie lange es andauert. Bei der Beobachtung von Angestellten unter Zeitdruck würde etwa auf das Auftreten von bestimmten interessierenden Verhaltensweisen (Texteingabe am Computer; Kommunikation mit einem Vorgesetzten oder gleichgestellten Mitarbeiter; Wechsel des Aufenthaltsorts etc.) geachtet und diese dann entsprechend protokolliert.

Zeit- und Ereignisstichproben weisen Vor- und Nachteile auf.

Im Vergleich zur Zeitstichprobe ist es bei der Ereignisstichprobe eher möglich, auch relativ selten auftretende Ereignisse zu erfassen. Zudem erlaubt die Ereignisstichprobe eher die gezielte Überprüfung von Hypothesen zum Zusammenhang (Kontingenz) von aufeinander folgenden Ereignissen: Welche Ereignisse folgen typischerweise aufeinander, welches Ereignis geht einem anderen zumeist unmittelbar voraus? Während Ereignisstichproben eher der gezielten Untersuchung ausgewählter Verhaltensweisen oder deren Kombinationen dienen, bieten Zeitstichproben also einen breiteren und umfassenderen Überblick über einen Gesamtverlauf von Ereignissen.

Beobachtung in der qualitativen Forschung

Beobachtung ist auch ein fester Bestandteil qualitativer Methoden.

Beobachtung als Erhebungsmethode ist im Unterschied zum Messen oder Testen nicht auf den Bereich der quantitativen Methoden festgelegt. Im Gegenteil: Beobachtungsverfahren werden häufiger im Bereich qualitativer Methoden eingesetzt. Daher sei an dieser Stelle auf den entsprechenden Abschnitt zu qualitativen Datenerhebungsverfahren verwiesen (▶ Abschn. 6.2.1). Dort finden sich weitere Erläuterungen und Dimensionen zur Unterscheidung verschiedener Beobachtungsformen (z. B. Grad der Standardisierung; teilnehmende vs. nicht teilnehmende Beobachtung).

Die Häufigkeit beobachteter Ereignisse wird durch Zählen bestimmt.

Um die Daten aus einer Beobachtung quantitativ zu verwerten, ist es zunächst erforderlich, die Häufigkeiten der beobachteten Ereignisse zu bestimmen. Hierzu dient die elementare Operation des Zählens. In dem Beispiel für ein Beobachtungssystem aus Tab. 2.2 (»Verbal Interaction Category System«) würde also beispielsweise gezählt, wie häufig der Lehrer in einer bestimmten Situation oder in einem bestimmten Zeitraum Fragen stellt oder wie häufig Schüler Gespräche mit Mitschülern beginnen. Um das Zählen geht es – neben der differenzierteren Option des Messens – im folgenden Abschnitt.

2.2.2 Zählen und Messen

Zählen gibt über Häufigkeiten Auskunft, während Messen eine feinere Erfassung von Merkmalsausprägungen erlaubt (d. h. wie stark ein Merkmal vorliegt).

Elementare Schritte der quantitativen Datenerhebung, die an die Beobachtung anschließen bzw. mit ihr verbunden sind, sind das Zählen und Messen: In vielen Studien interessiert nicht nur, dass ein Ereignis (z. B. aggressives Verhalten wie etwa eine Beleidigung) aufgetreten ist, sondern *wie oft* ein Ereignis eintritt. Ist man an den Häufigkeiten von Ereignissen interessiert, ist das Auftreten der relevanten Ereignisse zu *zählen*. Darüber hinaus lassen sich Merkmale auch mithilfe von Messungen quantifizieren. Im Vergleich zum Zählen ermöglicht das Messen eine feinere, abgestufte Erfassung von Merkmalsausprägungen, also z. B. der Intensität bzw. des Ausmaßes aggressiven Verhaltens. Messen kann somit darüber Auskunft geben, wie deutlich oder wie stark ein Merkmal bzw. ein Ereignis vorliegt.

Ob Zählen oder Messen das geeignete Verfahren ist, hängt u. a. von der Art des erfassten Merkmals ab: Diskrete Merkmale können gezählt, stetige Merkmale können nicht gezählt, aber gemessen werden.

Definition

Ein Merkmal, das nur die Erfassung der Häufigkeit in ganzen Zahlen zulässt, wird **diskret** genannt. Diskrete Merkmale wie z. B. die Anzahl von Geschwistern lassen also das Zählen der Auftretenshäufigkeit zu, nicht jedoch die Feststellung von feinen Ausprägungen zwischen ganzen Zahlen.
Ein Merkmal, das prinzipiell unendlich viele Ausprägungen annehmen kann und keine Erfassung der Häufigkeit in ganzen Zahlen zulässt, wird als **stetig** bzw. kontinuierlich bezeichnet. Kontinuierliche Merkmale wie z. B. die Körpergröße können nicht gezählt, wohl aber gemessen werden.

▶ Definition
Diskrete und stetige Merkmale

Zu Beginn einer Datenerhebung ist zu überlegen, welcher Art der interessierende Gegenstand (Merkmal oder Ereignis) ist und welcher quantitative Parameter (mathematische Kenngröße für ein bestimmtes Merkmal) erfasst werden soll: *ob* ein Merkmal vorliegt, *wie häufig* es vorliegt bzw. *in welchem Ausmaß* es vorliegt. Damit ist auch zu entscheiden, welche Art der Abbildung von Merkmalen durch Zahlen, also welche Form der Quantifizierung, sinnvoll und angemessen ist. Die Methodenlehre bedient sich zur systematischen Beantwortung dieser Frage des Konzepts der Skalenniveaus. Ein Verständnis des Konzepts der Skalenniveaus ist unerlässlich, um beurteilen zu können, welche Zuweisung von Zahlen zu psychologisch interessierenden Phänomenen angemessen und informativ ist. Die Skalenniveaus werden nach der folgenden kurzen Einführung in die Messtheorie erläutert.

Vor einer Datenerhebung ist das **Skalenniveau** zu bedenken; dieses hängt u. a. davon ab, ob das Auftreten, die Häufigkeit des Auftretens oder das Ausmaß des Auftretens eines Ereignisses erfasst wird.

Grundlagen der Messtheorie

Wie am Anfang dieses Kapitels dargestellt, werden im Bereich der quantitativen Methoden psychologisch relevanten Merkmalen Zahlen zugeordnet. Dabei werden zwei Bereiche einander zugeordnet:

- das empirische Relativ, d. h. eine Menge von unterschiedlichen empirisch beobachtbaren Objekten oder Ereignissen, und
- das numerische Relativ, d.h. eine Menge von Zahlen.

Beim Messen werden **empirisches** (= beobachtbare Objekte, Ereignisse) und **numerisches Relativ** (= Zahlen) einander zugeordnet.

Die zentrale Anforderung bei der Zuordnung des numerischen Relativs zum empirischen Relativ ist folgende: Die interessierenden Relationen (z. B. Verschiedenheit, Ordnung, Größe der Differenzen oder das Verhältnis) zwischen den erfassten Objekten bzw. Ereignissen müssen durch die zugeordneten Zahlen **homomorph** (wörtlich »die gleiche Gestalt bzw. Struktur erhaltend«) abgebildet werden (▶ Beispiel).

Die zentrale Herausforderung beim Messen ist die homomorphe Abbildung.

Beispiel

Homomorphe Abbildung

Wenn etwa das Merkmal Körpergröße quantifiziert werden soll und eine Person A (ein Erwachsener) doppelt so groß ist wie eine Person B (ein Kind), dann sollte diese Relation (das Verhältnis 2:1) auch durch die Art der Zuweisung von Zahlen korrekt wiedergegeben werden. Eine homomorphe Abbildung der Relation zwischen den beiden Objekten (Personen A und B) wäre etwa folgende: 180 für Person A, 90 für Person B. Aber auch gegen die Zuordnung von 18 für Person A und 9 für Person B oder einfach 2 für Person A und 1 für Person B wäre prinzipiell nichts einzuwenden – alles unter der Voraussetzung, dass wir mit einer geeigneten Zahlenmenge arbeiten, also etwa der Menge rationaler oder reeller Zahlen. Eine numerische Abbildung, die das Verhältnis zwischen A und B nicht korrekt wiedergibt, wäre z. B. Person A = 1, Person B = 1, denn diese Zahlenwerte suggerieren, dass die beiden Personen sich im Hinblick auf das interessie-

▼

rende Merkmal Größe nicht unterscheiden. Ebenso unangemessen, da nicht homomorph, wären auch die Abbildungen Person A = 0, Person B = 1 (da hier Person B den höheren Wert hat) oder Person A = 3, Person B = 2 (da demnach Person B nicht eine doppelt, sondern nur eine eineinhalbmal so starke Merkmalsausprägung aufweist).

Die Messtheorie befasst sich mit der Angemessenheit der Zuordnung von Zahlen zu Merkmalen.

Die gerade aufgeworfene Frage nach der Angemessenheit der Zuordnung von Zahlen (also einem numerischen Relativ) zu den Merkmalen von Objekten oder Ereignissen (also einem empirischen Relativ) ist Gegenstand der Messtheorie (Steyer & Eid, 2001). Messen in einem allgemeinen Sinn besteht in diesem Prozess der Zuordnung, die das Kriterium der homomorphen Abbildung erfüllen muss.

► Definition Messen

Definition

Messen ist die Zuordnung von Zahlen zu Objekten oder Ereignissen bezüglich der Ausprägung eines Merkmals oder einer Eigenschaft, sodass bestimmte Relationen zwischen den Zahlen vorhandene Relationen zwischen den Objekten (oder Ereignissen) homomorph abbilden.

Folgende Voraussetzungen für das Messen sind zu beachten:

Die zu messende Eigenschaft bzw. das zu messende Merkmal muss festgelegt werden.

Das interessierende Merkmal muss messbar sein und operationalisiert werden.

Zur Messung wird ein geeignetes Instrumentarium benötigt.

Voraussetzungen für das Messen Damit überhaupt gemessen werden kann, müssen die folgenden Voraussetzungen erfüllt sein:

1. Die zu messende Eigenschaft bzw. das zu messende Merkmal muss festgelegt werden, also z. B. die Körpergröße einer Person oder die Reaktionszeit einer Person bei einer bestimmten Aufgabe. In der Psychologie kann nicht der Mensch als solcher gemessen oder quantitativ erfasst werden; vielmehr können immer nur bestimmte Merkmale oder Eigenschaften erfasst werden.
2. Es ist sicherzustellen, dass das interessierende Merkmal auch gemessen werden kann. Dies ist in der Psychologie gar kein trivialer Aspekt. Viele interessierende Merkmale sind – wie bereits mehrfach erwähnt – nicht direkt beobachtbar, sondern müssen aufgrund theoretischer Überlegungen und mit geeigneten Methoden erst erfassbar gemacht werden. Während z. B. die Körpergröße von Personen relativ leicht erfasst werden kann, müssen z. B. Gedächtnisprozesse, Intelligenz oder Erfolgsmotivation mithilfe von geeigneten Indikatoren erschlossen werden. Eine Messung erfordert eine hinreichend plausible Theorie, wie solche nicht direkt beobachtbaren psychischen Merkmale überhaupt erfasst werden können. Der theoretisch geleitete Vorgang, durch den solche Merkmale messbar gemacht werden, wird auch Operationalisierung genannt (► Abschn. 1.6.3).
3. Wenn die grundsätzliche Frage der Messbarkeit geklärt ist, wird ein geeignetes Instrumentarium (z. B. ein Beobachtungsschema, ein Fragebogen oder ein technischer Apparat) benötigt, mit dessen Hilfe die Messung erfolgen kann.

Skalenniveaus

Die vier Skalenniveaus unterscheiden sich vor allem darin, welche Relationen zwischen den gemessenen Objekten repräsentiert werden.

In der Regel werden vier **Skalenniveaus** (Nominalskala, Ordinalskala, Intervallskala und Verhältnisskala) unterschieden, um festlegen zu können, ob eine Messung eine homomorphe Abbildung leistet. Diese Skalenniveaus werden danach unterschieden, welche **Relationen** (die Verschiedenheit, die Ordnung, die Größe der Differenzen oder das Verhältnis) zwischen den Objekten des empirischen Relativs durch eine Skala abgebildet werden können oder sollen (Tab. 2.3).

Auf **Nominalskalenniveau** geht es um die Relation der Verschiedenheit.

Nominalskala Steht die Relation der **Verschiedenheit** (umgekehrt: Äquivalenz) von Objekten im Hinblick auf ein interessierendes Merkmal im Vordergrund, so ist eine Abbildung auf dem Niveau der Nominalskala angemessen. Bei vielen Merkmalen lässt sich eine Verschiedenheit feststellen, nicht jedoch eine Ordnung oder gar Größe

Tab. 2.3 Überblick über die vier üblichen Skalenniveaus mit Angabe der jeweils relevanten (bedeutsamen) Relationen und Beispielen

Relation	Skala			
	Nominalskala	Ordinalskala	Intervallskala	Verhältnisskala
Verschiedenheit	ja	ja	ja	ja
Rangordnung	nein	ja	ja	ja
Differenzen	nein	nein	ja	ja
Verhältnisse	nein	nein	nein	ja
Beispiel	Geschlecht, Haarfarbe	Schulnote, Tabellenplatz	Intelligenzquotient	Reaktionszeit, Körpergröße

der Abstände zwischen den Merkmalsausprägungen. Dies ist etwa der Fall bei klassisch demografischen Merkmalen wie Geschlecht, Haarfarbe, Wohnort oder Nationalität. Es lässt sich nicht angeben, ob die eine oder andere Farbe eine »höhere« Ausprägung hat oder wie weit z. B. die Haarfarbe blond »über« oder »unter« der Haarfarbe braun steht.

Ordinalskala Sollen die Objekte im empirischen Relativ im Hinblick auf das untersuchte Merkmal in eine **Rangordnung** (größer als, kleiner als) gebracht werden, dann ist eine Abbildung auf dem Niveau der Ordinalskala angemessen. Beispielsweise geben die Ränge in einer im Sport üblichen Tabelle an, ob eine Sportlerin eine bessere Leistung als eine andere erbracht hat. Der Rang 1 zeigt an, dass die Person die beste Leistung aufweist. Aus den Rängen lassen sich jedoch keine Rückschlüsse auf die genauen Differenzen oder Verhältnisse zwischen den Merkmalsausprägungen ziehen. Der Abstand zwischen dem Erst- und Zweitplatzierten muss keineswegs genauso groß sein wie der zwischen dem Zweit- und Drittplatzierten; und die unterschiedlichen Werte 2 und 4 lassen keineswegs den Schluss zu, dass der Sportler auf dem Rangplatz 4 eine doppelt so schlechte Leistung erbracht hat wie der Sportler auf dem Rangplatz 2. Auch die im deutschsprachigen Raum üblichen Schulnoten geben eher an, ob ein Schüler besser oder schlechter als ein anderer ist, aber nicht, wie groß genau der Leistungsabstand zwischen Schülern ist oder ob ein Schüler doppelt so gut ist wie ein anderer.

Auf **Ordinalskalenniveau** geht es um die Relation der Rangordnung.

Intervallskala Die Größe der **Differenzen** ist auf dem dritten Skalenniveau, dem Intervallskalenniveau, jedoch bedeutsam. Als Beispiel kann der in der wissenschaftlichen Psychologie verwendete Intelligenzquotient (IQ) herangezogen werden. Der Unterschied zwischen einer Person A mit dem Intelligenzquotient von 120 und einer Person B mit dem Intelligenzquotient von 100 ist größer als der Unterschied zwischen einer Person C mit dem Intelligenzquotient von 90 und einer Person D mit dem Intelligenzquotient von 89. Das in der Einleitung zu Teil I verwendete Beispiel zur Methodenkompetenz von Studierenden basierte auf der Annahme, dass die Messung auf Intervallskalenniveau erfolgt: Die Größe des zahlenmäßigen Unterschieds zwischen den Studierenden bildete auch die Leistungsdifferenz zwischen ihnen ab. Jedoch spiegelt auf dem Intervallskalenniveau das Verhältnis der Zahlen nicht das Verhältnis der Merkmalsträger wider. Zum Beispiel ist die Aussage, dass eine Person mit dem IQ 120 über eine doppelt so große Intelligenz verfügt wie eine Person mit dem IQ 60, nicht zulässig.

Auf **Intervallskalenniveau** geht es um die Relation der Differenz.

Verhältnisskala (Rationalskala) Eine Skala, die darüber hinaus auch das **Verhältnis** zwischen den Merkmalsausprägungen angibt, heißt Verhältnisskala (auch: Rationalskala). Auf diesem Skalenniveau ist es zulässig, aus dem Zahlenverhältnis (z. B. 2:1) auf die Verhältnisse zwischen den Merkmalsträgern zu schließen. Die üblichen Skalen zur

Auf **Verhältnisskalennivau** wird angegeben, wie sich zwei Merkmalsausprägungen zueinander verhalten (z. B. halb, doppelt, dreimal etc. so groß). Das bedeutet u. a., dass der Zahlenwert 0 angibt, dass das gemessene Merkmal nicht vorliegt.

Abb. 2.2 Skalenniveaus

Messung von räumlicher Länge weisen das Niveau einer Verhältnisskala auf. Daher ist die Aussage zulässig, dass eine Person mit dem Wert 180 für Körpergröße (auf der üblichen Skala in cm) eine doppelt so große Merkmalsausprägung aufweist wie eine Person mit dem Wert 90. Auch bei Messungen von zeitlicher Länge liegt eine Verhältnisskala vor. Wenn etwa eine Versuchsperson bei einer Reaktionsaufgabe z. B. 2 Sekunden, eine andere hingegen 1 Sekunde gebraucht hat, dann zeigt dieser Unterschied an, dass die Reaktion der ersten Person doppelt so lange gedauert hat wie die der zweiten. Bei Messungen auf Verhältnisskalenniveau hat die Zahl »null« auch eine empirische Bedeutung: Der Wert 0 zeigt an, dass das Merkmal gar nicht vorhanden ist. Zum Beispiel gibt der zeitliche Abstand von 0 an, dass kein zeitlicher Abstand besteht (Abb. 2.2).

Vom Skalenniveau hängt ab, welche Aussagen die quantitativen Informationen über empirischen Verhältnisse erlauben und welche mathematischen Operationen zulässig sind.

Die Unterscheidung zwischen diesen Skalenniveaus ist aus verschiedenen Gründen sinnvoll: Das Skalenniveau gibt an, über welche Eigenschaften von Merkmalsträgern (in der Psychologie zumeist Menschen) die zugeordneten Zahlen Auskunft geben können und welche Rückschlüsse sich aus den zugeordneten Zahlen auf die Eigenschaften des gemessenen Merkmalsträgers ziehen lassen. Vom Skalenniveau hängt also ab, welche Aussagen aufgrund der quantitativen Informationen über empirische Verhältnisse überhaupt getroffen werden können. Durch das Skalenniveau werden auch die Operationen eingeschränkt, die mit den Zahlen durchgeführt werden können (Tab. 2.4). Diese Einschränkung bedingt auch, welche statistischen Verfahren anwendbar sind.

Transformationen

Das Skalenniveau bedingt, welche **Transformationen** zulässig sind.

Nicht zuletzt entscheidet das Skalenniveau auch darüber, welche **Transformationen** der Zahlen erlaubt sind. Eine Transformation ist eine Veränderung einer Zahl z. B. durch Addition oder Multiplikation. Ist das Skalenniveau festgelegt, so dürfen wir mit den Zahlen nur noch solche Transformationen vornehmen, die die relevanten Relationen zwischen einzelnen Messobjekten bzw. Merkmalsträgern *unverändert* lassen. Durch eine zulässige Transformation wird eine Skala überführt in eine andere Skala für dasselbe Merkmal, sodass das numerische Relativ das empirische Relativ weiterhin analog (homomorph) abbildet.

Es gibt viele Fälle, in denen Daten transformiert werden müssen.

Weshalb ist die Frage der Transformierbarkeit relevant? Bei der Aufbereitung oder Analyse der Daten aus einer Studie kommt es nicht selten vor, dass man die zunächst zugeordneten Zahlenwerte verändern muss, um etwa die Voraussetzungen zum Einsatz eines bestimmten statistischen Verfahrens zu erfüllen. So müssen Reaktionszeiten aus einer Studie oft transformiert werden, damit ihre Verteilung Voraussetzungen für weitere inferenzstatistische Analysen erfüllt (▶ Beispiel).

Beispiel

Transformation

Reaktionszeiten aus Experimenten sind z. B. häufig linkssteil (»positively skewed«) verteilt, d. h., dass die meisten Werte eine geringe Ausprägung haben, sich also im »linken« Bereich der Skala befinden (wenn man sich Werte auf einer horizontalen Skala vorstellt, die von links nach rechts ansteigen; ◻ Abb. 2.3). Während die meisten Reaktionen von Versuchsteilnehmern oft im unteren, »linken« Bereich liegen, gibt es auch eine Reihe von Reaktionen, die aus verschiedenen Gründen (z. B. kurzzeitige Ablenkung, längeres Nachdenken vor einer Antwort, technische Probleme) mit mehr oder weniger großer Verzögerung erfolgen. Somit häufen sich die gemessenen Werte auf der linken Seite, während sich die wenigen längeren Werte (auch »Ausreißer« genannt) im mittleren und rechten Bereich befinden. Einige gängige inferenzstatistische Analyseverfahren (▶ Abschn. 4.3.2) setzen jedoch voraus, dass die Werte hinreichend normalverteilt sind, und dazu gehört auch eine symmetrische Verteilung. Zu stark linkssteil verteilte Werte können durch geeignete Transformationen (z. B. Anwendung des natürlichen Logarithmus) in hinreichend symmetrisch verteilte Werte umgewandelt werden.

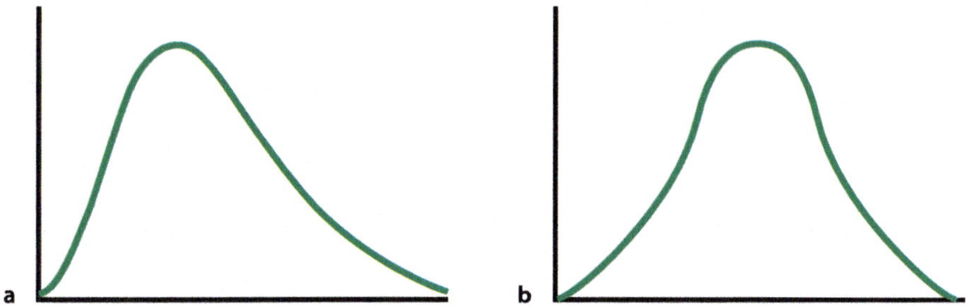

◻ **Abb. 2.3a,b** Arten von Verteilungen, **a** eine linkssteile Verteilung, wie sie für Reaktionszeiten typisch ist; **b** eine symmetrische Verteilung (annähernde Normalverteilung), wie sie idealerweise durch geeignete Transformationen von Reaktionszeiten erreicht wird

Die Transformierbarkeit hängt vom Skalenniveau ab (◻ Tab. 2.4).

Bevor man Messwerte mit einer Transformation verändert, ist jedoch zunächst sicherzustellen, dass die Transformation auf dem Skalenniveau der vorliegenden Daten zulässig ist. Allgemein sind Transformationen dann zulässig, wenn die relevante Relation (Verschiedenheit, Ordnung, Differenzen, Verhältnisse) auch nach der Transformation homomorph abgebildet wird, also auch in der resultierenden neuen Skala aus den Zahlen ablesbar ist. Die zulässigen Transformationen sind in ◻ Tab. 2.4 zusammengefasst.

- **Nominalskalenniveau** erlaubt alle eineindeutigen Transformationen (bei denen aus zwei verschiedenen Werten nie derselbe wird),
- **Ordinalskalenniveau** erlaubt streng monotone Transformationen (bei denen die Ordnung der Werte beibehalten wird),
- auf **Intervallskalenniveau** sind Transformationen der Form $f(x) = bx + a$ zulässig (bei denen Differenzen beibehalten werden),
- ein **Verhältnisskalenniveau** bleibt nur bei Transformationen der Form $f(x) = bx$ (bei denen Verhältnisse nicht verändert werden) erhalten.

Probleme bei der Festlegung des Skalenniveaus

Die Unterscheidung zwischen Ordinal- und Intervallskalenniveau ist bisweilen schwierig, und in der Praxis kann im Zweifelsfall oft Letzteres angenommen werden.

Bei jeder psychologischen Untersuchung sollte das Skalenniveau der Messung berücksichtigt werden. Das Skalenniveau ist jedoch nicht immer leicht festzulegen; gerade im Grenzbereich zwischen Ordinal- und Intervallskala ist es manchmal kaum möglich, aufgrund von theoretischen Überlegungen eine eindeutige Entscheidung zu treffen (z. B. bei Ratingskalen; ▶ Abschn. 2.3.2). Hier sollte man nicht zu streng vorgehen. Die meisten gängigen statistischen Testverfahren (▶ Abschn. 4.3) sind für Daten auf Intervallskalenniveau gedacht. Oft werden die Ergebnisse der statistischen Tests nur unwesentlich durch die Interpretation von eher ordinalskalierten Daten als intervallskaliert verfälscht, wenn andere Anwendungsvoraussetzungen (z. B. Normalverteilung oder hinreichend große Stichproben, d. h. Stichproben ab $n=30$) erfüllt sind. Deshalb wird in der Forschungspraxis im Zweifelsfall auch oft Intervallskalenniveau angenommen.

2

Tab. 2.4 Überblick über zulässige Transformationen auf den vier Skalenniveaus mit Angabe von jeweils relevanten (bedeutsamen) Relationen und Beispielen

Skala	Art der Transformation	Beispiele für zulässige Transformationen	Beispiele für unzulässige Transformationen
Nominalskala	eineindeutig	$f(x) = 100x$ $f(x) = x + 273$ $f(x) = 1/x$ $f(x) = x^3$	$f(x) = 10$
Ordinalskala	streng monoton	$f(x) = 100x$ $f(x) = x + 273$ $f(x) = x^3$	$f(x) = 1/x$ $f(x) = 10$
Intervallskala	Form: $f(x) = bx + a$	$f(x) = 100x$ $f(x) = x + 273$	$f(x) = x^3$ $f(x) = 1/x$ $f(x) = 10$
Verhältnisskala	Form: $f(x) = bx$	$f(x) = 100x$	$f(x) = x + 273$ $f(x) = x^3$ $f(x) = 1/x$ $f(x) = 10$

Kontrollfragen

1. Wie ist wissenschaftliche Beobachtung definiert? Welche Aspekte der Beobachtung werden in einem Beobachtungsplan festgelegt?
2. Inwiefern kann die Beobachtung von Ereignissen vollständig und uneingeschränkt sein?
3. Worin unterscheidet sich eine Ereignisstichprobe von einer Zeitstichprobe?
4. Für welche Art/en von Merkmalen eignet sich die Operation des Zählens?
5. Was ist eine homomorphe Abbildung und welche Rolle spielt diese beim Messen?
6. Welche Skalenniveaus werden in der Messtheorie unterschieden? Welche Relationen werden auf den verschiedenen Skalenniveaus erfasst?
7. Was sind zulässige Transformationen und welche Bedeutung haben diese für psychologische Datenerhebungen?
8. Auf welchen Skalenniveaus sind folgende Transformationen zulässig?
   a. $f(x) = x^2 + 273x$
   b. $f(x) = 1$
   c. $f(x) = 100/x$
9. Welche Transformationen sind auf dem höchstmöglichen Skalenniveau für die folgenden numerischen Abbildungen zulässig?
   a. Nummern von Buslinien im Nahverkehr
   b. Temperatur in Grad Celsius
10. Geben Sie bitte für die beiden folgenden Beispiele an, ob die numerische Abbildung des empirischen Relativs homomorph ist:

a.

Haarfarbe	numerisch
rot	3
braun	70
blond	4

b.

Schulleistung	numerisch
sehr gut	1
sehr gut	1.7
gerade ausreichend	4.3

► Weiterführende Literatur

Michell, J. (1999). *Measurement in psychology: Critical history of a methodological concept.* Cambridge: Cambridge University Press.

Steyer, R. & Eid, M. (2001). *Messen und Testen* (2. Aufl.). Berlin: Springer.

2.3 Selbstberichtsverfahren: Befragung und Rating

Lernziele

- Die grundlegenden kognitions- und kommunikationspsychologischen Grundlagen von Selbstauskünften in Befragungen kennenlernen.
- Die kognitiven Prozesse würdigen, die Selbstberichten zugrunde liegen.
- Verschiedene Formen der Befragung unterscheiden und die Anwendungsbereiche dieser Varianten identifizieren.
- Einen Überblick über Ratingverfahren und Varianten von Ratingskalen gewinnen.
- Urteilstendenzen berücksichtigen, die bei Antworten auf Ratingskalen auftreten können.
- Den Einsatzbereich von psychologischen Tests und ihre idiografische Zielsetzung kennenlernen.
- Leistungstests und Persönlichkeitstests unterscheiden.
- Wünschenswerte Eigenschaften von Tests und Testitems würdigen. Darunter: Schwierigkeit und Trennschärfe von Testitems sowie deren Zusammenhang kennenlernen.
- Eine Sensibilität für mögliche Verfälschungen von Tests entwickeln und einen Überblick über Gegenmaßnahmen gewinnen.

Die Befragung ermöglicht einen Zugang zu psychischen Prozessen und Strukturen.

Eine Möglichkeit, Zugang zu den nicht direkt beobachtbaren psychischen Prozessen und Strukturen zu erhalten, besteht darin, Menschen zu befragen und über diese psychologisch relevanten Sachverhalte berichten zu lassen. Gegenstand solcher Berichte sind z. B. die eigenen Einstellungen, Gefühle, Denkprozesse, Motive oder Erinnerungen. Dabei ist man in der Forschung darauf angewiesen, dass die untersuchten Personen überhaupt Zugang zu den interessierenden psychischen Prozessen haben und dass sie diese auch kommunizieren können. Zudem müssen die Selbstauskünfte von Untersuchungsteilnehmern und -teilnehmerinnen hinreichend reliabel und valide sein. Dabei sind zwei grundlegende Aspekte – ein kognitionspsychologischer und ein kommunikationspsychologischer – zu berücksichtigen (Schwarz, 1999), die im Folgenden kurz skizziert werden, und zwar:

- Wie gelangen Befragte zu Selbstauskünften?
- Wie werden Selbstberichte kommuniziert?

Wie gelangen Befragte zu Selbstauskünften?

Selbstauskünfte in Befragungen beinhalten drei Prozesse.

Selbstauskünfte in Befragungen beinhalten drei elementare kognitive bzw. mentale Prozesse (Pelham & Blanton, 2007; Strack & Martin, 1987; Sudman, Bradburn & Schwarz, 1996).

1. Interpretation der Frage

Der erste Prozess beinhaltet die **Interpretation der Frage**.

Zunächst müssen die Befragten eine Frage interpretieren, also erwägen, was der Forscher oder die Interviewerin wohl mit einer Frage meint. Wenn Studierende mit einer Frage wie »Was halten Sie von der Lehre von Dozentin X?« konfrontiert werden, so werden sie zunächst etwa überlegen, welche Aspekte der Lehre der Dozentin gemeint sind (z. B. die fachliche Kompetenz, das Engagement, die didaktische Kompetenz, die Struktur der Veranstaltungen etc.) und welche Informationen sich die Auftraggeber der Befragung von der Befragung erhoffen (▶ Beispiel).

Beispiel

Interpretation der Frage

Eine Frage wie »Wie bewerten Sie auf einer Skala von 1 bis 8 die USA?« lässt offen, auf welchen Dimensionen bzw. in welchen Hinsichten die USA beurteilt werden sollen. Befragte müssen zu plausiblen Hypothesen hierzu gelangen, bevor sie überhaupt über Antworten auf die Frage nachdenken können. Ist das aktuelle globale politische Engagement der USA gemeint oder soll es eher um die historische Rolle der USA gehen? Oder sind vielleicht eher US-amerikanische Personen gemeint, also z. B. bekannte Politiker und Politikerinnen oder andere Personen des öffentlichen Interesses?

Die Herausforderung der Interpretation von Fragen stellt sich für die Untersuchungsteilnehmer in mehr oder weniger großem Ausmaß bei allen Befragungen – man denke an Fragen wie »Wie zufrieden sind Sie mit Ihrem derzeitigen Lebensstandard?«, »Wie leicht fällt es Ihnen, sich an Ihre Kindheit zu erinnern?«, »Wie gut gefällt Ihnen das Buch *Einführung in die psychologische Methodenlehre*?«. Stets müssen Befragte als erstes die Frage verstehen und interpretieren.

Der zweite Prozess umfasst den Abruf und die **Konstruktion eines Urteils**, das die Beantwortung der Frage erlaubt.

2. Bildung eines Urteils

Zudem müssen Befragte eine Antwort auf die Frage finden, also ein eigenes Urteil bilden. Dieser Schritt ist oft nicht minder anspruchsvoll und komplex als der erste (▶ Beispiel).

Beispiel

Urteilsbildung

Zunächst wäre in dem vorherigen Beispiel zu entscheiden, ob mit der Frage »Wie bewerten Sie auf einer Skala von 1 bis 8 die USA?« die Gegenwart oder die historische Rolle der USA angesprochen ist. Wenn die Befragten davon ausgehen, dass die USA der Gegenwart gemeint sind, müssen sie ein Urteil generieren. Dies können sie leisten, indem sie ein bereits bestehendes Urteil zu den gegenwärtigen USA abrufen oder zum Befragungszeitpunkt ein Urteil konstruieren. Um ein Urteil zu konstruieren, können Menschen sehr viele unterschiedliche Wege wählen. Sie können sich Bilder von urteilsrelevanten Situationen oder Personen wachrufen, bei der Beantwortung der Beispielfrage etwa von den weltweit Entsetzen auslösenden Bildern von den Misshandlungen irakischer Gefangener durch US-Soldaten und -Soldatinnen in Abu Ghraib. Man kann auch an bekannte US-amerikanische Politiker, Schauspieler oder Sportler denken, sich an persönliche Kontakte mit Amerikanerinnen und Amerikanern erinnern oder an die Kommentare eines guten Freundes über die Politik der USA.

Die Beispiele zeigen die Vielfalt mentaler Operationen, die an der Beantwortung einer Selbstberichtsfrage beteiligt sind.

Wie diese Beispiele zeigen, können Menschen eine Vielfalt mentaler Operationen ausführen, um zu einem Urteil oder einer Vorstellung zu gelangen, auf deren Basis sie in einer Befragung eine Antwort geben können. Durch die Wortwahl einer Frage, die Befragungssituation oder zuvor dargebotene und damit voraktivierte Informationen können bestimmte Operationen und Informationen nahegelegt werden, um zu einem Urteil zu gelangen. Wenn etwa Gedanken an die Opfer des Zweiten Weltkriegs oder des Holocaust bei einer Meinungsumfrage zu den USA wachgerufen werden, werden die Befragten an die positive historische Rolle der USA denken (z. B. die Unterstützung Europas bei dem Sieg über Nazi-Deutschland während des Zweiten Weltkriegs). In diesem Fall wird ein vergleichsweise positives Urteil über die USA konstruiert, als wenn Gedanken an die Gräuel des Vietnam-Kriegs bei den Befragten aktiviert (im anglophonen Fachjargon: »geprimed«) werden.

Der dritte Prozess beinhaltet die **Übersetzung in eine kommunizierte Auskunft**.

3. Übersetzung in eine kommunizierte Auskunft

Doch mit dem Abrufen oder Konstruieren eines Urteils ist es noch nicht getan. Abschließend müssen Befragte ihre mentalen Reaktionen, Urteile oder Vorstellungen auch in eine offen kommunizierte Auskunft übertragen. Die Herausforderung besteht darin, einen internen psychischen Zustand in eine extern kommunizierte Mitteilung zu überführen. Gerade bei vorgegebenen Antwortformaten (wie z. B. einer numerischen Skala) kann dies ein schwieriges Unterfangen sein. Je nach Annahmen über die Bedeutung der Antwortoptionen bzw. je nach Vergleichsstandards werden Befragte ihre mentalen Reaktionen oder Urteile in sehr unterschiedliche Antworten überführen (▶ Beispiel).

Beispiel

Kommunikation einer Antwort

Wie gelangen Befragte im bereits beschriebenen Beispiel von einem konstruierten Urteil über die USA dazu, einen bestimmten Wert auf einer Antwortskala zur Bewertung der USA anzukreuzen? Dies hängt u. a. von den konkreten Erfahrungen und Informationen ab, die Befragte in der Situation aus ihrem Gedächtnis abrufen. Eine Befragte kann durch die Vorstellung problematischer Aktionen des US-amerikanischen Militärs zu einem tendenziell kritischen Urteil gekommen sein, ein anderer Befragter durch die Erinnerung an positive persönliche Kontakte mit Amerikanern bei einer Reise zu einem tendenziell positiven Bild. Wie lassen sich diese Urteile auf einen Zahlenwert von 1 bis 8 bringen? Bei einer kritischen Auffassung kann es naheliegen, einen Wert unterhalb der Skalenmitte (4, 5) zu wählen. Aber wählt man nun die 4 oder 3 oder gar die 2 oder 1? Und verglichen mit anderen Ländern stehen die USA trotz aller Kritik vielleicht positiver da als der Durchschnitt. Aber wählt man in diesem Fall die 5 oder die 6 oder noch größere Werte? Dies kann von verschiedenen Faktoren der Skalenkonstruktion abhängen, z. B. schon allein von der Beschriftung der Skala. Wenn die Endpunkte der Skala mit 1 = »extrem negativ« bis 8 = »extrem positiv« beschriftet sind, ist etwa mit weniger extremen Antworten zu rechnen als bei der Beschriftung 1 = »vorwiegend negativ« bis 8 = »vorwiegend positiv«.

Wie werden Selbstberichte kommuniziert?

Ein Selbstbericht ist als **intentionaler Kommunikationsakt** zu verstehen.

Bei einem Selbstbericht handelt es sich um einen Akt der Kommunikation. Eine untersuchte Person teilt sich bewusst mit, sie wendet sich mit einem Bericht an einen oder mehrere Adressaten. Menschliche Kommunikation besteht nicht nur darin, dass ein Sender Informationen vermittelt, sondern impliziert auch eine Absicht des Senders, etwas mitzuteilen (z. B. Luhmann, 1995). Das bedeutet, dass ein Selbstbericht nicht auf die übermittelte Information reduziert werden sollte, sondern stets auch vor dem Hintergrund der (vermutlichen) **Mitteilungsabsicht** des Senders zu interpretieren ist. Bei Erhebungen auf der Basis von Selbstberichten ist also zu bedenken, welche Intention die über sich berichtende Person mit ihrer Mitteilung verfolgt (► Beispiel).

Beispiel

Selbstbericht als Kommunikation mit den Forschenden

Wenn eine studentische Versuchsperson in einem von der Fakultät veranlassten Interview auf die Frage »Was halten Sie von der Lehre von Dozentin X?« antwortet »Ich finde, sie kann ihr Spezialgebiet gut darstellen«, dann spielt nicht nur die wörtlich kommunizierte Information (die Meinung, dass die Professorin ihr Spezialgebiet gut darstellen kann) eine Rolle. Vielmehr ist auch die vermutliche Mitteilungsabsicht in der Befragungssituation zu berücksichtigen, also z. B. das Bemühen, sich nicht zu negativ oder kritisch über Fakultätsangehörige zu äußern oder dem Interviewer zu signalisieren, dass man über negative Aspekte keine direkte Auskunft geben möchte. Bei Antworten in Befragungen zum Lernverhalten von Studierenden ist auch die mögliche Absicht einer positiven Selbstdarstellung zu berücksichtigen; wenn Studierende angeben, intensiv und wiederholt die englischsprachige Prüfungsliteratur zu lesen, so könnte diese Äußerung zum Teil durch diese Selbstdarstellungsabsicht bedingt sein.

Bei der Konstruktion und Auswertung einer Befragung ist zu berücksichtigen, aus welchen Motiven eine Person Auskunft über sich gibt.

Wie das Beispiel illustriert, ist also zu überlegen, weshalb und aus welchen Motiven eine Person eine Mitteilung macht. Die Herausforderung besteht nun darin, bei der Gestaltung und Konstruktion einer Befragung, zumal einer mit standardisierten und strukturierten Antwortoptionen, sowie bei der Auswertung der Ergebnisse diese kognitions- und kommunikationspsychologischen Prozesse hinreichend zu berücksichtigen. Folgende Fragen dienen als Leitfaden bei der Analyse von Daten aus Selbstberichten:

- Interpretieren die Befragten die Frage oder die Themenstellung so, wie es die Forschenden vorgesehen haben?
- Wie wird sichergestellt, dass die Befragten möglichst an diejenige Aspekte oder Themen denken, die die Forschenden bei der Formulierung der Frage im Blick hatten?
- Werden durch die Art der Befragung (z. B. durch die Wortwahl oder die Reihenfolge von Fragen, oder die Befragungssituation) Informationen nahegelegt oder vor-

aktiviert, die die Befragten zur Konstruktion einer Antwort oder eines Urteils heranziehen?
- Wie gut ist gewährleistet, dass die Befragten ihre intern gebildeten Urteile auch in eine Antwort umsetzen können? Können die Antworten adäquat in das vorgegebene Format (z. B. die Skala und deren Beschriftung) übersetzt werden?
- Lassen sich die Absichten oder Motive der Befragten abschätzen, die der Mitteilung von Antworten zugrunde liegen?

Bei der **Befragung** handelt es sich um eine allgemeine Form der Datenerhebung, das **Rating** ist eine spezielle Form der Befragung.

Es gibt eine große Bandbreite von Verfahren, um Selbstauskünfte von Untersuchungsteilnehmern zu erheben. Diese Verfahren lassen sich unterteilen in Befragungs- und Ratingverfahren (»to rate« = beurteilen). Die Befragung stellt eine allgemeine Grundform der Datenerhebung dar; das Ratingverfahren ist eine spezielle Variante der Befragung. Eine Befragung erfordert gegenüber vielen anderen Erhebungsmethoden vergleichsweise weniger finanziellen und zeitlichen Aufwand und ist auch aus diesem Grund das in der Psychologie und den Sozialwissenschaften wohl am meisten verwendete Verfahren. Ratings stellen ein gängiges standardisiertes Format der Befragung dar und werden gesondert behandelt (▶ Abschn. 2.3.2). Aspekte von Befragungsmethoden kommen auch beim Testen (▶ Abschn. 2.4) oder bei der Erhebung verbaler Daten im Bereich qualitativer Methoden zum Zuge (▶ Abschn. 6.1).

2.3.1 Befragung: Varianten und Prinzipien der Konstruktion

Bevor wir das spezielle Befragungsformat des Ratings besprechen, befassen wir uns zunächst mit der Befragung als grundlegender Form der Datenerhebung. Die Fragen in Fragebögen werden auch als **Items** bezeichnet.

▶ Definition Item

Definition

Ein **Item** ist eine als Frage oder als Urteil formulierte Aussage, zu der die befragte Person ihre Zustimmung oder Ablehnung – ggf. in unterschiedlicher Intensität – äußern kann.

Unterscheidungskriterien von Befragungen:

Befragungsverfahren lassen sich nach den folgenden **Kriterien** unterteilen:

Die schriftliche Befragung erfolgt über einen **Fragebogen**, die mündliche in Form eines **Interviews**.

Schriftliche vs. mündliche Befragung Die schriftliche Befragung wird mittels **Fragebogen** durchgeführt; sie findet sich häufiger in der quantitativen als in der qualitativen Forschung. Die mündliche Form der Befragung (**Interview**) ist dagegen für die qualitative Forschung typischer.

Im Gegensatz zur **unstandardisierten** werden bei der **standardisierten** Befragung den Befragten verschiedene Antwortalternativen vorgegeben.

Standardisierte vs. nichtstandardisierte Befragung Der Grad der Standardisierung einer Befragung bezieht sich auf die Freiheitsgrade der befragten Person. Bei einer standardisierten Befragung werden (in Form **geschlossener Fragen**) Antwortmöglichkeiten vorgegeben, unter denen die befragte Person auswählt. Bei der unstandardisierten Befragung (in Form **offener Fragen**) kann die befragte Person die Antwort in ihren eigenen Worten formulieren. Quantitative Befragungsverfahren sind standardisierte Verfahren.

Bei der **strukturierten** im Gegensatz zur **unstrukturierten** Befragung muss sich der Forschende bei der Durchführung der Befragung an exakte Vorgaben halten.

Strukturierte vs. unstrukturierte Befragung Der Grad der Strukturiertheit einer Befragung bezieht sich auf die **Freiheitsgrade der Forschenden**. Bei einer strukturierten Befragung sind Wortlaut und Reihenfolge der Fragen bzw. Items genau vorgegeben. Bei einer **halbstrukturierten** Befragung ist als Orientierung ein Leitfaden mit vorformulierten Fragen vorgegeben; die genaue Formulierung und die Reihenfolge der Fragen kann jedoch variieren. In der **nichtstrukturierten** Befragung schließlich muss der Forscher bzw. die Forscherin hinsichtlich Frageformulierung und Reihenfolge der Items keine Vorgaben einhalten. In der quantitativen Forschung dominiert die strukturierte Befragung.

Anzahl der befragten Personen An einer **Einzelbefragung** nimmt nur eine befragte Person teil. Bei einer **Gruppenbefragung** oder -diskussion werden die Meinungen und Einstellungen einer kleinen Gruppe (zwischen 5 und 15 Personen) erhoben. Bei einer **Umfrage** (»Survey«) schließlich kann die Anzahl der Befragten sehr hoch sein (▸ Abschn. 3.3).

Befragungen unterscheiden sich bezüglich der **Anzahl** der befragten Personen.

Unterschiede zwischen schriftlicher und mündlicher Befragung (Interview)

Schriftliche Befragungen weisen oft einen höheren Grad an Standardisierung auf als mündliche Interviews. Mündliche Interviews haben in vielen Fällen keinen vorgegebenen Ablauf, der für alle Befragten identisch ist. Fragebögen enthalten meist geschlossene Fragen mit vorgegebenen Antworten. Um solche Fragen zu formulieren, ist Vorwissen über den Gegenstand erforderlich. Da schriftliche Befragungen im Vergleich zu einem Interview eine größere Anonymität erlauben, sind sie potenziell in einem geringeren Maß mit dem Problem der Reaktivität behaftet (▸ Abschn. 2.1.2). Daher ist die Wahrscheinlichkeit, dass die untersuchten Personen verfälschte (so etwa sozial erwünschte) Antworten geben, bei (anonymen) schriftlichen Befragungen in der Regel geringer als bei mündlichen Befragungen. Denn gerade bei Face-to-Face-Interviews ist die Möglichkeit sozialer Beeinflussungs- oder Übertragungseffekte aufgrund des Verhaltens der befragenden Person nicht von der Hand zu weisen. Andererseits sind Befragte bisweilen in mündlichen Interviews eher bereit oder in der Lage, ausführlich über sich Auskunft zu geben. Allerdings sind Interviews in der Regel aufwändiger und daher auch kostenintensiver. Die Entscheidung für eine mündliche oder schriftliche Befragung hängt davon ab, welche Rolle die beschriebenen Faktoren für die Erreichung des Forschungsziels spielen und welche (finanziellen, personellen etc.) Ressourcen zur Durchführung vorhanden sind.

Die Konstruktion schriftlicher Befragungen erfordert mehr Vorwissen über den Gegenstand als eine offene mündliche Befragung; zudem ist bei schriftlichen Befragungen das Reaktivitätsproblem geringer, jedoch äußern sich Befragte bisweilen eher und ausführlicher in mündlichen Befragungen; Letztere sind aufwändiger.

Varianten und wesentliche Aspekte der schriftlichen Befragung

Die mündliche Form der Befragung, also das Interview, wird im Kapitel zu qualitativen Methoden (▸ Abschn. 6.1) ausführlich vorgestellt. Im Folgenden wird die schriftliche Befragung erläutert, wobei wir insbesondere auf Ratings eingehen, weil diese ohne größere Datenaufbereitung quantitative Informationen liefern.

Die Validität der Ergebnisse einer schriftlichen Befragung kann leiden, wenn die Versuchsleiter keine Kontrolle über die Befragungssituation haben. Dies ist der Fall, wenn die Befragten darüber entscheiden, wann, wo und unter welchen Bedingungen (alleine, in Anwesenheit anderer, mit oder ohne Zeitdruck) sie die Fragen beantworten – so etwa bei postalischen Befragungen oder Befragungen im Internet (▸ Abschn. 2.6). Daher sollte, wenn möglich, eine schriftliche Befragung unter standardisierten Bedingungen und in Anwesenheit eines Versuchsleiters durchgeführt werden. Diese Bedingungen können gut bei Befragungen in Untersuchungsräumen einer Forschungsinstitution gewährleistet werden. Jedoch erfordern Befragungen in Institutsräumen eine effektive Terminabsprache. Die Terminproblematik kann verringert werden, indem man die Befragung in einem Raum einer Organisation (z. B. Schule, Unternehmen etc.) durchführt, in der die Befragten ohnehin anwesend sind.

Wenn möglich, sollte eine schriftliche Befragung unter standardisierten und kontrollierten Bedingungen erfolgen.

Forschende sollten bei der Konstruktion einer Befragung, insbesondere bei der Formulierung der Fragen, die oben genannten kognitions- und kommunikationspsychologischen Aspekte berücksichtigen. Eine gut konstruierte Befragung erlaubt es der Forscherin bzw. dem Forscher zu ermessen bzw. zu kontrollieren,

Kognitions- und kommunikationspsychologische Aspekte sollten bei Befragungen berücksichtigt werden.

1. wie die Befragten die Fragen interpretieren,
2. wie und worüber sie sich daraufhin ein Urteil gebildet bzw. relevante mentale Zustände generiert haben,
3. ob und wie zutreffend sie das intern generierte Urteil bzw. die mentalen Zustände in eine offen kommunizierte Antwort überführen sowie
4. welche Absichten oder Motive der Mitteilung von Antworten vermutlich zugrunde liegen.

Tipps zur Formulierung von Fragen

Folgende konkrete Hinweise zur Formulierung von Fragen sollten beherzigt werden:

Ein guter Fragebogen ist gekennzeichnet durch:

- einfache Formulierung und gute Verständlichkeit,

- Die Frage sollte möglichst einfach formuliert sein und damit gut verständlich. Zu vermeiden sind:
  a. ungebräuchliche Begriffe oder Ausdrücke, Fachbegriffe oder Fremdwörter (lexikalische Ebene),
  b. lange und verschachtelte Sätze, ungewöhnliche Satzkonstruktionen (syntaktische Ebene),
  c. zu abstrakte oder komplizierte Sachverhalte (semantische Ebene).

- keine zu hohen Anforderungen an die mentale oder kognitive Leistungsfähigkeit der Befragten,

- Problematisch sind Fragen, deren Beantwortung möglicherweise zu hohe Anforderungen an die mentale oder kognitive Leistungsfähigkeit der Befragten stellt. Hierzu zählen Fragen, die eine übermäßig präzise Gedächtnisleistung voraussetzen wie z. B. »Wie viele Minuten haben Sie in der vergangenen Woche vormittags im Nahverkehr verbracht?« Hilfreich kann es sein, bei solchen Fragen zuerst den breiteren Kontext anzusprechen und dann das interessierende Verhalten im Einzelnen zu erfragen (»Denken Sie an Ihren Weg zum Arbeitsplatz bzw. zur Universität. – Wie lange sind Sie üblicherweise unterwegs? – An wie vielen Vormittagen legen Sie diesen Weg zurück?«)

- adressatenorientierte Formulierung,

- Diese ersten beiden Hinweise gelten nicht absolut, sondern sind relativ: Die Formulierung der Fragen sollte adressatenorientiert sein, also an die sprachlichen Gewohnheiten und Kompetenzen der Zielgruppe angepasst sein.

- keine Verneinungen in den Fragen,

- Eine Frage sollte möglichst keine Verneinungen, zumindest keinen doppelten Verneinungen enthalten.

- keine überfrachteten Fragen,

- Zu vermeiden sind überfrachtete oder vervielfachte Fragen, also Formulierungen, die mehr als einen Aspekt enthalten, auf den sich eine Antwort beziehen kann. Beispiele für solche Fragen sind: »Wie sehr mögen Sie Semesterferien und Ferienjobs?«, »Befürworten Sie das generelle Verbot von Ladenöffnungszeiten an Feiertagen, um die Interessen der Angestellten zu schützen?« Solche Fragen sollten möglichst in ihre Einzelaspekte aufgeschlüsselt werden (z. B.: »Befürworten Sie das generelle Verbot von Ladenöffnungszeiten an Feiertagen?«, »Würde das generelle Verbot von Ladenöffnungszeiten an Feiertagen die Interessen der Angestellten schützen?« und »Wie wichtig finden Sie es, beim Ladenschlussgesetz die Interessen der Angestellten zu schützen?«).

- keine »Forced Choice« bei unabhängig beantwortbaren Aspekten,

- In der Regel sollten auch Fragen vermieden werden, die die Wahl von sich logisch nicht ausschließenden Antwortoptionen erzwingen (»forced-choice items«), z. B. »Bevorzugen Sie Äpfel oder Orangen?« oder »Lesen Sie lieber die *Odyssee* oder *Einführung in die psychologische Methodenlehre*?« Da die Alternativen bei diesen Frageformulierungen in einer Relation zueinander stehen, lässt sich durch die Antwort nicht gut beurteilen, wie sie für sich genommen beurteilt würden.

- keine Fragen, die die Befragten sehr ähnlich beantworten,

- Ein Fragebogen sollte möglichst keine Fragen enthalten, die von praktisch allen Befragten in gleicher Weise beantwortet werden. Solche Fragen liefern keine Streuung innerhalb einer Stichprobe und sind daher nicht geeignet, um zwischen den Untersuchungsteilnehmern/innen zu differenzieren.

- Einsatz mehrerer Items zur Beantwortung einer Frage,

- Wenn erforderlich und möglich sollte nicht nur eine einzelne Frage verwendet werden, um einen interessierenden Aspekt oder Sachverhalt zu beleuchten. Zur

Abfrage des Alters reicht zwar eine Frage; aber viele psychologische Konstrukte, z. B. Selbstwert, Erfolgsmotivation oder Ängstlichkeit, sind weniger leicht zu erfassen als gemeinhin klar definierte Konstrukte wie »Alter«. Der Einsatz mehrerer Items zur Beantwortung einer Frage kann oft die Reliabilität (▶ Abschn. 1.4) der erhobenen Daten erhöhen.

- Bei der Anordnung bzw. Reihenfolge der Fragen sollte eine relativ einfache »Warm-up«-Phase zu Beginn vorgesehen werden. Beispielsweise sollte ein Fragebogen nicht mit allzu schwierigen Fragen beginnen; auch Fragen, die sehr persönlich sind, sollten nicht gleich am Anfang des Fragebogens gestellt werden.
- Gerade bei schriftlichen Fragebögen ist eine klare, informative und nicht zu ausschweifende Instruktion erforderlich, mit der den Befragten erläutert wird, welche Arten von Fragen gestellt werden und welche Möglichkeiten der Beantwortung zur Verfügung stehen.

- Beachtung der Ausgewogenheit in der Reihenfolge der Fragen,

- eine klare und informative Instruktion.

Diese grundlegenden Tipps sollten bei der Formulierung von Fragen berücksichtigt werden. Hilfreiche Hinweise zur Generierung und Auswahl von Fragen sowie zur Konstruktion von ganzen Fragebögen finden sich bei Pelham und Blanton (2007, Kap. 4).

2.3.2 Ratings: Beurteilungen auf Skalen

Wohl kaum ein Format wird in schriftlichen Befragungen häufiger verwendet als das Rating. Ratingverfahren verlangen von den Befragten, einen Gegenstand (sich selbst, andere Personen, unbelebte Objekte, Sachverhalte) hinsichtlich eines bestimmten Merkmals auf einer Skala zu beurteilen (z. B. Stimmung, Sympathie etc.). Ratingskalen geben gleich große markierte Abschnitte des Merkmalskontinuums vor. Die Befragten werden gebeten, diejenige Stufe der Ratingskala anzukreuzen, die ihrem persönlichen Empfinden hinsichtlich der Merkmalsausprägung bei dem zu beurteilenden Gegenstand entspricht. Beispielsweise können Befragte auf einer Ratingskala angeben, wie gut ihre aktuelle Stimmung ist (◘ Abb. 2.4).

Bei einem **Rating** geben Befragte Urteile auf einer numerisch interpretierbaren Skala ab.

Wie ist Ihre aktuelle Stimmung? (Zutreffendes bitte ankreuzen)

1	2	3	4	5	6
sehr schlecht					sehr gut

◘ **Abb. 2.4** Beispiel für eine Ratingskala

Die große Beliebtheit von Ratingskalen in der Psychologie und den Sozialwissenschaften liegt u. a. darin, dass sie vergleichsweise direkt quantitative Daten (im Beispiel Zahlen zwischen 1 und 6) liefern und durch die Unterteilung der Merkmalsausprägungen in gleich große Abschnitte das Vorliegen eines datenanalytisch günstigen Skalenniveaus nahelegen (des Intervallskalenniveaus). Alleine die Vorgabe einer Ratingskala per se garantiert zwar noch keineswegs Intervallskalenniveau – denn ob der Abstand zwischen 1 und 2 dem zwischen 2 und 3 entspricht, ist nicht aus dem Format der Skala selbst, sondern nur inhaltlich psychologisch und/oder empirisch zu begründen. Jedoch wird in der Scientific Community selten Kritik geübt, wenn Daten aus Ratingskalen auf Intervallskalenniveau behandelt werden.

Ratingdaten wird oft Intervallskalenniveau zugebilligt.

Zudem haben Ratingskalen als Instrument der quantitativen Sozialforschung eine hohe Augenscheinvalidität. Dabei ist die Validität von Ratingdaten in größerem Maß als ihr Skalenniveau umstritten. Vor der Verwendung von Ratingverfahren ist sorgfältig zu überlegen, inwiefern diese Selbstauskünfte über die zu untersuchenden mentalen Prozesse oder Strukturen Auskunft geben.

Besonderes Augenmerk gilt der Validität von Ratingdaten.

Abb. 2.5 Beispiele für eine unipolare und eine bipolare Ratingskala

Unipolare Ratingskala

Wie ruhig fühlen Sie sich im Moment? (Zutreffendes bitte ankreuzen)

1	2	3	4	5
ruhig				unruhig

Bipolare Ratingskala

Wie ruhig oder angespannt fühlen Sie sich im Moment? (Zutreffendes bitte ankreuzen)

1	2	3	4	5
ruhig				angespannt

Wesentliche Aspekte bei der Konstruktion von Ratingskalen

Bei der Konstruktion von Ratingskalen sind eine Reihe von Entscheidungen zu treffen, die Antworten auf die folgenden Fragen liefern:

Items können die Form einer Frage oder Aussage haben.

1. Wird ein Item als Frage (»Wie angespannt fühlen Sie sich gerade?«) oder als Aussage (»Ich fühle mich gerade angespannt.«) formuliert?
   Fragen sprechen die Befragten in der Regel in der zweiten Person (»du« oder »Sie«) an, während Aussagen häufig in der ersten Person (»ich«) formuliert sind. Je nach gewünschter Art der Ansprache ist die eine oder andere Form zu wählen.

Eine Skala kann im Hinblick auf einen Pol (unipolar) oder auf einen Bereich zwischen Pol und Gegenpol (bipolar) formuliert sein.

2. Soll die Skala hinsichtlich der Endpunkte unipolar oder bipolar sein?
   Unipolare Skalen umfassen geringe bis starke Ausprägungen auf einem einzigen Merkmal (z. B. von »ruhig« bis »unruhig«, »kein Lärm« bis »viel Lärm«). Bipolare Skalen reichen von einem Pol bis zu einem Gegenpol (von »ruhig« bis »angespannt« oder »links« bis »rechts«) (Abb. 2.5). Bipolare Skalen haben den Vorteil, dass die Begriffe an den Endpunkten der Skala einander wechselseitig definieren. Unipolare Skalen sind vor allem dann sinnvoll, wenn der Gegensatz eines Begriffs unklar ist (z. B. bei »schüchtern«); sie eignen sich auch zur Beurteilung von Merkmalen bzw. Variablen mit einem natürlichen Nullpunkt (z. B. Höhe des Lärmpegels).
3. Wie soll die Skala abgestuft werden?

Die Anzahl der Stufen muss zum Gegenstand passen; häufig werden 4 bis 9 Stufen verwendet.

   a. Wie viele Stufen (Zahlen) sollen verwendet werden?
      Ratingskalen können nur wenige (3 oder 4) oder viele (20 oder mehr) Stufen aufweisen. Bei einer zu geringen Anzahl von Stufen sind relevante Unterschiede zwischen verschiedenen Beurteilungen nicht abbildbar; andererseits sollte die Anzahl der Stufen auch die Differenziertheit des Urteils nicht übersteigen. In der Praxis haben sich 4- bis 9-stufige Ratingskalen gut bewährt.

Eine ungerade Anzahl von Stufen suggeriert einen neutralen Mittelpunkt, dessen Interpretation durch das Ambivalenz-Indifferenz-Problem erschwert werden kann.

   b. Wird eine gerade oder ungerade Anzahl von Stufen verwendet?
      Bei einer geraden Anzahl von Stufen (für eine bipolare Skala) wird ein Urteil in Richtung des einen oder anderen Pols der Skala quasi erzwungen. Bei einer ungeraden Anzahl von Stufen steht dagegen auch eine neutrale Urteilsmöglichkeit zur Verfügung. Ein solches neutrales Urteil ist allerdings problematisch, wenn diese Urteilsmöglichkeit zu häufig gewählt wird. Problematisch sind neutrale Urteile auch insofern, als sie nicht eindeutig interpretierbar sind: Eine neutrale Beurteilung kann ebenso Ausdruck einer gleichgültigen wie auch einer ambivalenten bzw. zwiespältigen Einstellung im Hinblick auf den fraglichen Gegenstand sein (Ambivalenz-Indifferenz-Problem).

Die Skalenstufen können numerisch, verbal und grafisch bezeichnet werden.

4. Wie werden die Abstufungen der Skalen gekennzeichnet?
   Die Bedeutung der Stufen kann durch Zahlen (numerische Marken), durch Begriffe oder Wörter (verbale Marken) und durch sprachfreie Zeichen (grafische bzw. ikonische Marken, z. B. Smileys oder Frownies) angegeben werden. Ausschließlich numerische Marken haben den Vorteil, dass sie eindeutig sind und dass die Abstände zwischen den Stufen der Ratingskala gleich sind. Verbale und grafische Marken sind dagegen leichter verständlich, vor allem für Personen, die mit Forschung wenig

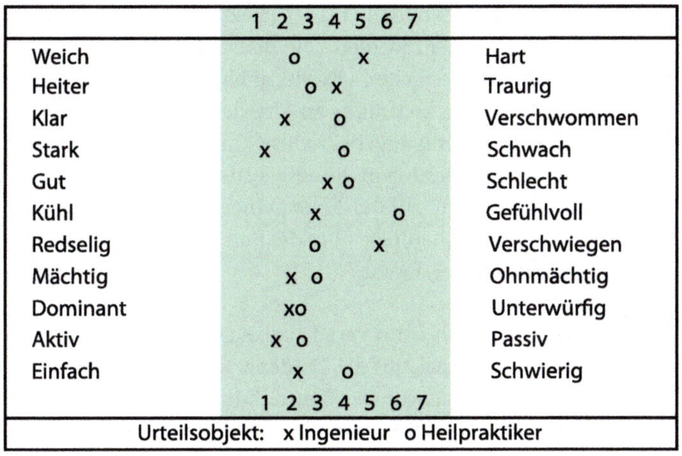

Abb. 2.6 Beispiel für ein semantisches Differenzial einschließlich eines fiktiven Polaritätsprofils für die Berufe Ingenieur und Heilpraktiker

vertraut sind; jedoch ergibt sich bei verbalen Marken das Problem, wie der gleiche Abstand zwischen den Stufen der Skala sichergestellt werden kann.

Semantisches Differenzial

Eine spezielle und klassische Form von Ratingverfahren ist das semantische Differenzial, das von Osgood, Suci und Tannenbaum (1957) erstmals vorgestellt wurde. Durch Antworten auf mehreren bipolaren Items entsteht ein Polaritätsprofil, das die mentale Repräsentation des beurteilten Objekts in seinen wesentlichen Merkmalen anschaulich wiedergeben soll. In Abb. 2.6 ist als fiktives Beispiel ein semantisches Differenzial einschließlich eines Polaritätsprofils für die Berufe Ingenieur und Heilpraktiker als Beurteilungsobjekte zu sehen. Diese Art der Darstellung erlaubt einen schnellen Überblick über Unterschiede auf zentralen Dimensionen (z. B. Valenz, Aktivität, Macht) zwischen mehreren Objekten.

Das **semantische Differenzial** liefert **Polaritätsprofile**, die eine schnelle Orientierung über zentrale Merkmale bzw. Unterschiede zwischen Merkmalsträgern erlauben.

Urteilstendenzen bei der Beantwortung von Ratingskalen

Bei der Interpretation von Antworten auf Ratingskalen sind die generellen kognitionspsychologischen Herausforderungen und kommunikationspsychologischen Aspekte zu berücksichtigen, die weiter oben vorgestellt wurden. Darüber hinaus sind noch weitere spezielle *Urteilstendenzen* zu beachten, die mit dem Format der Antwortskala in Zusammenhang stehen.

Antworten auf Ratingskalen können durch spezielle Urteilstendenzen beeinflusst werden.

Tendenz zur Mitte Eine Urteilstendenz, mit der stets zu rechnen ist, ist die Tendenz zur Mitte. Darunter wird die Tendenz verstanden, Extremurteile zu vermeiden. Dieser Fehler tritt besonders dann auf, wenn die Urteilsobjekte wenig bekannt sind oder wenn die Skalen an den Endpunkten nicht verankert sind (wenn die Extreme also unklar bleiben). Der Fehler lässt sich vermindern, indem die Untersuchungsteilnehmer und -teilnehmerinnen hinreichend über die zu beurteilenden Objekte informiert werden.

Gerade bei wenig vertrauten Urteilsobjekten oder Unklarheit über die Endpunkte kann eine **Tendenz zur Mitte** auftreten.

Gedankenlose Reproduktion Das Format der Skala kann Befragte auch dazu verleiten, bei ähnlich erscheinenden Items nach einer ersten Antwort bei den folgenden Fragen denselben Wert zu reproduzieren. Das Risiko einer solchen gedankenlosen Reproduktion kann durch eine geeignete Mischung von Fragen bzw. eine Umpolung der Fragerichtung (die Benennung der Pole wird vertauscht: von »angespannt … ruhig« zu »ruhig … angespannt«) verringert werden.

Eine Folge ähnlicher Items kann zur gedankenlosen Reproduktion einladen.

Primacy-Effekt Eine verwandte weitere Urteilstendenz ist der Primacy-Effekt, der auch mit der Reihenfolge der zu beurteilenden Objekte zusammenhängt. Diese Verzerrung

Wenn anfängliche Urteile folgende, ähnliche Urteile gleichsinnig beeinflussen, spricht man vom **Primacy-Effekt.**

tritt auf, wenn zuerst ein oder mehrere Objekte mit nicht neutraler bzw. extremer Merkmalsausprägung beurteilt werden. Die Beurteilung der folgenden Objekte kann dann von der Beurteilung des ersten Objekts abhängen: Bei wahrgenommener Ähnlichkeit der folgenden Objekte kommt es zu Urteilen in die gleiche Richtung, ggf. auch mit ähnlich extremer Ausprägung; bei wahrgenommener Unähnlichkeit können die Urteile durch eine Kontrastierung in die entgegensetzte Richtung verzerrt sein. Der Einfluss solcher Primacy-Effekte auf der Ebene einer ganzen Stichprobe kann verringert werden, indem die Itemreihenfolge über die Befragten hinweg systematisch variiert (interindividuell ausbalanciert) wird.

Wenn die Beurteilung eines Objekts hinsichtlich verschiedener Merkmale durch das Urteil auf einem zentralen Merkmale beeinflusst wird, spricht man vom Halo-Effekt.

Halo-Effekt Schließlich kann gerade bei Ratingskalen der sog. Halo-Effekt auftreten. Dieser Fehler bezieht sich auf die Tendenz, die Beurteilung eines Objekts hinsichtlich verschiedener Merkmale von der Beurteilung auf einem dieser Merkmale abhängig zu machen. Das Urteil für dieses eine Merkmal strahlt auf die Beurteilung der anderen Merkmale aus, es bildet sozusagen einen Hof (einen »Halo«, ähnlich dem Hof des Mondes) für die Beurteilung auf den anderen Merkmalen. Der Fehler tritt insbesondere bei der Personenbeurteilung auf: Wenn Befragte beispielsweise eine Person für gutmütig halten, können sie infolgedessen diese auch als zuverlässig, freundlich usw. beurteilen. Zu einem Halo-Effekt kommt es vor allem dann, wenn das »Schlüsselmerkmal« ungewöhnlich oder unklar definiert ist. Verringern lässt sich der Effekt, indem klare Informationen über die Unterschiede zwischen den einzelnen Merkmalen sowie über den Fehler selbst gegeben werden.

Kontrollfragen

1. Selbstauskünfte erfordern kognitive Prozesse aufseiten der Befragten. Welche wesentlichen Prozesse werden angenommen?
2. Mit welchen Einflüssen der Kommunikationssituation ist bei Selbstauskünften in Befragungen zu rechnen? Welche kommunikationspsychologischen Prozesse sollten bei der Interpretation von Selbstberichten berücksichtigt werden?
3. Wie unterscheiden sich schriftliche und mündliche Befragungen?
4. Welche Aspekte sollten bei der Formulierung von Fragen in Befragungen beachtet werden?
5. Welche wesentlichen Entscheidungen sind bei der Konstruktion von Ratingskalen zu treffen?
6. Was ist ein Rating? Welche Urteilstendenzen können die Antworten auf Ratingskalen verzerren?
7. Was ist ein semantisches Differenzial?

Weiterführende Literatur

Pelham, B., & Blanton, H. (2007). *Conducting research in psychology: Measuring the weight of smoke* (3rd ed.).Belmont: Thomson Wadworth.

Schwarz, N. (1999). *Self-reports: How the questions shape the answers.* American Psychologist, 54, 93–105.

Sudman, S., Bradburn, M. N., & Schwarz, N. (1996). *Thinking about answers: The application of cognitive processes to survey methodology.* San Francisco: Jossey-Bass.

2.4 Testen

Lernziele

- Die Ziele und Eigenschaften psychologischer Tests kennenlernen.
- Klassische und probabilistische Testtheorie unterscheiden.
- Die Funktionsweise und Ziele von Leistungstests und Persönlichkeitstests verstehen.
- Einen Überblick über die Gütekriterien von Tests und Testitems gewinnen.
- Mögliche Quellen der Beeinflussung und Verfälschung von Testergebnissen sowie Gegenmaßnahmen kennenlernen.

Die bisher vorgestellten Verfahren der Datenerhebung wie Beobachten, Zählen, Messen und Befragung sind sowohl auf der Ebene von Einzelfällen als auch auf der Ebene von Gruppen (Stichproben) von mehreren Versuchsteilnehmenden einsetzbar. So kann durch eine Befragung die Einschätzung von Berufsaussichten weiblicher vs. männlicher Studierender erfasst und daraus auf die Verhältnisse in einer Grundgesamtheit geschlossen werden. Eine Befragung kann aber auch dazu dienen, die Einschätzungen der Berufsaussichten *einer* Person zu erfassen, um damit beispielsweise Hintergrundinformationen für ein Beratungsgespräch zu gewinnen. Da in der psychologischen Forschung die Suche nach allgemeinen, überindividuell gültigen Aussagen (nomothetischer Ansatz) gegenüber der Suche nach Einzelfallaussagen (idiografischer Ansatz) dominiert, steht in der Forschung die Untersuchung auf der Gruppenebene im Vordergrund. In der klinischen oder diagnostischen Praxis ist das Gewicht hingegen zugunsten der Einzelfallebene verschoben.

Die Forschung strebt vor allem nach Aussagen, die auf überindividueller Ebene (für Grundgesamtheiten bzw. Gruppen) gelten (nomothetischer Ansatz); in der klinischen oder diagnostischen Praxis spielen Aussagen über Einzelfälle (idiografischer Ansatz) eine größere Rolle.

Das Testen nimmt im Spektrum der Datenerhebungsverfahren eine Sonderrolle ein: Testen im wissenschaftlich-psychologischen Sprachgebrauch ist ein Verfahren zur möglichst genauen quantitativen Erfassung von Merkmalsausprägungen bei Individuen, vor allem ihrer überdauernden Persönlichkeitseigenschaften wie etwa Intelligenz, Neurotizismus, Gewissenhaftigkeit oder Extraversion. Das Ziel des Testens ist also in erster Linie eine Diagnose auf individueller Ebene (▶ Tests in den Anfängen der Psychologie). Testergebnisse werden zwar auch auf der Gruppenebene analysiert; jedoch dient dies meist dem gerade genannten Hauptzweck, nämlich der möglichst genauen Einschätzung individueller Merkmale. Eine solche Einschätzung erfolgt durch den Vergleich eines individuellen Testwerts mit den Testwerten geeigneter Referenzpopulationen. Um das Ergebnis eines Intelligenztests bei einer Schülerin oder einem Schüler einzuordnen, wird es beispielsweise mit den Intelligenztestwerten aller gleichaltrigen Schülerinnen und Schüler verglichen.

Ziel des **Testens** ist die präzise Erfassung von Merkmalsausprägungen von Individuen.

Definition

Ein **Test** ist ein wissenschaftliches Routineverfahren zur Untersuchung eines oder mehrerer empirisch unterscheidbarer Persönlichkeitsmerkmale mit dem Ziel einer möglichst genauen quantitativen Aussage über den relativen Grad der individuellen Merkmalsausprägung. Ein Test besteht in der Regel aus mehreren Aufgaben oder Fragen (Items), die von verschiedenen Menschen mit unterschiedlichen Fähigkeiten oder Eigenschaften unterschiedlich gelöst bzw. beantwortet werden. In einem abstrakteren methodischen Sinn wird ein Test auch als eine standardisierte Verhaltensstichprobe definiert, die aus Antworten auf eine Mehrzahl von Items besteht. Aus den Antworten wird der Testwert der untersuchten Person aggregiert.

▶ Definition
Test

Exkurs

Tests in den Anfängen der Psychologie

Die Vorstellung, dass die psychischen Eigenschaften einzelner Personen durch Tests ermittelt werden können, lässt sich bis in die Anfänge der Psychologie zurückverfolgen. So formulierte etwa Galton in den 1880er Jahren eine Reihe von Aufgaben, deren Beantwortung Rückschlüsse auf die intellektuelle Begabung liefern sollte. Und Binet entwickelte im Jahr 1894 den ersten Intelligenztest für Kinder, der eine Dekade später von Binet und Simon durch eine Normierung der Aufgaben weiter verbessert wurde: Aufgaben wurden als altersnormiert angesehen, wenn drei Viertel der Kinder einer Altersklasse und nur ein Viertel der Kinder aus der darunter liegenden, jüngeren Altersklasse die Aufgaben erfolgreich bearbeiten konnten. Bei Zehnjährigen erfüllten z. B. folgende Aufgaben dieses Kriterium: Fünf Gewichte sind in eine Reihenfolge vom leichtesten (6 g) zum schwersten (18 g) zu bringen; aus drei gegebenen Worten (z. B. Wiese, werfen, Ball) sind zwei Sätze zu bilden. Aus der Menge gelöster Aufgaben ergab sich dann das »Intelligenzalter« eines getesteten Kindes, das von dessen biologischem Lebensalter mehr oder weniger stark abweichen konnte.

2

2.4.1 Arten von Tests

Man unterscheidet Leistungs- und Persönlichkeitstests.

Zwei Hauptarten von Tests werden heutzutage unterschieden: Leistungs- und Persönlichkeitstests.

Leistungstests

Tests, die (vor allem kognitive) Merkmale zu einem objektiven Gütestandard in Beziehung setzen, heißen **Leistungstests**.

Leistungstests erfassen Merkmale im Hinblick auf einen objektiven Maßstab zur Beurteilung der Güte der Antworten. Die Antworten können also »richtig« oder »falsch« sein. Bei der Beantwortung sind kognitive Prozesse im weitesten Sinne und Leistungsmotivation entscheidend. Zu dieser Art des Tests zählen Intelligenztests und Eignungstests. Um zwischen mehr oder weniger guten Leistungen differenzieren zu können, müssen in dem Test verschiedene Schwierigkeitsgrade realisiert sein. Dies kann auf zwei verschiedene Arten erfolgen:
- Speed-Tests und
- Power-Tests

Bei **Speed-Tests** ist die Bearbeitungszeit zu knapp angesetzt, sodass in der Regel nicht alle Aufgaben bearbeitet werden können. Hierzu zählt der »d2-Aufmerksamkeits-Konzentrationstest« von Brickenkamp (2002). Die Testpersonen bearbeiten eine große Zahl von Zeichen, nämlich die Buchstaben d und p, die jeweils mit bis zu vier kleinen Strichen umgeben sind. Anzustreichen sind nur jene d, die zwei Striche aufweisen.

Bei **Power-Tests** wird das Niveau der Aufgaben sukzessive gesteigert, so etwa bei den meisten Skalen des Intelligenztests HAWIE (Tewes, 1991).

Der Intelligenztest HAWIE Die Wechsler-Intelligenz-Tests, benannt nach dem US-amerikanischen Psychologen David Wechsler, gehören zu den bekanntesten Leistungstests. Zur Testung von Erwachsenen existieren für den deutschsprachigen Raum der »Hamburg-Wechsler-Intelligenztest« (HAWIE; Tewes, 1991) bzw. der »Wechsler-Intelligenztest für Erwachsene« (WIE; Aster, Neubauer, & Horn, 2006), die auf der »Wechsler Adult Intelligence Scale« (WAIS) basieren. Der HAWIE umfasst insgesamt 11 Untertests (Subskalen), die dem Bereich der verbalen Intelligenz oder der Handlungsintelligenz zugeordnet sind:

Verbalteil

1. Allgemeines Wissen, z. B. »Was ist der Koran?«, »Wer erfand das Flugzeug?«
2. Zahlennachsprechen: Folgen von 3–9 Ziffern sind vorwärts und rückwärts nachzusprechen, z. B. »5-8-2« oder »4-2-7-3-1-8-2«
3. Wortschatz: »Was ist die Bedeutung von …?« z. B. »anonym, Prestige, konkor-dant«
4. Rechnerisches Denken, z. B. »Ein Zug fährt 275 km in 5 h. Wie groß ist seine Durchschnittsgeschwindigkeit in km/h?«, »Mit 8 Maschinen kann man eine Arbeit in 6 Tagen erledigen. Wie viele Maschinen sind nötig, um die gleiche Arbeit in einem halben Tag zu erledigen?«
5. Allgemeines Verständnis, z. B. »Was bedeutet das Sprichwort ‚Stille Wasser sind tief'?«, »Wenn Sie sich am Tag im Wald verirrt hätten, was würden Sie tun, um herauszufinden?«
6. Gemeinsamkeiten finden: »Was haben die folgenden Begriffe gemeinsam?« z. B. »Mantel – Anzug«, »Lob – Strafe«, »Zoo – Bücherei«

Handlungsteil

1. Bilder ergänzen: »Welcher wichtige Teil fehlt auf den Bildern«, z. B. ◻ Abb. 2.7a
2. Bilder ordnen: »Ordnen Sie die Bilder bitte so, dass sich die sinnvollste Geschichte ergibt!«, z. B. ◻ Abb. 2.7b
3. Mosaik-Test: »Legen Sie die Würfel so zusammen, dass sie ein Muster zeigen, wie das auf der Karte«, z. B. ◻ Abb. 2.7c,d

Abb. 2.7 a–f. HAWIE. Bilder ergänzen (**a**); Bilder ordnen (**b**), Mosaik-Test (**c, d**); Figurenlegen (**e**), Zahlen-Symbol-Test (**f**). Aus: *Wechsler Intelligence Scale for Children – Revised (WISC-R).* Copyright © 1974 NCS Pearson, Inc. Reproduced with permission. All rights reserved. »*Wechsler Intelligence Scale for Children*« and »WISC« are trademarks, in the US and/or other countries, of Pearson Education, Inc. or its affiliates(s)

4. Figurenlegen: »Setzen Sie die Teile so zusammen, dass sie etwas darstellen!«, z. B. Abb. 2.7e
5. Zahlen-Symbol-Test: Symbole wie ∧ (für 7) oder × (für 8) müssen schnell einer Reihe von Zahlen zugeordnet werden; z. B. Abb. 2.7f

Der Gesamt-Intelligenzquotient (IQ) hat einen Populationsmittelwert von 100, bei einer Standardabweichung von 15 (▶ Abschn. 4.2.2). Die Reliabilität des Gesamt-IQ gilt als sehr hoch, die Validität als relativ hoch. Die Werte für die Teilbereiche sind nur bedingt aussagekräftig. Der Test differenziert nicht genügend zwischen Personen, deren IQ im oberen Bereich liegt. Im unteren und mittleren Bereich gilt der Test als wichtiges Instrument, das diagnostisch oder klinisch tätige Psychologen und Psychologinnen kennen sollten.

Persönlichkeitstests

Persönlichkeitstests liefern Daten, die nicht im Hinblick auf objektive Leistungsmaßstäbe, sondern auf emotional, motivational und sozial relevante Persönlichkeitseigenschaften hin interpretiert werden. Beispiele sind das »NEO Five Factor Inventory« (NEO-FFI; Costa & Macrae, 1992) zur Erfassung von fünf zentralen Persönlichkeitsdimensionen (Neurotizismus, Extraversion, Offenheit, Gewissenhaftigkeit und Verträglichkeit; ▶ Beispiel) oder das »Freiburger Persönlichkeitsinventar« (FPI-R, Fahrenberg, Hampel & Selg, 1994). Es wird zwischen subjektiven und objektiven Persönlichkeitstests unterschieden. Bei subjektiven Persönlichkeitstests ist der Zweck des Tests für die getesteten Personen leicht durchschaubar. Bei objektiven Persönlichkeitstests wird versucht, den Zweck zu verschleiern, um so die Reaktivität der Datenerhebung zu minimieren und die Validität der Ergebnisse zu erhöhen.

Tests, die die Ausprägung von Eigenschaften wie Extraversion oder Offenheit erfassen, heißen **Persönlichkeitstests**.

2

Beispiel

Der NEO-FFI

Das »NEO Five Factor Inventory« (NEO-FFI; Costa & Macrae, 1992) dient der Erfassung von fünf Persönlichkeitseigenschaften. Die Grundannahme besteht darin, dass diese fünf Eigenschaften (Faktoren) nötig und ausreichend sind, um eine Persönlichkeit zu beschreiben. Sie werden als weitgehend voneinander unabhängig angesehen. In der deutschen Fassung (Borkenau & Ostendorf, 1993) werden diese mit Neurotizismus, Extraversion, Offenheit, Gewissenhaftigkeit und Verträglichkeit bezeichnet. Die einzelnen Items werden auf einer 5-stufigen Ratingskala von »stimmt« bis »stimmt nicht« beantwortet.

1. **Neurotizismus**: Die Skala erfasst emotionale Stabilität (Ausgeglichenheit, Sorgenfreiheit) bzw. Labilität (Ängstlichkeit, Betroffenheit). Hohe Werte spiegeln das erschwerte Verarbeiten von negativen Emotionen wider.
2. **Extraversion**: Die Skala erfasst u. a. Geselligkeit, Selbstsicherheit, Aktivität, Gesprächigkeit, Heiterkeit.
3. **Offenheit**: Die Skala erfasst u. a. Wissbegierde und Interesse an neuen Erfahrungen (z. B. im Bereich von Kultur und Literatur). Personen mit hohen Werten sind eher intellektuell, phantasievoll und weniger bereit, Normen zu akzeptieren.
4. **Gewissenhaftigkeit**: Die Skala misst u. a. Zielstrebigkeit, Ehrgeiz, Ausdauer, erwünschte Kontrolle der Handlungsdurchführung und Grad der Planung im Unterschied zu Gleichgültigkeit, Nachlässigkeit und Unbeständigkeit.
5. **Verträglichkeit**: Die Skala erfasst u. a. Altruismus (vs. Egoismus), Kooperativität, Vertrauen (vs. Misstrauen). Verträglichkeit ist in der Regel sozial erwünscht.

2.4.2 Testtheorie

Klassische Testtheorie

Der **klassischen Testtheorie** zufolge gehen in einen gemessenen Testwert der wahre Wert der Person und ein Fehleranteil (Messfehler) ein. Ziel ist die möglichst direkte und präzise Schätzung des wahren Werts. Durch den Einsatz mehrerer Testitems soll der Fehleranteil insgesamt minimiert werden.

Die meisten Skalen und Tests basieren auf der klassischen Testtheorie (z. B. Gulliksen, 1950). Die klassische Testtheorie geht davon aus, dass jeder Wert einer Person auf einem konkreten Item aus zwei Komponenten zusammengesetzt ist: aus dem wahren Testwert der Person und aus einem Fehleranteil. Den wahren Testwert kann man sich als den mittleren Testwert vorstellen, den eine Person in einer unendlichen Serie von Testwiederholungen erzielen würde. Der wahre Wert ist keine praktisch erzielbare, sondern eine theoretische Größe, die durch das konkrete empirische Testergebnis einer Person geschätzt werden kann. Die Abweichung dieses empirischen Schätzwerts vom wahren Wert wird als Messfehler bezeichnet. Die klassische Testtheorie setzt somit voraus, dass wahrer Wert und Fehlerwert getrennt bestimmt werden können (▶ Axiome der klassischen Testtheorie). Der Fehleranteil am beobachteten Wert ist einer der Gründe dafür, weshalb zur Erfassung eines Merkmals mehrere Items formuliert werden: Mehrere Items ermöglichen eine bessere Annäherung an den wahren Testwert einer Person. Außerdem erlauben erst mehrere Items eine differenzierte Erfassung unterschiedlicher Merkmalsausprägungen.

Exkurs

Axiome der klassischen Testtheorie

Die Axiome (theoretisch gesetzte Vorannahmen) der klassischen Testtheorie lauten vereinfacht:

1. Ein Testergebnis besteht aus der Summe von wahrem Wert und Messfehler. Der IQ einer Person in einem Test setzt sich aus ihrem wahren Wert und Fehleranteilen (durch Ablenkung, fehlende Motivation, Störeinflüsse der Umwelt etc.) zusammen.
2. Der mittlere Messfehler ist gleich null. Bei wiederholten Testanwendungen gleichen sich die verschiedenen Messfehler sozusagen aus.
3. Der wahre Wert und der Messfehler sind voneinander unabhängig (nicht miteinander korreliert). Demnach sind z. B. Fehleranteile bei Personen mit hohem und niedrigem IQ gleich groß.

▼

4. Der Messfehler in einem Test ist nicht mit dem wahren Wert in einem anderen Test korreliert. Demnach hängt etwa das Ausmaß der Ablenkung einer Person bei einem Intelligenztest nicht mit den Werten in anderen Tests (wie z. B. Werte für Neurotizismus, Extraversion, Offenheit oder Konzentrationsfähigkeit) zusammen.
5. Die Messfehler aus verschiedenen Tests sind voneinander unabhängig (nicht miteinander korreliert). Demnach sind Personen, die bei einem Test überdurchschnittlich abgelenkt sind, bei einer Testwiederholung nicht ebenfalls überdurchschnittlich abgelenkt.

Probabilistische Testtheorie

Während es in der klassischen Testtheorie um die direkte Erfassung des wahren Werts unter Berücksichtigung des Messfehlers geht, steht in der probabilistischen Testtheorie (auch: Item-Response-Theorie; Embretson & Reise, 2000; Rasch, 1980) die **Wahrscheinlichkeit** im Zentrum, mit der eine Person mit einer bestimmten Merkmalsausprägung ein Item positiv beantwortet (z. B. eine Aufgabe löst). Gemäß probabilistischen Ansätzen in der Testtheorie sind die untersuchten Merkmale latent, also nicht direkt beobachtbar; die Antworten auf Testitems stellen Indikatoren dieser latenten Merkmale dar. Die Wahrscheinlichkeit, dass eine Person ein Testitem zur Erfassung des latenten Merkmals X positiv beantwortet, hängt von der Ausprägung von X bei dieser Person ab. Eine Person mit höherer Intelligenz löst demnach ein geeignetes Item in einem Intelligenztest mit höherer Wahrscheinlichkeit als eine Person mit niedrigerer Intelligenz. Zudem löst eine Person mit größerer Wahrscheinlichkeit ein Testitem, das von vielen Personen gelöst wird, als ein Testitem, das nur von wenigen Personen gelöst wird. Um einen Test statistisch zu beschreiben, wird in der probabilistischen Testtheorie die Beziehung zwischen dem Antwortverhalten (der Lösungswahrscheinlichkeit) und dem latenten Merkmal (der Fähigkeit) von Personen für verschiedene Items bestimmt und grafisch in sog. Item-Characteristic-Curves (ICC) dargestellt (◘ Abb. 2.8).

Der **probabilistischen Testtheorie** zufolge sind Antworten auf Testitems Indikatoren von latenten Merkmalen; die Wahrscheinlichkeit, dass eine Person ein Item zur Erfassung eines Merkmals X positiv beantwortet, hängt von der (latenten) Ausprägung von X ab.

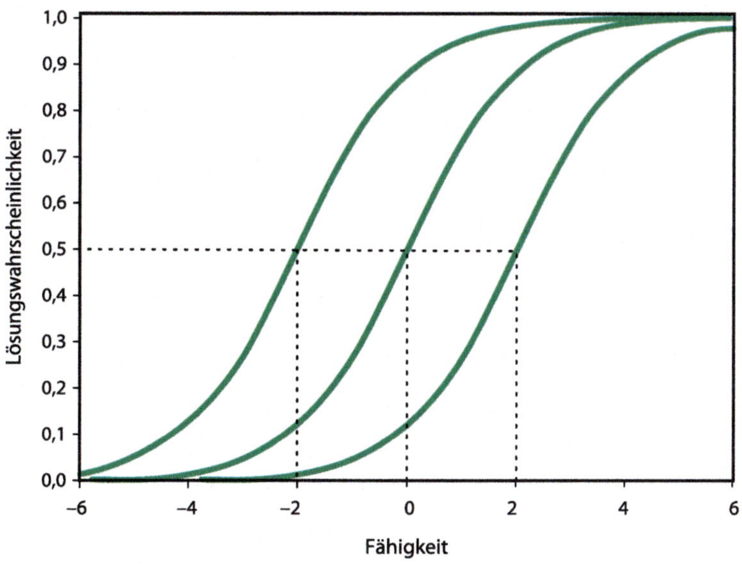

◘ **Abb. 2.8** Probabilistische Testtheorie: Item-Characteristic-Curves (ICC), die den Zusammenhang zwischen dem Antwortverhalten (der Lösungswahrscheinlichkeit) auf der y-Achse und der Ausprägung des latenten Merkmals (der Fähigkeit) auf der x-Achse für verschiedene Items darstellen

2

2.4.3 Wünschenswerte Eigenschaften von Tests und Testitems

Die **Güte eines Tests** wird anhand zentraler Kriterien bewertet: Homogenität, Differenzierung, Distinktionsfähigkeit, Objektivität, Reliabilität und Validität.

Ein Test besteht stets aus einer Mehrzahl von Items. Diejenigen Items, die zur Erfassung eines bestimmten Merkmals dienen, werden als **Itemsatz** bzw. als **Testskala** bezeichnet. Eine Testskala muss den nachfolgend genannten Bedingungen (Kriterien) genügen. Die ersten drei Bedingungen ergeben sich aus der generellen Anforderung der Individualdiagnose. Die letzten drei Bedingungen entsprechen den allgemeinen Gütekriterien wissenschaftlicher Datenerhebung (▶ Abschn. 1.4).

Kriterien zur Güte von Tests als Instrument zur Individualdiagnose

Homogenität Die Items einer Skala müssen homogen sein. Mit Homogenität ist gemeint, dass die Items ein einziges und nicht mehrere verschiedene Merkmale erfassen. Wenn ein Merkmal mehrere Dimensionen beinhaltet (wie vermutlich Intelligenz), dann ist es erforderlich, mehrere Testskalen zu erstellen.

Differenzierung Die Testskala soll eine differenzierte Erfassung des interessierenden Merkmals erlauben, d. h., möglichst viele Ausprägungsgrade des Merkmals erfassen.

Distinktionsfähigkeit Die Testskala muss eine eindeutige Unterscheidung zwischen Personen mit hoher und mit geringer Merkmalsausprägung ermöglichen.

Allgemeine Kriterien zur Güte wissenschaftlicher Datenerhebung

Gemäß dem Kriterium der **Objektivität** müssen Testergebnisse unabhängig von der Person sein, die den Test durchführt, auswertet und interpretiert.

Objektivität Der Test und das ermittelte Ergebnis müssen objektiv sein (▶ Abschn. 1.4). Dabei wird je nach den wichtigsten drei Phasen des Testens zwischen Durchführungsobjektivität, Auswertungsobjektivität und Interpretationsobjektivität unterschieden. Dem Kriterium der Objektivität zufolge müssen die Testergebnisse unabhängig von der Person sein, die den Test durchführt, auswertet und interpretiert.

Ein Test ist reliabel, wenn er bei wiederholter Durchführung bei denselben Personen dieselben Ergebnisse erbringt.

Reliabilität Der ermittelte Testwert muss verlässlich bzw. reliabel sein (▶ Abschn. 1.4). Das Kriterium der Reliabilität besagt, dass der Test die Merkmalsausprägung ohne zu große Schwankungen erfassen soll. Ein uneingeschränkt reliabler Test kommt bei wiederholter Durchführung bei denselben Personen zu exakt denselben Ergebnissen. Die Reliabilität für einen konkreten Test lässt sich auf verschiedene Weisen berechnen: durch die Retest-Reliabilität (Übereinstimmung bzw. Stabilität der Ergebnisse bei Wiederholung des Tests), die Paralleltest-Reliabilität (Übereinstimmung bzw. Äquivalenz von zwei parallelen Testversionen), die Testhalbierungsreliabilität (Übereinstimmung der einen mit der anderen Hälfte eines Tests) oder die interne Konsistenz (Übereinstimmung der Ergebnisse aller einzelnen Testitems untereinander, quantifiziert durch Cronbachs Alpha; Cronbach, 1951). Für weitere Erläuterungen sei auf die einschlägige Literatur verwiesen (z. B. Amelang & Schmidt-Atzert, 2006).

Ein Test ist **valide**, wenn er das erfasst, was er erfassen soll. Unterschieden werden Konstruktvalidität und Kriteriumsvalidität.

Validität Der ermittelte Testwert muss valide sein (▶ Abschn. 1.3.1). Das Kriterium der Validität betrifft die Gültigkeit des Tests: Ein Test ist valide, wenn er auch das erfasst, was er erfassen soll. Eine typische Frage, die sich bei der Überprüfung dieses Kriteriums stellt, lautet z. B., ob ein Intelligenztest tatsächlich mentale Fähigkeiten misst, die als Intelligenz gelten können, oder nur die Leistungsmotivation oder die Fähigkeit, Bildungschancen konsequent zu nutzen. Die Validität eines psychologischen Konstrukts, das einem Test zugrunde liegt (Konstruktvalidität), ergibt sich aus den Relationen zu theoretisch verwandten und entfernten Konstrukten bzw. dem Vergleich mit Tests, die diese anderen Konstrukte erfassen. Dabei bezeichnet die konvergente Validität die Übereinstimmung mit als ähnlich angenommenen Tests; die diskriminante Validität bezeichnet die Abweichung oder die Unabhängigkeit von als unähnlich angenommenen Tests. Zudem können neben anderen Tests auch externe Kriterien herangezogen werden, um die Validität eines Tests zu bestimmen (Kriteriumsvalidität): Zum Beispiel kann der Berufserfolg als Kriterium für die Validität eines Berufseignungstests verwendet werden. Dabei kann die Übereinstimmung zwischen Test und Kriterium zum selben Zeitpunkt (simultane Kriteriumsvalidität, »concurrent validity«) oder das Zutreffen einer Vorhersage des Kriteriums aus dem Test (Validität der Kriteriumsvorhersage, »predictive validity«) unterschieden werden.

Auf der Ebene einzelner Items interessieren zudem auch die **Schwierigkeit** sowie die **Trennschärfe** eines Items.

▶ Definition Schwierigkeit von Testitems

Definition

Die **Schwierigkeit** ist der Prozentsatz aller untersuchten Personen, die das Item gelöst bzw. positiv beantwortet haben. Obwohl der Begriff einen engen Bezug zu Leistungstests aufweist, kann er doch auch auf Persönlichkeitstests angewendet werden – obgleich er in diesem Fall nicht mit dem Alltagsverständnis von Schwierigkeit übereinstimmt. Bei der Testkonstruktion wird oft eine breitere Streuung der Schwierigkeiten angestrebt, damit der Testwert über das gesamte Spektrum zwischen Personen mit verschiedenen Merkmalsausprägungen differenziert.

▶ Definition Trennschärfe von Testitems

Definition

Der **Trennschärfe** eines Items ist zu entnehmen, wie gut das gesamte Testergebnis aufgrund der Beantwortung dieses einzelnen Items vorhersagbar ist. Damit gibt die Trennschärfe an, wie gut ein einzelnes Item den gesamten Test repräsentiert. Somit erreichen Personen, die einen hohen (niedrigen) Gesamttestwert aufweisen, auf einem trennscharfen Einzelitem ebenfalls einen hohen (niedrigen) Wert.

Je größer die **Schwierigkeit**, desto kleiner die **Trennschärfe**.

Grundsätzlich sind möglichst hohe Trennschärfen wünschenswert. Die Trennschärfe hängt aber auch mit der Schwierigkeit eines Items zusammen: Je größer die Schwierigkeit, desto geringer die Trennschärfe. Wenn man eine breite Streuung der Schwierigkeiten erreichen will, muss man also – bei den besonders leichten und schweren Items – Abstriche bei der Trennschärfe hinnehmen.

Arten von Testitems

Innerhalb der **Testitems** werden Items mit offener und halboffener Beantwortung bzw. mit Antwortvorgaben unterschieden. Bei Letzteren liegen Objektivität und Reliabilität im Durchschnitt höher.

Drei verschiedene Arten von Items eines Tests lassen sich unterscheiden:
- Items mit offener Beantwortung,
- Items mit halboffener Beantwortung und
- Items mit Antwortvorgaben.

Bei **Items mit offener Beantwortung** wird der untersuchten Person keinerlei Antwortoption dargeboten. Beispielsweise wird sie nach ihren freien Assoziationen zu einem dargebotenen Reiz (z. B. einem Tintenklecks im »Rorschach-Test«) gefragt oder sie wird gebeten, die Situation genauer zu schildern, die auf einer Reizgrundlage ihrer Ansicht nach dargestellt wird (z. B. beim »Thematischen Apperzeptionstest«; Murray, 1943). Items mit offener Beantwortung schneiden in Bezug auf die Testgütekriterien der Objektivität und Reliabilität in der Regel schlechter ab als Items mit Antwortvorgaben.

Bei **Items mit halboffener Beantwortung** werden die untersuchten Personen gebeten, eine vorgegebene Formulierung mit eigenen Worten zu vervollständigen bzw. zu ergänzen. Auch bei diesen Items kann es zu Problemen bezüglich der Objektivität und der Reliabilität kommen.

Bei **Items mit Antwortvorgaben** (auch Multiple-Choice-Items genannt) werden verschiedene Antwortmöglichkeiten angeboten, zwischen denen die untersuchte Person auswählen soll. Für solche Items sind Objektivität und Reliabilität vergleichsweise leichter zu gewährleisten. Items mit Antwortvorgaben sind unter den verschiedenen Arten von Testitems am weitesten verbreitet.

2.4.4 Verfälschungen und Gegenmaßnahmen

Testergebnisse können Verfälschungen und Verzerrungen unterliegen. Verfälschungen haben bei Leistungs- und bei Persönlichkeitstests jeweils verschiedene Ursachen.

Leistungstests können durch das Erraten der richtigen Antwort verfälscht werden; Gegenmaßnahmen sind der Einsatz von **Distraktoren** oder die **Ratekorrektur**.

Bei **Leistungstests** kommt es vor allem dann zu Verfälschungen, wenn es den Versuchspersonen gelingt, die richtige Antwort zu erraten. Bei Multiple-Choice-Items kann die Wahrscheinlichkeit solcher Verfälschungen verringert werden, indem neben der korrekten Antwort geeignete Distraktoren eingesetzt werden. Distraktoren sind Antwortmöglichkeiten, die auch durchaus plausibel erscheinen; sie werden nur von solchen Personen als falsch erkannt, die über das relevante Wissen verfügen. Eine weitere Möglichkeit, Verfälschungen durch Erraten richtiger Antworten entgegenzuwirken, besteht darin, bei der Auswertung des Tests eine Ratekorrektur vorzunehmen. Die Korrektur besteht darin, dass von der Punktezahl, die eine Person in dem Test erreicht hat, so viele Punkte abgezogen werden, wie die Person allein durch Erraten hätte erzielen können.

Die Ergebnisse von **Persönlichkeitstests** können verfälscht werden durch …

– das Bemühen um positive Selbstdarstellung,

– die Orientierung an sozialer Erwünschtheit,

– schematische Antworttendenzen der untersuchten Personen.

Da es bei **Persönlichkeitstests** keine objektiv richtigen Antworten gibt, kommt das Erraten solcher Antworten als Fehlerquelle natürlich nicht in Frage. Verfälschungen können bei diesen Tests im Wesentlichen aus drei Quellen resultieren:

a. Die getestete Person versucht, einen bestimmten Eindruck von der eigenen Person zu vermitteln, sich in einer bestimmten Weise darzustellen (**Selbstdarstellung**, »impression management«). Möchte eine Studierende nicht die klassische Frauenrolle erfüllen, so wird sie gezielt Antworten wählen, die sie als »hart«, »stark«, »technisch interessiert« oder »rational« erscheinen lassen.
b. Im Fall der Verfälschung durch **soziale Erwünschtheit** ist die untersuchte Person darum bemüht, sich selbst so darzustellen, wie es den (angenommenen) Erwartungen und Normen der Gruppe entspricht, die von ihrem Testergebnis erfährt. Bei dieser speziellen Form der Selbstdarstellung geht es also darum, die Anerkennung durch andere sicherzustellen. Da Normen je nach sozialer Gruppe und Interaktionskontext variieren, kann eine Selbstdarstellung im Sinne der sozialen Erwünschtheit in verschiedenen Kontexten auch ganz unterschiedlich ausfallen. Wenn sich eine Person bei einem alteingesessenen und konservativen Familienbetrieb bewirbt, wird sie sich anders darzustellen versuchen als bei einer Bewerbung bei einem Start-up-Unternehmen.
c. Zu Testverfälschungen kann es schließlich auch aufgrund von schematischen **Antworttendenzen** kommen. Manche Menschen tendieren z. B. dazu, immer möglichst neutral zu antworten; andere wiederum stimmen Testitems in der Regel zu (Ja-Sage-Tendenz), andere antworten meist ablehnend (Nein-Sage-Tendenz), wiederum andere tendieren dazu, Items zu überspringen. Solche Antworttendenzen müssen den betreffenden Personen nicht immer bewusst sein.

Bei den Arten (a) und (b) handelt es sich um prototypische Fälle von Reaktivität bei psychologischen Untersuchungen (▶ Abschn. 2.1.2). Die Mehrzahl der Maßnahmen zur Kontrolle der Testverfälschung richtet sich auch gegen diese beiden Arten der Verfälschung.

Im Folgenden werden die **wichtigsten Gegenmaßnahmen** skizziert:

Eine Gegenmaßnahme zur Verringerung von Testverfälschungen besteht darin, die Antwortvorgaben auszubalancieren.

Ausbalancierte Antwortvorgaben Diese Kontrolltechnik besteht darin, dass unterschiedlich gepolte Items formuliert werden, d. h. Items, bei denen eine Zustimmung mit einer je unterschiedlichen inhaltlichen Antwortrichtung einhergeht. Zudem versucht man, die Formulierungen so zu wählen, dass beide Antwortrichtungen, beide Pole des Items, gängigen gesellschaftlichen Werten und Normen entsprechen. Die weiteren Maßnahmen dienen vorwiegend der Kontrolle von Tendenzen zur Selbstdarstellung (▶ Beispiel).

Beispiel

Ausbalancierte Antwortvorgaben

Man nehme an, es solle die Motivation zum Studium getestet werden. Die folgende Ausbalancierung dient dazu, alle drei oben genannten Fehlerquellen zu eliminieren:

- »Mit meinem Studienfach beschäftige ich mich täglich mehrere Stunden« und
- »Ich finde es wichtig, neben meinem Studium auch andere Interessen nicht zu vernachlässigen«.

Aufforderung zu korrektem Testverhalten Die Instruktion zum Test fordert die Untersuchten klar und unmissverständlich auf, die Items unbedingt ehrlich zu beantworten. Bisweilen wird unterstützend angemerkt, dass die Möglichkeit besteht, Lügen als solche zu erkennen. Jedoch stellt diese Aussage selbst eine Lüge dar; und zudem wird dadurch psychischer Druck auf die Probandinnen und Probanden ausgeübt, sodass ein solcher Zusatz ethisch bedenklich ist. Die bloße Aufforderung zu korrektem Testverhalten ist dagegen in keiner Weise ethisch problematisch.

Eine weitere Gegenmaßnahme zur Verringerung von Testverfälschungen besteht darin, die Untersuchten zu korrektem Antwortverhalten aufzufordern.

Kontrollskalen Kontrollskalen (auch »Lügenskalen« genannt) sollen die Tendenz von Personen erfassen, sozial erwünschte Antworten zu produzieren (z. B. die »Social Desirability Scale« von Crowne & Marlowe 1964). Die Items stellen Verhaltensweisen dar, die gesellschaftlich eindeutig negativ bewertet werden – die zugleich aber so häufig sind, dass es ausgesprochen unwahrscheinlich ist, dass jemand die entsprechenden Verhaltensweisen selbst tatsächlich noch nie gezeigt hat. So haben die meisten Menschen schon einmal zu einer Notlüge gegriffen, obwohl Lügen gesellschaftlich negativ sanktioniert sind. Je häufiger jemand angibt, sich »nie« in der beschriebenen Weise zu verhalten, desto höher ist seine oder ihre Tendenz zur sozialen Erwünschtheit.

Kontrollskalen erfassen anhand von Angaben zu eindeutig antinormativen, aber trotzdem geläufigen Verhaltensweisen die Tendenz von Personen, sozial erwünscht zu antworten.

Randomized-Response-Technik Die Randomized-Response-Technik (Warner, 1965) basiert auf der Hypothese, dass befragte Personen weniger zu Verfälschungen neigen, wenn sie sicher davon ausgehen können, dass ihre konkreten Antworten unbekannt sind. Mit einer Verfälschung ist insbesondere bei Berichten über peinliche oder strafbare Handlungen (Steuerhinterziehung, Alkohol am Steuer) zu rechnen. Die befragten Personen werden bei der Randomized-Response-Technik aufgefordert, den Wahrheitsgehalt ihrer Antwort bei jeder einzelnen Frage von einem nur ihnen bekannten Zufallsereignis (z. B. Augenzahl eines Würfels) abhängig zu machen. Zum Beispiel könnte eine Instruktion lauten, eine Frage nur dann wahrheitsgemäß zu beantworten, wenn sie eine Eins, Zwei, Vier oder Sechs würfeln, und die Frage in jedem Fall zu bejahen, wenn sie eine Drei oder Fünf würfeln. Da die Testleiterin bzw. der Testleiter das Ergebnis des Würfelns nicht kennt, ist bei der Auswertung nicht bekannt, ob eine Frage wahrheitsgemäß beantwortet wurde oder nicht. Da die befragte Person dies weiß, kann sie getrost je nach Zufallsereignis wahrheitsgemäß antworten. Im Unterschied zur individuellen Ebene kann auf der Ebene einer Gruppe bzw. Stichprobe die Wahrscheinlichkeit einer Verfälschung geschätzt werden. Wenn eine Stichprobe, die den Test nach der Randomized-Response-Technik bearbeitet hat (»ehrliche« Stichprobe), andere Ergebnisse liefert als eine Stichprobe, die den Test ohne diese Technik beantwortet hat (potenziell »unehrliche« Stichprobe), dann ist mit einer Verfälschung zu rechnen. Zudem kann der Anteil von Befragten, die durch das Zufallsereignis (Würfelzahl) zu einer »Ja«-Antwort veranlasst wurden, geschätzt werden, da die zugrunde liegende Zufalls-

Durch die Vorgabe einer Regel für zufällige unehrliche Antworten erlaubt die **Randomized-Response-Technik** auf der Gruppenebene die Schätzung von Antwortverfälschungen.

verteilung (z. B. Wahrscheinlichkeit einer Drei oder Fünf beim Würfeln) bekannt ist. Aufgrund der Wahrscheinlichkeitsschätzungen können die Antworten in zukünftigen Testdurchführungen entsprechend korrigiert werden.

Kontrollfragen

1. Was ist ein psychologischer Test und welche Ziele werden mit ihm verfolgt?
2. Worin unterscheiden sich die klassische Testtheorie und die probabilistische Testtheorie?
3. Was ist eine ICC und was stellt sie dar?
4. Worin bestehen die wesentlichen Unterschiede zwischen Leistungstests und Persönlichkeitstests?
5. Welche wünschenswerten Eigenschaften sollten Tests und Testitems aufweisen? Was bezeichnet die Reliabilität eines Tests? Welche Arten der Validität eines Tests können unterschieden werden?
6. Was ist mit der Schwierigkeit und der Trennschärfe von Testitems gemeint? Worin besteht ihr Zusammenhang?
7. Welche möglichen Verfälschungen können bei Tests auftreten und welche Gegenmaßnahmen können eingesetzt werden?
8. Wie funktioniert die Randomized-Response-Technik?

Weiterführende Literatur

Amelang, M. & Schmidt-Atzert, L. (2006). *Psychologische Diagnostik und Intervention* (4. Aufl.). Heidelberg: Springer.

Moosbrugger, H. & Kelava, A. (2012). *Testtheorie und Fragebogenkonstruktion* (2. Aufl.). Heidelberg: Springer.

Steyer, R. & Eid, M. (2001). *Messen und Testen* (2. Aufl.). Berlin: Springer.

2.5 Biopsychologische und neurowissenschaftliche Messungen

Lernziele

- Die Ergänzung des Methodeninventars der Psychologie durch biopsychologische Methoden verstehen.
- Einen Überblick über Verfahren zur Messung der Aktivität außerhalb und innerhalb des Zentralen Nervensystems gewinnen.
- Die Einsatzgebiete biopsychologischer Messungen kennenlernen.
- Die Vor- und Nachteile der biopsychologischen Verfahren verstehen.
- Biopsychologische Methoden kritisch würdigen.
- Typische Fehlerquellen bei biopsychologischen Messungen kennenlernen.

Biopsychologische Verfahren versprechen eine möglichst **direkte Erfassung** psychischer Prozesse. Die Vorstellung, dem Gehirn beim Denken zuschauen zu können, übt eine große Faszination aus.

Biopsychologische und neurowissenschaftliche Messungen sind ein integraler Bestandteil des Methodeninventars in vielen Bereichen der Psychologie. Sie ergänzen zunehmend die anderen Datenerhebungsverfahren in weiten Bereichen der Psychologie. Beispielsweise spielt in der Erforschung von Stress oder Lernen die Erfassung physiologischer bzw. biologischer Prozesse, z. B. der Ausschüttung von Kortisol bei Stress oder der präsynaptischen Bahnung beim Lernen, eine zentrale Rolle. Die wachsende Bedeutung biopsychologischer Messungen liegt u. a. darin, dass sie direktere Einblicke in die zugrunde liegenden Prozesse verspricht und der psychologischen Forschung den Charakter einer »echten« Naturwissenschaft zu verleihen scheint. So üben etwa die Darstellungen des arbeitenden Gehirns durch bildgebende Verfahren (»brain imaging«) eine große Faszination aus: Noch nie zuvor konnten Menschen dem menschlichen Gehirn beim Denken zuschauen (► Die Debatte zum Verhältnis von Körper und Geist).

Exkurs

Die Debatte zum Verhältnis von Körper und Geist

Biopsychologische Ansätze sind in der Geschichte der Psychologie immer wieder kontrovers diskutiert worden. Lässt sich das menschliche Erleben (Denken, Fühlen, Wollen etc.) durch biologische Zustände beschreiben, erklären und vorhersagen? Spielen sich mentale Prozesse auf einer eigenständigen, nicht körperlichen Ebene ab? Lassen sich die in der Psychologie gesuchten Gesetzmäßigkeiten des Geistes auf körperliche Prozesse zurückführen? Bis in die Gegenwart hat eine Argumentation nachgewirkt, die auf den französischen Philosophen René Descartes (1596–1650) zurückgeht: Descartes zufolge bildet das menschliche Bewusstsein, zumal das Ich- oder Selbstbewusstsein, eine eigenständige und irreduzible Realität. Belegt werde diese geistige Realität durch die bewusste reflexive Denktätigkeit, also das Denken über das Denken; diese selbstreflexive Gewissheit könne für die materielle bzw. physische Realität nicht geltend gemacht werden. Körperlichkeit und die leiblichen Sinneserfahrungen seien als Gegenstände des sich selbst bewussten Denkens von diesem abhängig. Damit wurde eine elementare Trennung von Geist auf der einen und Materie und Körper auf der anderen Seite vollzogen. Die Vorstellung einer unabhängigen Gegebenheit geistiger (mentaler, kognitiver) Vorgänge als Grundlage des Subjektbewusstseins, die »cartesianische Intuition« (Metzinger, 2003), ist bis weit in die jüngere Zeit wirkmächtig gewesen (für eine einflussreiche Kritik vgl. Damasio, 1994). In der Praxis der psychologischen Forschung, die ihre Wurzeln u. a. sowohl in der Philosophie als auch in der Medizin bzw. Physiologie hat, wurde jedoch die Bedeutung biologischer Prozesse nur selten angezweifelt. Jedoch wurde eine biologische (und damit molekulare) Erklärung komplexer psychischer Phänomene als so schwierig angesehen, dass man entsprechende Erkenntnisfortschritte als utopisch verwarf und sich auf die eigenen, eher holistischen Forschungskonzepte und -zugänge konzentrierte. So bezog etwa einer der Nestoren der Sozialpsychologie, Gordon Allport (1935), zwar die biologische Gegenstandsebene ausdrücklich in die Definition von Einstellungen ein, die er als ein abstraktes, molares psychologisches Konstrukt ansah (»a mental and *neural* state of readiness (...), exerting a directive or dynamic influence upon the individual's response to all objects and situations with which it is related«; ebd., S. 810; Hervorhebung GE). Jedoch ging Allport davon aus, dass es durchaus noch Jahrhunderte dauern könnte, bis die biologischen Grundlagen von sozialpsychologischen Phänomenen wie etwa Einstellungen, Vorurteilen oder Konformität erforschbar seien. Die in diesem Unterkapitel dargestellten Entwicklungen geben jedoch Anlass zur Annahme, dass Allports Prognose zu skeptisch war.

In jüngerer Zeit festigt sich in der Psychologie die Auffassung, dass die biologischen bzw. neuronalen Grundlagen vieler psychologischer Phänomene weitgehend erhellt werden können – auch solcher, die lange kaum als biologisch fassbar galten (z. B. Berntson & Cacioppo, 2000). Mentale und psychische Vorgänge sind, so lautet mittlerweile der Grundkonsens in der Wissenschaft, darauf angewiesen, dass es funktionierende biologische, zumal neuronale, Systeme gibt. Das Vorhandensein einer organisch-biologischen Basis ist somit als eine notwendige Voraussetzung für das Vorhandensein mentaler und psychischer Vorgänge anerkannt.

Die organisch-biologische Basis mentaler und psychischer Vorgänge gilt zunehmend als erforschbar.

Darüber hinaus stellt sich die zentrale Frage, inwieweit biologische Funktionen hinreichende Voraussetzungen für das Auftreten psychischer Phänomene sind. Wird das menschliche Denken, Fühlen, Wollen durch körperliche Faktoren determiniert und festgeschrieben? Manche Biopsychologen bejahen diese Frage und folgern daraus u. a., dass der Mensch auch keinen freien Willen besitze (Markowitsch, 2004). Darüber, ob sich solche Thesen halten lassen, lässt sich trefflich debattieren. Unbestreitbar gibt es jedoch auch soziale Realitäten von Gesellschaften und Kulturen, die wirkmächtig sind, gerade weil sie Menschen grundsätzlich einen eigenen Willen sowie unabhängiges Entscheidungsvermögen zusprechen.

Determinieren biologische Faktoren psychische Prozesse?

Besonders vielversprechend ist die Untersuchung des **wechselseitigen Einflusses** zwischen biologischen Faktoren auf der einen Seite und psychischen, sozialen und kulturellen Faktoren auf der anderen Seite. Kurz seien ausgewählte Beispiele für beide Wirkungsrichtungen genannt: Zum einen können organische Schäden in der Amygdala, einer Region tief im Gehirn, dazu führen, dass Patienten mit stark verringertem Affekt auf bedrohliche Stimuli reagieren (Adolphs, Tranel & Damasio, 1998) und daher weniger empfänglich für die Androhung von Bestrafung und daher für den Einfluss sozialer Normen sind. Zum anderen kann beispielsweise eine positive, vertrauensvolle

Die Erforschung der wechselseitigen Einflüsse zwischen biologischen und psychischen Prozessen kann zu einem verbesserten, stärker integrierten Verständnis der erforschten Phänomene beitragen.

2

soziale Interaktion mit anderen Menschen die Ausschüttung von Oxytozin, einem in einer Hirndrüse (der Hypophyse) produzierten Hormon, verstärken; eine erhöhte Oxytozin-Ausschüttung wiederum dämpft Stressreaktionen auf potenziell stresserzeugende Stimuli (Heinrichs, Baumgartner, Kirschbaum & Ehlert, 2003). Auch gibt es empirische Hinweise, dass Psychotherapie (z. B. eine Verhaltenstherapie gegen Spinnenphobie) zu einer Normalisierung von neuronalen Prozessen (z. B. Annäherung an die Hirnaktivitäten normaler Probanden nach erfolgreicher Verhaltenstherapie) beitragen kann (Brand & Markowitsch, 2006). Die Berücksichtigung der Interdependenz biologischer und psychischer Prozesse kann, so ist zu hoffen, ein umfassenderes, integratives Bild der erforschten Phänomene liefern (Cacioppo, 2002).

Wie andere Methoden sind auch biopsychologische Methoden theoriegeleitet und methodenkritisch einzusetzen.

Ebenso wie die Interpretation anderer psychologischer Daten efordert auch die Interpretation biopsychologischer Messungen eine angemessene psychologische Theorie. Die psychologische Bedeutung vieler physiologischer oder neurowissenschaftlicher Maße ist mit Umsicht und unter Rückgriff auf entsprechende Fachkenntnisse abzuwägen. Diese Maße liefern nämlich Daten auf einer Beschreibungs- oder Gegenstandsebene, die sich von der Ebene psychologischer Beschreibung oder Konstruktbildung unterscheidet. Biopsychologische Indikatoren erlauben nicht per se einen direkteren Einblick in die Black Box des psychischen Systems als andere Verfahren. Ebenso wie bei anderen psychologischen Messungen sind die zentralen Gütekriterien wie Reliabilität, Validität und Objektivität im Blick zu behalten (▶ Abschn. 1.4). Messungen von biologischen Indikatoren verringern das Risiko der gezielten Einflussnahme oder Verfälschung von Daten durch die untersuchten Personen, die wie beschrieben, bei anderen Datenquellen wie Selbstbericht, Verhaltensbeobachtung oder Tests nicht unerheblich sind (hierzu auch Cacioppo, 2002). Jedoch können sie das Problem der Reaktivität bei der Untersuchung von Menschen nicht vollständig ausräumen. Denn das Verhalten und Erleben von Menschen kann schon durch das Wissen um die stattfindende Messung, die Verkabelung mit Elektroden oder die oft ungewöhnliche Körperhaltung bei biopsychologischen Messungen (z. B. die Rückenlage und Fixierung des Kopfes in einer Scannerröhre bei einer Magnetresonanztomografie) verändert werden (▶ Beispiel).

Beispiel

Biopsychologische Messungen als ergänzende Datenquelle

Die Atmungsfrequenz ist ein biologisches Phänomen, das zunächst nicht mehr als den Zustand des Herz-Kreislauf-Systems im Bereich zwischen Ruhe und Anstrengung anzeigt. Zu prüfen ist vor dem Hintergrund des Forschungsstands, ob solche biologischen Größen als Indikatoren für spezifische psychologische Zustände oder Aktivitäten dienen können. Biopsychologische Messungen können eine wichtige ergänzende Datenquelle darstellen. Eine hohe Atemfrequenz per se verrät noch keine Lüge. Jedoch kann ein solcher Bioindikator in Kombination mit anderen Messungen und einer angemessenen psychologischen Theorie gewinnbringend in Forschung und Praxis eingesetzt werden.

Der folgende Überblick beginnt mit biopsychologischen Indikatoren auf der Ebene von Haut, Muskeln, Sinnesorganen, Herz-Kreislauf-System sowie Hormon- und Immunsystem und führt dann zum Kernbereich psychologisch relevanter Prozesse, dem zentralen Nervensystem (ZNS).

Vor diesem Hintergrund skizzieren wir nun die wichtigsten Methoden zur Erfassung psychologisch relevanter biologischer Prozesse. Dabei nähern wir uns bei der Vorstellung der Indikatoren biologischer Aktivitäten schrittweise dem Kernbereich psychologisch relevanter Prozesse, dem zentralen Nervensystem (ZNS), zu dem neben dem Rückenmark das Gehirn gehört. Bevor wir in diesen wichtigen Bereich vordringen, schildern wir Indikatoren im Bereich der Haut, Muskeln, Sinnesorgane, des Herz-Kreislauf-Systems sowie des Hormon- und Immunsystems. Nach dieser Übersicht gehen wir kurz auf eine spezielle Problematik bei physiologischen Messungen ein, das Auftreten von Artefakten.

Vorgestellt werden fast ausschließlich nichtinvasive Verfahren.

Die vorgestellten Methoden sind – außer den Verfahren, bei denen radioaktives Material injiziert wird – **nichtinvasiv**, d. h., sie kommen ohne ein Eindringen unter die Körperoberfläche bzw. in das organische Gewebe aus. **Invasive** Methoden sind ethisch problematisch, da sie oft zu Schädigungen des Gewebes führen, und werden deshalb zu

Forschungszwecken kaum verwendet. Bei nichtinvasiven Methoden werden verschiedene Biosignale (z. B. elektrische Ströme oder Felder, insbesondere Spannungs- oder Widerstandsänderungen) aufgezeichnet und, zumeist mithilfe von Computern (nach einer Wandlung von analogen in digitale Informationen), weiterverarbeitet.

2.5.1 Messungen von Indikatoren außerhalb des zentralen Nervensystems

Eine fast unüberschaubare Vielzahl von Parametern (Variablen, Messgröße) kann bei der Untersuchung des menschlichen Körpers erfasst werden. In diesem und den folgenden Abschnitten konzentrieren wir uns auf diejenigen Parameter, die aus der Sicht der Psychologie von größtem Interesse sind bzw. in der psychologisch relevanten Forschung am häufigsten untersucht werden.

Im Folgenden werden diejenigen biologischen Parameter vorgestellt, die in der psychologischen Forschung vorwiegend untersucht werden.

Elektrodermale Aktivität

Messung Schon Aktivitäten an der Grenze zwischen Körper und Außenwelt, also an der Haut, werden oft als Indikatoren für psychische Zustände verwendet: Das betreffende Biosignal ist die sog. elektrodermale Aktivität, die über die Tätigkeit der Schweißdrüsen vermittelt wird. Der meistuntersuchte Parameter ist die **Hautleitfähigkeit**, die bei Herstellung einer Stromspannung von 0,5 Volt zumeist an der nichtdominanten Hand einer Versuchsperson erhoben und in μSiemens (Mikro-Siemens) angegeben wird. Zwei Elektroden werden am Ballen unterhalb von Daumen und kleinem Finger bzw. an Zeige- und Mittelfinger angebracht (◘ Abb. 2.9). Unterschieden werden die tonische Hautleitfähigkeit (»skin conductance level«), die das Niveau der Aktivität angibt, und die reaktive Hautleitfähigkeit (»skin conductance response«), die bei der Reaktion auf bestimmte Stimuli erhoben wird.

Die **elektrodermale Aktivität** kann als Indikator für psychische Zustände und Prozesse interpretiert werden.

Anwendungsfelder Die elektrodermale Aktivität wird klassischerweise mit emotionalen Zuständen wie etwa Angst in Verbindung gebracht und z. B. bei der Diagnose und Therapie von posttraumatischen Belastungsstörungen (»posttraumatic stress disorder«, PTSD) eingesetzt. Ein auch in der Öffentlichkeit bekanntes psychologisches Diagnoseinstrument, der Polygraf (umgangssprachlich auch »Lügendetektor« genannt), basiert u. a. auf dieser Korrelation. In Deutschland ist der Einsatz des Polygrafen als Beweismittel vor Gericht jedoch nicht zulässig, vor allem weil der Rückschluss einer unspezifischen physiologischen Reaktion auf einen spezifischen mentalen Zustand (absichtliche Falschaussage vs. wahrheitsgemäße Aussage) umstritten ist. Des Weiteren wurde die elektrodermale Aktivität in der Forschung auch als Indikator für Orientierungsreaktionen bzw. die Gewöhnung (Habituation) an wiederholt wahrgenommene Stimuli, aber auch zur Erforschung komplexerer kognitiver Prozesse wie etwa Entscheidungen unter Unsicherheit (Brand, Grabenhorst, Starcke, Vandekerckhove & Markowitsch, 2007) verwendet.

Die elektrodermale Aktivität kann Hinweise auf emotionale Zustände, Orientierungsreaktionen, Habituation sowie komplexere kognitive Prozesse liefern.

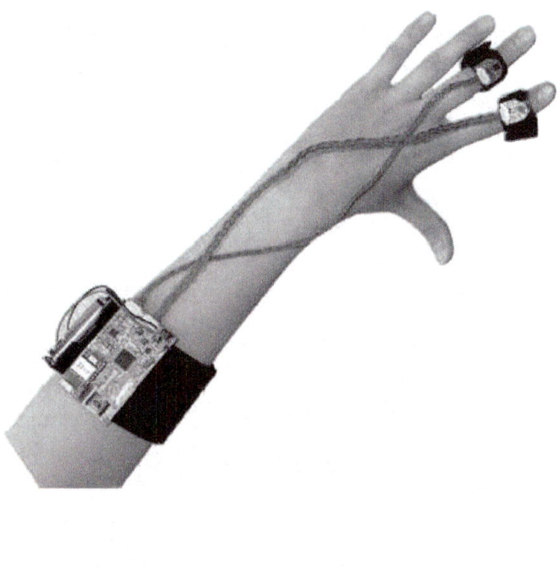

◘ **Abb. 2.9** Anbringung der Elektroden und Apparatur bei der Messung der elektrodermalen Aktivität. (Mit freundl. Genehmigung von Gerhard Trötser, IFE Wearable Computing Lab der ETH Zürich)

2

Weitere gängige physiologische Methoden erfassen elektrische Biosignale von Muskelaktivitäten. Das Elektromyogramm (EMG) dient allgemein der Aufzeichnung von Muskelaktivität, das Elektrookulogramm (EOG) speziell der Erfassung der Aktivität der Augenmuskeln, und das Elektrokardiogramm (EKG) der Registrierung der Herzmuskelaktivität. Als Alternative zum EOG kommt vermehrt der sog. Eyetracker zum Einsatz, der jedoch nicht elektrische Signale verwertet, sondern auf optischem Weg Blickbewegungen und -richtung aufzeichnet (und daher im Unterschied zum EOG nicht in der Schlafforschung eingesetzt werden kann).

Elektromyogramm

Die **Muskelaktivität**, die das **EMG** erfasst, dient vor allem als Indikator für Anspannung, Schmerz, affektive Zustände und emotionale Reaktionen.

Das EMG registriert Aktionspotenziale der Muskelzellen; diese werden als Indikatoren für Anspannung vs. Entspannung und emotionale Prozesse (positive vs. negative affektive Zustände) verwertet. Insbesondere Aktivitäten von Gesichtsmuskeln werden untersucht, um evaluative Reaktionen auf Stimuli (Gefallen, Abneigung, Ekel etc.) zu erfassen (◘ Abb. 2.10). Aktivität des Muskels Corrugator supercilii, der beim Runzeln der Stirn bzw. Zusammenziehen der Augenbrauen eingesetzt wird, wird als Hinweis auf eine negative, abgeneigte Bewertung interpretiert, während Aktivität des Muskels Zygomaticus major, der für das Anheben der Mundwinkel beim Lächeln verantwortlich ist, als Indikator einer positiven, zugeneigten Bewertung gilt (z. B. Neumann, Hess, Schulz & Alpers, 2005). Im Bereich therapeutisch-klinischer Anwendungen werden Verspannungen der Nackenmuskulatur, die mit chronischen Kopfschmerzen in Beziehung stehen, durch das EMG erfasst.

◘ **Abb. 2.10** Anbringung der Elektroden und Apparatur bei einem EMG für Gesichtsmuskeln. (Mit freundl. Genehmigung von Myotronics-Noromed. www.myotronics.com)

Elektrookulogramm und Eyetracker

Neben dem EOG findet der Eyetracker Verwendung, um Stellung und Bewegung der Augen zu erfassen. Durch die Anbringung per Headset wird die Kopfbewegung selbst nicht aufgezeichnet.

Das EOG gibt primär Auskunft darüber, wohin Personen wie lange blicken; damit lassen sich Rückschlüsse auf Aufmerksamkeit oder die gerichtete Zuwendung kognitiver Ressourcen ziehen. In jüngerer Zeit wird auch verstärkt der **Eyetracker** eingesetzt, um solche Prozesse zu erfassen. Der Eyetracker nutzt keine elektrischen Biosignale, sondern registriert mithilfe von hoch auflösenden Kameras – also auf optischem Weg – die Stellung und Bewegung der Augen, darunter vor allem Fixationen und Sakkaden (rasche, ruckartige Bewegungen von einem Fixationspunkt zu einem anderen, Dauer zwischen ca. 10 und 80 ms). Dabei müssen insbesondere Artefakte (▸ Abschn. 2.5.3) durch Kopfbewegungen kontrolliert werden. Dies wird erreicht, indem die untersuchte Person ein sog. Headset trägt, ein dem Kopf an-

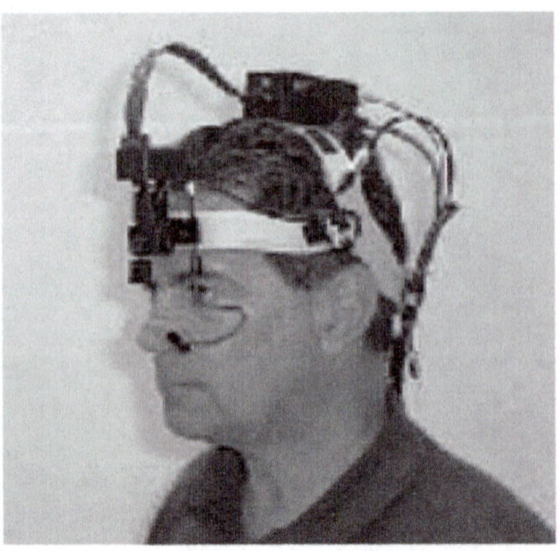

◘ **Abb. 2.11** Headset eines Eyetrackers mit angebrachten Kameras zur Registrierung von Blickparametern. (Mit freundl. Genehmigung von Triangle Research Collaborative, USA)

gepasstes Gestell, das mit auf die Augen gerichteten Kameras ausgestattet ist (◻ Abb. 2.11). Da die Kameras die Bewegungen des Kopfs mitmachen, sind die aufgezeichneten Signale schon um die Kopfbewegung bereinigt.

Weitere Messungen der Augenaktivität

Am Auge können neben Parametern wie Blickrichtung und -bewegung (darunter Fixation und Sakkaden) noch weitere physiologische Indikatoren wie der **Lidschlag** oder der **Pupillendurchmesser** erfasst werden. Der Lidschlag zeigt Orientierungsreaktionen bzw. den sog. Startle-Reflex (Schreckreflex) an. Der Pupillendurchmesser, der vom parasympathischen Teil des autonomen Nervensystems gesteuert wird, kann über emotionale Zustände, Aktivierung und die Art sowie das Ausmaß der Informationsverarbeitung Auskunft geben. In einer viel zitierten Studie untersuchten Kahneman und Beatty (1966) etwa den Pupillendurchmesser als Indikator für die Informationsverarbeitung bei einer Aufgabe, bei der Versuchspersonen Informationen im Kurzzeitgedächtnis behalten sollten. Die Pupille erweiterte sich zunächst bei der Darbietung des Testmaterials, zog sich aber bei der darauf folgenden Wiedergabe des Materials zusammen. Das Ausmaß dieser Änderungen war umso größer, je schwieriger die Gedächtnisaufgabe und damit die Belastung der Verarbeitungsressourcen war.

Der Lidschlag zeigt Orientierungsreaktionen an. Der Pupillendurchmesser wird als Indikator für emotionale Zustände, Aktivierungsgrad sowie Verarbeitungsaufwand interpretiert.

Messung und psychologische Bedeutung der Aktivitäten des Herz-Kreislauf-Systems

Die Aktivität des autonomen Nervensystems, insbesondere des Herz-Kreislauf-Systems (kardiovaskuläre Aktivität), kann durch verschiedene Maße wiedergegeben werden: Beim **Elektrokardiogramm** (EKG) wird durch elektrische Ströme, die durch die Herzmuskulatur erzeugt werden, auf die Herztätigkeit geschlossen. Artefakte durch Bewegungen oder Aktivitäten anderer Muskeln sind zu beachten. Relevante Parameter sind die **Herzrate** (HR) bzw. Herzschlagfrequenz oder die **Herzratenvariabilität** (HRV); diese werden mit Stress, Emotionen und depressiven Zuständen in Verbindung gebracht. Neben dem EKG werden teilweise auch Indikatoren erhoben, die nicht auf elektrischen Biosignalen basieren, wie etwa der **Blutdruck** oder das **periphere Blutvolumen**. Eine Verringerung der Herzrate sowie des Blutdrucks kann beispielsweise mit Prozessen der selektiven Aufmerksamkeit bei der gezielten Entdeckung externer Stimuli in Zusammenhang gebracht werden.

Im Bereich der Erfassung der Herz-Kreislauf-Aktivität gibt das **EKG** (insbesondere Herzrate und Herzratenvariabilität) Hinweise auf Stress, Emotionen und depressive Zustände. Eine Verringerung des Blutdrucks kann auf eine selektive Aufmerksamkeitszuwendung hinweisen.

Messung und psychologische Bedeutung des Hormon- und Immunsystems

Schließlich können aus psychologischer Sicht auch Parameter des Hormon- und Immunsystems interessant sein. Das Hormonsystem (auch endokrines System genannt) dient der koordinierten Steuerung der Aktivität verschiedener Organe. Hormone werden klassischerweise als Indikatoren für Stressreaktionen untersucht. Diese können in Blut, Urin oder auch im Speichel nachgewiesen werden. Ein oft verwendeter biologischer Indikator für das Ausmaß von Stress, das ein Organismus erlebt, ist der Anteil des Hormons Kortisol. Die Freisetzung von Adrenalin wird als ein Indikator von durch Anstrengung erzeugtem Stress angesehen.

Der Spiegel von Hormonen wie etwa **Kortisol** steht mit **Stress** in Verbindung.

Als Indikatoren des Immunsystems dienen Antikörper bzw. immunaktive Zellen, die im Blut nachgewiesen werden, oder Immunglobulin, das im Speichel enthalten ist. Diese Maße werden mit Zuständen der Entspannung und Anspannung, mit Stressreaktionen sowie mit dem psychosomatischen Gesamtzustand bzw. allgemeiner Erschöpfung in Verbindung gebracht.

Parameter des Immunsystems dienen als Indikatoren für Anspannung, Stress und Erschöpfung.

2.5.2 Messungen von Indikatoren der Aktivität des zentralen Nervensystems

Zur Registrierung der Gehirnaktivität lassen sich **3 Methodenklassen** unterscheiden:

Physiologische Messmethoden, die die Aktivität des zentralen Nervensystems (also von Gehirn und Rückenmark) erfassen, sind psychologisch von besonderem Interesse. Denn das Gehirn spielt unbestritten unter allen Organen für das psychische Geschehen, vom Wahrnehmen, Denken und Urteilen über Emotion und Motivation bis zur Handlungsplanung und -kontrolle, die Hauptrolle. Es lassen sich im Wesentlichen drei verschiedene Klassen von Methoden zur Registrierung der Gehirnaktivität unterscheiden:

- **Verfahren zur Aufzeichnung von elektrischen Potenzialen**, die durch die elektrochemische Aktivität von Gehirnneuronen entstehen, vor allem mittels des Elektroenzephalogramms (EEG);
- **Verfahren zur Registrierung von Magnetfeldern**, die durch elektrische Potenziale von Gehirnneuronen entstehen, vor allem mit dem Magnetenzephalogramm (MEG);
- **bildgebende Verfahren**, die die Struktur und Funktion des Gehirns durch weiträumige Abbildungen wiedergeben.

Aufzeichnung elektrischer Potenziale: Das EEG

Das **EEG**, das elektrische Potenziale neuronaler Aktivität erfasst, kann Hinweise auf verschiedene Hirnaktivitäten liefern.

Die Grundlage der Aktivität des Gehirns sind elektrochemische Prozesse und die daraus resultierenden Potenziale an den Membranen der Nervenzellen (Neurone). Das **Elektroenzephalogramm** (EEG), eine klassische und immer noch weit verbreitete Methode der Biopsychologie und Neurowissenschaften, fängt die elektrischen Potenziale von Neuronen, hauptsächlich des Kortex, an der Schädeloberfläche per Elektroden auf (▣ Abb. 2.12). Aus den Daten eines EEG können verschiedenen Rückschlüsse auf die Gehirnaktivität gezogen werden, jedoch nur auf der Ebene ganzer Neuronenverbände – denn das Potenzial eines singulären Neurons ist so schwach, dass es an der Schädeloberfläche nicht erfassbar ist.

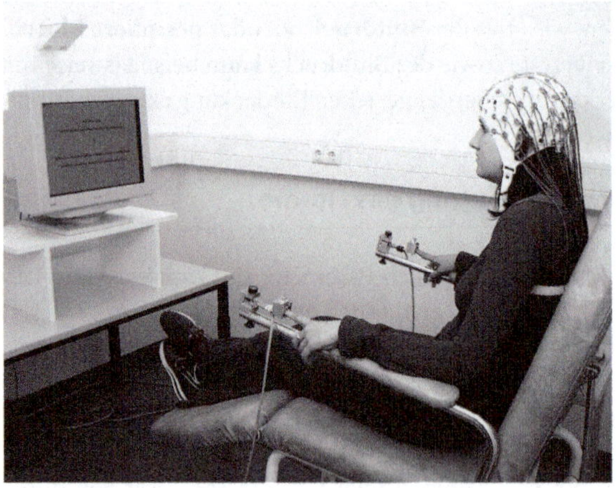

▣ **Abb. 2.12** Apparatur für eine EEG-Untersuchung: Elektrodenkappe. (Mit freundlicher Genehmigung von Edmund Wascher)

Das EEG erfordert eine spezielle, standardisierte Messapparatur, bei der Elektroden eng an der Schädeloberfläche befestigt werden.

Die Elektroden zur Ableitung des EEG werden mit einer Haftsubstanz an der Schädeloberfläche befestigt, wobei die Positionierung der Elektroden oft einem international anerkannten Standard (dem sog. 10/20-System) folgt, bei dem bis zu 20 Elektroden platziert werden. Systeme mit einer größeren Anzahl (bis zu über 200) werden für spezielle Forschungszwecke eingesetzt. Um einen gleichermaßen engen Kontakt der Elektroden mit der Schädeloberfläche zu gewährleisten, werden oft Hauben oder Kappen verwendet, in die die Elektroden eingelassen sind. Eine neutrale Referenzelektrode wird an einem Ohrläppchen oder hinter dem Ohr angebracht. Um die schwachen Potenziale registrieren zu können, müssen die Signale erheblich verstärkt werden.

Augenbewegungen und Lidschläge sind beim EEG eine typische Quelle von Artefakten (▶ Abschn. 2.5.3), die als deutliche Potenzialschwankungen in der Aufzeichnung erscheinen. Diese Artefakte können kontrolliert werden, indem gleichzeitig EOG-Daten erhoben werden.

Artefakte durch Augenaktivität und Lidschläge können EEG-Daten verfälschen.

An einem EEG interessieren die Schwankungen elektrischer Potenziale (Spannungen) über die Zeit, insbesondere die Frequenz (Schwingungshäufigkeit pro Sekunde, gemessen in Hertz, Hz) und die Amplitude (Ausmaß der Differenz) dieser Schwankungen. Dabei wird im Wesentlichen zwischen zwei Arten der Aktivität unterschieden:
- Spontanaktivität und
- evozierte (hervorgerufene) Aktivität.

Spontanaktivität

Definition

Bei der **Spontanaktivität** handelt es sich um ständig auftretende rhythmische Potenzialänderungen mit einer Frequenz von 0,5 bis maximal 100 Hz und Amplituden von 1 bis 100 µV (Mikrovolt).

▶ Definition Spontanaktivität

Die Spontanaktivität gibt in erster Linie Auskunft über den Zustand von Gehirnfunktionen, die mit Aufmerksamkeit, Bewusstheit, Aktivierung, Wachheit und Schlafstadien in Zusammenhang stehen. Seit den Pionierarbeiten zum EEG in den 1920er Jahren werden je nach Frequenz und Amplitude verschiedene Wellentypen (auch Frequenzbänder genannt) unterschieden. Die Wellentypen werden mit bestimmten psychischen Aktivierungszuständen in Verbindung gebracht (◘ Tab. 2.5). Wellen mit einer teils hohen Amplitude und einer Frequenz um ca. 10 Hz (die sog. Alphawellen) treten verstärkt bei einem entspannten Wachzustand der untersuchten Person, insbesondere bei geschlossenen Augen, auf. Wellen mit höherer Frequenz (14–30 Hz) und niedriger Amplitude, die Betawellen, korrelieren mit mentaler oder körperlicher Aktivierung. Delta- und Thetawellen werden während des Tiefschlafs bzw. während der Einschlafphase oder bei tiefer Entspannung beobachtet. Darüber hinaus werden auch weitere spezielle Wellentypen erforscht wie etwa Gammawellen (Frequenz bei ca. 40 Hz, geringe Amplitude), die vermutlich bei der Integration verschiedener Merkmale (Farbe, Form, Bewegung) von visuell wahrgenommenen Stimulusobjekten auftreten. Auch werden in der Diagnostik bestimmte Wellentypen mit dem Auftreten von Epilepsien in Verbindung gebracht.

Je nach Frequenz und Amplitude werden im EEG verschiedene Wellentypen bei der Spontanaktivität unterschieden. Diese korrelieren mit verschiedenen psychischen Zuständen (wie Aktivierung) oder Prozessen (visuelle Merkmalsintegration).

Evozierte Potenziale

Definition

Bei **evozierten Potenzialen** handelt es sich um kurzzeitige (d. h. weniger als 1 Sekunde andauernde) Reaktionen auf innere oder äußere Reize, die einen komplexen Verlauf mit interpretierbaren Höhe- und Tiefpunkten aufweisen.

▶ Definition Evozierte Potenziale

◘ **Tab. 2.5** Die vier wichtigsten Wellentypen im Spontan-EEG

Wellentyp	Frequenzbereich	Amplitudenbereich	Psychischer Zustand
Delta	0,5–4 Hz	20–200 µV	Tiefschlaf
Theta	5–7 Hz	5–100 µV	Übergang von Wachheit zum Einschlafen, Dösen
Alpha	8–13 Hz	5–100 µV	Entspannter Wachzustand
Beta	14–30 Hz	2–20 µV	Physische oder mentale Anstrengung

2

Psychologisch relevant sind vor allem lokale Maxima und Minima evozierter Potenziale, die bei bestimmten sensorischen, motorischen und mentalen Prozessen auftreten.

Evozierte Potenziale (auch: ereigniskorrelierte Potenziale; »event related potentials«, ERP) zeigen sich etwa unmittelbar nach der Wahrnehmung eines Sinnesreizes (**sensorisch evozierte Potenziale**) oder unmittelbar vor der Ausführung einer Bewegung (**motorisch evozierte Potenziale**). Sie können aber auch auftreten, ohne dass ein beobachtbarer Reiz oder ein beobachtbares Verhalten stattfindet – etwa wenn sich eine Person mental mit für sie bedeutsamen Inhalten oder Informationen beschäftigt (**endogene evozierte Potenziale**, auch erlebenskorrelierte Potenziale genannt). Psychologisch relevant sind vor allem lokale Maxima (Gipfel, Höhepunkte) und Minima (Täler, Tiefpunkte) der evozierten Aktivität. Diese werden im Hinblick auf zwei Parameter analysiert:

- Amplitude (zumeist zwischen Baseline und dem Wert eines Maximums oder Minimums),
- Zeitpunkt bzw. Latenz (d. h. der zeitliche Abstand nach der Verarbeitung eines Reizes).

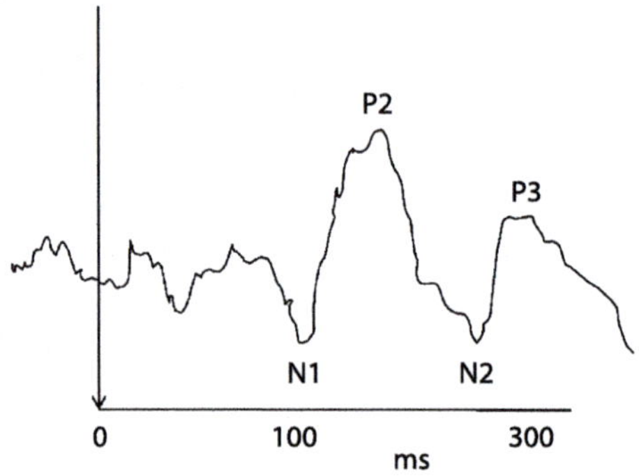

Abb. 2.13 Beispiel für ein sensorisch evoziertes Potenzial; zum Zeitpunkt 0 setzt der verarbeitete Reiz ein

Abb. 2.13 zeigt ein Beispiel für den Verlauf eines sensorisch evozierten Potenzials mit der Spannungsamplitude auf der y-Achse und dem Zeitverlauf auf der x-Achse.

Je nach Ausschlag in positive (P) oder negative (N) Richtung und zeitlichem Intervall nach Beginn eines Reizes (z. B. 100 oder 300 ms) werden charakteristische Komponenten (wie P300 oder N100) von evozierten Potenzialen identifiziert, die mit verschiedenen Arten der Reizverarbeitung in Verbindung gebracht werden.

Unterscheidbare Wellensegmente, die charakteristische Gipfel oder Täler beinhalten, werden **Komponenten** des evozierten Potenzials genannt. Die Kurzbezeichnung für Komponenten setzt sich aus dem Buchstaben P oder N (für Ausschläge in *p*ositive oder *n*egative Richtung) und einer Zahl, zumeist der mittleren Latenz in 100 ms zusammen. Bei der P3-Komponente (auch P300 genannt) handelt es sich also um einen positiven Ausschlag (ein Wellensegment mit einem Gipfel oder lokalem Maximum), das im Durchschnitt 300 ms nach dem Einsetzen eines Reizes zu verzeichnen ist. Die psychischen Korrelate dieser Aktivität sind intensiv erforscht worden. Unter anderem tritt die P3-Komponente deutlich hervor, wenn Personen Reize wahrnehmen, die ihre Erwartungen verletzen und daher auffällig sind. Um noch ein weiteres Beispiel für eine Zuordnung von Komponente und psychologischem Prozess zu nennen: Die N1-Komponente wird als das früheste Anzeichen für die Verarbeitung eines Reizes interpretiert, dem eine Person Aufmerksamkeit zuwendet.

Die relativ schwachen Aktivitäten evozierter Potenziale können oft erst durch Summation oder Mittelung von anderen Aktivitäten im EEG unterschieden werden. Evozierte Potenziale weisen eine hohe zeitliche Auflösung, jedoch eine eher geringe räumliche Auflösung und Messtiefe auf.

Ein evoziertes Potenzial stellt eine hirnelektrische Aktivität dar, die zur Spontanaktivität hinzukommt. Die Amplituden evozierter Potenziale sind deutlich geringer als die des Spontan-EEG. Um diese vergleichsweise schwachen Aktivitäten erkennbar zu machen, sind besondere Maßnahmen erforderlich wie etwa die Summation oder Mittelung (»averaging«) von EEG-Aktivitäten bei mehrfach wiederholten Reizen. Erst mithilfe solcher Averaging-Methoden kann das evozierte Potenzial (das interessierende Signal) von der ständigen neuronalen Hintergrundaktivität (dem Rauschen) unterschieden werden. Die Messung evozierter Potenziale bietet eine hohe zeitliche Auflösung; eine Schwäche liegt jedoch in der vergleichsweise geringen räumlichen Auflösung und begrenzten Messtiefe.

Registrierung minimaler Magnetfelder: Das MEG

Das **MEG** soll minimale Magnetfelder erfassen, die durch neuronal bedingte elektrische Potenzialschwankungen verursacht sind.

Elektrische Potenziale, d. h. Bewegungen elektrischer Ladungen, die bei neuronaler Aktivität auftreten, erzeugen schwache Magnetfelder. Diese Magnetfelder können mithilfe technisch aufwändiger Methoden, insbesondere durch die Magnetenzephalografie registriert werden. Das Ergebnis einer Magnetenzephalografie wird **Magnetenzepha-**

logramm (MEG) genannt. Um eine Erfassung der Signale zu ermöglichen, müssen außerordentlich sensible Detektoren verwendet und Artefakte und Störungen durch andere Magnetfelder genau kontrolliert werden. Ein MEG ist zumeist mit mehr als 100 Detektoren ausgestattet, mit denen eine Haube bestückt ist. Die benötigte Empfindlichkeit wird durch Einsatz von Supraleitung erreicht, die wiederum eine Kühlung auf Temperaturen weit unter dem Gefrierpunkt erfordert.

Die mit dem MEG registrierten Signale stammen ähnlich wie beim EEG vor allem von Kortexneuronen; die Signale tiefer liegender Neuronen sind mit derzeitigen Techniken kaum messbar. Die besondere Leistung eines MEG liegt in der hohen zeitlichen und räumlichen Auflösung: In Kombination mit einem EEG können Aktivitätsquellen im Kortex mit einer räumlichen Auflösung von 1 bis 2 mm und einer zeitlichen Auflösung im Millisekundenbereich erfasst werden. Anders als das EEG kann das MEG Daten liefern, die eine präzise dreidimensionale Verortung von Aktivitäten erlauben. Ein weiterer Unterschied liegt in der Art der Ableitung der Aktivität: Im Unterschied zum EEG berühren die Sensoren eines MEG nicht die Schädeloberfläche, sondern werden in eine Position in etwa 1 cm Abstand gebracht. Damit sind Störeffekte durch elektrische Potenziale an der Haut ausgeschlossen. Wie beim EEG können die beiden Hauptklassen neuronaler Aktivität erfasst werden: Spontanaktivität und evozierte Potenziale (s. oben).

Das MEG zeichnet sich durch eine hohe zeitliche und räumliche Auflösung aus. Im Unterschied zum EEG erlaubt es eine präzise dreidimensionale Lokalisation.

Das MEG kommt zum einen im klinischen Bereich (z. B. zur genauen Lokalisierung der Sprachzentren im Gehirn eines Patienten vor einer Operation) zum Zuge. Zum anderen kann es ähnlich wie das EEG in der neurokognitionspsychologischen Forschung eingesetzt werden, etwa um die Verarbeitung von Sinnesreizen oder Aufmerksamkeits- und Gedächtnisprozesse zu untersuchen.

Mithilfe des MEG können neurokognitive Prozesse, z. B. im Zusammenhang mit Aufmerksamkeit und Gedächtnis, erfasst werden.

Bildgebende Verfahren

Bildgebende Verfahren (»imaging methods«) ermöglichen es, die Struktur und Funktion des Gehirns in seiner Gesamtheit darzustellen, also auch in subkortikale Bereiche vorzudringen, die mit EEG oder MEG nicht erreicht werden können. Zum einen lassen sich je nach Auflösung Hirnstrukturen, d. h. Anordnungen des Nervenzellgewebes, sehr gut darstellen. Zum anderen lassen sich auch die Verzweigung der Blutgefäße, die Anordnung des Nervenzellengewebes sowie die Ventrikel (mit Flüssigkeit gefüllte Hohlräume im Gehirn) sichtbar machen. Weiterhin können durch die Erfassung des zerebralen Blutflusses, des Stoffwechsels oder neurochemischer Vorgänge psychologisch interessierende **Funktionen** des ZNS wie etwa Wahrnehmung, Gedächtnis oder emotionale und affektive Reaktionen dargestellt werden (◘ Abb. 2.14).

Die Leistung bildgebender Verfahren liegt darin, die Struktur und Funktionen des Gehirns (z. B. Wahrnehmung, Gedächtnis, emotionale Reaktionen) in seiner Gesamtheit, auch in subkortikalen Bereichen, darzustellen.

◘ **Abb. 2.14** Bildgebende Verfahren – Spinnenphobie

Das große Echo auf die Entwicklung bildgebender Verfahren erklärt sich daraus, dass sie erstmals ermöglichen, dem Gehirn »beim Denken zuzuschauen«.

Bildgebende Verfahren haben in jüngerer Zeit viel Aufmerksamkeit erfahren, nicht nur in der Wissenschaft, sondern auch in den Massenmedien und der breiteren Öffentlichkeit. Ein Grund hierfür liegt wohl in dem besonderen Merkmal dieser Verfahren, das ihnen ihren Namen gibt: Erstmals kann das Gehirn angeschaut und die menschliche Geistestätigkeit mit Bildern illustriert werden. Die wissenschaftlichen Hoffnungen, die sich an diese Methodik knüpfen, sind groß – ob überzogen oder nicht, ist derzeit kaum zu sagen. Nicht nur für Psychologen, sondern auch für Laien wird es interessant sein, die weiteren Entwicklungen zu beobachten.

Zu den bildgebenden Verfahren zählen mehrere Methoden, die sich unterschiedlicher Techniken bedienen, um Einblicke in das Gehirn zu bieten. Ein nur einigermaßen vollständiger und zugleich verständlicher Überblick über diese technisch sehr aufwändigen und komplexen Methoden ist im Rahmen dieser allgemeinen Einführung in psychologische Methoden nicht zu leisten (für eine Einführung vgl. Jäncke, 2005; Schandry, 2011). Zu unterscheiden sind im Wesentlichen radiologische Verfahren und Magnetresonanzverfahren, die im Folgenden knapp skizziert werden.

Radiologische Verfahren

Bei radiologischen Verfahren werden Röntgen- oder radioaktive Strahlen gemessen.

Diese Klasse von Verfahren basiert auf der Messung von Strahlen (Röntgenstrahlen oder radioaktiver Gammastrahlung). Die Strahlung wird von ringförmig um den Kopf angeordneten Detektoren aufgefangen.

Computertomografie: Ein Verfahren mit Röntgenstrahlung

Die Bildgebung durch **Computertomografie** macht sich zunutze, dass Röntgenstrahlen bei der Durchdringung verschiedener Gewebearten unterschiedlich stark absorbiert werden.

Bei der Computertomografie (CT) wird eine in der Medizin seit Langem verwendete Methode erweitert, um eine bildhafte Darstellung des Gehirns zu erhalten. Das Grundprinzip besteht darin, dass Röntgenstrahlen bei der Durchdringung von verschiedenen Gewebearten jeweils unterschiedlich stark absorbiert werden. Beispielsweise ist die Absorption durch Blut geringer als die Absorption durch Knochen. Die CT geht über die Arbeitsweise traditioneller Röntgengeräte hinaus, indem auf Grundlage mehrerer Schnittbilder mit hoher Auflösung eine dreidimensionale Darstellung des Gehirns erzielt wird. Eine Vielzahl von ringförmig platzierten Röntgendetektoren fängt die Energie eines um den Kopf wandernden konzentrierten Röntgenstrahls auf; die Daten, die die nach der Gehirndurchdringung verbleibende Energie angeben, werden von einem Computer zu einem sog. Scan (ein statisches Abtastbild) zusammenfügt. Die Computertomografie ist vergleichsweise kostengünstig; sie beinhaltet aber den Einsatz potenziell schädlicher Strahlung und erfordert bisweilen auch die Injektion von Kontrastmitteln.

Positronenemissionstomografie und Single-Photon-Emissions-Computertomografie: Verfahren mit radioaktiver Strahlung

Weitere radiologische Verfahren setzen radioaktive Markierungssubstanzen (»tracer«) ein, die in den Körper der untersuchten Personen eingebracht werden, oft durch Injektion in den Blutkreislauf. Die wichtigsten Techniken sind die Positronenemissionstomografie (PET) sowie die Single-Photon-Emissions-Computertomografie (SPECT).

Die **PET** gibt Auskunft darüber, welche Strukturen bei der Bearbeitung kognitiver Aufgaben (z. B. beim Problemlösen) aktiv sind.

Bei PET-Untersuchungen liefern Strahlungsdetektoren Informationen darüber, wo sich zuvor injizierte, radioaktiv markierte Substanzen in welcher Menge im Gehirn befinden. Zur Markierung werden die Substanzen (z. B. Wasser) mit Radioisotopen (z. B. H_2O^{15}) verbunden. Radioisotope gehen nach einer bekannten Zeit (sog. Halbwertszeit) spontan in ihren Grundzustand über, indem ihr Atomkern zerfällt. Bei diesem Zerfallsprozess werden Positronen frei, die sofort mit einem Elektron zusammenprallen und mit diesem verschmelzen. Aus diesem Verschmelzungsprozess entstehen zwei hochenergetische Photonen (und damit Gammastrahlen), die von einer Vielzahl von Detektoren der Messapparatur (oft über 10.000) aufgefangen werden. Mit der PET kann man ebenso wie mit fMRT (s. unten) herausfinden, welche Strukturen bei der

Bearbeitung von verschiedenen kognitiven Aufgaben (z. B. beim Problemlösen) besonders aktiv sind. Die PET liefert vor allem Bilder des regionalen Blutflusses, der wiederum zu psychischen Funktionen wie Aufmerksamkeit, Sprache oder Gedächtnis in Beziehung gesetzt werden kann. Darüber hinaus kann man durch Verwendung von Tracern (markierte Substanzen) den Zuckerstoffwechsel (Glukosemetabolismus) sowie die Dichte von Rezeptoren für Botenstoffe im Gehirn sichtbar machen. Diese Messungen werden u. a. zur Diagnostik schizophrener Störungen in der klinischen Psychologie eingesetzt.

SPECT basiert auf einem ähnlichen Prinzip wie PET, jedoch werden andere radioaktive Markierungssubstanzen verwendet (z. B. Xenon-133), die beim Zerfall einzelne Photonen aussenden. SPECT ist im Vergleich zur PET technisch weniger aufwändig und daher auch kostengünstiger.

Eine weniger aufwändige Alternative zur PET ist die **SPECT.**

Magnetresonanzverfahren

Neben radiologischen Messmethoden kommen zunehmend Verfahren zum Einsatz, die anstatt der Röntgenstrahlung starke Magnetfelder (also *kein* radioaktives Material) verwenden. Magnetresonanzverfahren erzielen eine höhere Auflösung als die Röntgen-Computertomografie. Die untersuchte Person wird zumeist auf einer Liege in eine Untersuchungskammer geschoben, die die Form einer kurzen Röhre hat (■ Abb. 2.15).

Magnetresonanzverfahren nutzen starke Magnetfelder, um hochaufgelöste Bilder von Strukturen und Funktionen des Gehirns zu erzeugen.

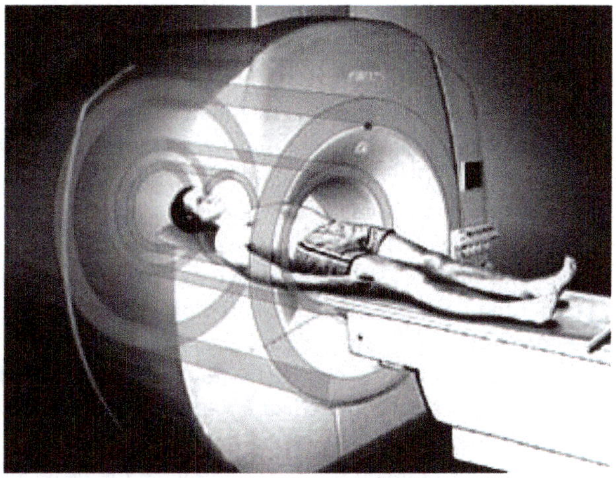

■ **Abb. 2.15** Schematische Darstellung der Apparatur zur Durchführung von Magnetresonanztomografien. Die untersuchte Person wird auf einer Liege in die Scannerröhre gefahren. (Mit freundl. Genehmigung vom Lehrstuhl für Neuropsychologie am Psychologischen Institut der Universität Zürich)

Magnetresonanztomografie

Die Magnetresonanztomografie (MRT; im Englischen: MRI, »magnetic resonance imaging«) nutzt die Eigenschaften von Protonen (dem Kern) von Wasserstoffatomen innerhalb eines starken stabilen Hauptmagnetfelds, in das zusätzlich elektromagnetische Energie eingestrahlt wird (vgl. zu den physikalischen Grundlagen Weishaupt, Köchli & Marincek, 2006). Die Frequenz dieser elektromagnetischen Energie, die mithilfe eines hochfrequenten Radiosenders erzeugt wird, entspricht der Frequenz des sog. Kernspins (d. h. der Kreisel- oder Drehbewegung der Protonen um ihre eigene Achse). Bei Übereinstimmung zwischen der von außen eingestrahlten Frequenz und der Kernspinfrequenz der Protonen kommt es zur »magnetischen Resonanz« – nach der das Verfahren benannt ist. Diese Resonanz führt dazu, dass die sich weiterhin drehenden Protonen aus ihrer ursprünglichen parallelen Ausrichtung im stabilen Hauptmagnetfeld sozusagen wegkippen und ins Torkeln geraten (man sagt auch: eine Präzessionsbewegung ausführen). Wird das externe elektromagnetische Feld nun wieder ausgeschaltet, kippen die Protonen wieder in ihre Ausgangsrichtung parallel zum stabilen Hauptmagnetfeld zurück. Diesen Prozess des Zurückkippens nennt man Relaxation (sozusagen die »Erholung« nach dem »Schock« durch den externen Frequenzimpuls).

Magnetische Resonanz entsteht, wenn eine extern erzeugte elektromagnetische Frequenz und die Kernspinfrequenz der Protonen von Wasserstoffatomen übereinstimmen. Bei Ausschaltung des externen Magnetfelds kippen die Protonen wieder in ihre ursprüngliche Richtung zurück (Relaxation).

Aus der Zeit zwischen Erlöschen des externen Frequenzfeldes und dem Auftreten der Relaxationssignale schließt man auf die Art des Gewebes (Gehirnflüssigkeit, Fett oder Nervenzellen), in dem sich die reagierenden Wasserstoffprotonen befinden.

Bei der Relaxation der Protonen wird schrittweise Energie (elektromagnetische Wellen) frei, die von Detektoren aufgefangen wird. Dies sind die entscheidenden Signale, die bei der MRT aufgezeichnet werden. Der relevante Messparameter ist die Zeit zwischen Erlöschen des externen Frequenzfeldes und dem Auftreten der Relaxationssignale. Aus dieser kann man – u. a. wegen des Zusammenhangs zwischen Wasserstoffgehalt und Flüssigkeitsanteil – auf die Dichte und damit die Art des Gewebes (Nervenzellen, Gehirnflüssigkeit oder Fett) schließen, in dem sich die reagierenden Wasserstoffprotonen befinden.

Der Effekt kurzzeitig eingeschalteter weiterer Magnetfelder erlaubt eine genaue Lokalisation.

Um nun über den Gewebstyp hinaus auch eine Lokalisation des gemessenen Gewebes vornehmen zu können, werden kurzzeitig weitere Magnetfelder in allen drei Raumrichtungen zugeschaltet. Da die Stärke dieser Lokalisierungsfelder, die erheblich schwächer sind als das Hauptmagnetfeld, je nach Ort variiert, lässt ihr Effekt auf die empfangenen Signale Rückschlüsse auf den Ort des gemessenen Gewebes zu. Die Informationen zu Ort und Dichte des Gewebes werden abschließend in Bilder überführt. Wie man sich leicht vorstellen kann, sind viele komplexe Rechenschritte erforderlich, bis letztendlich das beeindruckende Bild des Gehirns vorliegt.

Funktionelle Magnetresonanztomografie

Die **fMRT** nutzt magnetische Effekte der Anreicherung aktiver ZNS-Regionen mit sauerstoffreichem Hämoglobin, um psychische Funktionen und Prozesse bildhaft darzustellen.

Die funktionelle Magnetresonanztomografie (fMRT) geht über die MRT hinaus, indem sie die psychologisch relevanten Funktionen abzubilden versucht. Das Grundprinzip der fMRT ist folgendes: Wenn eine Region im ZNS aktiv ist, wird sie (durch eine Gefäßerweiterung) mit mehr Blut versorgt, um den Bedarf an Sauerstoff (sowie Glukose) zu decken. Als Resultat entsteht in dieser Region kurzzeitig ein Überangebot an Sauerstoff, was sich in einem größeren Anteil von sauerstoffreichem Hämoglobin (Oxyhämoglobin) gegenüber sauerstoffarmem Hämoglobin (Desoxyhämoglobin) niederschlägt. Aufgrund der ferromagnetischen Eigenschaften von Hämoglobin (z. B. wegen der vorhandenen Eisenionen) geht dieses Ungleichgewicht zugunsten des sauerstoffreichen Hämoglobins mit einer Magnetfeldverschiebung einher. Dieser magnetische Effekt wird bei der fMRT ausgenutzt, um auf den zerebralen Blutfluss und damit die Aktivierung der umgebenden Neurone zu schließen. Im abschließenden Schritt der Bilderstellung werden diejenigen Hirnareale farblich hervorgehoben, die in einem bestimmten Moment überdurchschnittlich aktiviert sind (▣ Abb. 2.16). Setzt man die Aktivierung zu zeitlich datierbaren Reizen in Beziehung, so kann auf die Verarbeitung dieser Reize geschlossen werden.

Die fMRT bietet einige Vorteile gegenüber radiologischen Verfahren, weist aber auch Nachteile auf (z. B. hoher Geräuschpegel und Störbarkeit durch geringfügige Bewegungen der untersuchten Person).

Gegenüber radiologischen Verfahren hat die fMRT den Vorteil, dass sie keine Injektion von Markierungssubstanzen erfordert, eine hohe räumliche (ca. 1 mm) Auflösung hat und die untersuchte Person sich weniger lange in der Untersuchungskammer aufhalten muss. Jedoch ist ein Aufzeichnungsintervall von ca. 6 bis 8 s erforderlich, um

▣ **Abb. 2.16** Beispiel für Bilder aus einer fMRT-Untersuchung. Regionen mit stark überdurchschnittlicher Aktivierung sind in Grün wiedergegeben. (Die Aktivierungsstärke wird in der Forschung üblicherweise durch festgelegte Farben wiedergegeben, z. B. starke Aktivität durch Rot. Aufgrund der Beschränkung des Drucks auf zwei Farben wird hier ausnahmsweise Grün zur Kennzeichnung verwendet.). (Mit freundl. Genehmigung von Prof. Dr. Odo Köster, Direktor der Radiologischen Klinik am Klinikum der Ruhr-Universität Bochum)

mit der fMRT ein Schichtbild für einen Aktivierungszustand zu erstellen. Ein Nachteil der fMRT besteht im hohen Geräuschpegel während der Datenerhebung und in der großen Anfälligkeit für Störeffekte durch Bewegungen (auch geringfügige Bewegungen beim Sprechen) der untersuchten Person. Darüber hinaus können aufgrund der Magnetisierung Personen mit Metallimplantaten (z. B. Herzschrittmacher oder bestimmten Zahnfüllungen) nicht untersucht werden.

In jüngerer Zeit ist eine erhebliche Zunahme von wissenschaftlichen fMRT-Studien zu verzeichnen, die zum Teil interessante und neuartige Befunde geliefert haben. Bemerkenswert sind die Fortschritte bei der Erforschung sozial-kognitiver Phänomene, etwa der neuronalen »Imitation« der Bewegungen und Handlungen eines beobachteten Akteurs (durch das sog. Mirror-Neuron-System; Iacoboni, 2008) oder den neuronalen Korrelaten von Empathie, Perspektivübernahme und Theory of Mind. Insgesamt stellt die fMRT eine spannende neuere Methodenentwicklung dar, die weitere neue Einsichten in psychologische Phänomene verspricht.

Die fMRT hat spannende und neuartige Befunde geliefert, gerade bei der Erforschung sozialkognitiver Phänomene.

2.5.3 Artefakte bei biopsychologischen Messungen

Abschließend gehen wir noch auf praktische Probleme bei der Messung von Biosignalen ein: das Auftreten von sog. Artefakten. Schon im einfachen Wortsinn verweist Artefakt darauf, dass ein Ereignis nicht echt ist, sondern künstlich erzeugt. Dies kann bei physiologischen Messungen der Fall sein, wenn beispielsweise ein Messgerät für Hirnströme (EEG, s. unten) einen Ausschlag für ein elektrisches Potenzial anzeigt, das jedoch nicht auf die zu untersuchende Gehirnaktivität zurückgeht, sondern auf die Bewegung der Kopf- oder Gesichtsmuskulatur.

Artefakte stellen eine typische Fehlerquelle bei biopsychologischen Messungen dar.

Definition

Artefakte bei physiologischen Messungen sind Signale, die nicht durch den interessierenden physiologischen bzw. biopsychologischen Prozess, sondern durch andere Faktoren (z. B. externe Quellen elektrischer Potenziale wie etwa Radiosender oder Mobiltelefone) verursacht werden. Es handelt sich also um Signale, die einen anderen Ursprung haben als das interessierende Biosignal.

► **Definition**
Artefakte bei biopsychologischen Messungen

Im Wesentlichen lassen sich folgende Arten von Artefakten unterscheiden:

Artefakte physiologischer Herkunft Hierbei handelt es sich um Signale, die durch physiologische Aktivitäten erzeugt werden, die nicht für die Untersuchung relevant sind. Zum Beispiel können elektrische Biosignale wie Gehirnströme (EEG) durch Signale überlagert werden, die auf elementare Muskelaktivitäten zurückgehen. Auch kann die Herzfrequenz durch Atmungsvorgänge moduliert werden (Atmungsarrhythmie). Solche elektrischen Artefakte haben oft bekannte Eigenschaften wie etwa eine bestimmte Frequenz. Daher können sie kontrolliert werden, indem sie durch geeignete Filter oder Algorithmen der Informationsverarbeitung während der Messung unterdrückt oder nach der Messung herausgerechnet werden. Zudem kann die Genauigkeit der Messung von Hormonen wie Kortisol, die das Ausmaß von Stress anzeigen, durch andere biologische Prozesse wie die Ausschüttung von Hormonen in bestimmten Phasen des weiblichen Monatszyklus beeinträchtigt sein. Dieses Artefaktrisiko kann durch eine entsprechende Auswahl der untersuchten Personen behoben werden.

Physiologische Prozesse wie etwa Muskelaktivitäten, die eigentlich nicht erfasst werden sollen, können die Messergebnisse verfälschen.

Bewegungsartefakte Auch durch die Bewegung des Körpers der untersuchten Person oder durch unkontrollierte Bewegungen des Messapparats oder der Messfühler können Störsignale entstehen. Schon die Veränderung der Position von Elektroden (Aufnehmer

Eine weitere Störungsquelle sind Bewegungen der untersuchten Person oder der Messapparatur.

elektrischer Signale) oder Elektrodenkabeln kann zu unerwünschten Signalen führen. Bei der Messung der Gehirnaktivität mit bildgebenden Verfahren wie der Magnetresonanztomografie stellt die Bewegung von Körperteilen (z. B. des Kopfes) eine erhebliche Quelle von Störungen dar.

Schließlich können auch Signale aus externen Quellen (z. B. von Radiosendern oder elektrischen Geräten) Messungen verfälschen.

Artefakte durch externe Einstreuungen Biosignale können auch durch Signale äußeren Ursprungs wie etwa elektrische oder magnetische Felder aus der Umgebung der Messapparatur (z. B. verursacht durch elektrische Leitungen oder Radiosender) gestört werden. Maßnahmen gegen solche Artefakte sind die möglichst vollständige Abschirmung des Untersuchungsraums, die Versorgung der Geräte im Untersuchungsraum mit Gleichspannung, der Einsatz von Vorverstärkern der interessierenden Biosignale oder geeignete Filter bei der Datenverarbeitung.

Kontrollfragen

1. Was sind die besonderen Vorteile biopsychologischer Methoden gegenüber anderen Methoden der Psychologie?
2. Was sind nichtinvasive Messmethoden?
3. Welche Messverfahren erfassen Indikatoren der Aktivität des zentralen Nervensystems?
4. Worin besteht der Unterschied zwischen der Spontanaktivität und evozierten Potenzialen bei EEG-Messungen? Über welche psychologischen Phänomene können evozierte Potenziale Auskunft geben?
5. Was sind Tracer und bei welchen biopsychologischen Messungen werden sie eingesetzt?
6. Was ist das Funktionsprinzip von MRT und fMRT, und welche psychologisch relevanten Phänomene lassen sich mit diesen erfassen? Worin bestehen die Hauptunterschiede zwischen den beiden Verfahren?
7. Welche Arten von Artefakten können biopsychologische Messungen beeinflussen? Was sind typische Artefakte bei einer EEG-Messung?

▶ Weiterführende Literatur

Birbaumer, N. & Schmidt, R. F. (2010). *Biologische Psychologie* (7. Aufl.). Heidelberg: Springer.
Jäncke, L. (2005). *Methoden der Bildgebung in der Psychologie und den kognitiven Neurowissenschaften.* Stuttgart: Kohlhammer.
Schandry, R. (2011). *Biologische Psychologie: Ein Lehrbuch* (3. Aufl.). Weinheim: Beltz.

2.6 Datenerhebung im Internet

Lernziele

- Die Bedeutung und Besonderheiten der Datenerhebung im Internet verstehen.
- Die Möglichkeiten und Vorteile, aber auch die Risiken und Nachteile der Internetdatenerhebung identifizieren.
- Die Gründe für Erleichterung, Effizienzsteigerung und Eröffnung neuer Forschungsmöglichkeiten (und -themen) bei Internetstudien verstehen.
- Mögliche Gefährdungen der Güte von Untersuchungen im Internet kennenlernen.
- Die forschungsethische Problematik von Internetstudien würdigen.
- Vorstellungen zur praktischen Durchführung von Internetstudien entwickeln.
- Einen Überblick über die Vor- und Nachteile von Experimenten im WWW gewinnen.
- Die unterschiedlichen potenziellen Folgen der Web-Durchführung für die externe und die interne Validität verstehen.

Die rasante Entwicklung von Internet und World Wide Web eröffnet **neue Möglichkeiten** für die Forschung in Psychologie und Sozialwissenschaften.

Die Zahl der Menschen, die Zugang zum Internet haben und es regelmäßig nutzen, ist seit den 1990er Jahren exponentiell gewachsen (z. B. Bandilla, 2002) und nimmt weiterhin beständig zu. Neben der E-Mail ist das universell bekannte und global verfügbare World Wide Web (WWW) das einflussreichste Kommunikationssystem. Auch für die sozialwissenschaftliche und psychologische Forschung ergeben sich damit neue Untersuchungsmöglichkeiten (Joinson, McKenna, Reips & Postmes, 2007). Diese neuen Möglichkeiten beziehen sich zum einen auf die quantitative Erweiterung und Erleichterung der Datengewinnung, zum anderen aber auch auf spezifische qualitative Neuerungen gegenüber traditionellen Formen der Datenerhebung (Reips, 2005; ▶ Für die Praxis).

Im Folgenden werden wir zunächst diese potenziellen Vorteile der Datenerhebung im Internet thematisieren. Daraufhin gehen wir auf die Kehrseite der Medaille ein, d. h. auf die Risiken und potenziellen Nachteile der Datenerhebung im Internet (Kraut et al., 2004). Schließlich geben wir einige Hinweise, wie man die Vorteile der psychologischen Forschung im Internet nutzen und zugleich die Risiken reduzieren kann. Abschließend gehen wir kurz auf die besonderen Merkmale von Web-Experimenten ein.

Die Möglichkeiten und Vorteile, aber auch Risiken und Nachteile der Datenhebung im Internet stehen im Mittelpunkt des Unterkapitels.

Für die Praxis

Mit der Datenerhebung im Internet ist keine eigenständige Methode angesprochen, sondern ein neuartiges technisches Medium, das zur Gewinnung von Daten genutzt werden kann. Prinzipiell können alle bisher vorgestellten Arten der Datenerhebung im Internet realisiert werden – mit Ausnahme biopsychologischer bzw. neurowissenschaftlicher Messungen. Verhaltensweisen von Internetnutzern und -nutzerinnen können beobachtet, gezählt und vielen Messverfahren (außer biopsychologischen) unterzogen werden. Zudem können Personen auch befragt und um Selbstberichte gebeten werden, etwa mithilfe von Ratingskalen. Befragungen im Internet (z. B. in der Form von Web-/Internet-Surveys) werden mittlerweile in großer Anzahl und in den verschiedensten Bereichen des Internet eingesetzt. Auch psychologische Tests werden zunehmend im Internet durchgeführt (für ein Beispiel eines klassischen Persönlichkeitstests s. Buchanan, Johnson & Goldberg, 2005). Da die computergesteuerte Durchführung als hinreichend objektiv gelten kann, stellt sich im Hinblick auf die Gütekriterien von Web-basierten Tests vor allem die Frage der Reliabilität und Validität (▶ Abschn. 2.4). Die Interpretation eines psychometrischen Tests sollte nicht ohne Beteiligung einer qualifizierten Psychologin bzw. eines qualifizierten Psychologen erfolgen; reine Selbsttests im Internet (z. B. www.testedich.de) sind als problematisch anzusehen (Döring, 2000).

2.6.1 Möglichkeiten und Vorteile der Datenerhebung im Internet

Das Internet erlaubt es, Daten unabhängig von der physischen Distanz zwischen den Forschungseinrichtungen und den Teilnehmerinnen und Teilnehmern zu erheben. Zwar leisten dies auch seit Langem verfügbare Kommunikationsmittel wie etwa Telefon oder Postversand, jedoch birgt die Datenerhebung im Internet darüber hinaus besondere Vorteile. Diese ergeben sich im Wesentlichen aus zwei Eigenschaften des Internet, den guten Zugangsmöglichkeiten und dem geringen Aufwand (geringen Kosten). Dabei lassen sich zwei Klassen von **Vorteilen** unterscheiden:

- Zum einen steigert das Internet die Effizienz bzw. das Verhältnis von Aufwand zu Kosten und erleichtert die Datenerhebung; damit ist ein vorrangig quantitativer Aspekt angesprochen.
- Zum anderen ergeben sich durch die Nutzung des Internet neuartige Forschungsmöglichkeiten und -themen. Mit diesem zweiten Bereich sind primär qualitative Veränderungen der Forschung angesprochen.

Das Internet bietet besonders günstige Möglichkeiten der Datenerhebung, sowohl in quantitativer als auch qualitativer Hinsicht.

Erleichterung und Effizienzsteigerung

Stichprobengröße und Teststärke Die Nutzung des Internet ermöglicht eine enorme Erhöhung der Anzahl der Versuchspersonen bei geringem Kostenaufwand, denn Beschränkungen aufgrund physischer Distanz fallen weg. In Laboruntersuchungen sind den Stichprobenumfängen oft enge Grenzen gesetzt; im Fall von Signifikanztests ist damit die Teststärke (d. h. die Wahrscheinlichkeit, bestehende Unterschiede statistisch nachzuweisen; Hussy & Jain, 2002) begrenzt. Studien im Internet können demgegenüber Stichprobenumfänge erreichen, von denen Laborforscherinnen und -forscher zuvor nur träumen konnten. So konnten Forschende von der Harvard University für

Bei Datenerhebungen im Internet können prinzipiell **sehr große Stichproben** untersucht werden; damit steigt auch die Teststärke für Signifikanztests.

2

ihre Untersuchungen von Einstellungen mithilfe impliziter Tests (▶ Abschn. 2.1) in 4 Jahren einen Stichprobenumfang von über 1,5 Millionen (!) realisieren (Nosek, Banaji & Greenwald, 2002). Die Erzielung großer Stichproben hängt allerdings von der Verbreitung und Bewerbung im Web und natürlich auch von der Attraktivität ab. Mit zunehmender Verbreitung der Online-Datenerhebung steigen Angebot und Wettbewerb. Studien, die nur auf wenigen speziellen Web-Seiten beworben werden, eine relativ zeitintensive Teilnahme und Anstrengung erfordern, können nicht mit hohen Teilnehmerzahlen rechnen.

Datenerhebungen im Internet können mit **geringem Zeitaufwand** erfolgen, u. a. aufgrund der großen Verbreitung und Flexibilität.

Zeitökonomie Der Zeitaufwand zur Datenerhebung ist ebenfalls außergewöhnlich gering; bei Platzierung auf stark frequentierten Websites kann teilweise schon in wenigen Stunden die gewünschte Anzahl von Antworten erreicht sein. Dies liegt u. a. an der großen Flexibilität der Interneterhebung: Daten können rund um die Uhr und simultan von vielen Teilnehmerinnen und Teilnehmern eingegeben werden. Eine Absprache von Terminen mit Versuchspersonen ist ebenso hinfällig wie Einschränkungen der gleichzeitigen Teilnahme durch begrenzte technische und räumliche Ressourcen. Eine Möglichkeit, in besonders kurzer Zeit hohe Teilnehmerzahlen zu erzielen, bietet der Webservice Mechanical Turk bei Amazon (Buhrmester, Kwang & Gosling, 2011; ▶ Für die Praxis).

Für die Praxis

Der Online-Service Mechanical Turk (kurz: MTurk) erlaubt Datenerhebungen, die in geringer Zeit relativ große Stichproben erbringen können (www.MTurk.com). Der Service ist benannt nach einem türkisch gekleideten, vorgeblichen Schachroboter aus dem 18. Jahrhundert, der de facto jedoch von einem/r im Inneren der Apparatur verborgenen Schachmeister/in bedient wurde. MTurk erlaubt es, diverse Arbeiten und Aufgaben gegen Entlohnung von Usern erledigen zu erlassen. Die mehr als 100.000 registrierten User, die täglich Zehntausende von Aufgaben bearbeiten, stammen aus über hundert Ländern. Der Service bietet wesentliche Elemente, die die Durchführung von psychologischen und sozialwissenschaftlichen Studien erlauben: einen großen Pool potenzieller Versuchspersonen, die Bewerbung von Untersuchungen, Möglichkeiten der Umsetzung eines Versuchsdesigns sowie die Erhebung von Daten. MTurk-Stichproben sind demografisch etwas heterogener als andere Internetstichproben und deutlich heterogener als typische studentische Stichproben aus Laborstudien; zugleich ist die Reliabilität der Daten bzw. die interne Validität von Experimenten offenbar nicht geringer als in traditionellen Laborstudien (Buhrmester et al., 2011; Paolacci, Chandler & Ipeirotis, 2010). Zur Kontrolle der Stichprobe können Kriterien für die Teilnahme (z. B. Herkunftsland der Teilnehmenden) festgelegt werden. Trotz eines Anstiegs in jüngster Zeit sind die »Lohnkosten« für MTurk-Versuchspersonen immer noch vergleichsweise gering. Zur Nutzung des Services muss eine Rechnungsadresse in den USA angegeben werden.

Aufgrund der Automatisierung kommt die Datenerhebung ohne Versuchsleitung und mögliche Versuchsleitereffekte aus.

Wegfall von kopräsenter Versuchsleitung und Versuchsleitereffekten Zudem ist die Datenerhebung durch den Einsatz der Computersteuerung voll automatisiert; sie muss nicht kopräsent (gleichzeitig am gleichen Ort) von ausgebildetem Personal organisiert und begleitet werden. Kosten für den Einsatz von Versuchsleitern und die Gefahr von Versuchsleitereffekten (▶ Abschn. 3.2.2) fallen damit weg. Jedoch fallen oft zusätzliche Kosten für Personal an, das die Studie fachgerecht programmieren und implementieren kann.

Als Zwischenfazit ergibt sich, dass das Internet quantitativ erweiterte und effiziente Möglichkeiten der Datenerhebung bietet.

Das Internet erlaubt daher die Durchführung umfangreicher empirischer Untersuchungen, die ansonsten aufgrund einer geringen Anzahl erreichbarer potenzieller Teilnehmer oder aufgrund zu hoher Kosten nicht realisiert werden könnten. Ebenso wird Personen, die bisher wegen Beschränkungen der Mobilität oder der Entfernung zu Forschungsinstitutionen kaum oder gar nicht an Studien teilnehmen konnten, erst mit dem Internet die Teilnahme ermöglicht. Diese Entwicklungen werden teilweise zum Anlass genommen, von einer Demokratisierung der Forschung zu sprechen (z. B. Reips, 2005). Anzumerken ist, dass aufgrund des Mangels an technischer Infrastruktur in einigen Regionen der Welt die Teilnahmemöglichkeiten – der vorgeblich globalen

Dimension des WWW zum Trotz – noch immer ungleich verteilt sind. Aus den oben genannten Vorzügen ergeben sich weitere Möglichkeiten:

Diversifizierung der Stichproben Gegenüber traditionellen psychologischen Laborstudien, an denen typischerweise ausschließlich studentische Versuchspersonen teilnehmen, ist der Teilnehmerkreis bei Internetstudien deutlich erweitert. Mehr als 80% traditioneller psychologischer Studien werden mit Studierenden durchgeführt, doch Studierende machen nur einen Anteil von ca. 3% an der Bevölkerung aus. Zudem beruhen viele psychologische Forschungsergebnisse auf der Untersuchung von Stichproben in westlichen Industrienationen, vor allem in Nordamerika (Arnett, 2008; Henrich, Heine, & Norenzayan, 2010). Im Internet kann eine breitere Streuung von Versuchspersonenmerkmalen erreicht werden (Buhrmester et al., 2011; Musch & Klauer, 2002).

Der **Teilnehmerkreis** ist bei Internetstudien im Vergleich zu Laborstudien potenziell **erweitert** und diverser.

Motivation und Freiwilligkeit der Teilnahme In diesem Zusammenhang ist noch ein weiterer Aspekt von Interneterhebungen zu erwähnen: An Internetstudien Teilnehmende sind insgesamt vermutlich in einem größeren Ausmaß zur Rezeption und Bearbeitung von Fragen und Aufgaben motiviert als studentische Versuchspersonen, die durch entsprechende Vorgaben in Studienordnungen oder hinreichend hohe Geldbeträge zur Teilnahme bewegt werden. Die größere Freiwilligkeit der Teilnahme ist auch aus forschungsethischer Sicht (▶ Abschn. 1.7.2) positiv zu bewerten.

An Internetstudien nehmen Personen in der Regel **freiwillig** und aus eigenem Antrieb teil.

Transparenz und Überprüfbarkeit Nicht zuletzt erhöht die Durchführung von Untersuchungen im Internet gegenüber traditionellen Arten der Datenerhebung auch die Transparenz und Überprüfbarkeit durch andere Forschende, denn die Materialien sind jederzeit und ohne viel Aufwand einsehbar. Auch die angefallenen Daten können leicht für andere Forscherinnen und Forscher zugänglich gemacht werden.

Die Methodik und Materialien sind für andere Forschende leicht einsehbar und überprüfbar.

Eröffnung neuartiger Forschungsmöglichkeiten und -themen

Erweiterung des Gegenstandsbereichs Im Internet bzw. WWW können psychologisch relevante Phänomene erforscht werden, die zuvor kaum oder gar nicht beobachtbar waren. Hierzu zählen etwa bestimmte Aspekte von Interaktions-, Kommunikations- und Gruppenprozessen, beispielsweise die Struktur globaler sozialer Netzwerke (wie in der Forschung zu »Six degrees of separation«; Watts, 2003), die Konstruktion von Identitäten in »multi user domains« (virtuellen interaktiven Welten) wie »Second Life« oder die Verbreitung von Gerüchten in Chat-Foren, Newsgroups oder Mailinglisten. Schließlich ergeben sich aus der Nutzung des Internets auch gänzlich neuartige Forschungsthemen wie etwa der Entwurf von und das Spiel mit alternativen Identitäten, die Auswirkungen von computervermittelter Kommunikation auf interpersonelle Wahrnehmung, der Einfluss von WWW-Inhalten auf die Entwicklung von Kindern und Jugendlichen oder die Ausbildung von Vorurteilen (Kraut et al., 2004).

Im Internet können Phänomene erforscht werden, die bisher kaum untersuchbar waren oder gar nicht existierten.

Verringerung des Reaktivitätsproblems Viele dieser Phänomene können ohne Kenntnis der untersuchten Personen erfasst werden. Diese verdeckte Form der Datenerhebung umgeht gänzlich das zu Beginn dieses Abschnitts thematisierte Problem der Reaktivität. Allerdings müssen bei der verdeckten Beobachtung forschungsethische Probleme konsequent berücksichtigt und möglichst ausgeräumt werden, vor allem durch Abwägung der Vor- und Nachteile dieser Form der Datenerhebung (▶ Abschn. 1.7).

Daten aus dem Internet können oft **ohne Kenntnis** der untersuchten Personen aufgezeichnet werden; zu beachten sind die damit verbundenen forschungsethischen Risiken.

Erreichbarkeit von Stichproben mit hochspezifischen Merkmalen Personen mit hochspezifischen Merkmalen sind nicht sehr zahlreich und räumlich oft weit verstreut. Daher sind sie auf konventionellen Wegen nicht leicht zu finden. Durch die Nutzung des Internet lassen sich solche Personengruppen deutlich leichter erreichen und zur Teilnahme an Studien bewegen. Beispielsweise konnten via Internet Ecstasy-Konsu-

Durch das Internet können Stichproben von Personen mit **sehr spezifischen Merkmalen** (z. B. Sexsomnia) erreicht werden.

2

mierende (Rodgers et al., 2001) oder Personen, die an »Sexsomnia« (unbewussten sexuellen Aktivitäten im Schlaf) leiden (Mangan & Reips, 2007), zu Forschungszwecken befragt werden.

2.6.2 Risiken und Nachteile der Datenerhebung im Internet

Risiken der Internetdatenerhebung betreffen die **Güte der Untersuchung** und die **Forschungsethik**.

Das Internet bietet der psychologischen Forschung nicht nur Möglichkeiten und Vorzüge, sondern ist auch mit Risiken und potenziellen Nachteilen behaftet. Diese betreffen

- die Güte der Untersuchung sowie
- Aspekte der Forschungsethik.

Die Lösung der dargestellten Probleme stellt weiterhin eine Herausforderung für die Datenerhebung im Internet dar.

Gefährdungen der Güte der Untersuchung

Personen, die typischerweise an Internetstudien teilnehmen, sind (noch) **nicht repräsentativ** für die Gesamtbevölkerung.

Verringerung der Repräsentativität der Stichproben und der Generalisierbarkeit der Befunde Die Anzahl der Versuchsteilnehmerinnen und -teilnehmer ist zwar im Internet gegenüber der traditionellen Laborforschung stark erweitert. Jedoch weisen Stichproben aus dem Internet (mit Ausnahme von speziell eingerichteten Panels) noch keine hinreichende Repräsentativität für die Gesamtpopulation auf. Denn sie basieren auf einem überproportionalen Anteil von Personen im Alter zwischen 20 und 40 und mit höherem Bildungsgrad und sozioökonomischem Status. Eine Ziehung von Zufallsstichproben aus der Gesamtbevölkerung kann per Internet (noch) nicht erfolgen. Die größere Freiwilligkeit, die aus ethischer Sicht einen Vorteil darstellt, geht ebenfalls zu Lasten der Generalisierbarkeit, und zwar aufgrund von Selbstselektion. Die Personen, die zur Mitwirkung an Internetstudien bereit sind, sind daher (noch) nicht repräsentativ für die Bevölkerung.

Die in Laborstudien mögliche Kontrolle (der Bedingungen der Datenerhebung) und Kommunikation (mit den untersuchten Personen) sind bei Internetstudien nicht oder weniger gegeben.

Erschwerte Kontrolle über die Bedingungen der Datenerhebung (die Einhaltung von Instruktionen) Zudem ist die Kontrolle über die Bedingungen der Datenerhebung bei Internetstudien gegenüber anderen Formen der Datenerhebung stark reduziert. Bei Labor- und Feldstudien sind die Umstände und Bedingungen der Datenerhebung bekannt; bei Laborstudien hat der Versuchsleiter bzw. die Versuchsleiterin zudem einen (mehr oder weniger großen) Einfluss auf die Umgebung, in der die Untersuchung stattfindet. Im Labor können Forscherinnen und Forscher feststellen, ob die teilnehmenden Personen auch die Instruktionen befolgen und sich hinreichend auf die Untersuchung einlassen. Sie können mit den Versuchspersonen Unklarheiten bei der Durchführung (z. B. beim Verständnis der Instruktionen) klären, was zu einer Verringerung des Fehleranteils in den Daten beiträgt. Aufgrund der Automatisierung und Abwesenheit von Versuchsleitern sind diese Kontroll- und Kommunikationsmöglichkeiten im Internet nicht gegeben. Die Anonymität der Teilnahme an Internetstudien verringert die Wahrscheinlichkeit, dass Teilnehmerinnen und Teilnehmer die Instruktionen einhalten. Hierzu gehört auch die mehrfache Teilnahme an ein und derselben Studie. Auch ist das Risiko einer Verfälschung oder sogar gezielten Sabotage der Untersuchung durch den anonymen Charakter von Internetstudien erhöht. Der Vollständigkeit halber soll hinzugefügt werden, dass viele der aufgezählten Argumente in ähnlicher Weise auch für die schriftliche Befragung zu Hause etc. gelten.

Ob die Teilnehmenden identifizierbar sind oder Anonymität gewährleistet ist, ist im Fall von Internetstudien **weniger eindeutig** entscheidbar als bei konventionellen Studien.

Forschungsethische Risiken

Erschwerte Prüfung der Identifizierbarkeit Eine empirische Untersuchung erfordert besondere forschungsethische Schutzmaßnahmen, wenn das untersuchte Verhalten auf bestimmte Personen zurückführbar ist und die erhobenen Daten daher nicht vollständig anonym sind (Kraut et al., 2004). Die Entscheidung darüber, ob die Teilnehmenden identifizierbar sind, ist im Fall von Internetstudien schwieriger zu treffen als bei konventionellen Studien. Ob Mitteilungen von Personen, die im Rahmen eines Chat-Forums ein Pseudonym anstelle ihres eigenen Namens benutzen, als wirklich anonym gelten können, hängt von vielen, schwer bestimmbaren Faktoren ab. Möglicherweise lassen die Personen in dem Pseudonym Hinweise auf ihre Identität einfließen. Ebenso könnte sich die Identität durch irgendwo im WWW gespeicherte Informationen [z. B. auf Servern aufgezeichnete Internet-Protocol-(IP-)Adressen] rekonstruieren lassen. Diese unklaren Bedingungen erlauben einen großen Interpretationsspielraum. Forschende könnten sich daher vorschnell von der Einhaltung der üblichen forschungsethischen Grundregeln befreit fühlen, wenn sie Studien im Internet durchführen.

Erschwerter Schutz der Teilnehmenden Überdies ist der Schutz vor Schädigung und Belastung, eines der zentralen forschungsethischen Prinzipien, bei Internetstudien schwieriger sicherzustellen als bei Laborstudien. In Internetuntersuchungen ist es etwa aufgrund der fehlenden Interaktion zwischen Forschenden und Untersuchten kaum möglich, belastende emotionale Reaktionen Letzterer auf negative Rückmeldungen (etwa über Leistungsfähigkeit oder Persönlichkeitseigenschaften) festzustellen und darauf mit Gegenmaßnahmen zu reagieren.

Aufgrund der fehlenden Interaktion zwischen Forschenden und Untersuchten ist es in Internetstudien schwieriger, Gefährdungen der Untersuchten festzustellen.

Erschwerte Überprüfung des Verständnisses wichtiger Informationen Auch lässt sich kaum sicherstellen, dass die Befragten im Internet den Vertrag über ihre Rechte und Pflichten (»informed consent«) verstanden haben oder eine postexperimentelle Aufklärung auch wirklich lesen.

Ob die Untersuchten forschungsethisch relevante Informationen lesen und verstehen, ist bei Internetstudien schwieriger zu prüfen.

2.6.3 Hinweise zur Forschung im Internet

Wie gezeigt, bietet die Nutzung des Mediums Internet eine Reihe von neuartigen Möglichkeiten und Vorteilen, ist aber auch mit Risiken und potenziellen Nachteilen behaftet. Gerade Forschende, die wenig oder keine Erfahrung mit der Datenerhebung im Internet haben, sollten sich zunächst über diese Möglichkeiten und Risiken informieren. Im Folgenden geben wir weitere, spezielle Hinweise, wie man die Möglichkeiten nutzen und die Risiken im Griff behalten kann.

Die Kenntnis der Möglichkeiten und Risiken ist wichtig.

Beachtung spezieller Probleme aufgrund mangelnder Interaktion

Die verschiedenen Probleme, die mit der stark verringerten oder meist völlig fehlenden Interaktion zwischen Forscher und Teilnehmer bei internetbasierten Studien verbunden sind, sollten im Blick behalten werden.

Vortestung des Versuchsmaterials Das Versuchsmaterial muss mit besonderer Sorgfalt vorgetestet werden, damit das Risiko von Missverständnissen oder Unklarheiten so weit wie möglich reduziert wird. Durch die Gestaltung des automatisierten Ablaufs sollte die Wahrscheinlichkeit maximiert werden, dass die Teilnehmenden die Instruktionen auch lesen und verarbeiten können, darunter auch forschungsethisch relevante Materialien wie den Vertrag über Rechte und Pflichten und die postexperimentelle Aufklärung.

Durch sorgfältige **Vortests** soll das Risiko minimiert werden, dass untersuchte Personen die Instruktionen und das Material nicht lesen oder nicht verstehen.

Stichprobengröße und explorative Datenanalysen Um das Risiko fehlerhafter, unernster oder nachlässiger Dateneingaben zu kompensieren, sollten in Internetstudien deutlich größere Stichproben verwendet werden als in konventionellen Studien. Zudem sollten gründliche, auf klaren Kriterien basierende explorative Datenanalysen bzw.

Die **Stichprobe** sollte möglichst **groß** sein, und die Plausibilität und Qualität der Daten genau geprüft werden.

Screenings durchgeführt werden, um Ausreißer und stark abweichende Datenmuster zu erkennen und ggf. auszuschließen.

Eine mehrfache Teilnahme derselben Personen sollte mithilfe geeigneter Maßnahmen aufgedeckt oder verhindert werden.

Verhinderung mehrfacher Teilnahme Es sollten Maßnahmen eingesetzt werden, die die mehrfache Teilnahme von Versuchspersonen verhindern oder aufdecken. Hierzu sind zumindest minimale Informationen zur Identität der Befragten erforderlich wie etwa E-Mail-Adresse oder IP-Adresse. Fehler oder Fälschungen sind bei der IP-Adresse weniger wahrscheinlich als bei der E-Mail-Adresse; jedoch ist auch die IP-Adresse nicht mit dem User, sondern lediglich mit einem bestimmten Eingabeterminal oder Rechner verknüpft. Daher können sowohl falsche Nichtausschlüsse (»misses«) als auch falsche Ausschlüsse (»false alarms«) vorkommen: Wenn dasselbe Individuum für eine wiederholte Teilnahme den Rechner wechselt, kann die Wiederholung nicht entdeckt werden. Umgekehrt kommt es bei Teilnahme mehrerer Mitglieder einer Gruppe am selben Terminal zum irrtümlichen Ausschluss eigentlich valider Daten.

Sozialinteraktive Designelemente können dazu beitragen, dass Personen an einer Studie teilnehmen und auf Fragen möglichst ehrlich und ernsthaft antworten.

Sicherstellung der Bereitschaft und Ernsthaftigkeit der Teilnahme Um die Bereitschaft und Ernsthaftigkeit der Teilnahme zur erhöhen, können geeignete interaktive oder sozial wirksame Elemente in Internetstudien implementiert werden. Forschung zur Mensch-Computer-Interaktion zeigt, dass Personen dazu tendieren, Computer als soziale Akteure wahrzunehmen und in ihrem Verhalten gegenüber Computern den Regeln und Heuristiken folgen, die auch ihrer Interaktion mit Menschen zugrunde liegen (z. B. Echterhoff, Bohner & Siebler, 2006; Nass & Moon, 2000). Diese Tendenz kann genutzt werden, um das soziale Vakuum der Untersuchungssituation im Internet zu füllen und den Mangel von Konversationselementen zu verringern. So können vertraute Kommunikationsformen, eine Personalisierung der Interaktion (z. B. durch eine persönliche Anrede oder andere individuelle Anpassung) oder eine Offenlegung von Hintergrundinformationen über die Studie bzw. die Forscherinnen und Forscher die Bereitschaft zur ehrlichen Beantwortung von Fragen erhöhen (z. B. Joinson, Woodley & Reips, 2007).

Strenge Prüfung der Anonymität und Vertraulichkeit der Daten

Anonymität sollte nicht vorschnell unterstellt, sondern unter den besonderen Bedingungen des Internet sichergestellt werden.

Die Anonymität und Vertraulichkeit von Daten sollte bei Internetstudien besonders streng geprüft und überwacht werden. Wie dargelegt, ist über die Anonymität von Daten bei Internetstudien schwieriger zu entscheiden als bei konventionellen Studien. Forschende sollten im Zweifelsfall Rat von Internetfachleuten einholen. Um die Vertraulichkeit zu gewährleisten, sollten bei der Übermittlung persönlicher Daten, die von Dritten missbräuchlich genutzt werden könnten, geeignete Verschlüsselungstechniken eingesetzt werden.

Spezielle Abstimmung von Schutzmaßnahmen auf potenzielle Risiken

Gerade bei hohen forschungsethischen Risiken sollten überdurchschnittliche Standards zum Schutz der Untersuchten gelten und entsprechende Schutzmaßnahmen getroffen werden.

Maßnahmen zum Schutz der Befragten sollten auf das Risiko abgestimmt sein. Bei Studien mit sehr geringen forschungsethischen Risiken sind aufwändige Vorkehrungen nicht angebracht und stellen eher unnötige Erschwernisse der Forschung dar (Kraut et al., 2004). Bei Studien mit hohen forschungsethischen Risiken (z. B. bei möglicher Belastung durch Stress oder Bedrohung des Selbstwerts) sollten jedoch überdurchschnittliche Standards zum Schutz der Teilnehmenden angelegt werden. So sollten etwa vulnerable Teilpopulationen (z. B. Frauen mit Missbrauchserfahrung bei Studien zu sexueller Gewalt) durch geeignete Screenings rechtzeitig an der Teilnahme gehindert werden. Auch die besondere Schutzbedürftigkeit von Minderjährigen muss bei Internetstudien beachtet werden. Falls erhebliche Risiken nicht auszuschließen sind, sollte die Studie besser nicht im Internet durchgeführt werden.

Für die Praxis

Internetstudien sowie Informationen und Angebote zu deren Organisation und Durchführung finden sich unter folgenden Adressen:

- http://www.zpid.de/redact/category.php?cat=232
- http://www.socialpsychology.org/expts.htm
- http://www.qualtrics.com/
- http://www.surveymonkey.com/
- http://psych.hanover.edu/research/exponnet.html
- http://wextor.org/wextor/en/
- http://www.asc.org.uk
- http://www.aaas.org/spp/dspp/sfrl/projects/intres/report.pdf
- http://express.psyc.bbk.ac.uk/
- http://www.unipark.info/
- https://elab.vanderbilt.edu/panel/index.cfm
- http://psychexps.olemiss.edu/
- http://www.dmoz.org/Science/Social_Sciences/Psychology/Tests_and_Testing/Online_Experiments/
- http://www.online-forschung.de/
- http://www.websm.org/
- http://www.gesis.org/unser-angebot/studien-planen/online-umfragen/
- http://www.in-mind.org/online-research/index.php
- http://www.psychwiki.com/wiki/Tips/tricks_for_conducting_internet_research

Wenn die Nutzung vorhandener Plattformen und kommerzieller Angebote nicht in Frage kommt, so gibt es auch die Möglichkeit, Internetstudien selbst zu programmieren, z. B. mit HTML/CSS, MySQL/PHP oder JavaScript.

2.6.4 Experimente im WWW

Auch komplexere Forschungsmethoden (im Unterschied zu Datenerhebungsverfahren) sind im Internet einsetzbar (z. B. Batinic, Reips & Bosnjak, 2002), z. B. die im quantitativen Bereich zentrale Methode des Experiments. Web-Experimente verbinden Elemente des Labor- und Feldexperiments, gehen aber durch die Nutzung der WWW-Technologie über die beiden klassischen Formen des Experimentierens hinaus (Reips, 2002).

Web-Experimente weisen aufgrund der größeren Bandbreite und Repräsentativität der Stichprobe eine höhere externe Validität (▶ Abschn. 3.1) auf als Laborexperimente (Musch & Klauer, 2002). Jedoch ist die interne Validität aufgrund der geringeren experimentellen Kontrolle über die Bedingungen, unter denen die Teilnehmerinnen und Teilnehmer das Experiment absolvieren, potenziell geringer (▶ Beispiel). Auch die Präzision (▶ Abschn. 3.1) von Web-Experimenten ist potenziell reduziert, vor allem durch die größere Fehlervarianz, beispielsweise aufgrund von Ablenkung, einer größeren Streuung der Tageszeiten bei der Versuchsdurchführung oder Nichtbefolgung der Instruktionen (u. a. aufgrund der Distanz zum Versuchsleiter). Diesen Bedenken zum Trotz zeigen erste Vergleichsstudien, dass die Ergebnisse von Labor- und Web-Experimenten oft erstaunlich übereinstimmend sind (Musch & Klauer, 2002; Reips, 2005).

Web-Experimente weisen im Vergleich zu Laborexperimenten potenziell eine **höhere externe** Validität, aber **geringere interne** Validität auf. In vorliegenden Vergleichsstudien stimmten jedoch die Ergebnisse von Labor- und Web-Experimenten recht gut überein.

Beispiel

Verringerung der internen Validität

Man stelle sich etwa ein Experiment vor, das den Einfluss der Schwierigkeit von Aufgaben (z. B. mathematischen und logischen Rätseln) auf Lernmotivation und Lernerfolg erfassen soll. Versuchspersonen können in einem Web-Experiment viel eher auf externe Hilfestellungen (andere Personen, Lehrbücher, Lexika etc.) zurückgreifen als Versuchspersonen in einem Laborexperiment. Da die Motivation zur unerwünschten Nutzung von Hilfsmitteln in der Bedingung »hohe Aufgabenschwierigkeit« vermutlich besonders ausgeprägt ist, besteht die Gefahr, dass die interne Validität des Experiments eingeschränkt ist.

Ein generelles Urteil über die interne Validität und Präzision von Web-Experimenten kann derzeit kaum getroffen werden. Eine pauschale Kritik an Web-Experimenten ist ebenso unangebracht wie die unkritische Annahme, dass sie die gängigen Gütekriterien auf gleiche Weise erfüllen wie Laborexperimente. Daher ist geboten, diese Kriterien stets im Einzelfall zu prüfen.

Mögliche Gefährdungen der internen Validität und Präzision von Web-Experimenten sollten im Einzelfall sorgfältig geprüft werden.

2

Kontrollfragen

1. Welche Möglichkeiten und Vorteile bietet die Datenerhebung im Internet für die psychologische Forschung?
2. Wie ist die Freiwilligkeit der Teilnahme an Internetstudien zu beurteilen?
3. Welche neuartigen Forschungsthemen und -gegenstände erlauben Internetstudien?
4. Welche Risiken und Nachteile sind bei der Internetdatenerhebung zu beachten?
5. Worin liegt die Effizienzsteigerung bei der Datenerhebung im Internet?
6. Wie ist die Güte von Untersuchungen im Internet zu bewerten?
7. Welche speziellen forschungsethischen Probleme werfen Internetstudien auf?
8. Wie ist das Reaktivitätsproblem bei Internetstudien im Vergleich zu Laborstudien zu beurteilen?
9. Wie kann die unerwünschte Mehrfachteilnahme an derselben Internetstudie kontrolliert werden? Wie kann die Ernsthaftigkeit der Teilnahme an diesen Studien erhöht werden?
10. Welche Vor- und Nachteile weisen Experimente im WWW auf? Geben Sie ein Beispiel für eine Einschränkung der internen Validität bei Web-Experimenten.

▶ **Weiterführende Literatur**

Couper, M. P. (2008). *Designing effective Web surveys.* New York: Cambridge University Press, 2008

Fielding, N., Lee, R. M. & Blank, G. (Eds.). (2008). *The Sage handbook of online research methods.* London: Sage.

Joinson, A., McKenna, K., Reips, U. & Postmes, T. (Eds.). (2007). *The Oxford handbook of Internet psychology.* Oxford: Oxford University Press.

2.7 Literatur

Adolphs, R., Tranel, D. & Damasio, A.R. (1998). The human amygdala in social judgment. *Nature, 393,* 470–474.

Allport, G. W. (1935). Attitudes. In C. Murchison (Ed.), *A handbook of social psychology* (pp. 798–844). Worchester, MA: Clark University Press.

Amelang, M. & Schmidt-Atzert, L. (2006). *Psychologische Diagnostik und Intervention* (4. Aufl.). Heidelberg: Springer.

Amidon, E. J. & Hunter, E. (1967). Verbal interaction in the classroom: The verbal interaction category scheme. In E. J. Amidon & J. B. Hough (Eds.), *Interaction analysis: Theory, research and application* (pp. 121–140). Reading, Mass.: Addison-Wesley.

Arnett, J. J. (2008). The neglected 95%: Why American psychology needs to become less American. American Psychologist, 63, 602–614.

Aster M., Neubauer A. & Horn R. (2006). *Wechsler Intelligenztest für Erwachsene (WIE). Deutschsprachige Bearbeitung und Adaptation des WAIS-III von David Wechsler.* Frankfurt: Harcourt Test Services.

Bandilla, W. (2002). Web surveys: An appropriate mode of data collection for the social sciences? In B. Batinic, U.-D. Reips & M. Bosnjak (Eds.), *Online social sciences* (pp. 1–6). Kirkland, WA: Hogrefe & Huber.

Batinic, B., Reips, U.-D. & Bosnjak, M. (Eds.). (2002). *Online social sciences.* Kirkland, WA: Hogrefe & Huber.

Berkowitz, L. & LePage, A. (1967). Weapons as aggression-eliciting stimuli. *Journal of Personality and Social Psychology, 7,* 202–207.

Berntson, G. G. & Cacioppo, J. T. (2000). Psychobiology and social psychology: Past, present, and future. *Personality and Social Psychology Review, 4,* 3–15.

Birbaumer, N. & Schmidt, R. F. (2010). *Biologische Psychologie* (7. Aufl.). Heidelberg: Springer.

Blanton, H. & Jaccard, J. (2006). Arbitrary metrics in psychology. *American Psychologist, 61,* 27–41.

Borkenau, P. & Ostendorf, F. (1993). *NEO Fünf Faktoren Inventar nach Costa und McCrea (NEO-FFI).* Göttingen: Hogrefe.

Bortz, J. & Döring, N. (2006). *Forschungsmethoden und Evaluation.* (4. Aufl.). Berlin: Springer.

Brand, M. & Markowitsch, H. J. (2006). Hirnforschung und Psychotherapie. *Psychotherapie Forum, 14,* 136–140.

Brand, M., Grabenhorst, F., Starcke, K., Vandekerckhove, M. M. P. & Markowitsch, H. J. (2007). Role of the amygdala in decisions under ambiguity and decisions under risk: Evidence from patients with Urbach-Wiethe disease. *Neuropsychologia, 45,* 1305–1317.

Brickenkamp, R. (2002). *d2 – Aufmerksamkeits-Belastungs-Test* (9. Aufl.). Göttingen: Hogrefe.

Buchanan, T., Johnson, J. A. & Goldberg. L. R. (2005). Implementing a five-factor personality inventory for use on the Internet. *European Journal of Psychological Assessment, 21,* 115–127.

Buhrmester, M., Kwang, T. & Gosling, S. D. (2011). Amazon's Mechanical Turk: A new source of inexpensive, yet high-quality, data? *Perspectives on Psychological Science, 6*, 3–5.
Cacioppo, J. T. (2002). Social neuroscience: Understanding the pieces fosters understanding the whole. *American Psychologist, 57*, 819–831.
Costa, P. T. & McCrae, R. R. (1992). *Revised NEO Personality Inventory (NEO PI-R) and NEO Five Factor Inventory. Professional Manual.* Odessa, Florida: Psychological Assessment Resources.
Couper, M. P. (2008). *Designing effective Web surveys.* New York: Cambridge University Press, 2008.
Cronbach, L. J. (1951). Coefficient alpha and the internal structure of tests. *Psychometrika, 16*, 297–334.
Crowne, D. P. & Marlowe, D. (1964). *The approval motive.* New York: Wiley.
Damasio, A. (1994). *Descartes' error.* New York: G. P. Puntam's Sons.
Döring, N. (2000). Selbsthilfe, Beratung und Therapie im Internet. In B. Batinic (Hrsg.) *Internet für Psychologen* (S. 509–548). Göttingen: Hogrefe.
Echterhoff, G., Bohner, G. & Siebler, F. (2006). »Social Robotics« und Mensch-Maschine Interaktion: Aktuelle Forschung und Relevanz für die Sozialpsychologie. *Zeitschrift für Sozialpsychologie, 37*, 219–231.
Ellsworth, P. C., Carlsmith, J. M. & Henson, A. (1972). The stare as a stimulus to flight in human subjects: A series of field experiments. *Journal of Personality and Social Psychology, 21*, 302–311.
Embretson, S. E. & Reise, S. P. (2000). *Item response theory for psychologists.* Mahwah, NJ: Lawrence Erlbaum.
Fahrenberg, J., Hampel, R. & Selg, H. (1994). *Das Freiburger Persönlichkeitsinventar FPI, Revidierte Fassung FPI-R* (6. Aufl.). Göttingen: Hogrefe.
Fielding, N., Lee, R. M. & Blank, G. (Eds.). (2008). *The Sage handbook of online research methods.* London: Sage.
Greenwald, A. G., McGhee, D. E., & Schwartz, J. L. K. (1998). Measuring individual differences in implicit cognition: The Implicit Association Test. *Journal of Personality and Social Psychology, 74*, 1464–1480.
Grell, J. (1980). *Techniken des Lehrerverhaltens.* Weinheim: Beltz.
Gulliksen, H. (1950). *Theory of mental tests.* New York: Wiley.
Heinrichs, M., Baumgartner, T., Kirschbaum, C., & Ehlert, U. (2003).Social support and oxytocin interact to suppress cortisol and subjective responses to psychosocial stress. *Biological Psychiatry, 54*, 1389–1398.
Henrich, J., Heine, S.J., & Norenzayan, A. (2010). The weirdest people in the world? *Behavioral and Brain Sciences, 33*, 62–135.
Higgins, E. T. & Bargh, J. A. (1987). Social cognition and social perception. *Annual Review of Psychology, 38*, 369–425.
Hussy, W. & Jain, A. (2002). *Experimentelle Hypothesenprüfung in der Psychologie.* Göttingen: Hogrefe.
Iacoboni, M. (2008). *Mirroring people: The new science of how we connect with others.* New York: Farrar, Straus & Giroux.
Jäncke, L. (2005). *Methoden der Bildgebung in der Psychologie und den kognitiven Neurowissenschaften.* Stuttgart: Kohlhammer.
Joinson, A., McKenna, K., Reips, U. & Postmes, T. (Eds.). (2007). *The Oxford handbook of Internet Psychology.* Oxford: Oxford University Press.
Joinson, A. N., Woodley, A. & Reips, U.-D. (2007). Personalization, authentication and self-disclosure in self-administered Internet surveys. *Computers in Human Behavior, 23*, 275–285.
Kahneman, D., & Beatty, J. (1966). Pupil diameter and load on memory. *Science, 154*, 1583–1585.
Kraut, R., Olson, J., Banaji, M., Bruckman, A., Cohen, J. & Couper, M. (2004). Psychological research online: Report of board of scientific affairs' advisory group on the conduct of research on the Internet. *American Psychologist, 59*, 105–117.
Luhmann, N. (1995). Was ist Kommunikation? (*Soziologische Aufklärung.*, Bd. 6, S. 113–124). Opladen: Westdeutscher Verlag.
Mangan, M., & Reips, U.-D. (2007). Sleep, sex, and the Web: Surveying the difficult-to-reach clinical population suffering from sexsomnia. *Behavior Research Methods, 39*, 233–236.
Markowitsch, H. J. (2004). Warum wir keinen freien Willen haben. *Psychologische Rundschau, 55*, 163–168.
Metzinger, T. (2003). *Being no one: The self-model theory of subjectivity.* Cambridge, MA: MIT Press.
Milgram, S. (1963). Behavioral study of obedience. *Journal of Abnormal and Social Psychology, 67*, 371–378.
Moosbrugger, H. & Kelava, A. (2012). *Testtheorie und Fragebogenkonstruktion* (2. Aufl.). Heidelberg: Springer.
Murray, H. A. (1943). *Thematic Apperception Test: Manual.* Cambridge, MA: Harvard University Press.
Musch, J. & Klauer, K. C. (2002). In B. Batinic, U.-D. Reips & M. Bosnjak (Eds.), *Online social sciences* (pp. 181–212). Kirkland, WA: Hogrefe & Huber.
Nass, C. & Moon, Y. (2000). Machines and mindlessness: Social responses to computers. *Journal of Social Issues, 56*, 81–103.
Neisser, U. (1979). *Kognition und Wirklichkeit.* Stuttgart: Klett.
Neumann, R., Hess, M., Schulz, S. M. & Alpers, G. W. (2005). Automatic behavioural responses to valence: Evidence that facial action is facilitated by evaluative processing. *Cognition and Emotion, 19*(4), 499–513.

Nosek, B. A., Banaji, M. & Greenwald, A. G. (2002). Harvesting implicit group attitudes and beliefs from a demonstration web site. *Group Dynamics, 6,* 101–115.
Osgood, C. E., Suci, G. J. & Tannenbaum, P. H. (1957). *The measurement of meaning*. Urbana, Ill.: University of Illinois Press.
Paolacci, G., Chandler, J & Ipeirotis, P. G. (2010). Running experiments on Amazon Mechanical Turk. *Judgments and Decision Making, 5,* 411–419.
Pelham, B., & Blanton, H. (2007). *Conducting research in psychology: Measuring the weight of smoke* (3rd ed.). Belmont, CA: Thomson Wadworth.
Rasch, G. (1980). *Probabilistic models for some intelligence and attainment tests* (2nd ed.). Chicago: University of Chicago Press.
Reips, U.-D. (2002). Theory and technique of conducting Web experiments. In B. Batinic, U.-D. Reips & M. Bosnjak (Eds.), *Online social sciences* (pp. 229–250). Kirkland, WA: Hogrefe & Huber.
Reips, U.-D. (2005). Datenautobahn nutzen: Formen der internetgestützten Datenerhebung. *Psychoscope, 8,* 5–8.
Rodgers, J., Buchanan, T., Scholey, A. B., Heffernan, T. M., Ling, J. & Parrott, A. C. (2001). Differential effects of Ecstasy and cannabis on self-reports of memory ability: A Web-based study. *Human Psychopharmacology: Clinical and Experimental, 16,* 619–625.
Roethlisberger, F. J. & Dickson, J. (1939). *Management and the worker*. Cambridge, MA: Harvard University Press.
Schandry, R. (2011). *Biologische Psychologie: Ein Lehrbuch* (3. Aufl.). Weinheim: Beltz.
Schwarz, N. (1999). *Self-reports: How the questions shape the answers. American Psychologist, 54,* 93–105.
Steyer, R. & Eid, M. (2001). *Messen und Testen* (2. Aufl.). Berlin: Springer.
Strack, F. & Martin, L. L. (1987). Thinking, judging, and communicating: A process account of context effects in attitude surveys. In H. J. Hippler, N. Schwarz & S. Sudman (Eds.), *Social information processing and survey methodology* (pp. 123–148). New York: Springer.
Sudman, S., Bradburn, M. N., & Schwarz, N. (1996). *Thinking about answers: The application of cognitive processes to survey methodology*. San Francisco: Jossey-Bass.
Tewes, U. (1991). *Hamburg-Wechsler-Intelligenztest für Erwachsene (HAWIE-R), Revision 1991*. Bern: Huber.
Turner, C. W., Simons, L. S., Berkowitz, L. & Frodi, A. (1977). The stimulating and inhibiting effects of weapons on aggressive behavior. *Aggressive Behavior, 3,* 355–378.
Warner, S. L. (1965). Randomized responses: A survey technique for eliminating evasive answers. *Journal of the American Statistical Association, 60,* 63–69.
Watts, D. J. (2003). *Six degrees: The science of a connected age*. New York: Norton.
Webb, E. J., Campbell, D. T., Schwartz, R. D., Sechrest, L. & Grove, J. B. (1981). *Nonreactive measures in the social sciences*. Boston: Houghton Mifflin.
Weishaupt, D., Köchli, V. D. & Marincek, B. (2006). *Wie funktioniert MRI? Eine Einführung in Physik und Funktionsweise der Magnetresonanzanzbildgebung* (5. Aufl.). Heidelberg: Springer.

3 Quantitative Forschungsmethoden

Walter Hussy

Forschungsmethoden beinhalten den prinzipiellen Zugang zur wissenschaftlichen Untersuchung des jeweiligen Themenbereichs. Es geht also nicht alleine darum, wie empirische Daten erhoben werden (z. B. durch Urteilen, Befragen und/oder Testen), um mit den Hypothesen verglichen werden zu können (▶ Kap. 2), sondern mit welchem Gesamtforschungskonzept eine Forschungsfrage angegangen, überprüft und entschieden werden soll.

Forschungsmethoden beinhalten neben Methoden zur Erhebung von Daten auch den prinzipiellen Zugang zur wissenschaftlichen Untersuchung des jeweiligen Themenbereichs.

3.1 Grundlagen

Lernziele

- Verstehen, warum theoretisch-inhaltliche Hypothesen konkretisiert werden müssen.
- Erkennen, was bei der Hypothesenableitung zu beachten ist.
- Lernen, was bei der Beurteilung der theoretisch-inhaltlichen Hypothese im Lichte der Untersuchungsergebnisse zu beachten ist.
- Den Unterschied von Population und Stichprobe verstehen.
- Die Arten der Stichprobenauswahl kennenlernen.

Beispielhypothese zum Problemlösen mit und ohne Pausen Interessiert uns die Hypothese »Unterbrechungen sind für das Lösen von Problemen förderlich« (genauer: »Wenn beim Lösen von Problemen Pausen gemacht werden, dann ist die Problemlösegüte zumeist besser, als wenn keine Pausen gemacht werden«), so wählen wir das Experiment als Forschungsmethode. Der Hintergrund für diese Entscheidung liegt darin, dass wir

- ganz allgemein eine Hypothese und
- im Speziellen eine Kausalhypothese prüfen wollen.

3

Beim Prüfen einer Kausalhypothese entscheiden wir uns z. B. für das **Experiment**.

Das Prüfen einer Hypothese verweist – in der Regel – auf die quantitative Methodik, auch wenn im qualitativen Paradigma ebenfalls Designs existieren, die sich zur Hypothesenprüfung eignen. Eine **Kausalhypothese** verlangt zudem speziell nach der experimentellen Überprüfung, weil nur damit gewährleistet werden kann, dass die verursachende Variable (Unterbrechungen) alleine die Veränderungen in der abhängigen Variablen (Güte der Problemlösung) bewirkt. Neben dem klassischen Experiment, das auch als Laborexperiment bezeichnet wird, lernen wir eine Reihe von Varianten des Experiments kennen, die ebenfalls zu den experimentellen Forschungsmethoden zählen.

Eine Zusammenhangshypothese prüfen wir dagegen mit einer **Korrelationsstudie**.

Interessiert uns dagegen eine **Zusammenhangshypothese** (»Es gibt einen Zusammenhang zwischen dem Ausmaß von Intelligenz und Ängstlichkeit«; ◘ Abb. 1.5), so entscheiden wir uns für die Korrelationsstudie als Forschungsmethode. Zu diesen nichtexperimentellen quantitativen Forschungsmethoden zählen beispielsweise auch das Panel und die Metaanalyse (▶ Abschn. 3.3).

Zunächst aber ist es hilfreich und notwendig, die gemeinsamen Grundlagen dieser Forschungsmethoden vorzustellen. Für die verschiedenen **quantitativen Forschungsmethoden** zählen dazu der Begriff der **Stichprobe**, die weitere **Konkretisierung** der empirisch-inhaltlichen Hypothese bis hin zur Ebene der Testhypothesen im Zuge der statistischen Hypothesenprüfung (Ableitungsvalidität) und die theoretisch-inhaltliche Interpretation einer statistisch beurteilten Hypothese (**Rückschluss**).

3.1.1 Hypothesenebenen

Da **inhaltliche Hypothesen** nicht statistisch prüfbar sind, müssen sie in **Testhypothesen** überführt werden.

Wir schließen im ersten Schritt an die Ausführungen aus ▶ Abschn. 1.5 zur Operationalisierung von Variablen an und führen die Konkretisierung der theoretisch-inhaltlichen Hypothese bis auf die Ebene der statistisch prüfbaren Testhypothesen fort. Hintergrund für diese Konkretisierungsschritte ist die Erkenntnis, dass inhaltliche Hypothesen statistisch nicht prüfbar sind, sondern zunächst in eine Sprache überführt werden müssen, die einer statistischen Überprüfung zugänglich ist.

Ebene der empirisch-inhaltlichen Hypothese (EIH)

Im ersten Schritt (**empirisch-inhaltliche Hypothese EIH**) dominiert die Operationalisierungsproblematik.

Bei der Überführung der theoretisch-inhaltlichen in die empirisch-inhaltliche Hypothese dominiert die **Operationalisierungsproblematik**, mit der wir uns in ▶ Abschn. 1.6 schon beschäftigt haben.

Ebene der statistischen Vorhersage (SV)

Im zweiten Schritt (**statistische Vorhersage SV**) erfolgt die Parametrisierung durch Verwendung statistischer Kenngrößen wie Mittelwert und Streuung.

Es folgt die Überführung in die statistische Vorhersage (SV) durch die im statistischen Sinne notwendige **Parametrisierung**. Die Aussage »Wenn beim Lösen von Problemen Pausen gemacht werden, dann ist die Lösungsgüte zumeist besser, als wenn keine Pausen gemacht werden« muss mittels statistischer Kenngrößen präzisiert werden, um statistisch überprüfbar zu sein. Die entsprechende statistische Vorhersage lautet: »Der Mittelwert der Lösungsgüte (μ) der Versuchspersonen mit Pausen (B_1) ist zumeist größer als der ohne Pausen (B_2)«. Formal wird dieser Sachverhalt folgendermaßen dargestellt:

$$\mu_{B1} > \mu_{B2}.$$

Analog dazu verhält es sich mit der **Ableitung** einer Zusammenhangshypothese.

Analog dazu verhält es sich mit der Ableitung einer Zusammenhangshypothese. Die Hypothese »Es gibt zumeist einen positiven Zusammenhang zwischen der Güte der Lösung von Problemen und der Möglichkeit, Pausen einzulegen« stellt die entsprechende Formulierung für eine Zusammenhangshypothese (EIH) dar. Daraus folgt die statistische Vorhersage »Der Korrelationskoeffizient r zwischen der Güte der Problemlösung (x) und der Möglichkeit zur Unterbrechung (y) ist positiv« mit der Formalisierung

$r_{x,y} > 0$.

Ebene der Testhypothesen (THn)
Der letzte Konkretisierungsschritt betrifft die Unterscheidung auf der Ebene der Testhypothesen (THn) in die H_0 und H_1. Die Nullhypothese (H_0) postuliert die Gleichheit zwischen den Stufen der UV, die Alternativhypothese (H_1) die entsprechende Unterschiedlichkeit. Formal wird dieser Unterscheidung die folgende Formulierung gerecht:

H_0: $\mu_{B1} \leq \mu_{B2}$,

H_1: $\mu_{B1} > \mu_{B2}$.

Im Fall der Zusammenhangshypothese postuliert die Nullhypothese (H_0) den nicht vorhandenen positiven Zusammenhang zwischen den beiden Variablen (x und y), die Alternativhypothese (H_1) den vorhandenen positiven Zusammenhang. Formal wird dieser Unterscheidung die folgende Formulierung gerecht:

H_0: $r_{x,y} \leq 0$,

H_1: $r_{x,y} > 0$.

Signifikanzprüfung auf der Ebene der THn Erst diese Testhypothesen können auf der statistischen Ebene auf der Basis der Signifikanz (Überzufälligkeit) entschieden werden (▶ Kap. 4). Wichtig im Sinne der Ableitungsvalidität ist, dass in dieser Abfolge der Hypothesenkonkretisierung die hypothesenrelevanten Informationen (inklusive der Relationen) erhalten bleiben.

Auf der Ebene der **Testhypothesen (THn)** wird zwischen der **Nullhypothese** (H_0) und der **Alternativhypothese** (H_1) unterschieden.

Testhypothesen können auf der statistischen Ebene auf der Basis der **Signifikanz** (Überzufälligkeit) entschieden werden.

3.1.2 Rückschluss

Nun verfolgen wir im zweiten Schritt die Bewertung der inhaltlichen Hypothesen nach der statistischen Hypothesenentscheidung (angenommen, dass die H_1 statistisch nachgewiesen, der Mittelwertunterschied bzw. die positive Korrelation also signifikant ist) wieder zurück in Richtung der theoretisch-inhaltlichen Hypothese (**Rückschluss**).

Zur korrekten Interpretation und Bewertung der theoretisch-inhaltlichen Hypothese (TIH) müssen wir den Ableitungsweg wieder rückwärts durchschreiten: **Rückschluss**.

Entscheidungskriterium Signifikanz Es ist zunächst festzuhalten, dass aufgrund der Identität der statistischen Vorhersage und der H_1 das Ergebnis der Hypothesenprüfung auf dieser Ebene direkt übernommen werden kann. Wir können somit feststellen, dass die statistische Vorhersage »Der Mittelwert der Lösungsgüte der Versuchspersonen mit Pausen ist zumeist größer als der ohne Pausen« gilt. Im Fall der Zusammenhangshypothese gilt entsprechend: »Der Korrelationskoeffizient r zwischen Güte der Problemlösung (x) und der Möglichkeit zur Unterbrechung (y) ist positiv«.

Sowohl auf der Ebene der Testhypothesen wie auch der der statistischen Vorhersage gilt die Signifikanz als **Entscheidungskriterium** für die Annahme oder Ablehnung.

Entscheidungskriterium Signifikanz und Effektgröße Komplexer wird die Entscheidung auf der Ebene der empirisch-inhaltlichen Hypothese. Hier bezieht man – zusätzlich zur statistischen Signifikanz – die Effektgröße in die Entscheidung mit ein.

Die EIH wird aufgrund der **Signifikanz** und der **Effektgröße** beurteilt.

Definition
Die **Effektgröße** drückt aus, inwiefern ein Mittelwertunterschied nicht nur statistisch, sondern auch psychologisch-inhaltlich bedeutsam (relevant) ist.

▶ Definition Effektgröße

Sind beide Kriterien gegeben (geforderte Signifikanz und Effektgröße), so kann – für die Zusammenhangs- und die Kausalhypothese in vergleichbarer Weise – auch die EIH angenommen werden.

Die **Situations-, Variablen- und Populationsvalidität** werden herangezogen, um die TIH zu beurteilen.

Bewertungskriterien Situations-, Variablen- und Populationsvalidität

Schließlich bemüht man drei Validitätskriterien, die eine Bewertung auf der Ebene der theoretisch-inhaltliche Hypothese (TIH) ermöglichen sollen. Dazu zählen die

- Situations-,
- Variablen- und
- Populationsvalidität.

Diese Kriterien entscheiden darüber, inwieweit man die Ergebnisse der Hypothesenprüfung auf andere Situationen, Operationalisierungen (der UV und AV) und Populationen übertragen kann, denn zunächst gelten sie ausschließlich für die realisierte Untersuchungssituation! Weitere Einzelheiten dazu kommen in ► Abschn. 3.2.5 und ► Abschn. 3.2.7 zur Sprache.

3.1.3 Stichprobe und Population

Beim empirischen Arbeiten muss man auf Zeit-, Ereignis- bzw. Verhaltensausschnitte zurückgreifen. Diese Ausschnitte werden **Stichprobe** genannt.

Auch der Begriff der **Stichprobe** ist für beide Bereiche quantitativer Forschungsmethoden gleichermaßen von Bedeutung, weil in beiden Vorgehensweisen die Hypothese mit der Empirie verglichen und damit auf Zeit-, Ereignis- bzw. Verhaltensausschnitte zurückgegriffen werden muss. Um den Stichprobenbegriff zu verstehen, ist zunächst der Begriff der Grundgesamtheit oder Population zu definieren.

► Definition Grundgesamtheit (Population)

Definition

Unter der **Grundgesamtheit** (auch **Population** genannt) versteht man in der Psychologie die Menge aller potenziellen Untersuchungsobjekte für eine gegebene Fragestellung.

Interessiert die Frage, ob 9-jährige Kinder abstrakt denken können, dann bilden alle 9-Jährigen die Grundgesamtheit zu dieser Fragestellung. Nun ist die Menge der 9-Jährigen weltweit so groß, dass wir nicht alle erfassen können. Dieses gilt auch für den Fall, dass die Fragestellung – und damit die Population – auf Europa, Deutschland oder sogar eine große Stadt eingeschränkt wird. Deshalb beschränkt man sich darauf, einen Teil der Grundgesamtheit, die Stichprobe, zu untersuchen.

► Definition Stichprobe

Definition

Unter einer **Stichprobe** versteht man eine Teilmenge aus einer Grundgesamtheit, die unter bestimmten Gesichtspunkten (gemäß der Fragestellung) ausgewählt wurde.

Die Stichprobe sollte alle Merkmale der Population adäquat enthalten (**Merkmalsadäquanz**), damit die Stichprobenergebnisse auf die Population übertragen werden können.

Das Problem bei der Erhebung von Stichproben besteht darin, dass es möglich sein muss, die Ergebnisse auf die jeweilige Population zu übertragen. Dieses ist immer dann der Fall, wenn die Stichprobe alle Merkmale der Population adäquat enthält, wenn sie die Grundgesamtheit also optimal repräsentiert (statistische Verallgemeinerbarkeit; zum Vergleich mit dem Begriff der analytischen Verallgemeinerbarkeit ► Abschn. 5.2).

Die **einfache**, die **geschichtete**, die **mehrstufige Zufallsstichprobe** sowie die **Klumpenstichprobe** erfüllen die Forderung nach Merkmalsadäquanz.

Zufallsauswahl

Damit ist die Frage nach der **Auswahl** der Stichprobe aus der Grundgesamtheit gestellt. Die strenge Forderung nach Merkmalsadäquanz (Repräsentativität) erfüllen in erster

Linie die Zufallsstichproben. Es gibt verschiedene Arten der Auswahl von Zufallsstichproben:

- die einfache,
- die geschichtete und
- die mehrstufige Zufallsstichprobe sowie
- die Klumpenstichprobe.

Gemeinsam ist allen Vorgehensweisen, dass jedes Mitglied der Population die gleiche Chance hat, in die Stichprobe aufgenommen zu werden. Wesentliches Kriterium für die Übertragbarkeit der Ergebnisse von der Stichprobe auf die Population (Populationsvalidität) ist außerdem die **Größe der Stichprobe,** also die Anzahl ihrer Mitglieder. Je größer die Stichprobe, desto höher die Wahrscheinlichkeit, eine Stichprobe erhoben zu haben, die typisch für die zugehörige Population ist. Bei einer kleinen Stichprobe ist die ausgewogene Abbildung aller Merkmale nicht gewährleistet.

Gemeinsam ist allen Vorgehensweisen, dass jedes Mitglied der Population durch **Zufallsauswahl** die gleiche Chance hat, in die Stichprobe aufgenommen zu werden.

Quotenauswahl und angefallene Stichprobe

Neben der Zufallsstichprobe kennt man in der quantitativen Forschung noch die Quotenstichprobe und die angefallene Stichprobe (zur absichtsvollen Stichprobenziehung im Rahmen des qualitativen Ansatzes ▶ Abschn. 5.2). Bei der **Quotenstichprobe** gibt der Forscher die Merkmale bzw. ihre Kombinationen vor und die Auswahl der Teilnehmer erfolgt – gemäß dieser Vorgabe – gezielt und nicht zufällig. Dieses findet gelegentlich in der Meinungsforschung (▶ Abschn. 3.3.2), vereinzelt z. B. auch bei der Erhebung der »Sonntagsfrage«, Verwendung. Allerdings ist der dort verwendete Begriff der repräsentativen Stichprobe irreführend, denn typisch für die Population der Wähler sind solche Quotenstichproben keineswegs, wie beispielsweise die Bundestagswahl im Jahr 2005 klar vor Augen führte. Noch fraglicher mit Blick auf die Übertragbarkeit ist die **angefallene Stichprobe,** bei welcher das »Auswahlverfahren« darin besteht, die aktuell leicht verfügbaren Populationsmitglieder zu erheben. Bei beiden Stichproben – insbesondere der letzteren – sind deutliche Einschränkungen in der Übertragbarkeit zu konstatieren. Weitere Einzelheiten zur Stichprobenproblematik finden sich u. a. bei Bortz (2005) sowie Hussy und Jain (2002).

Bei der **Quotenstichprobe** gibt der Forscher die Merkmale bzw. ihre Kombinationen vor und die Auswahl der Teilnehmer erfolgt demgemäß gezielt und nicht zufällig. Bei der **angefallenen Stichprobe** besteht das »Auswahlverfahren« darin, die aktuell leicht verfügbaren Populationsmitglieder zu erheben.

? Kontrollfragen

1. Welche Hypothesenebenen kennen Sie?
2. Weshalb muss man inhaltliche Hypothesen zum Zweck ihrer statistischen Überprüfung ableiten?
3. Welches Entscheidungskriterium wird auf der Ebene der Testhypothesen herangezogen?
4. Was versteht man unter Effektgröße?
5. Was ist eine Klumpenstichprobe?

▶ **Weiterführende Literatur**

Bortz, J. (2005). *Statistik für Human- und Sozialwissenschaftler* (6. Aufl., Kap. 3.1) Berlin: Springer.
Hussy, W. & Jain, A. (2002). *Experimentelle Hypothesenprüfung in der Psychologie*. Göttingen: Hogrefe.

3

3.2 Experiment

Lernziele

- Die Merkmale und die Logik des Experiments kennenlernen und verstehen.
- Die Notwendigkeit zur Kontrolle von Störvariablen erfassen können.
- Die Funktion der Versuchsplananlage und des Versuchsplans im Kontext der experimentellen Hypothesenprüfung analysieren.
- Begreifen, wie man Hypothesen zum Haupteffekt und einfachen Haupteffekt prüft.
- Reichen die klassischen Gütekriterien zur Beurteilung der wissenschaftlichen Qualität eines Experiments aus?
- Die Würdigung des Konzepts der Präzision als weiteres experimentelles Qualitätskriterium.
- Welche Merkmale sowie Vor- und Nachteile haben die Varianten des Experiments?
- Die Logik und Durchführung quantitativer Einzelfallpläne begreifen lernen.

Im Experiment werden eine erste, **zeitlich bereits vorhandene** Variable X und die **zeitlich nachfolgende** Variable Y unterschieden. Dabei wirkt X auf Y.

Im Experiment haben wir es – wie erläutert – mit zwei Klassen von Variablen zu tun: Eine zeitlich erste, bereits vorhandene oder neu in die Situation eintretende Variable X wirkt auf eine Variable Y im Hinblick auf deren Auftreten oder Ausprägung.

> Der Untersucher strebt mittels des Experiments die Beantwortung seiner temporalen (»Folgt auf X immer Y?«), konditionalen (»Folgt Y nur, wenn X vorausgeht – ist X also Bedingung für Y?«), finalen (»Tritt X auf, damit Y folgt?«) oder kausalen Frage (»Ist X die Ursache und Y deren Wirkung?«) an. Gefragt wird also nach dem Erklärungsbeitrag, den X – als »explanans« – für das Auftreten von Y – das erklärungsbedürftige »explanandum« – leistet. (Wenninger, 2000, Bd. 1, S. 448)

3.2.1 Merkmale

Aus dieser Zielsetzung des experimentellen Ansatzes lassen sich die definierenden Merkmale des (Labor-)Experiments ableiten:

► Definition Experiment

Definition

Unter einem **Experiment** versteht man die systematische Beobachtung einer abhängigen Variablen unter verschiedenen Bedingungen einer unabhängigen Variablen bei gleichzeitiger Kontrolle der Störvariablen, wobei die zufällige Zuordnung von Probanden und experimentellen Bedingungen gewährleistet sein muss.

Ein Experiment ist eine **systematische Beobachtungssituation**, in der die unabhängigen Variablen variiert werden, und die Versuchspersonen ansonsten **streng vergleichbare Untersuchungsbedingungen** vorfinden.

Im Experiment wird somit eine systematische Beobachtungssituation (► Abschn. 2.1) geschaffen, die zusätzlich dadurch gekennzeichnet ist, dass der Versuchsleiter unterschiedliche Ausprägungen der unabhängigen Variablen realisiert und dafür sorgt, dass die Versuchspersonen ansonsten die gleichen (vergleichbare) Untersuchungsbedingungen vorfinden.

Für die Hypothese, dass Unterbrechungen (X) das Problemlösen (Y) fördern, ergibt sich aus diesen Merkmalen, dass der Versuchsleiter

- eine experimentelle Situation schafft, in der ein Problemlösevorgang einmal (oder mehrfach) unterbrochen wird, und (mindestens) eine zweite Situation, in welcher dieses nicht geschieht, und
- dafür sorgt, dass die Versuchspersonen – abgesehen von der experimentellen Bedingung – vergleichbare Untersuchungsbedingungen antreffen (Licht, Lärm, Temperatur usw.). Dabei muss er auch darauf achten, dass die Versuchspersonen den (beiden) experimentellen Bedingungen per Zufall zugeordnet werden. Dieser As-

pekt (Kontrolle der Störvariablen) ist entscheidend dafür, dass die angestrebte kausale Erklärung auch uneingeschränkt beibehalten werden kann.

Unterscheiden sich die Versuchspersonen der beiden Versuchsbedingungen eines derart konzipierten und realisierten Experiments in der vorhergesagten Weise und ist dieser Unterschied nicht durch Zufallseinflüsse erklärbar, so haben wir einen ersten Hinweis dafür, dass Unterbrechungen (Pausen) den Erfolg beim Problemlösen fördern (Kausalinterpretation).

Unterscheiden sich die Mittelwerte der abhängigen Variablen (AV) in den verschiedenen Untersuchungsbedingungen, so liegt ein Hinweis für die **Wirksamkeit** der unabhängigen Variable (UV) vor.

3.2.2 Störvariablen und ihre Kontrolle

Neben der unabhängigen Variablen determinieren in aller Regel noch weitere **Einflussgrößen** die abhängige Variable. So wird der Erfolg beim Problemlösen nicht alleine durch die Möglichkeit, Pausen zu machen, bedingt, sondern auch durch Merkmale der Situation (laut vs. leise) und des Versuchsleiters (ermunterndes vs. entmutigendes Verhalten) beeinflusst. Diese Einflussgrößen können zu **Störvariablen** werden, wenn die Probanden der unterschiedlichen experimentellen Bedingungen auf unterschiedliche Ausprägungen dieser Einflussgrößen treffen. Diesen Sachverhalt nennt man **Konfundierung**.

Es gibt neben der unabhängigen Variable **weitere Einflussgrößen** auf die abhängige Variable, die man **Störvariablen** nennt.

Definition

Zu Störvariablen werden andere Einflussgrößen erst dann, wenn sie systematisch mit den Stufen einer UV variieren und auf die AV einwirken. Diesen Sachverhalt nennt man **Konfundierung**. Zu verhindern ist also die systematische Variation einer potenziellen Einflussgröße mit den Stufen einer oder mehrerer UV.

► Definition Konfundierung

Im Beispiel zum Problemlösen läge eine Konfundierung somit dann vor, wenn die Versuchspersonen (Vpn) in der Bedingung ohne Pause von vorn herein eine bessere Konzentrationsfähigkeit aufweisen würden als jene in der Bedingung mit Pause (oder auch umgekehrt).

Ist eine Einflussgröße kontrolliert, d. h., ist sie nicht mit einer UV konfundiert, so bleibt sie dennoch eine Einflussgröße für die AV, stört aber den Effekt der UV auf die AV nicht mehr, da sie auf allen Stufen der UV in gleicher Weise auf die AV wirkt. Konkret muss in der Untersuchungssituation zum gewählten Beispiel also gewährleistet sein, dass die Versuchsleiterin gegenüber allen Versuchspersonen in gleicher (vergleichbarer) Weise auftritt und dass die Situationsmerkmale für alle Probanden die gleichen (vergleichbar) sind.

Die Kontrolle von Störvariablen besteht in der **Vermeidung von Konfundierungen**.

Klassifikation von Störvariablen

Die Vielzahl an Einflussgrößen und damit auch an potenziellen Störvariablen kann mit folgender Unterteilung klassifiziert werden:
- Versuchspersonenmerkmale (Probandenmerkmale),
- Situationsmerkmale und
- Versuchsleitermerkmale.

Wir unterscheiden 3 Klassen von Störvariablen:

Versuchspersonenmerkmale Versuchspersonenmerkmale sind mit den Versuchsteilnehmern verbunden. Unterscheiden sich die Probanden in den verschiedenen experimentellen Bedingungen (in den verschiedenen Stufen der unabhängigen Variablen) hinsichtlich Alter, Geschlecht, Intelligenz, Ausbildung, Religion usw., so handelt es sich dabei um potenzielle Störvariablen. Im Beispiel zum Problemlösen ist die Konzentrationsfähigkeit für die Konfundierung verantwortlich gemacht worden. Es liegt folglich eine Konfundierung aufgrund eines Versuchspersonenmerkmals vor.

Versuchspersonenmerkmale wie Alter und Geschlecht sind fest mit den Versuchsteilnehmern verbunden.

Situationsmerkmale wie Tageszeit und Beleuchtung sind mit dem Untersuchungskontext verbunden.

Situationsmerkmale Situationsmerkmale sind mit dem Untersuchungskontext verbunden. Unterscheiden sich die Situationsmerkmale für die Probanden in den verschiedenen experimentellen Bedingungen (in den verschiedenen Stufen der unabhängigen Variablen) hinsichtlich Tageszeit, Beleuchtung, Untersuchungsmaterial usw. in systematischer Weise, so handelt es sich um potenzielle Störvariablen. Um das Beispiel erneut aufzugreifen: Lösen Vpn der Gruppe mit Pause Probleme in einem anderen Raum oder zu einer anderen Tageszeit als die Gruppe ohne Pause, so können sich diese situativen Unterschiede auf die Lösungsgüte auswirken; mit anderen Worten liegt hier eine Konfundierung aufgrund situativer Merkmale vor.

Versuchsleitermerkmale wie freundlich und kompetent sind mit der Person der Versuchsleiterin bzw. des Versuchsleiters verbunden.

Versuchsleitermerkmale Versuchsleitermerkmale sind mit der Person der Versuchsleiterin bzw. des Versuchsleiters verbunden. Unterscheidet sich diese in den verschiedenen experimentellen Bedingungen (in den verschiedenen Stufen der unabhängigen Variablen) hinsichtlich Alter, Geschlecht, Zuwendung usw., so handelt es sich um potenzielle Störvariablen. Bezogen auf das Beispiel läge eine Konfundierung aufgrund von Versuchsleitermerkmalen z. B. dann vor, wenn die beiden Gruppen (ohne/mit Pause) bei sich unterschiedlich verhaltenden Lehrkräften untersucht würden. Die Störvariable wäre in diesem Fall also die Lehrkraft.

Kontrolltechniken

Eine Reihe von Techniken kann diese potenziellen Störvariablen **kontrollieren**.

Wie können diese potenziellen Störvariablen kontrolliert werden? Folgende Kontrolltechniken (Kontrollmethoden) können zu diesem Zweck eingesetzt werden:
- Konstanthaltung,
- Elimination,
- systematische Variation,
- zufällige Variation,
- Randomisieren,
- Parallelisieren,
- Blindversuche.

Zum **Konstanthalten** zählen alle Maßnahmen der Standardisierung der Untersuchungssituation.

Konstanthaltung Konstanthaltung wird zur Kontrolle insbesondere der Versuchsleiter- und Situationsmerkmale eingesetzt. So kann man die Raumtemperatur, den Geräuschpegel und die Helligkeit für alle Probanden gleich halten, ebenso wie den Versuchsleiter.

► Definition Konstanthalten

> **Definition**
> Zum **Konstanthalten** zählen alle Maßnahmen der Standardisierung der Untersuchungssituation und damit auch Maßnahmen der Versuchsleiterschulung.

Letzteres ist besonders wichtig, wenn mehrere Versuchsleiter eingesetzt werden müssen.

Durch **Elimination** werden die Einflüsse einer Variablen auf null gesetzt.

Elimination Auch die Elimination schaltet Störeffekte aus dem Bereich der Versuchsleiter- und Situationsmerkmale aus.

► Definition Elimination

> **Definition**
> Durch **Elimination** werden die Einflüsse einer Variablen auf null gesetzt, ihr Einfluss auf die AV im Sinne einer Störvariablen wird aus dem Bedingungsgefüge genommen.

So kann man den Geräuschpegel für alle Vpn nicht nur auf einer bestimmten Lautstärke halten (Konstanthalten, z. B. bei 55 dB), sondern im Akustiklabor ausschalten (kein Geräusch). Auch den Versuchsleiter kann man durch Tonband und/oder Computer ersetzen und in diesem Sinne eliminieren.

Systematische Variation Während die beiden bisher erörterten Techniken in erster Linie für die Kontrolle der Versuchsleiter- und Situationseffekte eingesetzt werden, können die beiden folgenden Techniken der systematischen und zufälligen Variation *auch* für die Probandenmerkmale angewendet werden.

Man kann eine potenzielle Störvariable zu einer weiteren UV machen. Dieses Vorgehen nennt man **systematische Variation.**

Definition

Eine potenzielle Störvariable wird im Sinne der **systematischen Variation** dadurch kontrolliert, dass sie zu einer weiteren UV gemacht wird (Kontrollfaktor).

► Definition Systematische Variation

Im Problemlösebeispiel könnte etwa das Alter der Probanden einen Einfluss auf die Behaltensleistung insofern nehmen, als man Hinweise dafür hat, dass jüngere Erwachsene effektiver vorgehen als ältere Erwachsene. In diesem Fall wäre die Hinzunahme des Alters als zusätzliche UV im Sinne eines Kontrollfaktors mit den Stufen »jünger als 30 Jahre« und »älter als 30 Jahre« hilfreich.

Zufällige Variation Bei der Konstanthaltung wird die zu kontrollierende Variable für alle Versuchspersonen auf einen Ausprägungsgrad festgelegt. Bei der systematischen Variation werden Gruppen von Versuchspersonen unter verschiedenen Ausprägungsgraden der interessierenden Variablen beobachtet.

Dagegen bildet der Versuchsleiter bei der zufälligen Variation möglichst viele Ausprägungsgrade der potenziellen Störvariablen und ordnet die Probanden diesen per Zufall zu.

Definition

Bei der **zufälligen Variation** realisiert der Versuchsleiter möglichst viele Ausprägungsgrade der potenziellen Störvariablen und ordnet die Probanden diesen per Zufall zu, damit es nicht zu einer systematischen Variation mit den Stufen der UV und damit auch nicht zu einer Konfundierung kommt.

► Definition Zufällige Variation

Die Logik dieser Kontrolltechnik besteht darin, dass bei einer hinreichend großen Anzahl von Versuchspersonen die verschiedenen Ausprägungen der potenziellen Störvariablen in den experimentellen Bedingungen häufig vergleichbar vertreten sind. Das bedeutet, dass in allen Bedingungen die Probanden insgesamt unter vergleichbaren Bedingungen beobachtet werden.

Bei einer **hinreichend großen Anzahl** von Versuchspersonen sind die verschiedenen Ausprägungen der potenziellen Störvariablen in den experimentellen Bedingungen vergleichbar vertreten.

Bei der Störvariablen »Lärm« ordnet demgemäß der Versuchsleiter jede Versuchsperson einem der vorher festgelegten, zahlreichen Lärmpegel per Zufall zu und erwartet, dass es – nach der Untersuchung – in allen experimentellen Bedingungen vergleichbar viele Probanden gibt, die unter den verschiedenen Lärmausprägungsgraden beobachtet wurden.

Voraussetzung für diese Logik ist die bereits erwähnte große Stichprobe, die dem Zufallsprinzip zur Geltung verhilft. Bei kleinen Stichproben kann es per Zufall zum gegenteiligen Effekt und damit zur Konfundierung von Einflussgrößen kommen.

Randomisieren Diese Technik dient vornehmlich der Kontrolle der Probandenmerkmale. Beim Randomisieren werden die Versuchspersonen per Zufall den experimentellen Bedingungen zugeteilt (■ Abb. 3.1).

Beim **Randomisieren** werden die Versuchspersonen per Zufall den experimentellen Bedingungen zugeteilt.

Definition

Das zufällige bzw. randomisierte Zuteilen (**Randomisieren**) der Versuchspersonen zu den Versuchsbedingungen bewirkt im Idealfall die statistische Äquivalenz (Vergleichbarkeit) der Versuchsgruppen hinsichtlich *aller* denkbaren Störvariablen: Die Mittelwerte und Verteilungen *aller* möglichen Einflussgrößen sind in den realisierten experimentellen Bedingungen vergleichbar.

► Definition Randomisieren

Abb. 3.1 Randomisierung – Lostrommel

Diese Kontrolltechnik setzt jedoch voraus, dass eine **große Stichprobe** erhoben wird.

Der entscheidende Vorteil dieser Technik besteht darin, dass man – anders als bei allen anderen Kontrolltechniken – aufgrund der angenommenen statistischen Äquivalenz die Störvariablen aus der Kategorie der Probandenmerkmale zuvor nicht kennen muss, um sie kontrollieren zu können, und dass man mit ihr – ebenfalls anders als bei allen anderen Kontrolltechniken – beliebig viele Störvariablen aus dieser Kategorie kontrollieren kann. Deshalb wird (von vielen Autoren) das Randomisieren auch als definierendes Merkmal des Experiments angegeben (▶ Abschn. 3.2.1). Diese Kontrolltechnik setzt jedoch voraus, dass eine große Stichprobe erhoben wird, weil sich ansonsten per Zufall der gegenteilige Effekt einstellen könnte. Bei einer randomisierten Zuteilung der Probanden zu den beiden experimentellen Bedingungen im Problemlösebeispiel wären also Unterschiede in der Konzentrationsfähigkeit kontrolliert, d. h., durch das Randomisieren käme es gar nicht erst zu solchen Unterschieden. Ebenso verhielte es sich mit weiteren Einflussgrößen wie Intelligenz, Geschlecht usw.; die Gruppen wären bezüglich aller Probandenmerkmale ausgeglichen.

Beim **Parallelisieren** wird die interessierende Variable vor dem Experiment gemessen und die Probanden werden bezüglich ihrer Ergebnisse in eine Rangreihe gebracht.

Parallelisieren Das Parallelisieren ist eine weitere Kontrolltechnik der Versuchspersonenmerkmale. Es wird vor allem bei kleinen Stichproben eingesetzt, da das Randomisieren in diesem Fall – wie erläutert – keine wirksame Kontrolltechnik darstellt. Man erzeugt in den verschiedenen Untersuchungsbedingungen gezielt und erst im zweiten Schritt per Zufall die gleiche Verteilung und den gleichen Mittelwert einer potenziellen Störvariablen.

▶ **Definition Parallelisieren**

Definition

Beim **Parallelisieren** wird die interessierende Variable vor dem Experiment gemessen und die Probanden werden bezüglich ihrer Ergebnisse in eine Rangreihe gebracht. Liegen zwei Versuchsbedingungen vor, so nimmt man aus dieser Rangfolge jeweils zwei aufeinander folgende Personen und teilt sie per Zufall den beiden Bedingungen zu.

Das Parallelisieren kann **auch bei kleinen Stichproben** eingesetzt werden. Von Nachteil ist, dass die Störvariablen bekannt sein müssen und dass nur bis zu maximal drei Variablen auf diese Weise kontrolliert werden können.

Bei drei oder mehr Bedingungen gilt das gleiche Vorgehen eben für drei oder mehr Personen. Es resultiert ein vergleichbarer Mittelwert der parallelisierten Einflussgröße in allen Bedingungen; eine Konfundierung mit der UV ist damit ausgeschlossen. Konzentrationsfähigkeit als potenzielle Störvariable im Problemlösebeispiel ließe sich somit auf diese Weise kontrollieren. Das Parallelisieren kann – wie erwähnt – *auch* bei kleinen Stichproben eingesetzt werden. Von Nachteil ist, dass die Störvariablen bekannt sein müssen und dass nur bis zu maximal drei Variablen auf diese Weise kontrolliert werden können, da das Vorgehen sich ansonsten zu aufwändig gestaltet. Parallelisieren kann deshalb das Randomisieren nicht vollständig ersetzen.

Blindversuche Blindversuche dienen speziell der Kontrolle der **Versuchsleitererwartungseffekte.** Solche Erwartungen entstehen, wenn der Versuchsleiter die Untersuchungshypothesen kennt, deshalb gruppenspezifisches Verhalten erwartet (eine Gruppe müsste effektiver als die andere arbeiten) und an die Versuchspersonen unbewusst weitergibt.

Bei **Blindversuchen** kennt der Versuchsleiter nicht die der Untersuchung zugrunde liegende Hypothese.

Definition

Bei **Blindversuchen** kennt der Versuchsleiter nicht die der Untersuchung zugrunde liegende Hypothese und kann damit keine systematische Erwartungshaltung aufbauen und (unbewusst) an die Vpn weitervermitteln.

► Definition Blindversuche

Dieses Vorgehen ist problemlos möglich, wenn der Versuchsleiter nicht gleichzeitig der Wissenschaftler ist, der das Experiment geplant hat. Gleiches gilt, wenn der Versuchsleiter die Bedingung, unter der eine Versuchsperson untersucht wird, nicht kennt. Von einem **Doppelblindversuch** spricht man, wenn neben dem Versuchsleiter auch die Versuchspersonen keinerlei Kenntnisse von der Untersuchungshypothese und/oder ihren eigenen Untersuchungsbedingungen haben.

Spezielle Störeffekte

Neben den dargestellten allgemeinen Störeffekten gibt es noch die speziellen Störeffekte, die beachtet werden müssen, wenn die Versuchspersonen wiederholt (in verschiedenen experimentellen Bedingungen) beobachtet werden (Messwiederholung).

Spezielle Störeffekte können vorliegen, wenn die Probanden mehrfach im gleichen Experiment beobachtet werden (Messwiederholung).

Definition

Von **Messwiederholung** spricht man, wenn die Probanden in verschiedenen experimentellen Bedingungen, also mehrfach innerhalb des gleichen Experiments, beobachtet werden.

► Definition Messwiederholung

Dieses Vorgehen enthält viele relevante Vorteile, so etwa die erheblich geringere Anzahl an Versuchspersonen und die erheblich höhere Präzision der Hypothesenprüfung (► Abschn. 3.2.6). Allerdings bringt die Messwiederholung neben diesen Vorteilen auch Nachteile mit sich. Sie lassen sich unter dem Begriff der **Sequenzeffekte** zusammenfassen und werden wie folgt differenziert:

- Positionseffekte,
- Übertragungseffekte (»carry over effects«) und
- zwischenzeitliches Geschehen.

Werden Probanden wiederholt innerhalb eines Experiments beobachtet, so ergeben sich aus der Abfolge der Beobachtungen (den **Sequenzen**) Auswirkungen auf die abhängige Variable:

Werden somit Probanden wiederholt innerhalb eines Experiments beobachtet, so ergeben sich aus der Abfolge der Beobachtungen (den Sequenzen) Auswirkungen auf die abhängige Variable.

Positionseffekte Bei den Positionseffekten handelt es sich um Ermüdungs-, Übungs-, Sensibilisierungs- und Erinnerungseffekte. Je nachdem, an welcher Position die Beobachtung der abhängigen Variablen erfolgt, ergeben sich bei der Messung der abhängigen Variablen die genannten Vor- und oder Nachteile. Es liegt auf der Hand, dass Versuchspersonen, die in verschiedenen experimentellen Bedingungen eines Experiments tätig werden müssen, mit jedem weiteren Einsatz stärker ermüden (negativer Effekt auf die abhängige Variable), sensibler für die Fragestellung werden (oft positiver Effekt), mehr Übung im Umgang mit Material und Instruktion haben (positiver Effekt) und möglicherweise Erinnerungsvorteile aus den vorausgegangenen Tätigkeiten mitnehmen (positiver Effekt).

Positionseffekte können sich in Abhängigkeit von der Stelle in der Beobachtungsabfolge positiv oder negativ auf die AV auswirken.

Übertragungseffekte wirken sich inhaltlich und unabhängig von der Position auf benachbarte Beobachtungen aus.

Übertragungseffekte Die Übertragungseffekte sind dadurch gekennzeichnet, dass die inhaltlichen Wirkungen von zeitlich früheren experimentellen Bedingungen die Werte der Probanden auf der abhängigen Variablen unter zeitlich späteren Bedingungen beeinflussen, und zwar unabhängig von der Position einer Versuchsbedingung in der Folge der wiederholten Messungen (▶ Beispiel).

3

Beispiel

Wortlisten

So mag ein Experiment vorliegen, in welchem die Vpn in drei experimentellen Bedingungen unterschiedliche Wortlisten lernen sollen. Diese besitzen folgende Merkmale:

- Liste 1: Laufen, Ungarn, Tiger, Sofa, Japan, Lampe, Springen, Katze …
- Liste 2: Schere, Auto, Baum, Puma, Apfel, Seife, Schreibtisch, Ordner …
- Liste 3: muv, ans, dez, gef, köv, wom, zil, dac …

Das Erlernen der ersten Liste bewirkt, dass die Lernstrategie zur Gruppenbildung aktualisiert wird (Gruppierungsliste): Laufen, Springen …; Tiger, Katze …; Ungarn, Japan …; Sofa, Lampe … Diese Gruppierungsstrategie wird auf die zweite und dritte Liste übertragen.

Lernen die Probanden diese drei Liste in einer anderen Reihenfolge

- Liste 1: muv, ans, dez, gef, köv, wom, zil, dac …
- Liste 2: Laufen, Ungarn, Tiger, Sofa, Japan, Lampe, Springen, Katze …
- Liste 3: Schere, Auto, Baum, Puma, Apfel, Seife, Schreibtisch, Ordner …,

so wirkt sich die zunächst aktualisierte Tendenz zum Auswendiglernen durch die erste Liste sinnfreier Silben auf die Gruppierungsliste aus (man versucht zunächst auch nur auswendig zu lernen). Erst verspätet wird die Möglichkeit zum Klassifizieren erkannt. Beide Strategien können sich nun auf die dritte Liste auswirken. Unabhängig davon, ob die Gruppierungsliste oder die sinnfreie Liste an erster oder zweiter Stelle steht, entwickeln sie einen Übertragungseffekt auf das Lernen der nachfolgenden Liste, der darin besteht, dass die Behaltensleistung gefördert oder beeinträchtigt wird.

Effekte des zwischenzeitlichen Geschehens beeinflussen die AV außerhalb der eigentlichen Untersuchungssituation.

Effekte des zwischenzeitlichen Geschehens Effekte des zwischenzeitlichen Geschehens sind dadurch gekennzeichnet, dass es sich um mögliche zusätzliche Einflussgrößen auf die AV handelt, die nicht mit dem eigentlichen Versuch verbunden, sondern davon räumlich, zeitlich und inhaltlich getrennt sind, also aus dem täglichen Umfeld stammen. Die Bedeutung dieser Sequenzeffekte wächst mit dem zeitlichen Abstand zwischen den einzelnen Messungen (im Gegensatz zu den Positions- und Übertragungseffekten, die sich mit zunehmendem Zeitraum abschwächen).

Nur das **vollständige interindividuelle Ausbalancieren** kontrolliert alle Positions- und Übertragungseffekte.

Ausbalancieren zur Kontrolle von Sequenzeffekten

Die Technik zur Kontrolle der Sequenzeffekte – hier in erster Linie der Positions- und Übertragungseffekte – ist das Ausbalancieren. Es werden mehrere bzw. alle möglichen Abfolgen realisiert, die sich aus der Zahl der experimentellen Bedingungen ergeben können. Im Wortlistenexperiment könnte man die beiden dargestellten Reihenfolgen realisieren, um die Effekte der Abfolge zu kontrollieren. Es gibt aber mehr als die beiden dargestellten Abfolgen. Eine vollständige Kontrolle aller Sequenzeffekte gewährleistet alleine das **vollständige interindividuelle Ausbalancieren.**

▶ Definition Vollständiges interindividuelles Ausbalancieren

Definition

Beim **vollständigen interindividuellen Ausbalancieren** werden alle möglichen Reihenfolgen der experimentellen Bedingungen realisiert. Man ordnet jeder denkbaren Abfolge mindestens eine Versuchsperson per Zufall zu.

Mit dieser Technik werden alle Sequenzeffekte (Positions- und Übertragungseffekte) kontrolliert, weil »jede Untersuchungsbedingung gleich häufig an jeder Position der Sequenz auftritt und ebenso gleich häufig jeder anderen Bedingung und Bedingungssequenz vorausgeht und nachfolgt« (Hager, 1987, S. 106). Weitere mögliche Kontrolltechniken zu den Sequenzeffekten (intraindividuelles Ausbalancieren, unvollständiges interindividuelles Ausbalancieren) führen dazu, dass mögliche Störeffekte zumindest zum Teil wirksam bleiben können und eine eindeutige Kausalinterpretation nicht mehr gegeben ist.

Es ist abschließend hervorzuheben, dass die Kontrolle von potenziellen Störvariablen Voraussetzung dafür ist, dass die Relation zwischen unabhängiger und abhängiger Variable *eindeutig* kausal interpretiert werden kann. Hierfür wird der Begriff der **internen Validität** verwendet (▶ Abschn. 3.2.5). Sind die Störvariablen kontrolliert, so ist die interne Validität gegeben und damit ist auch eine eindeutige Kausalinterpretation möglich.

Sind die Störvariablen kontrolliert, so ist die **interne Validität** gegeben und damit ist auch eine **eindeutige Kausalinterpretation** möglich.

Liegen Einschränkungen in der Kontrolle der Störvariablen (Einschränkungen in der internen Validität) vor, so lässt sich die Relation zwischen unabhängiger und abhängiger Variable nur vorläufig (vorsichtig) kausal interpretieren: Es könnten auch Störvariablen für den Effekt in der abhängigen Variablen (mit)verantwortlich sein. Der Effekt der unabhängigen Variable und der Störvariable wäre dann nicht voneinander zu trennen: Die Störvariable könnte den Effekt der unabhängigen Variablen verstärken, mindern (überdecken) oder auch unverändert lassen.

Gelingt die Kontrolle von Störvariablen nicht (vollständig), so existieren **Alternativinterpretationen**.

Ersichtlich dient die Kontrolle der Störvariablen (mit anderen Worten die Vermeidung von Konfundierungen) somit der eindeutigen Interpretierbarkeit der kausalen Relation zwischen der unabhängigen Variablen X und abhängigen Variablen Y. Allerdings ist die interne Validität kein dichotomes, sondern ein kontinuierliches Kriterium. Das bedeutet, dass wir das Ergebnis einer Hypothesenprüfung in Abhängigkeit vom Ausmaß der gelungenen Kontrolle der Störvariablen (der Höhe der internen Validität) mehr oder weniger sicher kausal interpretieren können.

Die erstrebte eindeutige Kausalinterpretation ist dann nicht mehr möglich.

3.2.3 Experimentelle Variablen

In ▶ Abschn. 1.6 wurde der Variablenbegriff analysiert. Im experimentellen Kontext lassen sich verschiedene Arten von Variablen unterscheiden, die bereits mehrfach verwendet und an dieser Stelle zusammenfassend geklärt werden sollen. Es handelt sich dabei um die

- abhängige Variablen (AV),
- unabhängige Variablen (UV),
- Störvariablen (SV) sowie
- Versuchsleiter bzw. Versuchsleiterin (Vl) und Versuchspersonen (Vpn).

Man unterscheidet **vier** experimentelle Variablen.

Abhängige Variable Interessiert sich ein Wissenschaftler für das Problemlösen, so handelt es sich dabei um eine abhängige Variable (AV) insofern, als gefragt wird, welche Determinanten existieren und in welcher Weise sie Einfluss nehmen. Die AV wird beobachtet (gemessen, analysiert), weil sie den interessierenden Gegenstand repräsentiert und die Wirkung von (kausalen) Einflussgrößen reflektiert.

Die **abhängige Variable (AV)** enthält die Wirkung der unabhängigen Variablen.

Unabhängige Variable Diese kausalen Einflussgrößen sind die unabhängigen Variablen (UV). Die Wirkung von Pausen (UV) auf den Problemlöseprozess (AV) veranschaulicht die Kausalrelation zwischen der unabhängigen und der abhängigen Variable. Im Experiment variiert der Versuchsleiter den Ausprägungsgrad der UV, um die Wirkung auf die AV beobachten zu können (▶ Abschn. 3.2.1).

Die **unabhängige Variable (UV)** wird variiert (manipuliert).

Störvariablen Störvariablen (SV) stören die eindeutige Interpretierbarkeit der Kausalrelation zwischen UV und AV. Wenn in der Bedingung mit Pausen vornehmlich Männer und in der Bedingung ohne Pausen vornehmlich Frauen untersucht werden, so liegt

Die **Störvariablen (SV)** variieren mit den Stufen der UV.

eine Konfundierung vor (► Abschn. 3.2.2). Stellt sich nämlich heraus, dass das gestellte Problem mit Pausen besser gelöst wird, so kann nicht mehr eindeutig behauptet werden, dass die Pausen diesen Effekt bewirken, sondern es könnte auch sein, dass Pausen keinen (oder nur einen kleinen) Einfluss auf das Problemlösen nehmen, dass aber das Überwiegen der Männer in der entsprechenden Bedingung den Effekt auslöst oder verstärkt usw. Mit anderen Worten kann man feststellen, dass Störvariablen alternative Interpretationen ermöglichen. Das Geschlecht wäre in diesem Beispiel eine Störvariable. Der Begriff Störvariable ist dabei nicht wertend gemeint, sondern bezieht sich auf die gestörte eindeutige Interpretierbarkeit: In einem anderen (Quasi-)Experiment kann das Geschlecht durchaus eine sehr interessante UV darstellen.

Der **Versuchsleiter (Vl)** führt die Untersuchung durch. Die **Versuchsperson (Vp)** nimmt an der Untersuchung teil.

Versuchsleiter und Versuchsperson Schließlich zählen auch der Versuchsleiter bzw. die Versuchsleiterin (Vl) und die Versuchspersonen (Vpn) zu den experimentellen Variablen. Es sind veränderliche Größen, die im experimentellen Kontext große Bedeutung besitzen (z. B. Kontrolle der Versuchsleiter- bzw. der Sequenzeffekte bei Messwiederholung; ► Abschn. 3.2.2), wenngleich sie selber eher Voraussetzung für die Erstellung und Durchführung einer Untersuchung, selten aber direkter Gegenstand der Betrachtung sind.

3.2.4 Versuchsplananlage und Versuchsplan

Versuchsplananlage

Die **Versuchsplananlage** enthält die strukturellen Informationen eines Experiments.

Ein konkretes Experiment wird – neben seinen definierenden Merkmalen – in erster Linie durch seine Versuchsplananlage (VPL-A) und – noch konkreter – durch seinen Versuchsplan (VPL) gekennzeichnet.

► Definition Versuchsplananlage

Definition

»Unter einer **Versuchsplananlage** (VPL-A) wollen wir eine Menge von bewährten Schemata zur Anordnung von unabhängigen Variablen (Faktoren) und ihren Ausprägungen (Stufen) verstehen, mit deren Hilfe eine möglichst informationshaltige und gleichzeitig ökonomische symbolische Repräsentation der Variablenausprägungen (Faktorstufen) erreicht werden kann« (Hager, 1987, S. 56).

Die **Stufen** der UV (**experimentelle Bedingungen**) werden durch die Anzahl ihrer Variationen gebildet. (Tab. 3.1 und Tab. 3.2).

Als **Zeilenfaktor** dargestellt heißt die unabhängige Variable UV A; als **Spaltenfaktor** dagegen UV B (Tab. 3.3).

Greifen wir das Beispiel zum Problemlösen mit oder ohne Pausen auf, so handelt es sich dabei um eine UV mit zwei Stufen, nämlich Stufe 1 mit Pausen und Stufe 2 ohne Pausen. Die einfaktorielle Versuchsplananlage **VPL-A1** zu diesem Experiment ist in Tab. 3.1 und Tab. 3.2 abgedruckt.

Der Zeilenfaktor heißt A (Tab. 3.1) und der Spaltenfaktor dagegen immer B (Tab. 3.2), obwohl es sich um die gleiche UV handelt. Ersichtlich umfasst die einfaktorielle Versuchsplananlage auch Experimente mit mehr als zwei Faktorstufen, wie A_j und B_k erkennen lassen, also bis zu j bzw. k Stufen. Die Bezeichnung Versuchsplananlage VPL-A1 für unser gewähltes Beispiel sagt somit aus, dass dieses Experiment einfaktoriell angelegt ist, also nur eine UV (Pausen) besitzt.

Tab. 3.1 Einfaktorielle Versuchsplananlage VPL-A1 in der zeilenweisen Darstellungsform

UV A	**Stufe A_1**	Zelle oder experimentelle Bedingung A_1
	Stufe A_2	Zelle oder experimentelle Bedingung A_2
	……..	…….
	Stufe A_j	Zelle oder experimentelle Bedingung A_j

Tab. 3.2 Einfaktorielle Versuchsplananlage VPL-A1 in der spaltenweisen Darstellungsform

UV B			
Stufe B_1	**Stufe B_2**	**……**	**Stufe B_k**
Zelle oder experimentelle Bedingung B_1	Zelle oder experimentelle Bedingung B_2	……	Zelle oder experimentelle Bedingung B_k

Tab. 3.3 Darstellung einer zweifaktoriellen Versuchsplananlage (VPL-A2)

		UV B			
		Stufe B_1	**Stufe B_2**	**…….**	**Stufe B_k**
UV A	**Stufe A_1**	Zelle A_1B_1	Zelle A_1B_2	…….	Zelle A_1B_k
	Stufe A_2	Zelle A_2B_1	Zelle A_2B_2	…….	Zelle A_2B_k
	…….	…….	…….	…….	…….
	Stufe A_j	Zelle A_jB_1	Zelle A_jB_2	…….	Zelle A_jB_k

Daraus kann man bereits entnehmen, dass es auch Experimente mit mehr als einer UV, sog. mehrfaktorielle Experimente, gibt. In unserem Beispiel könnte man neben dem Faktor Pause etwa auch an der Tageszeit interessiert sein, also ob die Vpn das Problem vormittags (10 Uhr) oder nachmittags (16 Uhr) bearbeiten müssen. Die Versuchsplananlage (VPL-A2) hat dann das in Tab. 3.3 dargestellte Aussehen.

Mehrfaktorielle Experimente enthalten mehr als eine UV.

Faktor A wird als Zeilenfaktor und B als Spaltenfaktor dargestellt. In der Regel ist der Faktor B hypothesenrelevant, d. h., die zu untersuchende Hypothese bezieht sich auf die UV B. In unserem Beispiel sind wir primär am Effekt der Pausen auf das Problemlösen interessiert, weshalb die UV »Pause« zum Faktor B wird. Faktor A kann ebenfalls hypothesenrelevant sein oder im Sinne der systematischen Variation (▶ Abschn. 3.2.2) als Kontrollfaktor dienen. Im Beispiel könnten wir die Hypothese prüfen, ob die Problemlöseleistung am Vormittag in der Regel besser ist als nachmittags. Die UV A »Tageszeit« wäre dann hypothesenrelevant. Möchten wir dagegen nur sicherstellen, dass die Tageszeit keine Störvariable ist, wäre die UV A ein Kontrollfaktor.

Der Spaltenfaktor repräsentiert die Hypothese (UV B). Der Zeilenfaktor kann mit einer zweiten Hypothese verbunden sein oder einen **Kontrollfaktor** darstellen.

Tab. 3.3 zeigt weiterhin, dass die Probanden nun unter Bedingungskombinationen beobachtet werden. Die Bezeichnung der **Zellen** (experimentellen Bedingungskombinationen) macht diesen Sachverhalt deutlich: Teilnehmer der experimentellen Bedingungskombination A_1B_1 würden im Beispielexperiment Probleme mit Pausen (B_1) und vormittags (A_1) bearbeiten. Ohne Pausen (B_2) und am Nachmittag (A_2) lösen dagegen Vpn der Zelle A_2B_2 die ihnen vorgelegten Probleme. Da jeder Faktor auch mehr als zwei Stufen haben kann (z. B. UV A: Tageszeit: 9 Uhr, 12 Uhr, 15 Uhr und 18 Uhr), gibt die Zelle A_jB_k den allgemeinen Fall wieder.

Eine einfaktorielle Versuchsplananlage ermöglicht die Überprüfung des Effekts der UV auf die AV, die sog. Analyse des **Haupteffekts** (HE) der jeweiligen UV. Bei zweifaktoriellen Versuchsplananlagen können zwei Haupteffekte überprüft werden, nämlich der Haupteffekt der UV A und der UV B. Die Hypothese »Wenn beim Lösen von Problemen Pausen eingelegt werden, dann ist die Lösungsgüte zumeist höher, als wenn keine Pausen eingelegt werden« bezieht sich somit auf die UV »Pausen« und damit auch auf ihren Effekt (HE) auf die Lösungsgüte (AV). Die Hypothese »Wenn am Vormittag Probleme bearbeitet werden, dann ist die Lösungsgüte zumeist höher als am Nachmittag« bezieht sich entsprechend auf die UV »Tageszeit« und entsprechend auf ihren Effekt (HE) auf die Lösungsgüte (AV). Beide können in zwei *getrennten* Experimenten mit

Ein **Haupteffekt** (HE) beschreibt die Wirkung der Stufen einer UV auf die AV in Form von Mittelwerten (Tab. 3.4 und Tab. 3.5).

3

Tab. 3.4 Darstellung des Haupteffekts in einer einfaktoriellen Versuchsplananlage

UV A	Stufe A_1	Zelle oder experimentelle Bedingung A_1	μ_{A1}
	Stufe A_2	Zelle oder experimentelle Bedingung A_2	μ_{A2}
	…….	…….	…….
	Stufe Aj	Zelle oder experimentelle Bedingung Aj	μ_{Aj}

μ_{A1} Mittelwert der Lösungsgüte der Vpn, die in dieser Bedingung arbeiteten

Tab. 3.5 Darstellung der Haupteffekte und der einfachen Haupteffekte in einer zweifaktoriellen Versuchsplananlage (VPL-A2)

Stufe B_1		UV B				HE UV A
		Stufe B_2	…….	Stufe B_k		
UV A	Stufe A_1	Zelle A_1B_1	Zelle A_1B_2	…….	Zelle A_1B_k	μ_{A1}
	Stufe A_2	Zelle A_2B_1	Zelle A_2B_2	…….	Zelle A_2B_k	μ_{A2}
	…….	…….	…….	…….	…….	…….
	Stufe A_j	Zelle A_jB_1	Zelle A_jB_2		Zelle A_jB_k	μ_{Aj}
HE UV B		μ_{B1}	μ_{B2}	…….	μ_{Bk}	

jeweils einer VPL-A1 überprüft werden, aber auch *simultan* in einer zweifaktoriellen VPL-A2. Tab. 3.4 veranschaulicht diese Überlegungen.

► Definition Haupteffekt (HE)

Definition

Ein **Haupteffekt** zeigt sich im Vergleich der Mittelwerte der Stufen des Faktors. Sind die Mittelwerte gleich oder nur wenig unterschiedlich, so liegt kein HE vor. Zeigen sich dagegen deutliche Unterschiede, so kann mit statistischen Methoden überprüft werden, ob der Haupteffekt nicht nur erkennbar, sondern im statistischen Sinne auch überzufällig ist.

Tab. 3.5 verdeutlicht die Aussage, dass mit der VPL-A2 simultan zwei Haupteffekte geprüft werden können. Der HE der UV A ergibt sich aus dem Vergleich der Zeilenmittelwerte und der HE der UV B aus dem Vergleich der Spaltenmittelwerte.

Im zwei- und mehrfaktoriellen Fall kann man neben den Haupteffekten auch **einfache Haupteffekte (EHE)** beobachten.

Die zweifaktorielle Versuchsplananlage hat aber noch einen weiteren entscheidenden Vorteil: Sie ermöglicht auch die Analyse und Überprüfung der **einfachen Haupteffekte** (EHE). Der folgende Ausschnitt aus Tab. 3.5 zeigt den einfachen Haupteffekt von UV B in der Stufe A_1 der UV A (EHE der UV B in A_1).

Zelle A_1B_1	Zelle A_1B_2	…….	Zelle A_1B_k

Die EHE ergibt sich aus dem **Vergleich der Zellmittelwerte** in einer stufe der jeweils anderen UV.

Der EHE ergibt sich somit aus dem Vergleich der Zellmittelwerte in einer Stufe der jeweils anderen UV. Übertragen wir diese Erläuterung auf unser Beispiel, so bedeutet dieses, dass der EHE der UV B in A_1 den Vergleich der Mittelwerte der Vpn mit und ohne Pause (Zelle A_1B_1 mit Zelle A_1B_2) in der Vormittagsbedingung betrifft. Geprüft wird hier die Hypothese, ob der Leistungsvorteil durch Pausenbildung sich am Vormittag zeigt.

Definition
Ein **einfacher Haupteffekt** zeigt sich im zeilen- bzw. spaltenweisen Vergleich der Zellmittelwerte in einer Stufe des jeweils anderen Faktors. Sind die Zellmittelwerte gleich oder nur wenig unterschiedlich, so liegt kein EHE vor. Zeigen sich dagegen deutliche Unterschiede, so kann mit statistischen Methoden überprüft werden, ob der Haupteffekt nicht nur erkennbar, sondern im statistischen Sinne auch überzufällig ist.

▶ **Definition Einfacher Haupteffekt (EHE)**

Entsprechende Überlegungen gelten analog für den EHE der UV B in A_2:

Zelle A_2B_1	Zelle A_2B_2	....	Zelle A_2B_k

Wieder angewendet auf das Beispiel ermöglicht dieser einfache Haupteffekt von B in A2 die Analyse und Überprüfung der Wirkung von Pausen auf die Lösungsgüte, wenn die Vpn am Nachmittag arbeiten. In diesem Fall sind es die Mittelwerte der Zellen A_2B_1 und A_2B_2, die dem Vergleich zugrunde liegen.

Analog verhält es sich mit den EHE der UV A in B_1, B_2 usw.

Zelle A_1B_1
Zelle A_2B_1
……..
Zelle A_jB_1

Erneut liefert der Tabellenausschnitt die Grundlage für das Verständnis. Für das Beispiel resultiert aus diesem EHE die Prüfung der Frage, ob sich die Lösungsgüte vormittags und nachmittags unterscheiden, wenn beide Gruppen mit Pause (B_1) arbeiten.

Neben den Haupteffekten (Vergleich der Zeilen- bzw. Spaltenmittelwerte) erlaubt die zweifaktorielle Versuchsplananlage somit auch die Prüfung der einfachen Haupteffekte (Vergleich der Zellmittelwerte zeilen- bzw. spaltenweise). Haupteffekte prüfen die **isolierte Wirkung** einer UV auf die AV, einfache Haupteffekte die Wirkung einer UV auf einer Stufe der anderen UV. Es handelt sich im letzteren Fall somit um eine **kombinierte Wirkung** auf die AV.

Haupteffekte prüfen die **isolierte Wirkung** einer UV auf die AV, einfache Haupteffekte dagegen die **kombinierte Wirkung** von zwei UVn auf eine AV.

Haupteffekte und einfache Haupteffekte haben ihre Entsprechungen in den Hypothesenformulierungen. Sog. **Haupteffekthypothesen** machen eine Vorhersage zu den Unterschieden zwischen den Stufen einer UV. Bezogen auf unser Beispiel lautet die entsprechende Haupteffekthypothese: »Wenn beim Lösen von Problemen Pausen eingelegt werden, dann ist die Lösungsgüte zumeist höher als ohne Pausen«. Eine mögliche **einfache Haupteffekthypothese** lautet: »Wenn beim Lösen von Problemen am Nachmittag Pausen eingelegt werden, dann ist die Lösungsgüte zumeist höher als ohne Pausen.

Hypothesen können gemäß der Haupteffekte und einfachen Haupteffekte benannt werden.

Zusammenfassend lässt sich festhalten, dass eine Versuchsplananlage Informationen über die Anzahl an unabhängigen Variablen, die experimentellen Bedingungen bzw. Bedingungskombinationen und die Möglichkeit der Formulierung von Haupteffekt- und/oder einfachen Haupteffekthypothesen gibt.

Versuchsplan

Obwohl eine Versuchsplananlage also durchaus informativ ist, fehlen für die Nachvollziehbarkeit eines konkreten Experiments noch weitere Informationen, die im **Versuchsplan** enthalten sind.

Ein **Versuchsplan** ist eine von vielen möglichen Konkretisierungen einer Versuchsplananlage.

▸ Definition Versuchsplan

Definition

Unter einem **Versuchsplan** versteht man eine möglichst konkrete Handlungsanweisung zur Erhebung von Daten zum Zweck der ökonomischen, validen und präzisen experimentellen Hypothesenprüfung. Die Konkretisierung erfolgt auf der Grundlage einer zugehörigen Versuchsplananlage und mithilfe folgender vier Entscheidungen, die die Bedingungen angeben, unter welchen die Vpn beobachtet werden:

1. vollständige oder teilweise Realisierung der angelegten Zellen,
2. Bestimmung der Anzahl der Beobachtungen pro Zelle,
3. interindividuelle oder intraindividuelle Bedingungsvariation,
4. randomisierte oder nichtrandomisierte Zuordnung der Vpn zu den Zellen.

Im konkreten Experiment erfolgt zunächst eine **Festlegung der Anzahl der Zellen**. Man spricht von einem **vollständig gekreuzten** Plan, wenn alle Zellen aus dem Versuchsplan realisiert werden.

Entscheidung über die Anzahl der realisierten Zellen Im konkreten Experiment erfolgt eine Festlegung der Anzahl der Zellen bzw. experimentellen Bedingungen (Bedingungskombinationen). Im Beispiel haben wir im einfaktoriellen Fall für die UV B zwei Stufen (Bedingungen, Zellen; k=2) und im zweifaktoriellen Fall mit ebenfalls zwei Stufen für die UV A (j = 2) vier Bedingungskombinationen (j×k=4). In den meisten Fällen werden diese sich ergebenden Zellen bzw. Bedingungskombinationen auch vollständig realisiert. Man spricht dann von einem **vollständig gekreuzten Plan**. Können aus ethischen oder finanziellen Gründen nicht alle Zellen bzw. Kombinationen verwirklicht werden, liegt ein **unvollständiger Plan** vor (für weitere Einzelheiten vgl. Hussy & Jain, 2002).

Der zweite Konkretisierungsschritt bezieht sich auf die **Anzahl der Vpn**, die in den einzelnen Zellen bzw. Kombinationen beobachtet werden. Bei gleicher Zellhäufigkeit spricht man von einem **balancierten Plan**.

Entscheidung über die Anzahl der Vpn pro experimenteller Bedingung (Zelle) Der zweite Konkretisierungsschritt bezieht sich auf die Anzahl der Vpn, die in den einzelnen Zellen bzw. Kombinationen beobachtet werden. Anzustreben ist die gleiche Anzahl pro Zelle (Kombination), weil dadurch Anwendungsvoraussetzungen für einige parametrische Auswertungsverfahren nicht gefährdet werden und die Vergleichbarkeit mit inhaltlich und methodisch ähnlichen Untersuchungen gefördert wird. Versuchspläne mit gleicher Zellhäufigkeit nennt man **balanciert** (für weitere Einzelheiten vgl. Hussy & Jain, 2002).

Weiterhin ist zu entscheiden, ob in allen Zellen (Kombinationen) die gleichen oder unterschiedliche Vpn beobachtet werden sollen (**intra- oder interindividuelle Bedingungsvariation**).

Entscheidung über die einmalige oder mehrfache Beobachtung einer Vp Weiterhin ist zu entscheiden, ob in allen Zellen (Kombinationen) unterschiedliche Vpn beobachtet werden sollen (jede Vp trägt einen Messwert zur Untersuchung bei; **interindividuelle Bedingungsvariation**) oder ob die gleichen Vpn in mehreren/allen Zellen auftreten (jede Vp trägt mehr als einen Messwert zur Untersuchung bei; **intraindividuelle Bedingungsvariation**). Man nennt letzteren Fall Messwiederholung (▸ Abschn. 3.2.2). Bei der Besprechung der Gütekriterien des Experiments (▸ Abschn. 3.2.6) werden wir auf die Konsequenzen aus dieser Entscheidung zurückkommen.

Schließlich ist noch festzulegen, ob die Vpn den experimentellen Bedingungen per Zufall (**randomisiert**) oder systematisch (**nichtrandomisiert**) zugewiesen werden.

Entscheidung über die Art der Zuordnung der Vpn zu den Versuchsbedingungen Schließlich ist noch festzulegen, ob die Vpn den experimentellen Bedingungen per Zufall (**randomisiert**) oder systematisch (**nichtrandomisiert**) zugewiesen werden. Ein echtes Experiment verlangt – wie in ▸ Abschn. 3.2.1 besprochen – die randomisierte Zuweisung, weil nur dadurch die Kontrolle der Versuchspersonenmerkmale und damit die interne Validität gewährleistet ist. Es ergibt sich daraus ein randomisierter oder nichtrandomisierter Versuchsplan.

Aufgrund der vier Entscheidungsmöglichkeiten können aus der gleichen Versuchsplananlage eine Vielzahl unterschiedlicher Versuchspläne entstehen, wie nachfolgend noch zu zeigen ist (▸ Beispiel).

Beispiel

Versuchsplan zum Experiment »Problemlösen mit oder ohne Pausen«

Die vier Entscheidungen sollen am Beispielexperiment veranschaulicht werden. Zunächst wird festgelegt, dass alle vier experimentellen Bedingungskombinationen (die Zellen A_1B_1, A_2B_1, A_1B_2 und A_2B_2) durchgeführt werden. Daraus ergibt sich, dass der Versuchsplan vollständig gekreuzt ist. Danach einigen wir uns darauf, dass pro experimenteller Bedingungskombination 30 Vpn untersucht werden. Der resultierende Versuchsplan ist folglich balanciert. Die nächste Entscheidung fällt zugunsten der interindividuellen Bedingungsvariation und damit für einen Versuchsplan ohne Messwiederholung. Schließlich bevorzugen wir die randomisierte Zuteilung der Vpn zu den Bedingungskombinationen und schaffen damit einen randomisierten Versuchsplan.

Verschiedene Arten von Versuchsplänen

Aus der Versuchsplananlage **VPL-A2** wird in Folge dieser versuchsplanerischen Vorgehensweise ein Versuchsplan, der mit **VPL2RR** bezeichnet wird. **VPL** steht für Versuchsplan, die **2** kennzeichnet die Anzahl der UVn und das **R** steht für »randomisiert«, wobei das erste R für die UV A und das zweite R für die UV B steht. VPL2RR bedeutet somit: Es handelt sich um einen Versuchsplan mit zwei Faktoren mit jeweils zwei Faktorstufen, die beide randomisiert sind; die Vpn werden den vier Kombinationen (den Zellen A_1B_1, A_2B_1, A_1B_2 und A_2B_2) per Zufall zugeteilt. Wie dieser Versuchsplan dargestellt wird, zeigt Tab. 3.6. Am den UVn vorangestellten R erkennt man die randomisierten Faktoren und damit den vollständig randomisierten Versuchsplan.

Ein **VPL2RR** ist ein zweifaktorieller, vollrandomisierter Versuchsplan.

Außerdem erscheinen alle vier möglichen Kombinationen im Plan, woraus folgt, dass er **vollständig gekreuzt ist**. Dass in jeder Kombination 30 Vpn aufgeführt sind belegt den **balancierten Versuchsplan**. Schließlich ergibt sich aus den 120 Vpn, dass **interindividuelle Bedingungsvariation** vorliegt, also jede Vp nur einmal (in nur einer Bedingung) beobachtet wurde. Die Zellen enthalten die Werte der Vpn auf der AV Lösungsgüte.

Aus diesem Versuchsplan ist zu entnehmen, dass **zwei UVn mit jeweils zwei Stufen** beteiligt sind, dass er **vollständig gekreuzt, balanciert** und **randomisiert** angelegt ist und **keine Messwiederholung** enthält.

Hätten wir das Experiment einfaktoriell realisiert, so läge bei sonst unveränderten Bedingungen ein Versuchsplan **VPL1R** vor, der nachfolgend in Tab. 3.7 verdeutlicht ist.

Die UV B als randomisierter Faktor bleibt erhalten, die UV A entfällt. Beide Zellen sind realisiert und enthalten gleich viele, aber unterschiedliche Vpn. Die Stufe B_1 (mit Pausen) wird gelegentlich auch als **Experimentalgruppe** und die Stufe B_2 (ohne Pausen) als **Kontrollgruppe** bezeichnet, weil der Vergleich zwischen den Gruppen nicht nur der Feststellung des Effekts in der AV, sondern auch der Kontrolle von Störvariablen dient. Ob die Tageszeit berücksichtigt wird, ist dem Versuchsplan ebenso wenig zu entnehmen wie die vorhandene oder fehlende Kontrolle anderer Einflussgrößen. Diese Angaben müssen im Untersuchungsbericht enthalten sein.

Die Stufe B1 (mit Behandlung) wird gelegentlich auch als **Experimentalgruppe** und die Stufe B2 (ohne Behandlung) als **Kontrollgruppe** bezeichnet.

Tab. 3.6 Der VPL2RR, veranschaulicht am Beispielexperiment zum Problemlösen in Abhängigkeit von Pausen und Tageszeit sowie mit der Lösungsgüte als AV

Versuchsplan VPL2RR		**R UV B Pausen**	
		Stufe B_1 mit	**Stufe B_2 ohne**
R UV A Tageszeit	**Stufe A_1 vormittags**	AV von Vp1 AV von Vp2 .... AV von Vp30	AV von Vp61 AV von Vp62 .... AV von Vp90
	Stufe A_2 nachmittags	AV von Vp31 AV von Vp32 .... AV von Vp60	AV von Vp91 AV von Vp92 .... AV von Vp120

Tab. 3.7 Der VPL1R, veranschaulicht am Beispielexperiment zum Problemlösen in Abhängigkeit von Pausen und mit der Lösungsgüte als AV

R UV B Pausen	
Stufe B_1 mit	**Stufe B_2 ohne**
AV von Vp1 AV von Vp2 .... AV von Vp30	AV von Vp31 AV von Vp32 .... AV von Vp60

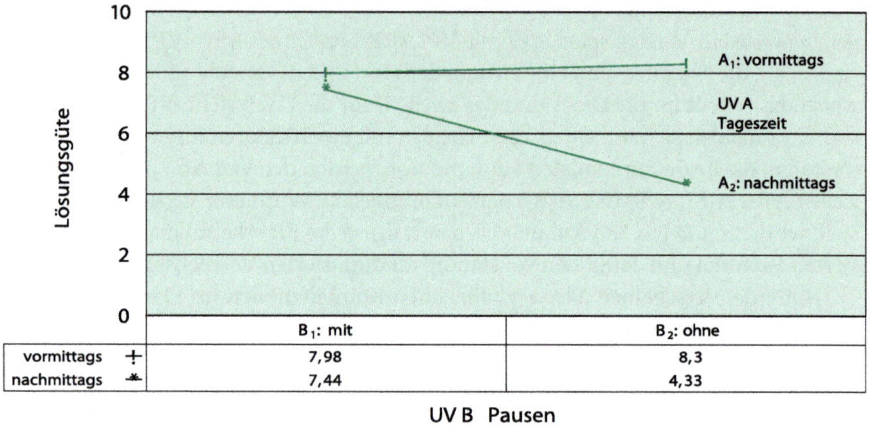

Abb. 3.2 Grafische Veranschaulichung der (fiktiven) Ergebnisse zur einfachen Haupteffekthypothese

Abb. 3.2 zeigt die (fiktive) Ergebnisdarstellung zum VPL2RR.

Abb. 3.2 zeigt die (fiktive) Ergebnisdarstellung zum VPL2RR. Es ist damit die einfache Haupteffekthypothese zu prüfen »Wenn beim Lösen von Problemen am Nachmittag Pausen eingelegt werden, dann ist die Lösungsgüte zumeist höher als ohne Pausen«.

Die grafisch dargestellten (fiktiven) Ergebnisse aus Abb. 3.2 legen nahe, dass die zu prüfende einfache Haupteffekthypothese zutreffen könnte, denn tatsachlich helfen die Pausen am Nachmittag: In der Bedingungskombination A_2B_1 erreichen die Vpn mit 7,44 Punkten im Mittelwert eine wesentlich bessere Lösungsgüte (knapp das Niveau der Vpn vom Vormittag) als die Vpn ohne Pausen (A_2B_2: 4,33 Punkte). Selbstverständlich müsste diese Interpretation zuvor statistisch abgesichert werden.

Die **grafische Ergebnisdarstellung** als Haupteffekt und einfache Haupteffekte.

Abb. 3.3 zeigt den gleichen Sachverhalt unter Verwendung der Begriffe des Haupteffekts und der einfachen Haupteffekte, wobei sich die Werte für den HE der UV B durch Mittelung der EHE der UV B ergeben. So errechnet sich z. B. $\mu_{B1}=(7{,}98+7{,}44)/2=7{,}71$.

Das Beispiel zeigt, dass **Kontrollfaktoren** durchaus wertvolle Informationen zur Hypothesenprüfung beitragen können.

Inhaltlich bildet der EHE der UV B in A_1 in Abb. 3.2 keine Wirkung der UV B ab, wohl aber (hypothesenkonform) der in A_2. Der isoliert betrachtete Haupteffekt HE der UV B dagegen lässt Zweifel daran aufkommen, dass Pausenbildung überhaupt einen Effekt auf die Lösungsgüte beim Bearbeiten von Problemen besitzt (selbstverständlich ist auch hier eine statistische Absicherung nötig). Das Beispiel zeigt, dass Kontrollfaktoren durchaus wertvolle Informationen zur Hypothesenprüfung beitragen können.

Die **Interaktion** erfasst die kombinierte Wirkung der UV auf die AV.

Schließlich ist es noch möglich, sich **simultan** (in einem Schritt) für alle einfachen Haupteffekte zu interessieren. Die dazu gehörige Beispielhypothese lautet: Wenn nachmittags beim Lösen von Problemen Pausen eingelegt werden, dann ist die Lösungsgüte zumeist höher als ohne Pausen. Dagegen nehmen am Vormittag Pausen keinen Einfluss auf das Problemlösen«. Hier spricht man von einer **Interaktionshypothese.** Abb. 3.3 repräsentiert die **kombinierte Wirkung** der UV B mit den beiden Stufen der UV A. Sie

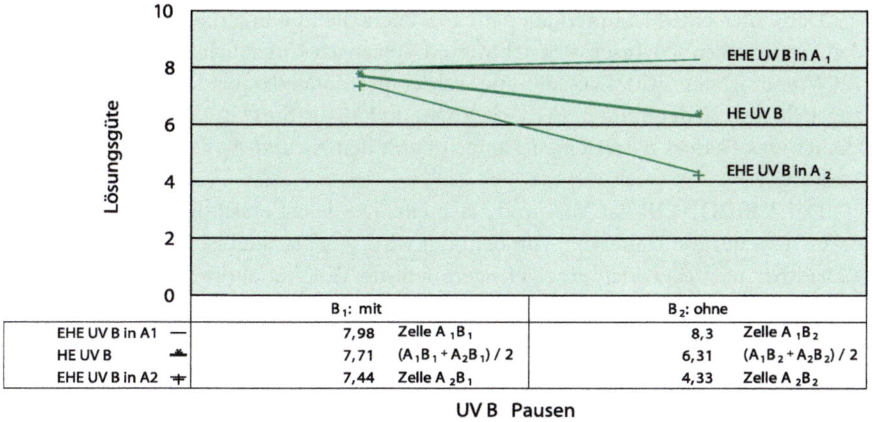

Abb. 3.3 Die Ergebnisse aus Abb. 3.2, dargestellt als die beiden einfachen Haupteffekte der UV B, ergänzt durch den Haupteffekt der UV B

bestätigt auf einer beschreibenden Ebene die Hypothese insofern, als am Vormittag Pausen nahezu wirkungslos bleiben (7,98 vs. 8,30; die Vpn sind noch ausgeruht, Pausen stören vielleicht sogar), während nachmittags Pausen durchaus eine positive Wirkung zeigen (7,44 vs. 4,33; die Vpn sind schon müder und profitieren von den Pausen).

Definition

Unter einer **Interaktion** versteht man die *kombinierte* Wirkung der UV auf die AV. Sie umfasst die Wirkungen der einfachen Haupteffekte der UV.

▶ Definition Interaktion

Das Beispielexperiment hätte noch in zahlreichen weiteren Varianten realisiert werden können. Eine sehr interessante Möglichkeit wollen wir uns noch ansehen. Bei ansonsten unveränderten Entscheidungen wählen wir aber nicht die inter-, sondern die intraindividuelle Bedingungsvariation, führen also die **wiederholte Messung** der Vpn ein. Messwiederholt soll die UV A (Tageszeit) erhoben werden, während die UV B wie zuvor randomisiert bleibt. Wenn die Vpn einem Faktor nicht randomisiert zugeteilt werden, so handelt es sich nicht um einen experimentellen, sondern **quasiexperimentellen Faktor**, der im Versuchsplan mit **Q** (für quasiexperimentell) gekennzeichnet ist. Folgt ein quasiexperimenteller Faktor aus einer Messwiederholung, so wird das Q noch durch ein **(W)** ergänzt. Aus der beschriebenen Veränderung würde sich der Versuchsplan **VPL2Q(W)R** ergeben (anstelle von VPL2RR im ersten Fall). Dieser Plan wird gemäß Tab. 3.8 dargestellt.

Ein **VPL2Q(W)R** ist ein Versuchsplan, bei dem der Faktor A messwiederholt angelegt ist.

Tab. 3.8 Der VPL2Q(W)R, veranschaulicht am Beispielexperiment zum Problemlösen in Abhängigkeit von Pausen und Tageszeit und mit der Lösungsgüte als AV

Versuchsplan VPL2Q(W)R		**R UV B Pausen**	
		Stufe B_1 mit	**Stufe B_2 ohne**
Q(W) UV A Tageszeit	**Stufe A_1 vormittags**	AV von Vp1 AV von Vp2 .... AV von Vp30	AV von Vp31 AV von Vp32 .... AV von Vp60
	Stufe A2 nachmittags	AV von Vp1 AV von Vp2 .... AV von Vp30	AV von Vp31 AV von Vp32 .... AV von Vp60

Durch die **Messwiederholung** in der UV A nehmen insgesamt 60 Vpn – anstelle von 120 Vpn ohne Messwiederholung – teil.

Durch **vollständiges interindividuelles Ausbalancieren** wird aus dem VPL2Q(W)R ein **VPL2R(W)R**. Durch ökonomische und Präzisionsvorteile ist der Plan VPL2R(W)R **anstrebenswert**.

Der Unterschied ist innerhalb der experimentellen Bedingungskombinationen an den Vpn zu erkennen. Insgesamt nehmen 60 Vpn an der Untersuchung teil (anstelle von 120 Vpn im ersten Fall). Diese 60 Vpn werden per Zufall den beiden Stufen der UV B zugeteilt, also 30 der Stufe B_1 (Vp1 bis Vp30) und 30 der Stufe B_2 (Vp31 bis Vp60). Bezüglich des Faktors A werden sie unter den Stufen A_1 *und* A_2 getestet (wiederholte Messung).

Der **VPL2Q(W)R** hat Vor- und Nachteile. Der leicht ersichtliche Vorteil besteht darin, dass nur die Hälfte der Vpn benötigt wird. Als Nachteil ist zu werten, dass ein quasiexperimenteller Plan eine geringere interne Validität aufweist. In unserem Fall resultiert dieser Verlust an interner Validität aus den Sequenzeffekten, die durch die wiederholte Beobachtung entstehen können (► Abschn. 3.2.2). Allerdings wissen wir inzwischen auch, dass Sequenzeffekte mittels vollständiger interindividueller Ausbalancierung kontrolliert werden können. Im vorliegenden Beispielfall könnte diese Kontrolle dadurch gewährleistet werden, dass die Hälfte der Vpn die erste Untersuchung vormittags und die zweite Untersuchung nachmittags macht und die andere Hälfte umgekehrt. Es gibt somit zwei Sequenzen, nämlich S1: A_1–A_2 und S2: A_2–A_1. Die Vpn werden nun diesen beiden Sequenzen und nicht den Stufen per Zufall zugeordnet, wodurch sich trotz Messwiederholung ein randomisierter (experimenteller) Faktor ergibt. Der Versuchsplan behält zwar die Darstellungsform aus ◼ Tab. 3.8, durch die Kennzeichnung **VPL2R(W)R** wird aber deutlich gemacht, dass der messwiederholte Faktor durch vollständige Kontrolle der Sequenzeffekte experimenteller Natur ist; das Q(W) wird durch **R(W)** ersetzt. Damit ist der Nachteil des Versuchsplans aufgehoben, der Vorteil aber bleibt erhalten. Ein weiterer Vorteil im Zusammenhang mit der Präzision der Hypothesenprüfung, erläutert in ► Abschn. 3.2.5, lässt diesen Plan als eine besonders erstrebenswerte Variante erscheinen.

Beim VPLQR wird der quasiexperimentelle Faktor A nicht durch Messwiederholung hervorgerufen, sondern durch einen **organismischen Faktor**.

Neben den beiden besprochenen Versuchsplänen (häufiger auch **Design** genannt), die zu den echten Experimenten zählen (bei Kontrolle der Störvariablen), ist noch ein Plan zu nennen, der – zusammen mit zahlreichen Varianten – zu den quasiexperimentellen Plänen zählt, nämlich der **VPL2QR.** Anders als beim scheinbar sehr ähnlichen, oben besprochenen Plan VPL2Q(W)R, ist es hier aber nicht möglich, den quasiexperimentellen Charakter durch geeignete Kontrolltechniken zu kompensieren. Die Ursache dafür liegt in der Natur des quasiexperimentellen Faktors: Es handelt sich nämlich um eine sog. **organismische UV**.

► Definition Organismische UV

Definition

Als **organismisch** bezeichnet man eine UV, wenn die Vpn deren Ausprägung als Merkmal mit in die Untersuchung einbringen und von daher den Stufen nicht zufällig zuzuordnen sind.

Das **Geschlecht** ist ein Beispiel für eine organismische UV bzw. einen organismischen Faktor. Organismische Faktoren führen zu Einschränkungen der internen Validität, da die randomisierte Zuteilung der Vpn zu den experimentellen Bedingungskombinationen dadurch verhindert wird.

Um ein solches Merkmal handelt es sich beispielsweise beim Geschlecht. In unserem Beispiel könnte der Faktor A anstelle der **manipulierbaren Variablen** »Tageszeit« in der **organismischen Variablen** »Geschlecht« bestehen. Im Sinne einer Kontrollvariablen würde man mit dieser UV kontrollieren, ob die Variable Geschlecht Einfluss auf die AV nimmt. Männer werden also zur Stufe A_1 und Frauen zur Stufe A_2 zugeteilt (oder umgekehrt). Randomisierung ist damit nicht möglich und auch nicht auf »Umwegen« herstellbar. Gleiches gilt für Variablen wie Alter, Bildung, sozialer Status, Intelligenz usw. Allgemein ist festzuhalten, dass organismische Faktoren unabdingbar zu Einschränkungen der internen Validität führen, da die randomisierte Zuteilung der Vpn zu den experimentellen Bedingungskombinationen dadurch verhindert wird. Die Darstellung des Plans VPL2QR entspricht weitgehend dem des Plans VPL2RR (◼ Tab. 3.5). Der einzige Unterschied besteht – neben der anderen Benennung des Plans – in dem der UV A vorangestellten Q (anstelle des R für randomisiert).

Bleibt abschließend zu diesen Überlegungen zu den Versuchsplänen noch die Unterscheidung zwischen »**reinen**« und »**gemischten**« Plänen zu nennen. Reine Pläne sind für alle einbezogenen Faktoren entweder experimentell [VPL2RR, VPL2R(W) R(W) usw.] oder quasiexperimentell [VPL2QQ, VPL2Q(W)Q(W) usw.]. Bei gemischten Plänen gibt es experimentelle *und* quasiexperimentelle UVn [VPL2QR, VPL2RQ(W) usw.]. Entsprechende Überlegungen können für Experimente mit mehr als zwei Faktoren angestellt werden. Grundsätzlich begrenzt die zunehmende Komplexität der damit verbundenen Überlegungen und praktischen Maßnahmen die Anzahl der UVn (und deren Stufen) auf vier Einheiten. Weiterführende Einzelheiten zur Klassifikation von Versuchsplänen finden sich beispielsweise auch bei Hussy und Jain (2002).

Es gibt **reine Pläne**, die nur experimentelle oder nur quasiexperimentelle Faktoren enthalten. Es gibt aber auch die sog. **gemischten Pläne**.

Versuchsplananlagen zeigen auf den ersten Blick den prinzipiellen Aufbau eines Experiments. Versuchspläne enthalten zusätzliche Informationen zum konkreten Aufbau und zum Ablauf eines einzelnen Experiments. Dazu gehören u. a. auch die Anzahl an Vpn pro Bedingung (Bedingungskombination) und die Art der Zuordnung der Vpn zu den Bedingungen. Die Versuchspläne informieren damit auch auf den ersten Blick über die Möglichkeiten zur Einhaltung wissenschaftlicher Beurteilungskriterien (interne und externe Validität, Präzision), die im nächsten Abschnitt im Mittelpunkt der Betrachtung stehen.

Versuchsplananlagen zeigen auf den ersten Blick den **prinzipiellen Aufbau** eines Experiments. Versuchspläne enthalten zusätzliche Informationen zum **konkreten Aufbau** und zum **Ablauf** eines Experiments.

3.2.5 Gütekriterien des Experiments

Im Kontext der quantitativen Methoden wurden die klassischen Gütekriterien der Objektivität, Reliabilität und Validität entwickelt (▶ Abschn. 1.3.1). Sie gelten auch für empirische Untersuchungen auf dem Hintergrund quantitativer Forschungsmethoden. Im Verlauf der bisher angestellten Überlegungen ist bereits deutlich geworden, dass für das Experiment – und auch für die nichtexperimentellen Forschungsmethoden – gerade das Validitätskriterium eine weitere Ausdifferenzierung erfahren hat. Dazu zählen die interne, die externe und die statistische Validität, sowie die Populations-, Situations-, Variablen- und Ableitungsvalidität.

Die **Validität** (Gültigkeit) einer Untersuchung wird in unterschiedliche Aspekte aufgeteilt.

Definition

Die **interne Validität** eines Experiments ist gegeben, wenn Veränderungen in der AV *ausschließlich* auf die Variation der UV zurückgeführt werden können.

▶ Definition Interne Validität

Diese Kausalinterpretation versucht man durch die Kontrolle der Störvariablen zu erreichen. Einschränkungen in der internen Validität durch mangelnde Kontrolle der Störvariablen führen dazu, dass die Kausalinterpretationen vorläufigen Charakter besitzen und weiterer experimenteller Bestätigung bedürfen.

Die **interne Validität** erfasst das Ausmaß der Kontrolle der Störvariablen. Ist interne Validität gegeben, so können die Ergebnisse kausal interpretiert werden.

Definition

Die **externe Validität** eines Experiments ist gegeben, wenn die Ergebnisse der Untersuchung übertragbar sind. Dabei sind drei Aspekte zu unterscheiden, nämlich

- die Populationsvalidität,
- die Situationsvalidität und
- die Variablenvalidität.

▶ Definition Externe Validität

Die Übertragbarkeit auf die Population erreicht man durch eine adäquate Stichprobenauswahl (▶ Abschn. 3.1.3), ohne Einschränkungen somit alleine durch eine große Zufallsstichprobe. Die Generalisierbarkeit auf andere Situationen (als die experimentell realisierte) ist im (Labor-)Experiment in aller Regel nicht gegeben, da die konsequente

Die **externe Validität** erfasst das Ausmaß der Generalisierbarkeit der Ergebnisse.

Abb. 3.4 Geltungs- bzw. Anwendungsbereich – Das misslungene Experiment

Kontrolle der Störvariablen fast zwangsläufig zu einer relativ künstlichen Untersuchungssituation führt. Feldexperiment und Feldstudie (▶ Abschn. 3.2.6) lassen die Übertragung der Untersuchungsergebnisse auf andere Situationen leichter zu. Die Variablenvalidität beinhaltet die Übertragbarkeit der Ergebnisse auf andere Formen der Operationalisierung der UV und AV (▶ Abschn. 1.5.4), die nur gegeben ist, wenn die Operationalisierung den Bedeutungskern trifft (Abb. 3.4).

Die Grenzen der Generalisierbarkeit bestimmen den **Anwendungs- oder Geltungsbereich** einer Hypothese. Durch **systematische Replikation** kann der Geltungsbereich geprüft werden.

Abstriche in der Generalisierbarkeit führen zu **Einschränkungen im Geltungs- bzw. Anwendungsbereich der Hypothese** und zwar im Hinblick auf den jeweils betroffenen Aspekt (die jeweils betroffenen Aspekte). Solche Einschränkungen könnten sich im Beispielexperiment etwa auf die angefallene studentische Stichprobe oder künstliche Erhebungssituation beziehen. Möchte man diese Einschränkungen im Geltungsbereich aufheben, so sind **Replikationsstudien** angezeigt (nähere Informationen dazu bei Hussy & Jain, 2002). Diese systematischen Untersuchungswiederholungen ermöglichen die Überprüfung der Zuverlässigkeit der Ergebnisse und – im Falle der wiederholten Ergebnisbestätigung – die Ausweitung des Geltungsbereichs der Hypothese. Andernfalls bleiben die Einschränkungen bestehen (z. B.: Hypothese gilt nur für die künstliche Laborsituation). Gilt unsere Beispielhypothese »Wenn beim Lösen von Problemen Pausen gemacht werden, dann ist die Lösungsgüte zumeist besser, als wenn keine Pausen gemacht werden« etwa nur am Nachmittag, so ist ihr situativer Geltungsbereich (Situationsvalidität) auf den Nachmittag eingeschränkt. Wurde dabei eine angefallene Stichprobe (▶ Abschn. 3.1.3) verwendet, so ist dieser zusätzlich auf die zugehörige Population (leicht verfügbare Studenten, Populationsvalidität) eingeschränkt. Wiederholungsuntersuchungen mit anderen Vpn (z. B. Nichtakademiker) können bei gleich bleibenden Ergebnissen diesen eingeschränkten Geltungsbereich schrittweise ausdehnen.

▶ **Definition Ableitungsvalidität**

Definition

Die **Ableitungsvalidität** der Hypothesenprüfung ist gegeben, wenn die Entscheidung auf der Ebene der Testhypothesen tatsächlich die a priori aufgestellte TIH prüft, wenn also die Konkretisierungsschritte (von der TIH in Richtung der EIH, der SV und der THn) nicht zu einer inhaltlichen, formalen oder statistischen Veränderung der Ausgangshypothese führen.

Die **Ableitungsvalidität** erfasst das Ausmaß der korrekten Ableitung der theoretisch-inhaltlichen Hypothese bis auf die Ebene der Testhypothesen.

Verstöße gegen die Ableitungsvalidität können zu Einschränkungen der internen und externen Validität, im schlimmsten Fall zu falschen Hypothesenentscheidungen führen. Die Beispielhypothese »Wenn beim Lösen von Problemen Pausen gemacht werden, dann ist die Lösungsgüte zumeist besser, als wenn keine Pausen gemacht werden« findet auf der Ebene der SV die formale Konkretisierung: $\mu_{B1}>\mu_{B2}$ (▶ Abschn. 3.3). Dagegen stellt die Ableitung $\mu_{B1}\neq\mu_{B2}$ einen Verstoß dar, der dazu führen kann, dass die Hypothese falsch entschieden wird, denn der Fall $\mu_{B1}<\mu_{B2}$ bestätigt die inkorrekt abgeleitete Hypothese, ist aber absolut konträr zur eigentlichen Ausgangshypothese.

Definition

Die **statistische Validität** beurteilt die Güte der Auswahl und Anwendung statistischer Verfahren und die Interpretation ihrer Ergebnisse. Sie wird u. a. durch die Verletzung der Anwendungsvoraussetzungen der statistischen Tests beeinträchtigt.

► Definition Statistische Validität

Verletzungen der statistischen Validität können zur unkontrollierten Veränderung der Fehlerwahrscheinlichkeiten und damit zu Fehlbeurteilungen der Testhypothesen führen. Viele parametrische Testverfahren verlangen z. B. homogene Varianzen in den verschiedenen experimentellen Bedingungen, um Unterschiedshypothesen valide entscheiden zu können. Verzichtet man beispielsweise darauf, mittels gleicher Zellhäufigkeiten für das Einhalten dieser Anwendungsvoraussetzung zu sorgen (► Abschn. 3.2.4), so ist es eben möglich, dass das Ergebnis des statistischen Hypothesentests zu einer falschen Hypothesenentscheidung führt.

Die **statistische Validität** beurteilt die die Güte der Auswahl und Anwendung statistischer Verfahren.

Zusätzlich zu dieser differenzierten Validitätsbeurteilung ist das Beurteilungskriterium der **Präzision** von großer Bedeutung.

Die **Präzision** einer Untersuchung erfasst die Wahrscheinlichkeit, mit der ein in der Population vorhandener Effekt durch die Untersuchung gefunden werden kann.

Definition

Unter **Präzision** versteht man die Wahrscheinlichkeit, dass ein in der Population tatsächlich vorhandener Zusammenhang bzw. Unterschied durch die Untersuchung auch wirklich nachgewiesen werden kann.

► Definition Präzision

Veranschaulichen kann man sich dieses Kriterium mit der **Relation von Primär- und Sekundärvarianz** (◘ Abb. 3.5). Die Primärvarianz bildet die Bedeutung der experimentellen Faktoren in der Untersuchung ab. Sie ermöglicht eine Aussage über jenen Anteil der interindividuellen Variabilität in der AV, der auf die UV zurückgeht. Entsprechend steht die Sekundärvarianz für die Bedeutung anderer, störender Einflussgrößen. Das Ziel besteht demnach darin, mögliche **Fehlerquellen zu minimieren** (z. B. durch Kontrolle der Störvariablen) und die **Wirkung der experimentellen Variablen zu maximieren** (z. B. durch optimale Operationalisierung von UV und AV), damit die genannte Relation von Primär- zu Sekundärvarianz möglichst zu Gunsten der Primärvarianz ausfällt und damit die Möglichkeit gegeben ist (bleibt), die Hypothese realitätsadäquat zu entscheiden. Umgekehrt führt fehlende Präzision möglicherweise zur fälschlichen Ablehnung einer Hypothese (► Beispiel).

Maximiere die **Primär-** und minimiere die **Sekundärvarianz**.

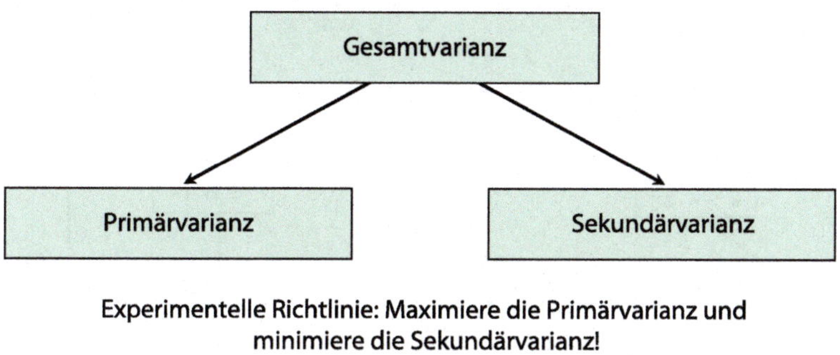

◘ **Abb. 3.5** Die Aufteilung der in der Messwertreihe enthaltenen Variabilität (Gesamtvarianz) in die durch die UV verursachte Variabilität (Primärvarianz) und die nicht aufgeklärte Variabilität (Sekundärvarianz)

Beispiel

Erhöhung der Präzision im Pausenbeispiel

Im Beispielexperiment verringert man die Sekundärvarianz ggf. mit dem Kontrollfaktor »Tageszeit«, weil damit ein Teil der nicht erklärten Variabilität aufgeklärt wird. Ist die Hypothese (»Wenn beim Lösen von Problemen Pausen gemacht werden, dann ist die Lösungsgüte zumeist besser, als wenn keine Pausen gemacht werden«) in der Population richtig, so hat sie mit dieser versuchsplanerischen Maßnahme eine verbesserte Chance der Nachweisbarkeit. Entsprechend führt die alternative Operationalisierung der UV »Pausen« durch die drei Stufen »keine Pause«, »eine längere Pause« und »mehrere kürzere Pausen« vielleicht zu einem höheren Primärvarianzanteil und damit ebenfalls zu einer verbesserten Chance der Nachweisbarkeit der Hypothese, also zu einer höheren Präzision der Hypothesenprüfung (weiterführende Informationen z. B. bei Hussy & Jain, 2002).

Die Gütekriterien dienen nicht alleine zur nachträglichen Beurteilung der wissenschaftlichen Qualität, sondern stellen auch Richtlinien zur Planung und Durchführung von Experimenten dar.

3.2.6 Varianten des Experiments

Es gibt eine Reihe von **Varianten** zum klassischen **(Labor-)Experiment.**

Im Zusammenhang mit der Besprechung des Experiments sind auch immer wieder Varianten dieser Forschungsmethode genannt worden (z. B. experimentelle vs. quasiexperimentelle Faktoren). Hier sollen die wesentlichen Sonderformen von Experimenten kurz und systematisch besprochen werden. Dazu zählen das Quasiexperiment, das Feldexperiment und die Feldstudie ebenso wie die vorexperimentelle Anordnung und die Erkundungsstudie. ◘ Abb. 3.6 gibt die von Hager (1987) entwickelte Systematik zu den experimentellen (und nichtexperimentellen) Forschungsmethoden wieder.

Vier Unterscheidungen bestimmen die jeweilige experimentelle Variante.

◘ Abb. 3.6 zeigt, dass vier Fragen bzw. die zugehörigen Unterscheidungen zu den Varianten des Experiments führen:

Wird eine **Unterscheidung von UV und AV** getroffen?

1. Die erste Frage gilt der **Unterscheidung von UV und AV**. Wird diese Differenzierung getroffen, so sind wir auf dem Weg zum Experiment und seinen Varianten, wenn nicht, handelt es sich um eine der **nichtexperimentellen quantitativen Forschungsmethoden**, z. B. um die Korrelationsstudie (▶ Abschn. 3.3).

Existiert eine **zeitliche Abfolge** zwischen UV und AV?

2. Dieser Schritt wird dadurch unterstützt, dass Überlegungen dahingehend angestellt werden, ob es eine **zeitliche Abfolge zwischen UV und AV** gibt. Hintergrund dafür ist das Ziel der kausalen Interpretation der Relation zwischen UV und AV, welches

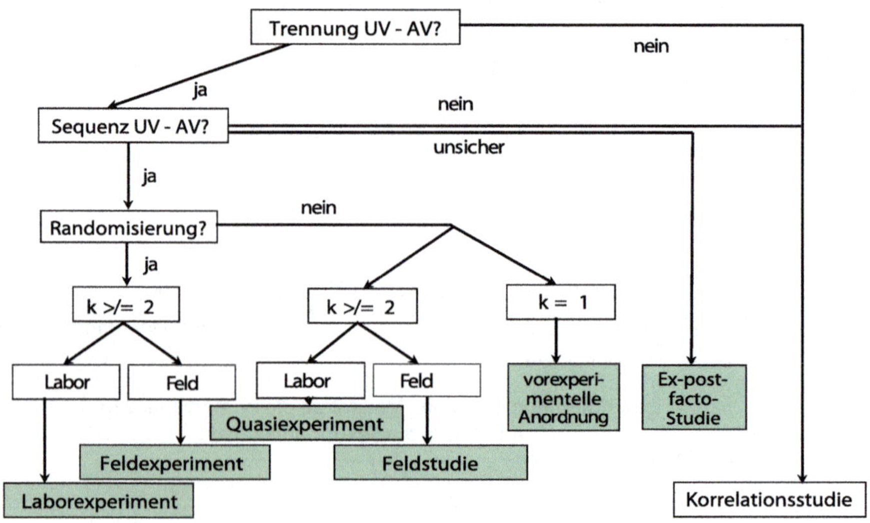

◘ **Abb. 3.6** Das Experiment und seine Varianten. Die Korrelationsstudie ist zur Abgrenzung der nichtexperimentellen Forschungsmethoden mit integriert. (Nach Hager, 1987), mit freundlicher Genehmigung

durch das Vorliegen einer zeitlichen Sequenz von UV und AV unterstützt wird. Gelten diese beiden Anfangsfragen primär der Abgrenzung zu den nichtexperimentellen quantitativen Methoden, so ordnen die beiden weiteren Fragen die Methoden innerhalb des experimentellen Rahmens.
3. Frage 3 gilt der **randomisierten Zuordnung** der Vpn zu den experimentellen Bedingungen, die zur Unterscheidung zwischen den experimentellen (randomisierten) und quasiexperimentellen (nicht randomisierten) Plänen führt (auch ► Abschn. 3.2.4).
4. Schließlich entscheidet der **Ort der Durchführung** der Untersuchung, nämlich das Labor oder das Feld (die natürliche Umgebung) darüber, welche konkrete Variante vorliegt.

Liegt die **randomisierte Zuordnung** der Vpn vor?

An welchem Ort wird die Untersuchung durchgeführt?

Somit sind im weiteren Verlauf zunächst die vier klassischen experimentellen Untersuchungsformen zu besprechen:
- (Labor-)Experiment,
- Feldexperiment,
- Quasiexperiment und
- Feldstudie.

Im Folgenden werden 4 klassische Formen des Experiments vorgestellt:

Danach beschließen Bemerkungen zur vorexperimentellen Anordnung, zur Ex-post-facto-Studie und zum Erkundungsexperiment die Ausführungen.

(Labor-)Experiment

Das **klassische Experiment**, auch Laborexperiment oder einfach Experiment genannt, haben wir in den vorangestellten Abschnitten hinreichend kennengelernt. Es reicht an dieser Stelle deshalb der zusammenfassende Hinweis auf die Definition des Experiments durch
- die Manipulation einer UV durch den Vl und
- durch die Kontrolle der Störvariablen, wobei die Vpn den experimentellen Bedingungen per Zufall zugeteilt werden müssen.

Das **klassische Experiment wird im Labor** (unter möglichst kontrollierten Bedingungen) durchgeführt.

Das Ziel besteht in der **intern validen Hypothesenprüfung**, die eine optimale Kausalinterpretation zwischen UV und AV ermöglicht. Abstriche sind aufgrund der sich ergebenden künstlichen Untersuchungssituation für die die externe Validität zu machen.

Feldexperiment

Führt man ein Experiment unter natürlichen Bedingungen durch (Frage 4), so handelt es sich um das Feldexperiment. Der Unterschied im Ort der Durchführung bringt natürlich Konsequenzen für die Kontrolle der Störvariablen mit sich. In der natürlichen Umgebung lassen sich die Störvariablen ersichtlich nicht in vergleichbarer Weise kontrollieren. Das Problemlösebeispiel illustriert diese Konsequenzen, wenn man sich vorstellt, dass die Untersuchung in einem Fall im Labor und im alternativen Fall im Hörsaal durchgeführt wird. Aus diesen unausweichlichen Folgen resultiert die zwangsläufig **geringere interne Validität** eines Feldexperiments im Vergleich zu einem Laborexperiment. Auf der anderen Seite führt die Nähe zur natürlichen Umgebung zu einer erleichterten Übertragbarkeit der Ergebnisse der Hypothesenprüfung auf andere Situationen und dadurch zu einer **erhöhten externen Validität** bzw. einem größeren Geltungsbereich der Hypothese. Neben den gegebenen Rahmenbedingungen, die ein Wissenschaftler vorfindet, bedingt somit auch die Zielsetzung (Priorität für die interne oder externe Validität) die Auswahl der experimentellen Variante.

Ein in der **natürlichen Umgebung** durchgeführtes Experiment nennt man **Feldexperiment**. Es hat eine geringere interne, aber höhere externe Validität.

Quasiexperiment

Ebenfalls nur ein einziges Merkmal unterscheidet das Quasiexperiment vom Laborexperiment, nämlich die fehlende Randomisierung. Die Ausführungen zu quasiexperi-

Beim **Quasiexperiment** fehlt im Vergleich zum Laborexperiment die Randomisierung. Es hat eine geringere interne Validität.

mentellen Faktoren in ▶ Abschn. 3.2.4 erhellen den Sachverhalt, dass es verschiedene Ursachen für das Fehlen einer Randomisierung gibt:

- Liegt eine intraindividuelle Bedingungsvariation vor (Messwiederholung, ▶ Abschn. 3.2.4), so ist die zufällige Zuteilung nicht möglich.
- Liegt eine organismische UV vor, so ist die zufällige Zuteilung ebenfalls nicht möglich (z. B. die UV Geschlecht).
- Liegt eine angewandte Fragestellung vor, so ist eine zufällige Zuteilung in vielen Fällen nicht sinnvoll (z. B. Mitarbeiter verschiedener Betriebsfilialen werden hinsichtlich ihrer Pünktlichkeit untersucht. Die Filialzugehörigkeit bestimmt in diesem Fall die Stufen.).
- Auch ethische Erwägungen können dazu führen, dass die Randomisierung nicht realisiert werden kann.

Auch bei dieser Variante ergeben sich **Einbußen für die interne Validität**, hier allerdings aufgrund der mangelnden Kontrolle der Versuchspersonenmerkmale, denn mit dem Parallelisieren alleine (ohne Randomisieren) können diese Störeffekte nicht komplett kontrolliert werden. Anders als beim Feldexperiment ergeben sich beim Quasiexperiment jedoch **keine Vorteile in der externen Validität**, denn auch das Quasiexperiment findet im Labor statt.

Feldstudie

Die **Feldstudie** wird in der natürlichen Umgebung und ohne Randomisierung durchgeführt. Dies führt zu erheblichen Einbußen in der internen Validität, die externe Validität ist dagegen hoch.

Die Feldstudie als letzte ernst zu nehmende Sonderform des Experiments unterscheidet sich in beiden Merkmalen vom Experiment. Bezogen auf das Problemlösebeispiel sähe eine Feldstudie folgendermaßen aus: Ein Kurs von Schüler der 13. Klasse bearbeitet im Klassenverband und im Klassenraum die gestellten Probleme mit Pausen, der andere Kurs ohne Pausen. Damit ist die Randomisierung ebenso wenig gewährleistet wie eine hinreichende Kontrolle der Situationsvariablen und die **Einbußen im Ausmaß der internen Validität** sind so erheblich, dass nur mit großer Zurückhaltung kausal interpretiert werden darf. Die Feldstudie zeichnet sich andererseits durch Situationsvalidität aus.

Ex-post-facto-Studie

Bei der **Ex-post-facto-Studie** werden UV und AV nachträglich bestimmt. Es besteht keine Möglichkeit zur Kausalinterpretation.

Bei der Ex-post-facto-Studie stellt sich bereits die Frage, ob sie im Vergleich zu den nichtexperimentellen Forschungsmethoden noch zusätzlichen Erkenntnisgewinn erbringen kann, denn neben der fehlenden Kontrolle der Störvariablen können UV und AV erst im Nachhinein getrennt werden. Damit fehlt auch die Möglichkeit, die zeitliche Sequenz von UV und AV experimentell herzustellen. Folglich ist nicht allein die interne Validität, sondern auch die **prinzipielle Berechtigung zur kausalen Interpretation in Frage gestellt** (▶ Beispiel).

Beispiel

Beispiel für eine Ex-post-facto-Studie

Ein Beispiel für eine Ex-post-facto-Studie liegt etwa dann vor, wenn ein Forscher sich für die Auswirkungen von Rauchen auf die Gesundheit beschäftigt und die Unterlagen einer Lungenklinik aus den vergangenen 10 Jahren analysiert. Er unterscheidet im Nachhinein (ex post facto) Patienten die geraucht und nicht geraucht haben (UV) und ermittelt die zugehörigen Häufigkeiten von Lungenkrebs (AV). Ihm fehlt aber z. B. eine Angabe dazu, wo die Patienten gelebt haben (Stadt/Land). Findet er, dass Raucher häufiger an Lungenkrebs erkranken, dann kann das auch durch andere Variablen (etwa durch den Lebensraum) bedingt sein, die nicht zu kontrollieren sind. Folglich ist keine Kausalinterpretation, sondern »nur« eine Zusammenhangsinterpretation möglich.

Vorexperimentelle Anordnung

Die vorexperimentelle Anordnung stellt keine echte experimentelle Variante dar, weil hier ein Merkmal des Experiments gänzlich fehlt, nämlich die Variation einer UV (k=1). Das bedeutet, dass die Untersuchung durchgängig (für alle Vpn) die gleiche Situation aufweist, eine Untersuchungsform, die in der Regel als **Studie** bezeichnet wird. Die Nähe zur experimentellen Forschungsmethode ergibt sich aus der Verwendung dieser Untersuchungsform im Rahmen von **Voruntersuchungen** zu einem geplanten Experiment, in denen für einzelne Bedingungen und mit relativ wenigen Vpn Instruktionen, Materialien usw. analysiert werden, um die Hauptuntersuchung zu optimieren (▶ Beispiel).

Bei der **vorexperimentellen Anordnung** wird auf die Variation der UV verzichtet. Es handelt sich um eine Form der Voruntersuchung.

Beispiel

Beispiel für eine vorexperimentelle Anordnung

So könnte man 5 Vpn an einem Nachmittag die Probleme bearbeiten lassen, die auch in der Hauptuntersuchung verwendet werden sollen. Ziel ist es herauszufinden, ob die Instruktionen verstanden werden, die Probleme nicht zu leicht oder zu schwer sind, die angenommene Bearbeitungszeit realistisch ist usw. Die Erfahrungen, die man in dieser Studie sammelt, können zur Optimierung der Hauptuntersuchung herangezogen werden.

Insofern stellen vorexperimentelle Anordnungen sehr sinnvolle, ja notwendige Maßnahmen zur Planung und Durchführung eines validen Experiments dar.

Erkundungsexperiment

Ein Erkundungsexperiment kann alle bisher genannten Formen eines Experiments annehmen. Es unterscheidet sich von ihnen allein dadurch, dass die Hypothesen, die geprüft werden sollen, nicht oder nur unpräzise existieren. Deshalb ist diese Untersuchungsform auch nicht in ◘ Abb. 3.6 integriert. Ein Erkundungsexperiment dient nicht der Hypothesenprüfung, sondern ihrer Generierung. Es handelt sich also um eine völlig andere Art von Erkenntnisgewinn, die aus diesem Vorgehen resultiert: Während im Experiment (und auch in seinen Varianten) die Überprüfung einer Hypothese im Zentrum des Interesses steht und aus dieser Untersuchung eine wissenschaftlich begründete Aussage resultiert, schafft der Forscher mit einem Erkundungsexperiment einen empirischen Datensatz, der als **Basis für die Hypothesenformulierung und -begründung** dient (▶ Abschn. 1.4.2 und 1.4.4). Strikt zu beachten ist dabei in diesem Fall, dass die Aussagen aus einem Erkundungsexperiment ihren **hypothetischen Charakter** auch nach dem Experiment behalten, denn man kann eine Hypothese nicht am gleichen Datensatz aufstellen und überprüfen. Die Überprüfung der solchermaßen generierten Hypothesen verlangt also ein neues Experiment, das eigens dafür konzipiert wurde.

Ein **Erkundungsexperiment** exploriert eine Forschungsfrage und liefert die Datenbasis für eine Hypothesenerstellung, die ihrerseits mit einem neuen Experiment überprüft werden muss.

Diese Überlegungen münden in die Unterscheidung zwischen **hypothesenprüfenden** und **hypothesenerkundenden** Untersuchungsanteilen, die auch innerhalb einer einzigen Untersuchung existieren können, dann aber bezüglich ihrer Aussagekraft deutlich zu trennen sind. Hypothesenprüfend gehen wir vor, wenn die zu Beginn einer Untersuchung aufgestellte und präzisierte Fragestellung mittels eines Experiments oder einer Studie gezielt überprüft wird: Wir kommen beispielsweise zu einer Entscheidung bezüglich der Hypothese »Wenn beim Lösen von Problemen Pausen gemacht werden, dann ist die Lösungsgüte zumeist besser, als wenn keine Pausen gemacht werden« insofern, als wir feststellen, dass diese Vermutung auf der Ebene der Testhypothesen statistisch nachgewiesen werden kann. Vergleichen wir im Nachhinein zusätzlich noch die Leistungen der beteiligten männlichen und weiblichen Vpn, so **explorieren** wir den Datensatz und nutzen ihn zur Formulierung weiterer Hypothesen. Dagegen ist so lange nichts einzuwenden, als von diesen neuen Hypothesen nicht angenommen wird, dass sie mit den Daten, aus denen sie entwickelt wurden, auch geprüft werden können, bzw.

Eine Untersuchung kann **hypothesenprüfende und -generierende Anteile** enthalten. Der wissenschaftliche Status der jeweiligen Aussagen ist strikt zu unterscheiden.

dass sie auf dem Hintergrund der Untersuchung bereits geprüft wären. Stellen wir also explorativ fest, dass insbesondere Männer die Hypothese bestätigen, so bleibt das eine Hypothese, die man erst noch prüfen muss.

3.2.7 Stärken und Probleme des Experiments

Menschen neigen dazu, in **Ursache-Wirkungs-Beziehungen** zu fühlen, zu denken und zu handeln.

Das hervortretende Merkmal der experimentellen Methode ist die **Möglichkeit zur kausalen Interpretation der Relation zwischen (mindestens) zwei Variablen**, der UV und der AV. Keine andere Methode der Psychologie bietet diese Möglichkeit in vergleichbarem Ausmaß. Die große Bedeutung dieses Merkmals ergibt sich aus dem dem menschlichen Erleben und Denken inhärenten Kausalitätsprinzip: Menschliche Individuen neigen dazu, in Ursache-Wirkungs-Beziehungen zu erleben und zu denken. Folglich ist es auch ein prominentes Ziel der wissenschaftlichen Psychologie, neben dem Beschreiben, menschliches Erleben, Verhalten und Handeln auch erklären (und – darauf aufbauend – vorhersagen) zu wollen.

Die experimentelle Kontrolle ermöglicht den **Zugang zur Kausalität.**

Das Mittel zur Erreichung dieses Ziels ist die **Kontrolle**, die der Forscher im Experiment ausüben kann. Er kontrolliert die Veränderung (Manipulation) der UV ebenso wie die Variablen, die neben der UV die AV beeinflussen können. Je besser diese Kontrolle gelingt, umso höher ist die interne Validität und desto berechtigter ist die kausale Interpretation. Außerdem steigt mit dem Ausmaß der gelungenen Kontrolle auch die Präzision der Hypothesenprüfung und damit die Wahrscheinlichkeit für eine korrekte (die Verhältnisse in der Population abbildende) Hypothesenentscheidung. **Keine andere psychologische Forschungsmethode eröffnet den Zugang zur Kausalität in dieser direkten Weise.**

Die Probleme des Experiments beginnen beim Kausalitätsbegriff.

Auf der anderen Seite sind gerade mit diesen Stärken auch Schwierigkeiten verbunden, die nicht aus den Augen verloren werden dürfen. Es beginnt beim **Kausalitätsbegriff**. Die Bedeutung der zeitlichen Sequenz zwischen UV und AV wurde schon hervorgehoben. Nur wenn die UV der AV vorausgeht (und die Kontrolle weitgehend gelingt), ist eine sinnvolle Kausalinterpretation im Sinne einer Ursache-Wirkungs-Relation möglich (▶ Beispiel).

Beispiel

Depression und Fernsehen

Ziehen wir zur Illustration ein Beispiel heran: Ein Forscher interessiert sich für die Frage, ob depressiv verstimmte Menschen mehr Fernsehen. Die Rekonstruktion der quasiuniversellen Hypothese, die experimentell untersucht werden soll, lautet dann: »Sind Individuen depressiv verstimmt, so schauen sie zumeist mehr fern, als wenn sie nicht depressiv verstimmt sind.« Diese Hypothese ist nur quasiexperimentell zu prüfen, weil die UV »Ausmaß der depressiven Verstimmung« ein organismischer Faktor ist, der fest mit den Vpn verbunden ist und damit keine Randomisierung ermöglicht. Hier liegt die Ursache für die besprochene Minderung der internen Validität und Einschränkung der Berechtigung zur kausalen Interpretation bei quasiexperimentellen Faktoren.

Die Richtung der Kausalrelation ist in der **zeitlichen Abfolge** von UV und AV angelegt **oder theoretisch zu fundieren.**

In dem gewählten Beispiel kommt aber noch ein prinzipielles Problem hinzu: Woher kommt die Berechtigung, diese Richtung in der Beziehung zwischen den beiden Variablen anzunehmen? Hier gibt es keine zeitliche und auch keine »natürliche« Abfolge. Mit der gleichen Berechtigung wäre die umgekehrte Vermutung zu prüfen, dass häufiges Fernsehen zu depressiver Verstimmung führt. Auch aus diesen Überlegungen ist die Bedeutung des Randomisierens abzulesen: Der Forscher muss nicht nur die Störvariablen kontrollieren, sondern auch die Kontrolle darüber behalten, welche Vp in welcher experimentellen Bedingung beobachtet wird. Diese Form der Kontrolle bietet nur das klassische Experiment (Labor- und Feldexperiment). Für quasiexperimentelle Faktoren gemäß dem soeben besprochenen Beispiel bleibt zu fordern, dass eine **Theorie**

zur Hypothesenbegründung unabdingbar ist, die die Richtung der Kausalrelation vorgibt und verständlich macht.

Deskriptive vs. explanative Kausalität Die Kausalrelation hat eine zweite Schwierigkeit zu bewältigen: Was wissen wir eigentlich, wenn die Hypothesenentscheidung ergibt, dass die Möglichkeit, den Problemlöseprozess zu unterbrechen, zu einer verbesserten Lösungsgüte führt? Liegt hier wirklich eine **Begründung** für den beobachteten Effekt vor? Oder haben wir es im engeren Sinne »nur« mit einer Beschreibung eines kausalen Zusammenhangs zu tun? Eine entsprechende Differenzierung in **deskriptive und explanative Kausalität** im Sinne eines Kontinuums wäre zum Verständnis einer experimentellen Untersuchung sicherlich hilfreich. Näher an einer wirklichen Begründung für den möglichen Vorteil aus der Pausenbildung wäre die Vermutung, dass durch das Zeitintervall, in welchem die Vpn sich mit anderen Dingen beschäftigen müssen, produktives Vergessen möglich wird. Diese methodisch-begriffliche Unterscheidung ändert allerdings nichts daran, dass auch diese mehr explanative Kausalhypothese wieder nur experimentell zu entscheiden wäre. Forschung und Erkenntnisfortschritt erfolgen schrittweise.

Gibt es eine **tiefergehende Begründung** für eine gefundene Kausalrelation?

Zwei weitere, immer wieder vorgebrachte Schwierigkeiten in Bezug auf das experimentelle Vorgehen sind eher »handwerklicher« Natur. Dabei handelt es sich

- um den Einwand der **Künstlichkeit** der Untersuchungssituation, verbunden mit dem Vorwurf der Unbrauchbarkeit der Befunde für die Alltagssituation sowie
- um den Einwand, dass das experimentelle Vorgehen einen hohen zeitlichen und personellen **Aufwand** mit sich bringt.

Die **Künstlichkeit** und der **hohe Aufwand** sind weitere Einwände gegen das Experiment.

Der **Einwand zur Künstlichkeit** ist, wie mehrfach und ausführlich besprochen, zutreffend und systemimmanent, denn eine beabsichtigte Kausalinterpretation ist nur bei möglichst perfekter Kontrolle der Störvariablen möglich, die zwangsläufig zu einer künstlichen (alltagsfernen) Untersuchungssituation führt. Die Konsequenz besteht darin, dass die externe Validität nicht vorliegen kann, sondern ein eingeschränkter Geltungsbereich der Hypothese besteht. Der Einwand greift andererseits insofern zu kurz, als durch Replikationsstudien die Prüfung des Geltungsbereichs möglich ist. Man muss – um dem Dilemma zu entgehen – von dem Gedanken Abstand nehmen, dass in der psychologischen Forschung mit einer einzigen Untersuchung eine Fragestellung zu beantworten ist. Kann nur eine einzelne Untersuchung durchgeführt werden, so stellt sich die Frage der Prioritäten: Ist die interne oder die externe Validität vorrangiges Ziel der Hypothesenprüfung? Gemäß dieser Prioritätensetzung ist die Auswahl des Untersuchungsplans zu treffen (Experiment, Feldexperiment oder Feldstudie).

Die **Künstlichkeit** der Laborsituation kann durch **systematische Replikation** ausgeglichen werden.

Der **Einwand des großen Aufwands**, den ein Experiment mit sich bringt, ist ebenfalls absolut berechtigt: Im Experiment müssen möglichst viele Vpn am besten einzeln unter absolut vergleichbaren Bedingungen beobachtet werden! Außerdem ist mit Blick auf den Geltungsbereich an Replikationen zu denken. Aber auch in dieser Frage entscheidet die Zielsetzung des Forschers darüber, ob ein Experiment oder eine nichtexperimentelle Methode zur Generierung oder Überprüfung der Fragestellung eingesetzt wird. Niemand wird dazu gezwungen zu experimentieren. Vielleicht kann man mit einer Korrelationsstudie mit weniger Aufwand die gleichen Erkenntnisse gewinnen, wie mit einer experimentellen Anordnung. Bei einer Ex-post-facto-Studie oder einem Erkundungsexperiment stellt sich diese Frage besonders nachdrücklich, denn hier sind die im Experiment enthaltenen Zielsetzungen der Kausalinterpretation bzw. der Hypothesenprüfung in ersichtlicher Weise ausgesprochen fraglich.

Der große Aufwand ist notwendig, wenn es die **Art der Fragestellung** erfordert.

3

Exkurs

Kritische Betrachtung

Das **Experiment** – wie gelegentlich geschehen - als Königsweg in der psychologischen Forschung zu bezeichnen ist deshalb problematisch, weil damit Wertungen verbunden sind. Die Auswahl einer Methode sollte aber nicht an Ideologien gebunden, sondern an den Inhalten der Fragestellungen orientiert sein. Ein Experiment ist ein aufwändiges und ambitioniertes Vorgehen zur Entscheidung einer Forschungsfrage. Verlangt die Art der Fragestellung ein experimentelles Design (»Design« wird häufig synonym zu »Plan« verwendet), so ist die Anwendung dieser Forschungsmethode angezeigt. Gibt es andere Wege, die Frage zuverlässig und gültig zu beantworten, so kann nach Ökonomieprinzipien entschieden werden.

3.2.8 Einzelfallforschung

Die Einzelfallforschung hat zwar eine lange Tradition, aber auch immer wieder starke Kritik erfahren.

Erst in den letzten Jahrzehnten finden Methoden der **quantitativen Einzelfallforschung** (auch N=1-Forschung genannt) wieder verstärkt Beachtung. Es handelt sich um die Analyse einer einzelnen Person durch intensives Studium ihres Erlebens und Verhaltens. Dabei hat diese Methodik eine lange Tradition in der psychologischen Forschung. Ausgehen von Wundt (1832–1920), über Ebbinghaus (1850–1909), Pawlow (1849–1936) bis hin zu Skinner (1904–1990) wurde diese Methode in verschiedenen Varianten (z. B. verwendete sich Ebbinghaus selber als Vp) immer wieder eingesetzt. Dennoch wurde sie – häufig auf dem Hintergrund methodischer Kritik – bis in die 70er Jahre des vergangenen Jahrhunderts stark in den Hintergrund gedrängt und erfuhr erst im Zusammenhang mit der die Einzelfallforschung wieder aufgreifenden **Psychotherapieforschung** neue Würdigung.

Diese Kritik bezog sich auf den **anekdotischen und unkontrollierten Charakter** der ersten Fallstudien.

Die Kritik an der **Einzelfallforschung** bezog sich zunächst auf ihren **unkontrollierten Charakter**. Diese Kritik resultierte aus den anfangs oft **anekdotischen** Fallstudien und es dauerte einige Jahrzehnte, bis die **streng kontrollierten Formen**, die man als **quasiexperimentell** bezeichnen kann, entwickelt waren.

▶ Definition Einzelfallforschung

Definition

Von quantitativer **Einzelfallforschung** spricht man, wenn eine einzelne Untersuchungseinheit (in der Regel eine Person) bezüglich einer oder mehrerer AV unter möglichst kontrollierten Bedingungen wiederholt beobachtet wird, um die Wirkung einer UV messen und bewerten zu können.

Einen Zugang zu mehr Kontrolle liefert die **Verhaltensstichprobe**. Dabei wird die gleiche Person hinsichtlich des interessierenden Verhaltens wiederholt beobachtet.

Wie schon angedeutet handelt es sich bei den Untersuchungseinheiten meist um eine einzelne Person, aber es sind auch einzelne Gruppen (Familien, Vereine, Betriebe, Dörfer usw.) als Einheiten denkbar. Natürlich kommt auf dem Hintergrund der Forderung nach möglichst großen Stichproben in der **Gruppenforschung** sofort die Frage auf, wie in einem Einzelfallplan denn hinreichende Reliabilität und Validität gewährleistet sein können. Die Antwort gibt der Begriff der **Verhaltensstichprobe** (▶ Abschn. 3.1.3). Die gleiche Person wird hinsichtlich des interessierenden Verhaltens wiederholt beobachtet. In der Einzelfallforschung werden möglichst viele Verhaltensbeobachtungen angestellt, in der Gruppenforschung sind es die Vpn, die in möglichst großer Anzahl zu beobachten (messen, testen usw.) sind.

▶ Definition Verhaltensstichprobe vs. Personenstichprobe

Definition

Unter einer Stichprobe versteht man eine Teilmenge aus einer Grundgesamtheit (Population) (▶ Abschn. 3.1.3). Bei der **Personenstichprobe** liegt eine Auswahl aus einer Population von Personen, bei der **Verhaltensstichprobe** eine Auswahl aus einer Population von Verhaltensweisen vor.

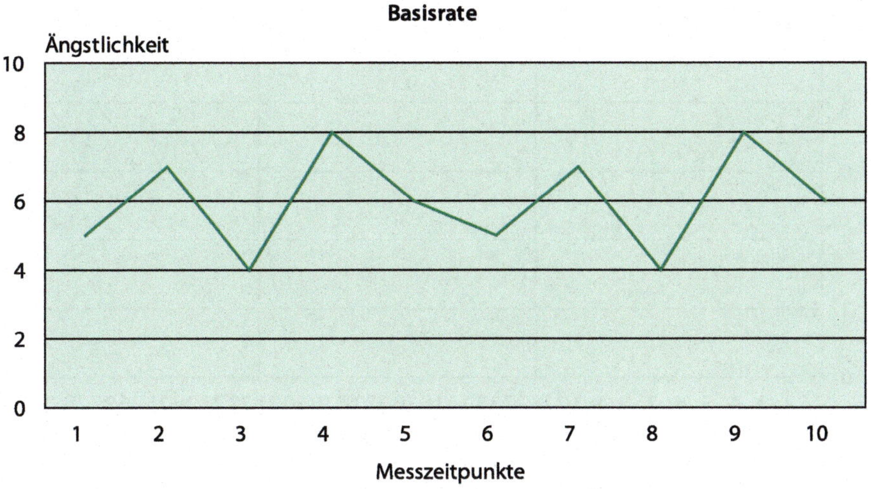

Abb. 3.7 Beispiel für eine Basisrate aus 10 Messungen zur AV »Ängstlichkeit«

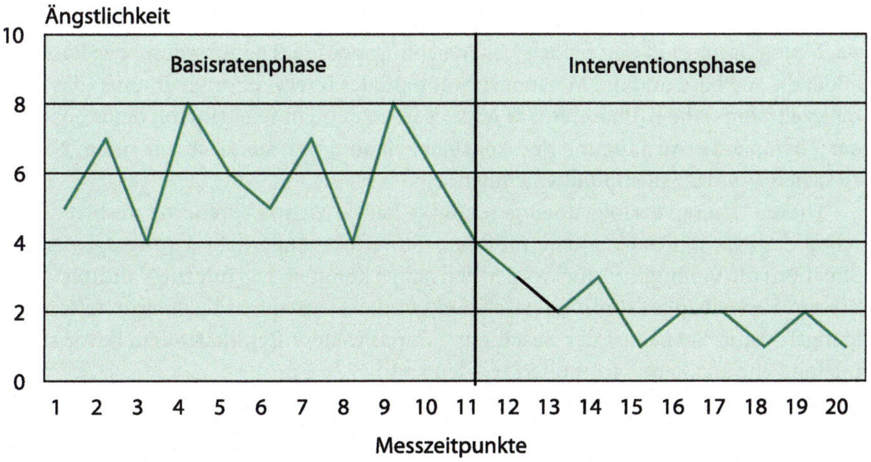

Abb. 3.8 Zwanzig Messungen der Ängstlichkeit eines Klienten, gemessen im Tagesabstand. Die ersten 10 Messungen erfolgten vor und die letzten 10 Messungen nach der Intervention

Zwar kennen wir den Begriff der Messwiederholung bereits (▶ Abschn. 3.2.2), aber in der Einzelfallforschung geht es nicht um zwei bis maximal fünf wiederholte Beobachtungen, sondern hier gilt wieder die Forderung nach möglichst vielen Beobachtungen, sodass man von einer möglichst großen **Zeitreihe** (möglichst viele Messungen in gleichen zeitlich Abständen) spricht.

Notwendig sind möglichst viele Beobachtungen in Form einer **Zeitreihe**.

Ausgangspunkt für alle weiteren Überlegungen und Maßnahmen ist die sog. **Basisrate** (Grundrate, »baseline«). Überprüft man die Hypothese, dass die verhaltenstherapeutische Maßnahme X (UV) sich positiv auf die Ängstlichkeit (AV) einer Person auswirkt, so wird bei dieser Person zunächst über eine längere Zeitstrecke die »Ängstlichkeit« gemessen. Abb. 3.7 gibt ein Beispiel für eine (fiktive) Basisrate zu diesem Vorgehen.

Die **Basisrate** ist die unbeeinflusste (natürliche) Fluktuation der AV über einen längeren Zeitraum.

Abb. 3.7 zeigt, dass die Ängstlichkeit – gemessen auf einer zehnstufigen Skala – in zehn aufeinander folgenden Tagen Werte zwischen 4 und 8 annimmt, also um einen mittleren Wert von etwa 6 Punkten variiert.

AB-Plan

Die Logik der Einzelfallversuchspläne geht nun dahin, dass eine **deutliche und stabile Niveauveränderung** aufgrund des Einsetzens der Therapie X (allgemein aufgrund einer **Intervention**) mit dem 11. Tag als Effekt dieser Therapie und damit kausal interpretiert werden kann. Abb. 3.8 veranschaulicht diese Logik.

Im **AB-Plan** folgt der Basisratenphase eine Interventionsphase.

3

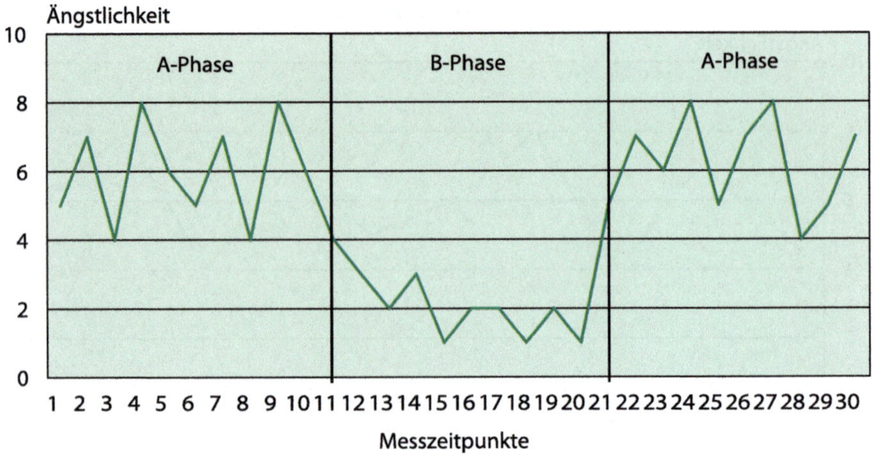

Abb. 3.9 Die drei Phasen des ABA-Versuchsplans

Mit dieser grundlegenden Vorgehensweise in der quantitativen Einzelfallforschung ist auch bereits der erste Versuchsplan beschrieben. Er nennt sich **AB-Plan**. Die Bezeichnung basiert auf den beiden Untersuchungsphasen. Die Erstellung der Basisrate bildet die A-Phase und die Messungen während des Interventionszeitraums (des Therapiezeitraums) die B-Phase. Aus Abb. 3.8 ist zu entnehmen, dass mit dem Einsetzen der Therapie die Ausprägung der Ängstlichkeit abnimmt und sich auf einem Niveau zwischen 1 und 2 Skalenpunkten einpendelt.

Die kausale Interpretation des Interventionseffekts ist beim **AB-Plan** nicht möglich, weil die **interne Validität eingeschränkt** ist.

Diesen Therapieerfolg uneingeschränkt kausal zu interpretieren verbietet sich schon deshalb, weil auch andere Einflüsse (Störeffekte außerhalb der therapeutischen Situation) die Veränderung hervorgerufen haben könnten. Die **interne Validität ist bei diesem Versuchsplan somit eingeschränkt** und die kausale Erfolgsinterpretation vorläufiger Natur. Sie bedarf der Bestätigung durch weitere **Replikationen**, bevor sie als uneingeschränkt kausal formuliert werden kann.

ABA-Plan

Im **ABA-Plan** wird aus Kontrollgründen (zur Erhöhung der internen Validität) eine **zweite A-Phase** angehängt.

Um diesem Einwand entgegenzutreten wurden weitere Pläne entwickelt, von denen wir hier noch den **ABA- und ABAB-Plan** skizzieren wollen. Beim ABA-Plan wird eine zweite A-Phase angehängt. Es erfolgt also im Anschluss an die B-Phase eine erneute Erfassung der Ängstlichkeit über eine Reihe von Tagen hinweg *ohne* Intervention. Abb. 3.9 zeigt diesen Fall.

Dieses Ergebnisbild **stärkt die interne Validität**, weil es relativ unwahrscheinlich ist, dass die äußeren Störeffekte mit dem Ein- und Absetzen der Intervention zusammentreffen, also konfundiert sind (▶ Abschn. 3.2.2). Dennoch ist eine Zurückhaltung bei der kausalen Interpretation angezeigt.

ABAB-Plan

Im **ABAB-Plan** werden aus Kontrollgründen eine zweite A- und eine **zweite B-Phase** angehängt.

Der ABAB-Plan setzt diese Logik mit einer zweiten B-Phase fort. Bestätigt sich das Ergebnis der ersten Interventionsphase, so **stärkt dieser Sachverhalt die interne Validität** weiter (Abb. 3.10). Ergibt sich das in der Abbildung dargestellte Ergebnismuster, so kann man (nach entsprechender statistischer Absicherung) von einer nur noch leicht eingeschränkten internen Validität ausgehen. Die Übertragbarkeit auf weitere Klienten, Indikationen, Therapeuten usw. ist jedoch noch durch **zusätzliche systematische Replikationen** zu prüfen. Damit wird bei gleich bleibender Befundlage die interne Validität endgültig gesichert und der Geltungs- bzw. Anwendungsbereich der Hypothese bestimmt.

In den besprochenen experimentellen Einzelfallversuchsplänen stellt der Proband sowohl die Versuchsperson (B-Phase) als auch noch ihre **eigene Kontrollperson** (A-

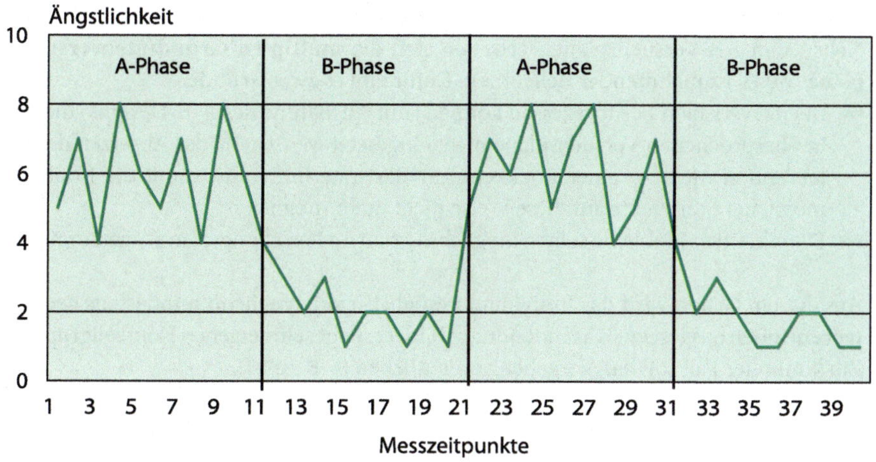

Abb. 3.10 Die vier Phasen des ABAB-Versuchsplans

Phase). An die Stelle der Kontrollgruppe rückt die Vp mit ihrem Verhalten in der Vergleichssituation.

Kritik an der quantitativen Einzelfallforschung und den Versuchsplänen wird primär in zwei Punkten geübt:

- die aus Gründen der internen Validität geforderte **Effektzurücknahme** in der zweiten A-Phase sowie
- das Ende der Intervention nach der zweiten A-Phase im ABA-Versuchsplan (**unbehandelter Abbruch**).

Die besprochenen Versuchspläne sind **Forschungspläne** und keine **Therapiepläne**.

Die **Effektzurücknahme** besteht darin, dass nachzuweisen ist, dass bei ausbleibender Intervention die AV wieder das Basisratenniveau annimmt. Besonders im therapeutischen Kontext ist diese Forderung natürlich kontraindiziert, denn hier wünscht man sich gerade überdauernde Effekte. Der **unbehandelte Abbruch** bezieht sich auf das Ende der Intervention mit der AV auf Basisratenniveau. Auch hier ergibt sich ein klarer Konflikt zum therapeutischen Auftrag, also ein massives ethisches Problem.

Aus der Forderung nach interner Validität wurde der ABA-Plan entwickelt. Daran werden die **Effektzurücknahme** und der **unbehandelte Abbruch** kritisiert.

Beide Kritikpunkte verlieren an Gewicht, wenn man sich bewusst macht, dass es sich hier um **Forschungspläne** und nicht um **Therapiepläne** handelt. Natürlich wird man im konkreten Fall versuchen, eine therapeutisch wirkungsvolle Maßnahme für den Klienten auch in ihrem Effekt auszuschöpfen. Die erste B-Phase nimmt dann eben 20 Sitzungen anstelle von 10 Sitzungen ein, um zur Dauerhaftigkeit des Effekts beizutragen. Ebenso einfach ist das Argument zum unbehandelten Abbruch: Der Forschungsplan endet für den Therapieforscher mit der 30. Messung und einer AV auf Basisratenniveau, der Therapieplan jedoch geht für den Klienten mit einer entsprechend umfänglichen Interventionsphase weiter.

Beide Kritikpunkte verlieren an Gewicht, wenn man sich bewusst macht, dass es sich hier um **Forschungspläne** und nicht um Therapiepläne handelt.

Exkurs

Kritische Betrachtung

Wendet man sich der **Einzelfallforschung** mit dem Anspruch der Gütekriterien des Experiments zu, so ist man zum Umdenken gezwungen, denn weder stehen uns die Kontrolltechniken des Randomisierens noch der Kontrollgruppe zur Verfügung (▶ Abschn. 3.2.4). Vielmehr wird die Versuchsperson durch häufiges Beobachten in der experimentellen Bedingung und der Kontrollbedingung zu ihrer eigenen Kontrollperson. Die besprochenen AB-Pläne variieren das Ausmaß dieser Kontrolle durch die unterschiedliche Anzahl an A- und/oder B-Phasen. Sie bleiben aber quasiexperimentelle Pläne, weil Alternativhypothesen zum beobachteten Effekt zwar mit hinreichender, aber nicht hundertprozentiger Sicherheit ausgeschlossen werden können. Dieser Mangel kann mit Replikationsstudien ausgeglichen werden. Ethische Probleme (Effektzurücknahme, unbehandelter Abbruch) verlieren durch die Unterscheidung von Forschungs- und Therapieplänen entscheidend an Gewicht.

3

Die **multiplen Grundratenversuchspläne** wurden entwickelt, um die interne Validität zu gewährleisten und die ethischen Probleme auszuräumen.

Aus diesem Grund wird das Individuum möglichst zeitsynchron mindestens drei Interventionen ausgesetzt.

Multiple Grundratenversuchspläne (MGV)

Neben den AB-Versuchsplänen erfreuen sich die **multiplen Grundratenversuchspläne** (MGV) zunehmender Beliebtheit. Dafür gibt es zwei Gründe:

- Bei irreversiblen Lernprozessen können (mit Ausnahme des A-B-Designs) die bisher besprochenen Versuchspläne nicht eingesetzt werden, da das Absetzen der Intervention nicht zu einer Rückkehr zur Basisrate führt und somit die Kontrolle möglicher Störeffekte auf diese Weise nicht mehr möglich ist.
- Die ethischen Probleme sollten möglichst schon im Forschungsplan ausgeräumt sein.

Aus diesem Grund wird das Individuum möglichst **zeitsynchron** mindestens **drei Interventionen** ausgesetzt. Das Individuum bildet erneut seine eigenen Kontrollgruppen. Ein konkreter Fall soll das Vorgehen verdeutlichen (▶ Beispiel).

Beispiel

Vorstellungsbasierte Konfrontationsbehandlung

Saigh (1986) erprobte eine vorstellungsbasierte Konfrontationsbehandlung (Flooding-Technik) an Joseph, einem 6½-jährigen Jungen, der unter einer posttraumatischen Belastungsstörung litt, die sich nach einer Bombenexplosion in einem Einkaufszentrum in seiner Anwesenheit entwickelt hatte. Sie zeigte sich durch Schlafstörungen, Albträume, Depression, Vermeidungsverhalten usw. Zur Behandlung entwickelte Saigh 5 Szenen, z. B. von verletzten Personen, die behandelt werden oder von Menschen, die sich einem Einkaufszentrum nähern. Die Ausprägung der Störung von Joseph (AV) wurde jeden Tag mit einer entsprechenden Skala der Befindlichkeit für alle 5 Szenen erfasst, mit 5 als Maximum der Störung und 0 für keine Störung (5 Basisraten).

Zur Therapie wurde Joseph zunächst angeleitet sich zu entspannen und danach aufgefordert, sich die jeweilige Szene für mehr als 20 Minuten intensiv und in allen Einzelheiten vorzustellen. In ◻ Abb. 3.11 sind der weitere Therapieverlauf und die Effekte für 3 der 5 Szenen festgehalten.

Vier Messzeitpunkte reichten dem Autor im vorliegenden Fall, um von einer stabilen Basisrate ausgehen zu können. Mit 5 gemessenen Skalenpunkten war die Befindlichkeit des Jungen beim Anblick der Szene maximal gestört. Am Tag darauf setzte die vorstellungsbasierte Konfrontationstherapie ein und zeitigte im Verlauf der folgenden 12 Sitzungen eine erfolgreiche Reduktion der Empfindungsstörung auf einen Skalenpunkt.

Gleichzeitig blieb die Basisrate in Bezug auf die Szenen 2 und 3 unverändert. Nachdem sich in Szene 1 ein stabiler und ausgeprägter Therapieeffekt gezeigt hatte, wurde die Intervention auch für die Szene 2 gestartet. Über einen Zeitraum von 8 Sitzungen reduzierte sich das Ausmaß der Befindlichkeitsstörung von 5 auf 0 Skalenpunkte.

Das gleiche Bild ergab sich für die Szene 3, nachdem in der 25. Sitzung (bei zuvor stabiler, maximal ausgeprägter Basisrate) die Therapie einsetzte.

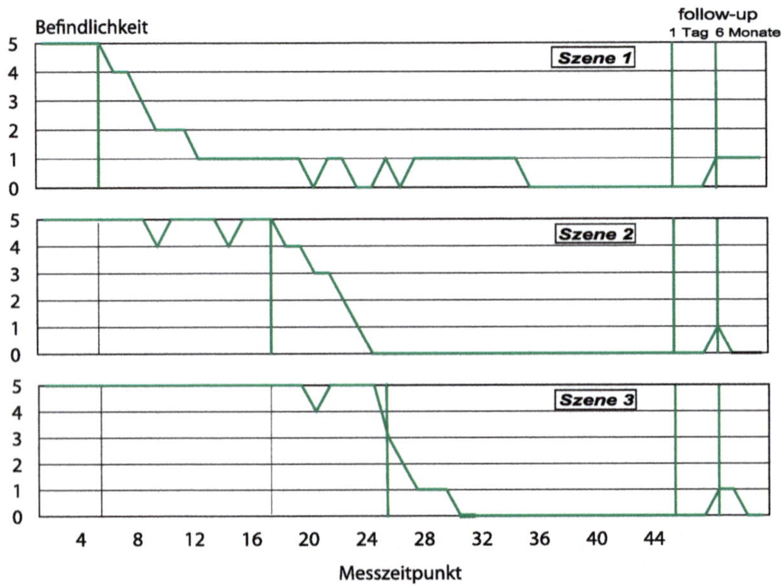

◻ **Abb. 3.11** Ein multipler Grundratenversuchsplan bei einem 6-jährigen Jungen mit einer posttraumatischen Belastungsstörung, behandelt mit einer vorstellungsbasierten Konfrontationstherapie (Befindlichkeit: 5 = maximal gestört, 0 = nicht gestört)

Das Beispiel macht klar, dass die interne Validität als gesichert angesehen werden kann, da es absolut unwahrscheinlich ist, dass ein Störeffekt mit diesem kombinierten Basisraten-Interventions-Muster verbunden sein könnte und die Effekte hervorrufen bzw. verändern könnte. Auch ist ◘ Abb. 3.11 leicht zu entnehmen, dass die Effekte nach Abschluss der Therapie und nach einem halben Jahr stabil bleiben, also kein Rückfall aufzutreten scheint. Außerdem ist sofort zu erkennen, dass die Effektzurücknahme bzw. der unbehandelte Abbruch in diesem Versuchsplan nicht existieren. Schließlich sind Lern- und Übungseffekte durch die parallel weiterlaufenden zusätzlichen Basisraten kontrollierbar.

Die **interne Validität** kann bei diesem Plan als gesichert gelten.

Andererseits ergeben sich aus dem Beispiel auch die Forderungen, die als Voraussetzung für die Möglichkeit zur Kausalinterpretation der Interventionsfolgen gegeben sein müssen. Diese Annahmen sind die **Unabhängigkeit** und die **Ähnlichkeit**.

Für eine Kausalinterpretation der Interventionseffekte müssen die Annahmen der **Unabhängigkeit** und **Ähnlichkeit** erfüllt sein.

- Die beobachteten AVn müssen bezogen auf die Intervention voneinander unabhängig sein. Zu erkennen ist diese Annahme an den stabilen Grundraten bei den nicht direkt beeinflussten AVn.
- Die gleiche Intervention (UV) sollte zu vergleichbaren Veränderungen in allen AVn führen.

Ein Verstoß gegen diese Annahmen führt zur Einschränkung der internen Validität und damit zur notwendigen Zurückhaltung bei der kausalen Ergebnisinterpretation. Weitere Informationen zur Planung und Auswertung von Einzelfalluntersuchungen finden sich bei Kern (1997) (▶ Kritische Betrachtung).

Exkurs

Kritische Betrachtung

Multiple Grundratenpläne sind die Antwort auf die Kritik an den AB-Versuchsplänen mit ihren Varianten. Sie begegnen erfolgreich den Einwänden gegen mögliche Lern- und Übertragungseffekte, gegen ethische Probleme und gegen Mängel in der experimentellen Kontrolle. Sie lassen rivalisierende (alternative) Erklärungen der Effekte der UV in der AV als sehr unwahrscheinlich erscheinen und sind aus diesen Gründen attraktive Alternativen im Spektrum der quantitativen Einzelfallforschungspläne. Die mögliche hohe interne Validität setzt jedoch die Einhaltung der Annahmen der Ähnlichkeit und Unabhängigkeit voraus.
Quantitative Einzelfallforschung ermöglicht die Überprüfung kausaler Hypothesen am Einzelfall. Um zu Verallgemeinerungen zu kommen, bedarf es – wie im Fall der Gruppenforschung – immer der Replikationen.

Kriterien quantitativer Einzelfallforschung

Wie kann man die beobachtete Veränderung in einer quantitativen Einzelfallstudie beurteilen? Gängige Kriterien sind die
- statistische Signifikanz,
- pädagogisch-klinische Signifikanz,
- normative Validität und
- soziale Validität.

Statistische Signifikanz Die statistische Signifikanz beurteilt die Wahrscheinlichkeit des Zustandekommens eines Mittelwertunterschieds oder eines Zusammenhangs in der jeweiligen Stichprobe. Signifikant bedeutet überzufällig und heißt, dass die beobachteten Unterschiede mit dem Zufall nicht mehr erklärt werden können. Die statistische Signifikanz ist von der Größe der Stichprobe abhängig. Deshalb können auch kleine Veränderungen, die im klinischen Kontext unbedeutsam erscheinen, durchaus statistisch signifikant sein.

Die **statistische Signifikanz** beurteilt die Wahrscheinlichkeit des Zustandekommens eines Mittelwertunterschieds oder eines Zusammenhangs in der jeweiligen Stichprobe.

Die **pädagogisch-klinische Signifikanz** abstrahiert vom statistischen Kontext und bezieht sich auf die inhaltliche Bedeutsamkeit der erzielten Effekte.

Pädagogisch-klinische Signifikanz Die pädagogisch-klinische Signifikanz abstrahiert vom statistischen Kontext und bezieht sich auf die inhaltliche Bedeutsamkeit der erziel-

3

Abb. 3.12 Im Sinne der pädagogisch-klinischen Signifikanz liegt in diesem Datensatz ein bedeutsamer Therapieeffekt vor, weil es keine Überschneidungen der Daten aus der Basisraten- und Interventionsphase gibt und weil die Veränderung im Mittel (4,96 vs. 0,375) 2 Standardabweichungen beträgt

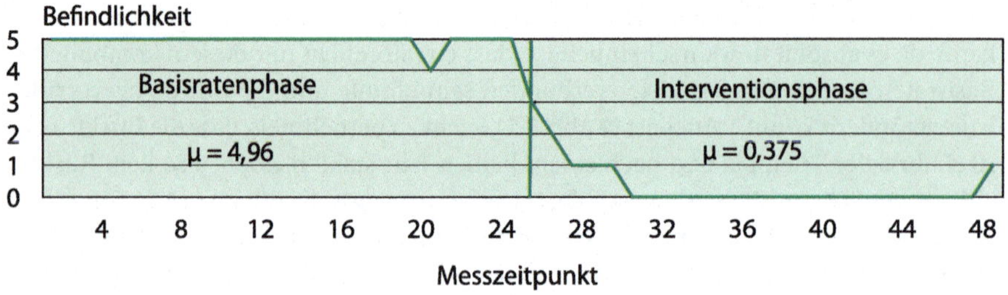

ten Effekte. Es wäre weniger missverständlich, dieses Kriterium pädagogisch-klinische Bedeutsamkeit oder Relevanz zu nennen, um es nicht in die Nähe der statistischen Signifikanz zu rücken. Ein Therapeut wird nicht damit zufrieden sein, den Depressionswert seines Klienten statistisch signifikant gesenkt zu haben, wenn dieser noch immer behandlungsbedürftig ist. Pädagogisch-klinische Signifikanz setzt sehr viel strengere Maßstäbe.

► Definition Pädagogisch-klinische Signifikanz

Definition

Pädagogische oder klinische Signifikanz (je nach dem betroffenen Inhaltsbereich) liegt vor, wenn zwischen den Messwerten aus der Basisratenphase und der Interventionsphase keine Überlappungen (Überschneidungen) existieren *und* wenn der Unterschied zwischen dem Mittelwert aus diesen beiden Phasen mindestens 2 Standardabweichungen beträgt.

Von pädagogisch-klinischer Signifikanz geht man auch dann aus, wenn der Prozentsatz nicht überlappender Daten 85% beträgt. Nähere Informationen zur Berechnung dieses Indexes finden sich ebenfalls bei Kern (1997). Abb. 3.12 illustriert dieses Beurteilungskonzept anhand der Daten zum Fall Joseph (Abb. 3.9, Szene 3).

Aus diesen Daten wird ersichtlich, dass das Kriterium der pädagogisch-klinischen Signifikanz sehr streng, d. h. schwer zu erreichen ist, denn das Beispiel stellt fast die Ideal- und Maximalform eines Interventionseffekts dar.

Die **normative Validität** ergibt sich aus der Übereinstimmung von Daten eines Klienten im Anschluss an eine Intervention und von Daten unauffälliger Vpn.

Normative Validität Die normative Validität ergibt sich aus der Übereinstimmung von Daten eines Klienten im Anschluss an eine Intervention und von Daten unauffälliger Vpn. Unterscheiden sich die Messwerte von Joseph im Anschluss an die Konfrontationstherapie nicht mehr von jenen altersgleicher, unauffälliger Kinder, so ist normative Validität gegeben (Abb. 3.13). Dieses Beurteilungskriterium entfernt sich noch weiter von statistischen Kennwerten und zieht das Erreichen der Erlebens- und Verhaltensnorm als Entscheidungsgröße heran: Der Klient bzw. die Klientin ist nach der Therapie »unauffällig«.

Soziale Validität ist gegeben, wenn sich nach Meinung von vertrauten Personen eine starke positive Veränderung durch die Intervention ergeben hat.

Soziale Validität Bei der sozialen Validität löst man sich gänzlich von statistischen Kennwerten. Sie ist gegeben, wenn sich nach Meinung von vertrauten Freunden, Bekannten und Verwandten eine starke positive Veränderung durch die Intervention ergeben hat.

Abb. 3.13 Im Sinne der normativen Validität liegt ein bedeutsamer Therapieeffekt vor, weil sich die Normwerte und Interventionswerte nicht unterscheiden

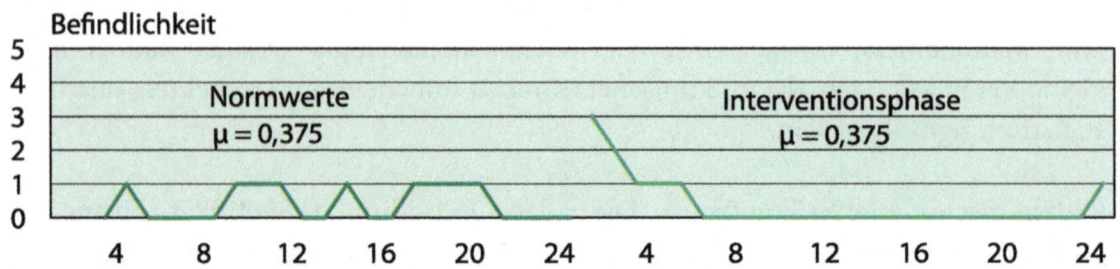

Insgesamt lässt sich feststellen, dass die verschiedenen Beurteilungs- und Bewertungskriterien des Therapieerfolgs verschiedene Aspekte der durch die Therapie hervorgerufenen Veränderungen thematisieren. Somit kann es nicht um die Entscheidung gehen, welches Kriterium heranzuziehen ist, sondern es muss das Ziel sein, durch die gemeinsame Betrachtung der verschiedenen Kriterien zu einem ausgewogenen Gesamturteil zu gelangen.

Die gemeinsame Betrachtung der verschiedenen Kriterien ermöglicht ein **ausgewogenes Gesamturteil.**

Kontrollfragen

1. Welches sind Merkmale des experimentellen Vorgehens?
2. Was sind Störvariablen und weshalb muss man sie kontrollieren?
3. Wie kann man Störvariablen kontrollieren?
4. Was ist eine Versuchsplananlage?
5. Wie unterscheidet sie sich von einem Versuchsplan?
6. Geben Sie je ein Beispiel für einen mehrfaktoriellen reinen bzw. gemischten Versuchsplan.
7. Worin unterscheiden sich Haupteffekt und einfacher Haupteffekt?
8. Wie hängt die interne Validität mit der Kontrolle der Störvariablen zusammen?
9. Wie kann man die Präzision einer experimentellen Hypothesenprüfung erhöhen?
10. Wie unterscheiden sich Labor- und Feldexperiment hinsichtlich der Gütekriterien?
11. Welches sind Vor- bzw. Nachteile der AB- sowie der multiplen Grundratenversuchspläne?

▶ **Weiterführende Literatur**

Bortz, J. (2005). *Statistik für Human- und Sozialwissenschaftler* (6. Aufl., Kap. 3.1). Berlin: Springer.
Hussy, W. & Jain, A. (2002). *Experimentelle Hypothesenprüfung in der Psychologie*. Göttingen: Hogrefe.
Kazdin, A. E. (2011). *Single-case research designs: Methods for clinical and applied settings* (2nd ed.). New York: Oxford University Press.
Kern, H. J. (1997). *Einzelfallforschung. Eine Einführung für Studierende und Praktiker*. Weinheim: Beltz.
Slater, L. (2005). *Von Menschen und Ratten. Die berühmten Experimente der Psychologie* (4. Aufl.). Weinheim: Beltz.

3.3 Nichtexperimentelle Forschungsmethoden

Lernziele

- Kennenlernen der nichtexperimentellen quantitativen Forschungsmethoden.
- Erfassen der Gemeinsamkeiten und Unterschiede von bi- und multivariaten Korrelationsstudien.
- Analysieren der Korrelationsmatrix.
- Vertraut werden mit den Besonderheiten der Umfrage-, Markt- und Meinungsforschung.
- Den Spezialfall Panelstudie verstehen lernen.
- Die Logik und die Verfahrensschritte der Metaanalyse verstehen und reflektieren.

Nichtexperimentelle Forschungsmethoden, die im folgenden Abschnitt besprochen werden, sind nicht mit den in Teil II dieses Buches dargestellten qualitativen Methoden zu verwechseln. Vielmehr handelt es sich – wie aus ◘ Tab. 1.1 und ◘ Abb. 3.6 hervorgeht – um quantitative Forschungsmethoden, die jedoch nicht die Unterscheidung zwischen UV und AV treffen und vornehmlich zur Überprüfung von Zusammenhangshypothesen herangezogen werden.

Nichtexperimentelle Forschungsmethoden sind nicht mit qualitativen Forschungsmethoden zu verwechseln! Sie werden zur Überprüfung von Zusammenhangshypothesen herangezogen.

Entsprechend spielt der Aspekt der internen Validität bei diesen Methoden eine untergeordnete Rolle. Dagegen behalten die Überlegungen zur externen Validität, Variablenvalidität, Populationsvalidität, Ableitungsvalidität und statistischen Validität durchaus ihre Bedeutung. Darüber hinaus gilt es auch in dieser Methodenklasse dafür zu sorgen, dass die Datenerhebung unter möglichst standardisierten Bedingungen stattfindet, um eine möglichst präzise Hypothesenprüfung zu gewährleisten. Überhaupt sind alle Maßnahmen zur Reduktion der Sekundärvarianz (z. B. Voruntersuchungen zur Überprüfung des Instruktionsverständnisses) auch hier geeignet, die

Die interne Validität spielt eine untergeordnete Rolle.

3

Wahrscheinlichkeit zu steigern, einen in der Population zwischen zwei oder mehreren Variablen bestehenden Zusammenhang auch nachweisen zu können (▶ Abschn. 3.2.5).

▶ **Definition Nichtexperimentelle Forschungsmethoden**

Definition

Das Hauptmerkmal **nichtexperimenteller Forschungsmethoden** besteht in ihrem Ziel, einen Sachverhalt möglichst genau *beschreiben* zu wollen (▶ Abschn. 1.3.1 und 2.2). Es werden die beteiligten Variablen identifiziert und beschrieben. Häufig wird auch nach deren Zusammenhang gefragt. Numerische Daten bilden die Grundlage von Hypothesengenerierung und Hypothesenentscheidung. Der Hauptunterschied zu den experimentellen Forschungsmethoden besteht darin, dass in der Regel keine Kausalhypothesen im Sinne der Erklärung von Wirkzusammenhängen geprüft werden.

Der deskriptive Ansatz, wie diese Klasse an Forschungsmethoden gelegentlich auch genannt wird, ist von großer Bedeutung und findet häufige Verwendung. Nach einigen Analysen (z. B. Helmstadter, 1970) sind es die am meisten verwendeten Untersuchungsmethoden.

3.3.1 Korrelationsstudie

Die **Korrelationsstudie** bestimmt die Richtung und Höhe des Zusammenhangs zwischen mindestens zwei Variablen.

Die klassische nichtexperimentelle Forschungsmethode ist die Korrelationsstudie. In ihrer einfachsten Form besteht sie darin, zwei Variablen zu beschreiben (definieren, messen, operationalisieren) und die Höhe und Art des Zusammenhangs zwischen ihnen zu bestimmen. Die **Art des Zusammenhangs** kann positiv oder negativ sein. Bei einer **positiven Korrelation** treten z. B. hohe Intelligenzwerte zusammen mit hohen Ängstlichkeitswerten und niedrige Intelligenzwerte mit niedrigen Ängstlichkeitswerten auf. Umgekehrt verhält es sich beim **negativen Zusammenhang:** Intelligente Personen sind wenig ängstlich und wenig intelligente Personen sind hochängstlich. Die formale Darstellung eines Zusammenhangs sieht wie folgt aus:

$$X - Y$$

Die numerische Erfassung des Zusammenhangs erfolgt mit dem **Korrelationskoeffizient**.

Die Höhe des Zusammenhangs errechnet sich mit dem sog. Korrelationskoeffizienten, der in ▶ Abschn. 4.1 näher beschrieben wird. Es handelt sich dabei um einen Kennwert, der zwischen −1 und +1 schwankt. Ein Wert von 0 bedeutet, dass kein Zusammenhang zwischen den Variablen vorliegt; die Ausprägungen in den beiden Variablen variieren unabhängig voneinander. Ein Wert von −1 kennzeichnet den maximalen negativen Zusammenhang zwischen zwei Variablen. Einen mittleren bzw. geringen negativen Zusammenhang beziffern z. B. die Werte −0,55 bzw. −0,21. Entsprechend steht +1 für einen maximalen positiven Zusammenhang und die Abstufungen von bspw. +0,47 und +0,18 für mittlere bzw. kleine positive Zusammenhänge (▶ Beispiel).

Exkurs

Zusammenhang von Abiturleistung und Studienabschluss

Um die Überlegungen an einem einfachen und relevanten Beispiel zu veranschaulichen, betrachten wir die Variablen Abiturleistung und Studienabschluss. Die Abiturleistung beschreiben wir mittels der Durchschnittsnote aller Einzelnoten und analog dazu die Studienabschlussleistung mit der Durchschnittsnote aller Einzelnoten. Wir sammeln die Werte in diesen beiden Variablen bei 200 Studierenden direkt nach dem Abschluss ihres Psychologiestudiums.

Nehmen wir einmal an, dass die Berechnung des Zusammenhangs einen Korrelationskoeffizienten von $r=0{,}42$ erbringt. Dieser Wert steht für einen mittleren positiven Zusammenhang zwischen den beiden Variablen. Das bedeutet, dass viele – aber längst nicht alle – Studierende der Psychologie mit einer guten Abiturnote auch einen guten Studienabschluss erreichen.

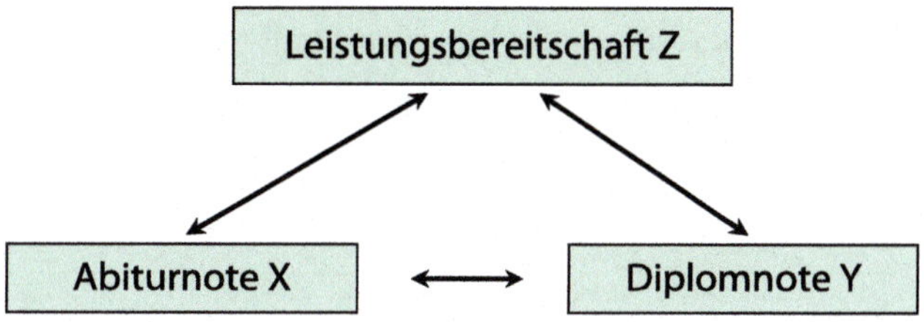

Abb. 3.14 Die Korrelation zwischen zwei Variablen X und Y darf nicht kausal interpretiert werden, da eine dritte Variable Z mit beiden zusammenhängen und damit für die Korrelation zwischen X und Y verantwortlich sein könnte

Die Bedeutung einer ermittelten stabilen Korrelation liegt darin, dass man mit einem der beiden Werte den jeweils anderen vorhersagen kann. Findet man etwa einen stabilen Zusammenhang zwischen der Häufigkeit und/oder der Dauer des Rauchens und dem Erkranken an Lungenkrebs, so kann man vom aktuellen Status bezüglich der Variablen »Rauchen« (z. B. starker Raucher seit 10 Jahren) die Wahrscheinlichkeit, an Lungenkrebs zu erkranken, abschätzen. Dabei ist zu beachten, dass aus mittleren und vor allem hohen stabilen Zusammenhängen zuverlässige **Durchschnittswerte** errechnet werden können, dass aber die **Individualberechnungen** längst nicht die gleiche Zuverlässigkeit aufweisen. Im Einzelfall hat somit ein vorliegender Zusammenhang nicht die vergleichbare Aussagekraft wie im Durchschnittsfall (▶ Abschn. 1.3.3).

Bei einer **stabilen Korrelation** lässt sich der Wert einer Variablen aus dem Wert der anderen Variablen schätzen.

Vorsicht ist bei der Interpretation von Zusammenhängen geboten. Auch wenn der im Beispiel angenommene Zusammenhang zwischen Abitur- (X) und Studienleistung (Y) dazu verleiten mag, kausal zu interpretieren (wenn Studierende eine gute Abiturnote aufweisen, dann erreichen sie zumeist auch einen guten Studienabschluss!), so ist dieses Vorgehen nicht zulässig, denn für die Korrelation kann auch eine sog. Drittvariable (Z) verantwortlich (ursächlich) sein. Abb. 3.14 zeigt diesen Sachverhalt für die Drittvariable Leistungsbereitschaft.

Aus Zusammenhangsstudien dürfen **keine Kausalaussagen** abgeleitet werden.

Es könnte im Sinne dieses Beispiels die Drittvariable Leistungsbereitschaft (Z) mit den beiden Leistungsvariablen X und Y korrelieren, ja diese vielleicht sogar kausal bedingen. Der Zusammenhang zwischen X und Y wäre somit über Z vermittelt und hätte **keinen direkten kausalen Hintergrund**.

Es ist möglich, dass eine **dritte Variable** die Korrelation zwischen zwei Variablen vermittelt.

Diese Problematik der fälschlichen Kausalinterpretation von festgestellten Zusammenhängen zwischen zwei Variablen ist nicht als Schwachpunkt der Methode der Korrelationsstudie zu sehen, sondern eine immer wieder beobachtbare Tendenz von Wissenschaftlern (und auch Journalisten) zum kausalen Denken und Interpretieren. Mit Korrelationsstudien kann man beschreiben, aber nicht erklären. Den Beschreibungsschwerpunkt bilden die Zusammenhänge zwischen den am interessierenden Sachverhalt beteiligten Variablen.

Die **fälschliche Kausalinterpretation** von Korrelationen ist nicht der Methode, sondern ihren Anwendern anzukreiden.

Natürlich kann man sich auch für die Zusammenhänge zwischen mehr als zwei Variablen interessieren, die dann in einer Korrelationstabelle zusammenfassend dargestellt werden. Tab. 3.9 zeigt eine entsprechende **Korrelationsmatrix** für die Variablen A, B, C und D. In der Diagonalen der Tabelle stehen die **Autokorrelationen**, also die Korrelation einer Variablen mit sich selbst, die natürlich r=1 beträgt. In den beiden Hälften finden sich identische Werte, weshalb man meist Korrelationsmatrizen mit einer leeren Hälfte vorfindet (Tab. 3.10).

Korrelationen von mehr als zwei Variablen werden in **Matrixform** dargestellt.

Tab. 3.9 Korrelationsmatrix für vier Variablen in vollständiger Form

	A	B	C	D
A	1,00	0,62	–0,32	0,07
B	0,62	1,00	–0,11	0,75
C	–0,32	–0,11	1,00	–0,27
D	0,07	0,75	–0,27	1,00

3

Tab. 3.10 Korrelationsmatrix für vier Variablen in nichtredundanter Form

	A	B	C	D
A	–	0,62	–0,32	0,07
B		–	–0,11	0,75
C			–	–0,27
D				–

Man kann mit einem Blick erkennen, dass Variable C negativ mit den drei anderen Variablen korreliert.

Man erkennt, dass die Variablen A, B und D positiv korrelieren, mit der höchsten Korrelation zwischen B und D von r_{BD}=0,75 und der niedrigsten zwischen A und D von r_{AD}=0,07. Variable C korreliert durchgängig negativ mit den anderen Variablen. Ersetzt man A durch Intelligenz, B durch Leistungsbereitschaft, C durch Ablenkbarkeit und D durch Kontrollbedürfnis, so ergibt sich ein Zusammenhangsmuster, welches vielleicht sinnvoll interpretiert werden kann und zu präzisen Hypothesen führen kann, die ihrerseits gesondert geprüft werden müssen (▶ Beispiel).

Beispiel

Faktorenanalyse

Schon das Zusammenhangsmuster zwischen vier Variablen beansprucht für seine Interpretation viel Aufmerksamkeit. Um wie viel schwieriger, wenn nicht unmöglich, wird das gleiche Vorhaben bei 20, 50 oder 100 Variablen. Stellen wir uns vor, wir würden uns für das Intelligenzkonzept interessieren. Wie kann man das Konzept beschreiben? Ein Weg dazu bestünde darin, möglichst viele Aufgaben (z. B. 100 Items) zu sammeln, von denen man annimmt, dass ihre Bearbeitung Intelligenz erfordert. Diese Aufgabensammlung würde dann 200 Personen zur Lösung vorgelegt. Wir erhielten pro Vp 100 Werte, also für jede Aufgabe einen Wert. Aus diesen Daten könnte man die Korrelationsmatrix (100×100) mit 4950 Einzelkorrelationen berechnen, da jede Aufgabe als eine Variable aufgefasst wird. Damit wäre bereits eine Beschreibung geleistet, wenngleich aufgrund der Datenmenge eine unbrauchbare, weil unüberschaubare. Die Lösung besteht in der Anwendung einer statistischen Auswertungsmethode, die Faktorenanalyse genannt wird. Dabei werden – vereinfacht dargestellt – jene Aufgaben zusammengefasst, die hoch miteinander korrelieren. Diese zusammengefassten Aufgaben werden Faktoren genannt, die zu interpretieren sind, denen also Namen zu gegeben sind. Die Beschreibung des Intelligenzkonzepts würde somit darin bestehen zu postulieren, dass Intelligenz aus einer Reihe voneinander unterscheidbarer Fähigkeiten besteht, die durch jeweils spezifische Aufgaben definiert sind. In ◻ Abb. 3.15 ist ein solches fiktives Intelligenzmodell dargestellt.

Der g-Faktor repräsentiert in diesem fiktiven Modell die Gesamtintelligenz, die sich aus den einzelnen Faktoren zusammensetzt. Einzelne Personen sind vor dem Hintergrund dieses Modells durch ihre Intelligenzausprägung sowohl auf dem g-Faktor als auch auf den spezifischen Einzelfaktoren beschreibbar. Es sind jene Werte, die in gängigen Intelligenztests ermittelt werden.

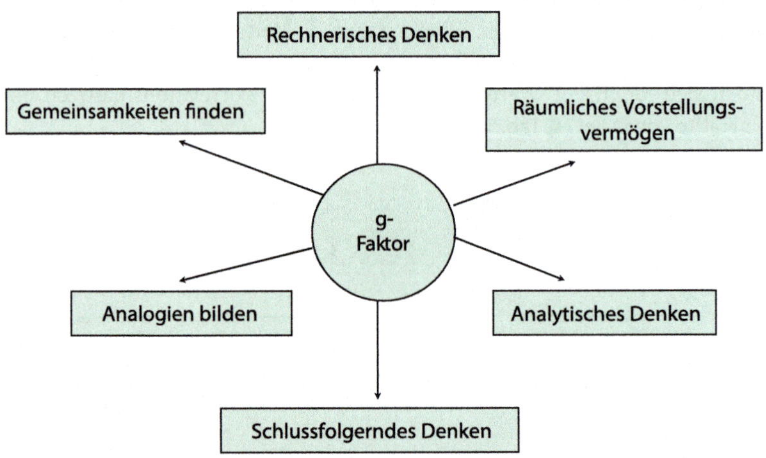

Abb. 3.15 Darstellung eines fiktiven Intelligenzmodells auf der Basis einer Faktorenanalyse im Anschluss an eine umfangreiche Korrelationsstudie

Exkurs

Kritische Betrachtung

Korrelationsstudien bestehen also nur selten aus der Beschreibung des Zusammenhangs zwischen »nur« zwei Variablen. Viel häufiger werden viele Variablen betrachtet und komplexe Korrelationsmuster ermittelt. Auf dieser Basis extrahieren sog. **multivariate Auswertungsverfahren** (wie die Faktorenanalyse) abstraktere Zusammenhangsmuster, die den untersuchten Gegenstandsbereich auf übergeordneten Ebenen beschreiben, strukturieren und systematisieren.

3.3.2 Umfrageforschung (Meinungsforschung)

Neben den Korrelationsstudien wollen wir eine weitere Gruppe nichtexperimenteller Forschungsmethoden kennenlernen, nämlich die Umfrageforschung, häufig auch als **Meinungsforschung** (Demoskopie) bezeichnet. Auch die **Wahlforschung** mit der bekannten **Sonntagsfrage**, den **Hochrechnungen** am Wahlabend und den **Wahlanalysen** im Anschluss an die Wahl bedient sich intensiv der Umfrageforschung Die Wirtschaft verwendet diese Forschungsmethoden vor allem im Bereich der Marktforschung.

Die **Umfrageforschung** benutzt das Instrument der Befragung bzw. des Interviews.

Definition

Die **Umfrageforschung** sammelt standardisierte Informationen zu einem spezifischen Fragegegenstand (Wahl, Produktbeliebtheit, Irakkrieg usw.), indem eine repräsentative Stichprobe der jeweiligen Population befragt (interviewt) wird.

▶ **Definition Umfrageforschung**

Es wird somit versucht, ein möglichst zutreffendes Meinungsbild einer interessierenden Population (z. B. der Population der Wähler) durch die Befragung einer repräsentativen Stichprobe zu erheben (▶ Beispiel).

Ziel der Umfrageforschung ist die Erhebung eines **zutreffenden Meinungsbilds.**

Beispiel

US-Gefangenenlager Guantanamo

Nehmen wir zur Veranschaulichung die Frage nach der Berechtigung des US-Gefangenenlagers Guantanamo auf Kuba. Zunächst ist die Population zu bestimmen, an deren Meinung zu diesem Thema man interessiert ist. Hier wählen wir die Gruppe der wahlberechtigten Personen und ziehen eine repräsentative Stichprobe. Im nächsten Schritt bestimmt man die Methoden der Datenerhebung. In ▶ Abschn. 2.3 haben wir die möglichen Befragungs- und Interviewtechniken bereits kennengelernt. Die am häufigsten benutzte Methode ist zweifellos das standardisierte Interview. Aber auch der Fragebogen wird als Erhebungsinstrument häufig eingesetzt. Eine Frage könnte lauten: Sind Sie damit einverstanden, dass die US-Regierung das Gefangenenlager Guantanamo auf Kuba betreibt? Als Antwortmöglichkeit stehen häufig Ratingskalen zur Verfügung, etwa die Skalenstufen »sehr einverstanden«, »einverstanden«, »nicht einverstanden« oder »absolut nicht einverstanden«. Daraus werden dann die Prozentsätze der Personen, die die jeweiligen Stufen gewählt haben, errechnet, so wie in ◘ Abb. 3.16 illustriert.

Aus der Abbildung ist zu entnehmen, dass zusammengerechnet 23% der Befragten mit dem Lager einverstanden und 77% nicht einverstanden sind. Darüber hinaus zeigt sich, dass mit 47% der Antworten die Stufe »absolut nicht einverstanden« klar am häufigsten ausgewählt wurde. Nachdem in einem Fragebogen natürlich mehrere Fragen gestellt und beantwortet werden, ergibt eine solche Befragung ein differenziertes Meinungsbild der erhobenen Stichprobe und der zugehörigen Population zum interessierenden Thema.

Umfrageforschung ist **anwendungsnahe Forschung**, denn ersichtlich gibt es journalistische oder auch politische Interessen an solchen Erhebungen. Entsprechend handelt es sich bei der **Marktforschung** um einen Vorgang, der das Marktgeschehen und das Unternehmensumfeld beobachtet, um Informationen zu gewinnen und zu analysieren. Dies erfolgt zum Zwecke der Findung oder Absicherung von Marketingentscheidungen. Die **Wahlforschung** schließlich dient der Ermittlung von Einsichten, Einstellungen, Stimmungen, Strategien oder Wünschen der Bevölkerung im Hinblick auf ihr Wahlverhalten.

Umfrageforschung ist anwendungsnah.

3

Abb. 3.16 Darstellung der (fiktiven) Ergebnisse zu der Frage »Sind Sie damit einverstanden, dass die US-Regierung das Gefangenenlager Guantanamo auf Kuba betreibt?« mit vier Antwortmöglichkeiten für die befragten Personen

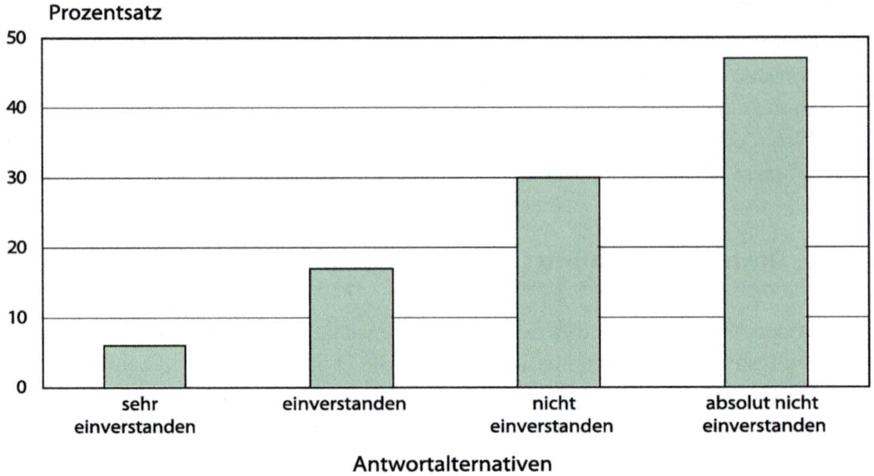

Exkurs

Kritische Betrachtung

Grundlage der **Umfrageforschung** sind die in ► Abschn. 2.3 besprochenen Interview- und Befragungsmethoden. Die Konstruktion der Fragebogen muss ebenso wissenschaftlichen Kriterien genügen wie die Gestaltung der Befragungssituation. Hinzu kommt die Erhebung einer repräsentativen Stichprobe, die eine Verallgemeinerung auf die zugehörige Population zulässt. Die Auswertung der erhobenen Daten beschränkt sich oft auf die Angabe von Häufigkeiten bzw. Prozentsätzen.

Im **Panel** werden die Probanden wiederholt (in regelmäßigen Abständen) befragt bzw. interviewt.

Panelforschung

Eine Spezialform der Umfrageforschung liegt in der Panelforschung vor. Der Hauptunterschied liegt darin, dass im Panel die Probanden wiederholt (in regelmäßigen Abständen) befragt bzw. interviewt werden. Zwar liegen bei der bekannten Erhebung der Sonntagsfrage ebenfalls Umfragewiederholungen in regelmäßigen Abständen vor, aber es werden immer neue Personen befragt; beim Panel dagegen sind es immer die gleichen Befragten.

► Definition Panel

Definition

»Eine Stichprobe, die wiederholt zu einer bestimmten Thematik (Fernsehgewohnheiten, Konsumgewohnheiten etc.) oder auch zu verschiedenen Themen befragt wird, bezeichnet man als ein **Panel**« (Bortz & Döring, 2006, S. 447).

Das Panel hat den Vorteil, dass eine (bestehende) repräsentative Stichprobe öfters befragt werden kann und nicht immer neu und aufwändig zusammengestellt werden muss. Andererseits ist auch zu beachten, dass die wiederholte Befragung der gleichen Personen Störeffekte produzieren kann. In ► Abschn. 3.2.2 sind diese sog. Sequenzeffekte ausführlich besprochen. Welche Umfragemethode auszuwählen ist, orientiert sich an der Forschungsthematik.

3.3.3 Metaanalyse

Erkenntnisfortschrift durch Erarbeiten eines Überblicks mittels eines **Reviews** ist subjektiv.

Wissenschaftlicher Erkenntnisfortschritt kann nicht alleine durch empirische Untersuchungen und theoretische Überlegungen vorangetrieben werden. Angesichts der Flut von Publikationen zum gleichen Gegenstandsbereich mit zum Teil widersprüchlichen

Ergebnissen, gilt es auch, sich einen Überblick zu verschaffen und somit den aktuellen Forschungsstand zu ermitteln. Das vertraute Vorgehen besteht in der Erstellung eines **Reviews**, also eines Überblickartikels (Sammelreferats), in welchem die vorfindbare Literatur besprochen und integriert wird. Der Nachteil dieser Vorgehensweise besteht in der Subjektivität. Reviews verschiedener Wissenschaftler zum gleichen Thema können durchaus einen unterschiedlichen Forschungsstand vermitteln.

Die Gefahr der Subjektivität ist insbesondere beim **narrativen**, weniger beim systematischen **Review** gegeben.

Besonders groß ist diese Gefahr beim **narrativen Review**, da dort häufig zu beobachten ist, dass die Autoren solcher Artikel die Literatur oft so auswählen, dass ihre vorgefassten Schlussfolgerungen bestätigt werden. Unliebsame Studien, die das Gegenteil beweisen, werden dagegen einfach nicht beachtet. Beim **systematischen Review** ist diese Gefahr geringer, da auf der Basis einer systematischen Literatursuche der aktuelle Wissensstand zusammengetragen und interpretiert wird. Diese Reviews sind weniger anfällig für Verzerrungen und Subjektivität.

Die **Metaanalyse** soll vor diesem Hintergrund zu mehr Objektivität führen.

Dem Ziel der Erstellung eines aktuellen Forschungsstands dient auch die **Metaanalyse**, die in den letzten Jahrzehnten fortwährend weiterentwickelt wird und von der man sich mehr Objektivität erhofft, weil sie verstärkt statistische Überlegungen einbezieht. Man spricht daher gelegentlich auch von **quantitativer Ergebniszusammenfassung**.

▶ Definition Metaanalyse

Definition

»Die Metaanalyse ist eine an den Kriterien empirischer Forschung orientierte Methode zur quantitativen Integration der Ergebnisse empirischer Untersuchungen sowie zur Analyse der Variabilität dieser Ergebnisse.« (Drinkmann, 1990, S. 11)
Nach Glass (1976, S. 3) versteht man unter **Metaanalyse** eine Art Tertiäranalyse: »Primary analysis is the original analysis of data in a research study. (…) Secondary analysis is the re-analysis of data for the purpose of answering the original research question with better statistical techniques, or answering new questions with old data. (…) Meta-analysis refers to the analysis of analyses. I use it to refer to the statistical analysis of a large collection of analysis results from individual studies for the purpose of integrating the findings.«

Beispiel

Therapie bei kontaktgestörten Kindergartenkindern

Ein fiktives Beispiel aus dem Bereich der Therapieforschung soll diesen Ansatz verdeutlichen. Die Fragestellung beschäftigt sich mit dem Phänomen, dass es Kindergartenkinder gibt, die zu Gleichaltrigen keinen Kontakt aufnehmen können, wohl aber zu Erwachsenen. Die Methode der Wahl scheint die Verhaltenstherapie xyz zu sein, wonach jedes Verhalten, das auf die Kontaktaufnahme mit Gleichaltrigen hinweist, durch Lob direkt verstärkt wird und die Versuche, Kontakt mit Erwachsenen (Erziehern) aufzunehmen, geschwächt (ignoriert) werden.
Die Effizienz der therapeutischen Maßnahme wird an der AV »Dauer des Kontakts mit Gleichaltrigen pro Stunde« gemessen. Der Untersuchung wird ein zweifaktorieller Plan mit Experimental- und Kontrollgruppe (Stufen der UV B: B_1 mit bzw. B_2 ohne Therapie) zugrunde gelegt (▶ Abschn. 3.2), der einen Vergleich der AV vor und nach der Intervention ermöglicht (UV A: Untersuchungszeitpunkt). ◼ Tab. 3.11 zeigt diesen Versuchsplan.
Die fiktiven Ergebnisse erbringen einen deutlichen Therapieeffekt dergestalt, dass nach der Therapie Kinder der Experimentalgruppe einen deutlich höheren Wert auf der AV aufweisen als die Kinder der Kontrollgruppe. Dieser Mittelwertunterschied erweist sich als signifikant, also überzufällig. Dagegen ist der Unterschied zwischen den beiden Gruppen vor Beginn der Therapie nur unwesentlich ausgeprägt. Somit kann man schließen, dass die Therapie effizient war und mit einem aufgeklärten Varianzanteil von 46% (d'=0,46; vgl. die Ausführungen im weiteren Verlauf des Abschnitts) auch durchaus als relevant (inhaltlich bedeutsam) bezeichnet werden kann.

Die Metaanalyse integriert viele, **teilweise auch widersprüchliche Ergebnisse.**

Hätte man sich die aufwändige Untersuchung auch ersparen können? Ein Blick in die Fachliteratur zeigt, dass zu dieser Fragestellung und zu diesem Vorgehen bereits eine Reihe von Untersuchungen vorliegt. Allerdings sind die Ergebnisse zum Teil wider-

3

Tab. 3.11 Der zweifaktorielle Prä-Post-Test-Kontrollgruppenversuchsplan zum Beispiel der Prüfung der Therapie xyz bei kontaktgestörten Kindergartenkindern

		UV B: Therapie xyz	
		B_1: mit (Experimentalgruppe)	**B_2: ohne (Kontrollgruppe)**
UV A: Untersuchungszeitpunkt	**A_1: vor der Therapie**	AV der Vp 1 AV der Vp 2 .... AV der Vp 30	AV der Vp 31 AV der Vp 32 .... AV der Vp 60
	A_2: nach der Therapie	AV der Vp 1 AV der Vp 2 .... AV der Vp 30	AV der Vp 31 AV der Vp 32 .... AV der Vp 60

sprüchlich, da der postulierte Therapieeffekt sich mit unterschiedlicher Relevanz bzw. überhaupt nicht zeigt. Welcher dieser (angenommenen) 85 Untersuchungen soll man nun vertrauen bzw. welche Aussage zum aktuellen Forschungsstand kann man treffen? Hier kann eine Metaanalyse weiterhelfen. Wie geht man dabei vor?

Ein Metaanalyse umfasst in der Regel **fünf Verfahrensschritte**.

Relativ große Übereinstimmung besteht darin, dass eine Metaanalyse verschiedene Verfahrensschritte umfassen sollte, die im Folgenden genauer erörtert werden:

1. Bestimmung der empirisch-inhaltlichen Hypothese,
2. umfassende Literatursuche,
3. Bewertung und Codierung der Studien,
4. statistische Analyse,
5. Interpretation.

Bestimmung der empirisch-inhaltlichen Hypothese

1. Zunächst wird die **empirisch-inhaltliche Hypothese** bestimmt.

Gemäß des gewählten Beispiels bestünde die Konkretisierung der Forschungsfrage etwa in der empirisch-inhaltlichen Hypothese (▶ Abschn. 1.5.3): Wenn Kindergartenkinder mit Schwierigkeiten in der Kontaktaufnahme zu altersgleichen Kindern für erkennbare Versuche zur Kontaktaufnahme mit Altersgleichen verstärkt (belohnt) und für entsprechende Versuche mit Erwachsenen nicht verstärkt (ignoriert) werden, dann erhöht sich zumeist die Dauer der Kontakte mit Altersgleichen. Die Hypothese legt die UV und die AV einschließlich ihrer jeweiligen Operationalisierungen fest und beschreibt auch den Kausalcharakter der Relation zwischen UV und AV. Dieser Schritt ist wichtig, da die zu integrierenden Primärstudien unterschiedliche Operationalisierungen der UV und AV und Hypothesenformulierungen enthalten können, die Vergleiche bzw. Rekonstruktionen erfordern.

Umfassende Literatursuche

2. Es folgt eine **umfassende Literatursuche.**

Eine möglichst umfassende und nachvollziehbar dokumentierte Literatursuche ist die unerlässliche Basis jeder Metaanalyse. Neben den entsprechenden **Fachzeitschriften** (z. B. *Psychological Review*) sind psychologische **Datenbanken** (z. B. PsychLit, Psyndex usw.), sog. **graue Literatur** wie Institutzeitschriften (*Kölner Psychologische Studien*, *Trierer Psychologische Berichte*), **Internetrecherchen** usw. einzubeziehen. Denn wie in den Reviews besteht auch hier die Gefahr, dass die absichtliche oder unabsichtliche Nichtbeachtung von Studien zu Verzerrungen führen kann.

Es konnte gezeigt werden, dass Autoren aus nicht-englischsprachigen Ländern signifikante Ergebnisse bevorzugt in angloamerikanischen Zeitschriften publizieren, so dass die nichtsignifikanten Ergebnisse dann in deutschen, französischen oder auch spanischen

▼

Zeitschriften »verschwinden«. Da Medline seinen Schwerpunkt bei angloamerikanischen Journals hat, führt also eine unvollständige (auf Medline beschränkte; Anmerkung des Autors) Literatursuche tendenziell zu einer Überschätzung des Behandlungseffekts. Diese ernst zu nehmende Form von Verzerrung wird als »Language Bias« bezeichnet. (Sauerland, 2004)

Ein vergleichbarer **Publikationsbias** liegt vor, wenn nichtsignifikante Untersuchungsergebnisse tendenziell eher in grauer Literatur (Institutszeitschriften) veröffentlicht werden. Aus methodologischer Sicht tragen dagegen nichtsignifikante Ergebnisse ebenso zum Erkenntnisfortschrift einer Wissenschaft bei, wie signifikante Ergebnisse (vgl. Hussy & Jain, 2002).

Bewertung und Codierung der Studien

In die Bewertung der gefundenen Studien gehen vor allem methodische Gütekriterien mit ein. Die Primärstudien werden nach dem Ausmaß der Kontrolle von Störvariablen (z. B. Randomisierung, Kontrollgruppe) ebenso beurteilt wie nach der Güte der Operationalisierung der UV und AV. Dabei ist insbesondere die Operationalisierung der AV von großer Bedeutung: Im gewählten Beispiel war es »die Dauer der Kontakte mit gleichaltrigen Kindern pro Stunde«. In einer anderen ausgewählten Studie könnte »die Anzahl der Kontakte mit gleichaltrigen Kindern am Vormittag« und in einer weiteren Studie das Urteil der Kindergärtnerin »zur Kontaktfähigkeit mit Gleichaltrigen« als Operationalisierungsform herangezogen worden sein. Ersichtlich sind es vor allem die Kriterien der internen Validität und der Variablenvalidität, die die Bewertungsgrundlage bilden.

3. Es sind vor allem die Kriterien der **internen Validität** und der **Variablenvalidität**, die die Bewertungsgrundlage bilden.

Welche Studien bleiben aufgrund solcher Überlegungen in der weiteren Analyse und welche sind auszuschließen? Diese **Auswahlproblematik** kreist um drei Aspekte, nämlich das

- »Müll-rein-Müll-raus«-Problem, das
- »Äpfel-und-Birnen«-Problem und die
- Abhängigkeitsproblematik.

»Müll-rein-Müll-raus«-Problem Das »Müll-rein-Müll-raus«-Problem thematisiert die unterschiedliche Qualität von Studien. Kann man reliable und valide Ergebnisse der Metaanalyse erwarten, wenn die Primärstudien aus methodischer Sicht (gravierende) Mängel enthalten? Zwei Lösungswege werden beschritten: Das Benutzen von **Ausschlusskriterien** oder die Einführung einer **Moderatorvariablen**. Ausschlusskriterien stehen für Mindeststandards, die erfüllt sein müssen, damit die Studie weiter in der Analyse verbleiben kann. So wird in verschiedenen Metaanalysen beispielsweise gefordert, dass neben der Experimentalgruppe mindestens eine Vergleichsgruppe an der Untersuchung beteiligt ist, gleichgültig ob es sich dabei um eine Kontrollgruppe oder zweite Experimentalgruppe handelt. Im gewählten Beispiel existiert eine Kontrollgruppe, sodass die Studie bezüglich dieses Auswahlkriteriums in der Analyse bleiben könnte. Weitere Kriterien könnten z. B. die standardisierte Datenerhebung und/oder die Kontrolle der Vpn-Merkmale durch das Randomisieren etc. sein. Allerdings muss man bedenken, dass mit zunehmend strengen Kriterien die Anzahl der verbleibenden Studien schrumpft und die Gesamtanalyse damit an Aussagekraft verliert. Bei der Verwendung der Moderatorvariable »Studienqualität« bleiben auch methodisch schwächere Arbeiten in der Analyse, erhalten aber gemäß ihrer Codierung entweder ein schwächeres Gewicht oder es erfolgt ein Vergleich der Analyseergebnisse mit und ohne die als schwächer codierten Arbeiten.

Es müssen **Mindeststandards** erfüllt sein oder die Primärstudien werden gemäß ihrer methodischen Qualität gewichtet.

»Äpfel-und-Birnen«-Problem Das »Äpfel-und-Birnen«-Problem besteht darin, dass man bekannterweise Äpfel und Birnen nicht zusammenzählen darf: 2 Äpfel + 2 Bir-

Deutliche Abweichungen in der Operationalisierung der AV führen zum **Ausschluss der Primärstudie**.

nen = ? Weshalb aber soll man dann Studien zusammenfassen dürfen, die sich inhaltlich teilweise deutlich unterscheiden, so etwa – wie schon angesprochen – hinsichtlich der Operationalisierung von UV und AV. Für die Operationalisierung der AV gilt, dass hier deutliche Abweichungen zum Ausschluss führen müssen. Im gegebenen Beispiel könnte »die Zeit, welche das Kind in seiner Gruppe verbringt (und nicht außerhalb)« als inadäquate (variableninvalide) Operationalisierung der AV »Häufigkeit und Dauer des Kontakts mit Gleichaltrigen« durchaus dazu führen, dass ein Ausschluss in Betracht gezogen wird. Bei den UVn und weiteren Merkmalen der Studien (Stichprobe, Therapeuten usw.) dagegen kann man argumentieren, dass dadurch die interne Validität und der Geltungsbereich (im Sinne der besprochenen direkten und systematischen Replikation) gestärkt werden (z. B. Hall et al., 1994).

Wenn eine Studie mehrere Teilergebnisse enthält, die voneinander abhängig sind, sollte man sich auf **eine Effektgröße** beschränken.

Abhängigkeitsproblematik Das Abhängigkeitsproblem entsteht, wenn mehrere, nicht aus unabhängigen Stichproben gewonnene Ergebnisse (Effektgrößen) pro Studie in die Analyse eingehen. Vor allem, wenn eine einzelne Primärstudie viele Teilergebnisse (Effektgrößen) beisteuert, kann die durchschnittliche Effektgröße, das Hauptergebnis der Metaanalyse, stark verzerrt sein. Die Beschränkung auf eine Effektgröße pro Studie kann manchmal das Problem lösen. Im gegebenen Beispielfall lägen mehrere Ergebnisse abhängiger Stichproben dann vor, wenn der Vergleich von Experimental- und Kontrollgruppe an mehreren AVn vollzogen würde. Das bedeutet, dass der vorliegende Datensatz einer Stichprobe zu mehreren (abhängigen) Ergebnissen führt, die in die Gesamtanalyse eingehen und dieser Primärstudie dadurch besonderes Gewicht verleihen würden. Würde dieser wiederholte Vergleich mit verschiedenen AVn mit einer jeweils neuen (unabhängigen) Stichprobe erfolgen, so läge kein Abhängigkeitsproblem vor.

Weitere Merkmale, wie Stichprobe, Untersuchungszeitraum usw., werden in die Codierung einbezogen.

Die **Codierung** der Studien erfolgt aber nicht nur bezogen auf die methodische Qualität, sondern im Hinblick auf eine Vielzahl weiterer Merkmale (Stichprobenmerkmale, Untersuchungszeitraum, situative Merkmale usw.), insbesondere aber mit Blick auf die Ergebnisse. Dazu zählen alle Informationen, die zur Berechnung eines Gesamtkennwerts der Metaanalyse – der Effektgröße – erforderlich sind, also etwa Mittelwerte, Standardabweichungen und Stichprobengröße bei Experimental- und Kontrollgruppe. Fehlen solche zentralen Kennwerte einer Untersuchung, so kann man entweder versuchen, diese im Nachhinein zu berechnen, oder man schließt die Untersuchung aus der weiteren Analyse aus.

Statistische Analyse

4. Es folgt die statistische Analyse.

Die **Analyse der Daten** erfolgt zweischrittig:
- Bestimmung der Gesamteffektgröße und
- Bestimmung der Homogenität der Varianzen.

Die **Gesamteffektgröße** wird aus den Effektgrößen der Primäruntersuchungen ermittelt.

Die **Gesamteffektgröße** wird aus den Effektgrößen der Primäruntersuchungen ermittelt. Gängige Indizes zur Darstellung der Effektgröße sind der Korrelationskoeffizient und die standardisierte Mittelwertdifferenz d′ (Rosnow & Rosenthal, 2003). Die Effektgröße gibt den Anteil der Varianz in der Messwertreihe an, der durch die UV aufgeklärt wird. Sie bestimmt also die psychologisch-inhaltliche Relevanz eines gefunden Mittelwertunterschieds. Der gleiche Mittelwertunterschied kann als signifikant ausgewiesen werden, aber – je nach Stichprobengröße – 5%, 25%, 50% und mehr Varianz aufklären, also unterschiedlich bedeutsam sein. Leider werden nicht in allen Untersuchungen solche Effektgrößenindizes mitgeteilt bzw. unterschiedliche Indizes ermittelt, sodass zunächst für jede Primärstudie der gleiche Index zu berechnen ist (weitere Einzelheiten dazu z. B. bei Lipsey & Wilson, 2001). Daran schließt sich im entscheidenden Schritt die Integration der einzelnen Effektgrößen in die Gesamteffektgröße Δ (Delta) an. Die Variabilität und die Stichprobengrößen der einzelnen Studien können dabei gewichtend bzw. korrigierend einbezogen werden. Im dargestellten Beispiel würde eine Gesamteffektgröße Δ=0,57 bedeuten, dass die beschriebene therapeutische Vorgehensweise bei kontaktgestörten Kindergartenkindern auf dem Hintergrund von z. B. 65 analysierten Studien einen Mittelwertunterschied zwischen Experimental- und Kontrollgruppe in der postulierten Richtung erbringt, der 57% der Varianz in der Gesamtmesswertreihe erklärt. Der Vorteil des Ergebnisses dieser Metaanalyse im Vergleich zu dem angenommen Ergebnis in der beschriebenen Beispielstudie von d′=0,46 liegt darin, dass die interne Validität (Möglichkeit zur Kausalinterpretation) wesentlich gestärkt ist, der Geltungsbereich sehr gut anhand der Primärstudien geprüft und die Zuverlässigkeit der Ergebnisse kaum noch angezweifelt werden kann.

Die **Homogenität der Varianz der Effektgrößen** ist allerdings ein noch zu erbringender Nachweis, um die genannten Vorteile abzusichern (weitere Einzelheiten dazu z. B. bei Lipsey & Wilson, 2001). Liegt Varianzheterogenität vor, so kann durch Bildung von Subgruppen anhand von inhaltlichen und/oder methodischen Moderatorvariablen versucht werden, ein differenzierteres Ergebnismuster zu erreichen, z. B. dergestalt, dass sich für die Operationalisierungsform der AV »Dauer des Kontakts mit Gleichaltrigen pro Stunde« ein Δ=0,67 und für »Anzahl der Kontaktaufnahmen am Vormittag« ein Δ=0,47 ergibt.

Voraussetzung für die statistische Analyse ist die **Homogenität der Varianz** der Effektgrößen.

Interpretation

Die Veröffentlichung einer Metaanalyse muss die beschriebenen Verfahrensschritte im Einzelnen darstellen und begründen, sodass der Leser sich ein genaues Bild über die Sammlung und Auswahl der Studien machen kann. Die Interpretation muss differenzierte Aussagen über interne Validität und Geltungsbereich der Ergebnisse enthalten und die ermittelte Gesamteffektgröße in den jeweiligen thematischen Rahmen einordnen.

5. Die Interpretation muss **differenzierte Aussagen** über interne Validität und Geltungsbereich der Ergebnisse enthalten.

Exkurs

Kritische Betrachtung

Die **Metaanalyse** ist eine Forschungsmethode, die in der vorgegebenen Systematik eine Sonderposition einnimmt: Zwar ist sie keine wirklich experimentelle Methode, denn ihre Untersuchungseinheiten sind keine Vpn, sondern Primärstudien, aber die Primärstudien selber können auch (quasi)experimenteller Natur sein und ihre Bewertungskriterien jenen des Experiments folgen. Metaanalysen prüfen in der Regel keine spezifische Hypothese, sondern durch Integration vieler Primärstudien eine Reihe eng verwandter Hypothesen. Sie ermitteln und beschreiben den Stand der Forschung zu einem Themenbereich, wobei das ermittelte Ergebnis kausalen Charakter besitzen kann. Wenngleich ein großer Teil der Metaanalysen – insbesondere aus der Therapieforschung – sich mit Kausalhypothesen beschäftigt, finden sich auch viele Analysen, die deskriptive Zusammenhangsstudien zum Gegenstand haben.

? Kontrollfragen

1. Geben Sie Merkmale der Korrelationsstudie an.
2. Was versteht man unter einer nichtredundanten Darstellung einer Korrelationsmatrix?
3. Wie verhält es sich mit der erkennbaren Tendenz, Korrelationen kausal zu interpretieren?
4. Welche Aspekte sind bei der Umfrageforschung von besonderer Relevanz?
5. Was ist ein Panel?
6. Ist die Metaanalyse eine Auswertungs- oder Forschungsmetthode?
7. Was versteht man unter dem »Müll-rein-Müll-raus«-Problem in der Metaanalyse?
8. Was kann man bei Inhomogenität der Varianz der Effektgrößen in der Metaanalyse unternehmen?

▶ Weiterführende Literatur

Bortz, J. (2005). *Statistik für Human- und Sozialwissenschaftler* (6. Aufl., Kap. 3.1) Berlin: Springer.

Groß, J. (2010). *Die Prognose von Wahlergebnissen: Ansätze und empirische Leistungsfähigkeit.* Wiesbaden: VS Verlag.

Lipsey, M.W. & Wilson, D.T. (2001). *Practical meta-analysis.* Thousand Oaks: Sage.

3.4 Literatur

Bortz, J. (2005). *Statistik für Human- und Sozialwissenschaftler* (6. Aufl., Kap. 3.1) Berlin: Springer.

Bortz, J. & Döring, N. (2006). *Forschungsmethoden und Evaluation*. (4. Aufl.). Berlin: Springer.

Drinkmann, A. (1990). *Methodische Untersuchungen zur Metaanalyse*. Weinheim: Deutscher Studien Verlag.

Glass, G. V. (1976). Primary, secondary and meta-analysis of research. *Educational Researcher, 5*, 3–8.

Hager, W. (1987). Grundlagen einer Versuchsplanung zur Prüfung empirischer Hypothesen in der Psychologie. In G. Lüer (Hrsg.), *Allgemeine Experimentelle Psychologie* (S. 43–264). Stuttgart: Fischer.

Hall, J. A., Tickle-Degnen, L., Rosenthal, R. & Mosteller, F. (1994). Hypotheses and problems in research synthesis. In H. Cooper & L.V. Hedges (Eds.), *The handbook of research synthesis* (pp. 17–28). New York: Russell Sage Foundation.

Helmstadter, G. C. (1970). *Research concepts in human behavior*. New York: Appleton-Century-Crofts.

Hussy, W. & Jain, A. (2002). *Experimentelle Hypothesenprüfung in der Psychologie*. Göttingen: Hogrefe.

Kern, H. J. (1997). *Einzelfallforschung. Eine Einführung für Studierende und Praktiker*. Weinheim: Psychologie Verlags Union.

Lipsey, M. W. & Wilson, D. T. (2001). *Practical meta-analysis*. Thousand Oaks: Sage.

Rosnow, R. L., & Rosenthal, R. (2003). Effect sizes for experimenting psychologists. *Canadian Journal of Experimental Psychology, 57*, 221–237.

Saigh, P. A. (1986). In vitro flooding in the treatment of a 6-year-old boy´s posttraumatic stress disorder. *Behaviour Research and Therapy, 24*, 685–688.

Sauerland, S. (2004). Meta-Analyse und Cochrane-Collaboration. *German Medical Science* [On-line Portal]. Verfügbar unter: http://www.egms.de/en/meetings/hta2003/03hta13.shtml.

Wenninger, G. (Ed.). (2000). *Lexikon der Psychologie*. (Band 1 bis 5). Heidelberg, Berlin: Spektrum.

4 Quantitative Auswertungsmethoden

Gerald Echterhoff

Die bisherigen Kapitel haben grundlegende Aspekte quantitativer Methoden behandelt, die verschiedenen Verfahren zur Datenerhebung (▶ Kap. 2) sowie die zentralen methodischen Zugänge zur Beantwortung von Forschungsfragen wie das Experiment oder Zusammenhangsstudien (▶ Kap. 3). Der Forschungsprozess endet aber natürlich keineswegs mit der Auswahl einer geeigneten Forschungsmethode und der Datenerhebung. Wenn eine Erhebung abgeschlossen ist, folgt ein weiterer unabdingbarer Schritt zur Beantwortung einer Forschungsfrage: die Auswertung der Daten.

Ein unerlässlicher Schritt zur Beantwortung einer Forschungsfrage ist die Datenauswertung, die auf die Auswahl einer Forschungsmethode und die Datenerhebung folgt.

Zunächst ist sicherzustellen, dass die Daten so aufbereitet sind und in einer Form vorliegen, dass sie der weiteren Datenauswertung zugänglich gemacht werden können. So kann es etwa sein, dass Daten zunächst noch in geeignete Zahlen überführt oder aus mehreren Einzelwerten zusammengefasste Werte berechnet werden müssen, bevor die Auswertung erfolgen kann. Nach Hinweisen zum Schritt der Datenaufbereitung geben wir in diesem Kapitel einen Überblick über die wichtigsten quantitativen Methoden der Datenauswertung. Damit ist das weite Feld der Statistik angesprochen, die das Instrumentarium zur Analyse von zahlenförmigen Informationen bereitstellt.

Im Folgenden wird zunächst die **Datenaufbereitung** behandelt. Dann werden quantitative **Auswertungsmethoden** vorgestellt.

Es übersteigt den verfügbaren Platz dieses Einführungsbandes, die Bandbreite und teils anspruchsvolle Logik statistischer Analyseverfahren darzustellen. Die Lektüre der folgenden Abschnitte kann zwar einen Überblick leisten und Hinweise zur ersten Orientierung im weiten Feld der Statistik liefern. Jedoch ist es nicht möglich, die Kompetenzen zur eigenständigen adäquaten Durchführung statistischer Datenanalysen im Rahmen dieses Bandes zu vermitteln. Eine qualifizierte Ausbildung in Statistik, möglichst innerhalb eines Hochschulstudiums, ist unerlässlich, um eine statistische Auswertung fachkundig und korrekt vornehmen zu können. Natürlich liegen zahlreiche Lehrbücher vor, die beim Erwerb der erforderlichen statistischen Kompetenzen hilfreich sein können (z. B. Aron, Aron & Coups, 2009; Bortz & Schuster, 2010; Diehl & Arbinger, 2001; Diehl & Kohr, 2004; Leonhart, 2009; Rasch, Friese, Hofmann & Naumann, 2010). Mit der heute verfügbaren leistungsfähigen Statistik-Software lassen sich alle hier dar-

Ohne eine qualifizierte Ausbildung in **Statistik** können Datenanalysen nicht geplant, vorgenommen oder kritisch beurteilt werden.

4

gestellten Analysen komfortabel ausführen. Analyseergebnisse können jedoch nur dann angemessen interpretiert werden, wenn die Nutzerin bzw. der Nutzer die zugrunde liegende Logik und Berechnungsweise hinreichend versteht.

Um typische Fragen bei der Datenauswertung zu illustrieren, greifen wir auf das fiktive **Forschungsbeispiel** aus der Einleitung zu Teil I zurück.

Kehren wir zur Illustration der Datenauswertung zum Beispiel zurück, das wir in der Einleitung von Teil I dieses Buches vorgestellt haben, um die Verwendung von Zahlen als Daten in der psychologischen Forschung zu illustrieren. Es ging um die Frage, wie kompetent die Studierenden der Psychologie an der fiktiven Universität »Alma Mater« im Umgang mit quantitativen Methoden sind. Nehmen wir an, die Kompetenz in statistischen Methoden wurde an einer Stichprobe von 64 (weiblichen und männlichen) Studierenden mithilfe geeigneter Tests (▶ Abschn. 2.4) untersucht. Dabei wurden drei wichtige Teilbereiche unterschieden, die in den Hauptteilen des Teils I behandelt werden: Datenerhebungsverfahren, Forschungsmethoden und Auswertungsverfahren. Die Leistungen in den Teilbereichen wurden durch eine Reihe von Aufgaben (Items) erhoben. Zudem sollten die Studierenden in einer Befragung (▶ Abschn. 2.3) ihre Kenntnis der verschiedenen Themen auf Ratingskalen selbst einschätzen. Die eine Hälfte der Studierenden absolvierte zuvor ein neuartiges computergestütztes Seminar für Methoden, die andere Hälfte hatte ein konventionelles Methodenseminar besucht. Die Seminare fanden entweder als Blockveranstaltung an zwei aufeinander folgenden Wochenenden oder wie üblich zweistündig an einem Wochentag während eines Semesters statt. Nehmen wir an, folgende Fragen werden untersucht:

a. Welche Kompetenz in statistischen Methoden weisen die 64 Studierenden auf?
b. Wie zutreffend schätzen die Studierenden ihre eigene Kompetenz ein?
c. Ist die Methodenkompetenz der Studierenden an der Universität »Alma Mater« überdurchschnittlich hoch?
d. Haben die Teilnahme an dem neuartigen computergestützten Seminar für Methoden (im Unterschied zu einem konventionellen Seminar) und/oder die zeitliche Organisation des Seminars (als Block vs. verteilt über das Semester) einen Effekt auf die Methodenkompetenz von Studierenden?

Zur Beantwortung der Fragen a und b zum fiktiven Forschungsbeispiel können Verfahren der deskriptiven Statistik dienen; die Fragen c und d lassen sich mit Verfahren der Inferenzstatistik beantworten.

Diese Fragen zum fiktiven Forschungsbeispiel lassen sich den beiden Hauptzweigen der quantitativen Auswertung zuordnen: Frage a lässt sich mithilfe der sog. **deskriptiven Statistik** beantworten. Frage b kann im Wesentlichen auch durch deskriptive Statistik, insbesondere die Analyse des Zusammenhangs von mehreren Variablen, beantwortet werden. Will eine Forscherin oder ein Forscher auch über die untersuchte Stichprobe hinausgehende Aussagen treffen, d. h., von der Stichprobe auf eine nicht beobachtete Population (hier die Gesamtheit aller Studierenden der Universität »Alma Mater«) schließen, so ist der Einsatz der **Inferenzstatistik** erforderlich (▶ Abschn. 4.3). Dies trifft auf jeden Fall auf die Fragen c und d zu, denn diese beziehen sich nicht nur auf die Stichprobe der 64 Studierenden, sondern auf die nicht beobachtete Gesamtheit der Studierenden der Universität (Frage c) bzw. die Population aller Studierenden.

4.1 Datenaufbereitung

Lernziele

- Die Funktion der Datenaufbereitung verstehen.
- Die wichtigsten Ziele und Schritte der Datenaufbereitung kennenlernen.

Die Datenaufbereitung dient dazu, die angefallenen Rohdaten in eine für die Auswertung geeignete Form zu bringen.

Bevor wir die statistische Datenanalyse thematisieren, sei noch ein wichtiger vorhergehender Schritt angesprochen: die **Datenaufbereitung**. Nachdem die Untersuchung abgeschlossen ist, liegen von 64 Studierenden die Rohdaten in Form von ausgefüllte Befragungs- und Testbögen vor. Die Datenaufbereitung ist erforderlich, damit nun die

Auswertung dieses großen Pakets an Daten und die Beantwortung der Forschungsfragen erfolgen kann.

▶ **Definition Datenaufbereitung**

Definition

Die **Datenaufbereitung** umfasst die Schritte und Prozeduren, mit denen die Rohdaten einer empirischen Untersuchung in eine Form gebracht werden, die eine gezielte Beantwortung der Forschungsfragen und die Überprüfung der Hypothesen mithilfe von Auswertungsverfahren erlaubt. Hierzu gehören im Bereich quantitativer Methoden u. a.:

- die Überführung von Daten, die noch nicht in quantitativer Form vorliegen, in Zahlen (z. B. quantitative Codierung von Beobachtungen oder verbalem Material; Bildung von Häufigkeiten nominalskalierter Daten);
- die Übertragung von Daten von Test- oder Befragungsbögen (bei Paper-Pencil-Erhebung) oder Rohdatendateien (bei computergestützter Datenerhebung) in ein analysierbares Datenformat (z. B. für ein Statistikprogramm wie SPSS, R oder SAS);
- die Zusammenfassung (Aggregierung) von einzelnen Variablen zu Gesamtwerten (z. B. die Bildung eines Gesamtwerts für eine Skala).

Für die Praxis

Die Datenauswertung erfolgt heute in der Regel mithilfe statistischer Software, z. B. den Programmpaketen SPSS, R oder SAS. Diese Programme benötigen die Überführung der Daten in ein bestimmtes Format, eine Datenmatrix, in der die Daten für die untersuchten Merkmalsträger (in der Psychologie meistens Versuchspersonen) aufgelistet sind. Eine solche Datenmatrix hat eine bestimmte Struktur (◘ Abb. 4.1): In den Zeilen stehen die Merkmalsträger, in den Spalten die Variablen. Zudem müssen die Variablen je nach Vorschriften des Programms in einem bestimmten Format benannt und definiert werden. Auch wenn wir hier die Datenaufbereitung anhand von SPSS (Einführung z. B. bei Field, 2010) illustrieren, so möchten wir darauf hinweisen, dass sich das kostenfreie Open-Source Programm R (www.r-statistik.de/, www.r-project.org) als Alternative zu kommerzieller Software zunehmend verbreitet (Einführungen bei Faes, 2010; Kabacoff, 2011; Luhmann, 2011).

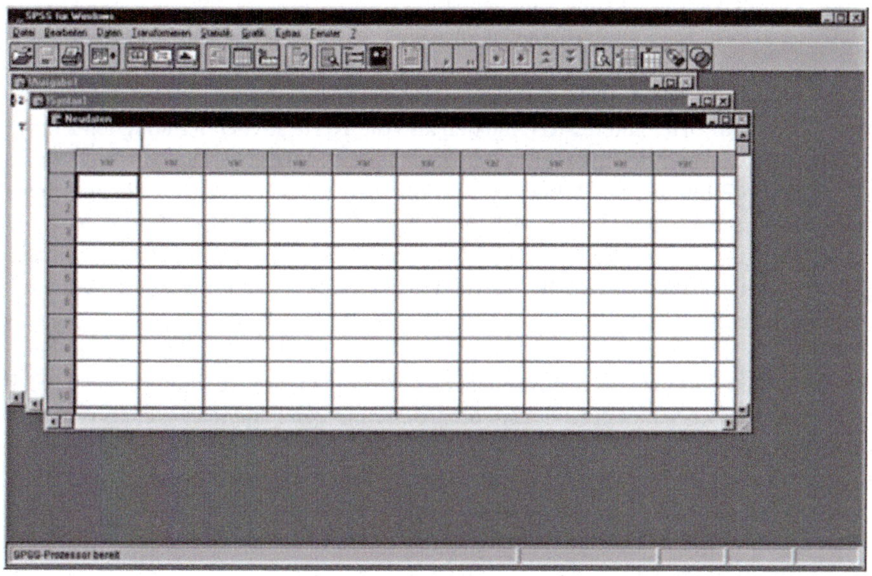

◘ **Abb. 4.1** Datenmatrix in SPSS

Drei **Hauptziele der Datenaufbereitung** lassen sich unterscheiden.

Das **Ziel der Datenaufbereitung** im Bereich der quantitativen Methoden besteht darin,

1. Daten, die noch nicht in quantitativer Form vorliegen, in Zahlenform zu überführen,
2. diese quantitativen Daten in ein per Software analysierbares Datenformat (▶ Für die Praxis) zu übertragen und
3. die Daten so zu organisieren, dass sie im Hinblick auf die Fragestellungen oder Hypothesen effektiv analysiert werden können.

Im ersten Schritt müssen Daten, die bei der Erhebung ***nicht*** schon numerisch vorliegen (z. B. kategoriale oder verbale Daten), in **Zahlenform überführt** (numerisch codiert) werden. Damit wird eine quantitative Auswertung überhaupt erst möglich.

1. Überführung in Zahlenform Manche Daten liegen ursprünglich noch nicht in Zahlenform vor, z. B. bei Verhaltensbeobachtungen in verschiedenen Kategorien (▶ Abschn. 2.2.2) oder bei verbalem Material. Zahlen können auf vielfältige Weise gewonnen werden, z. B. durch das Zählen von Beobachtungen in Kategorien oder die Codierung von verbalem Material (z. B. auf einer Skala von »umgangssprachlich« bis »formal«) bzw. von Verhaltensweisen (z. B. auf einer Skala von »gar nicht aufgeregt« bis »sehr aufgeregt«). Im aktuellen Beispiel kann es sein, dass die Studierenden bei einer Aufgabe zur quantitativen Datenauswertung ein Diagramm anfertigen müssen. Die Korrektheit dieses Diagramms kann erst dann als quantitatives Datum berücksichtigt werden, wenn für das Merkmal »Korrektheit« ein Zahlenwert vergeben wurde. So kann die Korrektheit auf einer Skala von 0 (»gar nicht korrekt«) bis 8 (»vollständig korrekt«) codiert werden.

Im zweiten Schritt müssen die Daten in ein Format übersetzt werden, das eine **computergestützte Verarbeitung** (z. B. durch SPSS oder andere Statistiksoftware) erlaubt.

2. Überführung in ein softwarekompatibles Datenformat. Im nächsten Schritt werden quantitative Daten aus Versuchsbögen (bei Paper-Pencil-Erhebung) oder Rohdatendateien (bei computergestützter Datenerhebung wie z. B. mit MediaLab oder E-Prime) in das gewünschte, computergestützt analysierbare Zielformat gebracht. Im Beispiel würden die (bereits zahlenförmigen) Ratings der Studierenden (zu ihrer Methodenkompetenz) von den Befragungsbögen abgelesen und in eine SPSS-Datenmatrix eingegeben werden.

Oft müssen die Daten so organisiert werden, dass sie effektiv im Hinblick auf die Forschungsfrage oder Hypothese ausgewertet werden können. Zu dieser **Datenorganisation** zählen u. a. die Zusammenfassung von einzelnen Items, die Codierung von fehlenden Werten und die Behandlung von Ausreißern.

3. Organisation der Daten für eine zielorientierte und effektive Analyse Welche Prozeduren zur Realisierung des letzten Schritts erforderlich sind, hängt von den Fragestellungen und Hypothesen einer Untersuchung sowie den psychologischen Konstrukten und den zu ihrer Erfassung erhobenen Variablen ab. Nehmen wir an, im obigen Beispiel wurden Urteile zur eigenen Methodenkompetenz mithilfe mehrerer Items erfasst, z. B. 5 Ratingitems (▶ Abschn. 2.3) zu Kenntnissen statistischer Verfahren. Da der Gesamtwert zu diesem Urteil interessiert, müssen also die Werte auf den 5 Ratingitems für jeden der 64 Studierenden aggregiert (zusammengefasst) werden. Dies geschieht in der Regel durch Bildung eines Mittelwerts (arithmetischen Mittels). Falls die Forscherin bzw. der Forscher keine bereits bestehenden Skalen verwendet, muss sie bzw. er prüfen, ob eine Aggregierung zulässig ist. Diese Prüfung beinhaltet im Minimalfall die Berechnung der internen Konsistenz (▶ Abschn. 2.4) der Items (Cronbachs Alpha). Wenn die interne Konsistenz ausreichend hoch ist (Cronbachs Alpha von mindestens 0,70 oder 0,80), dann ist eine Zusammenfassung zulässig. Andere Beispiele für Datenaufbereitung sind die Bildung von relativen Häufigkeiten für mehrere dichotome Items (z. B. »Ja/Nein«-Antworten in einem Test), die Codierung von fehlenden Werten (»missing values«) oder – vor allem bei Reaktionszeiten – die Behandlung von Ausreißern (extrem hohen oder niedrigen Werten) und die Transformation der Werte bei einer stark linkssteilen Verteilung (▶ Abschn. 2.2.2, ◻ Abb. 2.1).

Kontrollfragen

1. Worin besteht die Rolle der Datenaufbereitung im Forschungsprozess?
2. Welche Ziele verfolgt die Datenaufbereitung im Bereich der quantitativen Methoden?
3. Worauf ist bei der Zusammenfassung mehrerer Items, die dasselbe Konstrukt erfassen sollen, zu achten?

▶ Weiterführende Literatur

Bortz, J. & Schuster, C. (2010). *Statistik für Human- und Sozialwissenschaftler: Lehrbuch mit Online-Materialien* (7. Aufl.). Berlin: Springer.

Leonhart, R. (2009). *Lehrbuch Statistik: Einstieg und Vertiefung* (2. Aufl.). Bern: Huber.

4.2 Deskriptivstatistische Methoden

Lernziele

- Die Ziele und Leistungen der Deskriptivstatistik verstehen.
- Die Analyse von Häufigkeiten, Häufigkeitsverteilungen und verschiedene Arten von Häufigkeiten kennenlernen.
- Möglichkeiten der Veranschaulichung von Häufigkeitsverteilungen kennenlernen.
- Die Bedingungen zum sinnvollen Einsatz von Histogramm und Kreisdiagramm würdigen.
- Einen Überblick über univariate Deskriptivstatistik für einzelne Parameter gewinnen. Dabei verschiedene Maße der zentralen Tendenz und Streuungsmaße unterscheiden und berechnen können.
- Die Bedeutung von Streuungsmaßen würdigen.
- Einen Überblick über multivariate deskriptivstatistische Verfahren gewinnen.
- Die Berechnung der Korrelation zwischen zwei Variablen verstehen.
- Das Ziel und Prinzip der Regressionsanalyse begreifen.
- Maße für die Stärke von Zusammenhängen in der Regressionsrechnung kennenlernen.
- Das Prinzip der multiplen Regression verstehen und veranschaulichen können.

Ziel der Deskriptivstatistik ist die zusammenfassende **Beschreibung** und **Darstellung** von quantitativen Daten.

Nehmen wir an, die Daten einer Untersuchung liegen nach einer geeigneten Aufbereitung zur zielgerichteten Auswertung vor. Ein erstes Ziel besteht in der Regel darin, die Daten aus einer Stichprobe zusammenfassend zu beschreiben und darzustellen. Hierzu dient die Deskriptivstatistik (Diehl & Kohr, 2004). Eine Zusammenfassung bei der Beschreibung der Daten bedeutet, dass man nicht mehr die einzelnen Werte aller untersuchten Fälle (Versuchsteilnehmer und -teilnehmerinnen) betrachtet, sondern über mehrere oder alle Fälle hinweg Aussagen trifft. Ganz zu Anfang des Kapitels hatten wir einen Studierenden der Universität »Alma Mater« ausgewählt, dessen Methodenkompetenz in einzelnen Zahlen ausgedrückt wurde. Die Deskriptivstatistik geht über die Betrachtung separater Werte hinaus, indem sie mehrere Werte auf verschiedene Weisen zusammenfassend beschreibt.

▶ Definition Deskriptivstatistik

Definition

Die **Deskriptivstatistik** beinhaltet Verfahren, mit deren Hilfe quantitative Daten zusammenfassend beschrieben und dargestellt werden. Hierzu zählen:

- die univariate Deskriptivstatistik (Statistik für einzelne Variablen), darunter:
  a. die Bestimmung von Häufigkeiten des Auftretens von Werten und von Häufigkeitsverteilungen;
  b. die Berechnung von Kennwerten (Parametern), die zusammenfassende Aussagen über die gesamte Stichprobe erlauben (Maße der zentralen Tendenz und Streuungsmaße);

▼

- die multivariate Deskriptivstatistik (Statistik für Zusammenhänge mehrerer Variablen), darunter Korrelation und Regression;
- Tabellen;
- Diagramme und Grafiken.

4.2.1 Univariate Deskriptivstatistik für Häufigkeiten und Häufigkeitsverteilungen

Ein zentrales deskriptivstatistisches Verfahren ist die **Analyse von Häufigkeiten (*f*)**.

Einen ersten Überblick gewinnt man durch die Bestimmung der Häufigkeit (abgekürzt mit dem Symbol *f* für »frequency«) von Werten und die Anfertigung von Häufigkeitsverteilungen. In der genannten Beispieluntersuchung »Alma Mater« könnte es etwa darum gehen, wie groß der Anteil weiblicher und männlicher Teilnehmer ist oder wie häufig bestimmte Gesamtwerte für Methodenkompetenz bzw. Bearbeitungszeiten für einen Test sind.

Analyse von Häufigkeiten

Die Auswertung von **Häufigkeitsdaten** erfordert die Festlegung von Kategorien. Bei kontinuierlichen Variablen müssen Kategoriebreiten bzw. -intervalle festgelegt werden.

Zunächst müssen die Kategorien bzw. auch die Breite jener Kategorien festgelegt werden, für die die Häufigkeiten ausgezählt werden. Bei **diskreten Variablen** mit wenigen Ausprägungen (also etwa einfachen nominalskalierten Variablen wie Haarfarbe) ist die Kategorieauswahl einfacher als bei kontinuierlichen Variablen (wie etwa Bearbeitungszeiten). Für die Variable Geschlecht ist die Auswahl fast trivial: die eine Kategorie ist »weiblich«, die andere »männlich«. Bei **kontinuierlichen Variablen**, also Variablen mit prinzipiell unendlich vielen Ausprägungen, ist eine Festlegung von Kategoriebreiten (z. B. Werte von 10 bis 15 Sekunden für die Bearbeitung einer Testaufgabe) erforderlich. Denn es ist unwahrscheinlich, dass bestimmte Werte mehr als einmal vorkommen. Zwar gilt dies nicht für diskrete Variablen, jedoch ist auch hier ab einer bestimmten Anzahl von Ausprägungen (z. B. Anzahl gelöster Aufgaben eines Tests von 0 bis 50) die Zusammenfassung von Werten über ein Intervall aus Gründen der Übersichtlichkeit angeraten.

Bei der **Festlegung von Kategorien und deren Breite** können die folgenden Kriterien helfen:

- Je mehr Werte vorliegen (je größer die Stichprobe), desto enger können die Kategorien sein.
- Je größer die Variationsbreite der Messwerte, desto breiter können die Kategorien sein.
- Alle Intervalle/Kategorien sollten im Normalfall die gleiche Breite aufweisen (mit Ausnahme von Randkategorie/n).

Die **absolute** Häufigkeit bezeichnet die Anzahl von Werten pro Kategorie, die **relative** (und **prozentuale**) Häufigkeit den Anteil der Werte an allen Werten.

Absolute, relative und prozentuale Häufigkeiten Die absolute Häufigkeit gibt die Anzahl von Werten pro Kategorie an, z. B. 48 weibliche und 16 männliche Studierende. Eine größere Vergleichbarkeit über verschiedene Datensätze erlaubt die relative Häufigkeit. Die relative Häufigkeit (engl. »relative frequency« oder »proportion«) bezeichnet den Anteil der beobachteten Werte an allen Werten (absolute Häufigkeit dividiert durch Anzahl aller Werte) – im Beispiel also 0,75 für die Kategorie »weiblich« und 0,25 für die Kategorie »männlich«. Multipliziert man die relative Häufigkeit mit 100, so erhält man die prozentuale Häufigkeit (engl. »percentage«).

Die **kumulative Häufigkeit** bezeichnet die Häufigkeit aller Werte bis zu einer bestimmten Kategorie (in aufsteigender Reihenfolge); mit 100 multipliziert ergibt sich der Prozentrang.

Kumulative Häufigkeiten und Prozentränge Bei mindestens ordinalskalierten Werten kann darüber hinaus die kumulative bzw. kumulierte Häufigkeit angegeben werden. Diese gibt an, wie häufig Werte bis zu einer bestimmten Kategorie (in aufsteigender

Tab. 4.1 Absolute, relative und kumulierte Häufigkeiten (auf zwei Nachkommastellen gerundet) für Gesamtwerte der Methodenkompetenz aus einem fiktiven Beispieldatensatz von 64 Studierenden der Universität »Alma Mater«

Kategorie (Werteintervall)	70–89	80–89	90–99	100–109	110–119	120–129
f (absolut)	7	9	11	16	14	7
f (relativ)	0,11	0,14	0,17	0,25	0,22	0,11
f (kumuliert)	0,11	0,25	0,42	0,67	0,89	1,00
Prozentrang (Perzentil)	11	25	42	67	89	100

Reihenfolge) auftreten; wird dieser Wert mit 100 multipliziert, so erhält man den sog. **Prozentrang** (auch Perzentil, engl. »percentile«). Erhält eine Versuchsteilnehmerin mit einem bestimmten Wert den Prozentrang 67, so heißt das, dass 67% aller Versuchsteilnehmerinnen und -teilnehmer einen kleineren oder gleich hohen Wert aufweisen. Tab. 4.1 gibt absolute, relative und kumulierte Häufigkeiten sowie Prozentränge für den Gesamtwert der Methodenkompetenz der Studierenden im Beispiel wieder. Die Werte schwanken insgesamt zwischen 70 (geringe Methodenkompetenz) und 130 (hohe Methodenkompetenz), und es sind Kategorien gleicher Breite (10) festgelegt worden. Mit der Auswertung der Häufigkeiten wird die Frage a (»Welche Kompetenz in statistischen Methoden weisen die 64 Studierenden auf?«) zum Beispieldatensatz beantwortet.

Ein Wert von 110 bis einschließlich 119 (gerade noch nicht 120) wurde damit gemäß Tab. 4.1 von 14 Studierenden erzielt. Der Anteil (die relative Häufigkeit) dieses Werts in der Stichprobe liegt bei 14/64=0,22 (aufgerundet), und 89% aller untersuchten Studierenden haben einen geringeren oder gleich hohen Wert erzielt.

Veranschaulichung von Häufigkeitsverteilungen

Histogramm Häufigkeitsverteilungen können durch geeignete Grafiken oder Diagramme veranschaulicht werden. Dabei kommt meist das sog. Histogramm zum Zuge, bei dem auf der Abszisse (x-Achse) die Kategoriegrenzen und auf der Ordinate (y-Achse) die Häufigkeiten aufgetragen sind. Abb. 4.2 zeigt ein Histogramm für die absoluten Häufigkeiten aus dem Beispiel (Tab. 4.1).

Ein **Histogramm** veranschaulicht eine Häufigkeitsverteilung mit Kategoriegrenzen auf der x-Achse und Häufigkeiten auf der y-Achse.

Kreisdiagramm Für relative und prozentuale Häufigkeiten bietet sich eine Darstellungsform an, die grafisch die Gesamtheit und ihre Teile wiedergibt. Hierzu eignet sich das sog. Kreisdiagramm, das in den Medien oft zur Darstellung der Prozentanteile von

Ein **Kreisdiagramm** veranschaulicht relative bzw. prozentuale Häufigkeiten durch die Größe der Sektoren eines Kreises.

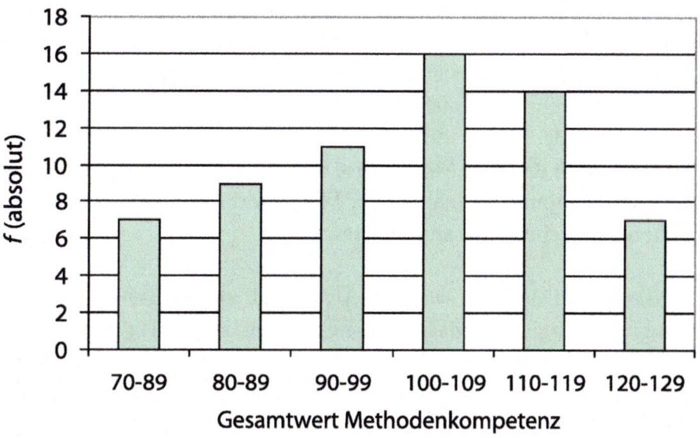

Abb. 4.2 Histogramm absoluter Häufigkeiten der Methodenkompetenz für den fiktiven Beispieldatensatz

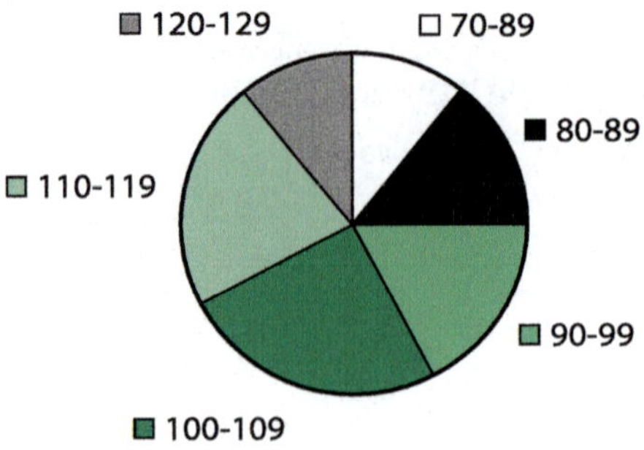

Abb. 4.3 Kreisdiagramm für relative (auch prozentuale) Häufigkeiten der Methodenkompetenz für den fiktiven Beispieldatensatz

politischen Parteien bei einer Wahl verwendet wird. Die Häufigkeiten werden hier durch die Größe der Sektoren des Kreises veranschaulicht. Diese Form der Darstellung eignet sich für Daten auf allen Skalenniveaus, darunter besonders Daten auf Nominalskalenniveau. Die relativen (auch prozentualen) Häufigkeiten der Werte für Methodenkompetenz aus dem Beispiel – also in diesem Fall keine nominalskalierten Daten – sind in Abb. 4.3 in einem Kreisdiagramm dargestellt.

4.2.2 Univariate Deskriptivstatistik für einzelne Parameter

Deskriptivstatistische Analysen beinhalten oft die Angabe einzelner Parameter (vor allem Maße der zentralen Tendenz und Streuungsmaße), die über die Ausprägung einer Variablen in einer Stichprobe Auskunft geben.

Eine weitere, gängige Art der deskriptivstatistischen Datenauswertung besteht in der Angabe von Kennwerten (Parametern), die die Ausprägung einer Variablen in einem gesamten Kollektiv bzw. einer Stichprobe angeben. Solche Kennwerte geben Auskunft über Eigenschaften einer Häufigkeitsverteilung, wie etwa die am meisten vertretenen Werte oder ihre Streuung. Die beiden wichtigsten Arten von Kennwerten sind die Maße der zentralen Tendenz sowie die Streuungsmaße, die im Folgenden kurz erläutert werden.

Maße der zentralen Tendenz

Maße der **zentralen Tendenz** sollen die Merkmalsausprägung einer zufällig ausgewählten Person annähernd angeben.

Maße der zentralen Tendenz sollen die Merkmalsausprägung einer zufällig ausgewählten Person wiedergeben, also die typische Tendenz der Ausprägungen. Hierzu zählen der Modalwert (Modus), der Median sowie das arithmetische Mittel (auch einfach Mittelwert genannt).

Der **Modalwert** bezeichnet die größte absolute Häufigkeit einer Verteilung; er kann ab Nominalskalenniveau für alle Skalenniveaus informativ sein.

Modalwert Der Modalwert (engl. »mode«) ist der Wert mit der größten absoluten (und damit auch relativen) Häufigkeit, in einem Histogramm der Gipfel der Verteilung. (Die kumulierte Häufigkeit darf hier nicht verwendet werden.) Nehmen wir an, im bisherigen Beispiel haben die meisten Studierenden auf einem Rating ihrer Kompetenz in Datenanalyse auf einer Skala von 1 (»sehr schlecht«) bis 10 (»exzellent«) den Wert 5 angegeben. Der Modalwert ist in diesem Fall 5. Es kann auch vorkommen, dass eine Verteilung mehrere Modalwerte hat (multimodale Verteilung). Eine Verteilung, in der ein einziger deutlicher Modalwert (wie z. B. 5) vorliegt, wird unimodal genannt; eine Verteilung, in der zwei Modalwerte bzw. Gipfel (z. B. der Wert 2 und der Wert 7) vorliegen, wird bimodal genannt. Der Modalwert kann für Nominalskalenniveau und alle höheren Skalenniveaus angegeben werden.

Der **Median** bezeichnet denjenigen Wert, unterhalb dessen 50% aller (ranggeordneten) Werte liegen; er kann ab Ordinalskalenniveau informativ sein.

Median Der Median (*Md* oder *Mdn*, engl. »median«) ist der Wert, der die in eine Rangfolge gebrachten Messwerte in zwei gleich große Hälften teilt. Der Median ist nicht auf Nominalskalenniveau bestimmbar, sondern erst ab Ordinalskalenniveau. Der Median wird ermittelt, indem alle Werte in aufsteigende Rangfolge gebracht werden und der Wert identifiziert wird, unterhalb dessen 50% aller Werte liegen.

Arithmetisches Mittel Das arithmetische Mittel oder der Mittelwert (*M*, engl. »mean«) entspricht dem gemeinhin bekannten Durchschnittswert: Es wird bestimmt, indem alle einzelnen Werte (x_i; mit *i* als Laufindex für die individuellen Werte) summiert und die Summe durch die Anzahl aller Werte, also der Gesamtzahl der Fälle (*N*), dividiert wird (Formel 4.1). Im Unterschied zu Modalwert und Median werden hierbei alle Werte einer Stichprobe berücksichtigt; das arithmetische Mittel kann daher auch im Unterschied zu den beiden anderen Kennwerten durch extrem große oder kleine Werte beeinflusst werden. Seine Berechnung setzt mindestens Intervallskalenniveau voraus.

Das **arithmetische Mittel** ist der Quotient aus der Summe und der Anzahl aller Werte; es kann ab Intervallskalenniveau informativ sein.

$$M = \frac{\sum_{i=1}^{N} x_i}{N}$$

Formel 4.1: Berechnung des arithmetischen Mittels (*M*)

Im Beispiel zur Methodenkompetenz der Studierenden der Universität »Alma Mater« ist die Angabe des arithmetischen Mittels zur Beantwortung der Frage a (»Welche Kompetenz in statistischen Methoden weisen die 64 Studierenden auf?«) unerlässlich. Angenommen sei, dass wir durch die Summenbildung aller Werte und die anschließende Division durch 64 den Wert von $M=107{,}5$ erhalten.

Streuungsmaße

Streuungsmaße (auch Maße der Variabilität oder Dispersion) geben an, wie stark die verschiedenen Werte einer Stichprobe voneinander abweichen, wie stark die Werte also »streuen«. Streuungsmaße geben also die Unterschiedlichkeit der Messwerte einer Verteilung an.

Die Unterschiedlichkeit der Messwerte einer Verteilung wird durch **Streuungsmaße** angegeben.

Varianz und Standardabweichung Der üblichste Kennwert, sinnvoll bestimmbar ab Intervallskalenniveau, ist die Standardabweichung (*SD*, engl. »standard deviation«), die sich wiederum aus der Varianz berechnet. Die Varianz (SD^2, engl. »variance«) einer Stichprobe ist die Summe der quadrierten Abweichungen aller Werte (x_i) vom arithmetischen Mittel (*M*), dividiert durch die Anzahl aller Werte (*N*). Kurz gesagt: Die Varianz ist die Summe der Abweichungsquadrate, relativiert an der Größe der Stichprobe. Eine Darstellung in mathematischer Form ist in Formel 4.2 wiedergegeben.

Die **Varianz** ist die Summe der Abweichungsquadrate, relativiert an der Größe der Stichprobe; die Quadratwurzel der Varianz ist die **Standardabweichung**.

$$SD^2 = \frac{\sum_{i=1}^{N} (x_i - M)^2}{N}$$

Formel 4.2: Berechnung der Varianz

Die Varianz wird in den quadrierten Einheiten der ursprünglichen Skala angegeben. Da die nicht quadrierten Werte anschaulicher und einfacher zu interpretieren sind, wird die Quadratwurzel aus der Varianz gezogen. Dies ergibt die Standardabweichung (**Formel 4.3**).

$$SD = \sqrt{\frac{\sum_{i=1}^{N} (x_i - M)^2}{N}}$$

Formel 4.3: Berechnung der Standardabweichung

In der Studie zur Methodenkompetenz der Studierenden der Universität »Alma Mater« sollte neben dem arithmetischen Mittel zur Beantwortung der Frage a auch stets ein Streuungsmaß, am besten die Standardabweichung, berechnet werden. Angenommen sei, dass wir durch die Division der Summe der 64 Abweichungsquadrate (Abweichungen von $M=107{,}5$) und anschließendes Ziehen der Quadratwurzel den Wert von $SD=15{,}0$ erhalten.

Der **Interquartilbereich** (ab Ordinalskalenniveau sinnvoll) oder der Abstand zwischen kleinstem und größtem Wert (Spannbreite) sind weitere Streuungsmaße.

Weitere Streuungsmaße Neben Standardabweichung und Varianz gibt es Streuungsmaße, die auch für Ordinalskalenniveau interpretierbar sind, z. B. den **Interquartilbereich** (die Differenz zwischen dem 25. und dem 75. Perzentil, d. h. der Bereich, in dem die mittleren 50% aller Werte liegen). Informativ ist oft auch schon die Betrachtung des kleinsten und größten Werts einer Verteilung (bzw. ihres Abstands, der sog. Spannbreite; engl. »range«), vor allem bei kontinuierlichen Werten ohne vorgegebene Skalenwerte wie etwa Reaktionszeiten.

Je größer die Streuung, desto weniger repräsentiert ein Maß der zentralen Tendenz die Verteilung. Die Kenntnis der Streuung ist wichtig, da die (nomothetisch orientierte) Forschung in der Regel die **Unterschiedlichkeit** (Variabilität) einer Merkmalsausprägung zu **erklären** versucht.

Zur Bedeutung von Streuungsmaßen Warum ist es wichtig, nicht nur die zentrale Tendenz, sondern auch die Streuung einer Verteilung zu kennen? Zum einen hängt die Aussagekraft etwa eines arithmetischen Mittels davon ab, wie weit die Werte einer Verteilung streuen: Ein Mittelwert repräsentiert die Verteilung umso weniger, je größer die Streuung ist. Zum anderen ist die Kenntnis der Streuung eine wichtige Voraussetzung für die Beantwortung eines zentralen Typs psychologischer Forschungsfragen, nämlich: Worauf ist die Unterschiedlichkeit einer Merkmalsausprägung zurückzuführen, wie ist die Variabilität von Erleben und Verhalten zu erklären? Die Frage d zum obigen Beispiel lautet etwa, ob überdurchschnittlich hohe Werte für Methodenkompetenz auf die Teilnahme an dem neuartigen computergestützten Seminar für Methoden zurückzuführen sind. In allen möglichen Bereichen der (nomothetisch orientierten) psychologischen Forschung interessieren sich Forschende für Erklärungen von Variabilität: Warum können Menschen sich besser an bestimmte Erlebnisse erinnern als an andere? Warum verhalten sich Menschen unterschiedlich aggressiv, manche friedlich wie Mahatma Ghandi, andere, wie Skinheads aus dem Neonaziumfeld, hochgradig gewalttätig? Was bedingt hohen versus niedrigen Lernerfolg in Schule und Hochschule? Um solche Fragen im Rahmen quantitativ operierender Forschung beantworten zu können, muss die Unterschiedlichkeit in einer Forschungsstudie zuerst quantifiziert werden. Genau hierzu dienen die Streuungsmaße, darunter vor allem die Standardabweichung.

Schiefe und Exzess als weitere deskriptivstatistische Parameter

Die **Schiefe** gibt an, wie sehr eine Verteilung von einer symmetrischen Form abweicht; der **Exzess** gibt an, wie breitgipflig eine Verteilung ist.

Neben den Maßen der zentralen Tendenz und Streuungsmaßen gibt es noch weitere Kennwerte für Verteilungen von Messwerten. Die **Schiefe** (engl. »skewness«) gibt Auskunft darüber, wie sehr eine Verteilung **linkssteil** (»positively skewed«) oder **rechtssteil** (»negatively skewed«) ist und damit von einer symmetrischen Form abweicht (▶ Abschn. 2.2.2, ◻ Abb. 2.3). Der sog. **Exzess** (engl. »kurtosis«) gibt ausgehend von der Idealform einer Normalverteilung an, wie **breitgipflig** (versus **schmalgipflig**) eine Verteilung ist. Da hier ein Gipfel als Referenz dient, kann der Exzess nur für unimodale Verteilungen (s. oben, Modalwert) bestimmt werden.

4.2.3 Multivariate Deskriptivstatistik

In der **multivariaten Statistik** werden mehrere Variablen gleichzeitig analysiert.

Die bisher vorgestellten Verfahren der Deskriptivstatistik haben bestimmte Merkmale (wie etwa Methodenkompetenz) isoliert betrachtet. Häufigkeiten, Maße der zentralen Tendenz und Streuungsmaße haben zusammenfassende Informationen über jeweils eine *einzige* Variable geliefert. Daher hatten wir es mit univariater Statistik zu tun. Darüber hinaus kann aber auch die gleichzeitige Betrachtung mehrerer Variablen, d. h. multivariate Deskriptivstatistik, wichtig sein (s. Beispiel). Die statistischen Analyseverfahren, die über die Stärke von Zusammenhängen Auskunft geben, sind die **Korrelation** (auch ▶ Abschn. 3.3.1) und die **Regression**.

Korrelation

Die bivariate Statistik prüft Zusammenhänge (**Korrelationen**) zwischen zwei Variablen.

Werden zwei Merkmale zueinander in Beziehung gesetzt, wird **bivariate Statistik** eingesetzt. Hierzu zählen vor allem Korrelationen zwischen zwei Variablen wie etwa zwischen Körpergröße und Schuhgröße oder zwischen den Leistungstestwerten für Methodenkompetenz und den subjektiven Einschätzungen der Methodenkompetenz im Beispieldatensatz (vgl. Frage b). Eine Korrelation ist positiv, wenn hohe Werte auf x mit hohen Werten auf y einhergehen; sie ist hingegen negativ, wenn hohe Werte auf x mit niedrigen Werten auf y einhergehen.

Die Korrelation wird am zuvor verwendeten fiktiven Forschungsbeispiel erläutert.

Zum Beispiel erfordert die Beantwortung der obigen Frage b zur Beispieluntersuchung »Alma Mater« (»Wie zutreffend schätzen die Studierenden ihre eigene Kompetenz ein?«) die Berücksichtigung von mindestens zwei verschiedenen Variablen: den (möglichst objektiven) Wert aus Leistungstests für Methodenkompetenz sowie die subjektive Einschätzung der eigenen Methodenkompetenz aus der Befragung der Studierenden. Die subjektive Einschätzung ist umso zutreffender, je höher die Korrelation zwischen subjektiven und objektiven Leistungswerten ist. Eine positive Korrelation liegt vor, wenn Studierende mit überdurchschnittlich (vs. unterdurchschnittlich) hohen Werten aus den Tests auch überdurchschnittlich (vs. unterdurchschnittlich) hohe Werte für ihre eigene Methodenkompetenz angeben.

Bei der **Korrelationsrechnung** werden die Produkte korrespondierender Abweichungen (von den jeweiligen Mittelwerten) bestimmt und an der Anzahl aller Fälle sowie an den Standardabweichungen der beiden Variablen relativiert.

Die Berechnung der Korrelation kann man auf folgende Weise veranschaulichen: Eine Korrelation liegt vor, wenn bei überdurchschnittlich hohen oder niedrigen Werte auf der einen Variablen (x) auch auf der anderen Variablen (y) überdurchschnittlich hohe oder niedrige Werte auftreten. Um dies zu prüfen, muss man für jeden Merkmalsträger (d. h. für jede Versuchsperson) bestimmen, wie weit der Wert auf x (im Beispiel die subjektive Einschätzung der Methodenkompetenz) bzw. der Wert auf y (im Beispiel der objektive Testwert) vom arithmetischen Mittel der jeweiligen Variable abweicht. Das heißt: Was »überdurchschnittlich hoch« und »überdurchschnittlich niedrig« ist, bemisst sich an den jeweiligen Stichprobenmittelwerten von x bzw. y. Weichen beide Werte in der Mehrheit der Fälle gleichermaßen weit ab, so ist dies ein Hinweis auf eine Korrelation. Von einer positiven Korrelation ist auszugehen, wenn bei einigen Fällen x deutlich überdurchschnittlich hoch und y ebenfalls deutlich überdurchschnittlich hoch ist und wenn bei anderen Fällen x deutlich überdurchschnittlich niedrig und y ebenfalls deutlich überdurchschnittlich niedrig ist. Rechnerisch werden die Produkte korrespondierender Abweichungen auf x und y (von den jeweiligen Mittelwerten) bestimmt und an der Anzahl aller Fälle (Merkmalsträger, Versuchspersonen) sowie an den Standardabweichungen der beiden Variablen relativiert (▶ Berechnung von Kovarianz und Korrelation).

Exkurs

Berechnung von Kovarianz und Korrelation

Die Kovarianz (*cov*) der Merkmale x und y ist der Mittelwert der Produkte korrespondierender Abweichungen von den jeweiligen Mittelwerten von x und y. Die Formel lautet:

$$cov_{xy} = \frac{\sum_{i=1}^{N}(x_i - \bar{x}) \cdot (y_i - \bar{y})}{N}$$

Jede Untersuchungseinheit i liefert ein Messwertpaar (x_i und y_i). Sind beide Werte z. B. weit überdurchschnittlich (oder unterdurchschnittlich), so ergibt sich ein hohes positives Abweichungsprodukt (der Ausdruck im Zähler). Die Summe der Abweichungsprodukte ist ein Maß für den Grad der **gemeinsamen Variation** (der »Ko-Variation«) der beiden Merkmale. Um eine Vergleichbarkeit mit anderen Stichprobengrößen zu gewährleisten, muss die Summe der Abweichungsprodukte zunächst an der Anzahl aller Fälle (*N*) relativiert werden; mathematisch geschieht dies durch die Division der Summe der Abweichungsprodukte durch *N*.

Die Kovarianz hängt zwar nicht mehr von der Stichprobengröße ab, aber immer noch von der Messeinheit der beiden Variablen. Sie ist noch nicht vollständig standardisiert und lässt daher keinen Vergleich zwischen verschiedenen Stichproben zu. Wird diese Standardisierung vorgenommen, so erhält man die Korrelation (*r*). Hierzu wird die Kovarianz durch das Produkt der Standardabweichungen (*SD*) von x und y dividiert. Die Formel für die Korrelation lautet also:

$$r_{xy} = \frac{cov_{xy}}{SD_x \cdot SD_y}$$

▼

Der Korrelationskoeffizient *r* (auch Produkt-Moment-Korrelation oder Pearson'scher Korrelationskoeffizient genannt) ist somit die standardisierte Kovarianz. Er variiert zwischen –1 (perfekter negativer Zusammenhang), 0 (kein Zusammenhang) und +1 (perfekter positiver Zusammenhang).

4

Die Bedeutung einer konkreten Korrelation wird für das Forschungsbeispiel erläutert.

Nehmen wir an, im Beispieldatensatz ergibt sich durch Anwendung dieser Formeln eine Korrelation von $r=0{,}38$. Ein positiver Wert bedeutet, dass bei höheren Werten auf der Selbsteinschätzung die objektiven Testwerte für Methodenkompetenz ebenfalls höher sind (und umgekehrt für niedrige Werte). Der Betrag der Korrelation zeigt, dass eine mäßige, nicht besonders hohe Korrelation vorliegt. Die subjektive Selbsteinschätzung weist also nur einen mäßigen Zusammenhang mit der objektiven Testleistung auf. (Anmerkung: Mithilfe inferenzstatistischer Verfahren lässt sich bestimmen, ob ein Zusammenhang auch in der Population der Studierenden der Universität »Alma Mater« vorliegt bzw. die gefundene Korrelation statistisch signifikant ist.)

Zusammenhang und Kausalität

Aus logischer und versuchsplanerischer Sicht muss zwischen Zusammenhang und Kausalität unterschieden werden.

Wie in ▶ Abschn. 3.3.1 dargelegt, bedeutet das Vorliegen eines Zusammenhangs zwischen zwei Variablen keinesfalls, dass die eine Variable die andere kausal bedingt. Besteht ein Zusammenhang, so kann das eine Merkmal zwar zur Vorhersage des anderen eingesetzt werden, jedoch darf nicht von einer Kausalwirkung des einen auf das andere Merkmal ausgegangen werden. Kausalhypothesen lassen sich schlüssig nur mit experimentellen Versuchsplänen unter Kontrolle von Störvariablen und Vermeidung von Konfundierungen prüfen.

Statistisch lassen sich Kausaleffekte auch als Korrelationen darstellen. Ohne Berücksichtigung des Versuchsdesigns kann man Zusammenhang und Kausalität nicht unterscheiden.

Auf statistischer Ebene kann man Kausaleffekte aus einem Experiment ohne Weiteres durch Korrelationen darstellen. So kann z. B. jeder Effekt einer zweistufigen unabhängigen Variablen eines Experiments auf eine kontinuierliche, hinreichend intervallskalierte abhängige Variable als (punktbiseriale) Korrelation ausgedrückt werden (vgl. etwa Aron et al., 2009). Zusammenhang und Kausalität lassen sich nur unter Rückgriff auf die Versuchsplanung unterscheiden, jedoch nicht aus rein statistischer Perspektive.

Regression

Die **Regressionsanalyse** prüft den Zusammenhang zwischen einer oder mehreren unabhängigen Variablen (Prädiktoren) und einer Zielvariable (Kriterium).

Über Zusammenhänge zwischen einer oder mehreren Variablen und einer Zielvariable gibt die Regressionsrechnung Auskunft (▶ Der Begriff »Regression«). Traditionell gilt die Regression als Instrument zur Vorhersage (Prognose) der Ausprägung eines Kriteriums (auch abhängige Variable genannt) durch sog. Prädiktoren (auch unabhängige Variablen genannt).

Exkurs

Der Begriff »Regression«

Der Begriff »Regression« geht auf die Arbeiten von Sir Francis Galton (1822–1911), einem Neffen von Charles Darwin, zurück. Galton untersuchte die Beziehung zwischen den Körpergrößen von Vätern und Söhnen und fand heraus, dass Söhne von großen Vätern im Durchschnitt weniger von der mittleren Körpergröße (aller männlichen Personen) abwichen als die Väter selbst. Diesem Phänomen gab er den Namen »Regression zur Mitte«. Die Bezeichnung Regression setzte sich später als allgemeiner Begriff für die statistische Vorhersage einer abhängigen Variablen durch unabhängige Variablen durch.

Der **Regressions- bzw. Betakoeffizient** ist ein Maß für die Stärke des Zusammenhangs zwischen einem Prädiktor und dem Kriterium.

Die Stärke des Zusammenhangs zwischen einem Prädiktor und dem Kriterium wird durch den sog. Regressionskoeffizienten (*b*) bzw. den Betakoeffizienten (b) angegeben. Der standardisierte Betakoeffizient ist ähnlich zu interpretieren wie der Korrelationskoeffizient *r*: Je höher der Betrag, desto enger der Zusammenhang; die Richtung des

Zusammenhangs gibt das Vorzeichen an. Der standardisierte Betakoeffizient gibt an, um wie viele Standardabweichungen sich das Kriterium ändert, wenn sich der Prädiktor um eine Standardabweichung verändert. Somit kann der Betrag des standardisierten Betakoeffizienten im Unterschied zur Korrelation größer als 1 werden.

Im einfachsten Fall wird ein Kriterium zu *einem* Prädiktor in Beziehung gesetzt; da hier insgesamt zwei Variablen in die Analyse eingehen, spricht man auch von einer bivariaten Regression. Angewendet auf das bisher mehrfach verwendete Beispiel: Eine Regression mit der subjektiven Einschätzung der Methodenkompetenz als Prädiktor und der objektiven Testleistung für Methodenkompetenz als Kriterium ist bivariat. Im Fall der bivariaten Regression ist der standardisierte Betakoeffizient identisch mit dem Korrelationskoeffizienten; im obigen Beispiel ist der standardisierte Betakoeffizient b=0,38. Bei einer Änderung des Prädiktors um eine Standardabweichung ändert sich das Kriterium im Durchschnitt um 0,38 Standardabweichungen; das Kriterium lässt sich also mäßig gut aus dem Prädiktor vorhersagen.

Bei einer **bivariaten Regression** wird der Zusammenhang zwischen dem Kriterium und einem Prädiktor berechnet.

Multiple Regression

Zur hinreichend guten Vorhersage eines Kriteriums reicht eine einzige Prädiktorvariable meist nicht aus. Anders gesagt: Die Ausprägung eines Kriteriums (z. B. Berufserfolg) kann oft mit mehr als einer Variablen zusammenhängen (z. B. Schulnote, Motivation, IQ, elterlichem Erziehungsstil, Empathiefähigkeit, sozialer Kompetenz etc.). Wird mehr als ein Prädiktor einbezogen, so spricht man von einer multiplen Regression. Die multiple Regression kann differenzierte Analysen von Zusammenhängen zwischen einer abhängigen und mehreren unabhängigen Variablen liefern; sie ist ein oft eingesetztes Verfahren in der psychologischen Forschung. Die multiple Regression analysiert also die Beziehungen zwischen *zwei oder mehr* Prädiktoren (durchgehend nummeriert von 1 bis m) und *einem* Kriterium. Schematisch ist eine multiple Regression in ◻ Abb. 4.4 dargestellt.

Bei einer **multiplen Regression** wird der Zusammenhang zwischen dem Kriterium und mehreren Prädiktoren berechnet.

Für jeden der Prädiktoren (x_1 bis x_m) wird ein Betakoeffizient bestimmt, der die Stärke des Zusammenhangs mit dem Kriterium angibt. Die Ergebnisse einer multiplen Regression unterscheiden sich von den Ergebnissen mehrerer separater bivariater Regressionen, da bei der multiplen Regression auch die Korrelationen der Prädiktoren untereinander (Interkorrelationen, in ◻ Abb. 4.4 dargestellt durch die Doppelpfeile zwischen den Prädiktoren) berücksichtigt werden. Der Zusammenhang zwischen den Prädiktoren und dem Kriterium wird durch den multiplen Korrelationskoeffizienten *R* ausgedrückt. Im Unterschied zum bivariaten Korrelationskoeffizienten (*r*) kann *R* nicht negativ werden, variiert also zwischen 0 und +1.

Der Zusammenhang zwischen allen Prädiktoren und dem Kriterium in der multiplen Regression wird durch den **multiplen Korrelationskoeffizienten** (*R*) angegeben. Dabei werden die Korrelationen der Prädiktoren untereinander berücksichtigt.

Im Beispieldatensatz könnte eine multiple Regression berechnet werden, indem der objektive Testwert für Methodenkompetenz nicht nur durch die subjektive Einschätzung (x_1), sondern auch durch die Schulnote in Mathematik, durch Intelligenztestwerte für analytisches und quantitatives Denken oder auch durch die Teilnahme an dem neuartigen computergestützten Seminar für Methoden vorhergesagt wird. Wir könnten neben dem ersten Prädiktor (x_1, subjektive Einschätzung) zunächst einen zweiten Prä-

Die multiple Regression wird am zuvor verwendeten Forschungsbeispiel erläutert.

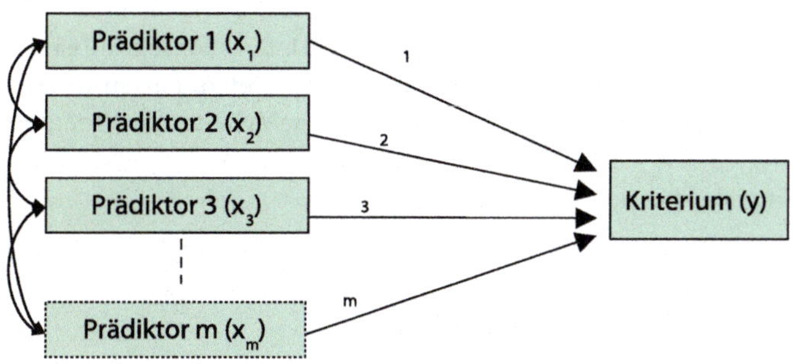

◻ **Abb. 4.4** Schematische Darstellung einer multiplen Regression diktor (x_2, z. B. Schulnote in Mathematik) in der Regressionsrechnung berücksichtigen. Nehmen wir an, gegenüber dem standardisierten Betakoeffizienten aus der bivariaten Regression (identisch mit dem Korrelationskoeffizienten, also $r=0{,}38$; s. oben) wäre der multiple Korrelationskoeffizient R nun deutlich höher ($R=0{,}62$). Das bedeutet, dass die Berücksichtigung des zweiten Prädiktors x_2 die Vorhersage (d. h. die Erklärung der Variabilität) des Kriteriums (y) im Vergleich zur bivariaten Regression mit dem einzigen Prädiktor x_1 deutlich verbessert.

Kontrollfragen

1. Was ist Deskriptivstatistik und wozu kann sie eingesetzt werden?
2. Die Daten in folgender Tabelle geben Werte für die Variable »Heiterkeit« (Ruch, 1997) wieder, die an einer Stichprobe von Psychologiestudierenden des ersten Semesters gewonnen wurden.

5	5	6	3	5	5	4	6	4	5	3	5	6	4	6	5	7	7	5	4

   Erstellen Sie aus den Daten eine Tabelle mit den relativen sowie den absoluten kumulierten Häufigkeiten sowie eine Grafik der Häufigkeitsverteilung für die absoluten Häufigkeiten.
3. Gegeben seien die folgenden Punktwerte aus einem Test zur Leistungsmotivation:
   49, 35, 48, 36, 46, 39, 43, 40. Ermitteln Sie bitte zu diesen Werten den Median, das arithmetische Mittel (Mittelwert) und die Standardabweichung.
4. Wie wird ein Korrelationskoeffizient berechnet? Stellen Sie die wichtigsten Schritte bei der Berechnung, einschließlich der Bestimmung der Kovarianz, dar!
5. Ein Sozialpsychologe möchte vorhersagen, wie sehr Personen andere Menschen attraktiv finden. Dazu erhebt er, wie häufig 6 Versuchspersonen mit einer Zielperson Kontakt haben. Berechnen Sie die Korrelation zwischen den beiden Variablen.

Kontakthäufigkeit	5	10	3	9	5	12
Attraktivität der Zielperson	8	12	7	9	4	15

6. Inwiefern kann eine Korrelation Aufschluss über Kausalzusammenhänge geben? Lassen sich Zusammenhang und Kausalität auf statistischer Ebene unterscheiden?
7. Was leistet die Regressionsanalyse? Was besagt ein standardisierter Betakoeffizient?
8. Können Korrelationskoeffizient und standardisierter Betakoeffizient größer sein als Null?
9. Worin unterscheiden sich bivariate und multiple Regression? Welche Werte kann der multiple Regressionskoeffizient (*R*) annehmen?

▶ Weiterführende Literatur

Aron, A., Aron, E. N., & Coups, E. J. (2009). *Statistics for psychology* (5th ed.). Upper Saddle River: Pearson.
Bortz, J. & Schuster, C. (2010). *Statistik für Human- und Sozialwissenschaftler: Lehrbuch mit Online-Materialien* (7. Aufl.). Berlin: Springer.
Diehl, J. M. & Kohr, H. U. (2004). *Deskriptive Statistik* (13. Aufl.). Eschborn: Klotz.

4.3 Inferenzstatistische Methoden

Lernziele

- Die Ziele der Inferenzstatistik kennenlernen, darunter den Hypothesentest und die Parameterschätzung.
- Das Prinzip des Signifikanztests (als Test von Null- und Alternativhypothesen) verstehen.
- Die zentralen inferenzstatistischen Konzepte der Überschreitungswahrscheinlichkeit und des Signifikanzniveaus begreifen.
- Korrekte von falschen Interpretationen von Signifikanztests unterscheiden.
- Gründe für die Angabe von Effektgrößen bei Signifikanztests verstehen.
- Das Prinzip und den Einsatzbereich von *t*-Tests kennenlernen. Die drei Hauptvarianten des *t*-Tests unterscheiden.
- Das Vorgehen einer Varianzanalyse verstehen und auf Beispiele anwenden können.
- Haupt- und Interaktionseffekte einer zweifaktoriellen Varianzanalyse interpretieren können.
- Verschiedene Varianten der Varianzanalyse unterscheiden.

Alle statistischen Analyseverfahren, die wir bisher besprochen haben, verbleiben auf der Ebene einer vollständig untersuchten Stichprobe. Häufig interessieren die Forschenden darüber hinaus Aussagen auf der allgemeinen Ebene von (nicht untersuchten oder untersuchbaren) Populationen (Grundgesamtheiten) (▶ Kap. 3). Wissenschaftlich formulierte Hypothesen in der Psychologie sind in der Mehrheit **universelle Hypothesen** (▶ Abschn. 1.5.3), also Hypothesen, die allgemeingültige Aussagen formulieren wie etwa »Frustration erzeugt Aggression« oder »Das Methodentraining XY führt zu einer Steigerung der Methodenkompetenz«. Universelle Hypothesen beanspruchen Gültigkeit für eine nicht beobachtete Population von Merkmalsträgern oder Untersuchungseinheiten, gehen also über einzelne empirische Beobachtungen hinaus. Zur Beantwortung solcher Hypothesen im Bereich quantitativer Methoden ist der Einsatz der Inferenzstatistik erforderlich.

Inferenzstatistik wird verwendet, um Aussagen auf der Ebene von (nicht beobachteten) Populationen zu treffen bzw. um universelle Hypothesen zu testen.

Definition

Die **Inferenzstatistik** dient dem Schluss von einer Stichprobe auf eine zugehörige Population. Aussagen der Inferenzstatistik gehen damit über das Beobachtbare hinaus und sind mit Unsicherheit behaftet. Parameter für Populationen werden in der Regel mit griechischen Symbolen bezeichnet, am wichtigsten darunter μ (sprich: mü) für den Mittelwert, σ (sprich: sigma) für die Standardabweichung und π (sprich: pi) für die relative Häufigkeit (den Anteil).

▶ **Definition Inferenzstatistik**

Es sei angemerkt, dass Verfahren der Inferenzstatistik neben dem Hypothesentest auch dazu dienen können, aufgrund von Stichprobendaten Parameter in einer Population zu schätzen, z. B. bei Wahlprognosen oder bei der Schätzung von Einkommen bestimmter Bevölkerungsgruppen. So kann etwa aufgrund einer Befragung einer Stichprobe von Wahlberechtigten in Deutschland der Anteil (d. h. die relative Häufigkeit) von Stimmen für eine politische Partei bei einer Bundestagswahl geschätzt werden. In Abhängigkeit von den Merkmalen der Stichprobe (Repräsentativität, Zufallsauswahl), der vermuteten Wahrscheinlichkeit bekannter Störeinflüsse (z. B. Begünstigung bestimmter Parteien durch eine relativ erhöhte Teilnahmebereitschaft von Wählerinnen und Wählern dieser Parteien) und der Größe der Stichprobe kann dann der wahre Anteil der Stimmen geschätzt werden. Solche Parameterschätzungen sind stets mit einer gewissen Unsicherheit behaftet, die in seriösen Umfragen durch die Angabe eines sog. Konfidenzintervalls beziffert wird. Ein **Konfidenzintervall** gibt mit einer bestimmten Wahrscheinlichkeit (in der Regel 95% oder 99%) den Bereich an, in dem der wahre Wert liegt (z. B. könnte bei einer Schätzung eines Stimmenanteils von 33% der Fehler ±2% betragen und damit das Konfidenzintervall von 31 bis 35% reichen).

Inferenzstatistische Verfahren erlauben nicht nur **Hypothesentests**, sondern auch **Parameterschätzungen**.

4.3.1 Signifikanztest

Test von Null- und Alternativhypothese Kehren wir zum Bereich des Hypothesentests zurück (vgl. Hussy & Jain, 2002). Das klassische statistische Instrument zur Prüfung von Hypothesen zu nicht beobachteten Populationen ist der **Signifikanztest** (für neuere Konzepte zum Signifikanztest s. Killeen, 2005). Der Signifikanztest bezieht sich stets auf das geschilderte Hypothesenpaar (▶ Kap. 3): die Nullhypothese (H_0) sowie die dazu komplementäre Alternativhypothese (H_1). Auf statistischer Ebene postuliert die **Alternativhypothese** das Vorliegen eines Unterschieds zwischen Parametern (meistens Maßen der zentralen Tendenz) bzw. das Vorliegen eines Zusammenhangs (▶ Abschn. 4.2). Die statistische **Nullhypothese** (H_0) ist das logische Gegenstück zur Alternativhypothese: Sie postuliert Gleichheit von Parametern bzw. das Vorliegen von Null-Zusammenhängen. Die Nullhypothese behauptet also, dass die zur Alternativhypothese kom-

Der **Signifikanztest** erlaubt Entscheidungen über ein Hypothesenpaar, die **Nullhypothese** (H_0) und die dazu komplementäre Alternativhypothese (H_1).

plementäre Aussage richtig ist; die Annahme der Alternativhypothese wird sozusagen für »null und nichtig« erklärt.

In der bisher analysierten Beispieluntersuchung lautet das Hypothesenpaar zu Frage c:

Alternativhypothese Die Methodenkompetenz der Studierenden an der Universität »Alma Mater« ist überdurchschnittlich hoch; als Testhypothese formuliert (wobei μ: der Populationsmittelwert mit den Indices »Alma Mater« für die Population der Studierenden der Universität »Alma Mater« und »0« für die gesamte Population aller Studierenden):

$$H_1: \mu_{AlmaMater} > \mu_0$$

Nullhypothese Die Methodenkompetenz der Studierenden an der Universität »Alma Mater« ist nicht überdurchschnittlich hoch; als Testhypothese formuliert:

$$H_0: \mu_{AlmaMater} \leq \mu_0$$

Die **Überschreitungswahrscheinlichkeit** ist die Wahrscheinlichkeit, dass ein gefundenes Stichprobenergebnis oder ein noch stärker von der H_0 abweichendes Ergebnis zustande kommt, falls die H_0 in der Population zutrifft.

Ein Signifikanztest prüft, mit welcher Wahrscheinlichkeit mit einem empirisch beobachteten Ergebnis zu rechnen ist, falls die Nullhypothese zutrifft. Das zentrale Ergebnis eines Signifikanztests ist die sog. Überschreitungswahrscheinlichkeit *p*. Diese ist die Wahrscheinlichkeit, dass ein gefundenes Stichprobenergebnis oder ein noch stärker von der H_0 abweichendes Ergebnis zustande kommt, falls die H_0 in der Population gilt. In ◘ Abb. 4.5 ist die Überschreitungswahrscheinlichkeit als dunkle Fläche unter einer Normalverteilung von Werten in einer Population dargestellt. Ist die Überschreitungswahrscheinlichkeit, also *p*, sehr gering, so wird die Nullhypothese abgelehnt und die Alternativhypothese angenommen.

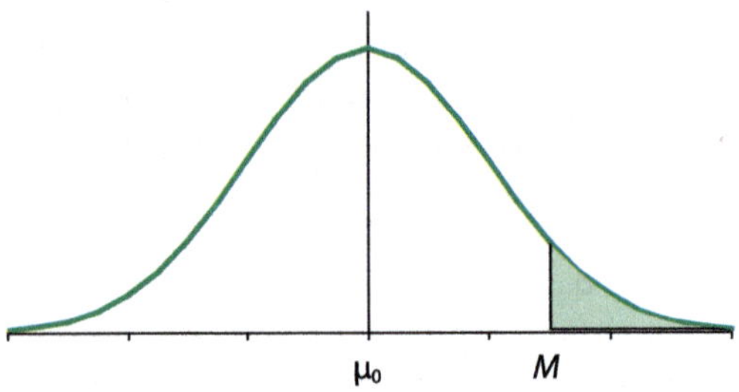

◘ **Abb. 4.5** Schematische Darstellung der Überschreitungswahrscheinlichkeit *p* als dunkle Fläche am rechten Rand der Verteilung für einen Stichprobenmittelwert (*M*) innerhalb einer Populationsverteilung mit dem Mittelwert μ_0 (für einen einseitigen Test, der eine gerichtete Hypothese prüft)

Das **Signifikanzniveau** ist eine konventionell festgelegte Grenze, unterhalb derer die Überschreitungswahrscheinlichkeit so gering ist, dass die H_0 abgelehnt wird.

Per Konvention gelten Werte für *p* von weniger als 0,05 (5%) oder 0,01 (1%) als so gering, dass die Nullhypothese verworfen wird. Das Signifikanzniveau (auch α, Alphafehler) ist die maximale Überschreitungswahrscheinlichkeit, die als akzeptabel gilt. Beträgt *p* höchstens 5% (oder 1%), so wird das Ergebnis als signifikant bezeichnet.

Der Signifikanztest wird am zuvor verwendeten Forschungsbeispiel erläutert.

In der Stichprobe von 64 Studierenden sei das arithmetische Mittel für die Methodenkompetenz *M*=107,5 (► Abschn. 4.2.2). Aus der vorherigen Forschung weiß man zudem, dass der Mittelwert in der Population der Studierenden (μ_0) 100 beträgt. Der Signifikanztest prüft, wie wahrscheinlich es ist, dass in einer Stichprobe bei Gültigkeit der Nullhypothese der Wert von 107,5 oder ein noch höherer auftritt. Nehmen wir an, diese Wahrscheinlichkeit liegt unter 1%. Der Mittelwert der Methodenkompetenz der Studierenden der Universität »Alma Mater« ist also bei Gültigkeit der Nullhypothese sehr unwahrscheinlich; die Nullhypothese kann somit auf einem Signifikanzniveau von 1% verworfen und die Alternativhypothese angenommen werden: Die Methodenkompetenz an der »Alma Mater« ist größer als die durchschnittliche Methodenkompetenz.

Je kleiner die Standardabweichung in der Population, desto weniger wahrscheinlich ist es, in der Stichprobe einen Mittelwert zu finden, der vom Populationsmittelwert um einen bestimmten Betrag abweicht.

Für die Durchführung eines Signifikanztests muss neben Stichprobenumfang und Mittelwert der Population auch die Standardabweichung der Population (σ, Sigma) bekannt sein oder geschätzt werden. Die Standardabweichung ist zu berücksichtigen, weil bei größerer Streuung der Werte auch stärkere Abweichungen der Mittelwerte einer Stichprobe zu erwarten sind. Als Faustregel gilt: Je größer der Stichprobenumfang und je kleiner die Standardabweichung in der Population, desto weniger wahrscheinlich ist es, einen vom Populationsmittelwert um denselben Betrag abweichenden Stichprobenmittelwert zu erhalten.

Ein signifikantes Ergebnis wird nicht selten falsch interpretiert.

Es gibt eine Anzahl möglicher Fehlinterpretationen im Zusammenhang mit Signifikanzaussagen, vor denen wir warnen. So ist etwa ein nicht signifikantes Ergebnis (wenn also p größer ist als das Signifikanzniveau bzw. α) kein Beleg für die Richtigkeit der Nullhypothese. Bei einem nicht signifikanten Ergebnis wird die Nullhypothese nicht nachgewiesen, sondern lediglich beibehalten. Die Signifikanzaussage ist auch *nicht* gleichzusetzen mit der:

- Wahrscheinlichkeit des gefundenen Ergebnisses;
- Wahrscheinlichkeit der Nullhypothese;
- komplementären Wahrscheinlichkeit zur Alternativhypothese;
- Wahrscheinlichkeit der H_0 unter der Bedingung des gefundenen Ergebnisses.

Die **Signifikanz** besagt, **ob** ein gefundener Unterschied nur mit geringer Wahrscheinlichkeit durch zufällige Abweichungen zu erklären ist.

Signifikanz bezieht sich ausschließlich auf die Wahrscheinlichkeit des gefundenen Ergebnisses bei unterstellter Gültigkeit der H_0. Es handelt sich hier um eine bedingte Wahrscheinlichkeit: Wie wahrscheinlich ist ein Stichprobenergebnis unter der Bedingung, dass die Nullhypothese zutreffend ist?

Die **Effektgröße** gibt an, **wie groß** ein festgestellter Unterschied ist.

Neben der Überschreitungswahrscheinlichkeit sollte bei Signifikanztests auch angegeben werden, wie groß der festgestellte Unterschied oder Effekt ist. Jede H_0 kann bei ausreichend großen Stichproben abgelehnt werden; d. h. ein hypothesenkonformer Unterschied ist bei ausreichend großen Fallzahlen (und einer endlichen Populationsstreuung) immer signifikant. Um einen Unterschied unabhängig von der Stichprobengröße zu beziffern, sollte bei einem Signifikanztest auch stets die sog. **Effektgröße** (engl. »effect size«) angegeben werden. Während die Signifikanz eines Ergebnisses aussagt, *ob* ein gefundener Unterschied nur mit geringer Wahrscheinlichkeit durch zufällige Abweichungen zu erklären ist, gibt die Effektgröße an, *wie groß* ein Unterschied ist (► Kap. 3; Hussy & Jain, 2002). Damit Vergleiche zwischen verschiedenen Analysen möglich sind, werden Effektgrößen – wie andere Parameter auch – in standardisierter Form angegeben. Eine Standardisierung von Mittelwertsdifferenzen erfolgt durch Relativierung an der Streuung (mathematisch per Division durch die Standardabweichung). Die resultierende Effektgröße heißt Cohen's *d* (oder einfach *d*). In der Beispieluntersuchung ist Cohen's $d = 0{,}5$, da der Mittelwert der Methodenkompetenz der Studierenden der Universität »Alma Mater« um eine halbe Standardabweichung (1/2 von 15) größer ist als der Mittelwert aller Studierenden.

4.3.2 Inferenzstatistische Testverfahren

Der ***t*-Test** sowie die **Varianzanalyse** sind die gängigsten inferenzstatistischen Analyseverfahren.

Eine Reihe von inferenzstatistischen Tests sind entwickelt worden, um die Überschreitungswahrscheinlichkeit für verschiedene Hypothesen zu berechnen. Es übersteigt die Möglichkeiten des vorliegenden Einführungsbandes, diese Verfahren im Einzelnen zu erläutern. Hier sollen nur die wichtigsten Verfahren und ihre wichtigsten Anwendungsgebiete skizziert werden. Im psychologischen Forschungsalltag sind der *t*-Test sowie die Varianzanalyse die gängigsten Analyseverfahren; dazu kommen spezielle Tests für nominalskalierte und ordinalskalierte (eindeutig nicht intervallskalierte) Daten. Detaillierte Darstellungen der Logik und Berechnung sind in vielen Statistiklehrbüchern verständlich dargestellt (z. B. Aron et al., 2009; Bortz & Schuster, 2010; Diehl & Arbinger, 2001; Leonhart, 2009; Rasch et al., 2010).

Auswahlkriterien für inferenzstatistische Testverfahren sind **Angemessenheit** und **Sparsamkeit**.

Als Grundregel zur Auswahl eines Testverfahrens gilt: Es sollte nicht aufwändiger oder komplexer sein, als es die Fragestellung bzw. die Hypothesenprüfung erfordert.

4

Mit zunehmend verbesserten Softwarepaketen werden komplexe Datenanalyseverfahren für einen breiteren Nutzerkreis attraktiv. Doch eine statistische Analyse wird durch komplexere mathematische Operationen für andere Forschende weniger nachvollziehbar und nicht unbedingt besser. Statistische Verfahren sollten nach Angemessenheit und Sparsamkeit ausgewählt werden. Die »Task Force on Statistical Inference« der American Psychological Association (APA) empfiehlt in diesem Sinne den Einsatz »minimaler ausreichender Analysestrategien«.

t-Test

Mit einem ***t*-Test für eine Stichprobe** wird die Wahrscheinlichkeit berechnet, dass bei unterstellter Gültigkeit der Nullhypothese der in einer Stichprobe festgestellte Mittelwert erzielt wird.

Die Hypothese zur Frage c aus dem Beispieldatensatz (»Die Methodenkompetenz der Studierenden an der Universität ‚Alma Mater' ist überdurchschnittlich hoch«) kann mit einem ***t*-Test** für eine Stichprobe überprüft werden; dabei wird – wie im vorherigen Abschnitt geschildert – die Wahrscheinlichkeit berechnet, dass bei unterstellter Gültigkeit der Nullhypothese in einer Stichprobe der Größe N=64 der empirische Mittelwert von M=107,5 erzielt wird. Der Mittelwert der Stichprobe wird in diesem Fall mit dem bekannten Mittelwert einer Population (μ_0=100) verglichen. Nehmen wir eine Standardabweichung von σ=15 für die Population an, so erhalten wir eine Überschreitungswahrscheinlichkeit von $p \leq 0{,}01$. Das heißt, einen Mittelwert von 107,5 oder größer aus der zugrunde gelegten Population zu ziehen, ist so unwahrscheinlich, dass man die Nullhypothese verwirft und die Alternativhypothese annimmt. Aufgrund dieses Ergebnisses des *t*-Tests wird geschlossen, dass die Methodenkompetenz der Studierenden an der Universität »Alma Mater« über dem Durchschnitt der Population der Studierenden liegt.

Mit einem ***t*-Test für zwei Stichproben** wird die Wahrscheinlichkeit berechnet, dass bei unterstellter Gültigkeit der Nullhypothese der zwischen zwei Stichproben festgestellte Mittelwertunterschied erzielt wird.

_t_-Test zum Vergleich von zwei (unabhängigen oder abhängigen) Stichproben Neben dem *t*-Test für eine Stichprobe gibt es auch *t*-Tests zum Vergleich von zwei Stichproben. Mit diesen inferenzstatistischen Testverfahren wird die Wahrscheinlichkeit ermittelt, dass bei unterstellter Gültigkeit der Nullhypothese der zwischen zwei Stichproben festgestellte Mittelwertunterschied erzielt wird. Dabei ist zu berücksichtigen, ob die verglichenen Stichproben unabhängig oder abhängig sind. Abhängigkeit liegt dann vor, wenn Werte aus den beiden Stichproben paarweise miteinander assoziiert sind. Dies ist der Fall, wenn die beiden Stichproben an Paaren von Merkmalsträgern (z. B. Ehepartnern) oder denselben Merkmalsträgern (Versuchspersonen) erhoben wurden (Messwiederholung). Ein *t*-Test für abhängige Stichproben würde etwa eingesetzt, wenn die Methodenkompetenz derselben Studierenden einmal unter hohem Stress, ein anderes Mal unter geringem Stress untersucht wird und der Einfluss des Stresses bestimmt werden soll. Werden zwei Stichproben aus unterschiedlichen Versuchspersonen (z. B. eine Gruppe mit hohem Stress, eine andere Gruppe mit niedrigem Stress) verglichen, so kann der *t*-Test für unabhängige Stichproben zum Einsatz kommen.

Varianzanalyse

Eine **Varianzanalyse** zerlegt die Varianz aller beobachteten Werte einer abhängigen Variable in diejenige Varianz, die durch die unabhängige/n Variable/n erklärt werden kann (erklärte Varianz), und diejenige Varianz, die hierdurch nicht zu erklären ist (Fehlervarianz).

Je nach Abhängigkeit der Stichproben, Anzahl der unabhängigen Variablen sowie Anzahl der abhängigen Variablen werden verschiedene Arten der Varianzanalyse unterschieden.

Varianzanalysen werden zumeist für den Test von Unterschieden zwischen mehr als zwei Stichproben (d. h. mehr als zwei Mittelwerten) eingesetzt. Der Begriff Varianzanalyse bedeutet wörtlich Zerlegung (von altgriechisch »ανάλυση«, »analyse«) von Streuung (Varianz). In der Tat lässt sich ausgehend von dieser Etymologie das Prinzip der Varianzanalyse erläutern: Eine Varianzanalyse zerlegt die Streuung (Varianz) aller beobachteten Werte einer abhängigen Variable (also der Variable, deren Unterschiedlichkeit erklärt werden soll; ▶ Abschn. 4.2.2) in diejenige Streuung, die auf die Unterschiede der Bedingungen (Stufen) der unabhängigen Variable/n zurückzuführen ist (erklärte Varianz, auch Primärvarianz), und diejenige Streuung, die hierdurch nicht zu erklären ist (Fehlervarianz, auch Sekundärvarianz) (vgl. Hussy & Jain, 2002).

Ebenso wie *t*-Tests werden Varianzanalysen danach unterschieden, ob eine Abhängigkeit zwischen den Stichproben in den verschiedenen Bedingungen besteht. Bei Messwiederholung in den verschiedenen Bedingungen einer UV ist immer von einer

Abhängigkeit auszugehen. Zudem unterscheiden sich Varianzanalysen durch die Anzahl der untersuchten unabhängigen Variablen (im einfachsten Fall einfaktoriell) und der Anzahl der Stufen (Bedingungen, Ausprägungen) der unabhängigen Variablen. Schließlich gibt es auch multivariate Varianzanalysen, bei denen die Effekte auf nicht nur eine, sondern auf mehrere abhängige Variablen bestimmt werden.

Kommen wir zur Frage d zum Beispieldatensatz: »Welchen Effekt hat die Teilnahme an dem neuartigen computergestützten Seminar für Methoden bzw. die zeitliche Organisation dieses Seminars (als Block vs. verteilt über das Semester) auf die Methodenkompetenz von Studierenden?« Diese Fragestellung impliziert einen zweifaktoriellen Versuchsplan mit der unabhängigen Variable (UV) A »Art des Seminars (computergestützt versus konventionell)« sowie der UV B »zeitliche Organisation (Block- vs. Semesterveranstaltung) (▶ Abschn. 3.2.4). Um die Effekte dieser beiden unabhängigen Variablen und ihrer Interaktion (kombinierten Wirkung, ▶ Abschn. 3.2.4) auf die abhängige Variable (AV) »Methodenkompetenz« zu bestimmen, wird meistens eine **zweifaktorielle Varianzanalyse** (engl. »analysis of variance«, ANOVA) berechnet. Eine Interaktion liegt vor, wenn der Effekt einer UV von der Ausprägung einer anderen UV abhängt. Im vorliegenden Beispiel läge eine Interaktion vor, wenn die Teilnahme an dem neuen computergestützten (versus konventionellen) Methodenseminar zwar insgesamt zu höheren Werten für Methodenkompetenz führt, dieser Effekt bei einer Organisation als Blockseminar aber deutlich stärker ausfällt als bei einer über das Semester verteilten Veranstaltung.

Eine **zweifaktorielle** (bzw. mehrfaktorielle) **Varianzanalyse** wird eingesetzt, um die Effekte von zwei (bzw. mehreren) unabhängigen Variablen und ihrer Interaktion auf eine abhängige Variable zu testen.

Mit einer zweifaktoriellen Varianzanalyse können Hypothesen zu jedem der drei möglichen Effekte geprüft werden:

- UV A hat einen signifikanten Effekt auf die AV.
- UV B hat einen signifikanten Effekt auf die AV.
- Die Interaktion von UV A und UV B hat einen signifikanten Effekt auf die AV.

Eine zweifaktorielle Varianzanalyse testet drei Hypothesen.

Eine entsprechende Varianzanalyse liefert für jeden dieser Effekte eine Überschreitungswahrscheinlichkeit p, die wie bisher dargestellt zu interpretieren ist: Ein Effekt ist signifikant, wenn p kleiner ist als das festgelegte Signifikanzniveau (meistens 0,05 oder 0,01).

Nehmen wir an, für den Beispieldatensatz würde die Varianzanalyse für die UV A ein p von 0,02, für die UV B ein p von 0,32 und für die Interaktion ein p von 0,04 liefern. Die Teilnahme an dem neuartigen computergestützten Seminar und die Interaktion haben jeweils signifikante Effekte, die zeitliche Organisation hingegen nicht. Um die Effekte zu interpretieren, ist die deskriptivstatistische Auswertung der Mittelwerte in den vier Bedingungen des Versuchsplans unerlässlich. Nehmen wir die in ◘ Tab. 4.2 aufgeführten Werte an.

Die zweifaktorielle Varianzanalyse wird am zuvor verwendeten Forschungsbeispiel erläutert.

Die Betrachtung der Mittelwerte zeigt, dass die Teilnahme an dem neuen computergestützten Methodenseminar insgesamt zu höheren Werten für Methodenkompetenz führt als das konventionelle Methodenseminar (Haupteffekt der UV A). Die signifikante Interaktion ist darauf zurückzuführen, dass dieser Haupteffekt bei einer Organisation als Blockseminar stärker ausgeprägt ist als bei einer über das Semester verteilten Veranstaltung.

Die in der Varianzanalyse gefundenen Effekte werden anhand des Musters der Mittelwerte interpretiert.

◘ **Tab. 4.2** Mittelwerte der Methodenkompetenz für die Bedingungen des zweifaktoriellen Versuchsplans aus dem fiktiven Untersuchungsbeispiel

		UV B (zeitliche Organisation)	
		Block	**Semester**
UV A (Art des Seminars)	**computergestützt**	118	108
	konventionell	103	101

4

Kontrollfragen

1. Was ist Inferenzstatistik und wozu kann sie eingesetzt werden?
2. Was ist das Prinzip des statistischen Signifikanztests? Was besagt eine Nullhypothese? Wie wird über die Nullhypothese entschieden, wenn bei einer Analyse die Überschreitungswahrscheinlichkeit das Signifikanzniveau unterschreitet?
3. »Das Signifikanzniveau bezeichnet die Wahrscheinlichkeit, dass die Nullhypothese zutrifft.« Ist diese Aussage zutreffend? Begründen Sie knapp Ihre Antwort.
4. Nach welchen Kriterien sollten inferenzstatistische Testverfahren zur Analyse von psychologischen Studien ausgewählt werden?
5. Wozu dient der *t*-Test? Welche Arten von *t*-Tests werden unterschieden?
6. Es wird geprüft, ob die Gedächtnisleistung von Grundschulkindern durch ein neues Training verbessert wird. In einer Experimentalbedingung (mit Training) ergibt sich ein Wert von 52,5, in einer Kontrollbedingung 45,0, die Varianz in der Gesamtstichprobe liegt bei 25. Geben Sie die Effektgröße an!
7. In einer Untersuchung zum Lernerfolg an der Hochschule sei der Einfluss der Lehrmethode (Internet versus Hörsaal) und der Lernmotivation (hoch versus niedrig) an vier unabhängigen Stichproben erhoben worden. Folgende Mittelwerte für den Lernerfolg ergeben sich am Ende des Semesters für die vier Gruppen:

	Lernmotivation	
Lehrmethode	**niedrig**	**hoch**
Internet	16	31
Hörsaal	27	33

Welches statistische Verfahren ist zur Prüfung der Hypothese geeignet, dass Lehrmethode und Lernmotivation den Lernerfolg bedingen? Wie viele statistische Alternativhypothesen sind maximal möglich? Nehmen Sie an, die Interaktion sei signifikant. Was besagt diese Interaktion inhaltlich?

▶ Weiterführende Literatur

Aron, A., Aron, E. N., & Coups, E. J. (2009). *Statistics for psychology* (5th ed.). Upper Saddle River: Pearson.

Bortz, J. & Schuster, C. (2010). *Statistik für Human- und Sozialwissenschaftler: Lehrbuch mit Online-Materialien* (7. Aufl.). Berlin: Springer.

Diehl, J. M. & Arbinger, R. (2001). *Einführung in die Inferenzstatistik* (3. Aufl.). Eschborn: Klotz.

Rasch, B., Friese, M., Hofmann W., & Naumann, E. (2010). *Quantitative Methoden: Einführung in die Statistik für Psychologen und Sozialwissenschaftler* (2 Bde., 3. Aufl.). Berlin: Springer.

4.4 Literatur

Aron, A., Aron, E. N., & Coups, E. J. (2009). *Statistics for psychology* (5th ed.). Upper Saddle River: Pearson.

Bortz, J. & Schuster, C. (2010). *Statistik für Human- und Sozialwissenschaftler: Lehrbuch mit Online-Materialien* (7. Aufl.). Berlin: Springer.

Diehl, J. M. & Arbinger, R. (2001). *Einführung in die Inferenzstatistik* (3. Aufl.). Eschborn: Klotz.

Diehl, J. M. & Kohr, H. U. (2004). *Deskriptive Statistik* (13. Aufl.). Eschborn: Klotz.

Faes, G. (2010). *Einführung in R: Ein Kochbuch zur statistischen Datenanalyse mit R* (3. Aufl.). Norderstedt: Books on Demand.

Field, A. (2010). *Discovering statistics using SPSS* (3rd ed.). London: Sage.

Hussy, W. & Jain, A. (2002). *Experimentelle Hypothesenprüfung in der Psychologie.* Göttingen: Hogrefe.

Kabacoff, R. I. (2011). *R in Action. Data analysis and graphics with R.* Shelter Island, NY: Manning.

Killeen, P. R. (2005). An alternative to null-hypothesis significance tests. *Psychological Science, 16,* 345–353.

Leonhart, R. (2009). *Lehrbuch Statistik: Einstieg und Vertiefung* (2. Aufl.). Bern: Verlag Hans Huber.

Luhmann, M. (2011). *R für Einsteiger: Einführung in die Statistiksoftware für die Sozialwissenschaften. Mit Online-Materialien.* Weinheim: Beltz.

Rasch, B., Friese, M., Hofmann W., & Naumann, E. (2010). *Quantitative Methoden: Einführung in die Statistik für Psychologen und Sozialwissenschaftler* (2 Bde., 3. Aufl.). Berlin: Springer.

Ruch, W. (1997): State and trait cheerfulness and the induction of exhilaration: A FACS Study. *European Psychologist, 2,* 328–341.

Teil II Qualitative Methoden

Eingangs haben wir den Gegenstand der Psychologie als das Erleben, Verhalten und Handeln des Menschen bestimmt. Gerade Fragen nach dem Erleben des Menschen oder nach den Gründen, warum jemand so und nicht anders handelt, lassen sich mit quantitativen Methoden, wie sie in den vorausgehenden Kapiteln dargestellt sind, aber nicht hinreichend beantworten.

Quantitative Methoden sind nicht angemessen, wenn das Erleben des Menschen im Mittelpunkt der Untersuchung steht.

Beispiel

Wo quantitative Methoden nicht angemessen sind

Eine Psychologin interessiert sich beispielsweise dafür, wie Menschen ihre Arbeitslosigkeit erleben (s. ausführlich unten). Ein Experiment kann man zu einer solchen Frage nicht durchführen – schließlich kann eine Psychologin nicht per Zufall den einen Teilnehmer der Gruppe der »Arbeitnehmer« zuweisen, die andere Teilnehmerin der Gruppe der »Arbeitslosen«. Auch ein Fragebogen mit vorgegebenen Antwortalternativen würde nicht viel weiterhelfen – denn um die richtigen Fragen und Antwortkategorien zu erstellen, müsste die Forscherin ja bereits über genau das Wissen verfügen, das sie durch die Untersuchung erst gewinnen will.

Quantitative Forschungsmethoden sind zur Beantwortung solcher Fragen nach dem Erleben und Handeln von Menschen also häufig nicht angemessen.

Vertreter einer frühen naturwissenschaftlichen Psychologie waren jedoch der Ansicht, dass nur die quantitativen Methoden den Ansprüchen an ein wissenschaftliches Vorgehen genügen können. Sie vertraten die Auffassung, dass alle Gegenstände, etwa das Erleben von Arbeitslosigkeit ebenso wie die Mechanismen der Kältewahrnehmung auf der Haut, durch dieselbe wissenschaftliche Methode erfassbar sind und auch erfasst werden sollen (▶ Abschn. 1.4.1). In der Wissenschaftstheorie wird diese Position auch als **monistisch** bezeichnet. Genau gegen diese Auffassung wandten sich die Vertreter einer qualitativen Psychologie, wie beispielsweise Dilthey. Der Mensch, so argumentierte Dilthey, sei zwar einerseits Körper und somit auch »Natur«; in dieser Hinsicht sei er

Der **Dualismus** qualitativer Forschung steht im Gegensatz zum **Monismus** quantitativer Forschung.

auch mittels der (quantitativen) Methoden erfassbar. Der Mensch sei aber auch Seele und Kultur, und deren Untersuchung erforderten andere Methoden. Diese **dualistische** Position brachte er mit dem folgenden Satz auf den Punkt: »Die Natur erklären wir, das Seelenleben aber verstehen wir« (Dilthey, 1924, S. 143f.).

Die Forderung nach **Gegenstandsangemessenheit** ist Grundprinzip qualitativer Forschung.

Die dualistische Position beinhaltet also die Forderung, dass die wissenschaftliche Methode an die Eigenschaften ihres Gegenstands angepasst, ihm angemessen sein sollte – dass die Untersuchung, wie Menschen Arbeitslosigkeit erleben, andere Methoden erfordert als die Beantwortung der Frage, ob man bei der Prüfung besser abschneidet, wenn man beim Lernen Pausen macht. Mit der Forderung nach Gegenstandsangemessenheit der Methode ist ein Kernprinzip qualitativen Forschens benannt (zu weiteren Prinzipien qualitativen Forschens vgl. ► Abschn. 5.1).

Das Streben nach Gegenstandsangemessenheit führt zur Entwicklung einer Vielzahl qualitativer Methoden.

Dieses Kernprinzip hat aber auch zur Folge, dass eine kaum mehr überschaubare Vielzahl qualitativer Methoden entwickelt wurde (genau genommen braucht man so viele Methoden, wie es Gegenstände und Forschungsfragen gibt!). Angesichts dieser vielen Methoden hat es sich als schwierig erwiesen, eine Definition qualitativer Forschung zu finden, die all diesen Methoden gleichermaßen gerecht wird. Hinzu kommt, dass manche Forscherinnen und Forscher bereits dann von qualitativer Forschung sprechen, wenn dabei mit Texten oder Bildern als Daten gearbeitet wird. Andere verwenden den Begriff der qualitativen Forschung dagegen erst dann, wenn mit der Methode weitere Prinzipien qualitativen Forschens realisiert werden.

Merkmale qualitativer Forschung

Qualitative Forschung ist empirisch, systematisch, flexibel, und befasst sich mit Bedeutungen.

Qualitative Forschung ist somit ausgesprochen vielfältig. Bei aller Verschiedenheit lassen sich dennoch einige Merkmale bestimmen, die qualitativen Traditionen und Vorgehensweisen gemeinsam sind. Eine erste Gemeinsamkeit besteht darin, dass qualitative Forschung **empirisch** vorgeht, dass also Daten erhoben werden (etwa darüber, wie Menschen Arbeitslosigkeit erleben). Zweitens arbeitet man auch beim qualitativen Forschen **systematisch** bzw. regelgeleitet: Ein nicht standardisiertes Interview über das Erleben von Arbeitslosigkeit (ausführlich ► Abschn. 6.1.1) ist beispielsweise etwas anderes als ein Gespräch unter Freunden im Alltag über dieses Thema, wenn es auf den ersten Blick auch ähnlich zwanglos erscheinen mag. Weiterhin ist qualitative Forschung **flexibel** an den Gegenstand angepasst, wie dies oben in der Forderung nach einer Anpassung der Methode an den Gegenstand auch schon angeklungen ist. Schließlich geht es bei der qualitativ-psychologischen Forschung meist um die Untersuchung von **Bedeutungen** – etwa darum, welche Bedeutung Ereignisse für die befragten Personen haben, auf welche Weise wir in unseren Interaktionen mit anderen Bedeutung erzeugen und wie wir auf die »Bedeutungsvorgaben« anderer reagieren, sei es der freundliche Gruß der Nachbarin am frühen Morgen oder die neue Brille einer Freundin.

► Definition Qualitative Forschung

Definition

Qualitative Forschung zeichnet sich dadurch aus, dass sie
- empirisch vorgeht,
- systematisch vorgeht,
- flexibel an den Forschungsgegenstand angepasst ist und
- die Rekonstruktion von Bedeutung in den Mittelpunkt stellt.

In der qualitativen Forschung ist die **Flexibilität** wichtiger, in der quantitativen Forschung die Systematik.

Qualitative und quantitative empirische Forschung gehen also beide empirisch und systematisch vor. Die beiden Traditionen unterscheiden sich jedoch in Bezug auf den Stellenwert der Flexibilität: In der qualitativen Forschung kommt letztlich der Flexibilität der höhere Stellenwert zu, und sei es auf Kosten der Systematik; entsprechend werden zur Beurteilung der Güte qualitativer Forschung auch zum Teil andere Kriterien herangezogen (► Abschn. 8.1). In der quantitativen Forschung liegt die Betonung dagegen stärker auf der Systematik. Daraus ergibt sich zugleich die hohe Präzision quantitativer Daten (▶ Abschn. 1.4.1), allerdings ggf. auch auf Kosten der Flexibilität. Schließlich ist die Rekonstruktion von Bedeutung in der quantitativ-psychologischen Forschung weniger zentral als in der qualitativen.

Systematisierungen qualitativer Forschung

Zur Systematisierung der Vielfalt qualitativer Forschung und qualitativer Methoden bieten sich zum einen inhaltliche, zum anderen forschungspraktische Gesichtspunkte an. Unter inhaltlichen Gesichtspunkten lässt sich zwischen qualitativer Forschung zur Rekonstruktion von »Innensicht« und zur Rekonstruktion von Strukturen unterscheiden. Die Untersuchung zum Erleben von Arbeitslosigkeit wäre ein Beispiel für eine Rekonstruktion von »Innensicht«: Der Schwerpunkt liegt hier auf der inneren Welt der Teilnehmerinnen und Teilnehmer (▶ Beispiel). Bei der Rekonstruktion von Strukturen kann es um ganz verschiedene Arten von Strukturen gehen: psychische Strukturen von Individuen, gesellschaftliche Strukturen oder auch implizite Strukturen und Regeln, an denen sich unser Handeln orientiert. Viele Untersuchungen in der ethnografischen Tradition der Chicagoer Schule (▶ Abschn. 5.5) fallen in diese Kategorie: So konnte z. B. Whyte (1943) in einer umfangreichen Feldstudie zeigen, dass sog. »neighbourhood gangs« in amerikanischen Großstädten keineswegs »anarchisch« sind, sondern eine eigene Struktur und Organisation aufweisen.

Nach **inhaltlichen** Gesichtspunkten lässt sich zwischen qualitativer Forschung zur Rekonstruktion von »Innensicht« und zur Rekonstruktion von Strukturen unterscheiden.

Beispiel

Marienthal

Die »Marienthal-Studie« wurde zu Beginn der 1930er Jahre von Jahoda, Lazarsfeld und Zeisel durchgeführt, um unter natürlichen Bedingungen die Auswirkungen von Arbeitslosigkeit zu erforschen (1980/1933). Der Name der Studie leitet sich von dem Ort her, in dem die Untersuchung stattfand: Marienthal ist ein österreichisches Dorf, dessen Bewohnerinnen und Bewohner seinerzeit nahezu alle in einer Textilfabrik arbeiteten. Als die Fabrik Anfang der 1930er Jahre Massenentlassungen vornahm, war praktisch der gesamte Ort von Arbeitslosigkeit betroffen.

Untersuchungsleitend waren zwei offene Forschungsfragen: die Haltung der Bevölkerung und die Folgen der Arbeitslosigkeit für das gesamte Dorf. Es handelt sich bei der Marienthal-Studie also von der Anlage her insofern um eine qualitative Studie, als hier nicht Hypothesen überprüft wurden (wie dies idealtypisch in der quantitativen Forschung der Fall ist), sondern ein Gegenstandsbereich erkundet und differenziert beschrieben werden sollte (zu den Merkmalen qualitativer Forschung ausführlich ▶ Abschn. 5.1).

Die Untersuchung erstreckte sich über mehrere Monate: Eine Projektmitarbeiterin wohnte fast zwei Monate lang selbst in Marienthal; die gesamte Arbeitsgruppe traf sich ein- bis zweimal wöchentlich dort. Der Kontakt zu den Dorfbewohnern wurde vorsichtig und allmählich hergestellt, vor allem indem das Untersuchungsteam Aktivitäten zur Unterstützung der arbeitslosen Menschen anbot. So wurden beispielsweise diverse Kurse durchgeführt (ein Nähkurs sowie ein Turnkurs für Mädchen), eine Frauen- und Kinderärztin hielt einmal pro Woche eine kostenfreie Sprechstunde ab; es wurden Beratungsgespräche über Probleme der Erziehung und des häuslichen Lebens angeboten. Die Forscherinnen und Forscher verteilten Kleidungsstücke an die Bevölkerung; und außerdem engagierten sie sich selbst (zumal sie selbst in einer sozialdemokratischen Tradition standen) politisch in den örtlichen Verbänden. Diese Aktivitäten boten vielfältige Möglichkeiten für eine allmähliche Kontaktaufnahme mit der Bevölkerung; außerdem dienten die Aktivitäten auch selbst bereits der Datenerhebung. Sie waren allerdings keineswegs nur Mittel zum Zweck; vielmehr gehörte die Verbesserung der Lebensbedingungen der betroffenen Menschen von vornherein zu den Zielen der Forschenden.

Das im Verlauf der Untersuchung gesammelte Datenmaterial war ausgesprochen umfangreich und vielfältig. Es beinhaltete unter anderem Lebensgeschichten von mehr als 60 Personen, Zeitverwendungsbögen der Tagesabläufe von über 80 Personen, Inventare der Mahlzeiten von 40 Familien über den Zeitraum von einer Woche, Beschreibung der Weihnachtswünsche von Kindern, Gesprächsthemen in öffentlichen Lokalen, Ausleihzahlen aus der Bibliothek und anderes mehr. Diese Materialvielfalt zeigt zugleich, dass bei der Erhebung unterschiedlichste Methoden zum Einsatz kamen, wie beispielsweise Interviews (zur Erhebung von Lebensgeschichten), freie Beobachtung (Beschäftigungen in öffentlichen Lokalen), standardisierte Beobachtung (Zeitverwendungsbögen) und Zählen (Entleihzahlen). Zugleich wird deutlich, dass die Datenerhebung keineswegs auf qualitative

▼

Methoden beschränkt war. Damit ist die Marienthal-Studie genau genommen keine rein qualitative, sondern eine Mixed-Methods-Studie (▶ Teil III), wie dies für psychologische und soziologische Studien in der ersten Hälfte des 20. Jahrhunderts im Übrigen durchaus typisch war.
Die Auswertung erfolgte u. a. durch Erstellung eines induktiven Kategoriensystems, um so die Grundhaltung der Menschen in Marienthal zu charakterisieren.
Es wurden vier Grundhaltungen identifiziert:

1. eine ungebrochene, die durch aufrecht erhaltene Lebenslust, Aktivitäten und unverminderte Versuche der Arbeitsbeschaffung gekennzeichnet war (16% der Menschen);
2. eine resignierte, für die das Gefühl charakteristisch war, doch nichts gegen die Arbeitslosigkeit tun zu können (48%);
3. eine verzweifelte, gekennzeichnet durch Verzweiflung, Depression und Hoffnungslosigkeit (11%) sowie
4. eine apathische Grundhaltung im Sinne von Tatenlosigkeit und teilnahmslosem Zusehen (25%).

Die Prozentzahlen zeigen, dass es nur einer Minderheit der Menschen in Marienthal gelungen war, sich eine ungebrochene Hoffnung auf die Zukunft zu erhalten; die meisten Menschen reagierten dagegen auf Dauer mit Resignation, Verzweiflung oder Apathie. Entsprechend wurde Marienthal als Ergebnis der Studie auch zusammenfassend als »müde Gemeinschaft« bezeichnet. Die Untersuchung, die den Verlust von Hoffnung aufgrund von anhaltender Arbeitslosigkeit dokumentiert, besitzt auch heute durchaus noch Relevanz. Eine anschauliche Darstellung der Marienthal-Studie findet sich auf den Internetseiten des Lehrstuhls für Sozialpsychologie an der Universität Hannover: www.sozpsy.uni-hannover.de/marienthal/.

In der qualitativen Forschung wird zwischen Forschungsmethoden, Methoden der Datenerhebung und der Auswertung unterschieden.

Unter forschungspraktischen Gesichtspunkten lässt sich bei der qualitativen Forschung (wie wir dies auch bereits bei der quantitativen Forschung getan haben) zwischen Forschungsmethoden, Methoden der Datenerhebung und Methoden der Datenauswertung unterscheiden. Diese Struktur legen wir auch bei der folgenden Darstellung qualitativer Methoden zugrunde. Wir gehen in den folgenden Kapiteln zunächst auf qualitative Forschungsmethoden ein, einschließlich Prinzipien qualitativen Forschens und Verfahren der Stichprobenziehung, anschließend werden Erhebungs- und Analysemethoden dargestellt.

1.1 Literatur

Dilthey, W. (1924). Ideen über eine beschreibende und zergliedernde Psychologie. In G. Misch (Hrsg.), *Die geistige Welt. Einleitung in die Philosophie des Lebens* (Gesammelte Schriften, Bd. V, S. 139–240). Leipzig, Berlin: Vandenhoeck & Ruprecht.

Jahoda, M., Lazarsfeld, P. F. & Zeisel, H. (1980). *Die Arbeitslosen von Marienthal* [Erstausgabe 1933 Leipzig]. Frankfurt am Main: Suhrkamp.

Whyte, W.F. (1943). *Street corner society. The social structure of an Italian slum*. Chicago: University of Chicago Press.

5 Qualitative Forschungsmethoden

Margrit Schreier

5.1 Prinzipien qualitativen Forschens

Lernziele
- Kennenlernen der Prinzipien qualitativen Forschens.
- Verstehen, dass qualitative und quantitative Forschung einander nicht ausschließen.

In der Einleitung zu Teil II wurden bereits vier definierende Merkmale qualitativen Forschens benannt. In Ergänzung zu solchen definierenden Merkmalen haben verschiedene Autorinnen und Autoren zusätzliche **Prinzipien** qualitativen Forschens herausgearbeitet (so z. B. Mayring, 2002), die wir zu Beginn dieses Bandes bereits kurz vorgestellt haben (▶ Abschn. 1.4.1). Angesichts der Vielfalt qualitativer Forschungsmethoden sind solche Prinzipien jedoch nicht als definierende Merkmale zu verstehen, die in jedem Fall gegeben sein müssen, um von einer qualitativen Untersuchung sprechen zu können. Vielmehr handelt es sich um Merkmale, die häufiger in qualitativen als in quantitativen Untersuchungen realisiert werden, also um typische Merkmale, die aber keineswegs nur in qualitativen Untersuchungen zu finden sind. Prinzipien, die sich insbesondere auf qualitative Forschungsmethoden beziehen, wurden von Quinn Patton (2002) erarbeitet. Diese sind (mit Ergänzungen aus speziell psychologischer Perspektive) in ◘ Tab. 5.1 zusammenfassend dargestellt und werden im Folgenden erläutert.

Prinzipien qualitativen Forschens sind typische, aber nicht definierende Merkmale qualitativer Untersuchungen.

Naturalistische Vorgehensweise Während in der quantitativ-psychologischen Forschung das Experiment mit der aktiven Herstellung unterschiedlicher Bedingungen die Methode der Wahl darstellt, ist es für die qualitative Forschung gerade charakteristisch, dass der Gegenstand durch die Untersuchung meist nicht aktiv verändert oder manipuliert wird. Der Gegenstand wird vielmehr in seiner natürlichen Umgebung und in

Der Gegenstand wird in seinem **natürlichen Umfeld** untersucht.

5

Tab. 5.1 Prinzipien qualitativen Forschens

Qualitative Forschung	Quantitative Forschung
Naturalistische Vorgehensweise	Aktive Manipulation
Offene Verfahren	Vorgegebene Kategorien
Fallorientierung	Variablenorientierung
Holistisch	Elementaristisch
Induktives Vorgehen	Deduktives Vorgehen
Emergente Flexibilität des Designs	Festlegung der Vorgehensweise vor Untersuchungsbeginn
Ziel: Beschreibung, Verstehen	Ziel: Kausalerklärung
Interpretationsbedürftige Daten	Numerische Daten
Forschende als »Messinstrumente«	Standardisierte, objektive Messinstrumente
Theoretische Verallgemeinerung	Statistische Verallgemeinerung
Gütekriterium der Validität	Gütekriterien der Objektivität, Reliabilität und Validität

seinem natürlichen Erscheinungsbild untersucht. So beschränkte sich beispielsweise Whyte (1943) in seiner Untersuchung von »neighbourhood gangs« darauf, die Handlungsweisen und Interaktionen der Gangmitglieder zu beobachten; er brachte die Gangmitglieder aber nicht in neue Situationen: Er machte sie z. B. nicht mit weiteren Personen bekannt, er veränderte nicht das Straßenbild usw. (► Kritische Betrachtung).

Exkurs

Kritische Betrachtung

Das Prinzip, den Gegenstand unverändert in seinem natürlichen Umfeld zu erfassen, stammt aus der »Frühzeit« der qualitativen Psychologie in den ersten Jahrzehnten den 20. Jahrhunderts. Aber ist das überhaupt möglich? Oder verändert nicht schon die Anwesenheit der Forscherin oder des Forschers den Gegenstand? Stellen Sie sich vor, eine Forscherin setzt sich ein halbes Jahr lang abends zu Ihnen ins Wohnzimmer und bittet Sie, sich ganz natürlich zu verhalten! Vermutlich werden Sie genau das nicht tun – und wenn Sie sich nach ein paar Wochen an die Person auf Ihrem Sofa gewöhnt haben, hat sich die Situation verändert. Die Forscherin ist nun zu einem Teil der Situation geworden, und selbst wenn Sie sich wieder natürlich verhalten, verhalten Sie sich doch anders, als Sie das in der Vergangenheit getan haben. Ähnliches gilt auch für andere Methoden: Vielleicht haben Sie selbst schon einmal an einer Interviewstudie teilgenommen und kennen daher das Phänomen, dass Ihre Gedanken zu einem Thema sich dadurch verändern, dass Sie diese in Worte fassen.

Heutzutage gehen qualitative Psychologinnen und Psychologen meist von einer **konstruktivistischen** Position aus, d. h., sie nehmen an, dass der Gegenstand zumindest zum Teil durch die Untersuchungssituation mit bedingt ist. Das bedeutet, dass die Untersuchungssituation stets eine soziale Situation ist, in der Menschen miteinander interagieren, und dass die Forscherin oder der Forscher die eigenen Daten mit erzeugt und damit notwendiger Weise auch beeinflusst. Da dieser »Eigenanteil« der Forschenden aus konstruktivistischer Sicht unvermeidbar ist (übrigens auch in der quantitativen Forschung!), muss er auch bei der Auswertung und Interpretation der Daten Berücksichtigung finden. Dies geschieht unter dem Stichwort der **Reflexivität** (s. unten): Forschende berücksichtigen ganz bewusst die Art und Weise, wie ihre eigene Person in den Forschungsprozess eingeht. Es werden weiterhin, etwa unter dem Begriff der **Dezentrierung**, Strategien diskutiert, diesen »Eigenanteil« nutzbar zu machen, um so zu neuen Sichtweisen auf den Gegenstand zu gelangen (Breuer, 2003). Aber auch vor einem konstruktivistischen Hintergrund ist qualitative Forschung weiterhin typischerweise dadurch gekennzeichnet, dass der Gegenstand im Forschungsprozess nicht aktiv verändert wird.

Verwendung offener Verfahren Für eine qualitative Vorgehensweise ist es außerdem typisch, dass der Gegenstand in seiner je spezifischen Erscheinung untersucht und beschrieben wird. Es werden also – im Gegensatz zur quantitativen Forschung – keine vorab festgelegten Beschreibungskategorien an den Gegenstand herangetragen, wie dies beispielsweise bei der Verwendung eines Fragebogens mit Ratingskalen der Fall ist. Für die qualitative Forschung sind offene Verfahren charakteristischer – beispielsweise ein Interview, bei dem die befragte Person sich in ihren eigenen Worten äußert und auch von sich aus solche Aspekte am Untersuchungsgegenstand thematisiert, die ihr persönlich relevant erscheinen. So haben die Forschenden bei der Marienthal-Studie nicht vor Untersuchungsbeginn festgelegt, was sie in dem Dorf alles beobachten wollten, und sie haben bei ihren Gesprächen den arbeitslosen Dorfbewohnern zugehört, was diese über ihre Gefühle und Eindrücke zu sagen hatten.

Offene Verfahren tragen keine vorab festgelegten Beschreibungskategorien an den Gegenstand heran. Die Befragten können sich in ihren **eigenen Worten** äußern.

Fallorientierte und holistische Vorgehensweise Während quantitative Forschung auf die Erfassung von Variablen ausgerichtet ist, also auf ganz spezifische Merkmale an ihrem Gegenstand abhebt, gilt die qualitative Forschung eher als fallorientiert und holistisch. Auch kommen bei der qualitativen Forschung häufiger Prozessverläufe und Entwicklungen über die Zeit in den Blick als in der quantitativen Forschung. Es interessiert der Untersuchungsgegenstand in seiner Gesamtheit, seien es Personen, Strukturen sozialer Ordnung oder auch Institutionen. Dies gilt auch für die Marienthal-Studie: Hier war das Leben in Marienthal nach den Entlassungen in seinen verschiedenen Facetten Gegenstand der Untersuchung – zuhause in den Familien, abends in der Kneipe, tagsüber beim Arzt oder beim Einkaufen. Dabei waren auch Veränderungen über die Zeit wichtig: Nach einem Jahr erlebten manche Dorfbewohner ihre Arbeitslosigkeit anders als nach einem Monat.

In der qualitativen Forschung werden wenige Fälle **ganzheitlich** und ausführlich untersucht.

Induktives Vorgehen Gerade in der Psychologie ist quantitative Forschung häufig hypothesentestende Forschung, die einer deduktiven Vorgehensweise folgt: Aus einer Theorie werden Hypothesen abgeleitet und empirisch überprüft; aus dem Ergebnis wird auf die Theorie zurückgeschlossen (▶ Abschn. 1.5.6). Zugleich werden Vorgehensweise und Messinstrumente vor der Untersuchung festgelegt und im Untersuchungsverlauf nicht mehr verändert. In der qualitativen Forschung wird dagegen häufiger eine induktive Vorgehensweise realisiert: Die Forschenden gehen gerade nicht von theoretischen Vorannahmen aus; die Schlussfolgerungen über den Gegenstand ergeben sich vielmehr erst aus den Daten (wie etwa die Beschreibung von Marienthal als »müde Gemeinde«), und die Theorie steht nicht am Anfang, sondern am Ende der Untersuchung. Dabei greifen Datenerhebung und -auswertung eng ineinander, sodass im Untersuchungsverlauf aus den Daten immer neue Annahmen gebildet und im nächsten Schritt einer Prüfung unterzogen werden.

Qualitative Forschung ist **induktiv**, d. h., sie geht nicht von theoretischen Annahmen aus.

Emergente Flexibilität Wenn ein Forschungsteam induktiv arbeitet, werden Merkmale des Gegenstandes, die für das weitere Vorgehen relevant sind, oft erst im Untersuchungsverlauf erkennbar. Um diesen neuen Erkenntnissen Rechnung zu tragen, kann es erforderlich sein, die Fragestellung und die Instrumente der Datenerhebung und Auswertung auch im Verlauf der Untersuchung noch zu verändern (was in der quantitativen Forschung nicht möglich ist). So entwickelten die Forscherinnen und Forscher in Marienthal beispielsweise erst während der Untersuchung die Idee, die Gehgeschwindigkeit der Dorfbewohner zu erfassen. Diese Offenheit der Vorgehensweise wird auch als emergente Flexibilität des Designs bezeichnet.

Annahmen und Instrumente werden im Verlauf einer qualitativen Untersuchung **flexibel** an den Gegenstand angepasst.

Beschreiben und Verstehen als Ziele qualitativer Forschung Qualitative Forschung ist eher auf Beschreibung und Verstehen ausgerichtet, während in der quantitativen Forschung häufiger eine Kausalerklärung angestrebt wird (▶ Beispiel).

Qualitative Forschung ist eher auf **Beschreiben** und **Verstehen** ausgerichtet.

5

Beispiel

Arbeitslosigkeit in qualitativen und quantitativen Studien

Ziel der Marienthal-Studie war es, das Erleben von Arbeitslosigkeit zu beschreiben und damit auch zu verstehen – also z. B. nachzuvollziehen, was genau an der Situation die Menschen entmutigte. In der quantitativen Forschung zur Arbeitslosigkeit geht es dagegen typischerweise darum, die Auswirkungen von Arbeitslosigkeit zu erklären. Price, Choi und Vinokur (2002) von der University of Michigan führten eine solche quantitative (Längsschnitt-)Studie zum Einfluss von Arbeitslosigkeit (als unabhängige Variable) auf Depression und gesundheitliches Wohlbefinden (als abhängige Variablen) und finanzieller Belastung als Kontrollvariable durch. Anhand von Fragebogendaten, die sie anschließend einer Strukturgleichungsanalyse unterzogen, konnten sie u. a. zeigen, dass Arbeitslosigkeit nur dann zu einer Depression führt, wenn sie mit finanzieller Belastung und Unsicherheit einhergeht. Arbeitslosigkeit und finanzielle Belastung sind damit als Ursachen einer Depression bestätigt.

Qualitative Forschung arbeitet mit verbalen oder visuellen Daten, deren Bedeutung **interpretativ erschlossen** werden muss.

Interpretationsbedürftige Daten Bei der Datenerhebung unterscheiden sich qualitative und quantitative Forschung darin, dass in der qualitativen Forschung meist mit verbalem oder visuellem Material gearbeitet wird, dessen Bedeutung nicht offensichtlich ist, sondern zunächst erschlossen werden muss; qualitative Daten sind also interpretationsbedürftig. In der quantitativen Forschung werden Daten dagegen in der Regel mittels vorgegebener Fragen und Antwortkategorien numerisch (oder auch mittels physiologischer Messung) auf Intervallskalenniveau erhoben. Zahlen stellen natürlich ebenfalls bedeutungshaltiges Material dar; aber die Bedeutung ist hier stark konventionalisiert oder wird seitens der Forschenden vorgegeben.

In der qualitativen Forschung erfolgt die Datenerhebung in **Interaktion** mit der Forscherin oder dem Forscher.

Qualitative Forschung ist **interaktiv** und **reflexiv**, d. h., persönlicher Hintergrund und Eindrücke der Forschenden werden bei der Auswertung und Interpretation einbezogen.

Forschende als Messinstrumente In der quantitativen Forschung werden die Instrumente (etwa Fragebögen) so konstruiert, dass sie möglichst personenunabhängig anwendbar sind. In der qualitativen Forschung fungiert dagegen häufig die Forscherin oder der Forscher selbst als Instrument der Datenerhebung (etwa bei der Durchführung von Interviews oder von Beobachtungen). Das führt dazu, dass die Datenerhebung gerade nicht unabhängig von den beteiligten Personen erfolgt. Statt dessen bemühen sich die Forschenden aktiv um Verstehen, wobei sie in verschiedenen Kontexten und verschiedenen Personen gegenüber manchmal gerade unterschiedlich handeln, ohne dabei die Datenerhebung jedoch in die eine oder die andere Richtung zu lenken. In einem Interview braucht beispielsweise ein schüchterner Mensch mehr Ermutigung und mehr Nachfragen, bis er sich äußert, als ein extravertierter Mensch. Qualitative Forschung ist somit meist auch **interaktive Forschung**. Daraus folgt erstens, dass alle Daten, alle Informationen seitens der Untersuchungsteilnehmer, nicht nur Antworten auf die Untersuchungsfrage darstellen, sondern ebenso an die Person der Forscherin oder des Forschers gerichtet sind. Weiterhin folgt daraus an das Forschungsteam die Aufforderung, eigene Eindrücke und Handlungsweisen vermehrt zu reflektieren und bei der Datenauswertung und Interpretation zu berücksichtigen (Merkmal der **Reflexivität**; ▶ Kritische Betrachtung). Ein Interview beispielsweise, bei dem die Interviewerin bei sich eine gewisse Feindseligkeit gegenüber der interviewten Person gespürt hat, ist anders zu beurteilen als eines, bei dem Interviewerin und Teilnehmerin »auf einer Wellenlänge« liegen.

Ziel der qualitativen Forschung ist nicht die Verallgemeinerung auf eine Grundgesamtheit, sondern auf eine Theorie. Auch Beschreibungen einzelner Fälle sind möglich.

Ausrichtung auf Beschreibung und analytische Verallgemeinerung Quantitative Untersuchungen haben meistens das Ziel, die Ergebnisse von der Stichprobe auf die Grundgesamtheit zu verallgemeinern (statistische Verallgemeinerung). In der qualitativen Forschung geht es dagegen weniger um die statistische als um die analytische Verallgemeinerbarkeit der Ergebnisse auf eine Theorie (ausführlicher in ▶ Abschn. 5.2). Manchmal geht es auch einfach nur darum, einen einzelnen Fall im Detail zu beschreiben. Auch in Bezug auf andere Gütekriterien unterscheiden sich qualitative und quantitative Forschung. So kommt etwa bei der Datenerhebung in der qualitativen

Forschung der **Validität** das höchste Gewicht zu, während in der quantitativen Forschung Objektivität, Reliabilität und Validität der Messinstrumente gleichermaßen von Bedeutung sind (▶ Abschn. 1.4.1).

Auflistungen von Merkmalen qualitativer und quantitativer Forschung erwecken schnell den Eindruck, dass die beiden Forschungstraditionen einander diametral entgegengesetzt sind. Dies ist jedoch nicht der Fall. So geht es beispielsweise in quantitativen Untersuchungen nicht immer um Hypothesentestung und an eine qualitative Datenerhebung und Auswertung schließt sich oft eine Häufigkeitsanalyse an. Auch in der Marienthal-Studie wurde für die verschiedenen Grundhaltungen zur Arbeitslosigkeit ermittelt, mit welcher prozentualen Häufigkeit sie in der Bevölkerung vorkamen. Möglichkeiten, Elemente qualitativer und quantitativer Forschung ganz gezielt zu kombinieren, werden in Teil III genauer dargestellt.

Qualitative und quantitative Forschung schließen einander nicht aus, sondern können in Mixed Methods-Designs auch kombiniert werden.

Im Folgenden gehen wir zunächst auf die Prinzipien qualitativer Stichprobenziehung ein, anschließend werden ausgewählte qualitative Forschungsmethoden dargestellt. Angesichts deren Vielfalt ist es jedoch nicht möglich, hier die qualitativen Forschungsmethoden in vollem Umfang aufzuführen. Es fehlen beispielsweise die Phänomenologie, die Ethnomethodologie, der symbolische Interaktionismus oder die sozialwissenschaftliche Hermeneutik und die Diskursanalyse (s. aber unten als Auswertungsverfahren ▶ Abschn. 7.2.6); Interessierte seien auf die weiterführende Literatur verwiesen.

Kontrollfragen

1. Nennen Sie fünf (beliebige) Prinzipien qualitativen Forschens!
2. Weshalb ist es nicht ohne Weiteres möglich, den Gegenstand unverändert in seiner natürlichen Form zu erfassen?
3. Inwiefern sind qualitativ Forschende selbst »Messinstrumente«? Was folgt daraus?

▶ **Weiterführende Literatur**

Breuer, F. (1996). *Qualitative Psychologie. Grundlagen, Methoden und Anwendungen eines Forschungsstils.* Opladen: Westdeutscher Verlag.
Flick, U. (2007). *Qualitative Sozialforschung. Eine Einführung* (4. Aufl.). Reinbek: Rowohlt.
Mayring, P. (2002). *Einführung in die qualitative Sozialforschung* (5. Aufl.). Weinheim, Basel: Beltz.
Przyborski, A. & Wohlrab-Sahr, M. (2010). *Qualitative Sozialforschung: Ein Arbeitsbuch* (korr. Aufl.). München: Oldenbourg Wissenschaftsverlag.
Quinn Patton, M. (2002). *Qualitative evaluation and research methods* (3rd ed.). Newbury Park: Sage.

5.2 Bewusste Stichprobenziehung

Lernziele

- Den Grundgedanken der bewussten Stichprobenziehung verstehen.
- Den Unterschied zwischen bewusster und probabilistischer Stichprobenziehung verstehen.
- Strategien und Kriterien bewusster Stichprobenziehung kennenlernen.
- Das Konzept der theoretischen Stichprobenziehung verstehen.
- Lernen, wie man einen qualitativen Stichprobenplan erstellt.
- Lernen, zwischen verschiedenen Arten von Fällen zu unterscheiden.

Auch in der qualitativen Forschung ist es meist nicht möglich, sämtliche Einheiten aus der Grundgesamtheit in die Untersuchung einzubeziehen; an der Marienthal-Studie haben beispielsweise nicht alle Menschen teilgenommen, die zum Zeitpunkt der Untersuchung in Deutschland und Österreich arbeitslos waren. Qualitative Untersuchungen werden also ebenfalls anhand einer Stichprobe durchgeführt, die allerdings unter anderen Zielsetzungen und nach anderen Kriterien als in der quantitativen Forschung

Auch qualitative Forschung arbeitet mit Stichproben.

5

Abb. 5.1 Arten von Fällen – Giraffen

ausgewählt wird (zu den Begriffen von Stichprobe und Population bzw. Grundgesamtheit ► Abschn. 3.1.3).

In der qualitativen Forschung erfolgt die Auswahl der Stichprobe nicht zufällig, sondern **absichtsvoll** bzw. **bewusst**.

In quantitativen Untersuchungen geht es häufig darum, von der Stichprobe (mittels Inferenzstatistik) zurück auf die Grundgesamtheit zu schließen. Ziel ist also meist die **statistische Verallgemeinerbarkeit**, und erreicht wird sie in der Regel durch die Ziehung einer probabilistischen bzw. einer Zufallsstichprobe. In der qualitativen Forschung werden Stichproben nicht per Zufall ausgewählt, sondern **absichtsvoll bzw. bewusst** nach bestimmten Kriterien (diese beiden Begriffe werden in der Fachliteratur synonym verwendet). Verfahren der bewussten Stichprobenziehung zählen zu den nonprobabilistischen Vorgehensweisen (► Analytische Verallgemeinerbarkeit). Anstelle des Begriffs der Stichprobenziehung ist in der qualitativen Forschung häufig von »Fallauswahl« die Rede (Abb. 5.1). Diese Begrifflichkeit unterstreicht zugleich die holistische Orientierung qualitativer Studien (► Abschn. 5.1).

► Definition Bewusste Stichprobenziehung

Definition

Bei der **bewussten bzw. absichtsvollen Stichprobenziehung** wird die Stichprobe gezielt nach bestimmten Kriterien aus der Grundgesamtheit ausgewählt. Bei Bottom-up-Strategien der bewussten Stichprobenziehung ergeben sich diese Kriterien erst im Untersuchungsverlauf; bei Top-down-Strategien stehen sie zu Untersuchungsbeginn fest. Ziel der bewussten Stichprobenziehung ist die detaillierte Beschreibung ausgewählter Fälle oder die analytische Verallgemeinerbarkeit von der Stichprobe auf eine Theorie. Zielvorgaben bezüglich der Größe der Stichprobe existieren nicht. Wichtiger als der Umfang ist die Zusammensetzung der Stichprobe.

Exkurs

Analytische Verallgemeinerbarkeit

Analytische Verallgemeinerbarkeit kann durchaus auch in der quantitativen Forschung eine Rolle spielen, etwa bei der Auswahl der Operationalisierung von Variablen (Variablenvalidität), der Auswahl von Situationen (Situationsvalidität) oder bei der Durchführung aufeinander aufbauender Experimente (Replikation). Bei der Auswahl von Untersuchungseinheiten bzw. Fällen, um die es hier in erster Linie geht, steht jedoch in der quantitativen Forschung die statistische Verallgemeinerbarkeit, in der qualitativen Forschung die analytische Verallgemeinerbarkeit im Vordergrund.

Verfahren der bewussten **Stichprobenziehung** unterscheiden sich nach folgenden Gesichtspunkten: Vorgehen, Zusammensetzung der Stichprobe, Beziehung von Stichprobe zu Grundgesamtheit.

Verfahren der bewussten Stichprobenziehung lassen sich danach unterscheiden, wie bei der Fallauswahl vorgegangen wird, wie die Stichprobe zusammengesetzt ist und in welcher Beziehung die Fälle in der Stichprobe zur Grundgesamtheit stehen: In Abhängigkeit von der Vorgehensweise lassen sich Bottom-up- und Top-down-Verfahren differenzieren. Bei **Bottom-up-Verfahren** ergeben sich die Kriterien, die für die Stichprobenziehung maßgeblich sind, erst aus dem Untersuchungsverlauf. Bei **Top-down-Verfahren** werden die Kriterien dagegen vor Beginn der Stichprobenziehung festgelegt. Marienthal wurde beispielsweise bereits vor Untersuchungsbeginn als Beispiel für eine

Gemeinde ausgewählt, die von Arbeitslosigkeit betroffen war. Nach dem Kriterium der Zusammensetzung ist zwischen homogenen und heterogenen Stichproben zu differenzieren. **Homogene Stichproben** setzen sich aus gleichartigen Fällen zusammen (beispielsweise Menschen, die schon längere Zeit arbeitslos waren), **heterogene Stichproben** aus unterschiedlichen Fällen (etwa Menschen, die schon längere Zeit arbeitslos waren, und Menschen, die erst vor kurzem ihre Arbeit verloren haben). Unter dem Gesichtspunkt der Relation von Stichprobe und Grundgesamtheit ist von **typischen, extremen, abweichenden Fällen** (und anderen mehr) die Rede. Bei der folgenden Darstellung von Verfahren der bewussten Stichprobenziehung orientieren wir uns an der Unterscheidung zwischen Bottom-up- und Top-down-Verfahren.

Im Gegensatz zur Stichprobenziehung in der quantitativen Forschung gibt es bei der bewussten Stichprobenziehung keine Vorgaben, was die Größe der Stichprobe betrifft. Qualitative Stichproben können sehr klein sein, ggf. auch nur aus einem einzelnen Fall bestehen (auch ► Abschn. 5.3 zur Fallstudie). Wichtiger als der Umfang ist die Zusammensetzung der Stichprobe unter dem Gesichtspunkt der analytischen Verallgemeinerbarkeit. Wenn beispielsweise die Erstellung einer Theorie angestrebt wird, die in der Lage ist, die gesamte Variabilität in einem Phänomenbereich abzubilden, dann muss auch die Stichprobe möglichst heterogen zusammengesetzt sein (► Abschn. 5.2.1).

In der qualitativen Forschung ist die **Zusammensetzung** wichtiger als die Größe der Stichprobe.

5.2.1 Bottom-up-Verfahren: Theoretische Stichprobenziehung

Unter den Bottom-up-Verfahren soll hier auf das Verfahren der **theoretischen Stichprobenziehung** genauer eingegangen werden. Die theoretische Stichprobenziehung wurde im Rahmen der gegenstandsbezogenen Theoriebildung (► Abschn. 5.4) entwickelt und trägt dem induktiv-zyklischen Charakter dieses Ansatzes Rechnung.

Das Verfahren der theoretischen Stichprobenziehung stammt aus der gegenstandsbezogenen Theorienbildung.

Definition

Ziel: Ziel der **theoretischen Stichprobenziehung** ist es, ein Phänomen in seiner ganzen Variabilität abzubilden.

Grundprinzip: Die Kriterien, nach denen die Stichprobe zusammengesetzt ist, ergeben sich erst im Untersuchungsverlauf.

Vorgehensweise:

- Prinzip der maximalen Ähnlichkeit: Es werden zunächst Fälle in die Stichprobe aufgenommen, die sich im Hinblick auf einen möglichen Einflussfaktor ähnlich sind.
- Prinzip der maximalen Differenz: Sukzessive wird die Stichprobe um Fälle ergänzt, die im Hinblick auf diesen Einflussfaktor eine andere Ausprägung aufweisen.

Abbruchkriterium: Wenn sich aus der Einbeziehung weiterer Fälle keine Hinweise auf zusätzliche Einflussfaktoren ergeben, gilt die Stichprobe als theoretisch gesättigt. Die Stichprobenziehung wird dann beendet.

► Definition Theoretische Stichprobenziehung

1. Schritt: Fallauswahl nach dem Prinzip der maximalen Ähnlichkeit Glaser und Strauss (1965) führten zu Beginn der 1960er Jahre eine Studie zur Interaktion von Krankenhauspersonal mit Todkranken durch, bei der die theoretische Stichprobenziehung zur Anwendung kam. Die Forscher wollten wissen, wie solche Interaktionen sich gestalten, wie sie erlebt werden und wovon die Art und Weise der Interaktion abhängt. Am Anfang der Datenerhebung steht üblicherweise eine Vermutung. So vermuteten Glaser und Strauss, dass die Interaktionen anders aussehen, je nachdem, ob das Krankenhauspersonal es mit Kranken zu tun hat, die sich darüber im Klaren sind, dass sie

Im ersten Schritt werden Fälle erhoben, die einander im Hinblick auf ausgewählte Merkmale möglichst ähnlich sind.

bald sterben werden. Die Stichprobenziehung erfolgt nun zunächst nach dem Prinzip der maximalen Ähnlichkeit: Es werden für mehrere Fälle Daten erhoben, die einander im Hinblick auf das vermutlich relevante Merkmal möglichst ähnlich sind, also beispielsweise Interaktionen mit drei oder vier Personen, die sich sämtlich nicht darüber im Klaren sind, wie ernst ihr Zustand ist. Nehmen wir der Einfachheit halber an, dass diese Erhebungen ergeben, dass das Personal mit all diesen Menschen ähnlich umgeht, indem die Interaktionen etwa besonders kurz gehalten und auf das Nötigste beschränkt werden.

Im zweiten Schritt werden Fälle erhoben, die sich hinsichtlich ihrer Ausprägungen auf den interessierenden Merkmalen von den bereits untersuchten Fällen möglichst stark unterscheiden.

2. Schritt: Fallauswahl nach dem Prinzip der maximalen Differenz Im nächsten Schritt werden nach dem Prinzip der maximalen Differenz auch Fälle einbezogen, die in Bezug auf das vermutlich relevante Merkmal von der ersten Gruppe von Fällen verschieden sind. In der Untersuchung von Glaser und Strauss waren das u. a. Interaktionen mit Kranken, die sich dessen bewusst waren, dass sie bald sterben würden. Meist werden solche Fälle Daten erbringen, die sich sowohl von den Daten für die erste Gruppe von Fällen unterscheiden wie auch untereinander. Dies war auch in der Untersuchung von Glaser und Strauss der Fall. In dieser Situation werden weitere Vermutungen darüber angestellt, in welcher Hinsicht die Fälle der zweiten Gruppe untereinander verschieden sind, welche Faktoren also deren Unterschiedlichkeit bedingen. Bezogen auf die Untersuchung mit Todkranken wäre etwa zu vermuten, dass es einen Unterschied macht, wie die betroffenen Menschen selbst ihren nahenden Tod empfinden: Haben sie ihn akzeptiert, oder wehren sie sich dagegen? Auch die Art der vorausgehenden Krankheit könnte sich auf den Umgang des Personals mit den Kranken auswirken. Nach dem Prinzip der maximalen Ähnlichkeit und Differenz wären im nächsten Schritt weitere Fälle in die Stichprobe einzubeziehen. Und diese neuen Fälle ergeben voraussichtlich Anhaltspunkte für weitere relevante Einflussfaktoren, wie etwa Dauer der Krankheit, die Anwesenheit von Verwandten usw.

Die Datenerhebung ist beendet, wenn die Stichprobe **gesättigt** ist, d. h., wenn die Einbeziehung zusätzlicher Fälle keine Anhaltspunkte für weitere Einflussfaktoren mehr ergibt.

Sättigung als Abbruchkriterium Die Datenerhebung wird nach den Prinzipien der maximalen Ähnlichkeit und Differenz so lange fortgesetzt, bis die Einbeziehung neuer Fälle keine Anhaltspunkte für weitere mögliche Einflussfaktoren ergibt. Die Stichprobe gilt dann als **gesättigt**. Die theoretische Stichprobenziehung ergibt eine heterogene Stichprobe, die darauf abzielt, ein Maximum an Variabilität im Gegenstandsbereich abzudecken.

5.2.2 Top-down-Verfahren

Bei **Top-down-Verfahren** liegen die Kriterien der Fallauswahl zu Untersuchungsbeginn fest.

Top-down-Verfahren zeichnen sich gegenüber Bottom-up-Verfahren dadurch aus, dass die Kriterien für die Zusammensetzung der Stichprobe bereits vor Untersuchungsbeginn festgelegt werden. Man verfügt also bereits über Vorwissen darüber, welche Faktoren sich auf den Untersuchungsgegenstand auswirken. Im Folgenden gehen wir auf zwei Top-down-Verfahren der bewussten Stichprobenziehung genauer ein:

- qualitative Stichprobenpläne und
- die Auswahl bestimmter Falltypen.

Qualitative Stichprobenpläne

Bei der Erstellung qualitativer Stichprobenpläne werden die Ausprägungen relevanter Merkmale miteinander kombiniert und jede Zelle mit einem Fall besetzt.

Qualitative Stichprobenpläne stellen das Top-down-Äquivalent zum Verfahren der theoretischen Stichprobenziehung dar. Auch sie zielen auf eine heterogene Stichprobe ab, die eine möglichst große Variabilität im Gegenstandsbereich repräsentiert. Während die relevanten Einflussfaktoren bei der theoretischen Stichprobenziehung jedoch das Ergebnis des Untersuchungsprozesses darstellen, sind sie bei der Aufstellung eines qualitativen Stichprobenplans im Voraus zu berücksichtigen (▶ Beispiel).

Tab. 5.2 Qualitativer Stichprobenplan

Krankheit/Alter	Chronisch	Akut
Bis 20	EV = ja / EV = nein	EV = ja / EV = nein
21–40	EV = ja / EV = nein	EV = ja / EV = nein
41–60	EV = ja / EV = nein	EV = ja / EV = nein
61 und darüber	EV = ja / EV = nein	EV = ja / EV = nein

EV Eigenverantwortung

Beispiel

Beispiel für einen qualitativen Stichprobenplan

Wenn eine Wissenschaftlerin beispielsweise die Untersuchung von Glaser und Strauss (1965) heute in deutschen Krankenhäusern wiederholen wollte, dann könnte sie sich bei der Stichprobenziehung von vornherein an deren Ergebnissen orientieren und ihre Stichprobe ganz gezielt nach solchen Merkmalen auswählen, die sich auch dort schon als relevant erwiesen haben. Dies könnten beispielsweise sein: Zuschreibung von Eigenverantwortung (ja, nein), Art der Krankheit (chronisch, akut), Alter der Patientinnen und Patienten (Kinder und Jugendliche bis 20 Jahre, 21–40, 41–60, 61 und darüber). Wenn man alle diese Faktoren und ihre Ausprägungen untereinander kombiniert (also multipliziert), dann resultieren insgesamt 16 (2×2×4) mögliche Kombinationen bzw. Zellen (Tab. 5.2). Da die Anwendung qualitativer Methoden meist weitaus aufwändiger ist als die quantitativer Methoden, werden die vorhandenen Ressourcen es in der Regel nicht zulassen, pro Zelle des Stichprobenplans mehr als einen Fall einzubeziehen, sodass die Stichprobengröße mit der Anzahl Zellen identisch sein wird (d. h. 1 Fall pro Zelle). Wenn die Ressourcen es zulassen, sind natürlich auch Zellenbesetzungen von n=2 und mehr denkbar und sinnvoll.

Alternativ ist auch ein hierarchischer Stichprobenplan denkbar, bei dem ein zusätzliches Merkmal, beispielsweise der Krankheitsverlauf (progredierend/stagnierend), in die anderen Merkmalskombinationen »hineingeschachtelt« ist: Das bedeutet, dass die 16 Kombinationen von Eigenverantwortung, Art der Krankheit und Alter abwechselnd mit einer Person mit einem progredierenden und einer Person mit einem stagnierenden Krankheitsverlauf besetzt werden.

Qualitative Stichprobenpläne können auch **hierarchisch** angelegt sein.

Auf diese Weise können in qualitativen Stichprobenplänen bis zu drei oder vier verschiedene Merkmale miteinander kombiniert werden. Die maximale Anzahl an Merkmalen hängt auch von der Anzahl der Ausprägungen jedes der Merkmale ab. Eine Gesamtanzahl von ca. 30 Kombinationen bzw. Zellen dürfte das noch bewältigbare Maximum darstellen.

Qualitative Stichprobenpläne sollten maximal ca. 30 Zellen beinhalten.

Auswahl von Fallarten

Eine zweite Variante von Top-down-Verfahren der Stichprobenziehung stellt die Auswahl bestimmter Arten von Fällen dar. Dies sind beispielsweise typische Fälle, Extremfälle, abweichende Fälle usw. (Quinn Patton, 2002; ▶ Beispiel).

Auch die gezielte Auswahl typischer, abweichender oder anderer Fälle ist ein Top-down-Verfahren qualitativer Stichprobenziehung.

Im Wesentlichen lassen sich folgende **Arten von Fällen** unterscheiden:

- **Typischer Fall:** Fall, bei dem das interessierende Phänomen eine Ausprägung aufweist, wie sie auch für die anderen Fälle in der Grundgesamtheit charakteristisch ist.
- **Extremfall:** Fall, bei dem das interessierende Phänomen besonders stark oder besonders schwach ausgeprägt ist.
- **Intensiver Fall:** Fall, bei dem das interessierende Phänomen stark ausgeprägt ist, aber nicht so stark wie beim Extremfall.
- **Abweichender Fall:** Fall, bei dem das interessierende Phänomen eine ungewöhnliche Ausprägung aufweist.

- **Kritischer Fall:** Besonders einschlägiger Fall (in Abhängigkeit von der Fragestellung).

5

Beispiel

Die Suche nach einem typischen Fall

Peshkin (1986) interessierte sich für christlich-fundamentalistische Schulen in den USA. Er wollte die Regeln untersuchen, nach denen die Schulen aufgebaut sind, wie diese Regeln durchgesetzt werden und wie die Schule und der Unterricht von den Schülerinnen und Schülern erlebt werden. Für seine Untersuchung wollte Peshkin eine möglichst **typische** Schule auswählen – eine Schule also, die in möglichst vielen Hinsichten mit anderen christlich-fundamentalistischen Schulen identisch war. Alternativ hätte er auch nach **Extremfällen** suchen können, also beispielsweise nach Schulen, an denen die Regeln besonders streng waren – oder nach Schulen, in denen die Regeln gerade besonders locker gehandhabt wurden. In der Tat erwies es sich aber als ausgesprochen schwierig, überhaupt eine Schule zur Teilnahme zu bewegen. Schlussendlich war nur eine einzige Schule dazu bereit, während alle anderen eine Teilnahme ablehnten. Damit war Peshkins Suche nach einer typischen fundamentalistischen Schule zugleich gescheitert. Denn zumindest hinsichtlich der Bereitschaft, Außenstehenden Einblick in das schulische Leben zu gestatten, war die Schule, an der er seine Untersuchung durchführte, gerade kein typischer, sondern vielmehr ein **abweichender Fall.**

Die Auswahl von Falltypen setzt Vorwissen über die Grundgesamtheit voraus.

Um welche Art von Fall es sich handelt, ergibt sich aus der Relation zwischen Fall und Grundgesamtheit. Wenn man von der Schule weiß, an der Peshkin seine Untersuchung durchgeführt hat, dass hier von den Schülerinnen und Schülern erwartet wird, dass sie auch privat und in ihrer Freizeit nach christlichen Grundwerten leben, dann ist damit noch nichts darüber ausgesagt, um was für eine Art Fall es sich handelt. Um das bestimmen zu können, muss man wissen, wie solche Schulen diese Frage im Allgemeinen handhaben. Wenn es an christlich-fundamentalistischen Schulen üblich ist, dies von den Schülern zu verlangen, dann handelt es sich bei Peshkins Schule in dieser Hinsicht um einen typischen Fall. Wenn die meisten christlich-fundamentalistischen Schulen aber nur erwarten, dass die Schülerinnen und Schüler auf dem Schulgelände nach christlichen Werten leben, nicht jedoch in ihrer Freizeit, dann wäre Peshkins Schule in dieser Hinsicht als Extremfall zu klassifizieren. Um ganz gezielt bestimmte Arten von Fällen in die Stichprobe aufzunehmen, ist also Wissen über die Grundgesamtheit erforderlich. Falls man darüber zu Untersuchungsbeginn noch nicht verfügt, ist eine Voruntersuchung durchzuführen.

Beim Schneeballverfahren verweisen Mitglieder der Grundgesamtheit die Forschenden auf weitere Mitglieder. Es ist besonders gut zur Stichprobenziehung bei schwer erreichbaren Personen geeignet.

Vor allem dann, wenn die Fälle zu einer Grundgesamtheit gehören, deren Mitglieder nur schwer zu erreichen sind (z. B. Drogennutzer und -nutzerinnen, hochrangige Politikerinnen und Politiker oder Managerinnen und Manager), bietet sich zur Gewinnung der Stichprobe das **Schneeballverfahren** an. Dabei wird zunächst ein Mitglied der interessierenden Gruppe kontaktiert und nach weiteren Personen aus derselben Gruppe gefragt, die möglicherweise bereit sind, sich an der Untersuchung zu beteiligen. Diese Personen werden dann, ihre grundsätzliche Teilnahmebereitschaft vorausgesetzt, ebenfalls nach den Namen weiterer Gruppenmitglieder gefragt, bis schließlich eine hinreichend große Stichprobe erreicht ist.

? Kontrollfragen

1. Was versteht man unter bewusster Stichprobenziehung?
2. Weshalb ist die Größe der Stichprobe bei der bewussten Stichprobenziehung nicht von Bedeutung? Was ist wichtiger als die Anzahl der Fälle?
3. Kann man Ergebnisse, die anhand einer bewussten Stichprobe ermittelt wurden, auf die Population verallgemeinern?
4. Inwiefern stellt die theoretische Stichprobenziehung eine induktive bzw. eine Bottom-up-Strategie der bewussten Stichprobenziehung dar?
5. Was versteht man unter einem qualitativen Stichprobenplan?
6. Wie sähe der »typische Fall« einer Psychologiestudentin aus?

Daniel, J. (2012). *Sampling essentials. Practical guidelines for making sampling choices.* Thousand Oaks: Sage.

Gobo, G. (2004). Sampling, representativeness, and generalizability. In C. Seale et al. (Eds.), *Qualitative research practice* (pp. 435–456). London: Sage.

Schreier, M. (2010). Fallauswahl. In G. Mey & K. Mruck (Hrsg.), *Handbuch Qualitative Forschung in der Psychologie* (S. 238–251). Wiesbaden: VS Verlag für Sozialwissenschaften.

▶ Weiterführende Literatur

5.3 Fallstudie

Lernziele

- Die Methode der Fallstudie kennenlernen.
- Einen Überblick über verschiedene Arten von Fallstudien gewinnen.

Bei der Fallstudie handelt es sich um eine holistische Forschungsmethode, die dazu geeignet ist, interessierende Fälle ganzheitlich und unter Einbeziehung ihres Kontextes umfassend zu untersuchen. Typischerweise werden dabei unterschiedliche Daten aus verschiedenen Quellen und unter Anwendung verschiedener Verfahren zusammengetragen und zu einem Gesamtbild integriert; auch quantitative Methoden können dabei zur Anwendung kommen. Diese Forschungsmethode war vor allem seit den Anfängen der Psychologie Ende des 19. Jahrhunderts bis in die Mitte des 20. Jahrhunderts weit verbreitet. In die Psychologiegeschichte eingegangen sind beispielsweise Freuds und Breuers Rekonstruktion der Fallgeschichte der Anna O., der ersten Patientin in der Geschichte der Psychoanalyse (1895), oder auch Lurijas (1992/1968) eingehende Untersuchung und Beschreibung des Journalisten Shereshevski, eines Mannes, der über ein scheinbar perfektes Erinnerungsvermögen verfügte. Aber auch heute findet die Fallstudie durchaus noch Anwendung; ein bekanntes Beispiel sind etwa – übrigens ganz in der Tradition von Lurija – die Bücher von Oliver Sacks, in denen er Fälle neurologischer Ausfallerscheinungen schildert, die oft bizarr anmuten (wie etwa: Der Mann, der seine Frau mit einem Hut verwechselte, 1998). Auch bei der Marienthal-Studie handelt es sich um eine Fallstudie, eben für die Gemeinde Marienthal.

Die Fallstudie ist **ganzheitlich, kontextsensitiv** und **multiperspektivisch.**

Definition

Die **Fallstudie** stellt eine holistische Forschungsmethode dar, mit der interessierende Fälle ganzheitlich, unter Einbeziehung ihres Kontextes und unter Verwendung verschiedener Datenquellen und Erhebungsverfahren umfassend untersucht werden. Fallstudien können als Einzel- oder als multiple, als holistische oder eingebettete, als beschreibende oder erklärende Fallstudien realisiert sein.

▶ Definition Fallstudie

In der Psychologie kommen in erster Linie **beschreibende (deskriptive) Fallstudien** zur Anwendung. Dabei kann ein Fall um seiner selbst willen differenziert dargestellt werden oder um eine Theorie zu veranschaulichen. Vor allem in anderen sozialwissenschaftlichen Disziplinen wie Politikwissenschaft und Soziologie wurden auch **erklärende (explanative) Untersuchungsanlagen** für Fallstudien entwickelt (z. B. van Evera, 1997).

Fallstudien in der Psychologie sind meistens beschreibend.

Fallstudien können in Form einer **Einzelfallstudie** realisiert werden oder mehrere Fälle umfassen (**multiple Fallstudie**). Sie können **holistisch** angelegt sein – so steht bei einer biografischen Fallstudie in der Regel der Mensch in seiner Ganzheit im Mittelpunkt des Interesses. Bei der Untersuchung von Fällen mit einer komplexen Struktur (z. B. Firmen, Gemeinden, Institutionen usw.) kommen aber auch eingebettete Fallstudien zur Anwendung (»embedded case studies«). Bei einer Fallstudie über ein Kran-

Fallstudien können als Einzelfall-, als multiple, holistische oder eingebettete Studie realisiert werden.

kenhaus könnten z. B. die Abteilungen die Untereinheiten darstellen (Innere Medizin, Orthopädie usw.) oder verschiedene Personengruppen (Ärztinnen und/oder Ärzte, Pflegepersonal, Patientinnen und/oder Patienten). Bei der **eingebetteten Fallstudie** interessieren diese Untereinheiten jedoch nicht für sich genommen, sondern lediglich im Hinblick auf den übergeordneten Fall (zu den verschiedenen Arten von Fallstudien vgl. Yin, 2009, S. 24–35).

Kern der Fallstudie ist die Fallauswahl.

Besondere Bedeutung kommt bei der Fallstudie der Auswahl der Fälle zu, also der Stichprobenziehung. Bei der Einzelfallstudie und auch bei der beschreibenden Fallstudie wird in der Regel eine bestimmte Art von Fall ausgewählt. Es werden also entweder besonders typische, besonders extreme oder auch abweichende Fälle untersucht. Lurijas »Mann mit dem perfekten Gedächtnis« (1992/1968) wäre ein Beispiel für einen abweichenden, irgendwie ungewöhnlichen Fall, der eben aufgrund seiner Besonderheit zum Untersuchungsgegenstand wird. Bei der multiplen Fallstudie, vor allem der erklärenden multiplen Fallstudie, wird häufig eine heterogene Stichprobe realisiert. So können etwa zwei Fälle miteinander kontrastiert werden, um auf dieser Grundlage unterschiedliche Entstehungsbedingungen eines Phänomens herauszuarbeiten. White (1964) verglich beispielsweise die Lebensgeschichten zweier Männer, die so ausgewählt waren, dass der eine über eine hohe, der andere nur über eine gering ausgeprägte interpersonelle Kompetenz verfügte.

Kontrollfragen

1. Was versteht man unter einer Fallstudie?
2. Welche Arten der Fallstudie gibt es?
3. Weshalb kommen bei der Fallstudie meist mehrere Erhebungsmethoden und mehrere Datenarten zur Anwendung?

Weiterführende Literatur

Lamnek, S. (2010). *Qualitative Sozialforschung: Lehrbuch* (5. überarb. Aufl., Kap. 7.). Weinheim: Beltz.
Thomas, G. (2011). *How to do your case study*. London: Sage.
Yin, R. K. (2009). *Case study research. Design and methods* (4th ed.). Thousand Oaks: Sage.

5.4 Gegenstandsbezogene Theoriebildung (»grounded theory«)

Lernziele

- Die Grundgedanken der gegenstandsbezogenen Theoriebildung kennenlernen.
- Lernen, wie man bei der gegenstandsbezogenen Theoriebildung vorgeht.
- Die Auswertungsschritte des offenen, axialen und selektiven Codierens kennenlernen und verstehen, wie sie sich unterscheiden.

Das Verfahren der gegenstandsbezogenen Theoriebildung (GT; »grounded theory«; auch: gegenstandsbegründete Theoriebildung) wurde von Glaser und Strauss (1965) im Rahmen einer Untersuchung zur Interaktion von Klinikpersonal mit Todkranken entwickelt (► Abschn. 5.2). Die beiden Forscher wandten sich mit dem Ansatz ganz bewusst gegen das hypothesenprüfende Vorgehen in der quantitativen Forschung.

► Definition Gegenstandsbezogene Theoriebildung

Definition

Grundgedanke: Ziel der **gegenstandsbezogenen Theoriebildung** ist es, Theorien zu erstellen, die direkt in den Daten verankert sind.
Stichprobenziehung: Die Fallauswahl erfolgt sukzessive im Untersuchungsverlauf nach dem Prinzip der theoretischen Stichprobenziehung.
▼

Datenerhebung: Es können beliebige Methoden eingesetzt werden, solange diese geeignet sind, die Sichtweise der untersuchten Personen aufzuzeigen.
Datenauswertung: Die Auswertung vollzieht sich in drei Schritten des Codierens: offenes, axiales, selektives Codieren. In einem Prozess des permanenten Vergleichs werden selektive Kategorien untereinander zu einer Theorie verknüpft.
Theoretische Sättigung: Die Untersuchung ist abgeschlossen, wenn die Einbeziehung neuer Fälle keine weitere Modifikation der Theorie erfordert.

Datenerhebung und Datenauswertung greifen iterativ ineinander.

Forscherinnen und Forscher machen sich in der Regel bereits während der Datenerhebung Gedanken zu ihrem Gegenstand und entwickeln so schon im Untersuchungsverlauf ständig neue Hypothesen. Nach Ansicht von Glaser und Strauss (1965) ist es nun nicht sinnvoll – wie dies in der quantitativen Forschung gefordert wird –, die Überprüfung der einen Hypothese abzuschließen, bevor auf der Grundlage der Ergebnisse die nächste Hypothese aufgestellt und in einer weiteren Untersuchung ihrerseits überprüft wird. Stattdessen schlagen sie vor, Überlegungen bei der Datenerhebung und einer ersten Durchsicht der Daten unmittelbar für eine Modifikation der Hypothesen nutzbar zu machen. Dies ist zugleich der erste Grundgedanke der GT: Datenerhebung und -auswertung greifen ineinander, und die Hypothesen werden während des Forschungsprozesses permanent revidiert (▶ Beispiel).

Beispiel

Entwicklung der GT

Glaser und Strauss (1965) entwickelten die gegenstandsbezogene Theoriebildung im Rahmen einer Untersuchung zur Interaktion von Krankenhauspersonal mit Todkranken. Die Forscher wollten wissen, wie sich solche Interaktionen gestalten, wie sie erlebt werden und wovon die Art und Weise der Interaktion abhängt. Im Verlauf der Untersuchung zeigte sich, dass Interaktionen unterschiedlich ausfielen, je nachdem, wer im Umfeld der Kranken (einschließlich der Kranken selbst) wie viel über deren nahenden Tod wusste. Wenn den Kranken beispielsweise ihr Zustand bewusst verheimlicht wurde, versuchten die Mitglieder des Pflegepersonals meist, ihre Interaktionen mit den Kranken möglichst kurz zu gestalten, nicht zuletzt, um ihr eigenes Wissen nicht unwillkürlich weiterzugeben. Der »Bewusstheitskontext« (»awareness context«), in dem das medizinische Personal, die Kranken und deren Familie handelten und miteinander agierten, wurde somit zur Kernkategorie der Theorie, die Glaser und Strauss in ihrer Studie entwickelten.

Die GT ist ein Verfahren zur Entwicklung von Theorien aus den Daten heraus.

Glaser und Strauss wandten sich mit der GT auch gegen das Postulat der deduktiven Vorgehensweise in den quantitativen Sozialwissenschaften. Theorien sollten nach ihrer Auffassung keine abstrakten Gedankengebilde darstellen, sondern möglichst »datennah«, möglichst gut in den Daten »verankert« sein (daher auch die Bezeichnung: **gegenstandsbezogene** Theorienbildung). Dies ist zugleich der zweite Grundgedanke des Ansatzes. Ziel ist es, unter möglichst weitgehender Ausblendung von theoretischen Vorannahmen zu einer **gesättigten Theorie** über den interessierenden Gegenstandsbereich zu gelangen. Der Ansatz versteht sich somit als ein alternatives Verfahren der Theorieentwicklung aus den Daten heraus, wobei die Erstellung und die Überprüfung der Theorie in einem Forschungsprozess zusammengefasst werden. Dieses Verfahren vollzieht sich in Form eines permanenten Vergleichs und wechselseitigen Abgleichs von Daten und theoretischen Konzepten.

Die GT ist ein Verfahren des **permanenten Vergleichs.**

Ausgehend von einer Fragestellung bzw. **Leitidee** wird zunächst ein beliebiger Fall ausgewählt und es werden Daten erhoben. Was die Methoden der Datenerhebung betrifft, werden in der gegenstandsbezogenen Theoriebildung kaum Vorgaben gemacht. Es können also beliebige qualitative Methoden eingesetzt werden; typisch sind vor allem das halb- oder das nonstandardisierte Interview.

Zur Datenerhebung eignen sich unterschiedliche qualitative Methoden.

Die Auswertung erfolgt in drei Schritten durch Codieren.

Die Auswertung erfolgt überlappend mit der Datenerhebung durch Codieren. Das Codieren vollzieht sich in drei Schritten:

1. **Offenes Codieren:** In diesem ersten Auswertungsschritt wird das Material Zeile für Zeile durchgearbeitet und es werden zentrale Konzepte in der Begrifflichkeit der Befragten festgehalten, die sog. **Codes**. Diese erste Form der Codierung soll möglichst datennah erfolgen.
2. **Axiales Codieren:** In diesem Schritt wird von den offenen Codierungen abstrahiert, wobei die Codes als Grundlage für die Generierung theoretischer Konzepte bzw. axialer Codes dienen. Typisch ist die Zusammenfassung mehrerer offener Codes zu einem Oberbegriff, auch über die Äußerungen mehrerer Personen hinweg. Diese axialen Codes werden auch als Kategorien bezeichnet. Die **Kategorien** dienen der **Strukturierung** des Datenmaterials (für verschiedene Vorgehensweisen ▶ Weiterentwicklungen und Kontroversen in der GT).
3. **Selektives Codieren:** Auf dieser Stufe werden die axialen Kategorien untereinander in Beziehung gesetzt und zu einem Gesamtmodell bzw. einer Theorie integriert. Im Mittelpunkt steht dabei die Basis- bzw. **Kernkategorie**, um die herum sich die anderen Kategorien gruppieren. Hier findet also die eigentliche Theorienbildung statt.

Die drei Phasen des Codierens überlappen sich.

Zu Untersuchungsbeginn wird sich die Codierung meist auf das offene Codieren beschränken. Axiale Codes kommen erst zur Anwendung, wenn über die Daten für mehrere Personen hinweg Muster und übergeordnete Konzepte erkennbar werden. Dabei vollzieht sich der Codierprozess keineswegs so linear, wie es die Abfolge vom offenen über das axiale zum selektiven Codieren nahezulegen scheint. Gerade beim selektiven Codieren können neue Perspektiven sichtbar werden, die dazu führen, dass die Forschenden eine weitere Phase des offenen Codierens beginnen.

Theorierelevante Überlegungen werden in **Memos** festgehalten.

Sowohl bei der Datenerhebung als auch beim Codieren sind die Forscherinnen und Forscher angehalten, immer dann, wenn ihnen zu ihrem Vorgehen, ihren Daten usw. etwas auf- oder einfällt, was für die Theoriegenerierung von Bedeutung ist, innezuhalten und eine entsprechende Notiz (ein Memo) anzufertigen. Diese Anweisung wird von Glaser und Strauss in dem Prinzip des »**stop and memo**« zusammengefasst. Die Memos gehen ebenso wie die Codes und die Kategorien in die Erarbeitung der Theorie ein.

Exkurs

Weiterentwicklungen und Kontroversen in der GT

Wie genau das Codieren und insbesondere die zweite Phase des axialen Codierens zu sehen ist und vor sich gehen soll, hat zu heftigen Kontroversen unter den Vertretern der Gegenstandsbezogenen Theoriebildung geführt. Glaser spricht hier von **Codefamilien**, zu denen die offenen Codes induktiv gruppiert werden (1998). Strauss und Corbin (1998) schlagen dagegen vor, einen interaktionistischen **Codierrahmen** mit feststehenden Kategorien auf das Datenmaterial anzuwenden. Dazu zählt u. a. die Analyse der Daten im Hinblick auf Bedingungen, Kontext, Handlungsstrategien. Strauss und Corbin rücken damit von dem Gedanken ab, die Theorie ganz aus den Daten hervorgehen zu lassen, und geben den Forschenden ein strukturelles Grundgerüst an die Hand. Ein solches Gerüst kann einerseits Orientierung in der Fülle des Datenmaterials bieten, läuft aber andererseits auch Gefahr, die Daten in eine vorgegebene Struktur zu zwängen. In jedem Fall bleibt aber das Grundprinzip dasselbe: Es soll zunächst möglichst datennah codiert werden; dann sollen diese datennahen Codes sowohl innerhalb als auch zwischen den Fällen abstrahierend zusammengefasst werden, und schließlich soll auf dieser Grundlage im dritten Schritt eine Theorie über den Untersuchungsgegenstand entwickelt werden.

Die Fallauswahl erfolgt nach dem Prinzip der **theoretischen Stichprobenziehung**.

Auf der Grundlage der offenen Codierung des ersten Falles wird nach dem Prinzip der **theoretischen Stichprobenziehung** (s. oben) ein weiterer Fall ausgewählt und eine erneute Datenerhebung durchgeführt. Auch dieser Fall wird unmittelbar nach der Erhebung codiert, wobei mit zunehmender Anzahl der Fälle in der Stichprobe neben dem offenen auch das axiale und schließlich das selektive Codieren an Bedeutung gewinnen.

Diese Vorgehensweise wird so lange fortgesetzt, bis eine Einbeziehung neuer Fälle nach diesem Prinzip nicht mehr zu einer Veränderung der Theorie führt. Neue Fälle führen also beispielsweise nicht mehr dazu, dass neue Bedeutungsaspekte thematisiert werden und ein entsprechender neuer Code erstellt (oder ein bereits vorhandener erweitert) werden muss. Eine solche gegenstandsbezogene Theorie, die die gesamte Variation in ihrem Gegenstandsbereich abbildet, gilt als **theoretisch gesättigt**.

Die Theorie gilt als **gesättigt** und die Untersuchung als abgeschlossen, wenn neue Fälle unter die bereits entwickelten Kategorien subsumierbar sind.

? Kontrollfragen

1. Was ist das Ziel der gegenstandsbezogenen Theoriebildung?
2. Sie planen, eine gegenstandsbezogene Theorie zu der Frage zu erstellen, wie Studierende mit chronischer Krankheit im Studium zurechtkommen. Wie gehen Sie vor?
3. Worin unterscheiden sich offenes und axiales Codieren? Können offene und axiale Codes auch identisch sein – was meinen Sie?

▶ **Weiterführende Literatur**

Breuer, F. (unter Mitarbeit von B. Dieris & A. Lettau) (2009). *Reflexive Grounded Theory. Eine Einführung für die Forschungspraxis*. Wiesbaden: VS Verlag für Sozialwissenschaften.

Glaser, B. & Strauss, A. (2008). *Grounded Theory: Strategien qualitativer Forschung* (2. korr. Aufl.). Bern: Huber.

Mey, G. & Mruck, K. (Hrsg.) (2011). *Grounded Theory Reader* (2. akt. u. erw. Aufl.). Wiesbaden: VS Verlag für Sozialwissenschaften.

Strauss, A. L. & Corbin, J. (1998). *The basics of qualitative research: Techniques and procedures for developing grounded theory* (2nd ed.). London: Sage.

5.5 Deskriptive Feldforschung

Lernziele

- Ansatz und Ursprünge der deskriptiven Feldforschung kennenlernen.
- Die Phasen der deskriptiven Feldforschung kennenlernen.
- Verstehen, inwiefern deskriptive Feldforschung sich im Spannungsfeld von Innensicht und Außensicht bewegt.
- Einen Eindruck von den Problemen gewinnen, die sich bei der deskriptiven Feldforschung stellen.
- Anwendungsbereiche der gegenwärtigen deskriptiven Feldforschung kennenlernen.

Zielsetzung der deskriptiven Feldforschung ist es, eine Kultur quasi von innen heraus, aus der Sicht ihrer Mitglieder, kennenzulernen und zu beschreiben. Um Verzerrungen zu vermeiden, sollte der Gegenstand möglichst in seinem natürlichen Umfeld belassen und nicht durch Eingriffe des Forschers bzw. der Forscherin verändert werden. Dies ist zugleich das oberste Postulat, die zentrale Leitlinie der deskriptiven Feldforschung und wird durch teilnehmende Beobachtung als wichtigste Methode der Datenerhebung realisiert. Die deskriptive Feldforschung als qualitativer Ansatz ist somit – trotz der Ähnlichkeit der Bezeichnungen – etwas völlig anderes als das Feldexperiment oder die Feldstudie in der quantitativen Forschung (◘ Abb. 5.2). Bei der Feldstudie oder dem Feldexperiment ist das Feld lediglich der Ort, an dem eine Untersuchung stattfindet; bei der deskriptiven Feldforschung ist das Feld dagegen selbst Teil des Untersuchungsgegenstandes (▶ Abschn. 3.2.6).

Ziel der deskriptiven Feldforschung ist es, eine andere Kultur von innen heraus zu verstehen.

Definition

Ziel der **deskriptiven Feldforschung** ist es, eine Kultur aus der Sicht ihrer Mitglieder kennenzulernen und zu beschreiben. Die Kultur soll durch die Forschungstätigkeit möglichst nicht verändert werden. Wichtigste Methode der Datenerhebung ist die teilnehmende Beobachtung.

▶ **Definition Deskriptive Feldforschung**

5

Abb. 5.2 Deskriptive Feldforschung – Keine Arbeit mit nach Hause nehmen

Die Ursprünge der deskriptiven Feldforschung liegen in der Ethnologie und der Soziologie der **Chicagoer Schule**.

Der Ansatz der deskriptiven Feldforschung stammt ursprünglich aus der Ethnologie (z. B. Malinowskis Feldforschung zu den Tobriandern, einem Volk aus der Südsee) und der qualitativ orientierten Soziologie der Chicagoer Schule. Insbesondere in der ersten Hälfte des 20. Jahrhunderts wurden unter einer solchen soziologischen Perspektive eine Vielzahl städtischer Kulturen und Subkulturen erforscht und beschrieben: Gangs, Obdachlose, Menschen anderer als weißer Hautfarbe. Kurz: alles, was nicht mit der Welt des weißen Durchschnittsamerikaners identisch war, übte eine besondere Faszination auf die Soziologie der Chicagoer Schule aus (im Überblick: Lindner, 2004; ▶ Beispiel).

Beispiel

»Tearoom Trade«

Eine der bekanntesten Untersuchungen in der Tradition der deskriptiven Feldforschung wurde von Humphreys in den 1960er Jahren im Homosexuellenmilieu einer US-amerikanischen Großstadt durchgeführt (1970). Humphreys interessierte sich für die – bis zu diesem Zeitpunkt wissenschaftlich praktisch unerforschte – Subkultur des homosexuellen anonymen Sex in öffentlichen Toiletten, im Milieu auch »tearoom trade« genannt. Homosexualität galt zu dieser Zeit in den USA noch als strafbar.

In der ersten Forschungsphase (Herstellung des Feldkontakts) konzentrierte er sich darauf, geeignete Settings für eine Beobachtung ausfindig zu machen. Denn wie Humphreys schnell herausfand, wurden nicht alle öffentlichen Toiletten zu diesem Zweck frequentiert, sondern bevorzugt solche Toilettenhäuschen, die in der Nähe einer Autobahn lagen (und sich so für einen Zwischenstopp am späten Nachmittag von der Arbeit nach Hause nutzen ließen), von Spielplätzen und Grillplätzen weit genug entfernt lagen und von außen nicht leicht einsehbar waren. Im nächsten Schritt musste Humphreys eine Rolle finden, die es ihm erlaubte, seine Beobachtungen durchzuführen, ohne sich selbst an den sexuellen Aktivitäten zu beteiligen. So wurde er für die Dauer seiner Erhebung zur »Watchqueen« – einer Mischung aus Voyeur und »Aufpasser«, der die anderen vor Fremden oder gar der Polizei warnte, falls solche Personen sich dem Toilettenhäuschen näherten. Dabei führte er seine Untersuchung großteils verdeckt durch; die beobachteten Personen wussten also nichts von seiner Stellung als Sozialwissenschaftler und von seinem Untersuchungsinteresse. Im Verlauf der Materialsammlung beobachtete er 120 sexuelle Akte; in seinem Buch beschreibt er im Detail die Sprachlosigkeit der sexuellen Interaktionen, wie die interessierten Männer sich auch ohne Worte schnell einig werden, welche Rollen ihnen zur Verfügung stehen und wie sich Wechsel zwischen den Rollen vollziehen. Diese Beobachtungen ergänzte er durch Interviews mit wenigen ausgewählten »Schlüsselinformanten«, mit denen er im Gelände außerhalb der Toiletten ins Gespräch gekommen war. Diesen Personen gegenüber legte er auch seine Identität als Forscher offen.

In der Forschung bekannt wurde Humphreys' Untersuchung jedoch weniger wegen des Themas als vielmehr wegen der ethischen Probleme, die seine Studie aufwirft. Denn in einer zweiten Phase notierte er außerdem die Autokennzeichen der beobachteten Männer, verschaffte sich durch falsche Angaben Zugang zum polizeilichen Register der Kennzeichen und machte so die Namen der Männer ausfindig – die er schließlich, ebenfalls unter Vorspiegelung falscher Tatsachen, zu ihrem Familienstand, ihren Wertvorstellungen, religiösen und politischen Überzeugungen interviewte. Humphreys' Ziel bestand darin, zu zeigen, dass Homosexuelle ganz normale Menschen sind, die sich von anderen US-amerikanischen Männern nur durch ihre sexuelle Präferenz unterscheiden. Aber rechtfertigt der Zweck tatsächlich die Mittel (▶ Abschn. 1.7)?

Phasen der deskriptiven Feldforschung

Das Vorgehen bei der deskriptiven Feldforschung gliedert sich in mehrere Phasen:
- Festlegen der Fragestellung,
- Herstellen des Feldkontakts,
- Materialsammlung,
- Ausstieg aus dem Feld und
- Auswertung.

Das Vorgehen bei der deskriptiven Feldforschung gliedert sich in fünf Phasen.

Festlegen der Fragestellung

Prinzipiell lässt sich eine Kultur unter vielen verschiedenen Gesichtspunkten untersuchen. Damit die Untersuchung nicht »ausufert«, sind vor Untersuchungsbeginn thematische Schwerpunkte zu setzen. Dabei sind auch Fragen der Realisierbarkeit zu berücksichtigen: Wie zugänglich ist das Feld? Und welche Rolle kann die Forscherin oder der Forscher hier einnehmen? Humphreys befand sich z. B. in der Situation, dass die sexuellen Begegnungen zwischen homosexuellen Männern, die er untersuchen wollte, zwar in einem öffentlichen Setting stattfanden. Sichtbar waren sie aber nur für Mitglieder der Kultur, die sich auch selbst an den sexuellen Begegnungen beteiligten. Er löste dieses Problem, indem er für sich die Rolle der »Watchqueen« ausfindig machte, die es ihm erlaubte, Beobachter und Mitglied der Kultur gleichzeitig zu sein.

Damit die Untersuchung nicht ausufert, muss vor Untersuchungsbeginn eine **Fragestellung** spezifiziert werden.

Herstellen des Feldkontakts

Einen Zugang zum Feld zu finden, gilt als die schwierigste und sensibelste Phase der Feldforschung. Die Möglichkeiten zur Herstellung des Feldkontakts hängen vor allem davon ab, um welche Art von Schauplatz es sich bei dem zu untersuchenden Feld handelt. Ein **offener Schauplatz** ist prinzipiell für Außenstehende zugänglich (z. B. Fußballplatz, Kinderspielplatz, die öffentlichen Toiletten in Humphreys' Untersuchung), ein geschlossener Schauplatz dagegen zumindest nicht ohne Weiteres (z. B. Sekte, Gefängnis). Wenn die geplante Untersuchung an einem **geschlossenen Schauplatz** stattfinden soll, kann die Forscherin oder der Forscher nur Zugang zum Feld erhalten, wenn ein Mitglied der interessierenden Kultur bereit ist, diese dort einzuführen. Eine solche Person, die selbst Teil des Feldes ist, den Forschenden Informationen über das Feld verschafft und erste Kontakte vermittelt, wird auch als **Türhüter** oder **Gatekeeper** bezeichnet. Die Forschenden sollten in dieser Phase Interesse an den Aktivitäten im Feld zeigen, Personen im Feld ansprechen und auf diese Weise Feldkontakte anbahnen und aufbauen. Diese Phase gilt als besonders schwierig, weil das Forschungsteam die ungeschriebenen Regeln der fraglichen Kultur noch nicht kennt, eine Verletzung der Regeln aber im schlimmsten Fall ein Scheitern der gesamten Untersuchung nach sich ziehen kann. So wurde beispielsweise Whyte (1943) bei seiner klassischen Untersuchung von »streetcorner gangs« im Chicago der ersten Hälfte des 20. Jahrhunderts in dieser Phase seiner Untersuchung einmal zusammengeschlagen und einmal die Treppe hinuntergeworfen!

Das **Herstellen des Feldkontakts** stellt die Weichen für die weitere Untersuchung.

Bei einer Untersuchung an einem **geschlossenen Schauplatz** ist eine Einführung der Forschenden durch einen **Türhüter** erforderlich.

Materialsammlung

Bei der Materialsammlung wird meist eine Kombination verschiedener Methoden eingesetzt, wie beispielsweise (teilnehmende) Beobachtung, Interviews usw. Gemeinsam ist diesen Methoden, dass eher halb- und nicht standardisierte Varianten der Verfahren zur Anwendung kommen (▶ Kap. 6). Die Datenerhebung erfolgt zunächst breit gestreut, dann zunehmend fokussierter. Das gesammelte Material wird anschließend zusammenfassend protokolliert: Humphreys fertigte beispielsweise sowohl Zeichnungen der Räumlichkeiten als auch Protokolle der Interaktionen an, die er beobachtet hatte. Es wird davon ausgegangen, dass die Forschenden mit zunehmender Länge ihres Aufenthalts im Feld allmählich »unsichtbar« werden und die Personen im Feld sich nach einer ersten Eingewöhnungsphase zunehmend »normal« verhalten (dazu ▶ Abschn. 5.1).

Bei der Datenerhebung kommen verschiedene Methoden zur Anwendung. Die Erhebung erfolgt zunächst breit, im weiteren Untersuchungsverlauf zunehmend fokussierter.

5

Die wichtigste Methode der Datenerhebung bei der deskriptiven Feldforschung ist die **teilnehmende Beobachtung**.

Die wichtigste Methode der Datenerhebung bei der deskriptiven Feldforschung ist die **teilnehmende Beobachtung** (▶ Abschn. 6.2.1). Dabei wird das Forschungsteam selbst Teil des Feldes, nimmt also im Feld eine aktive Rolle innerhalb der untersuchten Kultur ein (s. wiederum Humphreys' Rolle als »Watchqueen«). Diese Methode ist es, die in erster Linie ein Kennenlernen des Feldes aus der Innenperspektive ermöglicht. Die teilnehmende Beobachtung kann offen oder verdeckt erfolgen. Im Fall einer verdeckten Beobachtung sind die Forschenden jedoch verpflichtet, die betroffenen Personen im Feld vor einer Veröffentlichung über das gesammelte Material zu informieren und ihre Zustimmung zur Veröffentlichung einzuholen (s. ausführlicher Abschnitt zu ethischen Problemen sowie ▶ Abschn. 8.2).

Im Idealfall ist diese Phase der Materialsammlung durch ein Gleichgewicht von Innen- und Außenperspektive gekennzeichnet. Die Forschenden gewinnen zunehmend Einblicke in die untersuchte Kultur, ordnen diese aber in eine umfassendere Außensicht ein. Zugleich verändert sich auch der Blick auf die eigene (Wissenschafts-) Kultur.

Ausstieg aus dem Feld

Ausstieg aus dem Feld und Rückkehr in den eigenen Lebenskontext vollziehen sich allmählich über einen längeren Zeitraum.

Nach Abschluss der Materialsammlung erfolgt der Ausstieg aus dem Feld. Dieser vollzieht sich ebenso allmählich und sukzessive wie zuvor der Einstieg. In dieser Phase löst sich das Forschungsteam aus dem Feld und lockert allmählich seine Beziehungen zu Personen im Feld. Zugleich beinhaltet diese Phase auch die Rückkehr in den eigenen Lebenskontext.

Auswertung

Die Auswertung bei der deskriptiven Feldforschung umfasst drei Schritte: Anfertigen eines Protokolls, Verschriftlichung des Datenmaterials und die Anwendung von Auswertungsverfahren.

Die Auswertung umfasst drei Schritte: die Protokollierung sowie die Verschriftlichung und weitere Auswertung des gesammelten Materials. Wie bei anderen qualitativen Verfahren auch, verlaufen Datenerhebung und -auswertung nicht getrennt, sondern greifen ineinander. Im Kontext der Materialsammlung wurde bereits erwähnt, dass im Anschluss an jeden Forschungstag ein Protokoll angefertigt wird. Dieses hat mehrere Funktionen: Es werden potenzielle Schwerpunkte für die weitere Datenerhebung sichtbar; die Forscherinnen und Forscher lernen, zunehmend präzise wahrzunehmen; das Protokoll hilft ihnen, die Eindrücke des Tages zu verarbeiten und über ihre eigenen Reaktionen und Gefühle Klarheit zu gewinnen. An die Protokollierung schließen sich die Verschriftlichung des Datenmaterials und die eigentliche Auswertungsphase an. Hier können verschiedenste Verfahren zur Anwendung kommen, wie etwa Paraphrasieren, Codieren, Inhalts- oder Diskursanalyse (▶ Kap. 7). Diese Phase beinhaltet auch die Verschriftlichung der Untersuchungsdurchführung und der Ergebnisse.

Deskriptive Feldforschung im Spannungsfeld von Innen- und Außensicht Die deskriptive Feldforschung ermöglicht wie kein anderer Ansatz in der sozialwissenschaftlichen Forschung einen Blick auf das Innenleben von (Sub-)Kulturen und Gesellschaften. Der Ansatz bringt aber auch einige Probleme mit sich, insbesondere solche der Selbst- und der Fremdsicht sowie forschungsethische Probleme (▶ Kritische Betrachtung).

Exkurs

Kritische Betrachtung

In der Literatur zur deskriptiven Feldforschung wird sicherlich das Problem des »going native« am häufigsten diskutiert. Da die Forschenden bei der teilnehmenden Beobachtung selbst zu einem Teil des Feldes werden und über längere Zeit in diesem Feld agieren, besteht die Gefahr, dass sie die Distanz zu ihrem Forschungsgegenstand verlieren, ganz im Feld aufgehen und sich mit dessen Werten identifizieren; die andere Kultur wird schließlich zur eigenen. Um das zu ver-

▼

hindern, wird Feldforschung meistens im Team durchgeführt (wie dies beispielsweise bei der Marienthal-Studie der Fall war), mit dem man sich über die eigenen Eindrücke austauschen kann. Auch regelmäßige Supervision kann einem solchen Distanzverlust entgegenwirken.
Quasi als Gegenpol zu einem »going native« kann es aber auch sein, dass die Wertvorstellungen der anderen Kultur Befremden bis hin zu Ablehnung auslösen. Je nach Forschungsgegenstand kann sich auch das Problem ergeben, dass die Forschenden Zeugen von Handlungsweisen werden, die sie selbst missbilligen, oder sogar aufgefordert sind, sich an solchen Handlungen zu beteiligen (z. B. Feldforschung zu rechtsextremen Gruppen). Auch in solchen Fällen können Rücksprachen im Team oder eine regelmäßige Supervision hilfreich sein.
Im Feld treffen Forscherinnen und Forscher auf eine Kultur mit ihren eigenen Regeln und ihrer eigenen Dynamik, die gelegentlich mit dem Forschungsinteresse in Konflikt geraten können. Bei der offenen Beobachtung kann es zu Machtkonflikten zwischen den Personen im Feld und den Forschenden kommen. Zum Beispiel können Personen im Feld versuchen, dem Forschungsteam nur zu ausgewählten Zeiten oder zu bestimmten Settings Zugang zu gewähren.
Ganz zentral in der deskriptiven Feldforschung ist schließlich auch das Problem der Forschungsethik. Am ausgeprägtesten ist dieses Problem sicherlich im Fall von verdeckten Studien wie der von Humphreys, bei der die beobachteten Personen sich ihres Status als »Untersuchungsgegenstand« gar nicht bewusst sind. Aber auch bei offen durchgeführten Untersuchungen kommt jeder Handlung, jeder Interaktion der Forschenden mit den Erforschten ein ethisch problematischer Doppelstatus zu: Es entstehen persönliche Beziehungen, aber die Interaktionen innerhalb dieser Beziehungen stellen zugleich auch »Untersuchungsmaterial« dar.

Während das Interesse der Forschung in der »Hochzeit« der deskriptiven Feldforschung in der ersten Hälfte des 20. Jahrhunderts in erster Linie dem Abweichenden, Fremden galt, stehen heute die Subgruppen der eigenen Kultur im Mittelpunkt des Interesses. Fankulturen (wie etwa die Kultur der Fans von Horrorfilmen), Jugendkulturen, die Kultur von Organisationen und Institutionen sowie die vielfältigen Formen sozialer Interaktionen im Internet gewinnen als Gegenstand ethnografischer Studien zunehmend an Bedeutung. Eine Fortsetzung und zugleich Zuspitzung des Interesses an eigenen Kulturen stellt die sog. Auto-Ethnografie dar, bei der die eigene Person Gegenstand des Forschungsinteresses ist (Ellis, Adams & Bochner, 2010). Mit dieser Fokussierung der eigenen Kultur stellt sich auch die Frage neu, auf welche Weise die Forschenden selbst an der Konstruktion ihres Forschungsgegenstandes beteiligt sind und diesen schreibend reflektieren (Geertz, 1993). Eine weitere wichtige Entwicklung betrifft die zunehmende Verwendung performativer Elemente in der ethnografischen Forschung (Hamera, 2011).

Das Interesse der deskriptiven Feldforschung verschiebt sich derzeit von fremden zu **eigenen Kulturen**.

? Kontrollfragen

1. Was versteht man unter deskriptiver Feldforschung?
2. Weshalb gilt der Einstieg ins Feld als die schwierigste Phase der Feldforschung?
3. Welches Problem wird im Zusammenhang mit der deskriptiven Feldforschung am häufigsten diskutiert? Wie hängt dieses Problem mit der Spannung zwischen Innensicht und Außensicht zusammen, in der sich die deskriptive Feldforschung bewegt?
4. Nennen Sie zwei Gegenstandsbereiche, in denen deskriptive Feldforschung heutzutage zum Einsatz kommt!

▶ Weiterführende Literatur

Atkinson, P., Coffey, A., Delamont, S., Lofland, J. & Lofland, L. (Eds.) (2001). *Handbook of ethnography.* London: Sage.
Girtler, R. (2001). *Methoden der Feldforschung* (4. neubearb. Aufl.). Stuttgart: UTB.
Hammersley, M. & Atkinson, P. (2007). *Ethnography. Principles in practice* (3rd ed.). New York, NY: Taylor & Francis.

5

5.6 Handlungsforschung (Aktionsforschung)

Lernziele

- Kennenlernen der Merkmale der Handlungsforschung.
- Lernen, wie man bei der Handlungsforschung vorgeht.
- Vor- und Nachteile der Handlungsforschung kennenlernen.

Kritische Sozialforschung versteht sich nicht als neutrale, sondern als **parteiische** Forschung. Ein Beispiel ist die Handlungsforschung.

Sozialwissenschaftliche Forschung, insbesondere die quantitative Sozialforschung, zeichnet sich im Allgemeinen durch eine **wertneutrale Haltung** aus: Die Forschenden beschreiben oder erklären, bewerten ihren Gegenstandsbereich jedoch nicht (zum Postulat der Werturteilsfreiheit vgl. Prim & Tilmann, 1989). Eine explizite Gegenposition zu dieser Haltung der Wertneutralität wird von Vertretern einer kritischen, engagierten Sozialforschung eingenommen, die sich explizit als parteiisch versteht. Zu dieser Tradition zählen beispielsweise die Kritische Psychologie marxistischer Provenienz, wie sie von Holzkamp begründet wurde (z. B. Holzkamp, 1972), wie auch verschiedene Traditionen feministischer Sozialforschung (im Überblick Olesen, 2011). Stellvertretend für diese Traditionen kritisch-engagierter Sozialforschung wird im Folgenden die Handlungsforschung (auch Aktionsforschung) genauer dargestellt. Sie geht auf Lewin zurück, der in den 40er Jahren des 20. Jahrhunderts die Diskriminierung von Minderheiten »vor Ort« (z. B. in Fabriken) untersuchte und dabei zugleich auch Veränderungsstrategien entwickelte (Lewin, 1946; ▶ Beispiel).

▶ Definition Handlungsforschung

Definition

Handlungsforschung versteht sich als gesellschaftskritische Forschung und zielt auf die Veränderung gesellschaftlicher Praxis ab. Gegenstand sind konkrete soziale Probleme, für die gemeinsam mit den Betroffenen Lösungsmöglichkeiten erarbeitet werden. Die Betroffenen sollen durch die Forschung in die Lage versetzt werden, ihre Interessen selbst zu vertreten.

Handlungsforschung setzt an konkreten Problemen an, ist auf **Praxisveränderung** ausgerichtet und vollzieht sich im **gleichberechtigten Diskurs** zwischen Forschenden und Personen im Feld. Jeder Untersuchungsschritt wird unmittelbar gemeinsam evaluiert.

Wesentliche Merkmale der Handlungsforschung sind:

- **Problembezug:** Handlungsforschung ist immer sozial- und gesellschaftskritisch und setzt an konkreten, sozialen Problemen an.
- **Praxisveränderung:** Die Ergebnisse von Handlungsforschung werden noch während des Forschungsprozesses in die Praxis umgesetzt. Forschung wird als Lern- und Veränderungsprozess sowohl für die Forschenden als auch die erforschten Personen konzipiert. Schlussendliches Ziel ist es, die Kompetenzen der untersuchten Personen so zu erweitern, dass sie ihr gesellschaftliches Interesse selbst vertreten können (z. B. durch Gründung von Selbsthilfegruppen, Anschluss an soziale Bewegungen usw.).
- **Gleichberechtigter Diskurs:** Die Untersuchungsteilnehmerinnen und -teilnehmer werden als gleichberechtigte Partner der Forschenden angesehen und sind an allen Phasen des Forschungsprozesses mit beteiligt.
- **Forschungsspirale:** Die Schritte im Prozess der Handlungsforschung (s. unten) werden wiederholt durchlaufen. Jeder Schritt wird unmittelbar im Dialog zwischen Forschenden und den an der Untersuchung Teilnehmenden evaluiert.

Beispiel

Soziale Veränderung durch Handlungsforschung

In einem Artikel aus dem Jahr 1946 beschreibt Kurt Lewin anhand eines Beispiels erstmals die Prinzipien seiner Handlungsforschung. Der Vorsitzende des Advisory Committee on Race Relations des US-Bundesstaats Connecticut hatte sich mit der Bitte an Lewin und seine Arbeitsgruppe gewandt, einen Workshop für Sozialarbeiter zum Thema der Beziehun-

▼

gen zwischen Menschen verschiedener Ethnien durchzuführen. Ziel des Workshops sollte es sein, die Beziehungen zwischen den Gruppen in den Gemeinden Connecticuts zu verbessern, wobei die Sozialarbeiter als Multiplikatoren fungieren sollten. Lewin war sich nur allzu sehr der Tatsache bewusst, dass solche Workshops letztlich meist nicht viel bewirken. Selbst wenn die Teilnehmer von den Zielen des Workshops überzeugt werden können, stehen sie im Alltagskontext mit ihren Überzeugungen doch häufig alleine da.

Lewin begann daher ein Projekt, in das neben dem Forschungsteam und den Vertreterinnen und Vertretern des Bundesstaats auch Abgesandte christlicher und jüdischer Gemeinden einbezogen waren. Gemeinsam entwickelten sie eine Konzeption, die vorsah, dass einige Gemeinden nicht nur durch eine Sozialarbeiterin oder einen Sozialarbeiter vertreten sein sollten, sondern durch mehrere Personen. Außerdem bildeten die Sozialarbeiter Teams, die auch nach Abschluss des Workshops weiter in Kontakt blieben und sich so untereinander austauschen konnten. Einige blieben auch nach Abschluss des Workshops mit Lewin und seiner Gruppe in Kontakt und wurden weiterhin beraten. Vor Beginn des Workshops wurden u. a. relevante Meinungen und Handlungsstrategien der Sozialarbeiterinnen und Sozialarbeiter erhoben.

Der Workshop selbst wurde in Kleingruppen durchgeführt; neben den Teilnehmenden waren auch Beobachter anwesend. Am Ende jedes Tages wurden zwei Protokolle von den Eindrücken des Tages angefertigt, unter besonderer Berücksichtigung von Gruppenprozessen: ein Protokoll seitens der Beobachterinnen und Beobachter und ein weiteres seitens der Teilnehmenden. Diese wurden in der Folge unter Einbeziehung aller Parteien diskutiert. Lewin beschreibt die zunehmende Offenheit und Bereitschaft der Beteiligten, auch eigene Fehler zu thematisieren. Als Endergebnis des Workshops stand ein groß angelegtes Projekt für den ganzen Staat Connecticut, das die Sozialarbeiterinnen und Sozialarbeiter gemeinsam mit den Verantwortlichen des Staates Connecticut umsetzten.

In dieser Untersuchung wendet Lewin erstmals das Grundprinzip der Aktionsforschung an, die Zusammenarbeit aller Beteiligten mit dem Forschungsteam. In der Folge wurde die Handlungsforschung in der hier beschriebenen Form weiter ausgearbeitet.

Im Prozess der Handlungsforschung werden zunächst von den Forschenden und den erforschten Personen gemeinsam eine Problem- und eine Zieldefinition erarbeitet. Alle einigen sich also darauf, worin das Problem besteht, das im Zentrum der Forschungsbemühungen stehen soll, und welches die Zielsetzungen des Forschungsprozesses sind.

Die Handlungsforschung beginnt mit einer **gemeinsamen Problemdefinition**.

Daran schließt sich der Projektablauf als Forschungsspirale an: Im Anschluss an die Problemdefinition werden zunächst Informationen gesammelt, im Diskurs problematisiert und mit anderem Wissen konfrontiert. Ziel des Diskurses ist die Ausarbeitung von Handlungsorientierungen, die wiederum die Basis für praktische Handlungsschritte darstellen. Über diese Handlungen, deren Wahrnehmung, Folgen usw. werden erneut Informationen gesammelt, in einem erneuten Diskurs problematisiert, woran sich die Planung eines weiteren Handlungsschritts anschließt. Dieser Prozess wird so lange fortgeführt, bis ein für alle Seiten (Forschende und Untersuchungsteilnehmende) zufriedenstellender Zielzustand erreicht ist. Dieses Ziel kann, muss aber nicht dem ursprünglich definierten entsprechen (▶ Kritische Betrachtung). In Lewins Studie fand dieser Diskurs innerhalb des Workshops statt; als Ergebnis ging daraus das Programm zur Verminderung von Stereotypen und Vorurteilen im Umgang mit Menschen anderer Ethnien für den Staat Connecticut hervor.

Im Zentrum der Handlungsforschung steht die Erarbeitung von Handlungsschritten, die unmittelbar evaluiert werden.

Bei der Datenerhebung können unterschiedliche Methoden zur Anwendung kommen, z. B. offene teilnehmende Beobachtung, Gruppendiskussion, Dokumentenanalyse usw. Ausgeschlossen sind nur solche Methoden, die Distanz zwischen den Forschenden und den erforschten Personen schaffen. Auch bezüglich der Auswertungsverfahren werden in der Handlungsforschung keine Beschränkungen vorgenommen.

Bei der Handlungsforschung kommen keine Methoden zur Anwendung, die eine Asymmetrie zwischen Forschenden und Erforschten beinhalten.

5

Exkurs

Kritische Betrachtung

Die Handlungsforschung ist ein geeigneter Ansatz, wenn es darum geht, soziale Veränderungen in Gang zu setzen, Maßnahmen zu entwickeln, die genau auf die Bedürfnisse der Betroffenen zugeschnitten sind, und zugleich die Akzeptanz von Maßnahmen und Zielen bei den Betroffenen sicherzustellen. Allerdings ist die Anwendung der Handlungsforschung auch mit einigen Problemen behaftet. So setzt die gesellschaftliche Einbettung sozialer Probleme den Veränderungsmöglichkeiten von Handlungsforschung notwendigerweise Grenzen (Gesetze, Regeln in Institutionen usw.) – im Hochsicherheitstrakt eines Gefängnisses wird sich beispielsweise kein offener Vollzug realisieren lassen, auch dann nicht, wenn die Forscher und die Gefängnisinsassen als Betroffene sich über die Wünschbarkeit eines offenen Vollzugs völlig einig sind.

Auch stößt die Zusammenarbeit von Forschenden und erforschten Personen dort an ihre Grenzen, wo die Forschenden ein Problem diagnostizieren, nicht aber die erforschten Personen. Dieses Problem stellte sich beispielsweise in der feministischen Forschung der 60er und 70er Jahre: Vonseiten der Forscherinnen wurde ein Dasein als »Nur-Hausfrau« als problematisch betrachtet. »Nur-Hausfrauen« teilten diese Sicht aber nicht unbedingt, was von Forscherinnenseite wiederum als Zeichen eines ideologisch verzerrten Bewusstseins gewertet wurde.

Weiterhin stellt die Handlungsforschung hohe Anforderungen an die erforschten Personen, indem diese in alle Phasen des Forschungsprozesses einbezogen werden. Hier stellt sich die Frage, inwieweit Forschungsergebnisse grundsätzlich von der Zustimmung der erforschten Personen abhängig gemacht werden können und sollen. Schließlich ist Handlungsforschung in ihrer Anwendbarkeit auf »sympathische Benachteiligte« beschränkt – die meisten Forschenden würden sich beispielsweise nicht auf einen gleichberechtigten Diskurs mit Mitgliedern neonazistischer Gruppierungen einlassen. Wenn ein Ansatz jedoch nur auf solche sozialen Gruppen anwendbar ist, deren Position die Forschenden selbst unterstützen, dann stellt sich auf einer übergeordneten Ebene die Frage, bei wem schlussendlich die gesellschaftlichen Entscheidungen über die Wünschbarkeit von Zielen und Maßnahmen liegen können und sollen (vgl. ausführlich Groeben & Westmeyer, 1981).

Ein Schwerpunkt aktueller Handlungsforschung liegt auf **pädagogischen Kontexten**.

Heute findet die Handlungsforschung vor allem in pädagogischen Kontexten Anwendung sowie in Ländern der Dritten Welt. Als Unterform der Handlungsforschung im Allgemeinen hat sich die teilnehmende Handlungsforschung herausgebildet: Hier sind die Forschenden zugleich selbst Betroffene.

? Kontrollfragen

1. Welches sind die wichtigsten Unterschiede zwischen der Handlungsforschung und der deskriptiven Feldforschung?
2. Welche Phasen werden bei der Handlungsforschung durchlaufen?
3. Stellen Sie sich vor, Sie planen eine Handlungsforschungsstudie mit Insassen einer Jugendvollzugsanstalt, in der es häufig zu Gewalt zwischen den Häftlingen gekommen ist. Mit welchen Problemen müssen Sie rechnen?

▶ Weiterführende Literatur

Bergold, J. & Thomas, S. (Hrsg.) (2012). Partizipative qualitative Forschung. *Forum Qualitative Sozialforschung/Forum Qualitative Social Research* [On-line Journal] *13 (1)*. Verfügbar unter: http://www.qualitative-research.net/index.php/fqs/issue/view/39 [letzter Zugriff am 05.07.2012].

McNiff, J. & Whitehead, J. (2011). *All you need to know about action research* (2nd ed.). Los Angeles, CA: Sage.

Moser, H. (1977). *Methoden der Aktionsforschung*. München: Kösel.

5.7 Biografieforschung

Lernziele

- Das Anliegen der Biografieforschung kennenlernen.
- Kennenlernen der Methoden, die im Rahmen der Biografieforschung angewandt werden.

Die biografische Forschung hat in der Psychologie eine lange Tradition, vor allem in der Entwicklungspsychologie und der Psychoanalyse. Impulse zur Entwicklung der biografischen Methode als eigenständigem Forschungsansatz gehen derzeit jedoch eher von den Erziehungswissenschaften, der Soziologie sowie der Tradition der Oral-History-Forschung aus. Ziel der biografischen Forschung ist es, lebensgeschichtliche Erzählungen zu erheben und zu rekonstruieren (für eine Anwendung ▸ Beispiel). Diese eröffnen einen Zugang zur individuellen Lebenswelt des Erzählers wie auch zur sozialen Wirklichkeit, in der die je individuelle Lebenswelt situiert ist.

Gegenstand der Biografieforschung sind lebensgeschichtliche Erzählungen.

Definition

Ziel der **Biografieforschung** ist die Erhebung und Rekonstruktion lebensgeschichtlicher Erzählungen. Diese fungieren als »Schnittstelle« zwischen der individuellen Lebenswirklichkeit der Erzählerinnen und Erzähler und der sozialen Wirklichkeit. Lebensgeschichte ist immer individuell erlebte und rekonstruierte Wirklichkeit. Lebensgeschichten sind daher nicht als Abbildung objektiver Gegebenheiten zu sehen und sollten auch nicht im Hinblick auf ihren »Wirklichkeitsgehalt« bewertet werden.

▸ Definition Biografieforschung

In der biografischen Forschung wird die lebensgeschichtliche Erzählung keineswegs als Darstellung »objektiver Gegebenheiten« verstanden. Die Erzählung einer Lebensgeschichte wird vielmehr als ein Prozess der Erzeugung von Bedeutung und der Sinngebung durch das Individuum gesehen; zugleich werden in diesem Prozess die verschiedenen Welten zusammengebracht, in denen sich das Individuum bewegt. Der Zugang zur sozialen Wirklichkeit erfolgt also grundsätzlich durch Prozesse individueller Sinngebung, vermittelt durch die Person, die über ihr Leben nachdenkt. Von zentralem Interesse sind in der Biografieforschung daher nicht die objektiven Gegebenheiten und Lebensumstände (also nicht, was sich zu einer bestimmten Zeit ereignet hat), sondern die Art und Weise, wie das Individuum diese Umstände wahrnimmt, mit Sinn versieht und sie in die eigene Lebensgeschichte integriert.

In der biografischen Forschung geht es um die **subjektive Wahrnehmung** von Lebensumständen.

Die wichtigsten Verfahren der Datenerhebung sind das **narrativ-biografische Interview** (für die Erfassung der gesamten Lebensgeschichte) und das **episodische Interview** (zur Erfassung einzelner Lebensabschnitte; ▸ Abschn. 6.1.1). Gerade das narrativ-biografische Interview kann sich durchaus auch über mehrere Erhebungszeitpunkte erstrecken. Um ein besseres Verständnis der Relation von (sozialer) Wirklichkeit und subjektiver Sinngebung zu ermöglichen, bietet sich bei der Datenerhebung außerdem die Triangulation (▸ Abschn. 8.1) verschiedener Datenquellen und Erhebungsmethoden an. Interviews können beispielsweise durch Selbstzeugnisse ergänzt werden (wie etwa Tagebücher oder Fotografien) oder auch durch die Analyse von Dokumenten (Register des Einwohnermeldeamts usw.), soweit diese vorhanden sind.

Methoden der Datenerhebung in der Biografieforschung sind das **narrativ-biografische** und das **episodische Interview**.

5

Beispiel

Was ist wichtig im Leben?

Zu einem wichtigen Anwendungsgebiet biografischer Forschung hat sich in den vergangenen Jahren die **narrative Gerontologie** entwickelt, die Anwendung der Prinzipien narrativer Forschung auf die Untersuchung der Lebenswelt älterer Menschen. In diesem Kontext haben Birren und Deutchmann (1991) die Methode der »guided autobiography«, der gelenkten autobiografischen Erinnerung speziell für ältere Menschen entwickelt. Die Methode dient der Reflexion über existenzielle Themen. Sie beinhaltet eine Kombination von individueller Datenerhebung und Reflexion in der Gruppe. Menschen, die die Methode für sich anwenden möchten, werden in einem ersten Schritt gebeten, über neun vorgegebene Leitthemen des Lebens nachzudenken, nämlich:

1. die Abfolge der wichtigsten Wendepunkte im eigenen Leben;
2. die Familiengeschichte;
3. die Entwicklung des Arbeitslebens;
4. die Rolle, die Geld im Leben gespielt hat;
5. Gesundheit und das Selbstbild vom eigenen Körper;
6. geliebte und gehasste Menschen;
7. sexuelle Identität und sexuelle Erfahrungen;
8. Erfahrungen mit dem Tod und Gedanken über das eigene Sterben sowie
9. Einflüsse, Überzeugungen und Werte, die dem Leben Bedeutung verleihen.

Der nächste Schritt besteht darin, die eigene Lebensgeschichte aufzuschreiben, die dann in einer Gruppe vorgelesen und reflektiert wird. In einem abschließenden Schritt werden für jede Person die zentralen Lebensmetaphern herausgearbeitet.

In einer Untersuchung mit 145 Teilnehmerinnen und Teilnehmern haben sich Birren und Hedlund (1986) auf diejenigen Abschnitte der Lebenserzählungen konzentriert, in denen es um Erfahrungen und Werte ging, die dem Leben Bedeutung verleihen. Eine Auswertung durch Codieren (▶ Abschn. 7.2.3) ergab vier Bereiche, aus denen sich die Bedeutung des eigenen Lebens herleitete:

- Altruismus bzw. Handlungen im Dienste des Wohls anderer Menschen,
- persönliches Wachstum,
- persönliche Beziehungen zu Familienmitgliedern oder engen Freunden sowie
- Religion oder andere Glaubenssysteme.

Bei der Auswertung narrativ-biografischer Interviews kann der Schwerpunkt auf den Inhalten, auf der Erzählstruktur oder auf beidem liegen.

Bei der **Auswertung** narrativer Interviews kann der Schwerpunkt stärker auf dem Inhalt oder auf der Struktur liegen. Zur Analyse des Inhalts narrativer Interviews können Verfahren wie beispielsweise das Codieren zur Anwendung kommen (▶ Abschnitt 7.2.3). Eine psychologisch besonders relevante Strukturkategorie für die Analyse von Erzählungen ist vor allem die von Gergen und Gergen (1983) entwickelte Unterscheidung zwischen progressiven, regressiven und stabilen Erzählformen (für ein weiteres psychologisches Auswertungsverfahren ▶ Exkurs). Ein Verfahren, das Inhalts- und Strukturaspekte integriert, wurde von Fischer-Rosenthal und Rosenthal entwickelt (1997). Hier kommt der Unterscheidung zwischen erlebter und erzählter Lebensgeschichte und der Relation dieser beiden Aspekte ein zentraler Stellenwert zu. Es werden zunächst die biografischen Daten als Hintergrundfolie in den Blick genommen. Dann werden nacheinander die erzählte und die erlebte Lebensgeschichte rekonstruiert, ergänzt um eine Feinanalyse besonders relevanter Textteile. Daran schließt sich der Vergleich von erzählter und erlebter Geschichte an (zu weiteren Auswertungsverfahren s. Kohler Riessman, 2008).

Exkurs

Komparative Kasuistik

Mit der komparativen Kasuistik hat Jüttemann (1981) ein spezifisch psychologisches Verfahren zur Auswertung von biografischem Material entwickelt. Ziel der komparativen Kasuistik ist die Konstruktion von Theorien über entwicklungspsychologische Phänomene. In einem ersten Schritt wird jeder Fall inhaltsanalytisch ausgewertet. Dieser Schritt dient der Beschreibung und Analyse des Phänomens, wie es sich in den einzelnen Fällen manifestiert. In einem zweiten Schritt werden auf der Grundlage der Einzelfallbeschreibungen typische Einzelfallkonstellationen erstellt. Hinsichtlich der Zielsetzung, Theorien zu erstellen, weist die komparative Kasuistik Gemeinsamkeiten mit der gegenstandsbezogenen Theoriebildung (▶ Abschn. 5.4) und dem Forschungsprogramm »Subjektive Theorien« (▶ Abschn. 5.9) auf. Die Annahme, dass jeder Einzelfall auch typische Aspekte aufweist, findet sich ebenfalls in der objektiven Hermeneutik (▶ Abschn. 7.2.2).

Biografische Forschung ermöglicht einen detaillierten Zugang zu einzelnen Individuen und ihrer Lebenswelt. Darüber hinaus eignet sie sich aber auch, um die Verarbeitung bestimmter Situationen oder die Bewältigung bestimmter Lebensaufgaben durch ausgewählte Personengruppen (beispielsweise Kohorten) zu untersuchen, und sie macht Veränderungen im Biografieverlauf sozialer Gruppen sichtbar (z. B. Kriegs- und Nachkriegsgeneration).

Biografische Forschung ermöglicht einen detaillierten Zugang zu einzelnen Individuen und ihrer Lebenswelt.

Kontrollfragen

1. Was würden Sie antworten, wenn eine Kollegin Sie auf eine Diskrepanz zwischen erzählter Lebensgeschichte und den Geschichtsbüchern hinweist und schließt, dass man der Interviewpartnerin offensichtlich keinen Glauben schenken kann?
2. Wie lassen sich biografische Interviews auswerten?

▶ **Weiterführende Literatur**

Chase, S. E. (2011). Narrative inquiry. In N. K. Denzin & Y. S. Lincoln (Eds.), *The Sage Handbook of qualitative research* (pp. 421–434). Thousand Oaks, CA: Sage.
Fuchs-Heinritz, W. (2009). *Biographische Forschung: Eine Einführung in Praxis und Methoden* (4. Aufl.). Wiesbaden: VS Verlag für Sozialwissenschaften.
Jüttemann, G. & Thomae, H. (Hrsg.) (1999). *Biographische Methoden in den Humanwissenschaften.* Weinheim: Beltz.

5.8 Qualitatives Experiment

Lernziele

- Kennenlernen der Merkmale des qualitativen Experiments.
- Das Prinzip der maximalen strukturellen Variation verstehen.
- Kennenlernen der Strategien zur Variation des Gegenstands beim qualitativen Experiment.

Das qualitative Experiment wurde in den frühen 1980er Jahren von Kleining entwickelt. Es wird das Prinzip der systematischen Variation ausgewählter Variablen, wie es für das Experiment in der quantitativen Forschung charakteristisch ist, für die qualitative Forschung nutzbar gemacht (zum Experiment ▶ Abschn. 3.2). Im Gegensatz zum quantitativen Experiment werden dabei nur solche Variationen realisiert, die der Struktur des Gegenstands gerecht werden. Auch wird der Gegenstand in seiner natürlichen Umgebung belassen und in seiner ganzen Komplexität untersucht, sodass das Prinzip der Kontrolle von Störvariablen hier keine Anwendung findet. Außerdem handelt es sich beim qualitativen Experiment nicht um ein deduktiv-hypothesentestendes, sondern um ein induktiv-entdeckendes Verfahren: Die Strukturen des Gegenstandes sollen sichtbar gemacht werden.

Das qualitative Experiment macht durch systematische Variation **Strukturen des Gegenstandes** sichtbar.

Definition

»Das **qualitative Experiment** ist der nach wissenschaftlichen Regeln vorgenommene Eingriff in einen (sozialen) Gegenstand zur Erforschung seiner Struktur. Es ist die explorative, heuristische Form des Experiments« (Kleining, 1986, S. 724).

▶ **Definition Qualitatives Experiment**

Der **Ablauf des qualitativen Experiments** gliedert sich wie folgt: Zu Beginn wird der Untersuchungsgegenstand detailliert beschrieben. Daran schließt sich ein erster »experimenteller« Eingriff an, auf den eine erneute detaillierte Beschreibung folgt, die (im Vergleich zur vorausgehenden Beschreibung) eventuelle Unterschiede in der Struktur des Gegenstands sichtbar macht, die auf den Eingriff zurückzuführen sind. Es wird beschrieben, wie sich der Gegenstand infolge des Eingriffs verändert hat. Daran schließen sich weitere systematische Eingriffe an, jeweils gefolgt von einer erneuten Beschrei-

Das qualitative Experiment gliedert sich in Phasen der Beschreibung, gefolgt von einem systematischen Eingriff.

bung. Am Schluss dieses Prozesses stehen Schlussfolgerungen auf die Struktur des Gegenstandes (▶ Beispiel).

Beispiel

Ein qualitatives Experiment zum Lernen und Denken von Schimpansen

Die Prinzipien des qualitativen Experiments wurden auch schon in der Anfangsphase der Psychologie angewandt, bevor die Methode als solche ausgearbeitet und eingeführt war. In einer Studie zum Lernen und Denken von Schimpansen untersuchte Köhler (1917) in der Tradition der Gestaltforschung den Umgang der Tiere mit Hindernissen bei der Nahrungsbeschaffung nach den Prinzipien des qualitativen Experiments. Relevante Aspekte der Situation, die er einer systematischen Variation unterzog, waren beispielsweise das Ziel, die zu überwindenden Schwierigkeiten (welche Hindernisse waren zu überwinden, wie hoch hing der Korb mit den Bananen, blieb das Futter für die Tiere die ganze Zeit sichtbar oder nicht usw.), oder auch die Tiere (sowohl Spezies: Hühner, Schimpansen; als auch individuelle Tiere, die Intelligenzunterschiede aufwiesen). Köhlers zentrale Schlussfolgerung lautete, dass das Verhalten der Tiere im Umgang mit den Hindernissen durch Einsicht bestimmt war, nicht durch Versuch und Irrtum.

5

Das **Prinzip der maximalen strukturellen Variation** ist die Grundregel des qualitativen Experiments.

Die Eingriffe im Verlauf des qualitativen Experiments erfolgen nach dem Prinzip der maximalen strukturellen Variation, das zugleich als »Grundregel« des qualitativen Experiments gelten kann. Es besagt, dass alle relevanten Aspekte des Untersuchungsgegenstands auf Ähnlichkeiten und Unterschiede hin analysiert werden sollen – wobei die Identifikation relevanter Aspekte selbst bereits Hypothesencharakter hat. Köhler ging bei seiner Untersuchung der Schimpansen beispielsweise von der Annahme aus, dass die Schwierigkeit des Problems einen solchen relevanten Aspekt in der Situation der Nahrungsbeschaffung darstellte. Er prüfte diese Hypothese u. a., indem er den Korb mit den Bananen einmal so hoch hängte, dass die Tiere gerade noch hineinreichen konnten, ein andermal höher, sodass die Tiere zunächst das Problem lösen mussten, überhaupt an den Korb zu kommen. Dann verglich er das Verhalten der Tiere in der einen und der anderen Situation.

▶ Definition
Prinzip der maximalen strukturellen Variation

Definition

Das **Prinzip der maximalen strukturellen Variation** besagt, dass alle relevanten Aspekte eines Gegenstandes auf Ähnlichkeiten und Unterschiede hin analysiert werden sollen.

Beim qualitativen Experiment kommen Methoden der **Gliederung**, der **Veränderung der Ausdehnung** und der **Umwandlung** des Gegenstands zur Anwendung.

Kleining schlägt drei Arten von Eingriffen vor, die für je unterschiedliche Arten von Gegenstandsbereichen geeignet sind.

1. Methoden zur **Gliederung** des Gegenstandsbereichs, beispielsweise Unterteilungen (Segmentation) und (Neu-)Kombination von Bestandteilen (Was passiert, wenn man das Ganze in Teile aufspaltet oder Teile neu zusammensetzt?); diese Methoden eignen sich beispielsweise zur Untersuchung von Gruppenstrukturen oder der Struktur von Texten.
2. Methoden zur V**eränderung der Ausdehnung** des Gegenstandsbereichs, wie etwa Abschwächung oder Intensivierung (Was passiert, wenn eine Eigenschaft intensiviert wird?); solche Methoden finden beispielsweise bei der Untersuchung von Wahrnehmungsqualitäten Anwendung.
3. Methoden zur **Umwandlung** des Gegenstandsbereichs wie Substitution oder Transformation (Was passiert, wenn man beispielsweise ein Musikstück unter Beibehaltung sämtlicher übriger Merkmale in eine andere Tonart überführt?).

Das qualitative Experiment ist eine heuristische (entdeckende) Methode mit hohem Potenzial gerade in der psychologischen Forschung.

Kontrollfragen

1. Inwieweit unterscheidet sich das qualitative Experiment vom Experiment in der quantitativen Psychologie?
2. Was versteht man unter dem Prinzip der maximalen strukturellen Variation?
3. Sie planen ein qualitatives Experiment zur Wirkung eines Gedichts auf die Leserinnen und Leser. Welche Methoden würden Sie zur Veränderung Ihres Gegenstandes anwenden?

▶ Weiterführende Literatur

Kleining, G. (1986). Das qualitative Experiment. *Kölner Zeitschrift für Soziologie und Sozialpsychologie, 38,* 724–750.

Lamnek, S. (2010). *Qualitative Sozialforschung. Methoden und Techniken* (5. überarb. Aufl., Kap. 12). Weinheim: PVU.

5.9 Forschungsprogramm Subjektive Theorien (FST)

Lernziele

- Verstehen des Grundgedankens des FST.
- Verstehen, was eine subjektive Theorie ist.
- Kennenlernen der zwei Phasen des FST.
- Das Konzept des Dialog-Konsens verstehen.
- Kennenlernen von Designs zur Überprüfung der Geltung von subjektiven Theorien.

Das FST eignet sich zur Untersuchung menschlichen **Handelns.**

Im Schnittbereich von qualitativer und quantitativer Forschung (▶ Teil III) liegt das Forschungsprogramm Subjektive Theorien (FST). Der Ansatz wurde in den 1970er Jahren von Groeben und Scheele speziell zur Untersuchung menschlichen Handelns entwickelt (Groeben & Scheele, 1977; zum Anwendungsbereich ▶ Kritische Betrachtung). Da es sich um einen sehr komplexen Ansatz mit zwei Forschungsphasen handelt, wird er hier etwas ausführlicher dargestellt (■ Abb. 5.3).

5.9.1 Subjektive Theorien

Kernannahme des FST: Menschen versuchen, sich selbst und die Welt zu verstehen.

Ausgangspunkt des FST ist die Annahme, dass Menschen im Alltag ebenso wie Wissenschaftlerinnen und Wissenschaftler versuchen, sich selbst und die Welt um sich herum zu verstehen, zu erklären und ggf. auch zu verändern. Eine Studentin könnte beispielsweise bemerken, dass es vor allem an solchen Tagen zu Streit mit ihrem Partner kommt, an denen sie mehr als 8 Stunden über ihren Büchern gesessen ist. Daraufhin könnte sie vermuten, dass mehr als 8 Stunden studienbezogener Arbeit zu starker Erschöpfung bei ihr führen; dass starke Erschöpfung sie wiederum besonders reizbar macht und dass sie, wenn sie gereizt ist, schnell dazu tendiert, Bemerkungen ihres Partners als Kritik wahrzunehmen, auch wenn sie vielleicht gar nicht so gemeint sind – woraufhin es zum Streit kommt. Solche Gedanken über das Selbst oder die Welt werden als **subjektive Theorien** (ST) bezeichnet.

Gegenstand des FST sind **Rekonstruktion** und **Geltungsprüfung** subjektiver Theorien.

Gegenstand des FST ist die Erhebung und Rekonstruktion von solchen subjektiven Theorien (kommunikative Validierung – erste Forschungsphase) sowie die Überprü-

■ **Abb. 5.3** Der Raser

fung der Gültigkeit dieser Theorien (explanative Validierung – zweite Forschungsphase). Subjektive Theorien wurden beispielsweise erhoben zu Handlungen von Lehrerinnen und Lehrern in Situationen, in denen Schülerinnen und Schüler stören, zu Ursachen von Krankheiten und Krankheitsentwicklung oder auch zu Konzepten wie beispielsweise Ironie (▶ Beispiel), faires Argumentieren oder Zivilcourage.

▶ **Definition Subjektive Theorien**

Definition

Subjektive Theorien sind gemäß Groeben (1988, S. 22)

- »Kognitionen der Selbst- und Weltsicht,
- die im Dialog-Konsens aktualisier- und rekonstruierbar sind,
- als komplexes Aggregat mit zumindest impliziter Argumentationsstruktur,
- das auch die zu objektiven wissenschaftlichen Theorien parallelen Funktionen
- der Erklärung, Prognose, Technologie erfüllt und
- deren Akzeptierbarkeit als ‚objektive' Erkenntnis zu prüfen ist.«

Subjektive Theorien bestehen aus Begriffen, die durch Relationen untereinander verbunden sind.

Subjektive Theorien bestehen aus Begriffen, die durch Relationen untereinander verbunden sind. In der subjektiven Theorie der Studentin, die sich Gedanken über den Streit mit ihrem Partner macht, kommen u. a. die folgenden Begriffe vor: »mehr als 8 Stunden fürs Studium arbeiten«, »Erschöpfung«, »Reizbarkeit«, »Streit«. Beziehungen zwischen diesen Begriffen könnten u. a. sein: *Wenn* »mehr als acht Stunden fürs Studium arbeiten«, *dann* »Erschöpfung«; *je mehr* »Erschöpfung«, *desto mehr* »Reizbarkeit« usw.

Subjektive Theorien …

Die definierenden Elemente subjektiver Theorien lassen sich damit wie folgt erläutern:

– sind Gedanken, die sich der Mensch im Alltag über sich selbst, andere Menschen und Ereignisse in der Welt macht,

- **»Kognitionen der Selbst- und Weltsicht«** – Subjektive Theorien sind demnach Gedanken, die sich der Mensch im Alltag über sich selbst, andere Menschen und Ereignisse in der Welt macht, z. B. die Gedanken der Studentin darüber, warum sie sich gerade an solchen Tagen mit ihrem Partner streitet, an denen sie mehr als 8 Stunden fürs Studium gearbeitet hat.

– müssen **kognitiv zugänglich** sein,

- **»die im Dialog-Konsens aktualisier- und rekonstruierbar sind«** – Dieses Definitionsmerkmal bezieht sich auf die erste Forschungsphase der Erhebung und Rekonstruktion subjektiver Theorien, die im Folgenden noch genauer erläutert wird. Damit subjektive Theorien überhaupt erhoben werden können, müssen sie zunächst kognitiv zugänglich sein: Wenn die Studentin in dem Beispiel schon den Gedanken an den Streit mit ihrem Partner so furchtbar fände, dass sie ihn sofort wieder beiseiteschiebt, dann wäre mit ihr auch keine subjektive Theorie zu diesem Thema rekonstruierbar. Außerdem muss es der befragten Person möglich sein, die Gedanken in Worte zu fassen. Es wird allerdings nicht davon ausgegangen, dass Menschen vor Untersuchungsbeginn ihre subjektiven Theorien sozusagen »fertig im Kopf« haben; die Rekonstruktion erfolgt vielmehr gemeinsam mit der Forscherin oder dem Forscher im Verlauf der Untersuchung.

– bestehen aus **miteinander verbundenen** Gedanken,

- **»als komplexes Aggregat mit zumindest impliziter Argumentationsstruktur,«** – Die Gedanken, aus denen eine subjektive Theorie besteht, stehen nicht isoliert nebeneinander, sondern sind miteinander verbunden, z. B. durch Kausalannahmen, Definitionen usw.

– unterscheiden sich nicht grundsätzlich von objektiven wissenschaftlichen Theorien,

- **»das auch die zu objektiven wissenschaftlichen Theorien parallelen Funktionen«** – Es wird angenommen, dass subjektive sich nicht grundsätzlich von objektiven wissenschaftlichen Theorien unterscheiden.

– können **erklären, vorhersagen** und **verändern**,

- **»der Erklärung, Prognose, Technologie erfüllt«** – Weiterhin wird angenommen, dass subjektive Theorien für Menschen im Alltag vergleichbare Funktionen erfüllen wie Theorien in der Wissenschaft: Mit ihnen lassen sich Sachverhalte erklären (Warum kommt es gerade an solchen Tagen zum Streit?), vorhersagen (Wenn die Studentin an einem bestimmten Tag mehr als 8 Stunden gearbeitet hat, ist sie vermutlich ziemlich reizbar und es kann leicht zum Streit kommen) und auch zu verändern (z. B. indem die Studentin grundsätzlich nicht mehr als 8 Stunden am Tag für ihr Studium arbeitet oder indem sie ihren Partner an solchen Tagen nicht sieht, an denen sie mehr als 8 Stunden gearbeitet hat).

- **»und deren Akzeptierbarkeit als ‚objektive' Erkenntnis zu prüfen ist.«** – Subjektive Theorien können, ebenso wie wissenschaftliche Theorien, allerdings auch falsch sein. Vielleicht gibt es Tage, an denen die Studentin sich innerlich leer fühlt, und sie arbeitet an diesen Tagen besonders viel. Dann wären nicht die Dauer der Zeit am Schreibtisch und die Erschöpfung dadurch die entscheidenden Faktoren, sondern der innere Zustand am Morgen. Subjektive sind daher ebenso wie objektive Theorien auf ihre Gültigkeit zu prüfen. Dieses Merkmal bezieht sich auf die zweite Forschungsphase.

– können richtig oder auch falsch sein.

Beispiel

Was genau ist eigentlich Ironie?

Ein klassisches Beispiel für eine Untersuchung innerhalb des FST ist die Erhebung und Rekonstruktion von 20 z. T. hoch komplexen subjektiven Theorien über Ironie (Groeben & Scheele, 1984). Die Erhebung der subjektiven Theorien erfolgte mittels Leitfadeninterview; für die Rekonstruktion wurden die Relationen aus der Heidelberger Struktur-Lege-Technik (SLT) genutzt. Es zeigte sich, dass die alltagssprachliche Verwendung von Ironie deutlich weiter und umfassender ist als die sprachpsychologische Theorie darüber. Es ergaben sich vier Typen von Ironie:

1. sich wehrende, schützende Ironie, die meist aus einer Situation der Unterlegenheit heraus angewandt wird;
2. konstruktiv-kritische Ironie, die zwischen gleichrangigen Personen Anwendung findet;
3. liebevolle Ironie, die ebenfalls zwischen gleichrangigen Personen eingesetzt wird; sowie
4. Überlegenheit manifestierende, arrogante Ironie, die per definitionem aus einer höherrangigen Position heraus eingesetzt wird.

Wie mit den Anwendungsbedingungen schon angedeutet ist, beinhalten die subjektiven Theorien nicht nur Definitionen von Ironie, sondern geben auch über die Voraussetzungen der Anwendung und mögliche Folgen Auskunft; auch Persönlichkeitsmerkmale, Situationen usw. waren Bestandteil der Theorien. Die subjektiven Theorien bildeten in der Folge die Grundlage für die Formulierung einer Reihe von Hypothesen, die auch empirisch geprüft wurden.

5.9.2 Die erste Forschungsphase: Kommunikative Validierung

Die erste (»qualitative«) Phase der **kommunikativen Validierung** dient der Erhebung und Rekonstruktion der subjektiven Theorie.

In der Phase der **kommunikativen Validierung** werden die subjektiven Theorien erhoben und rekonstruiert.

Zur Erhebung der Theorieinhalte wird zunächst ein halbstandardisiertes Interview durchgeführt (▶ Abschn. 6.1.1). Anschließend wird den Teilnehmenden ein Leitfaden für das Struktur-Lege-Verfahren ausgehändigt, in dem die Relationen für die Rekonstruktion der subjektiven Theorie beschrieben sind; die Teilnehmerin oder der Teilnehmer wird gebeten, sich mit dem Leitfaden vertraut zu machen. Solche Struktur-Lege-Verfahren beinhalten erstens Relationen, mit denen sich Theorieinhalte untereinander verbinden lassen (z. B.: das ist/das heißt, führt zu, indem, z. B./so wie, soll sein) und zweitens Regeln zur grafischen Darstellung der Theoriestruktur. Es existieren verschiedene Struktur-Lege-Verfahren für unterschiedliche Wissensbereiche: Verfahren zur Rekonstruktion von Definitions- und empirischem Wissen (z. B. Heidelberger Struktur Lege-Technik, SLT), von Handlungswissen (z. B. Weingartener Appraisal Legetechnik, WAL), von Bewertungen (Ziel-Mittel-Argumentation, ZMA; im Überblick Scheele & Groeben, 1988). Es existiert auch eine alltagssprachliche Version, in der Relationen zur Rekonstruktion verschiedener Wissensarten flexibel miteinander kombiniert werden können (Scheele, Groeben & Christmann, 2002).

Im ersten Schritt werden die Theorieinhalte in einem **Leitfadeninterview** erhoben.

Im zweiten Schritt wird die **Theoriestruktur** rekonstruiert und abgebildet.

Die Rekonstruktion der Theoriestruktur erfolgt ca. eine Woche nach dem Leitfadeninterview. In der Vorbereitung werden vom Forschungsteam die wichtigsten Begriffe aus dem Interview auf Kärtchen geschrieben und ein Vorschlag (Abbildung) zur Rekonstruktion der Theoriestruktur vorbereitet. In der Rekonstruktionssitzung werden den Teilnehmerinnen und Teilnehmern zunächst die Begriffskärtchen vorgelegt. Wenn diese noch Begriffe hinzufügen oder einzelne Begriffe anders formulieren möchten, werden die Kärtchen entsprechend verändert. Dann werden die Teilnehmenden gebeten, die Begriffskärtchen mit den Relationen im Leitfaden zu einer Theorie zu verbinden; dabei werden sie von Forscherseite unterstützt.

5

► Definition Dialog-Konsens-Kriterium

Definition

Das **Dialog-Konsens-Kriterium** ist erfüllt, wenn die Teilnehmerin oder der Teilnehmer im Gespräch mit der Forscherin oder dem Forscher zustimmt, dass die rekonstruierte Theoriestruktur die Gedanken zu einem Thema angemessen wiedergibt. Die Gesprächssituation sollte möglichst frei von Zwängen und Asymmetrien sein.

Ausschlaggebend für die Theorierekonstruktion ist die Zustimmung der Teilnehmenden im **Dialog-Konsens.**

Forschende und Teilnehmende vergleichen dann die beiden Theorieversionen (vorbereitete Version der Forschenden und in der Sitzung erstellte Version der Teilnehmenden). Die beiden Versionen werden so lange verändert und aneinander angeglichen, bis die Teilnehmenden das Gefühl haben, dass die Struktur nun genau das wiedergibt, was sie sich zu dem Thema gedacht haben. Ausschlaggebend für das Ergebnis dieser Phase ist also die Zustimmung der Teilnehmenden zu der Struktur (Dialog-Konsens-Kriterium). Um zu verhindern, dass die Teilnehmenden sich im Gespräch mit der Forscherin oder dem Forscher unterlegen fühlen und vorschnell zustimmen, sind im FST eine Reihe von Maßnahmen in Anknüpfung an Habermas' Konzept der idealen Sprechsituation entwickelt worden (Scheele, 1988).

Wenn es in einer Untersuchung lediglich darum geht, zu erheben, wie die subjektiven Theorien der Teilnehmenden zu einem Thema aussehen, dann ist die Untersuchung mit dieser ersten Phase abgeschlossen. Die zweite Phase der explanativen Validierung schließt sich nur an, wenn auch geprüft werden soll, inwieweit die subjektiven Theorien tatsächlich »richtig« sind.

5.9.3 Die zweite Forschungsphase: Explanative Validierung

Mit der **explanativen Validierung** wird geprüft, ob eine subjektive Theorie der Realität entspricht (**Geltungsprüfung**).

Wie wohl die meisten von uns schon selbst erfahren haben, können sich Menschen mit ihren subjektiven Theorien auch täuschen. Vielleicht irrt sich die Studentin, wie oben schon angesprochen, und es ist gar nicht die Arbeitsdauer ausschlaggebend für die Streitigkeiten mit ihrem Partner, sondern ein Gefühl innerer Leere, das sie zunächst mit Arbeit »wegzuschieben« versucht. Wenn das der Fall ist, und sie nun weniger arbeitet, dann wird diese Maßnahme nichts an der Situation ändern: Sie und ihr Partner werden sich auch weiterhin streiten. In einer solchen Situation ist es einerseits wichtig, die subjektive Theorie zu kennen, um zu verstehen, warum ein Mensch auf eine bestimmte Weise handelt – warum die Studentin nun beispielsweise weniger arbeitet. Andererseits kann eine subjektive Theorie nicht einfach unhinterfragt übernommen werden – denn sie könnte eben auch unzutreffend sein. Die Überprüfung der Gültigkeit bzw. **Realitätsadäquanz** von subjektiven Theorien ist Gegenstand der zweiten Forschungsphase der explanativen Validierung. Zentrales Gütekriterium ist das der Falsifikation. Die explanative ist der kommunikativen Validierung zeitlich nachgeordnet (die ST muss erst einmal rekonstruiert werden, bevor man sie prüfen kann), geltungstechnisch jedoch nachgeordnet: Ob die Theorie auch »richtig« ist, lässt sich nur feststellen, indem man sie überprüft.

Für die explanative Validierung wurden verschiedene Untersuchungsdesigns entwickelt (im Überblick Wahl, 1988):

- **Korrelationsstudien:** Es werden zu einem Zeitpunkt sowohl die subjektive Theorie als auch die tatsächliche Handlungsweise einer Person erhoben; dann wird bestimmt, inwieweit Theorie und Handlung übereinstimmen.
- **Prognosestudien:** Es wird zu einem ersten Zeitpunkt die subjektive Theorie erhoben. Aus der Theorie werden Voraussagen darüber abgeleitet, welche Handlungsweisen die Person in verschiedenen Situationen vermutlich zeigt. Zu einem zweiten Erhebungszeitpunkt werden die Handlungen beobachtet und es wird geprüft, inwieweit die tatsächlichen Handlungsweisen den prognostizierten entsprechen.
- **Modifikationsstudien:** Auch hier wird zu einem ersten Zeitpunkt die subjektive Theorie erhoben. Im Anschluss wird die subjektive Theorie gezielt verändert. In dem Maß, in dem die subjektive Theorie handlungsleitend ist, müssten sich auch die Handlungen der befragten Person in Übereinstimmung mit der Theoriemodifikation ändern.

Für die explanative Validierung subjektiver Theorien stehen drei Designs zur Verfügung: **Korrelations-, Prognose-** und **Modifikationsstudien.**

Beispiel

Kritische Betrachtung

Wie eingangs bereits erläutert, wurde das FST speziell für die Untersuchung menschlichen Handelns entwickelt. Das FST ist also nur dann anwendbar, wenn Menschen sich Gedanken zu ihren Handlungen gemacht haben (Bewusstseinsfähigkeit von Kognitionen). Außerdem müssen die Untersuchungsteilnehmerinnen und -teilnehmer in der Lage sein, diese Gedanken in Worte zu fassen (verbale Kompetenz), ihre Beweggründe in Frage zu stellen (Fähigkeit und Bereitschaft zur Selbstreflexion) und die Struktur ihrer Gedanken visuell zu rekonstruieren (Fähigkeit zum abstrakten Denken). Das FST ist somit ein sehr voraussetzungsreiches Verfahren. Auch erfordert bereits die Erhebung und Rekonstruktion subjektiver Theorien viel Zeit; noch zeitaufwändiger ist der Ansatz, wenn die subjektiven Theorien zusätzlich explanativ auf ihre Gültigkeit hin überprüft werden. Menschliches Handeln ist jedoch ein komplexer Gegenstandsbereich, und so ist es letztlich nicht überraschend, dass seine Erfassung mit Voraussetzungen und Aufwand behaftet ist. Zu diesem Gegenstandsbereich bietet das FST einen differenzierten und umfassenden Zugang.

? Kontrollfragen

1. Inwiefern sehen Vertreterinnen und Vertreter des FST eine Parallele zwischen Wissenschaftlerinnen bzw. Wissenschaftlern und dem Menschen im Alltag?
2. Was versteht man unter einer subjektiven Theorie?
3. Aus welchen zwei Schritten besteht die Phase der kommunikativen Validierung? Was ist das Ziel dieser zwei Schritte?
4. Warum ist die Phase der kommunikativen Validierung nicht ausreichend – weshalb schließt sich eine Phase der explanativen Validierung an?
5. Nennen Sie zwei Designs der explanativen Validierung! Welches ziehen Sie vor, und warum?

▶ Weiterführende Literatur

Groeben, N. & Scheele, B. (2010). Das Forschungsprogramm Subjektive Theorien. In G. Mey & K. Mruck (Hrsg.), *Handbuch Qualitative Forschung in der Psychologie* (S. 151–165). Wiesbaden: VS Verlag für Sozialwissenschaften.

Groeben, N., Wahl, D., Schlee, J. & Scheele, B. (1988). *Forschungsprogramm Subjektive Theorien. Eine Einführung in die Psychologie des reflexiven Subjekts.* Tübingen: Francke.

Scheele, B. (Hrsg.) (1992). *Struktur-Lege-Verfahren als Dialog-Konsens-Methodik. Ein Zwischenfazit zur Forschungsentwicklung bei der rekonstruktiven Erhebung Subjektiver Theorien.* Münster: Aschendorff.

5

5.10 Literatur

Birren, J. E. & Deutchmann, D.E. (1991). *Guiding autobiography groups for older adults. Exploring the fabric of life.* Baltimore, MD: John Hopkins University Press.

Birren, J. E. & Hedlund, B. (1986). Contribution of autobiography to developmental psychology. In N. Eisenberg (Ed.), *Perspectives in developmental psychology* (pp. 1–35). New York: Wiley.

Breuer, F. (2003). Subjekthaftigkeit der sozial-/wissenschaftlichen Erkenntnistätigkeit und ihre Reflexion: Epistemologische Fenster, methodische Umsetzungen [44 Absätze]. *Forum Qualitative Sozialforschung / Forum: Qualitative Social Research* [On-line Journal] *4* (2), Art. 25. Verfügbar unter: http://nbn-resolving.de/urn:nbn:de:0114-fqs0302258 [letzter Zugriff am 31.01.2009].

Ellis, C., Adams, T. E. & Bochner, A. P. (2010). Autoethnography: An overview [40 paragraphs]. *Forum Qualitative Sozialforschung / Forum: Qualitative Social Research, 12*(1), Art. 10. http://nbn-resolving.de/urn:nbn:de:0114-fqs1101108 [letzter Zugriff am 04.07.2011].

Fischer-Rosenthal, W. & Rosenthal, G. (1997). Narrationsanalyse biographischer Selbstpräsentationen. In R. Hitzler & A. Honer (Hrsg.), *Sozialwissenschaftliche Hermeneutik* (S. 133–164). Opladen: Leske & Budrich.

Freud, S. & Breuer, J. (1895). *Studien über Hysterie.* Leipzig/Wien: Franz Deuticke.

Geertz, C. (1993). *Die künstlichen Wilden. Der Anthropologe als Schriftsteller.* Frankfurt am Main: Fischer.

Gergen, K. J. & Gergen, M. (1983). Narratives of the self. In T. R. Sarbin & K. E. Scheibe (Eds.), *Studies in social identity* (pp. 254–273). New York: Praeger.

Glaser, B. G. (1998). *Doing grounded theory. Issues and discussions.* Mill Valley, CA: Sociology Press.

Glaser, B. G. & Strauss, A. L. (1965). *Awareness of dying.* Chicago: Aldyne.

Groeben, N. (1988). Explikation des Konstrukts ‚Subjektive Theorie'. In N. Groeben, D. Wahl, J. Schlee & B. Scheele (Hrsg.), *Forschungsprogramm Subjektive Theorien. Eine Einführung in die Psychologie des reflexiven Subjekts* (S. 17–23). Tübingen: Francke.

Groeben, N. & Scheele, B. (1977). *Argumente für eine Psychologie des reflexiven Subjekts.* Darmstadt: Steinkopff.

Groeben, N. & Scheele, B. (1984). *Produktion und Rezeption von Ironie. Pragmalinguistische Beschreibung und psycholinguistische Erklärungshypothesen.* Tübingen: Narr.

Groeben, N. & Westmeyer, H. (1981). *Kriterien psychologischer Forschung* (2. Aufl.). München: Juventa.

Hamera, J. (2011). Performance ethnography. In N. K. Denzin & Y. S. Lincoln (Eds.), *The Sage Handbook of qualitative research* (4th ed., pp. 317–329). Los Angeles, CA: Sage.

Holzkamp, K. (1972). *Kritische Psychologie. Vorbereitende Arbeiten.* Frankfurt am Main: Fischer.

Humphreys, L. (1970). *Tearoom trade. Impersonal sex in public places.* Chicago: Aldine.

Jüttemann, G. (1981). Komparative Kasuistik als Strategie psychologischer Forschung. *Zeitschrift für Klinische Psychologie und Psychotherapie, 29* (2), 101–118.

Kleining, G. (1986). Das qualitative Experiment. *Kölner Zeitschrift für Soziologie und Sozialpsychologie, 38,* 724–750.

Köhler, W. (1917). *Intelligenzprüfungen an Menschenaffen.* Berlin: Springer.

Kohler Riessman, C. (2008). *Narrative methods for the human sciences.* Los Angeles, CA: Sage.

Lewin, K. (1946). Action research and minority problems. *Journal of Social Issues, 2* (4), 34–46.

Lindner, R. (2004). *Walks on the wild side. Eine Geschichte der Stadtforschung.* Frankfurt am Main: Campus.

Lurija, A. R. (1992). *Der Mann, dessen Welt in Scherben ging. Zwei neurologische Fallgeschichten* [Orig. 1968]. Reinbek: Rowohlt.

Mayring, P. (2002). *Einführung in die qualitative Sozialforschung* (5. Aufl.). Weinheim, Basel: Beltz.

Olesen, V. (2011). Feminist qualitative research in the millenium's first decade: Developments, challenges, prospects. In N. K. Denzin & Y. S. Lincoln (Eds.), *The Sage Handbook of qualitative research* (4th ed., pp. 129–146). Los Angeles, CA: Sage.

Peshkin, A. (1986). *God's choice. The total world of a fundamentalist Christian school.* Chicago and London: The University of Chicago Press.

Price, R.H., Choi, J.N. & Vinokur, A.D. (2002). Links in the chain of adversity following job loss: How financial strain and loss of control lead to depression, poor functioning, and poor health. *Journal of Occupational Health Psychology, 7*(4), 302–312.

Prim, R. & Tilmann, H. (1989). *Grundlagen einer kritisch-rationalen Sozialwissenschaft* (6. durchges. Aufl.). Heidelberg, Wiesbaden: Quelle & Meyer.

Quinn Patton, M. (2002). *Qualitative evaluation and research methods* (3. Aufl.). Newbury Park: Sage.

Sacks, O. (1998). *Der Mann, der seine Frau mit einem Hut verwechselte* (25. Aufl.). Reinbek: Rowohlt.

Scheele, B. (1988). Rekonstruktionsadäquanz: Dialog-Hermeneutik. In N. Groeben, D. Wahl, J. Schlee & B. Scheele, *Forschungsprogramm Subjektive Theorien. Eine Einführung in die Psychologie des reflexiven Subjekts* (S. 126–179). Tübingen: Francke.

Scheele, B. & Groeben, N. (1988). *Dialog-Konsens-Methoden zur Rekonstruktion Subjektiver Theorien.* Tübingen: Francke.

Scheele, B., Groeben, N. & Christmann, U. (1992). Ein alltagssprachliches Struktur-Lege-Spiel als Flexibilisierungsversion der Dialog-Konsens-Methodik. In B. Scheele (Hrsg.), *Struktur-Lege-Verfahren als Dialog-Konsens-Methodik. Ein Zwischenfazit zur Forschungsentwicklung bei der rekonstruktiven Erhebung Subjektiver Theorien* (S. 152–195). Münster: Aschendorff.

Strauss, A. L. & Corbin, J. (1998). *The basics of qualitative research: Techniques and procedures for developing grounded theory* (2nd ed.). London: Sage.

Van Evera, S. (1997). *Guide to methods for students of political science*. Ithaca, NY: Cornell University Press.

Wahl, D. (1988). Realitätsadäquanz: Falsifikationskriterium. In N. Groeben, D. Wahl, J. Schlee & B. Scheele, *Forschungsprogramm Subjektive Theorien. Eine Einführung in die Psychologie des reflexiven Subjekts* (S. 170–205). Tübingen: Francke.

White, R. W. (1964). Sense of interpersonal competence. Two case studies and some reflections on origins. In ders. (Ed.), *The study of lives. Essays on personality in honor of H. A. Murray* (2. ed., pp. 72–93). New York: Atherton Press.

Whyte, W.F. (1943). *Street corner society. The social structure of an Italian slum*. Chicago: University of Chicago Press.

Yin, R. K. (2009). *Case study research. Design and methods* (4th ed.) (S. 24–35). Thousand Oaks: Sage.

6 Qualitative Erhebungsmethoden

Margrit Schreier

Datenerhebung erfolgt durch aktive Generierung von Daten oder durch Auswahl aus bereits vorhandenem Material.

Daten können in der qualitativen Forschung auf zweierlei Weise erhoben werden:
- indem Forscherinnen und Forscher aktiv **Daten generieren** oder
- indem sie **Material verwenden**, das bereits unabhängig vom Forschungskontext existiert.

Bei der **aktiven Generierung** von Daten wird Material speziell für die Untersuchung erzeugt, das ohne die Anwendung des Datenerhebungsverfahrens nicht existieren würde.

Dabei entspricht die aktive Generierung von Daten dem, was üblicher Weise unter dem Einsatz von Erhebungsmethoden verstanden wird: Durch die Anwendung der Erhebungsmethode werden Daten überhaupt erst erzeugt, die ohne die Anwendung der Methode gar nicht existieren würden. Dies ist etwa bei der Durchführung von Interviews der Fall: Wenn Teilnehmende nicht befragt würden, dann lägen auch keine Interviewprotokolle vor (die anschließend weiter ausgewertet werden). Anders sieht es dagegen aus, wenn eine Forscherin beispielsweise Briefe, Tagebücher oder andere biografische Selbstzeugnisse daraufhin analysiert, wie bestimmte Ereignisse wie etwa der Zweite Weltkrieg von den Menschen erlebt, verarbeitet und bewältigt wurden. Sie erzeugt für ihre Untersuchung keine Daten, sondern wählt aus bereits existierenden Briefen und Tagebüchern geeignetes Material aus. Dieses Material ist auch unabhängig von der Untersuchung vorhanden. Im Folgenden werden Verfahren der Datenerhebung dargestellt, also solche Verfahren, mit denen im Forschungsprozess aktiv Daten hergestellt werden.

► Definition Datengenerierung und Datenerhebung

Definition

Es ist zwischen **Datenerhebung** im weiteren und **Datengenerierung** im engeren Sinne zu unterscheiden. Datengenerierung bezieht sich auf die Erzeugung von Daten im Forschungsprozess, die ohne diesen Prozess gar nicht erst existieren würden. Daten können aber auch erhoben werden, indem aus bereits vorhandenem Material

▼

geeignete Daten ausgewählt werden. In diesem letzteren Fall ist der Prozess der Datenerhebung mit der Stichprobenziehung identisch. Datenerhebung umfasst also sowohl die Auswahl aus bereits vorhandenem Material als auch die Erzeugung von Daten im Forschungsprozess. Datengenerierung bezeichnet dagegen lediglich die letztere, aktive Herstellung von Daten.

Qualitative Datenerhebungsmethoden lassen sich zunächst danach unterscheiden, welche Art von Daten sie erzeugen:
- **verbale Daten** (wie beim Interview oder der Gruppendiskussion) oder
- **visuelle Daten** (wie bei der Eigenproduktion visueller Daten).

Mit qualitativen Methoden der Datenerhebung werden **verbale** oder **visuelle** Daten erzeugt.

Außerdem findet sich auch in der qualitativen Forschung die Unterscheidung zwischen mehr oder weniger standardisierten Verfahren wieder (▶ Abschn. 2.3.1). Während in der quantitativen Forschung die standardisierten Verfahren dominieren (z. B. Fragebogen mit geschlossenen Antworten, Beobachtungsschema), wird im qualitativen Bereich eher mit weniger standardisierten, offenen Verfahren gearbeitet, die weniger Vorgaben machen und damit den untersuchten Personen auch mehr Freiraum lassen (z. B. im Interview: »Wie war das damals, als Sie aufgehört haben zu arbeiten?«). Im Folgenden stellen wir zunächst Methoden zur Erhebung verbaler Daten vor, dann gehen wir auf Methoden zur Erhebung visueller Daten ein.

Qualitative Datenerhebung arbeitet mit **offenen Verfahren.**

6.1 Erhebung verbaler Daten

Verbale Daten können in der qualitativen Forschung in mehr oder weniger gelenkter Form erhoben werden. Wenn eine Lenkung derart vorliegt, dass die Untersuchungsteilnehmerinnen und -teilnehmer mit ihren Äußerungen auf eine oder mehrere Fragen antworten, spricht man auch von **Befragung** (auch ▶ Abschn. 2.3). Während in der quantitativen Forschung die schriftliche Befragung mittels Fragebogen überwiegt, wird in der qualitativen Forschung meist mit der mündlichen Befragung gearbeitet. Wichtige Verfahren der mündlichen qualitativen Befragung sind das Interview und die Gruppendiskussion. Zu den weniger gelenkten qualitativen Verfahren der Datenerhebung zählt beispielsweise das laute Denken.

Qualitative Verfahren zur Erhebung verbaler Daten werden nach dem **Grad der Lenkung** unterschieden.

Daraus ergibt sich auch der **Anwendungsbereich** von Verfahren zur Erhebung verbaler Daten: Die Verfahren sind immer dann geeignet, wenn man Zugang zur Innensicht der Untersuchungsteilnehmerinnen und -teilnehmer gewinnen möchte, also z. B. etwas erfahren will über deren Lebensgeschichte, über ihre Gründe, warum sie in einer bestimmten Weise gehandelt haben, oder darüber, wie sie eine bestimmte gesellschaftliche Entwicklung sehen und beurteilen. Zugleich ist damit auch die wichtigste Voraussetzung einer Anwendung dieser Verfahren benannt: Qualitative Verfahren zur Erhebung verbaler Daten setzen voraus, dass die Befragten in der Lage und bereit dazu sind, über ihre eigenen Beweggründe und Ansichten nachzudenken und diese auch in Worte zu fassen. So ist zum Beispiel umstritten, inwieweit Kinder dies schon können, und auch bei Erwachsenen gibt es hier Unterschiede, die bei der Auswahl einer Erhebungsmethode zu berücksichtigen sind.

Verfahren zur Erhebung verbaler Daten vermitteln Zugang zur Innensicht der Teilnehmenden. Sie setzen **Auskunftsbereitschaft** und **-fähigkeit** voraus.

6.1.1 Interview

Lernziele

- Verstehen, was ein Interview ist.
- Verschiedene Arten des Interviews kennenlernen und verstehen, wie sie sich voneinander unterscheiden.
- Lernen, wie bei der Erstellung eines Interviewleitfadens vorzugehen ist.
- Lernen, was bei der Formulierung von Interviewfragen zu beachten ist.
- Kennenlernen der Phasen des Interviews.
- Kennenlernen der Fähigkeiten, über die eine gute Interviewerin bzw. ein guter Interviewer verfügen muss.

Das Interview ist ein **asymmetrisches** Gespräch zum Zweck der Informationsermittlung.

Das Interview ist wahrscheinlich die am häufigsten eingesetzte Datenerhebungsmethode in der qualitativen Forschung überhaupt. Letztlich ist das Interview nichts anderes als ein Gespräch – das sich aber in zweierlei Hinsicht von einem Gespräch im Alltag unterscheidet, wie wir es beispielsweise mit einem Freund oder einer Freundin führen würden.

1. Das Interview ist per Konvention eine asymmetrische Form der Kommunikation mit festgelegten Rollen: Die Forscherin oder der Forscher stellt die Fragen, trägt aber sonst nicht viel zum Gespräch bei. Die Untersuchungsteilnehmerinnen und -teilnehmer bestreiten mit ihren Antworten den Großteil des Gesprächs, stellen jedoch im Allgemeinen ihrerseits keine Fragen.
2. Das Interview dient einem bestimmten Zweck, nämlich dem der Informationsermittlung. Die Fragen sind offen, werden also von den Interviewten in ihren eigenen Worten beantwortet; die Antworten werden meist aufgezeichnet.

▶ Definition Interview

Definition

Das **Interview** ist ein Gespräch, in dem die Rollen per Konvention meist asymmetrisch verteilt sind, wobei die Forschenden die Fragen stellen und die die an der Untersuchung Teilnehmenden antworten. Das Interview dient der Informationsermittlung.

Es existieren viele verschiedene Formen des Interviews.

Allerdings ist die Bezeichnung »Interview« (im Singular) irreführend: Es existiert nicht *das* Interview, sondern »Interview« ist hier als Sammelbezeichnung für eine ganze Reihe von Verfahren gemeint. So gibt es beispielsweise das Leitfaden-, das biografische, das Tiefen-, das episodische, das kognitive, das fokussierte, das problemzentrierte Interview – und dies ist nur eine kleine Auswahl aus den vielen Varianten des Verfahrens. Diese Vielfalt wird überschaubarer, wenn man die verschiedenen Formen des Interviews in Gruppen einteilt. Die wichtigsten **Unterscheidungskriterien** sind:

Interviewverfahren unterscheiden sich hinsichtlich des Grads der Standardisierung. In der qualitativen Forschung werden vor allem das **halb-** und das **nonstandardisierte Interview** eingesetzt.

Grad der Standardisierung Von einem standardisierten Interview spricht man, wenn Wortlaut und Reihenfolge der Interviewfragen vorab festgelegt und für alle Teilnehmenden gleich sind. Wenn dabei offene Fragen gestellt werden, die in eigenen Worten beantwortet werden sollen, zählt auch das standardisierte Interview zu den qualitativen Verfahren. Üblicher sind in der qualitativen Forschung jedoch das halbstandardisierte Interview, bei dem Reihenfolge und Formulierung der Fragen flexibel gehandhabt werden, sowie das nonstandardisierte Interview, bei dem lediglich Themenkomplexe vorgegeben sind, aber keine konkreten Fragen (s. ausführlicher in den folgenden Abschnitten).

Interviewverfahren unterscheiden sich zweitens nach der **Anzahl der befragten Personen.**

Anzahl der befragten Personen Je nach Anzahl der befragten Personen spricht man von Einzel- bzw. von Gruppeninterviews.

Als drittes Kriterium zur Unterscheidung verschiedener Interviewverfahren dient die **Anzahl der Forschenden.**

Anzahl der Forschenden Je nach Anzahl der Forschenden wird zwischen Einzel-, Tandem- und Boardinterviews unterschieden. In Einzelinterviews gelingt es besser, eine vertrauensvolle Atmosphäre aufzubauen. In einem Tandeminterview stehen zwei Forscherinnen und/oder Forscher einer interviewten Person gegenüber. Beide unterstützen einander dabei, den Überblick zu behalten und auch wirklich auf alle relevanten Aspekte des Interviewthemas einzugehen. Beim Boardinterview wird eine Teilnehmerin oder ein Teilnehmer von mehreren Forschenden befragt. Diese Form des Interviews findet sich eher in der Praxis als in der Forschung.

Modalität Interviews können face-to-face, telefonisch oder online durchgeführt werden. Jede Durchführungsmodalität hat ihre eigenen Vor- und Nachteile.

Viertens unterscheiden sich Interviewverfahren nach der **Modalität**.

Im Folgenden werden beispielhaft zwei Arten des Interviews genauer erläutert: das Leitfaden- und das nonstandardisierte Interview. Anschließend gehen wir auf Gesichtspunkte ein, die bei der Frageformulierung und der Interviewführung zu berücksichtigen sind.

Leitfadeninterview

Das Leitfadeninterview zeichnet sich dadurch aus, dass vor Beginn der Untersuchung zunächst relevante Aspekte des Untersuchungsgegenstands identifiziert werden. In einer Untersuchung zu Lesegewohnheiten und Lesestrategien waren dies u. a.: Strategien bei der Auswahl von Lektüre, bevorzugter Ort des Lesens, Leseatmosphäre, Lesestrategien und Kommunikation mit anderen über Bücher (Odag, Schreier & Thies-Brandner, 2008). Zur Erfassung solcher Aspekte werden Fragen stichpunktartig formuliert und in einem Interviewleitfaden zusammengestellt. Dadurch ist zum einen sichergestellt, dass alle relevanten Aspekte im Laufe des Interviews auch tatsächlich angesprochen werden. Weiterhin stellt der Leitfaden sicher, dass die Interviews in etwa vergleichbar sind. Man kann also bei der Auswertung vergleichen, was verschiedene Personen oder auch Personengruppen auf eine bestimmte Frage geantwortet haben (z. B. wie Männer und Frauen ihre Lektüre auswählen; ▶ Beispiel).

Beim Leitfadeninterview werden vor Untersuchungsbeginn relevante Aspekte des Themas ausgewählt und in einem **Leitfaden** zusammengestellt.

Definition

Das **Leitfadeninterview** ist ein halbstandardisiertes Interview. Das bedeutet, dass die Reihenfolge der Fragen dem Gesprächsverlauf angepasst wird und die Fragen in Anlehnung an die Begrifflichkeit der Teilnehmenden formuliert werden. Der Leitfaden dient bei der Gesprächsführung also lediglich als Anhaltspunkt.

▶ **Definition Leitfadeninterview**

Daraus ergeben sich hohe Anforderungen an die Konzentration der Befragenden: Sie müssen sich merken, welche Aspekte eines Themas schon zur Sprache gekommen sind; diese Fragen brauchen dann später im Interviewverlauf nicht mehr gestellt zu werden. Detailliertere Fragen zu einem spontan angesprochenen Thema, die laut Leitfaden erst für eine spätere Phase des Interviews vorgesehen waren, müssen dagegen vorgezogen werden. Außerdem können jederzeit spontan **Nachfragen** gestellt werden (auch **Ad-hoc-Fragen** genannt). Sie ermöglichen es, individuelle Gesichtspunkte zu vertiefen, die nicht Teil des Leitfadens sind, und auf diese Weise zu ganz neuen Informationen über den Forschungsgegenstand zu gelangen. Die Kombination aus Leitfaden (also vorgegebenen Aspekten) einerseits und variabler Handhabung von Reihenfolge und Formulierung der Fragen andererseits, ergänzt um die Möglichkeit spontaner Nachfragen, machen das Leitfadeninterview zu einem systematischen und zugleich flexiblen Instrument der Datenerhebung. Zugleich ist es aber auch ein anspruchsvolles Instrument. Deshalb sollte vor Untersuchungsbeginn eine Schulung der Interviewerinnen und Interviewer durchgeführt werden (s. unten).

Das Leitfadeninterview kombiniert **Systematik** und **Flexibilität**.

Beim Leitfadeninterview werden **drei Arten von Fragen** gestellt:

- **Einleitende Fragen:** Einleitende Fragen dienen dem Miteinander-warm-Werden von Interviewenden und Interviewten und dem Gewöhnen an die Interviewsitua-

Beim Leitfadeninterview werden drei Arten von Fragen gestellt: **einleitende, Leitfaden- und Ad hoc-Fragen**.

tion und das Aufnahmegerät (z. B. »Haben Sie den Raum gut gefunden?«, »Wohnen Sie schon lange in X«?

- **Leitfadenfragen:** Sie machen den Kern des Interviews aus und werden vorab aufgrund von Vorkenntnissen stichwortartig festgehalten. Leitfadenfragen können gänzlich ungerichtet sein (z. B. »Wie machen Sie das, wenn Sie sich ein Buch aussuchen, das Sie lesen möchten?«) oder auch gerichtet (z. B. »Manche Leute gehen in Buchhandlungen, wenn sie etwas zum Lesen suchen, und stöbern dort. Wie ist das bei Ihnen?«).
- **Ad-hoc-Fragen:** Ad-hoc-Fragen sind nicht geplant, sondern werden spontan im Interviewverlauf generiert. Sie dienen der Vertiefung unerwarteter Aspekte (z. B. »Können Sie erklären, warum Sie diesen Eindruck hatten?«, »Können Sie mir mehr darüber erzählen?«).

6

Zu den Leitfadeninterviews zählen das **problemzentrierte** und das **fokussierte** Interview.

Auch der Begriff des Leitfadeninterviews stellt einen Sammelbegriff für verschiedene Interviewformen dar. Zu den wichtigsten Formen des Leitfadeninterviews zählen das **problemzentrierte Interview** (das an einem konkreten gesellschaftlichen Problem ansetzt; entwickelt von Witzel, 1982; Weiterentwicklung: Witzel & Reiter, 2012) und das **fokussierte Interview** (Merton, Fiske & Kendall, 1956), bei dem es darum geht, die Reaktionen der Befragten auf ein »fokussiertes Objekt« zu ermitteln (z. B. einen Spielfilm). Der Begriff des Leitfadeninterviews wird aber auch ganz allgemein zur Bezeichnung verschiedenster Formen halbstandardisierter Interviews verwendet, die auf einem Leitfaden basieren.

Beispiel

Lesen Männer und Frauen wirklich anders?

Im Folgenden ist ein Ausschnitt aus einem Interviewleitfaden wiedergegeben, der in der oben genannten Untersuchung zu Lesegewohnheiten und Leseerleben von Männern und Frauen eingesetzt wurde. Vor dem Interview wurden die Teilnehmerinnen und Teilnehmer gebeten, ein von ihnen frei wählbares Buch zu lesen und sich zu ihrer Lektüre Notizen zu machen. Die Interviewfragen sind hier nicht ausformuliert, sondern es sind lediglich die Themen aufgeführt, die pro Themenblock angesprochen werden sollten.

- **Themenblock Buchauswahl:**
  - Vorgehen bei der Auswahl des Buchs für das Interview,
  - Vergleich mit Vorgehen bei der Auswahl von Büchern im Allgemeinen,
  - Rolle von Alltagsbezug,
  - Rolle des »Eintauchens in andere Welten«,
  - Nutzung von Informationsquellen wie Rezensionen,
  - Nutzung von Bibliotheken.
- **Themenblock Lesesituation:**
  - Situation, in der das Buch für das Interview gelesen wurde,
  - Vergleich mit typischer Lesesituation,
  - Stimmung,
  - drei Worte, um das Gefühl beim Lesen zu beschreiben,
  - andere Situationen oder Tätigkeiten, bei denen sich dieses Gefühl ebenfalls einstellt.
- **Themenblock Lesestrategien:**
  - An-den-Rand-Schreiben und ggf. Gründe,
  - Unterstreichen von Textstellen und ggf. Gründe,
  - Zurückblättern und ggf. Gründe,
  - Vorausblättern und ggf. Gründe,
  - vorzeitiges Lesen des Endes des Romans und ggf. Gründe,
  - paralleles Lesen mehrerer Bücher und ggf. Gründe.

Untersuchungen mit Leitfadeninterviews gliedern sich in die folgenden Phasen: Erstellung des Leitfadens, Erprobung des Leitfadens und zugleich Schulung der Forschenden, Durchführung der Interviews, Verschriftlichung.

Es ergibt sich der folgende **Ablauf** für eine Untersuchung unter Anwendung des Leitfadeninterviews: Es wird eine Bestandsaufnahme durchgeführt: Was ist über den Untersuchungsgegenstand schon bekannt? Dabei kann man auf Theorien, auf schon vorhandene Forschungsergebnisse, auf informelle Gespräche oder auf Alltagswissen zurückgreifen. Auf dieser Grundlage wird ein erster Entwurf eines Leitfadens formuliert. Dieser Leitfaden wird in einer Pilotphase erprobt und ggf. modifiziert; die Pilotphase dient zugleich der Schulung der Interviewerinnen und Interviewer. An die Pilotphase schließt sich die eigentliche (Haupt-)Untersuchung an, die Interviewphase. Im weiteren Verlauf sind die aufgezeichneten Interviews zu verschriftlichen (transkribieren: ▶ Abschn. 7.1) und auszuwerten.

Das Leitfadeninterview setzt **Vorkenntnisse** über den Gegenstand voraus.

Fazit zum Leitfadeninterview Das Leitfadeninterview ist vor allem dann als Methode der Datenerhebung geeignet, wenn über den Untersuchungsgegenstand schon Erkenntnisse vorliegen, die sich für die Erstellung des Leitfadens nutzbar machen lassen. Man muss also schon ungefähr wissen, was man fragen möchte. Außerdem ist das Leitfadeninterview gut geeignet, um die Sichtweisen verschiedener Personen oder Personengruppen zu einem Thema zu vergleichen. Zur Auswertung eignet sich vor allem die Inhaltsanalyse (▶ Abschn. 7.2.4).

Nonstandardisiertes Interview

Beim nonstandardisierten Interview werden nur Themenkomplexe vorformuliert, keine konkreten Fragen.

Das nonstandardisierte Interview ist diejenige Form des Interviews, die sowohl den Befragenden als auch den befragten Personen den größten Spielraum lässt. Anders als beim Leitfadeninterview werden vorab lediglich Themenkomplexe festgelegt, aber keine Fragen vorformuliert. In einer Untersuchung zu Gewalterfahrungen in der Biografie jugendlicher Straftäter wurde beispielsweise auf folgende Themenbereiche eingegangen: Gewalterfahrungen in der Familie, in der Schule oder Ausbildung, in der Freizeit und in der Haft (Klaukien, 2008). Der Interviewverlauf wird hier mehr von der befragten Person gesteuert und weniger von der Forscherin bzw. dem Forscher.

Zu den Formen des nonstandardisierten Interviews zählen das **Tiefen-**, das **narrative** und das **episodische** Interview.

Auch beim nonstandardisierten Interview handelt es sich wieder um einen Sammelbegriff für verschiedene konkrete Interviewformen. Zu den wichtigsten Formen zählen

- das **Tiefeninterview** (auch **Intensivinterview** genannt), das mit dem Ziel verbunden ist, unbewusste Prozesse und Motive der befragten Personen aufzuklären,
- das **narrative Interview**, das dazu dient, Erzählungen der gesamten Lebensgeschichte oder auch einzelner relevanter Episoden aus dem Leben der befragten Personen zu rekonstruieren (Schütze, 1983; auch ▶ Abschn. 5.7 zur Biografieforschung) sowie
- das **episodische Interview**, das sich – wie der Name schon sagt – vor allem für die Erhebung von Erzählungen über kürzere Ereignisse eignet (Flick, 2007, Kap. 8).

Im Folgenden soll als Beispiel genauer auf das narrative Interview eingegangen werden.

▶ **Definition**
Narratives Interview

> **Definition**
> Das **narrative Interview** wurde von Schütze (1983) für die Untersuchung lebensgeschichtlich-biografischer Fragestellungen entwickelt. Es gliedert sich in folgende Phasen: Erzählanstoß, Haupterzählung, Nachfrage- und Bilanzierungsphase.

Das narrative Interview gliedert sich in die folgenden Phasen: Erzählanstoß, Haupterzählung, Nachfrage- und Bilanzierungsphase.

Phasen des narrativen Interviews. Schütze (1983) geht von der Annahme aus, dass Erzählungen eine inhärente, quasi natürliche Struktur aufweisen, die sich nur dann entfalten kann, wenn man einen Menschen seine Geschichte erzählen lässt. Nachfragen, so wird angenommen, stören diesen Erzählfluss eher (▶ Die innere Struktur von Erzählungen). Es gliedert sich in die folgenden Phasen:

- **Erzählanstoß:** Am Beginn steht eine Aufforderung zum Erzählen (z. B. »Wie war das, als Du aufgewachsen bist?«).
- **Haupterzählung:** In dieser Phase erzählt die befragte Person ihre Geschichte. Die Interviewenden unterbrechen nicht, sondern beschränken sich weitgehend auf »Zuhörsignale« (z. B. »mhm«).
- **Nachfragephase:** Hier hat die Forscherin bzw. der Forscher Gelegenheit, Verständnisfragen zu stellen. In dieser Phase des Interviews können außerdem vorab festgelegte Gegenstandsbereiche thematisiert werden, die noch nicht spontan zur Sprache gekommen sind.

- **Bilanzierungsphase:** Die Befragten werden hier um eine abschließende Bewertung gebeten – z. B. dahingehend, wie sie die damaligen Ereignisse und ihre Handlungen heute sehen oder ob sie im Nachhinein anders handeln würden. Eine solche Bilanzierungsphase ist aber kein notwendiger Bestandteil des narrativen Interviews.

Exkurs

Die innere Struktur von Erzählungen

Die **inhärente Struktur** von Erzählungen bzw. Geschichten, die dem narrativen Interview als Methode zugrunde liegt, umfasst die folgenden Bestandteile (vgl. Echterhoff & Straub, 2004):

- **Abstract bzw. einführender Überblick:** Hier benennt die befragte Person den Gegenstand, das Thema ihrer Erzählung. Im Interview können auch die Forschenden das Thema mit dem Erzählanstoß benennen.
- **Orientierung:** Dies ist die Hinführung auf die eigentliche Geschichte; in diese Phase fallen beispielsweise die Erläuterung von Zeit und Ort oder auch von anderen Personen, die an der Geschichte beteiligt waren.
- **Komplikation:** Die Komplikation bildet quasi den Kern der Geschichte – das, was passiert ist, bzw. das, was erzählt werden soll, erzählenswert ist.
- **Evaluation:** In der Evaluation wird die Komplikation bewertet: Waren die Ereignisse eher positiver, eher negativer Art – oder vielleicht auch eine Mischung aus beidem? Wie hat die befragte Person sich damals gefühlt?
- **Auflösung:** Die Auflösung stellt sozusagen das Ende der Geschichte dar: Wie wurde ein bestimmtes Problem gelöst, ein Ereignis bewältigt? Die Auflösung markiert den Übergang zu einem »nicht mehr erzählenswerten Normalzustand«.
- **Schlussbetrachtungen:** Die Schlussbetrachtung entspricht im Interviewverlauf der Bilanzierungsphase. Hier ist darauf zu achten, dass durch die Fragen bei den Interviewten kein Rechtfertigungsdruck erzeugt wird.

Die **innere Struktur** von Erzählungen lässt sich für die Auswertung narrativer Interviews nutzbar machen.

In der Erhebungsphase dient der Erzählanstoß (s. oben) dazu, dass sich diese Struktur in den Äußerungen der Untersuchungsteilnehmerinnen und -teilnehmer realisieren und entfalten kann. In der Auswertungsphase kann das Vorliegen einer solchen Struktur als Indikator für Erzählungen dienen. Außerdem lassen sich die Strukturkategorien für die Auswertung narrativer Interviews nutzbar machen (▶ Abschn. 5.7).

Das narrative Interview eignet sich zur Erfassung der subjektiven Verarbeitung von Ereignissen.

Für die Auswertung ist außerdem die Unterscheidung zwischen tatsächlichen Ereignissen und im Interview rekonstruierten Ereignissen von zentraler Bedeutung: Nicht die tatsächlichen Ereignisse werden erzählt, sondern die subjektiv verarbeiteten, erinnerten und rekonstruierten Ereignisse. Das Interesse der Forschung gilt daher weniger den Ereignissen selbst, als ihrer subjektiven Verarbeitung oder auch den verschiedenen Perspektiven, die in der Verarbeitung durch verschiedene Personen sichtbar werden (auch ▶ Abschn. 5.7).

Das **biografische Interview** ist eine Unterform des narrativen Interviews speziell zur Erhebung von Lebensgeschichten.

Eine besondere Unterform des narrativen Interviews stellt das **biografische oder lebensgeschichtliche Interview** dar, das speziell zur Erfassung von Lebensgeschichten eingesetzt wird (z. B. Atkinson, 1998). Es ist eine interdisziplinäre Methode innerhalb des biografischen Ansatzes, die nicht nur in der Psychologie Anwendung findet, sondern beispielsweise auch in der Oral History (»Geschichte von unten«; z. B. Shopes, 2011).

Interviewführung und -verlauf

Das Interview gliedert sich in Eröffnung, Hauptteil und Endphase.

Qualitative Interviews, ob halb- oder nonstandardisiert, gliedern sich in drei **Phasen:** Eröffnung, Hauptteil und Endphase.

Die **Eröffnung** beginnt bereits mit der ersten Kontaktaufnahme. Dabei ist es besonders wichtig, dass die Untersuchungsteilnehmerinnen und -teilnehmer Informationen über Untersuchungsablauf und -zweck erhalten. Wichtig ist auch, dass sie von Anfang an darüber informiert sind, dass das Interview aufgezeichnet werden soll. Im **Hauptteil** der Untersuchung werden die eigentlichen Fragen gestellt. In der **Endphase** kündigt die Interviewerin bzw. der Interviewer das Ende des Gesprächs an, bedankt sich nochmals für die Teilnahme und gibt der interviewten Person die Gelegenheit, weitere Punkte anzusprechen, die ihr wichtig sind. In der Endphase kann auch ein Gespräch darüber stattfinden, wie die befragte Person das Interview wahrgenommen hat.

Interviewfragen sollten so formuliert sein, dass sie **gut verständlich** sind.

Für die **Formulierung von Interviewfragen** im Hauptteil gelten dieselben Grundsätze, wie sie bereits für die schriftliche Befragung erläutert wurden (▶ Abschn. 2.3): Allzu lange Fragen, unklare Formulierungen, doppelte Verneinungen und Ähnliches sollten vermieden werden (▶ Was bei der Formulierung von Interviewfragen zu beachten ist). Allerdings gewinnen diese Grundsätze beim Interview noch einmal zusätzlich an Bedeutung: Eine komplizierte Frage in einem Fragebogen kann man sich noch einmal durchlesen, eine Frage in einem Interview hört man dagegen nur einmal. Natürlich können die Teilnehmerinnen und Teilnehmer nachfragen, wenn sie etwas nicht verstanden haben, aber die meisten möchten nicht ständig nachfragen müssen (oder »trauen« sich vielleicht auch nicht, weil sie meinen, es sei ihr eigener Fehler, dass sie die Frage nicht verstanden haben).

Was bei der Formulierung von Interviewfragen zu beachten ist

- **Keine Ja/nein-Fragen** (dafür reicht auch ein Fragebogen).
- **Immer nur eine Frage auf einmal.** Zu viele Fragen werden für die befragten Personen schnell verwirrend. Außerdem bleibt dann oft unklar, auf welche Frage sich die Antwort bezieht.
- **Keine Suggestivfragen** (also Fragen, bei denen schon die Formulierung zeigt, dass nicht jede Antwort gleichermaßen erwünscht ist). Auf eine Suggestivfrage werden die Befragten keine ehrliche, sondern die erwünschte Antwort geben.
- **Keine doppelten Verneinungen** (schwer verständlich).
- **Nicht zu viele Warum-Fragen.** Sie können bei den befragten Personen das Gefühl erzeugen, sich rechtfertigen zu müssen. Außerdem regen Warum-Fragen die Befragten an, über ihr Erleben zu reflektieren. In manchen Interviews mag das erwünscht sein (z. B. bei der Erhebung subjektiver Theorien), in anderen dagegen gerade nicht (z. B. im narrativen Interview).
- **Bei der Formulierung an die Ausdrucksweise der Interviewten anlehnen.** Die Fragen sind dann leichter verständlich.

Zum Interviewen gehört mehr als das Stellen von Fragen.

Eine wesentliche **Kompetenz beim Führen von Interviews** besteht darin, die richtigen Fragen auf die richtige Art und Weise zu stellen. Aber die Kompetenz von Interviewerinnen und Interviewern erschöpft sich keineswegs im Fragen. Denn beim Interview geht es ja in erster Linie darum, Antworten oder auch ganze Erzählungen zu erhalten – und dies wird umso eher gelingen, je wohler sich die Befragten in der Erhebungssituation fühlen und je vertrauensvoller die Atmosphäre ist, die sich zwischen Fragenden und Befragten entwickelt. Daher gehören zum **Repertoire von Interviewerinnen und Interviewern** noch ganz andere Fähigkeiten als das Stellen von Fragen. Gute Interviewerinnen und Interviewer müssen vor allem zuhören und dies den Befragten auch signalisieren können (mittels Körpersprache oder auch »Zuhörsignalen« wie »mhm«). Sie brauchen außerdem ein feines Gespür dafür, wann etwas nicht so verläuft, wie es sollte: sei es, dass die Befragten eine Frage vielleicht nicht verstanden haben, auf eine bestimmte Frage nicht antworten möchten oder ihre Konzentration nachlässt. In solchen Situationen sollte metakommunikativ nachgefragt werden, um so den Grund für die Störung im Interviewverlauf zu ermitteln. Interviewerinnen und Interviewer sollten auch dazu in der Lage sein, das Gespräch zu strukturieren, Antworten zusammenzufassen oder ein Interview wieder zum eigentlichen Thema zurückzubringen, wenn die oder der Befragte einmal abgeschweift ist.

Keine Angst vor **Fehlern**!

Es braucht Zeit, sich dieses umfassende Repertoire anzueignen; entsprechend machen unerfahrene Interviewerinnen und Interviewer auch häufig bestimmte **Fehler**.

Dazu zählt beispielsweise ein allzu striktes Festhalten am Leitfaden (bei Leitfadeninterviews) auf Kosten zusätzlicher Informationen und Erzählungen. Unerfahrene Interviewerinnen und Interviewer sind auch oft ungeduldig oder haben Angst vor Pausen, so dass sie die Befragten unterbrechen. Häufig machen sie auch Fehler, weil sie in ihrer Rolle als Fragende noch unsicher sind. Manchen fällt es schwer, zwischen Intimität und Distanz zu wechseln; oder sie haben das Gefühl, mit den Befragten übereinstimmen zu müssen, oder sie wechseln vom Interview in ein Beratungsgespräch.

Interviews können, je nach Thema, für die Befragten und die Forschenden belastend sein. Außerdem erzählen die Befragten manchmal mehr von sich selbst, als sie dies beabsichtigt hatten.

Ethische Probleme Beim Interview kennen die Befragten in der Regel das Thema der Untersuchung, das meist mit dem Thema des Interviews identisch ist; von daher scheint das Interview auf den ersten Blick ein Verfahren zu sein, das keine ethischen Probleme beinhaltet (▶ Abschn. 1.7). Ganz so einfach liegen die Dinge jedoch nicht. Interviews, vor allem lebensgeschichtliche Interviews, können belastende Erinnerungen oder Konflikte wieder aufleben lassen; Interviewerinnen und Interviewer sollten daher entweder selbst über Beratungskompetenzen verfügen oder in der Lage sein, die Befragten weiter zu verweisen, falls durch das Interview Beratungsbedarf entsteht. Außerdem schafft ein gutes Interview eine vertrauensvolle Situation, in der die Befragten vielleicht mehr von sich erzählen, als sie dies intendiert hatten. Um daraus entstehende Probleme zu vermeiden, empfiehlt es sich, den Befragten das Transkript des Interviews zukommen zu lassen und ihnen die Möglichkeit zu geben, Äußerungen nachträglich zu streichen. Aber auch für die Interviewerinnen und Interviewer können sich, je nach Thema, Belastungen ergeben; beispielsweise war es für die Betreffenden in der oben erwähnten Interviewstudie zu Gewalterfahrungen jugendlicher Straftäter nicht immer einfach, sich Erzählungen über erfahrene oder ausgeübte Gewalt anzuhören. Die Interviewerinnen und Interviewer sollten sich bei möglicherweise problematischen Themen vorab überlegen, ob sie tatsächlich in der Lage sind, die Berichte der Befragten zu verkraften.

? Kontrollfragen

1. In welchen Hinsichten unterscheidet sich das Interview von einem Gespräch mit guten Freunden?
2. Welches sind die Unterschiede zwischen einem teil- und einem nonstandardisierten Interview? Nennen Sie jeweils ein Beispiel!
3. Sie planen eine Interviewstudie zur Zufriedenheit der Studierenden mit den Studienbedingungen in Ihrem Fachbereich. Wie gehen Sie bei der Erstellung des Interviewleitfadens vor?
4. Was versteht man unter einem narrativen Interview? Wie geht man dabei vor?
5. Eine Kommilitonin bittet Sie, sich die Fragen einmal anzusehen, die sie für ein Leitfadeninterview vorbereitet hat. Worauf achten Sie?
6. Welche Fähigkeiten muss eine gute Interviewerin bzw. ein guter Interviewer mitbringen?

▶ Weiterführende Literatur

Helfferich, C. (2010). *Die Qualität qualitativer Daten: Manual für die Durchführung qualitativer Interviews* (4. Aufl.). Wiesbaden: VS Verlag für Sozialwissenschaften.

Mey, G. & Mruck, K. (2010). Interviews. In G. Mey & K. Mruck (Hrsg.), *Handbuch Qualitative Forschung in der Psychologie* (S. 423–435). Wiesbaden: VS Verlag für Sozialwissenschaften.

Wengraf, T. (2001). *Qualitative research interviewing.* London: Sage.

Witzel, A. & Reiter, H. (2012). *The problem-centred interview.* London: Sage.

6.1.2 Gruppendiskussion

Lernziele

- Verstehen, was eine Gruppendiskussion ist.
- Kennenlernen der Phasen einer Gruppendiskussion.
- Einen Überblick gewinnen über die Faktoren, die den Verlauf einer Gruppendiskussion beeinflussen.

Abb. 6.1 Gruppendiskussionen – Die Schiffbrüchigen

Die Gruppendiskussion eignet sich zur Erhebung **kollektiver** Meinungen und zur Rekonstruktion von **Gruppenprozessen.**

Die Gruppendiskussion stellt ebenfalls ein Gespräch mit dem Ziel der Informationsgewinnung dar. Während beim Interview jedoch in der Regel eine Forscherin bzw. ein Forscher jeweils eine Untersuchungsteilnehmerin bzw. einen Untersuchungsteilnehmer befragt, erlaubt es die Gruppendiskussion, mehrere Befragte gleichzeitig in die Untersuchung einzubeziehen. Dabei sind allerdings nicht so sehr die individuellen Meinungen der Befragten von Interesse, sondern die kollektive Meinung der Gruppe als Ganze. Auch zur Untersuchung von Prozessen der Meinungsbildung in Gruppen ist die Gruppendiskussion ein geeignetes Verfahren (Abb. 6.1). In diesem Fall geht es weniger um die Meinungen und Einstellungen selbst, als um die Art und Weise, wie diese in der Gruppe zustande kommen (beispielsweise in gemischt-geschlechtlichen im Vergleich zu ausschließlich weiblichen oder ausschließlich männlichen Gruppen).

Die Gruppendiskussion erfolgt **fokussiert** und **moderiert**.

Von einer informellen Diskussion im Alltag unterscheidet sich die Gruppendiskussion außerdem durch die Setzung eines thematischen Schwerpunkts bzw. eines **Fokus** (weshalb die Datenerhebungsmethode der Gruppendiskussion in der Literatur oft auch als **Fokusgruppe** bezeichnet wird), der mithilfe eines Leitfadens realisiert wird; außerdem wird die Gruppendiskussion in der Regel durch eine Untersuchungsleiterin bzw. einen Untersuchungsleiter moderiert. Forschungshistorisch geht das Verfahren in Form des fokussierten Interviews zurück auf Merton et al. (1956); in der neueren deutschsprachigen Forschung wird die Gruppendiskussion u. a. von Bohnsack (2007) im Rahmen der von ihm entwickelten rekonstruktiven Sozialforschung eingesetzt.

► Definition Gruppendiskussion

Definition

Bei der **Gruppendiskussion** diskutieren zwischen 5 und 15 Personen zu einem vorgegebenen Thema. Die Diskussion wird meist von einer Forscherin oder einem Forscher unter Rückgriff auf einen thematischen Leitfaden geleitet. Die Forschenden moderieren die Diskussion, äußern sich aber nicht inhaltlich zum Thema.

Die Gruppendiskussion ist in die im Folgenden erläuterten **Phasen unterteilt:**

Untersuchungen unter Anwendung der Gruppendiskussion erfordern Vorüberlegungen zu: bisherigen Befunden, psychischen Sperren und ihrer Überwindung, zum Leitfaden sowie zur Zusammensetzung der Gruppe.

1. Theoretische Vorüberlegungen Am Anfang stehen, wie bei jeder Form der Datenerhebung, theoretische Vorüberlegungen. Diese betreffen Gedanken und Sichten bisheriger Befunde zum Thema, zu eventuellen psychischen Sperren und Möglichkeiten ihrer Überwindung (s. im Folgenden: Grundreiz, Reizargumente) sowie zur Zusammensetzung der Gruppe (s. unten). In dieser Phase wird auch der Leitfaden erstellt, der – ähnlich wie beim nonstandardisierten Interview – auf eine Auflistung von Themen beschränkt ist, die auf jeden Fall angesprochen werden sollten.

Zu Beginn einer Gruppendiskussion werden die **Gesprächsregeln** erläutert.

2. Erläuterung der Gesprächsregeln Nach der Begrüßung der Teilnehmerinnen und Teilnehmer werden zunächst die Gesprächsregeln erläutert. Dazu gehört z. B., dass alle einander ausreden lassen oder dass den Teilnehmenden das Wort durch die Diskussionsleitung erteilt wird.

Die eigentliche Diskussion beginnt mit der Präsentation eines **Grundreizes**, der dazu dient, das Gespräch in Gang zu bringen.

3. Präsentation eines Grundreizes Darauf folgt die Präsentation eines sog. Grundreizes durch die Diskussionsleitung. Der Grundreiz dient zum einen dazu, das Thema der Diskussion noch einmal zu umreißen; zum anderen ist der Grundreiz in der Regel provokativ gestaltet, sodass er zum Widerspruch reizt und auf diese Weise die Diskussion in Gang bringt (► Beispiel).

Während der eigentlichen Gruppendiskussion beschränken sich die Forschenden auf die **Gesprächssteuerung**.

4. Freie Gruppendiskussion Es schließt sich die eigentliche, freie Gruppendiskussion an. In dieser Phase beschränkt sich die Forscherin bzw. der Forscher meist auf die Gesprächssteuerung.

Wenn die Diskussion ins Stocken gerät, können **Reizargumente** präsentiert werden.

5. Reizargumente Für den Fall, dass die Diskussion ins Stocken gerät, sollten möglichst einige Reizargumente vorbereitet werden. Diese dienen (ähnlich dem Grundreiz) dazu, die Diskussion wieder in Gang zu bringen. Da die Forscherinnen und Forscher jedoch selbst nicht in die Diskussion eingreifen sollten, werden solche Reizargumente häufig durch einen sog. »stooge« oder Konfidenten (Vertraute der Untersuchungsleitung) vorgebracht – durch eine Person also, die nur zum Schein an der Gruppendiskussion teilnimmt (was natürlich ethische Probleme aufwirft). Alternativ kann die Diskussionsleitung solche Reizargumente auch in Form von Zitaten oder Zeitungsartikeln vorbringen und die darin vertretene Meinung somit anderen zuschreiben.

Am Ende der Gruppendiskussion wird den Teilnehmenden Gelegenheit gegeben, sich zur Diskussion selbst zu äußern.

6. Metadiskussion Am Ende der Gruppendiskussion kann eine Metadiskussion stehen (also eine Diskussion über die Diskussion). Hier haben die Teilnehmenden Gelegenheit zu beschreiben, wie sie die Diskussion empfunden haben und ob sie das Gefühl hatten, hinreichend zu Wort gekommen zu sein.

Die Gruppendiskussion wird (mit Zustimmung der Teilnehmerinnen und Teilnehmer) aufgezeichnet.

Beispiel

Gruppendiskussion zum politischen Bewusstsein im Nachkriegsdeutschland

Pollock führte 1955 eine groß angelegte Studie zum politischen Bewusstsein im Nachkriegsdeutschland unter Verwendung der Gruppendiskussion durch. Insgesamt nahmen 1.800 Personen an der Untersuchung teil, über 120 Fokusgruppen verteilt. Um die Diskussion in Gang zu bringen, verwendete er als »Grundreiz« einen fiktiven Brief eines Sergeant der US-Armee, der angeblich 5 Jahre in Deutschland stationiert war und nun seiner Enttäuschung darüber Ausdruck verlieh, dass die Deutschen sich seit der Zeit des Faschismus nicht wirklich geändert hätten. Pollock nutzte ganz bewusst die Gruppendiskussion, um kollektive, keine individuellen Einstellungen zu erheben.

Gruppendynamische Faktoren beeinflussen die Gruppendiskussion.

Der Verlauf einer Gruppendiskussion und damit auch die Untersuchungsergebnisse werden stark von **gruppendynamischen Faktoren** beeinflusst (► Kritische Betrachtung). Das sind insbesondere die im Folgenden erläuterten:

Persönliche Betroffenheit bei einem Thema führt zu intensiveren Diskussionen.

Diskussionsthema Ein Thema, von dem die Diskutierenden selbst betroffen sind (z. B. Diskussion unter Studierenden über Studiengebühren), führt zu lebhafteren Diskussionen als ein eher abstraktes Thema. Bei einem eng umrissenen Thema wird die Diskussion vermutlich ebenfalls anders verlaufen als bei einem eher weit definierten Thema, das viele Möglichkeiten zum Abschweifen bietet.

Eine **Gruppengröße** zwischen 5 und 15 Personen gilt als optimal.

Gruppengröße Als optimal gilt eine Gruppengröße zwischen 5 und 15 Personen. Je mehr Personen an der Diskussion teilnehmen, desto weniger haben die einzelnen Diskutierenden Gelegenheit, ihre Meinung auch tatsächlich zum Ausdruck zu bringen.

Entsprechend tritt in großen Gruppen auch das Problem der »Schweiger« häufiger auf: Schweiger sind, wie der Name schon sagt, Personen, die zwar einer Teilnahme an der Untersuchung zugestimmt haben, zum Gespräch aber nichts beitragen. Je kleiner die Gruppe, desto schneller kann sich die Diskussion erschöpfen; zugleich ist hier der Druck auf die Teilnehmerinnen und Teilnehmer größer, sich auch tatsächlich zu äußern.

Zusammensetzung der Gruppe bezüglich soziodemografischer Merkmale In Gruppen, die im Hinblick auf soziodemografische Merkmale eher **homogen** zusammengesetzt sind, verläuft die Diskussion meist symmetrischer als in soziodemografisch heterogenen Gruppen. In **heterogenen** Gruppen kann es sein, dass einzelne Mitglieder sich nicht »trauen«, ihre Meinung zu sagen, wenn diese von der Meinung soziodemografisch höher gestellter Mitglieder abweicht. Andererseits ist es in einer heterogenen Gruppe wahrscheinlicher, dass sich unter den Mitgliedern ein breites Spektrum von Meinungen und Einstellungen findet.

Hinsichtlich soziodemografischer Merkmale können Gruppen **homogen** oder **heterogen** zusammengesetzt sein, mit je spezifischen Vor- und Nachteilen.

Bekanntheitsgrad der Mitglieder Es wird zwischen **natürlichen Gruppen** (deren Mitglieder auch im Alltag eine Gruppe bilden) und **Ad-hoc-Gruppen** (die speziell für die Untersuchung zusammengestellt sind) unterschieden. Natürliche Gruppen benötigen keine »Aufwärmphase«. Ein Durchbrechen psychischer Sperren bei problematischen Themen kann wiederum Fremden gegenüber leichter fallen, da hier keine sozialen Konsequenzen zu befürchten sind.

Je nachdem, ob die Gruppenmitglieder sich untereinander schon unabhängig von der Untersuchung kennen, wird zwischen **natürlichen** und **Ad-hoc-Gruppen** unterschieden.

Meinungsverteilung in der Gruppe Auch in Bezug auf die Meinungen der Gruppenmitglieder kann eine Gruppe eher **heterogen** oder eher **homogen** sein. In sehr heterogenen Gruppen besteht die Gefahr, dass die Meinungen so weit auseinander gehen, dass die Diskussion in einen Streit ausartet. In einer allzu homogenen Gruppe kann dagegen der Fall eintreten, dass die Mitglieder einer Meinung sind und die Diskussion sich somit eigentlich erübrigt.

Hinsichtlich der Meinungsverteilung können Gruppen ebenfalls homogen oder heterogen zusammengesetzt sein, wiederum mit je spezifischen Vor- und Nachteilen.

Verhalten der Diskussionsleitung Das Verhalten der Forschenden hat ebenfalls einen deutlichen Einfluss auf den Diskussionsverlauf. Als Akademikerinnen und Akademiker und zugleich in der Funktion als Untersuchungsleiterinnen bzw. -leiter kommt ihnen ein hoher Status in der Gruppe zu. Wenn sie in der Diskussion ihre eigene Meinung zum Ausdruck bringen, kann es sein, dass die Teilnehmenden diese als die »richtige« Meinung auffassen und eine eigene, abweichende Meinung nicht mehr äußern. Aus diesem Grund sollte die Untersuchungsleitung lediglich die Funktion der Gesprächssteuerung übernehmen, nicht aber inhaltlich zur Diskussion beitragen.

Die Forschenden sollten die Diskussion moderieren, aber keine eigenen Meinungen äußern.

Exkurs

Kritische Betrachtung

Der zentrale Vorteil der Gruppendiskussion besteht darin, dass dieses Verfahren es als einziges ermöglicht, Gruppenprozesse, kollektive Einstellungen, deren Verbreitung sowie Gruppenprozesse selbst zu erfassen. Allerdings fehlt eine systematische Erforschung der Art und Weise, wie sich die Gruppendynamik auf den Verlauf der Gruppendiskussion auswirkt. Folglich ist bei der Auswertung auch keine Trennung zwischen Themen- und Gruppeneffekten möglich – es ist also im Nachhinein z. B. nicht feststellbar, ob eine bestimmte Äußerung einer tatsächlichen Meinung entspricht oder zumindest teilweise auf gruppendynamische Faktoren zurückzuführen ist. Gerade bei der Erfassung kollektiver Meinungen stellt sich außerdem das Problem, dass einige Teilnehmende typischerweise gar nichts sagen (die sog. Schweiger). Schließlich kann es bei vielen Teilnehmenden schwierig sein, einen gemeinsamen Termin zu finden.

Auch unter ethischen Gesichtspunkten wirft die Gruppendiskussion Probleme auf. Das Verfahren »funktioniert«, weil psychische Sperren in der Gruppe leichter durchbrochen werden. Damit werden die Teilnehmerinnen und Teilnehmer jedoch bewusst in eine Situation gebracht, in der sie mehr von sich preis geben, als sie dies vielleicht mit einem »kühlen Kopf« tun würden.

Kontrollfragen

1. Welches sind die Unterschiede zwischen einem Interview und einer Gruppendiskussion?
2. In welche Phasen unterteilt sich eine Gruppendiskussion?
3. In einer Studie zur Verbesserung der Qualität der Lehre setzen Sie die Gruppendiskussion als Erhebungsmethode ein. An der Studie nehmen sowohl Studierende als auch Lehrende teil. Was ist bei der Zusammensetzung der Gruppen zu beachten?

▶ **Weiterführende Literatur**

Barbour, R. (2007). *Doing focus groups*. London: Sage.

Bohnsack, R., Przyborski, A. & Schäffer, B. (Hrsg.). (2010). *Das Gruppendiskussionsverfahren in der Forschungspraxis* (2. Aufl.). Opladen: Budrich.

Przyborski, A. & Riegler, J. (2010). Gruppendiskussion und Fokusgruppe. In G. Mey & K. Mruck (Hrsg.), *Handbuch Qualitative Forschung in der Psychologie* (S. 436–448). Wiesbaden: VS Verlag für Sozialwissenschaften.

6.1.3 Weitere offene Verfahren zur Erhebung verbaler Daten

Lernziele

- Kennenlernen weiterer Verfahren zur Erhebung verbaler Daten.
- Die Anwendungsbedingungen der schriftlichen im Vergleich zur mündlichen Befragung kennenlernen.
- Zielsetzung und methodische Probleme des lauten Denkens kennenlernen.

Interview und Gruppendiskussion sind die gebräuchlichsten qualitativen Verfahren zur Erhebung verbaler Daten.

Die verschiedenen Formen des Interviews und die Gruppendiskussion stellen die gebräuchlichsten Methoden zur Erhebung verbaler Daten in der qualitativen Forschung dar. Daneben existieren weitere Verfahren, die weniger häufig angewandt und weniger systematisch dokumentiert sind. Darunter sollen im Folgenden drei kurz dargestellt werden:

- die schriftliche offene Befragung,
- das laute Denken sowie
- das Sampling bereits vorhandener verbaler Daten.

Schriftliche offene Befragung

Bei der schriftlichen offenen Befragung werden die Teilnehmenden gebeten, ihre Antworten in ihren eigenen Worten aufzuschreiben.

Zwar wird – wie oben bereits erläutert (▶ Abschn. 6.1) – in der qualitativen Forschung häufiger mit der mündlichen Befragung im Interview gearbeitet als mit der schriftlichen Befragung. Offene Fragen können aber natürlich auch schriftlich gestellt werden. Die Befragten werden in diesem Fall gebeten, ihre Antworten aufzuschreiben (zur Befragung im Internet als Mischform von mündlicher und schriftlicher Befragung ▶ Offene Befragung im Internet).

▶ **Definition Schriftliche offene Befragung**

Definition

Bei der **schriftlichen offenen Befragung** werden die Teilnehmenden aufgefordert, Fragen in ihren eigenen Worten schriftlich zu beantworten. Das Verfahren ist vor allem dann zur Datenerhebung geeignet, wenn es um einen sensiblen Untersuchungsgegenstand geht, oder wenn durch das Aufschreiben kognitive Prozesse in Gang gesetzt werden; die Befragten können ihre Antworten dann noch sukzessive ergänzen.

Offene Fragen können als **Erzählanregung** eingesetzt werden.

Als eigenständige Erhebungsmethode wird die schriftliche Befragung beispielsweise als Erzählanregung im biografischen Kontext eingesetzt. So hat Schön (1990) die Teilnehmenden in seiner Untersuchung aufgefordert, ihre »Lesebiografie« aufzuschreiben: Wie sie zum Lesen gekommen sind, wie viele und welche Bücher sie bevorzugt in bestimmten Lebensphasen gelesen haben und Ähnliches mehr.

In Fragebogenstudien werden offene Fragen oft auch in Kombination mit geschlossenen Fragen eingesetzt. Mit einer geschlossenen Frage wird z. B. die Position zu einem Einstellungsgegenstand erfasst. Daran schließt dann eine offene Frage an, in der die Befragten aufgefordert werden, in ihren eigenen Worten die Gründe für ihre Meinung oder Einstellung aufzuschreiben.

Offene können mit geschlossenen Fragen kombiniert werden.

Nachteile der schriftlichen offenen Befragung Für die Forscherinnen und Forscher hat die schriftliche offene Befragung scheinbar den Vorteil, dass die arbeitsaufwändige Transkription der Daten entfällt. Allerdings müssen nun die Befragten selbst das Aufschreiben übernehmen. Folglich ist die Teilnahme an einer Untersuchung mit offener schriftlicher Befragung für die Probandinnen und Probanden deutlich aufwändiger als die Teilnahme an einer Interviewstudie. Außerdem setzt das Aufschreiben der eigenen Gedanken noch einmal umfassendere verbale Kompetenzen voraus als die Formulierung der Gedanken im Interview, stellt also deutlich höhere Anforderungen. Außerdem entfällt der gesamte kommunikative Kontext: Weder die Forschenden noch die Teilnehmenden haben die Möglichkeit, Nachfragen zu stellen.

Für die Befragten ist die schriftliche Befragung deutlich aufwändiger als die Teilnahme an einem Interview.

Vorteile der schriftlichen offenen Befragung Diesen Nachteilen steht jedoch der Vorteil gegenüber, dass die Erhebung auf diese Weise anonym erfolgen kann, was beim Interview kaum möglich ist. Bei Gegenstandsbereichen, die einer starken sozialen Normierung unterliegen, fällt es vielen Menschen deutlich leichter, ihre Antworten in einer anonymen Befragungssituation zu formulieren – wenn es beispielsweise um Themen wie Essstörungen oder von der Norm abweichende sexuelle Vorlieben geht. Auch gibt die schriftliche Befragung den Teilnehmenden die Möglichkeit, ihre Antwort ein paar Tage liegen zu lassen und dann weitere Informationen zu ergänzen. Dies ist gerade bei biografischen Erhebungen von Vorteil: Die Auseinandersetzung mit dem Thema kann Erinnerungsprozesse in Gang setzen, sodass relevante Ereignisse und Situationen den Befragten erst nach und nach wieder einfallen. Schließlich können auf diese Weise auch Personen aus größerer räumlicher Entfernung befragt werden.

Die schriftliche Befragung erlaubt **Anonymität** und eignet sich daher besonders für die Datenerhebung zu sozial normierten Gegenstandsbereichen.

Exkurs

Offene Befragung im Internet

Eine Zwischenstellung zwischen der mündlichen und der schriftlichen Befragung nimmt die Datenerhebung im Internet ein, etwa in virtuellen Welten, unter Verwendung von »social media«, per E-Mail oder Internet-Telefonie (Salmons, 2012; auch ► Abschn. 2.6). Chatrooms oder »social media« erlauben die zeitlich synchrone Befragung von Personen in räumlicher Entfernung. Fragen und Antworten greifen dabei, wie im Interview, unmittelbar ineinander; allerdings äußern sich die Befragten nicht mündlich, sondern schreiben ihre Antworten auf (die dann unmittelbar auf dem Bildschirm der Interviewerin bzw. des Interviewers sichtbar sind). Auch Gruppendiskussionen können auf diese Weise durchgeführt werden. Vom Face-to-Face-Interview unterscheidet sich diese Form der Datenerhebung dahingehend, dass die Antworten schriftlich statt mündlich gegeben werden.

Die Befragung per E-Mail stellt demgegenüber eher eine Variante der schriftlichen Befragung dar. Die Schnelligkeit des Mediums erlaubt es der Interviewerin bzw. dem Interviewer jedoch eher als die traditionelle schriftliche Befragung, im Anschluss an eine Antwort noch weitere Vertiefungsfragen zu stellen.

Wie die schriftliche offene Befragung, eignet sich auch die Datenerhebung im Internet in erster Linie für die Befragung von Personen, die sich in räumlicher Entfernung von den Forschenden befinden.

Lautes Denken

Das laute Denken steht als Erhebungsmethode zwischen den Befragungs- und den Beobachtungsverfahren. Einerseits werden hier, wie auch bei der Befragung, verbale Daten erhoben. Andererseits steht das laute Denken methodologisch in der Tradition

Lautes Denken steht als Erhebungsmethode zwischen Befragung und Beobachtung.

der Introspektion bzw. Selbstbeobachtung, wie sie zu Beginn des 20. Jahrhunderts in der Würzburger Schule zur Anwendung kam (zu Selbstbeobachtung und Introspektion siehe ausführlich ▶ Abschn. 6.2.1). Die Datenerhebung beim lauten Denken erfolgt, wie auch bei der Beobachtung, weitgehend ungelenkt: Die verbalen Äußerungen werden aufgezeichnet, es wird aber – ganz anders als beim Interview oder der Gruppendiskussion – nicht durch Fragen in das Geschehen eingegriffen (▶ Beispiel).

Beispiel

Was verstehen Studierende unter kritischem Denken?

Von Studierenden wird meist erwartet, dass sie in der Lage sind, kritisch zu denken. Aber was verstehen Studierende eigentlich selbst unter »kritischem Denken«? Um diese Frage zu beantworten, führten Phillips und Bond (2004) Interviews mit Studierenden eines Managementstudiengangs durch. Außerdem legten sie den Teilnehmenden mehrere Probleme aus der Managementpraxis vor und forderten sie auf, während der Bearbeitung der Probleme ihre Gedanken laut zu formulieren. So sollten die Studierenden sich beispielsweise vorstellen, sie seien in einer Leitungsposition und kommen gerade vom Mittagessen zurück. Als sie das Büro betreten, hören sie, wie die Rezeptionistin am Telefon ein Privatgespräch führt, während Kunden warten. Wie würden sie reagieren? In den Interviews erhoben die Forscherinnen und Forscher, was die Studierenden unter kritischem Denken verstanden; das laute Denken machte sichtbar, wie die Studierenden selbst beim kritischen Denken vorgingen. Es zeigte sich, dass das eine eng mit dem anderen zusammenhing – die Studierenden gingen bei der Problembearbeitung also in etwa so vor, wie sie es zuvor abstrakt beschrieben hatten. Insgesamt identifizierten Phillips und Bond vier verschiedene Konzeptionen kritischen Denkens: Abwägen; ein Problem aus verschiedenen Blickwinkeln betrachten; Rückschau; unter die Oberfläche schauen.

Das laute Denken dient der **Erfassung kognitiver Prozesse**.

Das laute Denken dient in erster Linie der Erfassung kognitiver Prozesse (beispielsweise der Gedanken beim Problemlösen). Die Teilnehmenden werden aufgefordert, alles, was ihnen beim Lösen einer vorgegebenen Aufgabenstellung durch den Kopf geht, laut auszusprechen. Die Äußerungen werden aufgezeichnet; dabei ist die Probandin bzw. der Proband in der Regel allein im Raum. Bei der Aufgabenstellung kann es sich beispielsweise um die Lösung eines komplexen Problems handeln (wie das Szenario der telefonierenden Rezeptionistin) oder auch um das Lesen literarischer Texte, die – um eine präzisere Zuordnung von Textteilen und Äußerungen zu erlauben – häufig in kleineren Ausschnitten am Bildschirm präsentiert werden.

▶ **Definition Lautes Denken**

Definition

Das **laute Denken** dient der Erfassung kognitiver Prozesse. Die Befragten werden aufgefordert, alles laut zu verbalisieren, was ihnen bei der Bearbeitung einer vorgegebenen Aufgabe durch den Kopf geht. Die Verbalisierung kann während der Aufgabenbearbeitung erfolgen (periaktional) oder unmittelbar im Anschluss (postaktional).

Je nach Zeitpunkt der Verbalisierung wird zwischen periaktionalem (gleichzeitigem) und postaktionalem (nachträglichem) lautem Denken unterschieden.

Beim periaktionalen lauten Denken verbalisieren die Befragten ihre Gedanken **während** der Aufgabenbearbeitung.

Periaktionales lautes Denken Die Teilnehmenden werden gebeten, ihre Gedanken *während* der Aufgabenbearbeitung zu verbalisieren. Verzerrungen, wie sie bei der nachträglichen Rekonstruktion der Gedanken leicht entstehen können, sollen so minimiert werden; die Äußerungen der Befragten sind sozusagen dicht am Phänomen selbst. Zugleich bedeutet die Verbalisierung während der Aufgabenbearbeitung zusätzlichen kognitiven Aufwand; es werden also Ressourcen von der Aufgabenbearbeitung abgezogen. Die Methode verändert hier also den Gegenstand: Das Lesen eines literarischen Textes mit zeitgleicher Verbalisierung der Gedanken, die einem dabei durch den Kopf gehen, ist etwas anderes als das Lesen eines literarischen Textes im Alltag.

Postaktionales lautes Denken Die Teilnehmenden werden aufgefordert, zunächst die Aufgabe zu bearbeiten und anschließend die Gedanken zu verbalisieren, die ihnen dabei durch den Kopf gegangen sind. Auf diese Weise wird eine Veränderung des Prozesses der Aufgabenbearbeitung vermieden. Zugleich kann aber nicht ausgeschlossen werden, dass im Nachhinein nicht mehr alle Gedanken erinnert werden; der Abstand zu dem Phänomen ist hier größer als beim periaktionalen lauten Denken.

Beim postaktionalen lauten Denken verbalisieren die Befragten ihre Gedanken **unmittelbar im Anschluss** an die Aufgabenbearbeitung.

Sampling bereits vorhandener verbaler Daten

Oben wurde bereits darauf hingewiesen, dass Datenerhebung nicht notwendig die aktive Generierung von Daten beinhaltet. Alternativ kann aus bereits vorhandenem Datenmaterial gezielt eine Stichprobe für die weitere Auswertung ausgewählt werden.

Verbale Selbstzeugnisse als Datenmaterial Unter psychologischen Gesichtspunkten sind hier vor allem verbale Selbstzeugnisse von Interesse, wie beispielsweise Tagebücher, Briefe, Kontaktanzeigen oder autobiografische Texte. Mit dem Internet hat sich zugleich der Zugang zu einer großen Vielfalt solcher Selbstzeugnisse eröffnet: E-Mails, persönliche Webseiten, Weblogs, Beiträge zu Diskussionslisten und Newsgroups stellen sämtlich bereits vorhandenes Datenmaterial dar (Blank, Lee & Fielding, 2008, Teil 6). In all diesen Fällen handelt es sich jedoch um Texte einer ganz bestimmten Textsorte; bei der Auswertung sind entsprechend auch deren Konventionen und Entstehungsbedingungen zu berücksichtigen. Neben Selbstzeugnissen können auch andere Arten verbaler Daten für psychologische Untersuchungen von Bedeutung sein; so können Werbeanzeigen beispielsweise Aufschluss über die Geschlechterstereotype einer Gesellschaft geben. Der große Vorteil des Rückgriffs auf bereits vorhandene Primärdaten besteht darin, dass solche Daten in keiner Weise durch die Erhebungssituation beeinflusst sind; sie sind also in hohem Maß **valide**. Andererseits ist der Entstehungskontext nur in begrenztem Maß, wenn überhaupt, bekannt; dieser wiederum kann für die Ermittlung der Bedeutung wichtig sein.

Verbale Selbstzeugnisse wie Tagebücher, Weblogs usw. lassen sich als Datenmaterial nutzbar machen.

Nutzung von Sekundärdaten als Datenmaterial Auch Sekundärdaten lassen sich für die weitere Auswertung nutzbar machen, also (verbale) Daten, die von anderen Forschenden in einem anderen Untersuchungskontext generiert wurden (Medjedovic & Witzel, 2010; ▶ Beispiel). Der Rückgriff auf Sekundärdaten ist in der qualitativen Forschung umstritten, denn im Prozess der Aufbereitung, Archivierung und Anonymisierung geht viel von der Kontextinformation und dem Informationsreichtum verloren, die für qualitative Forschung gerade charakteristisch sind. Auch kam der Prozess der Archivierung nur langsam in Gang. Inzwischen existieren jedoch Archive, an die qualitativ Forschende sich wenden können, wenn sie eine Sekundäranalyse planen, und es liegen auch erste Erfahrungen mit der Durchführung qualitativer Sekundärstudien vor. Im Gegensatz zur Nutzung verbaler Primärdaten ist dabei meist keine weitere Stichprobenziehung erforderlich, sondern es wird auf die Gesamtheit der Daten zurückgegriffen, die im Rahmen der Primäruntersuchung erhoben wurden.

Zunehmend werden in der qualitativen Forschung auch Reanalysen von Daten durchgeführt, die in einem anderen Untersuchungskontext erhoben wurden.

Beispiel

Die Kategorie des Widerstands beim psychischen Überleben von Gefangenen

Fielding und Fielding (2008) führten eine Sekundäranalyse von umfangreichem Datenmaterial (Gruppendiskussionen, Briefe usw.) zu Strategien psychologischen Überlebens von Gefangenen im Hochsicherheitstrakt von Gefängnissen durch. Die Autoren der Originalstudie konzentrierten sich in ihrer Auswertung auf das Konzept des Überlebens. Fielding und Fielding fanden darüber hinaus Anhaltspunkte dafür, dass »Widerstand« ein weiteres Kernkonzept darstellt, das von den Gefangenen ebenfalls strategisch eingesetzt wurde.

Kontrollfragen

4. 1. Unter welchen Bedingungen eignet sich die schriftliche Befragung besser zur Datenerhebung als das Interview?
5. Welches methodische Problem stellt sich bei der Entscheidung zwischen periaktionalem und postaktionalem lautem Denken?
6. Warum war die Sekundäranalyse qualitativer Daten lange umstritten?

▶ Weiterführende Literatur

Konrad, K. (2010). Lautes Denken. In G. Mey & K. Mruck (Hrsg.), *Handbuch Qualitative Forschung in der Psychologie* (S. 476–490). Wiesbaden: VS Verlag für Sozialwissenschaften.
Medjedovic, I. & Witzel, A. (2010). *Wiederverwendung qualitativer Daten: Archivierung und Sekundärnutzung qualitativer Interviewtranskripte.* Wiesbaden: VS Verlag für Sozialwissenschaften.
Prior, L. (2003). *Using documents in social research.* London: Sage.

6.2 Erhebung visueller Daten

Lernziele

- Kennenlernen von Merkmalen qualitativer Beobachtung.
- Kennenlernen verschiedener Arten der Beobachtung.
- Verstehen, welche Informationen wie in einem Beobachtungsprotokoll festzuhalten sind.
- Nonreaktive Verfahren in der qualitativen Forschung kennenlernen.
- Kennenlernen weiterer Verfahren zur Erhebung visueller Daten und ihrer Anwendungsbedingungen.

Das wichtigste Verfahren zur Erhebung visueller Daten ist die **freie, nonstandardisierte Beobachtung**.

Während die qualitative Sozialforschung in der Vergangenheit primär mit verbalen Daten gearbeitet hat, haben in den vergangenen 10 Jahren visuelle Daten zunehmend an Bedeutung gewonnen. Bei deren Erhebung kommt der (freien, nonstandardisierten) Beobachtung eine zentrale Rolle zu (wie dem Interview bei der Erhebung verbaler Daten). Außerdem gehen wir im Folgenden auch auf nonreaktive Verfahren als eine spezielle Variante der Beobachtung, auf die Eigenproduktion visueller Daten (Zeichnungen, Fotos, Videofilme etc.) sowie auf die Nutzung bereits vorhandener visueller Daten ein.

Die Erhebung visueller Daten stellt weniger Anforderungen an die Teilnehmenden als die Erhebung verbaler Daten.

Die Erhebung visueller hat gegenüber der Erhebung verbaler Daten den Vorteil, dass sie seitens der Teilnehmenden weniger voraussetzt; insbesondere sind hier keine speziellen verbalen Kompetenzen erforderlich. Entsprechend eröffnet die Erhebung visueller Daten einen Zugang zu Personengruppen wie beispielsweise Kindern, deren verbale Kompetenzen (noch) nicht so hoch ausgeprägt sind. Allerdings stehen bisher kaum systematische Auswertungsverfahren zur Verfügung, die speziell für visuelle Daten entwickelt wurden (aber ▶ Abschn. 7.2).

Wichtige Kontexte der Verwendung visueller Daten sind kritisch-partizipative Forschung und »arts-based reasearch«.

Besonders im angloamerikanischen Raum werden visuelle Daten im Kontext umfassender Forschungsprogramme und Designs genutzt. Von besonderer Bedeutung ist dabei zunächst die Einbettung visueller Daten in einen Kontext kritisch-partizipativer Forschung, beispielsweise in Sarah Pinks Forschungsprogramm eines Aktivismus des Alltäglichen (Pink, 2012). Auch wird mit der Verwendung visueller Daten die Grenze zwischen Kunst und qualitativer Sozialforschung fließend (»arts-based reasearch«; z. B. Knowles & Cole, 2008).

6.2.1 Beobachtung

Im Gegensatz zur Beobachtung im Alltag ist die Beobachtung in der qualitativen Forschung fokussiert, unvoreingenommen und systematisch; auch kann sie sich störend auf die natürlichen Abläufe auswirken.

Unterschiede zwischen Beobachtung im Alltag und in der qualitativen Forschung In der qualitativen Forschung findet Beobachtung meist im Feld statt (auch ▶ Abschn. 2.2 zur Beobachtung in der quantitativen Forschung). Von der Beobachtung im Alltag unterscheidet sich die Beobachtung als Methode der Datenerhebung durch folgende Merkmale:

- Die Beobachtung wird zu einem bestimmten Zweck ausgeführt und ist daher **fokussiert**.
- Die Beobachtenden versuchen ihre Vorannahmen, Interpretationen und Bewertungen des Gesehenen zunächst auszublenden und in möglichst **unvoreingenommener** Weise zu erfassen, was sich im Feld ereignet.
- Die Anwesenheit der Forschenden im Feld stellt eine »**Störung**« der natürlichen Abläufe dar, fordert dadurch aber zugleich zusätzliche Reaktionen heraus (die sich wiederum als Daten nutzbar machen lassen).
- Die freie Beobachtung ist insofern **systematisch**, als die beobachteten Ereignisse und Handlungen möglichst ohne Verzögerung in einem Beobachtungsprotokoll oder in Feldnotizen festgehalten werden.

Nicht nur Personen können Gegenstand von Beobachtung sein, sondern z. B. auch Interaktionen, Alltagsroutinen usw.

Gegenstände der Beobachtung Beobachtung wird manchmal mit der Beobachtung einzelner Personen gleichgesetzt. Aber nicht nur Personen können Gegenstand der Beobachtung sein. Beobachten kann man auch Interaktionen, etwa in großen Gruppen wie bei einem Rockkonzert oder in kleineren Gruppen wie beispielsweise Interaktionen in der Familie. Auch Alltagsroutinen, Formen nonverbaler Kommunikation, Kleidungsstile, Kulturen (wie etwa die Kultur von Fußballfans oder die Kultur eines Unternehmens), ausgewählte Schauplätze (eine Tagung, ein Park) oder Institutionen (Krankenhäuser, Gefängnisse) lassen sich beobachten (s. auch ▶ Selbstbeobachtung).

Exkurs

Selbstbeobachtung

Gegenstand der Beobachtung können entweder die eigene Person (**Selbstbeobachtung)** oder andere Personen **(Fremdbeobachtung)** sein. In der qualitativen Forschung kommt heute meistens die Fremdbeobachtung zur Anwendung; beobachtende und beobachtete Person sind dabei gerade nicht identisch. Die Marienthal-Studie, Whytes Studie zu Struktur und Organisation von »neighbourhood gangs« oder Humphreys' Beobachtung sexueller Begegnungen zwischen homosexuellen Männern basieren z. B. sämtlich auf Fremdbeobachtung.

Die Selbstbeobachtung hat jedoch in der qualitativen Forschung in Form der **Introspektion** eine lange Tradition. Von den Forschern der Würzburger Schule wurde beispielsweise eine Form der Introspektion entwickelt, bei der die Teilnehmenden möglichst genau beobachten und berichten sollten, was ihnen bei der Bearbeitung eines Problems durch den Kopf ging (auch ▶ Abschn. 6.1.3 zum lauten Denken). Dieser Ansatz wurde in den 1990ern in der Forschungsgruppe um Kleining wieder aufgenommen und zur **dialogischen Introspektion** weiterentwickelt. Die dialogische Introspektion findet in der Gruppe statt, um die Erinnerung an flüchtige Aspekte eigenen Erlebens zu erleichtern. Die Teilnehmenden erhalten zweimal Gelegenheit, ihr Erleben darzustellen, einmal bevor und einmal nachdem sie die Introspektionsberichte der anderen gehört haben. Auf Selbstbeobachtung basiert z. T. auch die Auto-Ethnografie (▶ Abschn. 5.5).

Auch in der quantitativen Psychologie ist die Selbstbeobachtung übrigens durchaus verbreitet (und wird unter dem Gesichtspunkt der Problematik von Selbstauskünften kritisch diskutiert): Die Erfassung von Einstellungen, Meinungen oder Häufigkeiten bestimmter Handlungen basiert auf Selbstauskünften und somit auf Selbstbeobachtung.

Qualitative Beobachtung ist nonstandardisiert, ganzheitlich und im Untersuchungsverlauf zunehmend fokussiert.

In der qualitativen Forschung kommt meist die **nonstandardisierte Form der Beobachtung** zur Anwendung. Es wird also nicht vorab festgelegt, was genau beobachtet werden soll; was von Bedeutung ist, ergibt sich im Verlauf der Untersuchung. Der Gegenstand der Beobachtung wird dabei möglichst in seiner Ganzheit und in seinen verschiedenen Facetten erfasst. Erst im Laufe der Untersuchung schälen sich relevante Einheiten heraus, die dann genauer fokussiert werden, wie beispielsweise die Gehgeschwindigkeit von Personen in der Marienthal-Studie. In qualitativen Beobachtungsstudien wird der Fokus also im Untersuchungsverlauf zunehmend enger.

Qualitative Beobachtung wird oft von mehreren Beobachtenden über einen längeren Zeitraum durchgeführt.

Gerade wegen der Komplexität des Untersuchungsgegenstandes wird die Beobachtung in der qualitativen Forschung meist von mehreren Forschenden im Team durchgeführt: Die Beobachtungen verschiedener Forscherinnen und Forscher ergänzen einander und fügen sich zu einem umfassenderen Gesamtbild zusammen. Die Marienthal-Studie ist ein Beispiel für eine solche Beobachtungsstudie, die von einem Forschungsteam durchgeführt wurde. Die Dauer der Beobachtung kann dabei prinzipiell von einer einmaligen Beobachtung über einen kürzeren Zeitraum bis hin zu mehrfachen Beobachtungen über einen längeren Zeitraum hinweg reichen. In der qualitativen Forschung sind mehrfache Beobachtungen über einen längeren Zeitraum üblich, der sogar mehrere Jahre umfassen kann. Bei der Marienthal-Studie wohnten die Forschenden beispielweise mehrere Monate in der Gemeinde, und Whytes Studie zu »neighbourhood gangs« erstreckte sich über mehrere Jahre.

► Definition Teilnehmende Beobachtung

Definition

Bei der **teilnehmenden Beobachtung** übernehmen die Forschenden aktiv eine Rolle im Feld, werden also selbst zu einem Mitglied des Feldes und zu einem Teil des Settings, das den Forschungsgegenstand darstellt.

Die Rolle der Beobachtenden reicht von der Vollmitgliedschaft im Feld bis zur Rolle des Außenstehenden, mit jeweiligen Vor- und Nachteilen.

Die Rolle der Beobachtenden Formen qualitativer Beobachtung unterscheiden sich darin, inwieweit die Forschenden in das Feld integriert sind. Das Spektrum reicht hier von der Vollmitgliedschaft im Feld bis hin zur Rolle von Außenstehenden. Wenn die Beobachtenden eine Rolle im Feld übernehmen, spricht man auch von **teilnehmender Beobachtung**. Diese Form der Beobachtung kommt insbesondere in der deskriptiven Feldforschung zur Anwendung, wo es darum geht, das Feld bzw. eine andere Kultur von innen heraus kennenzulernen (► Abschn. 5.5). Wenn Forschende im Feld tatsächlich eine vollwertige Rolle übernehmen, lernen sie das Feld natürlich gründlich kennen und blicken auch hinter die Kulissen. Andererseits bleibt bei einer vollwertigen Rolle neben dem Handeln wenig Zeit für die eigentliche Beobachtungsaktivität. Vor- und Nachteile der Position der Außenstehenden sind genau komplementär: Es bleibt genügend Zeit für die Beobachtung, aber es gibt vielleicht nicht so viel zu beobachten, weil sich das Feld nicht im selben Maß erschließt. Häufig entscheiden sich Forschende daher für eine marginale Rolle im Feld, die es ihnen erlaubt, sich nützlich zu machen, ohne aber vollständig im Feld aufzugehen: Als »Watchqueen« erfüllte beispielsweise Humphreys eine wichtige Funktion im Setting öffentlicher Toiletten, die für sexuelle Begegnungen zwischen homosexuellen Männern genutzt wurden. Zugleich handelte es sich aber insofern um eine marginale Rolle am Rande des Feldes, als er nicht selbst in die sexuellen Begegnungen einbezogen war (zur offenen vs. verdeckten Durchführung teilnehmender Beobachtung ► Kritische Betrachtung).

Exkurs

Kritische Betrachtung

Bei der Durchführung einer Beobachtungsstudie müssen sich Forschende immer auch mit der Frage auseinandersetzen, wie **offen** bzw. **verdeckt** die Beobachtung erfolgen soll. Offenheit bezieht sich darauf, inwieweit die Personen im Feld sich darüber im Klaren sind, dass sie Gegenstand der Beobachtung sind.

Von einer **verdeckten Beobachtung** spricht man, wenn die Personen im Feld sich sämtlich nicht darüber im Klaren sind, dass überhaupt eine Untersuchung stattfindet. Verdeckte Beobachtung ist potenziell als Erhebungsmethode geeignet, wenn davon auszugehen ist, dass die Forschenden anders keinen Zugang zum Feld erhalten. Humphreys führte aus diesem Grund seine Untersuchung sexueller Begegnungen zwischen homosexuellen Männern weitgehend verdeckt durch: Da Homosexualität zu der damaligen Zeit unter Strafe stand, nahm er an, dass eine offene Untersuchung nicht möglich war. Verdeckte Beobachtung wird manchmal auch in Erwägung gezogen, weil die offene Anwesenheit der Forschenden

▼

das Setting verändert und die Personen im Feld sich in der Forschungssituation vermutlich anders verhalten, als sie das sonst tun würden. Allerdings ist das noch kein hinreichender Grund für eine Täuschung der Teilnehmenden.
Bei der **offenen Beobachtung** gibt es verschiedene Abstufungen. Bei der gänzlich offenen Beobachtung wissen die Teilnehmenden von der Beobachtung und wissen auch, wer die Beobachtenden sind; und sie kennen die Forschungsfrage (vgl. wiederum die Marienthal-Studie). Es kann aber auch der Fall sein, dass nur einzelne Personen im Feld von der Beobachtung wissen (im Untersuchungsverlauf legte Humphreys seine Identität als Forscher einigen ausgewählten Personen gegenüber offen) oder dass die Personen im Feld zwar wissen, dass eine Untersuchung stattfindet, die genaue Forschungsfrage aber nicht kennen. Jede Abweichung von vollständiger Offenheit beinhaltet jedoch eine Täuschung der Personen im Feld, die nur in Ausnahmefällen gerechtfertigt und in jedem Fall ethisch zu begründen ist (▶ Abschn. 8.2).

Die Kombination dieser verschiedenen Dimensionen und ihrer Ausprägungen ergibt konkret eine Vielzahl an möglichen Beobachtungsverfahren. Spezielle Varianten, die in der Literatur besonders hervorgehoben werden, wie beispielsweise die teilnehmende Beobachtung, decken also keineswegs das gesamte Spektrum an Beobachtungsmöglichkeiten ab.

Das Beobachtete wird in einem **Beobachtungsprotokoll** festgehalten.

Das Beobachtungsprotokoll sollte in erster Linie **genaue Beschreibungen** enthalten.

Das Beobachtungsprotokoll Mit der Beobachtung ist die Datenerhebung noch nicht beendet – zunächst muss das Beobachtete in Form eines **Beobachtungsprotokolls** festgehalten werden (▶ Beispiel). Das Protokoll sollte möglichst detaillierte Beschreibungen des räumlichen Settings (Tageszeit, Raum, Mobiliar usw.), des sozialen Settings (Wie viele Personen sind anwesend, welchen Alters, Geschlechts? Wie verteilen sie sich im Raum?) und der beobachteten Aktivitäten enthalten (Wer ist an der Aktivität oder Interaktion beteiligt? Wer initiiert, wer beendet sie? Was wird kommuniziert, und zwar sowohl verbal als auch nonverbal?). Das Beobachtungsprotokoll sollte möglichst beschreibend gehalten werden, d. h., die Beobachtenden sollten die Personen im Feld und das Geschehen nicht bewerten. Natürlich sind Bewertungen, Interpretationen und Reflexionen manchmal unvermeidlich und können auch wichtige Hinweise für die weitere Auswertung enthalten. Sie sollten dann aber deutlich als solche gekennzeichnet und gegenüber der eigentlichen Beschreibung des Geschehens abgesetzt sein.

Beispiel

Aus der Praxis: Beobachtungsprotokoll

Die Tür, die vom Korridor in das Zimmer führte, öffnete sich. Ein Mann hielt für einen Moment an der Tür inne und kam dann auf Zehenspitzen herein (Er wirkte überrascht, als er die Tür öffnete, als hätte er nicht so viele Menschen erwartet. Ich hatte den Eindruck, dass er auf Zehenspitzen ging, um möglichst wenig Lärm zu machen. Er wirkte so, als wollte er sagen: Ich weiß, ich gehöre eigentlich nicht hierher.)
Er war ungefähr 5 Fuß und 7 Inches groß und war tief gebräunt. Seine Haut sah ledrig aus. Seine Haare waren schwarz und nach hinten zurückgekämmt. Die Haare hatten ein paar graue Strähnen, und an der Stirn hatte er eine leichte Glatze. Er war dünn. Seine Kleidung war sauber, gebügelt und saß gut. Hinten an seinem Gürtel war ein Schlüsselring befestigt; daran hingen mehrere Schlüssel herunter. Er trug dunkelbraune Flanellhosen, die gerade fielen. Sein Gürtel war hellbraun, und er trug die Schnalle auf den Hüften. Sein Hemd war dunkelbraun kariert mit einer Knopfleiste. Seine Schuhe glänzten, und er trug eine Brille mit einem schwarzen Gestell. (Auszug aus einem Beobachtungsprotokoll; Taylor & Bogdan, 1998, S. 76; Übersetzung M. Sch.)

Beobachtung kann auch **technisch unterstützt** erfolgen.

Bisher war von Beobachtung die Rede, die mit den Augen der Forschenden erfolgt. Beobachtung kann aber auch mit technischer Unterstützung durchgeführt werden. Dies ist beispielsweise der Fall, wenn Geschehnisse mit Video aufgenommen und dokumentiert oder sogar automatisch aufgezeichnet werden. Eine automatische Aufzeichnung findet beispielsweise in Chatrooms im Internet statt oder in virtuellen interaktiven Umgebungen im Internet (wie beispielsweise »Second Life«).

Mit Beobachtung wird die **Außensicht** von Handlungen und Ereignissen erfasst, nicht deren Bedeutung.

Beobachtungsverfahren bieten Zugang zur Außensicht von Handlungen und Ereignissen. Welche Bedeutungen mit diesen Handlungen verbunden sind, mit welcher Intention und zu welchem Zweck sie ausgeführt werden, lässt sich dagegen mittels Beobachtung nicht erfassen. Ein forschend-beobachtender Marsmensch, der sich am Rande eines Fußballplatzes aufstellt, würde beispielsweise ein detailliertes Protokoll anfertigen, in dem von einem umrissenen Areal die Rede ist, das von einem Linienmuster durchzogen ist. Weiterhin wäre in dem Protokoll die Rede von 22 Personen, von denen jeweils 11 weitgehend identisch gekleidet sind, die durcheinander laufen und offensichtlich versuchen, eines runden Objekts habhaft zu werden – das sie aber nicht festhalten, sondern mit kräftigen Tritten zu einer anderen Person befördern. Dass es sich hier um ein Spiel handelt, nämlich Fußball, ist Teil unseres kulturellen Wissens, das wir als selbstverständlich hinnehmen. Ohne dieses Wissen verschließt sich jedoch die Bedeutung des Gesehenen. Um auch diese Bedeutung zu erfassen, wird Beobachtung in der qualitativen Forschung häufig mit Verfahren zur Erhebung verbaler Daten kombiniert.

6.2.2 Nonreaktive Verfahren

Nonreaktive Verfahren liefern Beobachtungsdaten, die nicht durch die Anwesenheit der Forschenden verändert sind.

Dass die Anwesenheit einer Beobachterin oder eines Beobachters das Setting verändert, stellt eine Variante des Problems der Reaktivität dar, wie es allgemein bei psychologischen Untersuchungen auftritt: Menschen sind in der Lage, sich Gedanken über die Untersuchung und deren Zielsetzung zu machen und ihr eigenes Handeln und Verhalten entsprechend zu verändern (ausführlich ▶ Abschn. 2.1). In der qualitativen Forschung wurden in Antwort auf dieses Problem nonreaktive Beobachtungsverfahren entwickelt, bei denen zwischen den beobachteten Personen und den Beobachtenden keinerlei Kontakt besteht (▶ Beispiel).

▶ Definition Nonreaktive Verfahren

Definition

Nonreaktive Beobachtungsverfahren sind dadurch gekennzeichnet, dass zwischen den Beobachtenden und den beobachteten Personen kein Kontakt besteht. Es findet keine direkte Beobachtung von Personen und ihrem Handeln statt. Gegenstand der Beobachtung sind die Spuren, die Menschen mit ihren Handlungen hinterlassen haben.

Da diese Spuren nicht durch die Anwesenheit der Forschenden beeinflusst sind, ist davon auszugehen, dass sie besonders valide Daten darstellen. Da die Spuren außerdem meist keine Rückschlüsse auf einzelne Personen zulassen, stellen sich hier auch nicht die für Beobachtungsstudien typischen ethischen Probleme verdeckter Beobachtung.

Beispiel

Wie wir mit unseren Handlungen Spuren hinterlassen …

Abnutzungserscheinungen stellen beispielsweise Spuren dar, die sich für eine nonreaktive Beobachtung eignen. In der Museumsforschung lassen sich etwa besonders beliebte Ausstellungsstücke ermitteln, indem das Ausmaß der Abnutzung von Teppich oder Parkett unmittelbar vor den Stücken ermittelt wird. Bei der Nutzung ihrer Umgebung können Menschen aber auch aktiv Spuren hinterlassen. Wenn es beispielsweise in einem Gebäude keinen offiziellen Aufenthaltsraum gibt, wird ein solcher »Raum« oft auf informelle Weise geschaffen: eine Ecke, wo man sich in Pausen aufhält, auf andere trifft und sich austauschen kann. Dabei sammeln sich dann schnell Kaffeebecher oder ausgedrückte Zigaretten an, die darauf schließen lassen, welche Teile des Gebäudes spontan für informelle Treffen genutzt werden (vgl. Emmison & Smith, 2000).

6.2.3 Eigenproduktion und Sampling visueller Daten

Die **Eigenproduktion** visueller Daten stellt das Äquivalent im visuellen Bereich zur schriftlichen offenen Befragung im verbalen Bereich dar. Auch hier werden die Teilnehmenden aufgefordert, vergleichsweise frei zu einer bestimmten Fragestellung Material zu produzieren; nur handelt es sich in diesem Fall eben nicht um verbales, sondern um visuelles Material. Denkbar ist hier das gesamte Spektrum visueller Daten. Kinder werden beispielsweise aufgefordert, etwas zu zeichnen – etwa, wie sie sich eine ideale Schule vorstellen. Bei der Arbeit mit Jugendlichen bietet es sich dagegen eher an, sie zum Fotografieren, zur Produktion eines Videos oder – als gemischte Datenform – zur Erstellung einer Webseite anzuregen (vgl. auch die Methode der »photovoice«: Wang, 1999). Dabei erstreckt sich die Produktion eines Videos meist über einen längeren Zeitraum, so dass hier der Herstellungsprozess und die Bedingungen, unter denen er sich vollzieht (innerhalb oder außerhalb von institutionellen Kontexten, mit oder ohne Betreuung und Anleitung usw.) selbst zu einem Teil der Daten wird und entsprechend auch in die Auswertung einzubeziehen ist.

Bei der Eigenproduktion visueller Daten werden Teilnehmende aufgefordert, Zeichnungen, Fotografien, Videos usw. zu erstellen.

Eine besondere Variante der Eigenproduktion visueller Daten ist das **Spiel**. Es eignet sich speziell für Untersuchungen mit Kindern, etwa in Form des **szenischen Spiels**. Charlton und Neumann (1990) haben beispielsweise die Verarbeitung von Medienprodukten wie Kinderbüchern und Fernsehsendungen untersucht, indem sie das Spiel von Kindern im Anschluss an die Rezeption beobachtet und ausgewertet haben. Sie konnten auf diese Weise aufzeigen, wie Kinder Medieninhalte zur Bearbeitung von Lebensthemen nutzbar machen. Aber auch in der Forschungsarbeit mit Erwachsenen kann das Spiel als Erhebungsmethode eingesetzt werden, beispielsweise in Form des **Rollenspiels**. Das Spiel findet in einer vorab geplanten Als-ob-Situation statt, die in Anlehnung an interessierende reale Situationen konzipiert ist. Stahlke (2001) hat das Rollenspiel beispielsweise in einer Untersuchung zur Entstehung und Bewältigung von Krisensituationen mit Fahrerinnen und Fahrern von Bussen und Straßenbahnen eingesetzt.

Das Spiel lässt sich als spezielle Form der Produktion visueller Daten rekonstruieren.

Auch für visuelle Daten gilt, dass eine Stichprobe aus bereits vorhandenem Datenmaterial herangezogen werden kann (zu Verfahren der Stichprobenziehung ▶ Abschn. 5.2). Wie dies bereits für die Stichprobenziehung aus vorhandenem verbalen Material erläutert wurde, sind hier sowohl Selbstzeugnisse von Interesse (Fotos, Familienvideos) als auch Material, das beispielsweise Rückschlüsse auf gesellschaftliche Einstellungen erlaubt (Anzeigenmaterial, Fotos in Zeitungen oder auf Webseiten usw.).

Auch die Stichprobenziehung aus bereits vorhandenem Datenmaterial kann für die Erhebung visueller Daten genutzt werden.

? Kontrollfragen

1. In welchen Hinsichten unterscheidet sich Beobachtung in der qualitativen von Beobachtung in der quantitativen Forschung?
2. Was versteht man unter Selbstbeobachtung? Weshalb ist die Selbstbeobachtung unter methodischen Gesichtspunkten umstritten?
3. Eine Kommilitonin plant, für ihre Abschlussarbeit eine verdeckte teilnehmende Beobachtung in der örtlichen Drogenszene durchzuführen. Was würden Sie ihr zu bedenken geben?
4. Worauf ist bei der Erstellung eines Beobachtungsprotokolls zu achten?
5. Nennen Sie verschiedene Arten von Spuren, die sich im Rahmen nonreaktiver Verfahren in der qualitativen Forschung nutzbar machen lassen. Worauf verweisen diese Spuren?
6. Welche der Verfahren aus diesem Abschnitt eignen sich zur Datenerhebung in einer Studie mit 8- bis 10-jährigen Kindern?

▶ Weiterführende Literatur

Angrosino, M. & Rosenberg, J. (2011). Observations on observation. Continuities and challenges. In N. K. Denzin & Y. S. Lincoln (Eds.), *The Sage Handbook of qualitative research* (pp. 467–478). Thousand Oaks, CA: Sage.

Girtler, R. (2001). *Methoden der Feldforschung* (4. neubearb. Aufl.). Stuttgart: UTB.

Lamnek, S. (2010). *Qualitative Sozialforschung: Lehrbuch* (5. überarb. Aufl., Kap. 11.). Weinheim: Beltz.

Mitchell, C. (2011). *Doing visual research*. Los Angeles, CA: Sage.
Prosser, J. (2011). Visual methodology. Towards a more seeing research. In N. K. Denzin & Y. S. Lincoln (Eds.), *The Sage Handbook of qualitative research* (pp. 479–495). Thousand Oaks, CA: Sage.
Sader, M. (1986). *Rollenspiel als Forschungsmethode*. Wiesbaden: VS Verlag für Sozialwissenschaften.
Webb, E.J., Campbell, D.T., Schwartz, R.D. & Sechrest, L. (2000). *Unobtrusive measures: Non-reactive research in the social sciences* (rev. ed.). Thousand Oaks, CA: Sage.

6.3 Literatur

Atkinson, R. (1998). *The life story interview*. London: Sage.
Bohnsack, R. (2007). *Rekonstruktive Sozialforschung. Einführung in qualitative Methoden* (7. durchges. Aufl.). Opladen: Leske & Budrich.
Blank, G., Lee, R. M. & Fielding, N. (Eds.) (2008). *The Sage Handbook of online research methods*. London: Sage.
Charlton, M. & Neumann, K. (1990). *Medienrezeption und Identitätsbildung*. Tübingen: Narr.
Echterhoff, G. & Straub, J. (2004). Narrative Psychologie. In G. Jüttemann (Hrsg.), *Psychologie als Humanwissenschaft: Ein Handbuch* (S. 102–133). Göttingen: Vandenhoeck & Ruprecht.
Emmison, M. & Smith, P. (2000). *Researching the visual*. London: Sage.
Flick, U. (2007). *Qualitative Sozialforschung. Eine Einführung* (4. Aufl.). Reinbek: Rowohlt.
Fielding, N. & Fielding, J. L. (2008). Resistance and adaptation to criminal identity: Using secondary analysis to evaluate classic studies of crime and deviance. *Historical Social Research, 33* (3), 75–93.
Klaukien, R. (2008). *Gewalt in der biographischen Entwicklung jugendlicher Straftäter: Eine empirische Studie*. Unveröff. Diplomarbeit. Köln: Universität zu Köln.
Knowles, J. G. & Cole, A. L. (Eds.) (2008). *Handbook of the arts in qualitative research*. Thousand Oaks, CA: Sage.
Medjedovic, I. & Witzel, A. (2010). *Wiederverwendung qualitativer Daten: Archivierung und Sekundärnutzung qualitativer Interviewtranskripte*. Wiesbaden: VS Verlag für Sozialwissenschaften.
Merton, R. K., Fiske, M. & Kendall, P. L. (1956). *The focused interview*. New York: Free Press.
Odag, Ö., Schreier, M. & Thies-Brandner, Y. (2008). *Reading with a difference? Reading styles and strategies in relation to gender*. Paper presentation at the 11th IGEL-Conference at the University of Memphis.
Pink, S. (2012). *Situating everyday life*. London: Sage.
Phillips, V. & Bond, C. (2004). Undergraduates' experiences of critical thinking. *Higher Education Research & Development, 23* (3), 277–294.
Pollock, F. (1955). *Gruppenexperiment: Ein Studienbericht*. Frankfurt: Europäische Verlagsanstalt.
Salmons, J. (Ed.) (2012). *Cases in online interview research*. Thousand Oaks, CA: Sage.
Schön, E. (1990). Die Leser erzählen lassen. Eine Methode in der aktuellen Rezeptionsforschung. *IASL, 15*(2), 193–201.
Schütze, A. (1983). Biographieforschung und narratives Interview. *Neue Praxis, 13*, 283–293.
Shopes, L. (2011). Oral history. In N. K. Denzin & Y. S. Lincoln (Eds.) (2011). *The Sage Handbook of qualitative research* (4th ed., pp. 451–465). Thousand Oaks: Sage.
Stahlke, I. (2001). *Das Rollenspiel als Methode der qualitativen Sozialforschung. Möglichkeiten und Grenzen*. Münster: Waxmann.
Taylor, S. J. & Bogdan, R. (1998). *Introduction to qualitative research methods: The search for meanings* (3rd ed.). New York: Wiley.
Wang, C. (1999). Photovoice: A participatory action research strategy applied to women's health. *Journal of Women's Health, 8*, 185–192.
Witzel, A. (1982). *Verfahren der qualitativen Sozialforschung. Überblick und Alternativen*. Frankfurt am Main: Campus.
Witzel, A. & Reiter, H. (2012). *The problem-centred interview*. London: Sage.

7 Qualitative Analyseverfahren

Margrit Schreier

Bei der Auswertung qualitativer Daten lassen sich drei Phasen unterscheiden: die Datenaufbereitung bzw. Transkription, die Analyse und die Systematisierung der Ergebnisse dieser Analyse. Dabei entsprechen Analyseverfahren dem, was üblicherweise unter Auswertungsmethoden verstanden wird (wie etwa Codieren, Inhaltsanalyse oder Diskursanalyse). Eine vorbereitende Transkriptionsphase ist bei verbalen Daten erforderlich, die zunächst in auditivem Format vorliegen. Eine Systematisierung (beispielsweise durch Typenbildung oder Visualisierung) bietet sich vor allem dann an, wenn die Ergebnisse sehr umfangreich und damit schwer überschaubar sind. Aufbereitung und Systematisierung sind kein notwendiger Bestandteil qualitativer Untersuchungen. Im Folgenden gehen wir zunächst auf die Transkription ein, stellen dann eigentliche Analyseverfahren und schließlich Verfahren der Systematisierung dar, wobei der Schwerpunkt auf den Analyseverfahren liegt.

Bei der Auswertung qualitativer Daten sind drei Phasen zu unterscheiden: Aufbereitung, Analyse, Systematisierung.

Aufbereitung und Systematisierung sind kein notwendiger Bestandteil qualitativer Untersuchungen.

7.1 Datenaufbereitung: Transkriptionsverfahren

Lernziele

- Die Entscheidungen kennenlernen, die beim Transkribieren zu treffen sind.
- Verstehen, worauf es beim Transkribieren ankommt.
- Lernen, was man unter einem Transkriptionssystem versteht.

Auditive Daten sollten vor der Auswertung **verschriftlicht** werden.

In der quantitativen Forschung liegt zwischen Datenerhebung und -auswertung eine Phase der Aufbereitung, in der die Daten (z. B. in SPSS) eingegeben und auf Fehler überprüft werden (▶ Abschn. 4.1). Auch in der qualitativen Forschung ist vor der Auswertung häufig zunächst eine Aufbereitung erforderlich, insbesondere bei der Erhebung verbaler Daten. Verbale Daten wie beispielsweise Interviews oder

Gruppendiskussionen liegen zunächst einmal nicht in schriftlicher, sondern in auditiver Form vor. Vor der eigentlichen Auswertung müssen solche auditiven Daten zunächst einmal verschriftlicht, d h. **transkribiert** werden.

▶ Definition Transkription

Definition

Datenmaterial zu transkribieren bedeutet, es von einer auditiven in eine schriftliche Form zu überführen. Zu transkribieren sind also beispielsweise Interviews, Gruppendiskussionen oder auch natürliche Gespräche, die zum Zweck der Datenerhebung aufgezeichnet wurden. Die **Transkription** ist zwar aufwändig, für eine systematische Auswertung aber unverzichtbar.

Vor einer Transkription sind mehrere **Entscheidungen** zu treffen. Diese beziehen sich darauf,

- wie vollständig,
- in welchem Umfang und
- auf welche Weise die Daten wiedergegeben werden sollen.

Eine vollständige ist einer selektiven Transkription vorzuziehen.

Vollständigkeit Die Transkription kann **vollständig** oder **selektiv** erfolgen. Unter dem Gesichtspunkt der Vollständigkeit stellt sich die Frage, welcher Anteil der auditiven Daten transkribiert werden soll. Bei einer **vollständigen Transkription** wird die gesamte Aufnahme verschriftlicht, also z. B. das gesamte Interview. Bei der **selektiven Transkription** werden dagegen nur Ausschnitte des Materials in eine schriftliche Form gebracht. Dies ist z. B. der Fall, wenn bei einem Interview nur die Antworten der befragten Person verschriftlicht werden, nicht dagegen die gestellten Fragen. Eine selektive Transkription ist auch gegeben, wenn nur solche Äußerungen der befragten Person verschriftlicht werden, die den Forschenden besonders relevant erscheinen. Die Entscheidung darüber, welche Äußerungen besonders relevant sind, setzt allerdings schon eine Interpretation des Materials voraus – für die eine Transkription ja gerade die Voraussetzung schaffen soll. Außerdem sind einzelne Äußerungen der Teilnehmenden oft nur vor dem Hintergrund des gesamten Datenmaterials verständlich. Eine vollständige ist daher in der Regel einer selektiven Transkription vorzuziehen.

Sprachliche Äußerungen bestehen aus **inhaltlichen** und **formalen** Elementen.

Umfang Unabhängig davon, ob das Material vollständig oder nur in Teilen verschriftlicht wird, kann die Transkription – je nach Art der berücksichtigten Informationen – mehr oder weniger umfangreich ausfallen. Sprachliche Äußerungen setzen sich aus zwei Elementen zusammen: Inhalt (was gesagt wird) und Form (wie etwas gesagt wird). Der Inhalt umfasst die Äußerung selbst sowie außerdem den **Ko-Text,** d. h. die Worte (geäußert von derselben oder einer anderen Person), die den geäußerten Worten unmittelbar vorausgehen oder auf sie folgen. Es sind jedoch nicht alleine die Worte, die eine Äußerung ausmachen. Stellen Sie sich vor, eine gute Freundin von Ihnen ist zu der Party des Jahres nicht eingeladen worden. Schluchzend sagt sie: »Das ist mir doch egal, ob die mich einladen!« In einem solchen Fall kommt der Äußerungsform (also der Art und Weise, wie etwas gesagt wird), eine mindestens so große Bedeutung zu wie dem Äußerungsinhalt (also dem, was gesagt wird).

Im Zusammenhang mit der Äußerungsform können paraverbale und nonverbale Elemente in die Transkription einbezogen werden.

Äußerungsform In Bezug auf die Äußerungsform sind paraverbale und nonverbale Elemente zu unterscheiden. Unter **paraverbalen Elementen** versteht man solche stimmlichen Aspekte, die die verbale Äußerung begleiten, aber selbst keine eigenständigen verbalen Äußerungen darstellen. Darunter fällt z. B. der Stimmverlauf (so macht es einen Unterschied, ob Sprechende am Ende eines Satzes mit der Stimme nach oben gehen oder nicht), die Lautstärke (ein festes Ja als Antwort auf eine Frage ist etwas anderes als ein zögerliches, leises Ja), Versprecher, Pausen und anderes mehr. **Nonverbale**

Tab. 7.1 Elemente einer Äußerung

	Inhalt	Form
Äußerung	Geäußerte Worte	Paraverbale Elemente (Stimmverlauf, Pausen usw.)
Ko-Text	Äußerungen, die den geäußerten Worten unmittelbar vorausgehen oder auf sie folgen	Nonverbale Elemente (Lachen, Gähnen usw.)

Elemente sind andere als stimmliche Aspekte, die ebenfalls mit der Äußerung einhergehen und denen partiell auch ein eigener Äußerungscharakter zukommt, z. B. Gähnen, Lachen, Schluchzen, Nicken und Ähnliches mehr. Pointiert formuliert könnte man auch sagen: Die Äußerungsinhalte beziehen sich auf das Was, die para- und nonverbalen Elemente auf das Wie einer Äußerung (Tab. 7.1).

Ein Transkript kann mehr oder weniger umfangreich sein, je nachdem, welche Äußerungselemente verschriftlicht werden. Grundsätzlich ist zwischen solchen Transkriptionen zu unterscheiden, in denen nur die Äußerungsinhalte wiedergegeben sind, und solchen, in denen auch Aspekte der Äußerungsform berücksichtigt werden.

Der Inhalt des auditiven Materials kann in Schriftdeutsch, literarischer Umschrift oder in Lautschrift wiedergegeben werden.

Art der Wiedergabe Unter dem Gesichtspunkt der Wiedergabe kann das auditive Material in **Schriftdeutsch**, in **literarische Umschrift** (und damit näher an der gesprochenen Sprache; Versprecher, Dialekt usw. bleiben erhalten) oder in **Lautschrift** (unter Nutzung des phonetischen Alphabets) übertragen werden. Bei einer Übertragung in Schriftdeutsch liegt der Schwerpunkt meistens auf dem Äußerungsinhalt. Eine Übertragung in literarische Umschrift oder gar in Lautschrift, die deutlich näher an der gesprochenen Sprache ist, wird dagegen meist mit einer Einbeziehung von formalen Elementen einhergehen.

Transkriptionssysteme regeln die Wiedergabe paraverbaler Elemente durch Symbole.

Wenn man auch paraverbale Elemente in ein Transkript aufnehmen will, dann wäre es allzu umständlich, solche Elemente jedes Mal zu umschreiben, etwa so: »Stimme geht nach oben«, »Stimme wird leiser«. Stattdessen werden paraverbale Elemente durch spezielle Symbole wiedergegeben (▶ Beispiel). Zusammenstellungen solcher Symbole werden auch als **Transkriptionssysteme** bezeichnet (für ein Beispiel s. Ehlich & Rehbein, 1976). Transkriptionssysteme legen auch fest, wie die Beiträge mehrerer Personen auf der Seite angeordnet sind (▶ Beispiel).

Beispiel

Transkription eines Gesprächsausschnitts

Im Folgenden ist zur Veranschaulichung ein frei zugänglicher Ausschnitt aus dem Gespräch FR30 des sog. Freiburger Korpus des Instituts für Deutsche Sprache in Mannheim wiedergegeben. Es handelt sich um einen Ausschnitt aus einem natürlichen Gespräch aus dem Jahr 1966 zum Thema Ehe (http://www.agd.ids-mannheim.de/html/korpora/korpus-fr.shtml):

»S2: / k+ (ja) aber das: ist doch +k noch nich57 das ist doch noch nich Ehe48 . / ich meine7 s+ unter Ehe verstehen wir doch nich nich nur eine Lie:be58 so ne27 besondere Liebe zu einer Frau58 +s . / sondern27 Ehe is eine ganze Institution mit mit sagenhaft vielen3 Verpflichtungen57 ,+ die beide Partner4 +g+5 gegenüber haben8 +, . und17 also3 ich weiß nich57 . / ich müßte57 wir +g+4 können das gar nich5 so schrecklich schnell abtun8 . / und4 meine These27 (vielleicht is sie falsch56) is doch die26 ,+ daß4 unsere Vorstellung48 der abendländische Begriff der Ehe48 wesentlich geprägt is46 durch das Christentum09 +p+ oder durch5 k+ durch +k«

Authentizität und Lesbarkeit

Transkription steht im Spannungsfeld von Authentizität und Lesbarkeit.

Bei der Verschriftlichung auditiver Daten bewegt man sich als Forscherin bzw. Forscher in einem Spannungsfeld von Authentizität auf der einen und Lesbarkeit auf der anderen Seite. Die Authentizität wird beeinträchtigt, wenn man Informationen weglässt – also beispielsweise para- und nonverbale Informationen nicht in das Transkript

Das Transkript sollte so viel Information wie nötig enthalten, aber nicht mehr.

aufnimmt. Je mehr para- und nonverbale Informationen im Transkript enthalten sind und je näher an der gesprochenen Sprache die Verschriftlichung der verbalen Äußerungen bleibt, desto schwerer lesbar ist aber andererseits das Transkript. Richtlinie bei der Verschriftlichung sollte daher sein, so viel Information in das Transkript aufzunehmen, wie dies für die Beantwortung der Forschungsfrage erforderlich ist – aber auch nicht mehr. Wenn es darum geht, Meinungen, Einstellungen und die Gründe dafür zu erfassen, dann ist in der Regel die Transkription des Äußerungsinhalts ausreichend. Nur wenn man sozusagen »hinter« die Äußerungen blicken will – beispielsweise um zu untersuchen, ob es Anzeichen gibt, an denen man erkennen kann, ob jemand lügt –, dann ist auch die Verschriftlichung formaler Elemente erforderlich (▶ Kritische Betrachtung).

Beispiel

Kritische Betrachtung

Im Zusammenhang mit der unvollständigen Transkription wurde bereits darauf hingewiesen, dass die Entscheidung darüber, »was zum Thema gehört« (und daher auch transkribiert wird) und was dagegen »nicht so wichtig ist« und folglich »weggelassen« werden kann, immer schon eine Interpretation beinhaltet. Eine solche Entscheidung stellt genau genommen schon eine Form der Auswertung dar, die mittels Verfahren wie der Inhaltsanalyse (▶ Abschn. 7.2.4) stärker systematisiert werden kann. Aber auch die vollständige Transkription beinhaltet Interpretationsleistungen. So wird das Transkript bei der Überführung in Schriftdeutsch aus Gründen der Lesbarkeit häufig mit Satzzeichen versehen – diese sind aber in keiner Weise auf dem Band vorhanden, sondern werden im Transkriptionsprozess eben je nach Interpretation eingefügt (und verschiedene Personen würden aus dem Gesagten meist auch unterschiedliche Sätze bilden). Interpretation kommt auch immer dann zum Tragen, wenn die Äußerungen auf Band schwer verständlich sind – sei es aufgrund von Hintergrundgeräuschen oder weil die Transkribierenden nicht über das notwendige Hintergrundwissen verfügen (z. B. Eigennamen). Die Transkripte sollten daher möglichst von der Interviewerin bzw. dem Interviewer mit dem Band verglichen werden.

? Kontrollfragen

1. Muss man in der qualitativen Forschung immer eine Transkriptionsphase einplanen? Warum (nicht)?
2. Wenn Studierende zum ersten Mal Interviews durchführen, möchten sie häufig so viele Informationen wie möglich in das Interviewtranskript aufnehmen. Warum kann das problematisch sein, und wovon sollte die Entscheidung abhängen?
3. Was versteht man unter einem Transkriptionssystem?

▶ Weiterführende Literatur

Dittmar, N. (2009). *Transkription (3. Aufl.)*. Wiesbaden: VS Verlag für Sozialwissenschaften.

Dresing, T. & Pehl, T. (2010). *Transkription*. In G. Mey & K. Mruck (Hrsg.), *Handbuch Qualitative Forschung in der Psychologie* (S. 723–733). Wiesbaden: VS Verlag für Sozialwissenschaften.

Rapley, T. (2007). *Doing conversation, discourse, and document analysis* (Kap. 5). London: Sage.

7.2 Auswertungsmethoden

Ziel der Auswertung qualitativer Daten ist das **Verstehen von Bedeutung**.

Allgemeines Ziel bei der Auswertung qualitativer Daten – bei denen es sich ja typischerweise um bedeutungshaltiges Material handelt – ist es, eben diese Bedeutung zu **verstehen**. Methoden zur Analyse qualitativer Daten sind also Methoden zur Analyse und Bestimmung von Bedeutungen bzw. verstehensorientierte Methoden. Das Spektrum an Auswertungsmethoden reicht von eher wenig regelgeleiteten und zugleich hochgradig flexiblen und individualisierten (z. B. hermeneutischen Verfahren) bis hin zu hochgradig systematischen, aber weniger individualisierten Verfahren (z. B. Inhaltsanalyse). Dabei werden häufig auch Anleihen bei Nachbardisziplinen gemacht; Konversations- und Diskursanalyse haben beispielsweise Wurzeln in der Linguistik.

Der Schwerpunkt der Darstellung liegt im Folgenden auf Methoden zur Analyse verbaler Daten (die vielfach auch für die Analyse visueller Daten geeignet sind); es werden aber auch Methoden speziell für die Analyse visueller Daten berücksichtigt (wie die Ikonologie). Wie auch in den vorausgehenden Abschnitten können dabei nur ausgewählte Verfahren im Überblick skizziert werden.

7.2.1 Hermeneutik

Lernziele
- Verstehen, was Hermeneutik ist.
- Kennenlernen der Prinzipien hermeneutischen Verstehens.

Bei der Hermeneutik handelt es sich um die älteste Methode zur Auslegung von bedeutungshaltigem Material. Entstanden ist sie im theologischen und juristischen Kontext als »Lehre von der Auslegung verbindlicher Texte«: Im Rahmen dieser sog. dogmatischen Hermeneutik wurden verbindliche Texte (wie beispielsweise die Bibel) auf »Handlungsanweisungen« für verschiedene Situationen hin »befragt«; es fand also eine Textinterpretation statt. Im 18. und 19. Jahrhundert begründete Schleiermacher eine allgemeine geisteswissenschaftliche Hermeneutik, die im Folgenden von Dilthey für die Sozialwissenschaften weiterentwickelt wurde. In der zeitgenössischen Philosophie fand außerdem eine Ausarbeitung der Hermeneutik zu einer generellen Theorie des Umgangs mit historisch-gesellschaftlichen Gegenständen statt (z. B. Gadamer, 1960). Im Folgenden ist jedoch nicht diese letztere Auffassung von Hermeneutik als Philosophie von Interesse, sondern es steht die geisteswissenschaftlich-sozialwissenschaftliche Auffassung von Hermeneutik als Methode des Verstehens im Mittelpunkt.

Hermeneutik ist die **älteste Methode** zum Verstehen von Bedeutung.

Definition
Ziel der **Hermeneutik** ist es, zu einem angemessenen und umfassenden Verständnis des Gesagten zu gelangen und dabei die Subjektivität des Verstehens im Alltag zu überwinden. Dies setzt einen Hintergrund geteilter Bedeutung voraus. Grundprinzip des hermeneutischen Verstehens ist die hermeneutische Spirale: Vorverständnis und Textverständnis, Verständnis von Textteilen und Textganzem greifen ineinander. In diesem Prozess wird das Textverständnis sukzessive vertieft.

▶ Definition Hermeneutik

Der hermeneutische Zirkel Grundprinzip des hermeneutischen Verstehens ist der sog. hermeneutische Zirkel, wobei genau genommen zwei solcher Zirkel anzusetzen sind:
- **Hermeneutischer Zirkel I:** Verstehen vollzieht sich zum einen in einem Ineinandergreifen von Vorverständnis und Textverständnis: Ein Verstehen eines Textes ist nur vor dem Hintergrund eines bereits gegebenen Vorverständnisses möglich. Das resultierende Textverständnis modifiziert seinerseits das Vorverständnis, das erneut an den Text herangetragen wird und seinerseits ein vertieftes Textverständnis ermöglicht – usw.
- **Hermeneutischer Zirkel II:** Verstehen vollzieht sich aber auch in einem Ineinandergreifen von Textteil und Textganzem: Ein Verstehen der Textteile ist Voraussetzung für das Verstehen des Textganzen. Aus dem Verstehen des Textganzen resultiert ein neues, vertieftes Verstehen der Textteile, das wiederum in ein erneutes Verstehen des Textganzen eingeht – usw.

Grundprinzip hermeneutischen Verstehens ist der **hermeneutische Zirkel**.

In einem ersten Zirkel greifen **Vorverständnis** und **Textverständnis** ineinander.

In einem zweiten Zirkel greifen das Verständnis von **Textteil** und **Textganzem** ineinander.

Der Begriff des Zirkels bezeichnet hier also keinen Teufelskreis, sondern ein fortschreitendes, vertieftes Verstehen. Um dieses vertiefte Verstehen abzubilden, das dem Text in zunehmendem Maße gerecht wird, ist manchmal auch von einer **hermeneutischen Spirale** die Rede (▶ Kritische Betrachtung).

Exkurs

Kritische Betrachtung

Bei der Hermeneutik handelt es sich auch in der Adaptation für die Sozialwissenschaften letztlich um eine **Kunstlehre**: Die Schritte des hermeneutischen Verstehens lassen sich kaum systematisch explizieren; das Verfahren ist – obwohl ja gerade die Subjektivität des individuellen Alltagsverstehens überwunden werden soll – stark von der Subjektivität der Forschenden abhängig. Auch das Kriterium der Angemessenheit, dem das Verstehensresultat genügen soll, bleibt letztlich vage. Gerade in den sozialwissenschaftlichen Adaptationen des Verfahrens (z. B. die sozialwissenschaftlich-hermeneutische Paraphrase; Mayring, 2002) sind solche Kritikpunkte zum Teil aufgenommen worden. Dies hat beispielsweise dazu geführt, dass systematischere Regeln für den Verstehensprozess aufgestellt wurden (z. B. Heckmann, 1992). Auch wird versucht, die Subjektivität individuellen Verstehens dadurch zu korrigieren, dass mehrere Personen ihre Verstehensresultate vergleichen (► Abschn. 8.1). Unter Berücksichtigung dieser Vorbehalte eignet sich die Hermeneutik für die Analyse beliebigen verbalen Materials, seien es Interviews, Gruppendiskussionen, private oder öffentliche Dokumente.

7

Kontrollfragen

1. Was versteht man unter Hermeneutik?
2. Welches sind die beiden hermeneutischen Zirkel, und weshalb werden diese auch als Spiralen bezeichnet?

► **Weiterführende Literatur**

Brunner, E.J. (1994). Interpretative Auswertung. In G. L. Huber & H. Mandl (Hrsg.), *Verbale Daten: Eine Einführung in die Grundlagen und Methoden der Erhebung und Auswertung* (2. bearb. Aufl., S. 197–219). Weinheim: Beltz, PVU.

Lamnek, S. (2010). *Qualitative Sozialforschung. Lehrbuch* (5. überarb. Aufl., Kap. 3.2.2.). Weinheim: Beltz PVU.

Sichler, R. (2010). Hermeneutik. In G. Mey & K. Mruck (Hrsg.), *Handbuch Qualitative Forschung in der Psychologie* (S. 50–64). Wiesbaden: VS Verlag für Sozialwissenschaften.

7.2.2 Objektive Hermeneutik

Lernziele

- Das Anliegen der objektiven Hermeneutik verstehen.
- Die Grundannahmen der objektiven Hermeneutik kennenlernen.
- Verstehen, wie man bei der objektiven Hermeneutik vorgeht.

Die objektive Hermeneutik ist eine sozialwissenschaftliche Variante der Hermeneutik.

Die objektive Hermeneutik stellt eine Variante der Hermeneutik dar, die speziell für die Sozialwissenschaften entwickelt wurde. Das Adjektiv »objektiv« bezieht sich dabei nicht auf die Vorgehensweise (die objektive Hermeneutik ist vom Anspruch her also nicht objektiver als die klassische Hermeneutik), sondern auf den Gegenstand: Zielsetzung der objektiven Hermeneutik ist es, allgemeine, »objektive« Strukturen zu identifizieren, die menschlichem Handeln zugrunde liegen.

► **Definition Objektive Hermeneutik**

Definition

Die Zielsetzung der **objektiven Hermeneutik** ist es, unter Heranziehung des Wissens über soziale Regeln die Sinnstruktur herauszuarbeiten, die einer sprachlichen Äußerung zugrunde liegt. Zu den bekanntesten Formen der objektiven Hermeneutik zählen die Feinanalyse, die Sequenzanalyse und die Interpretation der objektiven Sozialdaten.

Die objektive Hermeneutik macht eine Reihe von **Grundannahmen**:

Grundannahmen der objektiven Hermeneutik:

1. Verstehen als Sinnverstehen Verstehen ist immer Verstehen von Sinn. Zielsetzung des Verstehens (und damit der objektiven Hermeneutik als verstehender Methode) ist die Zuschreibung von Sinn.

Ziel von Verstehen ist die Zuschreibung von Sinn.

2. Konstitution von Welt in der Sprache Die sinnhafte Welt konstituiert sich ausschließlich in der Sprache und manifestiert sich in Texten. Texte stellen also Manifestationen sinnhafter sozialer Wirklichkeit dar. Texte sind somit der eigentliche Gegenstand der objektiven Hermeneutik, und das Verstehen von Texten dient der Interpretation der Wirklichkeit.

Texte sind **sinnhafte Manifestationen** sozialer Wirklichkeit.

3. Regelhaftigkeit von Texten Menschliches Handeln wird durch soziale Strukturen geregelt und gesteuert (auf eine Frage folgt eine Antwort; man sollte nichts versprechen, was man nicht halten kann usw.). Soziale Regeln und Strukturen manifestieren sich in Texten; entsprechend kann und muss bei der Interpretation von Texten auch auf solche Regeln zurückgegriffen werden.

Die Textinterpretation erfolgt anhand **sozialer Regeln** und **Strukturen**.

4. Strukturrekonstruktion als Ziel Regeln geben sozusagen die Optionen einer konkreten Lebenspraxis vor – wie Fäden, entlang derer Handlungen und damit verbundene Sinnstrukturen sich entfalten können. Jede Handlung – und damit verbunden die Wahl einer bestimmten Handlungsmöglichkeit – schließt jedoch in der Regel andere Handlungsmöglichkeiten aus (»Selektivität der konkreten Lebenspraxis«): Wer z. B. ein Versprechen gibt, geht damit auch eine gewisse Handlungsverpflichtung ein; die Option, anders zu handeln, entfällt – zumindest solange man sich an die Regeln hält. Dass angesichts einer Vielzahl potenzieller Handlungsmöglichkeiten vor dem Hintergrund sozialer Regeln nur ganz bestimmte Handlungen auch tatsächlich vollzogen werden, darin manifestiert sich die Sinnstruktur des konkreten Falls. Die Zielsetzung der objektiven Hermeneutik besteht darin, diese Sinnstruktur zu rekonstruieren und die Regeln herauszuarbeiten, auf denen die Sinnstruktur basiert.

Ziel der objektiven Hermeneutik ist die **Rekonstruktion der Sinnstruktur** des konkreten Falls.

5. Differenz zwischen latenter Sinnstruktur und subjektiver Sinnrepräsentanz Es wird in der objektiven Hermeneutik davon ausgegangen, dass Menschen meist keinen Zugang zu den Regeln haben, die ihrem Handeln zugrunde liegen. Es wird also angenommen, dass die latente Sinnstruktur, die menschlichem Handeln zugrunde liegt, und subjektiv gemeinter Handlungssinn vielfach nicht übereinstimmen (d. h. wenn wir handeln, tun wir oft etwas anderes, als wir zu tun meinen). Die objektive Hermeneutik als Verstehensmethode setzt nicht am subjektiven Sinn an, sondern an der Differenz zwischen den beiden Sinnstrukturen.

Es wird angenommen, dass Menschen meist keinen Zugang zu den Regeln haben, die ihrem Handeln zugrunde liegen.

6. Prinzip der Fallstruktur-Generalisierung Jeder »Fall«, jede Form der Interaktion mit und durch Sprache, ist insofern allgemeiner Natur, als er auf den geltenden sozialen Regeln basiert. Jeder Fall ist aber zugleich auch insofern besonders, als er eine ganz spezifische Fallstruktur aufweist (unter vielen potenziellen Handlungsmöglichkeiten wird eine konkrete realisiert). In diesem Sinn ist jede rekonstruierte Fallstruktur zugleich verallgemeinerbar und spezifisch. Bei der objektiven Hermeneutik wird daher meist auch nur mit sehr wenigen Fällen gearbeitet.

Jeder Fall ist zugleich allgemein und besonders.

Das Grundprinzip des **Vorgehens** der objektiven Hermeneutik besteht darin, dass auf der Grundlage eines ersten, sehr kleinen Ausschnitts einer Interaktion **Hypothesen** über die objektiven Sinnstrukturen aufgestellt werden, die dem Fall zugrunde liegen (▶ Beispiel für das Vorgehen bei der Sequenzanalyse). Diese Hypothesen werden dann mit dem konkreten Material **verglichen.** Es werden nacheinander mehrere solche Analysen durchgeführt, wobei sukzessive immer mehr Textmaterial einbezogen wird. Jede dieser

Im Verlauf der objektiv-hermeneutischen Analyse werden sukzessive **Hypothesen** über die objektiven Sinnstrukturen des Falls aufgestellt und am Textmaterial geprüft.

Analysen ist mit einigen der zuvor aufgestellten Hypothesen vereinbar, mit anderen dagegen nicht. Solche Hypothesen, die mit einem Analyseschritt nicht vereinbar sind, gelten als falsifiziert. Wenn mehrere Analyseschritte immer wieder eine Strukturhypothese bestätigen, werden die Analysen zu einer Strukturgeneralisierung verdichtet. Datenerhebung und -analyse fallen bei der objektiven Hermeneutik also zusammen (zur Kritik ▶ Kritische Betrachtung).

Beispiel für das Vorgehen bei der Sequenzanalyse

- **Unterscheidung zwischen innerem und äußerem Kontext:** Der äußere Kontext ist durch die Situation und die spezifische Interaktionskonstellation gegeben, in der eine Äußerung gemacht wird. Der innere Kontext ergibt sich dagegen aus dem Zusammenhang, in dem die Äußerungen in einer Interaktionssequenz untereinander stehen; die vorausgehenden bilden den inneren Kontext für die nachfolgenden Äußerungen. Diese Unterscheidung zwischen innerem und äußerem Kontext ist grundlegend für die Sequenzanalyse. Dabei wird der äußere Kontext zunächst überhaupt nicht berücksichtigt. Auch der innere Kontext kommt erst allmählich, im Laufe der Analyse, zum Tragen. Dabei dürfen spätere Äußerungen die Interpretation früherer Äußerungen jedoch nicht beeinflussen.
- **Ermittlung von Handlungsspielräumen:** Es wird zunächst für die erste Äußerung (oder den ersten Äußerungsteil) geprüft, welche sozialen Regeln dieser Äußerung potenziell zugrunde liegen könnten. Es werden sozusagen verschiedene »Geschichten« zu einer Äußerung generiert, innerhalb derer die Äußerung einen Sinn macht.
- **Lesarten erstellen:** Die Handlungsspielräume werden dann zu »Lesarten« gruppiert. Jede Lesart beinhaltet Äußerungsinterpretationen, die auf dieselbe soziale Regel, auf dieselbe objektive Struktur zurückgreifen.
- **Kompatibilitätsprüfung:** Im nächsten Schritt wird geprüft, welche Lesarten mit der nachfolgenden Äußerung vereinbar sind und welche nicht. Die unvereinbaren Lesarten werden bei der nachfolgenden Analyse nicht weiter berücksichtigt.
- **Fallstrukturhypothese:** Auf der Grundlage der Ergebnisse der Kompatibilitätsprüfung wird eine Hypothese über die objektive Struktur aufgestellt, die dem Fall zugrunde liegt.
- **Strukturgeneralisierung:** Es wird sukzessive immer mehr vom inneren Kontext in die Kompatibilitätsprüfung einbezogen, bis eine Fallstrukturhypothese resultiert, die es erlaubt, den weiteren Interaktionsverlauf vorherzusagen. Die Strukturhypothese kann dann auf den gesamten vorliegenden Fall verallgemeinert werden.

Exkurs

Kritische Betrachtung

In den empirischen Sozialwissenschaften wird die objektive Hermeneutik insgesamt eher kritisch gesehen. Wie die klassische Hermeneutik stellt sie wesentlich eine **Kunstlehre** dar, die kaum systematisch vermittelbar ist. Die Ergebnisse der objektiven Hermeneutik bleiben damit letztlich an die Subjektivität der Forschenden gebunden. Darüber hinaus ist die Methode von der Durchführung her extrem aufwändig. Auch andere, inhaltliche Annahmen werden eher kritisch gesehen, so z. B. die Grundannahme, dass sinnhafte Wirklichkeit sich ausschließlich in Texten manifestiert. Die Methode eignet sich in erster Linie für die Analyse von natürlichem sprachlichem Material, weniger für die Auswertung von Interviews (es sei denn, diese sollen gerade nicht im Hinblick auf den Inhalt des Gesagten analysiert werden, sondern eben in Bezug auf zugrunde liegende Sinnstrukturen).

Kontrollfragen

1. Worauf bezieht sich »objektiv« in der objektiven Hermeneutik?
2. Nennen Sie drei (beliebige) Grundannahmen der objektiven Hermeneutik!
3. Welches sind die Schritte einer objektiv-hermeneutischen Analyse?

▶ **Weiterführende Literatur**

Reichertz, J. (1995). Die objektive Hermeneutik – Darstellung und Kritik. In E. König & P. Zedler (Hrsg.), *Bilanz qualitativer Forschung* (Bd. 2: Methoden, S. 379–423). Weinheim: Deutscher Studien Verlag.

Wernet, A. (2009). *Einführung in die Interpretationstechnik der Objektiven Hermeneutik* (3. Aufl.). Wiesbaden: VS Verlag für Sozialwissenschaften.

7.2.3 Codieren

Lernziele

- Verstehen, was Codieren ist.
- Kennenlernen verschiedener Arten des Codierens.
- Verstehen, wann Codieren ein geeignetes Auswertungsverfahren darstellt.

Codieren ist eines der am häufigsten verwendeten qualitativen Auswertungsverfahren.

Das Codieren stellt ein ausgesprochen flexibles und weit verbreitetes Verfahren zur Erfassung der Bedeutung verbalen Materials dar – wahrscheinlich ist das Codieren sogar die am häufigsten verwendete qualitative Auswertungsmethode überhaupt. Anders als bei der Hermeneutik geht es beim Codieren nicht darum, die Gesamtbedeutung des Materials herauszuarbeiten. Ziel ist es vielmehr, die Texte unter einer ganz bestimmten Perspektive zu analysieren, die sich aus der Forschungsfrage ergibt; die Analyse ist beim Codieren also stärker fokussiert. Von der objektiven Hermeneutik unterscheidet sich das Codieren u. a. dahingehend, dass es nicht darum geht, eine in irgendeiner Weise »hinter« dem Text liegende Bedeutung zu erfassen. Es geht nicht um potenzielle Bedeutungen oder das Erschließen eines Bedeutungshorizonts, sondern um das Erfassen der **tatsächlichen Textbedeutung**. Bei der Auswertung eines Interviews würde das beispielsweise bedeuten, mittels Codierung zu Erkenntnissen darüber zu gelangen, was die interviewte Person gesagt hat – nicht aber beispielsweise zu Erkenntnissen über Elemente sozialer Wirklichkeit, die sich in ihren Äußerungen manifestieren (wie in der objektiven Hermeneutik), oder über Strategien, die damit vielleicht verfolgt werden (wie in der Diskursanalyse).

▶ **Definition Codieren**

Definition

Das **Codieren** ist eine sehr flexible Methode zur Analyse des Äußerungsinhalts. Die Bedeutung relevanter Textstellen wird erfasst, indem dem Text ein zusammenfassendes »Etikett« quasi angeheftet wird. Die Codierung kann eher konkret und nahe am Textmaterial oder eher abstrakt erfolgen. Meist werden die Codes induktiv aus dem Datenmaterial heraus entwickelt.

Beim Codieren wird einer Textstelle ein Bedeutungsetikett zugewiesen.

Im Kern besteht Codieren darin, dass einer Textstelle sozusagen ein Bedeutungsetikett angeheftet wird, ein sog. **Code**. Bei der Analyse eines Interviews könnte das beispielsweise so aussehen, dass am rechten Textrand die Themen vermerkt werden, um die es in den Äußerungen der Interviewpartner geht, oder die Konzepte, die den Äußerungen zugrunde liegen. Eine genauere Definition dessen, was mit dem Etikett gemeint ist, wird nicht notwendig vorgenommen. Typischerweise erfolgt das Codieren induktiv bzw. datengesteuert, d. h., die Codes werden aus dem Datenmaterial heraus entwickelt. Im Verlauf der Auswertung entsteht ein Bedeutungsgeflecht: Zunächst werden im Prozess des Codierens Verbindungen zwischen Textstellen und Codes hergestellt. Auf dieser

Grundlage ergeben sich weiterhin Verbindungen zwischen Textstellen (nämlich solchen Textstellen, denen derselbe Code zugewiesen wurde) sowie schließlich auch zwischen Codes. Die Methode eignet sich sowohl zur Auswertung einzelner längerer Texte (wie beispielsweise biografischer Interviews) wie auch zur vergleichenden Auswertung mehrerer Texte (beliebiger Länge; s. aber auch ▶ Kritische Betrachtung).

Codieren kann sowohl in einer datenreduzierenden als auch in einer explorativ-datenerweiternden Variante zur Anwendung kommen.

Als **datenreduzierendes Verfahren** eignet Codieren sich zur Zusammenfassung von Textmaterial.

Datenreduzierendes Codieren Als datenreduzierendes Verfahren dient Codieren der Zusammenfassung des Materials. Dieses wird auf Bedeutungsaspekte reduziert, die im Rahmen der Fragestellung von besonderer Relevanz sind; individuelle Bedeutungsvielfalt geht dabei allerdings verloren. Das **thematische Codieren**, bei dem das Thema einer Textstelle für die weitere Auswertung codiert wird, stellt eine solche datenreduzierende Variante des Verfahrens dar. Thematisches Codieren ist gut geeignet, um sich einen ersten Überblick über das zu analysierende Material zu verschaffen (▶ Beispiel).

7

Beispiel

Thematisches Codieren eines Interviewausschnitts

Der folgende Ausschnitt stammt aus einem Interview zum Thema Lesestrategien und Leseerleben.

Interview	Codes
Interviewerin:	
Warum lesen Sie immer Hesse, wenn Sie lesen?	
Teilnehmer:	
Ja, also ich find das ist ziemlich aktuell, obwohl's eigentlich schon alt ist.	Aktualität
Weil, ähm … also erstmal so … rein vom Schreibstil gefällt mir ziemlich wie er halt	Schreibstil
so die Natur beschreibt und so.	Naturbeschreibung
Also ich find' die Bücher sind alle recht schön, also ziemlich schön geschrieben.	Schreibstil
Alles und diese Charaktere da drin werden auch ziemlich präzise … ziemlich präzise	Figurenbeschreibung
ausgeführt, in ziemlich vielen Details, und das gefällt mir sehr gut.	Präzision
	Detailreichtum

Datenerweiterndes Codieren trägt neue Gesichtspunkte an das Material heran.

Datenerweiterndes Codieren In der datenerweiternden Variante wird das Codieren verwendet, um neue Gesichtspunkte und Fragestellungen an das Material heranzutragen. Codes werden genutzt, um nach Kategorien zu fragen, die mit diesen Codes konzeptuell in Verbindung stehen: Was wäre beispielsweise das Gegenteil eines Codes? Was können bei einem Handlungscode Voraussetzungen oder Folgen der Handlung sein? Wer führt die Handlung typischerweise aus? An wen richtet sie sich?

Ein Beispiel für datenerweiterndes Codieren ist die Auswertung in der gegenstandsbezogenen Theoriebildung.

Ein Beispiel für das datenerweiternde Codieren ist die Auswertung in der **gegenstandsbezogenen Theoriebildung**. Sie vollzieht sich in einem Dreischritt von offenem, axialem und selektivem Codieren. Während das offene Codieren datennah erfolgt, werden beim axialen Codieren eher abstrakte Kategorien untereinander in Beziehung gesetzt. Aus den Codes und ihren Verbindungen untereinander entsteht die datenbasierte Theorie (ausführlich ▶ Abschn. 5.4).

Einer Textstelle können mehrere Codes zugeordnet sein.

Unabhängig davon, ob eher konkret oder abstrakt, eher datenerweiternd oder datenreduzierend codiert wird, es codiert meist nur eine Person. Codes müssen (mit Ausnahme des thematischen Codierens) nicht untereinander vergleichbar sein und müssen sich nicht gegenseitig ausschließen. Einer Textstelle können also durchaus mehrere Codes zugeordnet sein.

Exkurs

Kritische Betrachtung

Der große **Vorteil** des Codierens besteht darin, dass auch individuelle Bedeutungsaspekte bei der Auswertung berücksichtigt werden. Wenn also beispielsweise eine Interviewpartnerin eine Meinung vertritt, die sich in den übrigen Interviews so nicht findet, dann geht auch diese individuelle Meinung beim Codieren in die Ergebnisse ein (anders als bei der Inhaltsanalyse: s. unten). Das Codieren eignet sich daher besonders dann als Auswertungsverfahren, wenn das Textmaterial sehr unterschiedlich ausfällt (wenn also beispielsweise verschiedene Befragte ganz unterschiedliche Aspekte eines Gegenstandsbereichs thematisieren) oder wenn einzelne längere Texte zu analysieren sind. Codieren ist auch dann geeignet, wenn eine Theorie entwickelt werden soll.

Diese Offenheit kann sich allerdings auch in einen **Nachteil** verkehren: Mit der Zuweisung eines Codes zu einer Textstelle hebt man einen unter vielen möglichen Bedeutungsaspekten dieser Textstelle heraus; die »richtige« Codierung gibt es nicht. Entsprechend kann jede Textstelle potenziell auf viele unterschiedliche Arten und Weisen codiert werden. Das führt dazu, dass man trotz der Fokussierung, die durch die Fragestellung gegeben ist, angesichts der Vielzahl von Codes und Codiermöglichkeiten leicht den Überblick verlieren kann. Auch gibt es keine festen Vorgaben für die Durchführung einer Codierung.

Kontrollfragen

1. Welche Art der Textbedeutung lässt sich durch Codieren erfassen?
2. Was versteht man unter datenreduzierendem Codieren?
3. Was versteht man unter datenerweiterndem Codieren?
4. Inwiefern stellt die Offenheit beim Codieren sowohl einen Vorteil als auch einen Nachteil der Methode dar?

▶ **Weiterführende Literatur**

Coffey, A. & Atkinson, P. (1996). Concepts and coding. In A. Coffey & P. Atkinson (Eds.), *Making sense of qualitative data* (pp. 26–53). Thousand Oaks: Sage.

Gibbs, G. (2007). *Analyzing qualitative data*. London: Sage.

Mey, G. & Mruck, K. (2010). Grounded-Theory-Methodologie. In G. Mey & K. Mruck (Hrsg.), *Handbuch Qualitative Forschung in der Psychologie* (S. 614–626). Wiesbaden: VS Verlag für Sozialwissenschaften.

Saldana, J. (2009). *The coding manual for qualitative researchers*. London: Sage.

Strauss, A. & Corbin, J. (2008). *Basics of qualitative research: Techniques and procedures for developing grounded theory* (3rd ed.). London: Sage.

7.2.4 Inhaltsanalyse

Lernziele

- Das Verfahren der Inhaltsanalyse kennenlernen.
- Verstehen, wie ein inhaltsanalytisches Kategoriensystem aufgebaut ist.
- Lernen, wie man bei der Definition inhaltsanalytischer Kategorien vorgeht.
- Lernen, auf welchen Wegen man zu inhaltsanalytischen Kategorien gelangt.
- Kennenlernen des Ablaufs einer inhaltsanalytischen Untersuchung.
- Die Anwendungsbedingungen der Inhaltsanalyse kennenlernen.
- Kennenlernen der Kriterien, die ein inhaltsanalytisches Kategoriensystem erfüllen soll.

Die Inhaltsanalyse ist ein **systematisches Verfahren** zur Erfassung von Textbedeutung.

Ähnlich wie beim Codieren geht es auch bei der Inhaltsanalyse darum, Aspekte der tatsächlichen Textbedeutung unter ausgewählten Perspektiven zu erfassen. Dies geschieht jedoch in stärker **systematisierter Weise** als beim Codieren. Denn erstens werden die ausgewählten Bedeutungsaspekte in Form eines Kategoriensystems im Detail expliziert; die Kategorien enthalten Anweisungen, unter welchen Bedingungen ein Text(teil) einer Kategorie zuzuordnen ist. Zweitens erfolgt die Zuordnung von Textstellen zu Bedeutungskategorien nicht nur individuell-subjektiv, sondern meist intersubjektiv durch mindestens zwei voneinander unabhängig Codierende. Die Inhaltsanalyse eignet sich in erster Linie für den Vergleich von Texten (beispielsweise Interviews, Anzeigen); sie ist ein datenreduzierendes Verfahren.

▶ **Definition Inhaltsanalyse**

Definition

Die **Inhaltsanalyse** ist ein systematisches, datenreduzierendes Verfahren zur vergleichenden Analyse von bedeutungshaltigem Material. Die Analyse erfolgt, indem Materialteile (Segmente) den Kategorien eines inhaltsanalytischen Kategoriensystems zugeordnet werden. Diese Zuordnung wird meist von zwei unabhängig Codierenden vorgenommen.

Die Inhaltsanalyse steht zwischen qualitativer und quantitativer Forschung.

Historisch gesehen steht die Inhaltanalyse zwischen qualitativer und quantitativer Forschung (Groeben & Rustemeyer, 1995): Sie beinhaltet Elemente aus beiden Paradigmen, wie etwa die typisch qualitative Flexibilität der Anpassung an unterschiedliche Materialien oder die typisch quantitative Systematik des Vorgehens. Auch spiegelt sich in der Geschichte ihrer Entwicklung der Streit zwischen Vertreterinnen und Vertretern qualitativer und quantitativer Ansätze. Entsprechend umfasst die Inhaltsanalyse eine Reihe von Verfahren, von der quantitativen Inhaltsanalyse, wie sie auch heute noch in der Kommunikationswissenschaft zur Anwendung kommt, bis hin zur sog. qualitativen Inhaltsanalyse. Im Folgenden wird der Kern des Verfahrens erläutert, der allen Varianten der Inhaltsanalyse gemeinsam ist.

Das Kategoriensystem als Kern der Inhaltsanalyse

Kern der Inhaltsanalyse ist das inhaltsanalytische **Kategoriensystem**.

Die **Kategoriendefinition** besteht aus: Benennung, Explikation, Beispiel und ggf. Abgrenzung.

Kern der Inhaltsanalyse ist das inhaltsanalytische **Kategoriensystem**, in dem alle relevanten Textbedeutungen als inhaltsanalytische Kategorien expliziert sind. Bei der Auswertung eines lesepsychologischen Interviews zu den Gründen, warum die Teilnehmerinnen ein bestimmtes Buch als Lektüre ausgewählt haben, würde beispielsweise jeder überindividuell (also von mehr als einer Person genannter) Grund eine solche Textbedeutung darstellen, die als inhaltsanalytische Kategorie zu explizieren ist. Die Kategoriendefinition beinhaltet eine Benennung (vergleichbar dem Etikett beim Codieren; s. oben), eine Explikation dessen, was mit der Kategorie gemeint ist, eine Verdeutlichung durch ein möglichst typisches Textbeispiel und ggf. Entscheidungsregeln, falls Kategorien sich in ihren Bedeutungen überschneiden (▶ Beispiel). Je klarer eine Kategorie definiert ist, desto einfacher ist es bei der Analyse, Textstellen eindeutig einer Kategorie zuzuordnen bzw. die Bedeutung der Textstellen zu bestimmen. Insofern trägt die genaue Definition der Kategorien wesentlich zur Systematik des Verfahrens bei.

Beispiel

Kategoriensystem

Die folgenden Definitionen stammen aus einem Kategoriensystem zur Analyse der schon mehrfach als Beispiel angeführten Interviews über Leseerleben und Lesestrategien. Die Untersuchungsteilnehmerinnen und -teilnehmer waren gebeten, sich als Vorbereitung auf die Untersuchung einen beliebigen Roman auszusuchen und ihn zu lesen. Im Folgenden geht es um die Erfassung der Gründe, aus denen sie *ihr* Buch ausgewählt haben:

1. **Kenntnis der Autorin bzw. des Autors**
   - **Definition:** Diese Kategorie ist zu codieren, wenn Teilnehmer bzw. Teilnehmerinnen das Buch aufgrund von Informationen über den Autor oder die Autorin ausgewählt haben. Dabei ist es unerheblich, ob zuvor bereits Bücher vom selben Autor oder derselben Autorin gelesen wurden oder noch nicht.
   - **Beispiel:** »Dieses, da hatte ich schon ein Buch von der Schriftstellerin gelesen und das hat mir sehr gefallen.«
2. **Empfehlung**
   - **Definition:** Diese Kategorie ist zu codieren, wenn das Buch von einer anderen Person (Freunde, Familie, Zufallsbekanntschaft etc.) zur Lektüre empfohlen wurde.
   - **Beispiel:** »Also in diesem Fall hat mir, äh, ein Bekannter davon erzählt. Und das hat mich einfach neugierig gemacht ...«

▼

3. **Rezension**
   - **Definition**: Diese Kategorie ist zu codieren, wenn das gelesene Buch aufgrund einer Rezension/Buchbesprechung (Print, Funk, Fernsehen, Internet etc.) für die Studie ausgesucht wurde.
   - **Beispiel**: »Zufällig habe ich's im Radio gehört, als er 80 wurde und da sprachen die über das Buch. Ich kannte den Titel gar nicht und da habe ich gedacht, ja, das holst du dir.«
4. **Interesse am Thema**
   - **Definition**: Diese Kategorie ist zu codieren, wenn das Thema des Buchs ausschlaggebend für die Auswahl war bzw. ein persönlicher Bezug zum Thema/Buch. Das ist beispielsweise dann der Fall, wenn jemand angibt, dass das Buch unbedingt eine Liebesgeschichte oder Informationen zu einem bestimmten Thema beinhalten sollte.
   - **Beispiel**: »Und dann hat mich der, äh, Bereich Skandinavien angesprochen. Und das ist der Grund, warum ich dann sofort, spontan entschieden hab', das nehm – das kaufe ich.«
5. **Genre**
   - **Definition**: Diese Kategorie ist zu codieren, wenn das Buch ausgesucht wurde, weil es unter ein bestimmtes Genre fällt.
   - **Beispiel**: »... und weil das ja auch so interessant klang, ‚Angstspiel', äh, hab' ich mir das auch so, äh, ich mag ganz gerne Thriller, wo's halt eben aufregend ist, so Liebesromane ist nicht so mein Ding, aber so Thriller oder Krimis, was mich so mitnimmt, mitreißt ...«
6. **Geschenk**
   - **Definition**: Eine Antwort ist dieser Kategorie zuzuordnen, wenn jemand angibt, dass es sich bei dem ausgewählten Buch um ein Geschenk handelt.
   - **Beispiel**: »Das Buch selber habe ich geschenkt bekommen zum Geburtstag vor etlicher Zeit, bin jetzt erst dazu gekommen, es zu lesen, hatte gerade angefangen, als das mit Ihnen losging, ...«
7. **Sonstige Gründe**
   - **Definition**: Eine Antwort ist dieser Kategorie zuzuordnen, wenn Teilnehmerinnen bzw. Teilnehmer angeben, das Buch aus einem Grund ausgewählt zu haben, der keiner der Kategorien 1 bis 6 zugeordnet werden kann. Das ist beispielsweise der Fall, wenn jemand angibt, dass es aufgrund der knappen Zeit ein besonders dünnes Buch sein sollte.
   - **Beispiel**: »... aber das wurd' irgendwann mal in der Sendung ‚Wer wird Millionär' vom Moderatoren Günther Jauch erwähnt, der ja auch da wohnt. Berlin oder in Potsdam und den finde ich auch ganz sympathisch. Und der plaudert ja auch immer so'n bisschen aus dem Nähkästchen und da habe ich mir auch gedacht, ja was, jetzt möchtest Du mal wissen, worum's da geht.«

Im einfachsten Fall besteht das Kategoriensystem aus einer Reihe solcher (Unter-)Kategorien, wie beispielsweise verschiedene Gründe, ein Buch zu lesen. Oft umfasst ein Kategoriensystem auch mehrere Oberkategorien und Unterkategorien für jede dieser **Oberkategorien**, ist also hierarchisch strukturiert. Das Kategoriensystem zur Analyse eines lesepsychologischen Interviews, aus dem hier ein Ausschnitt wiedergegeben ist, umfasste z. B. (in Anlehnung an den Interviewleitfaden; ▶ Abschn. 6.1.1) darüber hinaus die folgenden Oberkategorien: Gründe für die Auswahl eines Buchs; Lesesituationen; Lesestrategien. Jede Oberkategorie entspricht also einem Gesichtspunkt, unter dem das Material analysiert werden soll. Wenn mehrere solcher Gesichtspunkte bzw. Oberkategorien angesetzt werden, dann wird jede Textstelle auch im Hinblick auf alle diese Oberkategorien codiert. Oberkategorien schließen einander also nicht aus, Unterkategorien innerhalb derselben Oberkategorie dagegen in der Regel schon. Eine Textstelle sollte also immer nur einer inhaltsanalytischen Unterkategorie zuordenbar sein.

Hierarchische Kategoriensysteme bestehen aus mehreren Oberkategorien und mehreren Unterkategorien pro Oberkategorie.

Unterkategorien schließen einander aus.

Erstellung des Kategoriensystems Wie erstellt man aber ein inhaltsanalytisches Kategoriensystem? Zu Kategorien kommt man auf drei Wegen: Erstens kann man bereits vorhandene Theorien oder Forschungsergebnisse für die eigenen Zwecke nutzbar machen (deduktives Vorgehen). Wenn man beispielsweise ein Interviewtranskript auf die Äußerung von Emotionen hin analysieren möchte, dann kann man das Kategoriensystem theoriegeleitet erstellen und die sog. Basisemotionen als Kategorien ansetzen (wie beispielsweise Freude, Traurigkeit, Ärger usw.; Plutchik, 1991). Die deduktive Erstel-

Ein Kategoriensystem kann **deduktiv, induktiv** oder gemischt **deduktiv-induktiv** erstellt werden.

lung eines Kategoriensystems eignet sich besonders gut zur Prüfung von Hypothesen. Sie hat allerdings auch den Nachteil, dass das Kategoriensystem hier nicht an das Material angepasst ist; es kann also sein, dass das Kategoriensystem nicht »passt«, dass im Material vielleicht andere Emotionen eine Rolle spielen, wie etwa Scham, die auf diese Weise nicht erfasst werden können. Zweitens kann das Kategoriensystem auch, ähnlich dem Vorgehen beim Codieren, gänzlich aus dem Material heraus entwickelt werden (induktives Vorgehen). Drittens lassen sich die beiden Vorgehensweisen kombinieren, indem etwa die Oberkategorien des Kategoriensystems deduktiv hergeleitet, die Unterkategorien aus dem Material entwickelt werden (deduktiv-induktives Vorgehen).

Ein Kategoriensystem soll **valide, objektiv** und **reliabel** sein.

Anforderungen an ein Kategoriensystem Ein Kategoriensystem muss bestimmten Anforderungen bzw. Gütekriterien genügen: Es muss erstens **valide** sein, das heißt, relevante Textbedeutungen müssen durch das Kategoriensystem auch tatsächlich erfasst werden. Eine hohe Besetzung der Restkategorie oder (vor allem bei einem induktiven Kategoriensystem) eine überproportional hohe Besetzung einer Unterkategorie im Vergleich zu anderen Unterkategorien kann einen Hinweis auf unzureichende Validität darstellen: Die hohe Besetzungshäufigkeit lässt vermuten, dass dieser Bedeutungsaspekt zu undifferenziert abgedeckt wird. Weiterhin sollte das Kategoriensystem (im Sinne der Überschreitung subjektiven und potenziell verzerrten Verstehens) möglichst **objektiv** und **reliabel** sein (► Verfahrensspezifische Gütekriterien). Objektivität und Reliabilität werden dabei – im Sinne von Intersubjektivität – als Höhe der Übereinstimmung der Codierenden bei der Zuordnung von Textteilen zu den Kategorien gefasst. Zur Berechnung der Codierübereinstimmung stehen verschiedene Koeffizienten zur Verfügung, wie beispielsweise Cohen's Kappa (im Überblick Wirtz & Caspar, 2002). Alternativ kann Reliabilität auch durch die Stabilität der Codierung abgeschätzt werden: Dabei ordnet eine Codiererin bzw. ein Codierer die Textsegmente den Kategorien zu zwei verschiedenen Zeitpunkten zu, z. B. im Abstand von einer Woche.

Exkurs

Verfahrensspezifische Gütekriterien

Neben Validität und Reliabilität wurden für die Inhaltsanalyse auch verfahrensspezifische Kriterien formuliert, die allerdings kontrovers sind (zu verfahrensspezifischen Gütekriterien vgl. Rustemeyer, 1992).

Dazu zählt das Kriterium der **Exhaustion**: Danach muss jede Textstelle auch tatsächlich einer inhaltsanalytischen Kategorie zuordenbar sein (was im Zweifelsfall durch die Einführung einer Restkategorie »Sonstiges« gewährleistet ist). Dieses Kriterium wird gerade in der qualitativen Inhaltsanalyse nicht immer angesetzt.

Umstritten ist auch das Kriterium der **Saturiertheit.** Es besagt, dass keine Kategorie des inhaltsanalytischen Kategoriensystems »leer« bleiben darf, dass jeder Kategorie also mindestens eine Textstelle zugeordnet sein muss. Dieses Kriterium ist allerdings nicht sinnvoll, wenn eine Hypothese überprüft werden soll – dass eine Kategorie nicht besetzt ist, kann hier gerade ein wichtiges Datum darstellen.

Ein letztes verfahrensspezifisches Gütekriterium ist die **Disjunktheit:** Jede Textstelle sollte möglichst nur einer Unterkategorie zugeordnet werden. Die Erfüllung dieses Kriteriums beeinflusst wiederum die Intercodierreliabilität positiv: Wenn eine Textstelle mehreren Unterkategorien gleichzeitig zugeordnet werden kann, dann senkt eine unterschiedliche Anzahl von Zuordnungen die Übereinstimmung zwischen den Codierenden. Diese Fehlerquelle wird bei der Beschränkung auf eine Bedeutungskategorie ausgeschaltet. Dieses Kriterium gilt allerdings nur in Bezug auf die Unterkategorien einer Oberkategorie. Dagegen kann und soll eine Textstelle bei einem Kategoriensystem mit mehreren Oberkategorien durchaus auch für jede Oberkategorie analysiert und codiert werden (s. oben).

Ablauf der Inhaltsanalyse

Das Kategoriensystem sollte einer **Probecodierung** unterzogen werden.

Vom Ablauf her gestaltet sich die Inhaltsanalyse so, dass zunächst eine erste Version des Kategoriensystems erstellt und einer Probecodierung unterzogen wird. Die Probecodierung setzt voraus, dass das Material in Codiereinheiten bzw. Segmente unterteilt ist;

es muss also vor der Probecodierung feststehen, welche Textteile jeweils den Unterkategorien zugeordnet werden sollen. Codiereinheiten können entweder nach formalen oder nach inhaltlichen Gesichtspunkten festgelegt werden. Formale Codiereinheiten werden z. B. angesetzt, wenn man jede Antwort einer Untersuchungsteilnehmerin bzw. eines Untersuchungsteilnehmers auf eine Interviewfrage als Einheit begreift (also die gesamte Äußerung, vom Ende einer Frage bis zum Beginn der nächsten Interviewfrage); auch ein Satz ist eine solche formale Einheit. Inhaltliche Einheiten sind z. B. Äußerungen zu einem Thema, d. h. alles, was zwischen zwei Themenwechseln gesagt wird.

Vor Beginn der Probecodierung ist das Material in **Segmente** zu unterteilen.

Die **Probecodierung** wird an einem kleinen, aber repräsentativen Teil des Materials durchgeführt; anschließend wird die Codierübereinstimmung berechnet. Nichtübereinstimmungen treten meistens systematisch zwischen bestimmten Unterkategorien auf und geben Hinweise darauf, in welcher Hinsicht das Kategoriensystem noch verbessert werden kann, beispielsweise indem Kategorien noch klarer definiert oder indem Abgrenzungen zwischen Kategorien hinzugefügt werden. Wenn zwei Personen codiert haben, schließt sich an die Probecodierung eine Codierbesprechung an, bei der die beiden die Gründe durchgehen, weshalb sie Textteile unterschiedlichen Kategorien zugeordnet haben. Auf der Grundlage des verbesserten Kategoriensystems wird dann die Codierung des gesamten Materials durchgeführt (Hauptcodierung), was wiederum eine Unterteilung des Materials in Codiereinheiten voraussetzt (zu den Vor- und Nachteilen des Verfahrens ▶ Kritische Betrachtung).

An die Probecodierung schließen sich die Berechnung der **Codierübereinstimmung**, eine **Codierbesprechung** und eine Überarbeitung des Kategoriensystems für die Hauptkodierung an.

Exkurs

Kritische Betrachtung

Wie das Codieren eignet sich auch die Inhaltsanalyse in erster Linie zur Erfassung von Textbedeutungen; darüber hinaus wird sie aber auch zur Analyse der Bedeutung visuellen Materials eingesetzt. Vom Codieren unterscheidet sich die Inhaltsanalyse vor allem durch die größere Systematik des Verfahrens, wie sie in den Kategorienexplikationen und der Berechnung der Codierübereinstimmung zum Ausdruck kommt. Auch ist die Inhaltsanalyse im Gegensatz zum Codieren stets ein datenreduzierendes und überindividuell zusammenfassendes Verfahren. Individuelle Bedeutungsaspekte, die nur von einer Person geäußert werden, gehen bei der Inhaltsanalyse im interindividuellen Vergleich quasi unter bzw. werden der Restkategorie »Sonstiges« zugeordnet. Beim Codieren können demgegenüber auch individuelle Bedeutungsaspekte berücksichtigt werden; auch eignet sich das Codieren besser zur Exploration des Materials.

? Kontrollfragen

1. Inwiefern zeichnet sich die Inhaltsanalyse durch Systematik aus?
2. Wie ist ein hierarchisches Kategoriensystem aufgebaut?
3. Aus welchen Bestandteilen setzt sich die Definition einer inhaltsanalytischen Kategorie zusammen?
4. Was bedeutet es, wenn ein Kategoriensystem deduktiv-induktiv erstellt wurde?
5. Warum ist die Inhaltsanalyse für die Auswertung eines einzelnen, längeren biografischen Interviews weniger geeignet als das Codieren?
6. Nennen Sie Anhaltspunkte, die Aufschluss über die Validität eines Kategoriensystems geben!

▶ **Weiterführende Literatur**

Kuckartz, U. (2012). *Qualitative Inhaltsanalyse. Methoden, Praxis, Computerunterstützung*. München: Beltz Juventa.

Mayring, P. (2010). *Qualitative Inhaltsanalyse. Grundlagen und Techniken* (11. akt. u. überarb. Aufl.). Weinheim, Basel: Beltz.

Rustemeyer, R. (1992). *Praktisch-methodische Schritte der Inhaltsanalyse*. Münster: Aschendorff.

Schreier, M. (2012). *Qualitative content analysis in practice*. London: Sage.

7.2.5 Computergestützte Analyse verbaler Daten

Lernziele

- Den Unterschied zwischen »quantitativer« und »qualitativer« Software verstehen.
- Kennenlernen von Möglichkeiten und Grenzen der computergestützten qualitativen Datenanalyse.
- Abwägen von Vor- und Nachteilen der computergestützten Auswertung qualitativer Daten.

Es existiert Software für die quantitative und die qualitative Textanalyse.

Im Laufe der letzten 20 Jahre sind eine Reihe von Programmen entwickelt worden, die Forschende bei der Auswertung verbaler Daten durch Codieren oder Inhaltsanalyse unterstützen sollen. Es lassen sich zwei Arten solcher Programme unterscheiden (Alexa & Zuell, o.J.): Die erste Variante ist im Kontext der quantitativen Inhaltsanalyse entstanden und unterstützt auch speziell die Anwendung dieser Methode (im Folgenden: »quantitative« Software). Die zweite Variante stammt aus der Tradition des Codierens. Diese letzteren Programme unterstützen die Forschenden sowohl beim Codieren als auch bei der inhaltsanalytischen Auswertung (im Folgenden: »qualitative« Software).

Quantitative Software erlaubt eine automatisierte Analyse manifester Textbedeutung.

Quantitative Software Quantitative Software ist darauf ausgerichtet, Analysen manifester Textbedeutung zu automatisieren (z. B. General Inquirer, Textpack, Intext, LIWC). Je nach Fragestellung wird ein sog. Dictionary erstellt. Dieses Dictionary erfüllt die Rolle des Kategoriensystems: Für jede Kategorie werden (im Sinne einer Kategorienexplikation) Suchbegriffe definiert. Bei einer Analyse von Leitartikeln deutschsprachiger Tageszeitungen wäre etwa eine Kategorie »Wirtschaft« vorstellbar; diese würde Suchbegriffe enthalten wie: Wirtschaft, Finanz*, Kapital*, Börse usw. Das Programm durchsucht die zu analysierenden Texte nach diesen Suchbegriffen; für jeden »Fund« wird dem Textteil automatisch die Kategorie zugewiesen, die durch den Suchbegriff spezifiziert ist. Programme dieses Typs realisieren also eine »Arbeitsteilung« zwischen Mensch und Computer: Der Mensch muss das Dictionary spezifizieren; die eigentliche Codierung wird vom Computer übernommen (kann aber ihrerseits immer nur so gut sein wie das Dictionary). Diese Programme stellen gerade bei der Analyse großer Textmengen eine erhebliche Arbeitserleichterung dar, sind aber, wie erwähnt, in der Anwendung weitgehend auf die Analyse manifester Textbedeutungen beschränkt.

Qualitative Software **unterstützt** die Codierung, automatisiert sie aber nicht.

Qualitative Software Qualitative Programme, die hier im Vordergrund stehen (z. B. MaxQda, NVivo, Atlas.ti) automatisieren die Codierung dagegen nicht, sondern unterstützen sie lediglich. Praktisch alle Programme dieses Typs bieten bestimmte Basisfunktionen: Texte lassen sich zu Gruppen zusammenfassen; es können Kategoriensysteme erstellt, Codierungen vorgenommen und Kommentare (Memos) verfasst werden. Vor allem aber beinhalten die Programme vielfältige Such- und Retrievalfunktionen, die die Ergebnisse anschaulich zusammenfassen: Das Programm zeigt an, wie häufig die verschiedenen Codes verwendet wurden; man kann sich alle Textstellen ausgeben lassen, die derselben Kategorie zugeordnet wurden; es lässt sich ermitteln, wie häufig zwei verschiedene Codes gemeinsam einer Textstelle zugeordnet wurden; und es sind Suchdurchgänge und Ergebnisanzeigen für ausgewählte Teile des Textmaterials möglich, z. B. für Interviews mit einer Untergruppe der Teilnehmenden (z. B. Ergebnisse nur für die Frauen in der Stichprobe). Die meisten Programme bieten außerdem zusätzliche Funktionen wie z. B. die Verbindung von Textstellen durch Hyperlinks oder Möglichkeiten der Visualisierung von Ergebnissen (für weitere Vorteile ▶ Kritische Betrachtung).

Exkurs

Kritische Betrachtung

Zwar bieten die qualitativen im Vergleich zu den quantitativen Programmen keine Arbeitsentlastung bei der Codierung; der Überblick über die Ergebnisse und die Datenexploration (z. B.: Welche Kategorien treten gehäuft gemeinsam mit welchen anderen auf?) werden jedoch im Vergleich zur Codierung »per Hand« deutlich erleichtert. Außerdem unterstützen die Programme die Systematisierung der Auswertung. So kann im Verlauf der Auswertung eine »schleichende« Bedeutungsveränderung der Codes stattfinden. Vielleicht hat man einen Code zunächst in einer eng umgrenzten Bedeutung verwendet, ihn dann aber zunehmend ausgeweitet. Solche Bedeutungsveränderungen lassen sich schnell identifizieren, indem man sich in bestimmten Abständen die Textstellen anzeigen lässt, denen ein Code zugeordnet wurde.

Es sind allerdings auch Einwände gegen die Nutzung qualitativer Software laut geworden (Weitzman, 2000). So unterstützen die gängigen Programme in erster Linie das Codieren in der Tradition der gegenstandsbezogenen Theoriebildung, andere Auswertungsverfahren dagegen weniger. Auch können die vielfältigen Funktionen dazu verleiten, mit den Daten zu »spielen« und dabei die Fragestellung aus den Augen zu verlieren. Schließlich benötigt man zu Beginn eine Einarbeitungsphase, die je nach Funktionsumfang des Programms unterschiedlich lang ausfallen kann. Dies stellt allerdings keinen Kritikpunkt im engeren Sinne dar. Vielmehr lohnt sich der Aufwand der Einarbeitung erst bei einer größeren Textmenge – dann allerdings durchaus.

Kontrollfragen

1. Was leistet quantitative Software zur Auswertung verbaler Daten, was qualitative Software nicht leistet?
2. Worin besteht die Leistung von Software bei der computergestützten Auswertung qualitativer Daten?
3. Worin können die Nachteile der computergestützten Auswertung qualitativer Daten bestehen?

▶ **Weiterführende Literatur**

Evers, J., Mruck, K., Silver, C. & Peters, B. (Hrsg.). (2011). Das KWALON Experiment: Entwickler/innen und Nutzer/innen zu qualitativer Datenanalyse-Software. *Forum Qualitative Sozialforschung / Forum Qualitative Social Research* [Online Journal] *12* (1). Verfügbar unter: http://www.qualitative-research.net/index.php/fqs/issue/view/36 [letzter Zugriff am 10.7.2012].

Kuckartz, U. (2010). *Einführung in die computergestützte Analyse qualitativer Daten* (3. aktual. Aufl.). Wiesbaden: VS Verlag für Sozialwissenschaften.

Lewins, A. & Silver, C. (2007). *Using software in qualitative research*. London: Sage.

7.2.6 Diskursanalyse

Lernziele

- Verstehen, was ein Diskurs ist.
- Kennenlernen der Kernannahmen der Diskurstheorie.
- Kennenlernen der deskriptiven und der kritischen Variante der Diskursanalyse und ihrer Kernannahmen.
- Verstehen der Relation von Diskursanalyse einerseits sowie Codieren und Inhaltsanalyse andererseits.

Diskursanalyse berücksichtigt den Prozess der **Bedeutungskonstitution**.

Beim Codieren werden Texte und Textbedeutungen in gewisser Weise als »gegeben« und invariant angenommen und nicht weiter hinterfragt. Bei der Inhaltsanalyse wird Verstehen als Interaktion von Text und Rezipient konzipiert: Texte bieten Bedeutungspotenziale, und verschiedene Personen werden diesen Text, je nach ihrem eigenen Vorwissen und ihrer Stimmung, unterschiedlich verstehen. Ziel der Inhaltsanalyse ist es, dieses individuelle durch überindividuell-intersubjektives Verstehen zu überwinden. Die Konstruktivität des Prozesses der Bedeutungsgenerierung wird dabei aber nicht weiter in den Blick genommen. Bei der Diskursanalyse handelt es sich dagegen um ein Verfahren, bei dem sozusagen ein ganzes Theoriegebäude zur Konstitution und Konstruktion von Sprache mitgedacht ist, die Diskurstheorie. Im Zentrum steht dabei der Diskursbegriff.

▶ Definition Diskurs

Definition

Ein **Diskurs** besteht aus einem Set aufeinander bezogener Texte, einschließlich der Verfahren ihrer Produktion, Verbreitung und Rezeption (Phillips & Hardy, 2002, S. 3).

Annahmen der Diskurstheorie

Diese Definition der Diskursanalyse hat vier wichtige Implikationen:

Die Bedeutung von Diskursen ergibt sich erst unter Einbeziehung anderer Texte.

1. Intertextualität von Diskursen Diskurse sind nicht einfach isolierte Texte, sondern sie beziehen ihre Bedeutung wesentlich aus ihrer Beziehung zu anderen Texten. Diskurse bestehen also aus Netzwerken von Texten, die keine fest umrissene Grenze haben. Wenn man beispielsweise den rassistischen Diskurs im heutigen Deutschland analysiert, kommt man nicht umhin, auch den rassistischen Diskurs des Faschismus zumindest als Hintergrund einzubeziehen.

Bedeutungen verändern sich in Abhängigkeit vom Kontext.

2. Kontextsensitivität von Bedeutungen Bedeutungen sind nach dieser Auffassung nicht statisch, sondern verändern sich mit jedem Text, der dem Diskursuniversum hinzugefügt wird, und mit jeder Veränderung des Produktions-, Verbreitungs- oder Rezeptionskontextes. So verändert ein Stimmenzuwachs einer Partei wie der NPD beispielsweise den Kontext, in dem Zeitungsartikel geschrieben und gelesen werden, in denen über Menschen aus osteuropäischen Ländern fast ausschließlich im Zusammenhang mit Kriminalität berichtet wird.

Bedeutungen hängen auch von den Bedingungen der Produktion und Rezeption von Diskursen ab.

3. Bedeutungskontext Die Bedeutungen von Diskursen erschließen sich nicht aus Texten allein, sondern die Bedingungen ihrer Produktion, Verbreitung, Rezeption und auch deren Konsequenzen sind bei der Bedeutungsanalyse mit zu berücksichtigen. Wie reagiert z. B. ein junger Mann aus Rumänien, der in der deutschen Presse über sein Land und Landsleute fast nur im Zusammenhang mit Kriminalität liest?

Realität wirkt sich auf Texte aus, und Texte wirken auf die Realität zurück.

4. Realitätskonstitutive Funktion von Diskursen Diese Implikation ist vielleicht die wichtigste: Wenn Diskurse nicht nur aus Texten bestehen, sondern soziale Gegebenheiten (Produktion usw.) in die Texte hinein und von den Texten (über den Rezeptionsaspekt) auch wieder in die nichtsprachliche Realität zurückwirken, dann bildet Sprache soziale Realität nicht ab, sondern *konstituiert* sie mit.

Sprache bildet Realität nicht ab, sondern Sprache **konstituiert** Realität.

Damit ist zugleich die Kernannahme der Diskurstheorie benannt: Sprache bildet Realität nicht ab, sondern Sprache konstruiert und konstituiert soziale Realität. Wenn das aber der Fall ist, dann ist eine »objektive« Wahrnehmung der Realität jenseits von Sprache nicht möglich, sondern Realität gewinnt ihre Bedeutung überhaupt erst mit und durch Sprache. Hier setzen diskursanalytische Verfahren an.

▶ Definition Diskursanalyse

Definition

Die **Diskursanalyse** untersucht, wie Realität sprachlich erzeugt wird.

Formen der Diskursanalyse

Es ist zwischen einer **deskriptiven** und einer **normativen** Tradition der Diskursanalyse zu unterscheiden.

Wieder einmal wäre es angesichts der Vielzahl diskursanalytischer Verfahren verfehlt, von *der* Diskursanalyse zu sprechen (für einen umfassenden Überblick s. Keller, Hirseland, Schneider & Viehöver, 2010; 2011). Es lassen sich grob zwei Traditionen unterscheiden, eine eher deskriptive und eine eher normativ-kritische (Philipps & Hardy, 2002).

In der deskriptiven Diskursanalyse werden Diskurse als **Äußerungsressourcen** verstanden.

Deskriptive Diskursanalyse

Die deskriptive Tradition der Diskursanalyse ist stärker in der Linguistik verankert. Diskurse werden hier als konkrete Formen des Sprechens, Schreibens und der Interaktion modelliert. Sie bilden eine Ressource, auf die Sprecherinnen und Sprecher in ihren Äußerungen und Interaktionen zurückgreifen können (im Überblick: Rapley, 2007).

Diskursive Psychologie und Konversationsanalyse stellen Formen deskriptiver Diskursanalyse dar.

Dieser Tradition sind beispielsweise die **Diskursive Psychologie** (z. B. Potter & Wetherell, 1987) sowie die (aus der Linguistik stammende) **Konversationsanalyse** (z. B. Sacks, 1995) zuzuordnen. Mit dem Verständnis von Diskursen als Ressourcen geht die Annahme einher, dass die Art und Weise, wie etwas gesagt wird, nicht willkürlich ist. Vielmehr stehen jeder Person verschiedene Arten und Weisen zur Verfügung, etwas zum Ausdruck zu bringen. Die tatsächlich gewählte Äußerung lässt sich vor diesem Hintergrund als Mittel zum Zweck rekonstruieren. Der Schwerpunkt von deskriptiven Verfahren der Diskursanalyse liegt folglich auf der Rekonstruktion von solchen Zwecken und den sprachlichen Mitteln, die Sprechende einsetzen, um diese Zwecke zu erreichen. Sprachliche Mittel sind z. B. Strategien wie Abstreiten oder Rechtfertigen ebenso wie rhetorische Mittel, z. B. die Verwendung von Metaphern (▶ Beispiel). Deskriptive Verfahren der Diskursanalyse eignen sich in erster Linie zur Analyse natürlicher Gespräche. Diese sollten als Transkripte vorliegen und auch para- und nonverbale Informationen beinhalten.

Beispiel

Eine Rekonstruktion der Dynamik familientherapeutischer Gespräche

Couture und Strong (2004) verwendeten Verfahren aus der deskriptiven Diskursanalyse, um die Dynamik familientherapeutischer Gespräche herauszuarbeiten und nachvollziehbar zu machen. Sie verdeutlichen ihr Vorgehen anhand einiger Gesprächsauszüge zwischen einem Jungen (Joe), der gerade aus der Klinik entlassen wurde, seinen Eltern und dem Therapeuten. Die Entlassung war an die Bedingung geknüpft, dass Joe in der Klinik einen Vertrag darüber abgeschlossen hatte, welche Verhaltensweisen er künftig unterlassen wollte.

Die Analyse beginnt mit Kommentaren der Eltern und des Jungen zu diesem Vertrag. Vor allem der Vater verbalisiert die feste Überzeugung, dass sein Sohn sich an den Vertrag halten wird: »... he is going to follow through ...«, »... it is going to be totally different.« Joe reagiert dagegen deutlich skeptischer auf die Frage, ob er meint, dass er es schaffen wird, sich an den Vertrag zu halten: »I don't know yet, I guess«. Die Autorinnen rekonstruieren diese Differenz zwischen den Eltern und dem Jungen als sog. Differend. Aus therapeutischer Sicht ist dieses Differend zu überwinden, damit Joe und seine Eltern gemeinsam an dem Problem arbeiten können.

Die weitere Diskursanalyse verdeutlicht die Strategien des Therapeuten sowie die allmähliche Annäherung von Joe und seinen Eltern. Am Ende des Beitrags steht ein Gesprächsausschnitt, in dem sich wiederum der Vater äußert: »and we talked about a lot of stuff. We talked about stuff I have done right stuff I have done wrong. We just we just talked. And it was I think I think we both kind of came up out of there. And Joe you can speak for yourself but what I came out of it was that umm we need to do things a little bit different. We need to start do things a little bit different.« Während der Vater zuvor von »he« gesprochen hatte, also von Joe, der künftig alles anders machen sollte, ist nun von »we« die Rede. Auch geht es nun nicht mehr darum, alles »totally different« zu machen, sondern um ein gemeinsames »a little bit different« – um kleinere Änderungen also, die leichter zu realisieren sind.

Kritische Diskursanalyse

In der kritischen Diskursanalyse liegt der Schwerpunkt auf der Analyse von **Diskurssystemen**.

Während die Sprechenden in der deskriptiven Tradition der Diskursanalyse konstitutiv als Handelnde konzipiert werden, die sich der Sprache bedienen, liegt der Schwerpunkt in der normativ-kritischen Tradition auf der Analyse von Diskurssystemen. Diese stellen zwar einerseits eine Ressource dar, derer sich Sprechende bedienen können. Andererseits markieren Diskurse aber auch die Grenzen des Sagbaren: Alles, was gesagt wird, kann nur innerhalb und mit den Mitteln eines Diskurses gesagt werden. In diesem Sinne unterliegen Sprechende zugleich den Diskursen, und in diesem Sinne entfalten Diskurse ihre realitätskonstitutive Kraft, wie sie im Rahmen der Diskurstheorie postuliert wird.

Die kritische Diskursanalyse nach Foucault befasst sich mit dem Zusammenhang zwischen **Diskursen und Macht**.

Unter den Verfahren, die stärker der kritischen Tradition zuzuordnen sind, ist besonders die Kritische Diskursanalyse in Anlehnung an Foucault hervorzuheben (z. B. Foucault, 1971; im Überblick: Keller, 2011a), im deutschsprachigen Raum insbesondere die wissenssoziologische Diskursanalyse (Keller, 2011b). Kritische Diskursanalyse befasst sich mit der Relation zwischen Diskursen und Macht, Diskursen und sozialen Institutionen. Die Analyse verläuft in sechs Schritten (Willig, 2003), von der Analyse der Konstituierung des diskursiven Objekts bis hin zur Identifikation potenzieller Handlungsorientierungen und Sichtweisen von Welt aus der Position dieser Konstituierungen (▶ Schritte der kritischen Diskursanalyse). Im Gegensatz zur diskursiven Psychologie ist die kritische Diskursanalyse nicht auf natürliche Gespräche beschränkt, sondern lässt sich auf beliebige symbolische Äußerungen anwenden.

Exkurs

Schritte der kritischen Diskursanalyse

Die kritische Diskursanalyse nach Foucault beinhaltet die folgenden Schritte:

- **Identifikation diskursiver Konstruktionen:** Wie wird über den interessierenden Gegenstandsbereich gesprochen bzw. geschrieben, wie wird er konstruiert? Wie spricht jemand beispielsweise über seine Depression – als Lähmung, als Glasglocke, als dunkle Wolke?
- **Verankerung in Diskursen:** Welchen breiteren Diskursen lassen sich diese diskursiven Konstruktionen zuordnen? Legt die Art und Weise, wie jemand über seine Depression spricht, beispielsweise eine psychologische Sichtweise nahe – oder eine physiologische – oder eine religiöse?
- **Handlungsorientierung:** Welche Funktionen haben die diskursiven Konstruktionen, welche Handlungskonsequenzen ergeben sich daraus? Eine ausschließlich medizinische Sichtweise von Depression könnte beispielsweise dazu beitragen, dass gar nicht erst der Gedanke aufkommt, man müsste etwas am eigenen Lebensstil ändern.
- **Positionierung:** Wie werden Subjekte mittels der diskursiven Konstruktionen im Hinblick auf den fraglichen Gegenstandsbereich positioniert – welche Rechte und Pflichten ergeben sich beispielsweise daraus? So könnte eine ausschließlich medizinische Sichtweise von Depression die betroffene Person in erster Linie als Patientin positionieren, die einer Behandlung bedarf.
- **Praxen:** Hier geht es um die Relation zwischen Diskurs und gesellschaftlicher Praxis: Welche Handlungsweisen werden innerhalb des Diskurses in Bezug auf den fraglichen Gegenstandsbereich konstruiert, und wie werden sie bewertet? So ist ein Patient innerhalb des medizinischen Diskurses in der Regel jemand, der besonderer Pflege und Aufmerksamkeit bedarf. Betrachtet man Depression vorwiegend innerhalb des medizinischen Diskurses, so wird der depressive Mensch zu jemandem, um den andere sich kümmern und dem sie nicht mit Verärgerung begegnen sollten.
- **Subjektivität:** Schließlich beinhalten Diskurse eine ganz bestimmte Perspektive, eine ganz bestimmte Sichtweise auf die Welt. Für den depressiven Menschen ergibt sich aus dem medizinischen Diskurs beispielsweise die Hoffnung auf Heilung.

Codieren und Inhaltsanalyse in diskursanalytischen Verfahren

Codieren und Inhaltsanalyse lassen sich für eine Diskursanalyse nutzbar machen.

Auf den ersten Blick scheinen diskursanalytische Verfahren einerseits, insbesondere solche der kritischen Tradition, und Verfahren wie Inhaltsanalyse oder Codieren andererseits sehr weit voneinander entfernt, wenn nicht sogar unvereinbar zu sein. Codieren und Inhaltsanalyse sind auf die Erfassung tatsächlicher Textbedeutung ausgerichtet, während es in der Diskursanalyse wesentlich um die Analyse von Bedeutungspotenzialen geht. Dabei bleiben die Ergebnisse und Schlussfolgerungen beim Codieren und der Inhaltsanalyse vergleichsweise nahe am Text, während sie sich bei der Diskursanalyse auch auf sprecherseitige Zwecke, Handlungspotenziale und Wirkungen erstrecken. Trotz dieser Unterschiede sind Kombinationen dieser Verfahren möglich, und zwar derart, dass beispielsweise das Codieren als ein erster Schritt innerhalb einer diskursanalytischen Vorgehensweise angewendet wird. Das Codieren würde in diesem Fall genutzt, um zunächst das Textangebot zu beschreiben; daran würden sich die weiteren Schritte der Diskursanalyse anschließen, die über die reine Textbeschreibung hinausgehen. Auch die Inhaltsanalyse lässt sich durchaus zur sprach- und ideologiekritischen Beschreibung von Bedeutungspotenzialen nutzbar machen.

Kontrollfragen

1. Was versteht man unter einem Diskurs?
2. Was bedeutet es, wenn Diskurstheoretiker behaupten, dass Sprache Realität nicht abbildet, sondern konstituiert?
3. Inwiefern baut die Diskursanalyse auf Annahmen der Diskurstheorie auf?
4. Worauf liegt der Schwerpunkt der deskriptiven Tradition der Diskursanalyse?
5. Was hat – nach der Auffassung der kritischen Tradition der Diskursanalyse – Macht mit Diskursanalyse zu tun?
6. Worin unterscheiden sich Diskursanalyse einerseits sowie Codieren und Inhaltsanalyse andererseits?

▶ **Weiterführende Literatur**

Keller, R. (2011). *Diskursforschung. Eine Einführung für SozialwissenschaftlerInnen* (4. Aufl.). Wiesbaden: VS Verlag für Sozialwissenschaften.

Keller, R., Hirseland, A., Schneider, W. & Viehoefer, W. (Hrsg.) (2010/11). *Handbuch Sozialwisssenschaftliche Diskursanalyse* (2 Bde., 3. aktual. Aufl.). Opladen: Leske & Budrich.

Van Dijk, T. (Ed.) (2011). *Discourse studies. A multidisciplinary introduction*. London: Sage.

7.2.7 Semiotik

Lernziele

- Verstehen, was ein Zeichen ist, und verschiedene Definitionen des Zeichens kennenlernen.
- Denotation und Konnotation als Werkzeuge einer semiotischen Analyse kennenlernen.
- Das Konzept der bedeutungskonstitutiven Gegensätze als Werkzeug einer semiotischen Analyse kennenlernen.

Auf der Analyse von Bedeutungspotenzialen liegt auch der Schwerpunkt der Semiotik. Durch die Analyse von Zeichen und den Beziehungen zwischen Zeichen wird untersucht, wie Bedeutung erzeugt wird.

Definition
Ein **Zeichen** ist etwas, das für etwas anderes stehen bzw. dieses andere anzeigen oder bedeuten kann.

▶ **Definition Zeichen**

Über dieses generelle Verständnis hinaus haben verschiedene Vertreter der Semiotik unterschiedliche Konzeptionen des Zeichens entwickelt.

Dyadischer Zeichenbegriff Von de Saussure (1916) stammt die dyadische Konzeption des Zeichens, in der zwei Aspekte der Zeichenrelation unterschieden werden: Das ist einmal das **Signifikat** bzw. der begriffliche Inhalt des Bezeichneten, z. B. die Vorstellung von einer Pflanze mit einem hohen Stamm und einer Vielzahl von Ästen. Der zweite Aspekt wird durch das Bezeichnende bzw. den **Signifikanten** konstituiert, beispielsweise das Wort »Baum«. Die Beziehung zwischen Zeichen und Bezeichnetem ist willkürlich und konventional bestimmt – statt »Baum« könnte auch eine beliebige andere Lautkombination für diese spezielle Pflanze stehen, wie etwa »tree« oder »arbre«.

Mit dem **dyadischen Zeichenbegriff** wird zwischen Signifikat und Signifikanten unterschieden.

Triadischer Zeichenbegriff Eine triadische Zeichenkonzeption wurde von Charles Peirce entwickelt (1998/1903). Er unterscheidet zwischen dem Objekt bzw. dem **Bezeichneten,** dem Representamen bzw. dem **Zeichen** sowie drittens dem **Interpretanten**, d. h. der Bedeutung, die dem Zeichen im Prozess des Decodierens zugewiesen wird. Peirce berücksichtigt in seiner Zeichentheorie somit konstitutiv den Prozess des Decodierens bzw. der Rezeption und legt somit die Basis für die Entwicklung der Pragmatik, der Lehre von der Verwendung der Zeichen (▶ Drei Arten von Zeichen). An der Einbeziehung des Rezeptionsprozesses setzen auch Adaptationen der Semiotik für die

Mit dem **triadischen Zeichenbegriff** wird zwischen dem Zeichen, dem Bezeichneten und dem Interpretanten unterschieden.

Sozialwissenschaften an, insbesondere die Ausarbeitung einer **sozialen Semiotik** (z. B. van Leeuwen, 2005).

Exkurs

Drei Arten von Zeichen

Während de Saussure davon ausging, dass Zeichen und Bezeichnetes grundsätzlich in einer willkürlichen Beziehung zueinander stehen, unterscheidet Peirce zwischen drei Arten von Zeichen: Ikon, Index und Symbol, die sich hinsichtlich der Relation zwischen Zeichen und Bezeichnetem unterscheiden.

- Das **Ikon** wird zum Zeichen aufgrund seiner Ähnlichkeit mit dem Bezeichneten, wie z. B. das Symbol eines Papierkorbs auf der Benutzeroberfläche des PC, das anzeigt: Hier können Dateien »weggeworfen« werden.
- Der **Index** steht in einer inhärenten Beziehung zum Bezeichneten (wobei diese inhärente Beziehung auch kulturspezifisch sein kann), wie beispielsweise Rauch als Zeichen für Feuer.
- Das **Symbol** steht in einer willkürlichen (aber meist konventionalisierten) Beziehung zu dem Bezeichneten, wie beispielsweise die Rose als Symbol für Liebe.

7

Zeichen lassen sich hinsichtlich ihrer **Denotation** und ihrer **Konnotation** analysieren.

Zeichen treten jedoch nicht in Isolation auf. So existieren in einer Sprache oft mehrere Zeichen, die sich auf dasselbe Signifikat beziehen. So macht es beispielsweise einen Unterschied, ob Palästinenser, die einen Anschlag verübt haben, in den Nachrichten als »Freiheitskämpfer« oder als »Terroristen« bezeichnet werden. Beide Bezeichnungen überschneiden sich in ihrer **Denotation** bzw. deskriptiven Bedeutung: Sie bezeichnen Personen, die sich der Gewalt als Mittel bedienen, um ihre Ziele durchzusetzen. Die Bezeichnungen unterscheiden sich jedoch ganz erheblich in ihren **Konnotationen** bzw. in ihren kulturell zugeschriebenen, affektiven Bedeutungsanteilen. »Freiheitskämpfer« sind Personen, die sich für eine gute Sache einsetzen und sich gegen Diktatur und Unterdrückung wenden; jemanden als Freiheitskämpfer zu bezeichnen, impliziert zugleich eine positive Bewertung der Person und eine Billigung des Zwecks. Als Terroristen werden dagegen Personen bezeichnet, die in illegitimer Weise von Gewalt Gebrauch machen und dabei den Tod Unschuldiger in Kauf nehmen; jemanden als Terroristen zu bezeichnen, impliziert also zugleich eine eindeutig negative Bewertung der Person und des Zwecks. Hinsichtlich ihrer Konnotationen stehen die beiden Bezeichnungen somit in einer gegensätzlichen Relation.

Zeichen lassen sich im Hinblick auf **verborgene bedeutungskonstitutive Gegensätze** analysieren.

Die Exploration der Denotationen und Konnotationen der Zeichen in einem Text stellt ein wichtiges Werkzeug einer semiotischen Analyse dar. Eine wichtige Rolle spielen in der semiotischen Analyse auch – häufig verborgene – **bedeutungskonstitutive Gegensätze**. Wenn in einer Anzeige für ein Erfrischungsgetränk junge, feiernde Menschen gezeigt werden, dann stellen beispielsweise Alter und Einsamkeit solche bedeutungskonstitutiven Gegensätze dar: In denotativer Hinsicht bezeichnet »Jugend« Menschen eines bestimmten Alters, etwa zwischen 16 und 25 Jahren. Unter konnotativen Gesichtspunkten aber ist »Jugend« auch wesentlich bestimmt als die Abwesenheit von Alter und von mit dem Alter – konnotativ – assoziierten negativen Merkmalen wie Hinfälligkeit. Die semiotische Analyse eines Textes im Hinblick auf verborgene bedeutungskonstitutive Gegensätze wird auch als **paradigmatische Analyse** bezeichnet. Zu den Mitteln semiotischer Bedeutungsanalysen zählen weiterhin die Analyse rhetorischer Mittel und Figuren sowie die Analyse nicht nur der Bedeutung von Zeichen innerhalb eines Textes, sondern auch der Relation zwischen Texten, in denen diese Zeichen Verwendung finden (**Intertextualität**).

Semiotik und Diskursanalyse überschneiden sich hinsichtlich ihrer Mittel und ihrer Zielsetzung, Schlussfolgerungen zu ziehen, die über den Text hinausgehen.

Vergleich von Semiotik und Diskursanalyse Diese Beispiele zeigen bereits, dass Semiotik und Diskursanalyse sich in ihrer Ausrichtung recht ähnlich sind. Nicht nur dienen beide Methoden der Analyse potenzieller Bedeutungen, die häufig Wirkungsannahmen und somit auch Schlussfolgerungen beinhalten, die über die Textbedeutung hinausgehen. Auch überschneiden sich die Verfahren in ihren Mitteln; die Analyse rhetorischer Figuren spielt beispielsweise in beiden Methoden eine Rolle. Allerdings beinhaltet die Diskursanalyse (vermittelt über die Diskurstheorie) auch erkenntnistheoretische Annahmen; die Anwendung der Semiotik ist dagegen nicht mit solchen Annahmen verbunden. Außerdem ist die Diskursanalyse primär auf verbales Material anwendbar, wenn einzelne Varianten (wie die kritische Diskursanalyse nach Foucault) auch auf Zeichen im Allgemeinen übertragbar sind. Die Semiotik ist dagegen von vornherein für die Analyse von Zeichen, gleich welcher Art, konzipiert und wird häufig bei der Analyse visuellen Materials angewandt.

Kontrollfragen

1. 1. Was versteht man unter einem Zeichen?
2. Worin besteht der Unterschied zwischen dem dyadischen und dem triadischen Zeichenbegriff?
3. Was ist die Denotation von »Frühling«? Was wären einige Konnotationen?
4. Gibt es zu »Frühling« einen bedeutungskonstitutiven Gegensatz?

▶ Weiterführende Literatur

Eco, U. (2002). *Einführung in die Semiotik*. Stuttgart: UTB.
Leeuwen, T. van (2001). Semiotics and iconography. In T. van Leeuwen & C. Jewitt (Eds.), *Handbook of visual analysis* (pp. 92–118). London: Sage.
Leeuwen, T. van (2005). *Introducing social semotics*. Milton Park: Routledge.

7.2.8 Analyse visueller Daten – Ikonologie

Lernziele

- Unterschiede zwischen verbalem und visuellem Material verstehen.
- Die Definition von Ikonologie kennenlernen.
- Die drei Ebenen einer ikonologischen Analyse kennenlernen.
- Verstehen, was ein Symbol ist.
- Den Unterschied zwischen offenen und verdeckten Symbolen verstehen.

Die Analyse visuellen Materials wurde in den Sozialwissenschaften lange vernachlässigt, wird aber derzeit intensiv verfolgt.

Nachdem die Analyse visuellen Materials in den Sozialwissenschaften lange vernachlässigt wurde, finden in diesem Bereich derzeit zahlreiche Neuentwicklungen statt. In diesem Abschnitt soll stellvertretend auf die Ikonologie eingegangen werden.

Verbale und visuelle Daten unterscheiden sich hinsichtlich der Darstellungsweise.

Bei der Analyse visuellen Materials stellt sich zunächst ganz grundsätzlich die Frage, ob visuelle prinzipiell mit verbalen Daten vergleichbar sind oder ob sie, qua Medium, einen anderen Datentyp darstellen. Insofern visuelle mit verbalen Daten vergleichbar sind, lassen sich Verfahren, die ursprünglich für die Analyse verbaler Daten konzipiert waren (wie Hermeneutik, Codieren, Inhaltsanalyse, Diskursanalyse), auch auf visuelle Daten übertragen. Forschende, die sich genauer mit der Analyse visuellen Materials befasst haben, argumentieren allerdings, dass zwischen verbalen und visuellen Daten wichtige Unterschiede bestehen. Sowohl in verbalem als auch in visuellem Material wird etwas dargestellt; insofern es um die Analyse von Darstellungsinhalten geht, lassen sich Verfahren zur Analyse des Inhalts verbaler Daten auch auf visuelle Daten anwenden. Allerdings geht es, so die Argumentation, in visuellem mehr noch als in verbalem Material wesentlich auch um das *Wie* und um die Symbolik der Darstellung: Visuelles Material erweckt den Eindruck, dass es die Wirklichkeit unmittelbar abbildet. In der Tat positioniert sich aber die Person, die beispielsweise ein Foto aufnimmt, immer auch zu dieser Wirklichkeit, und die Analyse solcher Positionierungen ist ein wesentlicher Bestandteil der Auswertung von visuellen, aber nicht von verbalen Daten.

Ikonologie stammt aus der Kunstgeschichte.

Während die Mehrzahl qualitativer Auswertungsverfahren in erster Linie für verbale Daten konzipiert ist, wurde die Ikonologie speziell für die Analyse visuellen Materials entwickelt. Sie stammt ursprünglich aus der Kunstgeschichte (aus der Tradition von Warburg und Panofsky), wird inzwischen aber zunehmend auch auf visuelles Material der Gegenwart aus alltäglichen Kontexten angewandt, wie beispielsweise Werbung (Müller, 2011).

▶ Definition Ikonologie

Definition

Die **Ikonologie** stellt eine kunstgeschichtliche Methode zur Analyse von visuellem Material dar. Im Mittelpunkt stehen die Analyse von Symbolen und die motivgeschichtliche Einbettung der Darstellung. Die Analyse erfolgt auf drei aufeinander aufbauenden Ebenen: der darstellenden, der ikonografischen und der ikonologischen Ebene.

Auf der **Darstellungsebene** wird der Bildinhalt **beschrieben**.

Darstellungsebene

Auf der Darstellungsebene geht es darum, zu beschreiben was in dem Bild dargestellt ist – allerdings noch nicht darum, dieses *als* etwas zu beschreiben. Hintergrundwissen sollte hier also noch nicht in die Beschreibung eingehen. Wenn Frauen aus islamischen Ländern in Zeitungsbildern beispielsweise mit der Burqua abgebildet sind (die nicht nur den Körper, sondern auch Haare und Gesicht praktisch vollständig bedeckt), dann wird auf der Darstellungsebene die Verhüllung lediglich beschrieben, sie wird aber nicht als Burqua identifiziert und nicht dem islamischen Kulturkreis zugeordnet.

Auf der **ikonografischen Ebene** steht die Bedeutungsermittlung durch Analyse von **Symbolen** im Mittelpunkt.

Ikonografische Ebene

Auf der ikonografischen Ebene geht es darum, die wesentlichen Ideen und Konzepte in dem Bildmaterial zu identifizieren, die zentralen bedeutungstragenden und -stiftenden Elemente. Dies geschieht in erster Linie durch die ikonografische Analyse von Symbolen. Es ist zu entscheiden, ob die verschiedenen Darstellungselemente im Bild lediglich darstellende Funktion haben oder ob ihnen darüber hinaus ein Symbolwert zukommt und, wenn ja, welcher. Dabei wird zwischen offenen und verdeckten Symbolen unterschieden. Bei **offenen Symbolen** ist es offensichtlich, dass es sich bei dem Darstellungselement um ein Symbol handelt – schon alleine deswegen, weil das Element in einer rein darstellenden Funktion fehl am Platze wäre. Wenn in Gemälden aus dem 17. Jahrhundert beispielsweise auf einem Schreibtisch ein Totenschädel platziert ist, dann stellt der Schädel ein offenes Symbol dar – denn normalerweise liegen auf Schreibtischen keine Schädel (es sei denn, es handelt sich um den Schreibtisch einer Medizinerin oder eines Mediziners). Bei **verdeckten Symbolen** ist es dagegen eine Frage der Interpretation, ob dem Element lediglich eine Abbildungs- oder darüber hinaus auch eine symbolische Funktion zukommt (▶ Wie erkennt man verdeckte Symbole?). Handelt es sich bei der Darstellung von Frauen aus islamischen Ländern mit der Burqua in westlichen Medien lediglich um eine Abbildung, oder kommt der Burqua darüber hinaus ein Symbolwert zu, etwa als Symbol für den Islam?

Exkurs

Wie erkennt man verdeckte Symbole?

Verdeckte Symbole sind per definitionem nicht eindeutig als Symbole erkennbar. Man kann sich aber relativ sicher sein, dass man es mit einem Symbol zu tun hat, wenn das fragliche Darstellungselement:

- auffällig platziert ist, z. B. im Vordergrund der Abbildung,
- im Vergleich zu anderen Bildelementen besonders detailliert ausgeführt ist,
- irgendwie fehl am Platze erscheint,
- zu den Naturgesetzen im Widerspruch steht,
- auch in anderen Abbildungen Verwendung findet,
- wenn im Bild auf dieses Bildelement gezeigt/verwiesen wird (vgl. van Leeuwen, 2001).

Unabhängig davon, ob es sich um ein offen oder verdeckt verwendetes Symbol handelt, geht es auf der ikonografischen Ebene immer um die konventionelle Bedeutung eines Symbols. Das impliziert zugleich, dass die Mitglieder einer Gruppe oder Gemeinschaft, in der das Symbol verwendet wird, sich über dessen Bedeutung einig sind. So mag in einer Gemeinschaft umstritten sein, ob die Burqua in einem Zeitungsfoto in symbolischer Weise verwendet wird oder nicht; dass die Burqua als Symbol für den Islam steht, wäre dagegen innerhalb dieser Gemeinschaft nicht umstritten. Allerdings kann es zwischen Gemeinschaften durchaus Unterschiede in der Bedeutung eines Symbols geben. So dürfte der Abbildung einer Frau mit Burqua in einer afghanischen Zeitung ein anderer Symbolwert zukommen als derselben Abbildung in einer westlichen Zeitung. Gerade weil es auf der ikonografischen Ebene um die Identifikation konventionaler Symbole und ihrer Bedeutungen geht, kann es also sein, dass dasselbe Darstellungselement je nach gesellschaftlichem Kontext auch anders zu verstehen ist.

Auf der ikonografischen Ebene geht es darum, die konventionelle Bedeutung von Symbolen zu identifizieren.

Beispiel

Die Ikonologie der Niagarafälle

Sternberg (2004) untersuchte am Beispiel der Niagarafälle, wie in der Werbung für die Tourismusbranche durch die Verwendung von Bildmaterial touristische Erfahrungen erzeugt werden. Unter Anwendung der Ikonologie arbeitete er zwei zentrale Bildelemente heraus: Beim »staging« wird das Motiv bzw. die touristische Attraktion wie auf einer Bühne dargestellt. Beim »thematizing« wird das Motiv mit Begriffen in Verbindung gebracht, die die Vorstellungskraft besonders stark anregen. Bei den Niagarafällen waren dies Begriffe wie Panik oder Romantik.

Ikonologische Ebene

Auf der dritten, der ikonologischen Ebene, werden dieselben Symbole, wie sie bereits auf der ikonografischen Ebene beschrieben wurden, einer umfassenderen Analyse unterzogen. Anders als auf der ikonografischen Ebene stützt sich die Interpretation hier nicht in erster Linie auf geteilte gesellschaftliche Bedeutungskonventionen, sondern auf Hintergrundwissen und auf intertextuelle Bezüge zwischen dem analysierten und anderem visuellen Material. Außerdem wird vermehrt das Verhältnis von Darstellungsinhalt und Darstellungsform in die Interpretation einbezogen. Die Analyse der Abbildung einer Frau mit Burqua würde auf dieser Ebene beispielsweise auf Frauendarstellungen in anderen islamischen Ländern, das islamische Frauenbild aus westlicher Sicht usw. rekurrieren. Charakteristisch für die Analyse auf dieser Ebene ist vor allem die Einbeziehung der Motivgeschichte und die Verankerung des Motivs innerhalb dieser Historie. Besonders deutlich wird die Bedeutung der Motivgeschichte am Beispiel von Motiven, die in einer Kultur besonders häufig verwendet werden, wie z. B. in unserer westlichen Kultur die Darstellung von Mutter und Kind.

Auf der **ikonologischen Ebene** werden Symbole in einen weiteren intertextuellen und **motivgeschichtlichen** Zusammenhang gestellt.

Die Ikonologie mit ihrem Schwerpunkt auf der Analyse von verdeckten Symbolen und potenziellen Bedeutungen ist in dieser Hinsicht der Diskursanalyse und der Semiotik vergleichbar. Auch bei der Ikonologie werden vergleichsweise weite Schlussfolgerungen gezogen, die über die bloße Beschreibung des Materials hinausgehen. Allerdings ist die Adaptation der Ikonologie von einer kunsthistorischen Methode zu einer sozialwissenschaftlichen Methode derzeit noch im Gange.

Es bestehen Gemeinsamkeiten zwischen Ikonologie und Diskursanalyse sowie Semiotik.

? Kontrollfragen

1. Warum sind Verfahren zur Analyse verbaler Daten nicht ohne Weiteres auf visuelle Daten übertragbar?
2. Was versteht man unter Ikonologie?
3. Worin unterscheiden sich die Darstellungsebene einerseits und die ikonografische und die ikonologische Ebene andererseits?
4. Worin unterscheiden sich die ikonografische und die ikonologische Ebene?
5. Was versteht man unter einem verdeckten Symbol?

► Weiterführende Literatur

Knoblauch, H., Baer, A., Laurier, E., Petschke, S. & Schnettler, B. (Hrsg.). (2008). *Visuelle Verfahren*. Forum Qualitative Sozialforschung, 9 (3). Verfügbar unter: http://www.qualitative-research.net/index.php/fqs/issue/view/11 [letzter Zugriff am: 10.7.2012].

Marotzki, W. & Niesyto, H. (2006). *Bildinterpretation und Bildverstehen*. Wiesbaden: VS Verlag für Sozialwissenschaften.

Müller, M. (2011). *Iconography and iconology as visual method and approach*. In E. Margolis & L. Pauwels (Eds.), *The Sage Handbook of visual research methods* (pp. 283–297). London: Sage.

Rose, G. (2011). *Visual methodologies. An introduction to researching with visual materials*. London: Sage.

7.3 Verfahren der Systematisierung

Lernziele

- Einen Überblick gewinnen über die wichtigsten qualitativen Verfahren der Systematisierung: Typenbildung, Erstellen von Matrizen und Abbildungen.
- Kennenlernen der Begriffe Typus und Typologie.
- Kennenlernen der Kriterien, nach denen die Typenbildung erfolgt.
- Einen Überblick über die Schritte der Typenbildung gewinnen.
- Kennenlernen der Anwendungsbedingungen der Erstellung von Matrizen und Abbildungen.

Wegen ihres Umfangs sind die Ergebnisse qualitativer Untersuchungen oft schwer überschaubar.

Das Datenmaterial in qualitativen Untersuchungen ist meist sehr umfangreich. Auch durch die Anwendung von Auswertungsverfahren, wie sie in ► Abschn. 7.2 dargestellt sind, verringert sich dieser Umfang nicht unbedingt wesentlich. Eine inhaltsanalytische Auswertung reduziert die Datenfülle am stärksten; in gewissem Umfang gilt das auch für die datenreduzierende Form des Codierens. Alle anderen Auswertungsverfahren können das Datenmaterial durch Integration zusätzlicher Bedeutungsaspekte und Quellen sogar noch erweitern. Einerseits stellt gerade dieser Daten- und Ergebnisreichtum einen wesentlichen Vorteil der qualitativen Vorgehensweise dar; er ermöglicht erst eine vertiefende Analyse. Andererseits werden die Ergebnisse aber auch schnell unübersichtlich, und es wächst die Gefahr, dass man sich bei der Interpretation auf besonders »passende«, ausgewählte Ergebnisse beschränkt.

Systematisierungsverfahren setzen voraus, dass bereits ein qualitatives Auswertungsverfahren angewandt wurde.

Um sich einen besseren Überblick über die eigenen Ergebnisse zu verschaffen, bietet sich im Anschluss an die Auswertung die Anwendung von Verfahren zur Systematisierung der Ergebnisse an. Systematisierungsverfahren können also nicht auf die Rohdaten angewandt werden (beispielsweise Interviewtranskripte), sondern erst auf die Ergebnisse eines vorgängigen Auswertungsschritts (beispielsweise die Codierung der Interviews). Während Auswertungsverfahren einen notwendigen Bestandteil einer qualitativen Untersuchung darstellen, ist die Anwendung von Systematisierungsverfahren fakultativ: Man kann sie anwenden, muss dies aber nicht tun. Es werden im Folgenden drei Systematisierungsverfahren dargestellt: Typenbildung, Matrizen bzw. Tabellen und Abbildungen.

Außerdem können die Ergebnisse qualitativer Untersuchungen auch durch die Anwendung von deskriptiv- und inferenzstatistischen Verfahren weiter systematisiert werden (► Abschn. 4.2 und 4.3). Auf solche Kombinationen qualitativer und quantitativer Vorgehensweisen gehen wir in Teil III dieses Buches genauer ein.

7.3.1 Typenbildung

Ein **Typus** fasst Merkmale zusammen, die häufig gemeinsam auftreten.

Wir alle kennen die Typenbildung aus unserem Alltag. Die Sternkreiszeichen etwa sind Ergebnis einer Typenbildung: Der Krebs ist ein »Typ«, Widder oder Löwe sind andere »Typen«. Auch das gestresste, ungeduldige Verhalten des »A-Typs«, der im Gegensatz zum ruhigeren »B-Typ« eher zum Herzinfarkt neigt, hat Eingang in unsere Alltagskonzepte gefunden, wie auch die Vorstellung vom »introvertierten« im Gegensatz zum »extravertierten Typ«. Ein Typ fasst also eine Reihe von Eigenschaften bzw. Ausprägungen auf diesen Eigenschaften zusammen, die häufig gemeinsam auftreten und in ihrer Gemeinsamkeit den Typ ausmachen.

▶ Definition Typenbildung

Definition

Ziel der **Typenbildung** ist es, einander ähnliche Fälle zu identifizieren und so zu Gruppen bzw. Typen zusammenzufassen, dass die Fälle innerhalb eines Typus einander möglichst ähnlich sind und die Typen untereinander sich dagegen möglichst stark unterscheiden.

Die **empirisch begründete Typenbildung** systematisiert die Vorgehensweise bei der Bildung von Typen.

Die Typenbildung hat in der Psychologie eine lange Tradition, auch in der quantitativen Forschung, in der die Typenbildung mittels Clusteranalyse vorgenommen wird. In der qualitativen Forschung existiert dagegen nicht *das* Verfahren der Typenbildung, sondern es kommen unterschiedliche Vorgehensweisen zur Anwendung. Bei der folgenden Darstellung orientieren wir uns an der Vorgehensweise der empirisch begründeten Typenbildung nach Kluge, die den intuitiven Prozess in vier Schritte untergliedert und systematisiert hat (Kluge, 1999).

▶ Definition Schlüsselbegriffe der Typenbildung

Definition

- **Typus:** Ein Typus besteht aus mehreren Fällen, die sich aufgrund von Ähnlichkeit im Hinblick auf verschiedene Merkmale oder Eigenschaften zusammenfassen lassen. Menschen mit dem Tierkreiszeichen Krebs gelten beispielsweise als schüchtern, häuslich und als Personen, die sich schnell in ihr Schneckenhaus zurückziehen.
- **Typologie:** Eine Typologie besteht aus mehreren Typen und ihrer Relation untereinander. Eine Typologie ist eine bestimmte Art und Weise, einen Gegenstandsbereich im Hinblick auf Ähnlichkeit und Unterschiede zu strukturieren. Die zwölf Tierkreiszeichen sind z. B. eine solche Typologie.
- **Interne Homogenität:** Die Fälle, die zu einem Typus zusammengefasst werden, sollen untereinander möglichst ähnlich sein. Ein Krebs sollte einem anderen Krebs möglichst ähnlich sein.
- **Externe Heterogenität:** Die Fälle, die verschiedenen Typen zugeordnet wurden, sollten sich stärker voneinander unterscheiden als die Fälle innerhalb eines Typs. Die Unterschiede zwischen einem Krebs und einem Löwen sollten größer sein als die zwischen verschiedenen Krebsen oder zwischen verschiedenen Löwen.

Das **Vorgehen bei der empirisch begründeten Typenbildung** gliedert sich in vier Schritte:

Im ersten Schritt werden induktiv solche Merkmale identifiziert, die besonders geeignet sind, zwischen den Fällen zu differenzieren.

1. Identifikation von Merkmalen bzw. Vergleichsdimensionen Erster Arbeitsschritt ist die Identifikation von Merkmalen bzw. Vergleichsdimensionen als Grundlage der Typenbildung. Dieser Schritt erfolgt in erster Linie induktiv unter Durchsicht des Materials bzw. der Untersuchungsergebnisse. Ziel ist es, solche Merkmale und deren Ausprägungen zu identifizieren, die sich besonders dazu eignen, zwischen den Fällen zu differenzieren; wenn beispielsweise alle Interviewten eine Frage in derselben Richtung beantwortet haben, dann eignet sich diese Antwortrichtung nicht als Grundlage für eine Typenbildung. In einer Untersuchung zur Entstehung delinquenten Verhaltens (▶ Beispiel) wurden aufgrund der Codierung von Interviews mit delinquenten Jugendlichen und anschließender Zusammenfassung von Codes zwei Merkmale für die weitere Typenbildung ausgewählt: Delinquenztyp und beruflicher Verlauf.

Im zweiten Schritt werden die Fälle auf der Grundlage der Merkmale aus Schritt 1 zu Typen zusammengefasst.

2. Gruppierung der Fälle und Analyse empirischer Regelmäßigkeiten Im zweiten Schritt werden die Fälle auf der Grundlage der in Schritt 1 identifizierten Merkmale zu Typen zusammengefasst. Es werden sowohl die einzelnen Typen beschrieben als auch die Typen untereinander verglichen. Von besonderer Bedeutung sind dabei (Un-)Regelmäßigkeiten im Material: Vielleicht zeigt sich, dass die Fälle in einer Gruppe einander nicht nur hinsichtlich der zuvor identifizierten Merkmale ähnlich sind, sondern auch in Bezug auf weitere Aspekte. So zeigt sich in der Untersuchung zur Entstehung delinquenten Verhaltens, dass die meisten Männer trotz hoher Delinquenz beruflich recht erfolgreich sind, während etwa die Hälfte der delinquenten Frauen auch beruflich scheitern. Ebenso kann sich an dieser Stelle zeigen, dass die Fälle, die einem Typus zugeordnet sind, einander hinsichtlich anderer Merkmale gerade unähnlich sind. In diesem Fall ist zu überlegen, ob andere Merkmale vielleicht besser für die Typenbildung geeignet sind (Rückkehr zu Schritt 1).

Beispiel

Typen der Genese von Delinquenz bei Jugendlichen

In einer Interviewstudie mit Jugendlichen aus der Haupt- und Sonderschule zur Genese delinquenten Verhaltens wurde im Anschluss an die Codierung der Interviewtranskripte eine Typenbildung vorgenommen (Kluge, 1999, Teil C). Basierend auf der bisherigen Belastung der Jugendlichen mit Delinquenz (Episode, Bagatelldelikt, hohe Delinquenz) und dem beruflichen Verlauf (erfolgreich oder gescheitert) wurden drei Typen rekonstruiert: **Doppelleben, Marginalisierung** und **Episode.** Jugendliche des Typs Doppelleben (meistens junge Männer) waren beruflich erfolgreich, zeigten zugleich aber vielfach delinquentes Verhalten. Jugendliche des Typs Marginalisierung (meistens junge Frauen) waren beruflich gescheitert und zeigten ebenfalls vielfach delinquentes Verhalten. Jugendliche des Typs Episode waren durch einen allmählichen Ausstieg aus delinquenten Verhaltensmustern gekennzeichnet, unabhängig von ihrer beruflichen Situation.

Im dritten Schritt werden die Zusammenhänge zwischen den Merkmalen aus Schritt 1 **theoretisch rekonstruiert.**

3. Analyse inhaltlicher Zusammenhänge und Typenbildung Im dritten Schritt werden die Zusammenhänge zwischen den ausgewählten Merkmalen, die in Schritt 2 ermittelt wurden, sowohl innerhalb als auch zwischen den Typen genauer analysiert. Das Ziel besteht darin, die empirisch ermittelten Zusammenhänge auch theoretisch zu rekonstruieren und zu verstehen: Die Zusammenhänge müssen auch theoretisch »Sinn machen«. Gerade bei diesem Schritt kann sich herausstellen, dass neben den in Schritt 1 identifizierten Merkmalen noch weitere (oder ggf. überhaupt andere) heranzuziehen sind. Auch in diesem Fall geht man nach Schritt 3 erneut zu Schritt 1 über. In der Untersuchung zur Entstehung von Delinquenz werden die Zusammenhänge zwischen beruflichem Erfolg, Belastung mit Delinquenz und Geschlecht unter Rückgriff auf gesellschaftliche Konzepte und Normen im Hinblick auf Maskulinität und Feminität sinnvoll rekonstruiert.

Im vierten Schritt werden die Typen beschrieben und miteinander verglichen.

4. Charakterisierung der gebildeten Typen Im letzten Schritt der Charakterisierung der gebildeten Typen erfolgt eine detaillierte Beschreibung der einzelnen Typen und ihrer Zusammenhänge untereinander; die Typen werden damit innerhalb der Typologie verortet. Dabei wird sowohl auf das empirische Material als auch auf theoretische Gesichtspunkte zurückgegriffen.

Ergänzend können auch Fälle mit den Typen verglichen werden, denen sie zugeordnet sind.

Schließlich können auch die Fälle in der Stichprobe in Relation zu den Typen beschrieben werden, denen sie zugeordnet sind. Dabei zeigt sich beispielsweise, in welchen Hinsichten ein Fall für einen Typus besonders charakteristisch oder auch gerade randständig ist. Diese Beschreibung der Fälle in Relation zu den Typen ergänzt die stark reduzierende Ausrichtung der Typenbildung um ein konkretisierendes Element. Die Ergebnisse werden durch die Typenbildung übersichtlich zusammengefasst, und zugleich bleibt in den Fallbeschreibungen die Reichhaltigkeit des Materials erhalten. Natürlich ist es auch möglich, lediglich ausgewählte Fälle zu beschreiben, um so die Typen anschaulicher zu machen.

Die Typenbildung wird nach Kluge somit nicht als linearer, sondern als zyklischer Prozess aufgefasst: Die Schritte 1 bis 3 werden in der Regel mehrfach durchlaufen, wobei das Material jeweils neu und nach (etwas) anderen Gesichtspunkten zusammengefasst und unterteilt wird. Kriterium für die schlussendlich ausgewählte Form der Gruppierung ist die theoretische Stimmigkeit in Schritt 3.

Die empirisch-induktive Typenbildung stellt einen **zyklischen Prozess** dar, bei dem die Schritte 1 bis 3 mehrfach durchlaufen werden.

7.3.2 Matrizen und Abbildungen

Matrizen

Eine Systematisierung der Ergebnisse lässt sich ebenfalls durch die Erstellung sog. Matrizen erzielen. Dabei stellen Matrizen die »qualitative« Entsprechung zu Tabellen in der quantitativen Forschung dar. Im Unterschied zu Tabellen enthalten Matrizen, wie sie in der qualitativen Forschung eingesetzt werden, jedoch nicht (bzw. nicht nur oder in erster Linie) Zahlen, sondern Text.

Matrizen sind **Texttabellen**.

Matrizen können sowohl **individuell** als auch **überindividuell-zusammenfassend** angelegt sein. Individuelle Matrizen eignen sich besonders gut, um einen Einzelfall zusammenfassend darzustellen. Die Zellen der Matrizen würden dann beispielsweise Zitate aus einem Interview enthalten, die die Äußerungen der Interviewten besonders prägnant wiedergeben. Überindividuelle Matrizen können entweder fallvergleichend oder konzeptuell angelegt sein. In einer **fallvergleichenden** Matrix lässt sich beispielsweise illustrieren, was verschiedene Personen (seien es verschiedene Interviewpartnerinnen und -partner, Teilnehmende an einer Gruppendiskussion o. Ä.) auf eine Leitfadenfrage geantwortet haben (▶ Beispiel). **Konzeptuelle** Matrizen sind vor allem zur Verdeutlichung von Kategoriensystemen oder Codierschemata geeignet, indem für jede (Unter-)Kategorie ein Textbeispiel aufgeführt wird.

Matrizen können pro Fall oder überindividuell zusammenfassend angelegt sein.

Beispiel

Fallvergleichende Matrix

In Anknüpfung an das oben dargestellte Kategoriensystem zur Erfassung der Gründe, weshalb Untersuchungsteilnehmende ein bestimmtes Buch zur Lektüre ausgewählt haben (▶ Abschn. 7.2), sind im Folgenden die Ergebnisse für drei Leserinnen und Leser in Form einer fallvergleichenden Matrix dargestellt.

Person/Grund	Frau L.	Herr O.	Herr S.
Kenntnis des Autors	»Es gibt eine Reihe Schriftsteller, die ich für mich lese regelmäßig. Es gibt Sachen, die ich mehrere Male lese, und zu diesem Schriftsteller, eine Ausnahme, es ist eine Schriftstellerin, die alle Bücher lese ich und ich habe auch über sie relativ alles was im Deutschen erschienen ist gelesen.«	»Ähm, das war eigentlich ganz einfach. Ich hab irgendwann mal angefangen, Hesse zu lesen … und ich mag das einfach so dermaßen gerne, dass ich einfach jetzt so ziemlich ein Buch nach dem anderen lese.«	
Sonstige Gründe	–	–	»Weil meine Frau sehr gerne Krimis liest, und ich auch gelegentlich diese lese, aber nicht alle. Und da habe ich einfach reingegriffen und dieses genommen, weil ich sonst hätte losfahren müssen und mir Gedanken gemacht hätte, was wohl zu lesen für diesen Zweck; und ich habe das mehr dem Zufall überlassen.«

Matrizen sollten die innere Ordnung des Datenmaterials wiedergeben.

Die Erstellung von Matrizen erscheint auf den ersten Blick einfach und offensichtlich. In der Praxis lohnt es sich aber durchaus, mit verschiedenen Darstellungsvarianten ein wenig zu »spielen«. So kann es einen Unterschied machen, was in den Zeilen und was in den Spalten einer Matrix dargestellt ist. Auch weist das Material manchmal eine innere Ordnung auf, die in der Matrix sichtbar gemacht werden kann. Dabei kann es sich um ganz offensichtliche Aspekte handeln, wie beispielsweise Veränderungen über die Zeit. Eine solche »innere Ordnung« kann aber auch darin bestehen, dass Personen in der Matrix zu Untergruppen zusammengefasst werden (beispielsweise Angehörige verschiedener Bereiche einer Organisation, die befragt wurden, wobei nun die Personen eines Bereichs in der Matrix zusammen aufgeführt werden).

Matrizen eignen sich zur zusammenfassenden Darstellung verbaler Daten.

Während sich die Typenbildung zur Systematisierung beliebigen Materials verwenden lässt, sind Matrizen in erster Linie auf verbale Daten anwendbar. Ebenso wie die Typenbildung erlaubt es auch die Erstellung von Matrizen, Systematik mit hoher Anschaulichkeit und Nähe zum Datenmaterial zu kombinieren.

Abbildungen

Abbildungen eignen sich zur Darstellung **komplexer Zusammenhänge**.

Gerade komplexe Zusammenhänge, wie sie als Ergebnis qualitativer Forschungsdesigns resultieren (etwa in ethnografischen Studien oder in der gegenstandsbezogenen Theoriebildung), lassen sich übersichtlich in Form von Abbildungen zusammenfassen. Diese bestehen typischerweise aus Konzepten und den Relationen zwischen diesen Konzepten (vgl. auch die visuelle Darstellung subjektiver Theorien in ► Abschn. 5.9 sowie gegenstandsbezogener Theorien in ► Abschn. 5.4). Zusätzliche Informationen lassen sich in einer Abbildung dadurch darstellen, dass beispielsweise verschiedene Arten von Konzepten durch verschiedene Formen oder Farben symbolisiert werden. Dasselbe gilt für die Beziehungen zwischen den Konzepten. Darüber hinaus kann auch quantitative Information integriert werden, beispielsweise indem die (individuelle oder überindividuelle) Nennungshäufigkeit von Konzepten oder Relationen zwischen Konzepten durch die Linienstärke abgebildet wird. Abbildungen verdeutlichen gerade Informationen theoretischer Art in sehr anschaulicher Weise; die Rückbindung an das Material selbst ist hier allerdings, im Gegensatz zur Typenbildung und der Erstellung von Matrizen, in geringerem Maß gegeben.

? Kontrollfragen

1. Warum kann es sinnvoll sein, die Ergebnisse einer qualitativen Studie einer weiteren Systematisierung zu unterziehen?
2. Was ist der Unterschied zwischen einem Typus und einer Typologie?
3. Welches sind die zwei Kriterien, nach denen Fälle zu Typen zusammengefasst werden?
4. Welches sind die vier Schritte der empirisch begründeten Typenbildung?
5. Wann eignet sich eine Matrix, wann eine Abbildung zur Systematisierung der Ergebnisse?

► Weiterführende Literatur

Dey, I. (1993). *Qualitative data analysis. A user-friendly guide* (Kap. 13). London: Routledge.

Kluge, S. (1999). *Empirisch begründete Typenbildung.* Opladen: Leske & Budrich.

Kuckartz, U. (2010). *Typenbildung.* In G. Mey & K. Mruck (Hrsg.), *Handbuch Qualitative Forschung in der Psychologie* (S. 553–568). Wiesbaden: VS Verlag für Sozialwissenschaften.

Miles, M. B. & Huberman, A. M. (1994). *Qualitative data analysis. An expanded sourcebook.* Thousand Oaks: Sage.

7.4 Literatur

Couture, S. J. & Strong, T. (2004). Turning differences into possibilities: Using discourse analysis to investigate change in therapy with adolescents and their family. *Counselling & Psychotherapy Research, 4* (1), 90–101.

Ehlich, K. & Rehbein, J. (1976). Halbinterpretative Arbeitstranskriptionen. *Linguistische Berichte, 45,* 21–41.

Foucault, M. (1971). *L'ordre du discours.* Paris: Gallimard.

Gadamer, H.-G. (1960). *Wahrheit und Methode.* Tübingen: Mohr.

Groeben, N. & Rustemeyer, R. (1995). Inhaltsanalyse. In E. König & P. Zedler (Hrsg.), *Bilanz qualitativer Forschung* (Bd. 2: Methoden, S. 523–554). Weinheim: Deutscher Studien Verlag.

Heckmann, F. (1992). Interpretationsregeln zur Auswertung qualitativer Interviews und sozialwissenschaftlich relevanter »Texte«. In J. H. P. Hoffmeyer-Zotnik (Hrsg.), *Analyse verbaler Daten* (S. 110–141). Opladen: Westdeutscher Verlag.

Keller, R. (2011a). *Diskursforschung: Eine Einführung für SozialwissenschaftlerInnen* (4. Aufl.). Wiesbaden: VS Verlag.

Keller, R. (2011b). *Wissenssoziologische Diskursanalyse. Grundlegung eines Forschungsprogramms* (3. Aufl.). Wiesbaden: VS Verlag.

Keller, R., Hirseland, A., Schneider, W. & Viehoefer, W. (Hrsg.). (2010). *Handbuch Sozialwisssenschaftliche Diskursanalyse* (Bd. 2: Forschungspraxis; 3. erw. Aufl.). Wiesbaden: VS Verlag.

Keller, R., Hirseland, A., Schneider, W. & Viehoefer, W. (Hrsg.). (2011). *Handbuch Sozialwisssenschaftliche Diskursanalyse* (Bd. 1: Theorien und Methoden; 3. erw. Aufl.). Wiesbaden: VS Verlag.

Kluge, S. (1999). *Empirisch begründete Typenbildung.* Opladen: Leske & Budrich.

Leeuwen, T. van (2001). Semiotics and iconography. In T. van Leeuwen & C. Jewitt (Eds.), *Handbook of visual analysis* (pp. 92–118). London: Sage.

Leeuwen, T. van (2005). *Introducing social semotics.* Milton Park: Routledge.

Mayring, P. (2002). *Einführung in die qualitative Sozialforschung* (5. Aufl.). Weinheim: Beltz.

Müller, M. (2011). Iconography and iconology as visual method and approach. In E. Margolis & L. Pauwels (Eds.), *The Sage Handbook of visual research methods* (pp. 283–297). London: Sage.

Peirce, C.S. (1998). Lectures on pragmatism. [Erstausgabe 1903]. Reprinted in: Peirce Edition Project (Eds.), *The essential Pierce. Selected philosophical writings* (Vol. 2, pp. 133–241). Bloomington, IN: Indiana University Press.

Phillips, N. & Hardy, C. (2002). *Discourse analysis: investigating processes of social construction.* Thousand Oaks: Sage.

Plutchik, R. (1991). *The emotions* (rev. ed.). Lanham: University Press of America.

Potter, J. & Wetherell, M. (1987). *Discourse and social psychology. Beyond attitudes and behaviour.* London: Sage.

Rapley, T. (2007). *Doing conversation, discourse, and document analysis.* London: Sage.

Rustemeyer, R. (1992). *Praktisch-methodische Schritte der Inhaltsanalyse.* Münster: Aschendorff.

Sacks, H. (1995). *Lectures on conversation* (2 vols.). Oxford: Oxford University Press.

Saussure, de, F. (1916). *Cours de linguistique générale* (Eds. C. Bally & A. Séchehaye). Lausanne, Paris: Payot.

Sternberg, E. (2004). The iconography of the tourism experience. *Annals of Tourism Research, 24* (4), 951–969.

Weitzman, E. E. (2000). Software and qualitative research. In N. K. Denzin & Y. S. Lincoln (eds.), *Handbook of qualitative research* (2nd ed., pp. 803–820). Thousand Oaks: Sage.

Wirtz, M. & Caspar, F. (2002). *Beurteilerübereinstimmung und Beurteilerreliabilität.* Göttingen: Hogrefe.

Willig, C. (2003). Discourse analysis. In J. A. Smith (Ed.), *Qualitative psychology: a practical guide to research methods* (pp. 159–183). London: Sage.

8 Bewertung qualitativer Forschung

Margrit Schreier

Auch qualitative Forschung ist hinsichtlich ihrer Güte zu bewerten.

In ▶ Kap. 1 wurde auf die Frage eingegangen, an welchen Kriterien sich eigentlich die Güte empirischer Forschung bemisst: Woher weiß man, ob die Untersuchung, über die man gerade gelesen hat, »gut« ist oder nicht? Woher weiß man, ob auf die Ergebnisse Verlass ist oder nicht? In diesem Zusammenhang wurden bereits die Kriterien aufgeführt, auf die eine solche Beurteilung sich üblicherweise stützt: Objektivität, Reliabilität und Validität. Auch wurde bereits darauf hingewiesen, dass für die Beurteilung qualitativer Untersuchungen zum Teil andere Kriterien entwickelt wurden. Weiterhin wird in ▶ Kap. 1 deutlich, dass die Beurteilung der Qualität einer Untersuchung auch ethische Fragen beinhaltet. Entsprechend gehen wir im Folgenden zunächst auf Gütekriterien bei der Beurteilung qualitativer Untersuchungen genauer ein, anschließend auf ethische Fragen und Probleme im Kontext qualitativer Forschung.

8.1 Gütekriterien qualitativer Forschung

Lernziele

- Kennenlernen der methodologischen Positionen zu Gütekriterien qualitativer Forschung.
- Verstehen, inwieweit interne und externe Validität in der qualitativen Forschung von Bedeutung sind.
- Einen Einblick gewinnen, welche Rolle Objektivität, Reliabilität und Validität bei der Datenerhebung in qualitativen Untersuchungen spielen.
- Einen Einblick gewinnen, welche Rolle Objektivität, Reliabilität und Validität bei der Auswertung in qualitativen Untersuchungen spielen.
- Kennenlernen einiger spezifisch qualitativer Qualitätskriterien.

Zur Beurteilung der Qualität qualitativer Forschung finden sich unter den (qualitativ) Forschenden unterschiedliche Positionen. Manche sind der Ansicht, dass die Gütekriterien des quantitativen Ansatzes prinzipiell auch auf qualitative Forschung übertragbar sind, wobei lediglich gewisse Anpassungen erforderlich sind. Andere vertreten wiederum die Meinung, dass qualitative Forschung sich hinsichtlich Zielsetzung und Vorgehen so stark von der quantitativen Forschung unterscheidet, dass es erforderlich ist, eigenständige Gütekriterien qualitativer Forschung zu entwickeln. Und wieder andere nehmen die Position ein, dass »Realität« stets durch die Forschenden (mit)konstituiert wird und eine Beurteilung anhand verbindlicher Qualitätskriterien daher letztlich nicht möglich ist.

Es existieren unterschiedliche Positionen zu der Frage, welche Kriterien zur Beurteilung der Güte qualitativer Forschung geeignet sind.

Wir gehen hier davon aus, dass es auch im Bereich der qualitativen Forschung gute und weniger gute Untersuchungen gibt, dass auch die Güte qualitativer Forschung beurteilt werden kann und soll. Auch erweisen sich die Gütekriterien, wie sie als eigenständige Kriterien zur Beurteilung qualitativer Forschung vorgeschlagen wurden, letztlich häufig als Adaptationen der quantitativen Kriterien. Bei der Darstellung der Gütekriterien, die bei der Beurteilung qualitativer Forschung zur Anwendung kommen, orientieren wir uns daher im Folgenden in der Reihenfolge der »klassischen« Kriterien von Objektivität, Reliabilität und Validität.

8.1.1 Objektivität und Reliabilität

Im Zusammenhang mit der Datenerhebung wird das Kriterium der **Objektivität** in der qualitativen Forschung kritisch gesehen. Da der Prozess der Datenerhebung im qualitativen Paradigma wesentlich als soziale Situation konzipiert ist, lässt sich Objektivität (als Unabhängigkeit der Daten von der Person der Forscherin oder des Forschers) in der qualitativen Forschung kaum realisieren bzw. wird partiell nicht als realisierbar und auch nicht erstrebenswert angesehen. Eine Annäherung an das Kriterium der Objektivität bei der Datenerhebung stellt jedoch das Konzept der inneren Vergleichbarkeit dar.

Objektivität der Datenerhebung gilt in der qualitativen Forschung nicht unbedingt als erstrebenswert.

Definition

Das Konzept der **inneren Vergleichbarkeit** beruht auf der Annahme, dass bei der Datenerhebung nicht die äußere, sondern die innere Entsprechung der Situationen ausschlaggebend ist. Da verschiedene Menschen dieselbe Situation je anders erleben, so die Argumentation, lässt sich Objektivität nicht dadurch herstellen, dass Forschende sich verschiedenen Personen gegenüber in identischer Weise verhalten, also eine äußerlich vergleichbare Situation herstellen. Erforderlich ist vielmehr ein personenspezifisch je unterschiedliches Verhalten, um aufseiten der Befragten dieselbe innere Situation zu erzeugen (z. B. eine Atmosphäre des Vertrauens). Dieser Auffassung zufolge »emergiert« Objektivität gerade aus der Subjektivität der Interaktionsrelationen.

► Definition
Innere Vergleichbarkeit

Im Zusammenhang mit der Datenauswertung ergeben sich je nach Auswertungsverfahren und Forschungstradition unterschiedliche Adaptationen von Objektivität. Der quantitativen Forschungstradition am nächsten steht das Konzept der Interraterübereinstimmung aus der Inhaltsanalyse, das, im Sinne der **Intersubjektivität** der Bedeutungszuweisung, explizit als Annäherung an das Kriterium der Objektivität konzipiert ist. Eine Adaptation an Objektivität liegt ebenfalls vor, wenn die Auswertung (beispielsweise beim Codieren) im Konsens der Forschenden erfolgt. Hier einigen sich diese also darauf, dass einer Textstelle eine bestimmte Bedeutung zukommt, und diese Lesart wird auch in der Diskussion durch Argumente plausibel gemacht; damit ist zugleich eine **argumentative Interpretationsabsicherung** verbunden, wie Mayring sie als Gütekri-

Interraterübereinstimmung, Konsens der Forschenden und Nachvollziehbarkeit gelten als Adaptationen von Objektivität.

terium für die qualitative Forschung postuliert (2002). Sowohl im Prozess der Datenerhebung als auch der Auswertung wird außerdem vermehrt ein regelgeleitetes und damit systematisches Vorgehen in der qualitativen Forschung gefordert (vgl. Mayrings Kriterium der **Regelgeleitetheit**), das natürlich auch zu dokumentieren ist (vgl. Mayrings Kriterium der **Verfahrensdokumentation**). Beides, Regelgeleitetheit und Verfahrensdokumentation, dient der vermehrten Transparenz des Vorgehens und macht die methodischen Schritte für andere nachvollziehbar. Nachvollziehbarkeit stellt somit eine weitere Adaptation des Objektivitätskriteriums für die qualitative Forschung dar, das auf die Phase der Datenerhebung und der -auswertung gleichermaßen anwendbar ist.

Das Konzept der **Wiederholungsreliabilität** wird in der qualitativen Forschung kritisch gesehen.

Auch das Kriterium der **Reliabilität** stellt sich aus der Sicht der qualitativen Tradition kritisch dar. In der qualitativen Forschung wird die Einzigartigkeit jeder (Forschungs-)Situation betont; dabei wird z. T. auch in Kauf genommen oder sogar angestrebt (wie etwa in der Aktionsforschung oder im Forschungsprogramm Subjektive Theorien), dass die Befragten sich im Verlauf des Forschungsprozesses verändern. Vor diesem Hintergrund wird die quantitative Konzeption der Wiederholungsreliabilität bzw. Stabilität aus qualitativer Sicht abgelehnt. Das bedeutet jedoch nicht, dass die Ergebnisse qualitativer Forschung beliebig sein können. Interraterübereinstimmung, Konsens der Forschenden und Nachvollziehbarkeit des Vorgehens erhöhen nicht nur die Unabhängigkeit der Ergebnisse von der Person der Forscherin bzw. des Forschers, sondern reduzieren zugleich auch die Fehleranfälligkeit, wie sie mit der Reliabilität angezielt wird.

8.1.2 Validität

Der Begriff der Validität wird in der qualitativen Forschung **weiter** gefasst als in der quantitativen Forschung.

Während Objektivität und Reliabilität somit nur eingeschränkt auf die qualitative Forschung übertragbar sind, gewinnt das Kriterium der Validität in der qualitativen gegenüber der quantitativen Forschung gerade an Bedeutung. Allerdings wird der Validitätsbegriff dabei z. T. auch sehr unscharf, im Sinne einer generischen »Güte« der Untersuchungsergebnisse verwendet.

Das Kriterium der **internen Validität** ist in deskriptiven qualitativen Untersuchungen nicht anwendbar.

Interne Validität Betrachtet man zunächst die Validität auf der Ebene der Forschungsmethoden, also die interne und die externe Validität, so zeigt sich, dass das Kriterium der internen Validität in der qualitativen Forschung kaum Anwendung findet. Das überrascht auch insofern nicht, als die interne Validität sich auf das Ausmaß bezieht, in dem es in explanativen, typischerweise in experimentellen Untersuchungen gelungen ist, den Einfluss potenzieller Störvariablen zu minimieren. Da qualitative Untersuchungen häufiger beschreibend als erklärend angelegt sind, stellt sich die Frage der internen Validität in der qualitativen Forschung meist gar nicht und wird folglich auch nicht diskutiert. Zu den wenigen Ausnahmen zählen das qualitative Experiment sowie insbesondere die explanative Fallstudie. Für die explanative Fallstudie wurden vor allem im Rahmen der vergleichenden Sozialforschung Kriterien zur Kontrolle von Störvariablen entwickelt (Gerring, 2001; s. auch Störvariablen im Experiment in ▶ Abschn. 3.2.2).

Externe Validität im Sinne der Verallgemeinerbarkeit der Ergebnisse von der Stichprobe auf die Grundgesamtheit ist meist nicht Ziel qualitativer Untersuchungen.

Externe Validität – Verallgemeinerung der Ergebnisse auf die Grundgesamtheit Anders sieht es in Bezug auf die externe Validität aus, also die Frage, inwieweit die Untersuchungsergebnisse auf andere Personen, Situationen und Variablenoperationalisierungen verallgemeinert werden können. Im Zusammenhang mit Fragen der Stichprobenziehung und Fallauswahl wurde bereits darauf hingewiesen (▶ Abschn. 5.2), dass eine statistische Verallgemeinerung von Untersuchungsergebnissen auf die Population oft gar nicht Ziel der Untersuchung und zudem aufgrund der meist kleinen Stichproben in der qualitativen Forschung in der Regel auch nicht möglich ist. Allerdings gibt es durchaus Ausnahmen. Das ist z. B. der Fall, wenn qualitative Methoden auf eine

Zufallsstichprobe angewandt werden (etwa bei der Inhaltsanalyse eines Materialcorpus, das nach dem Prinzip der Zufallsstichprobe zusammengestellt wurde). Eine Ausnahme liegt ebenfalls vor, wenn die Stichprobe zwar klein ist, die ausgewählten Fälle jedoch als typisch und somit repräsentativ für die Grundgesamtheit gelten können (wie z. B. bei der objektiven Hermeneutik, wo angenommen wird, dass allgemeine soziale Regeln sich in jeder konkreten Interaktion manifestieren).

Externe Validität – Verallgemeinerung der Ergebnisse auf andere Situationen Externe Validität im Sinne der Verallgemeinerbarkeit der Ergebnisse auf die Grundgesamtheit ist somit bei qualitativer Forschung in der Regel nicht gegeben. Ganz anders stellt sich die Situation in Bezug auf die anderen beiden Aspekte der externen Validität dar, die Verallgemeinerbarkeit auf Situationen und Operationalisierungen. Schon von den Grundprinzipien der qualitativen Forschung her wird versucht, die Verallgemeinerbarkeit auf andere Situationen sicherzustellen, indem qualitative Forschung den Untersuchungsgegenstand in seinem natürlichen Umfeld untersucht und ihn nicht aktiv verändert.

Externe Validität im Sinne der **Verallgemeinerbarkeit auf andere Situationen** wird in der qualitativen Forschung realisiert, indem der Untersuchungsgegenstand in seinem **natürlichen Umfeld** untersucht wird.

Validität der Datenerhebung Inwieweit die »Operationalisierungen« in der qualitativen Forschung verallgemeinerbar sind, hängt eng mit der Frage nach der Validität der Methoden der Datenerhebung und -auswertung zusammen: Inwieweit gelingt es bei der Datenerhebung beispielsweise, die tatsächlichen Gefühle und Gedanken von Befragten zu erfassen? Vertreterinnen und Vertreter der qualitativen Forschung würden hier argumentieren, dass die Validität von Verfahren qualitativer Datenerhebung schon insofern hoch anzusetzen ist, als die Datenerhebung in nichtstandardisierter Form erfolgt, die Befragten also beispielsweise die Möglichkeit haben, ihre Gedanken in ihren eigenen Worten wiederzugeben. Die Validität der Datenerhebung hängt aber auch davon ab, Beeinträchtigungen in der Erhebungssituation möglichst gering zu halten. Wenn eine Interviewerin oder ein Interviewer Fragen stellt, die eine bestimmte Antwortrichtung nahelegen, unsicher ist und möglichst kein Schweigen aufkommen lassen will, oder wenn eine Teilnehmerin oder ein Teilnehmer sich nicht verstanden fühlt, dann beeinträchtigt dies die Validität der Datenerhebung bzw. die Qualität des Datenmaterials. Gerade bei Interview und Gruppendiskussion kann der Verlauf der Datenerhebung wichtige Aufschlüsse über die Validität ergeben. Wenn Befragte beispielsweise nur sehr zögerlich antworten oder sich immer wieder rückversichern, ob sie auch »alles richtig machen«, sind Zweifel an der Validität der Antworten angebracht. Solche Überlegungen und Vorbehalte sollten in einem Untersuchungsprotokoll festgehalten werden, das unmittelbar im Anschluss an die Datenerhebung angefertigt wird (▶ Maßnahmen zur Erhöhung der Validität bei der Datenerhebung).

In der qualitativen Forschung wird versucht, die Validität der Datenerhebung durch die Anwendung nonstandardisierter Verfahren zu sichern.

Exkurs

Maßnahmen zur Erhöhung der Validität bei der Datenerhebung

- Erhebungsinstrumente wie Interview- oder Beobachtungsleitfäden vor Untersuchungsbeginn erproben und ggf. ändern.
- Interviewerinnen und Interviewer vor Untersuchungsbeginn schulen – z. B. einige Probeinterviews führen lassen.
- Die Teilnehmenden darüber aufklären, worum es bei der Untersuchung geht – schließlich kann man kaum Bereitschaft zur Offenheit erwarten, wenn die Forschenden diese Bereitschaft selbst nicht mitbringen.
- Vertraulichkeit zusichern.
- Eine vertrauensvolle Atmosphäre schaffen – die Teilnehmenden z. B. nicht gleich mit persönlichen Fragen überfallen.

Das **gesamte Material** muss in die Auswertung einbezogen werden.

Validität der Auswertung Die Validität der Datenauswertung hängt vor allem davon ab, ob auch tatsächlich das gesamte Datenmaterial in die Auswertung einbezogen wurde. Die Ergebnisse können gar nicht in ihrem gesamten Umfang dargestellt – und oft auch nicht überblickt – werden. Ohne ein regelgeleitetes Verfahren der Auswertung, das sicherstellt, dass auch wirklich alle Daten berücksichtigt werden, kann die Erinnerung der Interviewer und Interviewerinnen gar nicht anders als selektiv sein, wobei vor allem solche Daten und Informationen in Erinnerung bleiben, die mit den eigenen Vorannahmen übereinstimmen. Um solchen Verzerrungen vorzubeugen, können Forschende selbst in gewissen Maß »gegensteuern«, indem sie beispielsweise besonders darauf achten, auch Gegenbeispiele bei der Auswertung zu berücksichtigen (▶ Qualitative Validitätskriterien).

Exkurs

Qualitative Validitätskriterien

Zur Sicherung der Validität von Auswertung und Ergebnissen wurden außerdem weitere eigenständige Kriterien der qualitativen Forschung entwickelt. Dazu zählen insbesondere die kommunikative Validierung und die Triangulation.

Bei der **kommunikativen Validierung** (auch ▶ Abschn. 5.9) werden die Ergebnisse den Befragten mitgeteilt, die Validität gilt dann als gegeben, wenn diese den Ergebnissen ebenfalls zustimmen. Wie sinnvoll eine kommunikative Validierung ist, hängt jedoch wesentlich vom Untersuchungsziel und den Methoden ab. Wenn das Untersuchungsziel wie bei der Diskursanalyse darin besteht, Bedeutungspotenziale aufzuzeigen, oder wie bei der objektiven Hermeneutik soziale Strukturen herauszuarbeiten, so wird eine kommunikative Validierung nicht weiterführend sein – Ziel solcher Untersuchungen ist es ja gerade, über das subjektiv Zugängliche hinauszugehen. Sinnvoll ist eine kommunikative Validierung aber durchaus, wenn es um subjektive Bedeutungen und Sichtweisen geht. Das ist beispielsweise der Fall, wenn – wie im Forschungsprogramm Subjektive Theorien – auf diese Weise abgesichert werden soll, dass die Forschenden die subjektiven Bedeutungen auch so rekonstruiert haben, wie sie von den Befragten gemeint waren.

Als ein weiteres Validitätskriterium in der qualitativen Forschung wird die **Methodentriangulation** diskutiert. Danach gelten die Ergebnisse einer Untersuchung dann als valide, wenn sie unter Anwendung unterschiedlicher Methoden gleichermaßen gesichert werden können. Geht man aber davon aus, dass eine Methode an einem Gegenstand immer nur bestimmte Aspekte abheben kann, dann muss eine fehlende Übereinstimmung zwischen den Ergebnissen bei Anwendung unterschiedlicher Methoden nicht unbedingt bedeuten, dass die eine Methode valider ist als die andere. Die Anwendung unterschiedlicher Methoden auf denselben Gegenstand wird daher in der heutigen Methodendiskussion eher unter dem Gesichtspunkt der Komplementarität als dem der Validität gesehen: Verschiedene Methoden eröffnen unterschiedliche Sichtweisen auf einen Gegenstand und ergänzen sich wechselseitig (ausführlich in Teil III).

? Kontrollfragen

1. Weshalb ist interne Validität in qualitativen Untersuchungen meist kein relevantes Gütekriterium?
2. Wie ist die externe Validität qualitativer Untersuchungen einzuschätzen?
3. Wie können qualitativ Forschende die Objektivität ihrer Ergebnisse erhöhen?
4. Wie können qualitativ Forschende die Validität ihrer Ergebnisse erhöhen?
5. Welche Strategien zur Erhöhung der Validität wurden speziell in der qualitativen Forschung entwickelt?

▶ Weiterführende Literatur

Flick, U. (2010). Gütekriterien qualitativer Forschung. In G. Mey & K. Mruck (Hrsg.), *Handbuch Qualitative Forschung in der Psychologie* (S. 395–407). Wiesbaden: VS Verlag für Sozialwissenschaften.

Lincoln, Y. S. & Guba, E. G. (1985). *Naturalistic inquiry* (chap. 11–13). Beverly Hills: Sage.

Seale, C. (1999). *The quality of qualitative research*. London: Sage.

Steinke, I. (2003). Gütekriterien qualitativer Forschung. In U. Flick, E. von Kardoff & I. Steinke (Hrsg.), *Qualitative Forschung. Ein Handbuch* (S. 319–330). Reinbek: Rowohlt.

8.2 Ethische Fragen qualitativen Forschens

Lernziele

- Einen Überblick über ethische Probleme bei qualitativen Untersuchungen gewinnen.
- Aufmerksam werden auf ethische Probleme, die sich bei der Anwendung bestimmter qualitativer Methoden stellen.

In der Diskussion um die Ethik psychologischer Forschung spielt, gerade im quantitativ-experimentellen Kontext, die Frage der Täuschung eine zentrale Rolle (▶ Abschn. 1.7). Da qualitatives Forschen in der Regel auf der Zusammenarbeit von Forschenden und Teilnehmenden aufbaut, was wiederum wechselseitige Offenheit voraussetzt, könnte man auf den Gedanken kommen, dass die qualitative Forschung auch keine ethischen Probleme aufwirft. In der Tat ist die Täuschung aber nur eines der ethischen Probleme, die sich in der empirischen Forschung stellen können. Das zweite zentrale ethische Problem betrifft den Schaden, der den Teilnehmenden möglicherweise aus ihrer Beteiligung an einer empirischen Studie erwachsen kann, und diese Gefahr ist in der qualitativen Forschung ebenso gegeben wie in der quantitativen Forschung. In der Tat ergeben sich aus den Grundprinzipien qualitativen Forschens (▶ Abschn. 5.1) sogar ganz spezifische ethische Probleme, die nur im Kontext der qualitativen, nicht aber in der quantitativen Forschung auftreten. Diese allgemeinen ethischen Probleme qualitativen Forschens wollen wir im Folgenden genauer beschreiben, bevor wir anschließend auf ethische Fragen eingehen, die sich nur im Kontext der Anwendung spezifischer Methoden stellen.

Auch in der qualitativen Forschung können ethische Probleme auftreten.

8.2.1 Allgemeine ethische Probleme in der qualitativen Forschung

Ein erstes Problemfeld betrifft die Anonymität und Vertraulichkeit der Informationen, die die Teilnehmenden an qualitativen Untersuchungen im Forschungsprozess von sich preisgeben. In der quantitativen Forschung sind Anonymität und Vertraulichkeit der Daten in der Regel leicht zu gewährleisten. Das Interesse richtet sich in erster Linie auf aggregierte Daten (Mittelwerte usw.), sodass die Ergebnisse nicht zu einzelnen Personen zurückverfolgt werden können. In der qualitativen Forschung ist die Identität der Befragten oft bekannt – es ist schwierig, beispielsweise einen Interviewtermin mit jemandem zu vereinbaren, über dessen Identität man sich nicht im Klaren ist. Außerdem steht meist der Einzelfall in seiner ganzen Komplexität im Mittelpunkt, darin liegt eben die Reichhaltigkeit und damit der spezifische Vorteil qualitativer Forschung. Gerade die vielen Einzelheiten, die einen Fall ausmachen, können andererseits aber auch dazu führen, dass die betreffende Person für andere leichter identifizierbar wird, insbesondere für andere Angehörige aus derselben Gemeinschaft, aus der eine Untersuchungsteilnehmerin oder ein -teilnehmer stammt. Führt man beispielsweise Interviews mit Lehrerinnen und Lehrern an einer Schule durch, dann dürfte es dem Kollegium anhand weniger Details wie Alter, Geschlecht, Unterrichtsfächer, Anzahl und Alter eigener Kinder leicht fallen, die betreffende Person zu identifizieren (zu Gegenmaßnahmen ▶ Maßnahmen zur Sicherung von Vertraulichkeit). Es ist daher in der qualitativen Forschung deutlich schwieriger als in der quantitativen, die Vertraulichkeit der Angaben zu gewährleisten. Übrigens finden sich gerade in der qualitativen Forschung auch Situationen, in denen die Teilnehmenden sogar Wert darauf legen, namentlich genannt zu werden und sich so die »Autorität« über ihre persönlichen Informationen zu erhalten.

Gewährleistung von Anonymität und Vertraulichkeit gelten als Problem qualitativer Forschung.

Die Reichhaltigkeit qualitativer Daten führt dazu, dass die betreffenden Personen leicht identifizierbar sind.

Exkurs

Maßnahmen zur Sicherung von Vertraulichkeit

Zu den Maßnahmen, die eine Identifikation der Teilnehmenden erschweren, zählen die **Verfremdung** und **Abstrahierung** von persönlichen Daten und Informationen. So wird eine Lehrerin beispielsweise auch für ihre Kolleginnen und Kollegen schwieriger zu identifizieren sein, wenn bei der Falldarstellung statt drei Kindern vier angegeben werden, das Alter statt mit »38« als »zwischen 30 und 40« und das Unterrichtsfach nicht als »Physik«, sondern »Naturwissenschaften« bezeichnet wird. Andererseits gehen mit einer Verfremdung und Abstraktion jedoch immer auch Aspekte verloren, die gerade diesen Fall ausmachen, Gewährleistung von Vertraulichkeit einerseits und Reichhaltigkeit der Darstellung stehen also in einem gewissen Spannungsverhältnis.

Befragte geben manchmal Informationen preis, die ihnen selber oder anderen schaden können.

Eine ganz ähnliche Notwendigkeit des Abwägens zwischen Ethik und Reichhaltigkeit der Darstellung ergibt sich daraus, dass die Befragten häufig einen tiefen Einblick in ihr persönliches Leben geben und dabei auch Informationen preisgeben, die ihnen im Fall einer Publikation schaden könnten (oder die für Dritte verletzend sein können). Für Forscherinnen und Forscher stellt sich daher die Frage, ob es erforderlich ist, auch wirklich alle gewonnenen Informationen zu veröffentlichen; andererseits wird durch eine solche bewusste Selektion potenziell auch die Validität der Ergebnisse beeinträchtigt.

Forschungssituationen beinhalten oft ein **asymmetrisches Machtverhältnis**.

In der Forschungssituation gelten die Forschenden meist als Expertinnen und Experten, ihnen kommt häufig ein höheres Prestige zu als den Befragten, die zudem durch die ungewohnte Forschungssituation verunsichert sein können. Diese Ungleichheit der Machtverhältnisse zwischen forschender und erforschter Person kann dazu führen, dass die erforschten Personen mehr Informationen von sich preisgeben, als sie dies bei nachträglicher nüchterner Betrachtung eigentlich möchten: z. B. um alles »richtig zu machen« – vielleicht auch, um bei persönlichen Problemen Hilfe zu erhalten. Forscherinnen und Forscher sollten dieses Ungleichgewicht der Machtverhältnisse nicht ausnutzen, um sich zusätzliche Informationen zu verschaffen. Sie sollten auch von vornherein klarstellen, wenn es nicht Teil ihrer Forschungsbemühungen ist, in Problemsituationen Hilfe anzubieten (z. B. bei einer Untersuchung über Partnerschaftsprobleme, über den Umgang mit chronischen Krankheiten usw.). Grundsätzlich lässt sich diesem Problem außerdem dadurch begegnen, dass den Untersuchungsteilnehmerinnen und -teilnehmern vor der Auswertung, spätestens jedoch vor der Publikation, Einblick in die Daten gewährt wird – beispielsweise, indem diese die Gelegenheit erhalten, das Transkript ihres Interviews zu lesen und Informationen, die ihnen nachträglich zu persönlich erscheinen, wieder zu streichen. Diese Informationen dürfen dann auch nicht in die Auswertung einbezogen werden (▶ Kritische Betrachtung).

Exkurs

Kritische Betrachtung

In der Auswertungsphase qualitativer Forschung wird häufig über die expliziten Äußerungen der Befragten hinausgegangen. Die Äußerungen werden interpretiert, in einen umfassenderen Kontext gestellt, und manchmal werden auch Wertungen vorgenommen (z. B. »adaptive« und »maladaptive« Formen des Umgangs mit Trauer usw.). Wenn die Untersuchungsergebnisse den Teilnehmenden zugänglich gemacht werden, wie dies etwa in der kommunikativen Validierung vorgesehen ist, kann dies für die betreffenden Personen sehr verletzend sein. Die Ergebnisse sollten den Teilnehmerinnen und Teilnehmern in einem solchen Fall nicht unkommentiert zur Verfügung gestellt werden. Wie mit diesem Problem umzugehen ist, muss im Einzelfall abgeklärt werden. Eine allgemeine Lösung existiert nicht.

8.2.2 Ethische Probleme bei der Anwendung spezifischer qualitativer Methoden

Bestimmte qualitative Methoden bringen darüber hinaus je spezifische, eigene ethische Probleme mit sich.

Ethische Probleme spezifischer Methoden:

Täuschung als Problem der verdeckten teilnehmenden Beobachtung Dies gilt vor allem für die verdeckte teilnehmende Beobachtung, wie sie in der deskriptiven Feldforschung gelegentlich eingesetzt wird: Hier stehen die Probleme der Freiwilligkeit der Untersuchungsteilnahme und der Täuschung im Vordergrund. Wie auch in der quantitativen Forschung ist hier ein sorgfältiges Abwägen erforderlich, ob der Zweck tatsächlich die Mittel heiligt.

Bei der verdeckten teilnehmenden Beobachtung stellt sich das ethische Problem der Täuschung.

Forschende als Zeugen krimineller Handlungen Die verdeckte teilnehmende Beobachtung ist auch oft die Methode der Wahl bei Forschungsfragen, die Dunkelbereiche der Gesellschaft berühren, wie etwa rechtsextreme, terroristische, kriminelle Vereinigungen. Auch die Untersuchung von Humphreys zum »tearoom trade« homosexueller Männer in öffentlichen Toilettenanlagen ist ein Beispiel für diese Art von Untersuchung, da Homosexualität zum Untersuchungszeitpunkt in den USA noch strafbar war (▶ Abschn. 5.5). An diesem Beispiel wird auch zugleich das nächste ethische Problem deutlich, das sich gerade bei solchen Untersuchungsfeldern stellen kann: Die Forschenden werden hier unter Umständen zu Zeugen von oder gar Mittätern bei strafbaren Handlungen und können ggf. auch strafrechtlich belangt werden.

Bei der verdeckten teilnehmenden Beobachtung in Dunkelbereichen der Gesellschaft kann es sein, dass die Forschenden zu Zeugen krimineller Handlungen werden.

Doppelcharakter von Handlungen im Feld Auf den ersten Blick weniger gravierend, aber dafür umso verbreiteter ist schließlich das Problem des Doppelcharakters aller Handlungen im Feld bei der deskriptiven Feldforschung. Wer mehrere Monate in einer Gemeinschaft verbringt, bleibt dort nicht nur Beobachter, sondern geht dort auch Bindungen ein, gewinnt Freunde, macht sich vielleicht auch Feinde. Es ist ethisch nicht vertretbar, solche Beziehungen einzugehen, in instrumentalistischer Weise für die eigenen Forschungszwecke zu nutzen und sich dann unvermittelt wieder aus dem Feld zurückzuziehen. In einem solchen Fall würden die Beobachteten sich zwangsläufig ausgenutzt fühlen. Forscherinnen und Forscher sollten sich daher möglichst schon vor Beginn des Aufenthalts im Feld überlegen, wie die Feldphase auslaufen soll und inwieweit zwischenmenschliche Beziehungen auch über die Feldphase hinaus Bestand haben sollen.

Bei der deskriptiven Feldforschung dienen die Handlungen der Forschenden vielfach sowohl Forschungs- als auch persönlichen Zwecken.

Ethische Probleme bei anderen qualitativen Methoden Die verdeckte Beobachtung ist sicherlich diejenige qualitative Methode, die mit der größten Anzahl ethischer Probleme verbunden ist. Aber auch bei anderen Verfahren stellen sich solche Probleme, wenn auch nicht im selben Ausmaß. Die Gruppendiskussion ist beispielsweise insofern ethisch problematisch, als die Anwesenheit eines »stooge« bzw. Konfidenten ebenfalls eine Täuschung der übrigen Teilnehmenden beinhaltet; außerdem stellt sich die Frage, inwieweit es vertretbar ist, die Teilnehmerinnen und Teilnehmer dazu zu »verleiten«, Dinge zu sagen, die sie in einer weniger hitzigen Atmosphäre vielleicht nicht äußern würden. Ethisch umstritten ist auch die Verwendung von Untersuchungsmaterial aus dem Internet, wie beispielsweise die Analyse von Nachrichten aus öffentlichen Diskussionsgruppen (Usenet-Foren). Inwieweit sind Nutzerinnen und Nutzer der Foren sich darüber im Klaren, dass ihre Nachrichten der breiten Öffentlichkeit zugänglich sind?

Bei der Anwendung anderer qualitativer Methoden wie etwa der Gruppendiskussion stellen sich ethische Probleme.

Kontrollfragen

1. Mit welchen ethischen Problemen müssen sich qualitativ Forschende ganz allgemein auseinandersetzen, unabhängig von der konkreten Methode?
2. Welche ethischen Probleme stellen sich bei der Anwendung der verdeckten teilnehmenden Beobachtung?

▶ Weiterführende Literatur

Berg, B. L. (1995). Ethical issues. In ders., *Qualitative research methods for the social sciences* (S. 200–220). Needham Heights: Allyn & Bacon.

Hopf, C. (2003). Forschungsethik und qualitative Forschung. In U. Flick, E. von Kardoff & I. Steinke (Hrsg.), *Qualitative Forschung. Ein Handbuch* (S. 589–600). Reinbek: Rowohlt.

Israel, M. & Hay, I. (2006). *Research ethics for social scientists*. London: Sage.

Roth, W.-M. (2004). Qualitative Forschung und Ethik [15 Absätze]. *Forum Qualitative Sozialforschung / Forum: Qualitative Social Research*, [On-line Journal] 5 (2), Art. 7. Verfügbar unter: http://nbn-resolving.de/urn:nbn:de:0114-fqs040275 [letzter Zugriff am 20.7.2012].

8.3 Literatur

Gerring, J. (2001). *Social science methodology. A criterial framework*. Cambridge: Cambridge University Press.

Mayring, P. (2002). *Einführung in die qualitative Sozialforschung* (5. Aufl.). Weinheim: Beltz.

Teil III Mixed Methods

Qualitative und quantitative Forschungsmethoden schließen einander nicht aus.

In den vorausgehenden Kapiteln haben wir im Überblick Merkmale der quantitativen und der qualitativen Forschungstradition skizziert und einander gegenübergestellt (vgl. insbesondere ▶ Abschn. 1.3.1 und 5.1). So arbeitet die quantitative Forschung beispielsweise stärker hypothesentestend unter Verwendung numerischer Daten, während die qualitative Forschung eher hypothesengenerierend vorgeht und dabei verbales oder visuelles Material verwendet, dessen Bedeutung sich erst durch gezieltes Verstehen oder Interpretation erschließt. Zu Beginn von Teil II haben wir jedoch auch darauf hingewiesen, dass sich qualitative und quantitative Forschung in der Praxis keineswegs immer so klar gegeneinander abgrenzen lassen, wie dies im Lehrbuch den Anschein haben mag. Bei der Marienthal-Studie wurden beispielsweise sowohl qualitative als auch quantitative Methoden und Daten verwendet: Es wurde die Gehgeschwindigkeit gemessen, es wurden Interviews durchgeführt, es wurden Typen des Umgangs mit Arbeitslosigkeit gebildet und es wurde die prozentuale Häufigkeit der Typen ermittelt. Die sozialwissenschaftliche Forschung in der ersten Hälfte des 20. Jahrhunderts war vielfach gerade durch eine solche Kombination von Vorgehensweisen und Verfahren aus den beiden Forschungstraditionen gekennzeichnet.

Die **pragmatische** Auffassung des Forschungsprozesses betrachtet Methoden als Werkzeuge.

Die Trennung und Gegenüberstellung von qualitativer und quantitativer Forschung ist also keineswegs selbstverständlich, und in der Tat hat sich in den letzten Jahren, nach einer Phase des Vorherrschens der quantitativen Tradition (gerade auch in der Psychologie), zunehmend eine pragmatische Sichtweise herausgebildet. Vertreterinnen und Vertreter dieser Position sind der Ansicht, dass Methoden in erster Linie Werkzeuge darstellen, die jeweils passend zur Untersuchungsfrage und zum Untersuchungsgegenstand ausgewählt werden sollten (vgl. auch die sog. dualistische Position; ▶ Teil II). Dabei kann es dann auch durchaus angemessen sein, quantitative und qualitative Methoden zu kombinieren, um sich so beispielsweise ein umfassenderes Bild vom Gegenstand zu verschaffen.

Die Kombination qualitativer und quantitativer Verfahren oder Ansätze wird als Mixed Methods Research bezeichnet.

Eine solche Kombination quantitativer und qualitativer Verfahren oder Ansätze wird in der heutigen Terminologie auch als **Mixed Methods Research** bezeichnet, als eine Art Methodenmix also. In der Tat ist Mixed Methods inzwischen zu einer Art Modebegriff avanciert – was die Anwendung in der Praxis aber nicht unbedingt einfacher macht. Es ist die Rede von Triangulation, Mixed Methods, Mixed Models oder auch Multimethodikuntersuchungen, und es existiert inzwischen eine Vielzahl an Designvarianten sowie an Vorschlägen zu deren Systematisierung. In den folgenden beiden Kapiteln definieren wir zunächst die wichtigsten Begriffe im Umfeld der Mixed-Methods-Forschung und verdeutlichen sie anhand eines Forschungsbeispiels. Anschließend stellen wir die gängigsten Kriterien zur Differenzierung zwischen verschiedenen Arten von Mixed-Methods-Untersuchungen im Überblick dar und gehen auf einige ausgewählte Designs ausführlicher und wiederum mit Beispielen ein.

9 Begriffsklärungen

Margrit Schreier

9.1 Triangulation

Lernziele

- Kennenlernen des Begriffs der Triangulation.
- Kennenlernen verschiedener Formen der Triangulation.
- Das Verhältnis von Triangulation und Mixed Methods verstehen.

9.1.1 Geschichte und Definition

Triangulation bezeichnet die Erfassung eines Gegenstands durch verschiedene Methoden.

Während Begriffe wie Mixed Methods eher neueren Ursprungs sind, hat der Begriff der Triangulation in den empirischen Sozialwissenschaften bereits eine längere Tradition. Ursprünglich handelt es sich bei der Triangulation um ein Verfahren aus dem Bereich der Landvermessung, das es erlaubt, unter Kenntnis zweier Punkte die genaue Lage eines dritten Punkts zu bestimmen. Der Übertragung des Begriffs auf die sozialwissenschaftliche Forschung durch Campbell und Fiske (1959) liegt die Überlegung zugrunde, dass der Forschungsgegenstand immer auch durch die Methode seiner Erfassung mitbestimmt wird, der Gegenstand durch die Methode also möglicherweise auch verfälscht werden kann. Um einer Verfälschung entgegenzuwirken, entwickelten Campbell und Fiske das Konzept der **Multitrait-Multimethod-Matrix**, das die Erfassung eines Gegenstands (genau genommen verschiedener Facetten des Gegenstands) durch mehrere Methoden vorsieht. Die beiden Methoden werden hier also analog zu den beiden bekannten Punkten bei der Landvermessung gesehen: In dem Maß, in dem zwei verschiedene Methoden vergleichbare Ergebnisse im Hinblick auf denselben Gegenstand erbringen, validieren sie einander gegenseitig und ermöglichen somit im übertragenen Sinne die Bestimmung des dritten, noch unbekannten Punkts, d. h. die Beantwortung der Forschungsfrage.

Denzin führte die Unterscheidung zwischen Daten-, Investigator-, Theorien- und Methodentriangulation ein.

Varianten der Triangulation nach Denzin Erweitert wurde der Triangulationsbegriff in der Folge durch Denzin (1970), der unter Triangulation die Einnahme verschiedener Perspektiven oder Anwendung verschiedener Zugangsweisen auf einen Forschungsgegenstand versteht. Bei diesen Perspektiven muss es sich nicht notwendigerweise um unterschiedliche Methoden handeln (▶ Übersicht).

Varianten der Triangulation nach Denzin (1970)

- **Datentriangulation:** Heranziehen mehrerer Datenquellen, z. B. Interviewmaterial und Dokumente.
- **Investigatortriangulation:** Untersuchung eines Phänomens durch mehrere Forschende (z. B. im Beobachtungsteam).
- **Theorientriangulation:** Heranziehen mehrerer Theorien als »Filter«, durch den ein Phänomen betrachtet wird.
- **Methodentriangulation:** Verwendung verschiedener Zugänge zur Erfassung eines Phänomens, z. B. Interview und Beobachtung, um die Begrenzungen der einzelnen Methoden zu überwinden.

Es existieren zwei Formen der Methodentriangulation: **Within- und Between-Methods-Triangulation**.

Within- und Between-Methods-Triangulation Innerhalb der Methodentriangulation unterscheidet Denzin weiter zwischen Within- und Between-Methods-Triangulation. **Within-Methods-Triangulation** liegt beispielsweise vor, wenn innerhalb eines Fragebogens Skalen zu unterschiedlichen Aspekten eines Konstrukts oder zu verschiedenen Konstrukten verwendet werden oder wenn in der qualitativen Forschung im Rahmen eines Interviews sowohl semistandardisierte Fragen als auch Fragen zur Generierung von Erzählungen verwendet werden, wie dies etwa beim problemzentrierten Interview der Fall ist (▶ Abschn. 6.1.1). Bei der Within-Methods-Triangulation kommen also mehrere Operationalisierungen eines Konzepts unter Anwendung einer Methode zum Einsatz. **Between-Methods-Triangulation** besteht dagegen in der Verwendung unterschiedlicher Methoden zur Erfassung desselben Gegenstands, etwa bei der Erfassung des Unterrichtsgeschehens sowohl mittels Interview des Lehrers und durch Unterrichtsbeobachtung, wie dies beispielsweise bei Untersuchungen im Rahmen des Forschungsprogramms Subjektive Theorien realisiert wurde (▶ Abschn. 5.9).

Wenn in der Methodenliteratur von Triangulation die Rede ist, ist meist die Methodentriangulation »between methods« gemeint.

Unter diesen Varianten der Triangulation hat sich in der empirischen Sozialforschung in erster Linie die Methodentriangulation durchgesetzt, und Methodentriangulation (in der Between-Methods-Variante) ist in der Regel auch gemeint, wenn in der methodologischen Literatur von Triangulation die Rede ist.

▶ **Definition Triangulation**

Definition

Unter **Triangulation** im weiteren Sinne versteht man das Einnehmen unterschiedlicher Perspektiven auf denselben Forschungsgegenstand. In der Methodenliteratur und auch im vorliegenden Kontext bezeichnet Triangulation die Erhebung von Daten zu einem Gegenstand unter Anwendung von (mindestens) zwei verschiedenen Methoden.

Triangulation und Mixed Methods beziehen sich auf eigenständige Forschungsstrategien und sind nicht deckungsgleich.

Im Zusammenhang mit dem Begriff der Mixed Methods als Kombination von Methoden und Ansätzen aus der quantitativen und der qualitativen Forschungstradition ist festzuhalten, dass eine Triangulationsstudie nicht notwendig auch eine Mixed-Methods-Studie darstellt. Welche Methoden aus welchen Ansätzen jeweils konkret kombiniert werden, ist durch den Triangulationsbegriff nicht festgelegt. Eine Methodentriangulation kann also auch in der Kombination zweier quantitativer (z. B. Fragebogen mit vorgegebenen Antwortmöglichkeiten und standardisierte Beobachtung) oder zweier qualitativer Methoden bestehen (z. B. Einzelinterviews und Aufforderung zum Zeichnen). Nur wenn bei der Triangulation auf eine quantitative *und* eine qualitative Methode zurückgegriffen wird, handelt es sich zugleich auch um eine Mixed-Methods-Studie. Außerdem beinhaltet die Methodentriangulation stets die Kombination von Methoden der Datenerhebung, während Mixed-Methods-Studien beispielsweise auch eine Kombination verschiedener Auswertungsverfahren beinhalten können. Triangulation und Mixed Methods beziehen sich also auf durchaus eigenständige Forschungsstrategien, die zwar einen Überschneidungsbereich aufweisen – nämlich Untersuchungen, in denen eine Methode aus der quantitativen und eine Methode aus der qualitativen Forschungstradition zu Zwecken der Datenerhebung eingesetzt werden –, die aber auch in anderer Weise realisiert werden können. Andere Formen der Triangulation fallen nicht in den Bereich der Mixed-Methods-Studien, und andere Varianten von Mixed-Methods-Studien werden nicht als Triangulationsstudien bezeichnet.

9.1.2 Kritik an der Methodentriangulation

Die Anwendung von Triangulation zur wechselseitigen Validierung von Methoden wird heute kritisch gesehen.

Allerdings wurde die Triangulationsstrategie in ihrer ursprünglichen Formulierung in der Folge auch kritisiert. Wenn man davon ausgeht, dass eine Methode einen Gegenstand nicht einfach in seiner Gesamtheit abbildet, sondern dass eine Methode den Gegenstand immer auch mit konstituiert, dann ist nicht unbedingt davon auszugehen, dass die Anwendung unterschiedlicher Methoden auf denselben Gegenstand zu denselben Ergebnissen führen sollte. Angesichts der gegenstandskonstituierenden Kraft von Methoden kann es sogar durchaus plausibel sein, dass die Ergebnisse nicht genau übereinstimmen. Fehlende Übereinstimmung der Ergebnisse ist also nicht unbedingt ein Zeichen dafür, dass die eine Methode weniger valide ist als die andere.

Triangulation kann auch **Komplementarität** oder **Diskrepanz** zum Ziel haben.

Vor dem Hintergrund dieser Überlegung wird Triangulation heute nicht nur zum Zweck der wechselseitigen Methodenvalidierung eingesetzt, sondern auch, um verschiedene Facetten eines Gegenstandes zu erfassen, die untereinander komplementär sind und sich gemeinsam zu einem vollständigeren Bild des Gegenstandes ergänzen. Diese Abschwächung des Konvergenzkriteriums wird allerdings ebenfalls kritisch diskutiert. So ist die Grenze zwischen Komplementarität und Diskrepanz fließend, und es fehlen Kriterien zum Umgang mit solchen Divergenzen. Aber auch Diskrepanzen sind nicht unbedingt negativ zu werten, sondern können neue Sichtweisen auf einen Gegenstand eröffnen (vgl. z. B. Greenes Konzept der »Initiation«: Greene, 2007, Kap. 6).

Eine Methode gleicht die Schwachpunkte der anderen nicht automatisch aus.

Ein weiterer Kritikpunkt am Konzept der Methodentriangulation besteht darin, dass die Verwendung mehrerer Methoden nicht notwendig zu »besseren« Ergebnissen führt als die Anwendung einer einzelnen Methode. Ausschlaggebend ist nicht die Anzahl der Methoden, sondern deren Angemessenheit für den Untersuchungsgegenstand. Werden zwei Methoden verwendet, die beide gleichermaßen ungeeignet sind (etwa Messung des Hautwiderstands und nonstandardisierte Beobachtung zur Erfassung von Gründen und Motiven einer Handlung), dann werden die Fehler mit der Anwendung der zweiten Methode nicht weniger, sondern eher noch mehr. Allerdings hat schon Denzin (1970) darauf hingewiesen, dass die Methodenauswahl nicht beliebig erfolgen sollte, und zwischenzeitlich wurden auch Vorschläge für die systematische Methodenkombination unter Berücksichtigung der Spezifika der verschiedenen Methoden formuliert (so beispielsweise bei Flick, 2011; Kelle, 2001).

Kontrollfragen

1. Welche Formen der Triangulation unterscheidet Denzin?
2. Auf welche Form der Triangulation bezieht sich die gegenwärtige Diskussion der Triangulation in der sozialwissenschaftlichen Methodenlehre?
3. Nennen Sie ein Beispiel für eine Untersuchung, die eine Triangulationsstudie darstellt, aber keine Mixed-Methods-Studie.
4. Welche Zielsetzung liegt heute den meisten Triangulationsstudien zugrunde?

▶ **Weiterführende Literatur**

Flick, U. (2011). *Triangulation. Eine Einführung* (3. akt. Aufl.). Wiesbaden: VS Verlag für Sozialwissenschaften.

Kelle, U. (2001, February). Sociological explanations between micro and macro and the integration of qualitative and quantitative methods [43 paragraphs]. *Forum Qualitative Sozialforschung / Forum: Qualitative Social Research* [On-line Journal], 2(1). Available at: http://nbn-resolving.de/urn:nbn:de:0114-fqs010159 [Date of Access: July 20, 2012].

Mertens, D. M. & Hesse-Biber, S. (Eds.) (2012). Special issue: Triangulation and mixed methods research. *Journal of Mixed Methods Research, 6* (2).

9.2 Mixed Methods, Multimethods, Mixed Models und Hybride

Lernziele

- Kennenlernen der folgenden Forschungsdesigns: Mixed Methods, Multimethods, Mixed Models, Hybride.
- Verstehen, in welcher Relation diese Designs zueinander stehen.
- Verstehen, in welcher Relation die Triangulation zu diesen Designs steht.

Zur Bezeichnung von Kombinationen qualitativer und quantitativer Forschung existieren noch keine verbindlichen Begriffsregelungen.

Nachdem sich in den vergangenen Jahren eine zunehmend offenere und pragmatischere Haltung gegenüber der Kombination von Elementen quantitativer und qualitativer Forschung durchgesetzt hat, hat zugleich eine regelrechte Begriffsinflation stattgefunden. Es erschwert zusätzlich die Orientierung, dass Begriffe wie Mixed Methods, Triangulation, Multimethod-Studien usw. keineswegs einheitlich verwendet werden. Auch ist die methodologische Diskussion des Themas noch vergleichsweise neu (im Gegensatz zur Forschungspraxis, wo die Kombination qualitativer und quantitativer Methoden eine lange Tradition hat; s. oben), sodass sich bisher keine Begriffsdefinition als verbindlich etablieren konnte. Entsprechend stellen wir im Folgenden auch lediglich einen Vorschlag zur Begriffsdefinition vor (zu anderen Vorschlägen vgl. die weiterführende Literatur).

9.2.1 Definition: Mixed Methods

Zur Bezeichnung von Kombinationen qualitativer und quantitativer Forschung wird am häufigsten der Begriff der Mixed Methods verwendet.

Trotz dieser Vielfalt ist es doch ganz klar ein Begriff, der die gegenwärtige Literatur zum Thema Methodenkombination dominiert, nämlich das Konzept der Mixed Methods, das wir hier zugleich im Sinne eines Oberbegriffs verwenden (und auch diesen Buchteil entsprechend benannt haben).

▶ **Definition Mixed Methods**

Definition

Mixed Methods bezeichnet eine Forschungsmethode, die eine Kombination von Elementen qualitativer und quantitativer Forschungstraditionen beinhaltet, typischerweise (aber nicht notwendig) innerhalb einer Untersuchung.

Varianten der Methodenkombination in Mixed-Methods-Studien Die Kombination von Methoden in einer Mixed-Methods-Studie kann in derselben Phase einer Untersuchung realisiert werden, also beispielsweise indem eine qualitative und eine quantitative Methode der Datenerhebung angewandt werden, wie dies im Rahmen der Triangulation vorgesehen ist. Die Kombination kann aber auch in der Auswertungsphase erfolgen, indem Interviewdaten etwa zunächst in einem Codierungsdreischritt gemäß der Grounded Theory ausgewertet werden (▶ Abschn. 5.4), gefolgt von einer Auszählung der Häufigkeit der verwendeten Codes und ggf. sogar einem Vergleich der Code-Häufigkeiten für Untergruppen (z. B. Männer und Frauen). Oder die Kombination kann quasi über die Phase der Datenerhebung und -auswertung hinweg stattfinden, indem beispielsweise im Rahmen eines typischen quantitativ-experimentellen Designs qualitative Daten zur Hypothesenprüfung erhoben werden. Auch muss die Methodenkombination nicht zwingend innerhalb derselben Studie erfolgen; um eine Mixed-Methods-Studie handelt es sich ebenfalls, wenn eine qualitative und eine quantitative Untersuchungsphase unmittelbar aufeinander aufbauen. In der Psychologie ist dies beispielsweise bei der Entwicklung eines neuen Fragebogens häufig der Fall: Es werden zunächst in einer qualitativen Phase Interviews mit einschlägigen Personen durchgeführt. Diese Interviews dienen dann als Grundlage für die Entwicklung von Fragen; der Fragebogen wird anschließend in einer Reihe von quantitativen Untersuchungen auf seine psychometrischen Eigenschaften hin geprüft.

Die Kombination qualitativer und quantitativer Verfahren in einer Mixed-Methods-Studie kann in der Phase der Datenerhebung, der Auswertung, im Design oder über die Phasen hinweg erfolgen.

9.2.2 Mixed Methods: Abgrenzungen und Differenzierungen

Wir fassen den Begriff der Mixed-Methods-Studien hier bewusst recht weit, um uns nicht in methodologischen Details zu verlieren. Andere Autorinnen und Autoren legen eine engere Begriffsverwendung zugrunde, und daraus ergibt sich dann die Notwendigkeit, weitere Begriffe einzuführen, um auch solche Kombinationsvarianten qualitativer und quantitativer Forschung abzudecken. Die wichtigsten sollen im Folgenden kurz benannt werden.

Multimethod-Designs

Multimethod-Designs (Morse, 2003) bezeichnen die Kombination qualitativer und quantitativer Forschungsphasen, die in sich jeweils vergleichsweise eigenständige Studien darstellen. Wenn bei der Entwicklung eines Fragebogens zunächst eine explorativ-qualitative und daran anschließend eine quantitative Survey-Studie durchgeführt wird, wäre dies ein Beispiel für ein Multimethod-Design. Dasselbe würde für Studien gelten, in denen die Zwei-Phasen-Struktur des FST realisiert ist: einer ersten qualitativen Studie zur Erhebung und Rekonstruktion subjektiver Theorien, gefolgt von einer zweiten quantitativ-falsifikationistischen Studie mit dem Ziel, die Geltung der Theorie empirisch zu überprüfen (▶ Abschn. 5.9).

Multimethod-Designs sind Mixed-Methods-Studien, in denen zwei Studien (unter Anwendung qualitativer und quantitativer Methoden) nacheinander durchgeführt werden.

Mixed-Model-Designs

Weiterhin wurde in der Literatur zeitweise zwischen Mixed-Methods-Studien und Mixed-Model-Designs unterschieden (vgl. Tashakkori & Teddlie, 1998). Tashakkori und Teddlie beschränkten die Bezeichnung Mixed Methods zunächst auf solche Untersuchungen, in denen eine Kombination qualitativer und quantitativer Forschungselemente innerhalb derselben Untersuchungsphase erfolgt, wie also beispielsweise bei der Anwendung zweier verschiedener Methoden der Datenerhebung in einer Triangulationsstudie. Eine Mixed-Model-Studie definieren sie demgegenüber durch die Kombination qualitativer und quantitativer Elemente über verschiedene Untersuchungsphasen hinweg. Inzwischen haben die Autoren diese Differenzierung jedoch aufgegeben und unterscheiden lediglich zwischen Mixed-Methods-Designs unterschiedlicher

Mixed-Model-Designs bezeichnen die Kombination qualitativer und quantitativer Methoden in verschiedenen Untersuchungsphasen.

»Mixed Methods« wird hier als **Oberbegriff** zu anderen Begriffen wie Multimethod- oder Mixed-Model-Designs verwendet.

Komplexität (Teddlie & Tashakkori, 2009). Diese Veränderung der Begrifflichkeiten zeigt zugleich, wie sehr dieser Bereich sozialwissenschaftlicher Methodologie sich derzeit in der Entwicklung befindet.

Um unnötige Differenzierungen zu vermeiden, verwenden wir den Begriff der Mixed Methods hier, wie erwähnt, im Sinne eines Oberbegriffs. Nach dieser Auffassung stellen Multimethod-Designs und Mixed-Model-Designs ebenso wie die Triangulationsstudie (sofern dabei qualitative und quantitative Methoden zur Anwendung kommen) sämtlich Varianten von Mixed-Methods-Studien dar (zusammenfassend ▶ Übersicht).

Begriffsdefinitionen und -abgrenzungen im Bereich Mixed Methods

- **Mixed-Methods-Studie:** Kombination von Elementen qualitativer und quantitativer Forschungstraditionen in einer Untersuchung oder in mehreren eng aufeinander aufbauenden Untersuchungen.
- **Multimethod-Design:** Kombination qualitativer und quantitativer Forschungsphasen, die in sich jeweils vergleichsweise eigenständige Studien darstellen.
- **Multimethod-Studie:** Kombination mehrerer Forschungsmethoden in einer Phase derselben Studie, wobei die Methoden entweder nur aus der qualitativen oder nur aus der quantitativen Forschungstradition stammen.
- **Monomethod-Studie:** Untersuchung, in der nur Methoden aus einer Forschungstradition zur Anwendung kommen, und zwar jeweils nur eine Methode in der Phase der Datenerhebung und eine Methode in der Phase der Auswertung.

Multimethod-Studien

Multimethod-Studien sind Untersuchungen, in denen mehrere Methoden entweder aus dem qualitativen oder dem quantitativen Paradigma zur Anwendung kommen.

Mixed-Methods-Studien beinhalten – gemäß oben genannter Definition – notwendigerweise eine Kombination qualitativer und quantitativer Elemente. Mixed-Methods-Studien sind somit von Untersuchungen zu unterscheiden, in denen zwar mehrere Methoden zur Anwendung kommen, die aber beide entweder aus der qualitativen oder aus der quantitativen Forschungstradition stammen (zur Abgrenzung gegenüber der Triangulation ▶ Exkurs). Wenn also beispielsweise in einer Untersuchung sowohl Fragebogen mit vorgegebenen Antwortmöglichkeiten als auch psychophysiologische Verfahren zur Datenerhebung verwendet werden, dann handelt es sich nicht um eine Mixed-Methods-Studie im hier definierten Sinn. Untersuchungen, in denen mehrere Methoden aus derselben Forschungstradition zur Anwendung kommen, werden in der Literatur auch als Multimethod-Studien bezeichnet (vgl. Tashakkori & Teddlie, 1998) und sind von Multimethod-Designs nach Morse (2003) zu unterscheiden (s. oben).

Exkurs

Triangulation

Der Begriff der Triangulationsstudie steht sozusagen »quer« zu dieser Unterscheidung zwischen Mixed-Methods- und Multimethod-Studien. Je nachdem, aus welcher Forschungstradition die Methoden in einer Triangulationsstudie stammen, kann es sich entweder um eine Mixed-Methods- oder um eine Multimethod-Studie handeln. Sowohl Mixed-Methods- als auch Multimethod-Studien sind schließlich abzugrenzen gegenüber Monomethod-Studien – Untersuchungen also, in denen nur Methoden aus einer Forschungstradition zur Anwendung kommen, und zwar jeweils nur eine Methode in der Phase der Datenerhebung und eine Methode in der Phase der Auswertung.

Hybride Methoden

Hybride Methoden beinhalten in sich eine Kombination qualitativer und quantitativer Elemente.

Schließlich sind Mixed-Methods-Studien gegenüber hybriden Methoden abzugrenzen. Als hybride gelten solche Methoden, in deren Konzeption bereits eine Kombination von

Elementen der quantitativen und der qualitativen Forschungstradition enthalten ist (vgl. Fielding & Schreier, 2001). Dazu zählen beispielsweise die komplexe Inhaltsanalyse (▶ Abschn. 7.2.4) oder auch die (explanative) Fallstudie (▶ Abschn. 5.3).

Kontrollfragen

1. Was versteht man unter einer Mixed-Methods-Studie?
2. Inwiefern stellt Mixed Methods einen Oberbegriff zu Mixed Models und Multimethod-Designs dar?
3. Worin besteht der Unterschied zwischen einer Multimethod-Studie und einem Multimethod-Design?

▶ **Weiterführende Literatur**

Fielding, N. & Schreier, M. (2001, February). Introduction: On the compatibility between qualitative and quantitative research methods [54 paragraphs]. *Forum Qualitative Sozialforschung / Forum: Qualitative Social Research* [On-line Journal], *2*(1). Available at: http://www.qualitative-research.net/index.php/fqs/issue/view/26 [Date of Access: July 20, 2012].

Johnson, B. R., Onwuegbuzie, A. J. & Turner, L. A. (2007). Toward a definition of mixed methods research. *Journal of Mixed Methods Research,* 1 (2), 112–133.

Teddlie, C. & Tashakkori, C. (2009). *Foundations of mixed methods research (section I).* Thousand Oaks, CA: Sage.

9.3 Forschungsbeispiel: Wenn Männer von der Liebe lesen und Frauen von Abenteuern

Lernziele

- Verstehen, welche Elemente von Mixed Methods in dem Forschungsbeispiel implementiert werden und warum.

In den letzten Unterkapiteln wurde zwar schon das eine oder andere Forschungsbeispiel genannt, aber insgesamt sind die vielen Begriffe im Umfeld der Mixed-Methods-Forschung doch recht abstrakt geblieben. Im Folgenden wird eine Untersuchung dargestellt, in der verschiedene Elemente der Mixed-Methods-Forschung zur Anwendung kommen.

Im Folgenden wird eine Untersuchung dargestellt, in der verschiedene Elemente der Mixed-Methods-Forschung zur Anwendung kommen.

9.3.1 Lesen Frauen anders – und Männer auch? Ergebnisse und methodische Probleme

Männer und Frauen unterscheiden sich hinsichtlich Lektürehäufigkeit, Lesepräferenzen und Lesemotiven.

Es existieren nur wenige Befunde zur Art und Weise, wie Männer und Frauen lesen.

In der Forschung konnte immer wieder aufgezeigt werden, dass das Lesen – insbesondere das Lesen von Romanen – ein Bereich ist, in dem Männer und Frauen sich unterscheiden (im Überblick Odag, 2007). So lesen Frauen häufiger, länger und lieber als Männer, insbesondere Romane. Auch unterscheiden Männer und Frauen sich in ihren **Lektürepräferenzen**: Frauen interessieren sich eher für Zwischenmenschliches (und lesen entsprechend lieber Liebesromane oder Bücher über Psychologie), Männer eher für fremde Welten, für Politik, Technik oder Wirtschaft (und lesen entsprechend lieber Western, Science Fiction oder Sachbücher aus den Bereichen Politik usw.). Bei den **Lesemotiven** zeigen sich ebenfalls Unterschiede: So geben Frauen häufiger an, zur Entspannung und zur Ablenkung zu lesen, während Männer eher anführen, dass sie lesen, um sich Wissen anzueignen und mitreden zu können. Wenig ist dagegen über das **Wie der Lektüre** bekannt – darüber, wie Männer und Frauen sich beim Lesen fühlen, ob und auf welche Weise sie in die Welt des Buchs eintauchen und was ihnen beim Lesen durch den Kopf geht. Erste Untersuchungen ließen zunächst vermuten, dass auch hier die Unterschiede zwischen den Geschlechtern vorherrschen. So gaben Frauen beispielsweise häufiger als Männer an, sich mit den Figuren eines Romans zu identifizieren oder nach Verbindungen mit dem eigenen Leben zu suchen. In anderen Untersuchungen wurden dagegen keine Geschlechterunterschiede gefunden, oder sie wiesen in eine unerwartete Richtung. So prägte etwa Graf den Begriff der »tagträumenden Sachbuchlektüre«: In seiner Forschung zeigte sich, dass Jungen sich ähnlich in ein Buch vertiefen konnten wie Mädchen – nur waren es bei Jungen eher Sachbücher, die sie zum Träumen verleiteten, bei den Mädchen dagegen eher Romane (Graf, 2004).

Die Untersuchung des Lektüreprozesses ist in methodologischer Hinsicht schwierig.

Dass über den Lektüreprozess und vor allem die emotionalen Aspekte des Lektüreprozesses bisher eher wenig bekannt ist, hat nicht zuletzt mit den methodisch-methodologischen Problemen zu tun, die eine solche Untersuchung mit sich bringt. Wenn man beispielsweise etwas darüber wissen möchte, wie jemand sich zu einem bestimmten Zeitpunkt fühlt und was ihm gerade durch den Kopf geht, sollte man ihn möglichst unmittelbar fragen. Fragt man aber Lesende, wie sie sich gerade fühlen, dann unterbricht man notwendigerweise den Leseprozess und verändert damit zugleich eben den Gegenstand, den man ja gerade erfassen möchte. Zieht man daraus die Konsequenz, die Befragung nach Abschluss der Lektüre zu legen, dann ist diese jedoch schon wieder Vergangenheit, und gerade die flüchtigen Stimmungen, die die Leserin oder der Leser vielleicht nur für einen Moment gespürt hat, sind schon nicht mehr zugänglich.

Bei der Untersuchung des Lektüreerlebens besteht ein Spannungsverhältnis zwischen interner und externer Validität.

Oder angenommen, man möchte als Forschender eine Hypothese darüber prüfen, wie verschiedene Lektürestoffe (z. B. ein Sachtext im Vergleich zu einer fiktionalen Kurzgeschichte) beim Lesen erlebt werden. Um etwaige Störfaktoren auszuschließen (also zur Erhöhung der internen Validität), bietet es sich an, eine solche Untersuchung in Laborräumen durchzuführen. Damit ist aber zugleich die externe Validität der Untersuchung gefährdet, denn wer es sich zum Lesen bevorzugt mit einer Tasse Tee auf dem Sofa gemütlich macht, wird sich in der Laborsituation, umgeben von anderen Untersuchungsteilnehmern und -teilnehmerinnen, anders fühlen als sie das normalerweise tut (zu den Kriterien der internen und der externen Validität s. ▶ Abschn. 3.2.5). Und schließlich erfordert eine Hypothesenprüfung ein quantitativ-experimentelles Design, während man bei der Erfassung von Lektüreprozessen zumindest zum Teil eher auf qualitative Daten zurückgreifen würde. Diese methodisch-methodologischen Probleme verdeutlichen zugleich die Notwendigkeit, bei der Auswahl einer Methode immer den Gegenstand im Auge zu behalten. Je nachdem, welche Methode man innerhalb welchen Designs einsetzt, lassen sich bestimmte Fragen zu dem Gegenstand beantworten, andere dagegen nicht, und manche Methoden würden vermutlich zu verzerrten und damit nicht validen Ergebnissen führen.

9.3.2 Forschungsbeispiel: Methoden und Design

Odag untersuchte in einer komplexen Mixed-Methods-Studie den Einfluss von Geschlecht, Texttyp und Textinhalt auf das Leseerleben.

Mit diesen und anderen methodischen Problemen setzte sich Odag (2007) im Rahmen einer komplexen Mixed-Methods-Studie auseinander. Ihre Forschungsfrage lautete, ob und auf welche Weise Texttyp (Sachtext oder fiktionaler Text), Textinhalt (innenweltlicher oder außenweltlicher Bezug) und Geschlecht der Lesenden das Erleben und die Emotionen beim Lesen beeinflussen; außerdem bezog sie potenzielle Moderatorvariablen wie etwa die Empathiefähigkeit und die Kompetenz zur Trennung zwischen Realität und Fiktion in ihre Untersuchung ein.

Die Untersuchung war als Experiment mit drei unabhängigen Variablen angelegt.

Als Forschungsmethode wählte sie ein experimentelles Design mit zwei experimentellen Faktoren (Texttyp und Textinhalt), einem quasi-experimentellen Faktor (Geschlecht) und mehreren Kovariaten, auf die hier jedoch nicht weiter eingegangen werden soll; als abhängige Variablen erfasste sie das Leseerleben und die beim Lesen erlebten Emotionen. Es resultiert also ein VPL3QRR bzw. ein 2 (Geschlecht: männlich, weiblich) × 2 (Texttyp: Fiktion, Non-Fiction) × 2 (Textinhalt: Innenwelt, Außenwelt) -faktorielles Design (▶ Abschn. 3.2.4). Die Hypothesen werden aus Platzgründen hier nicht aufgeführt.

Um die experimentelle Variation der beiden Textmerkmale zu realisieren, wurden vier Texte ausgewählt, die jeweils einer der vier Faktorkombinationen entsprachen: ein fiktionaler Text mit Fokus auf der Innenwelt der Figuren, ein fiktionaler Text mit Fokus auf der Außenwelt, ein nichtfiktionaler Text mit Fokus auf der Innenwelt der Protagonisten und ein weiterer nichtfiktionaler Text mit Fokus auf der Außenwelt. Die Bezeichnung eines Textes als innen- oder außenweltlich, als fiktional oder nonfiktional stellt allerdings eine Form der Bedeutungszuweisung dar, und Bedeutungen sollten, wie wir dies in ▶ Kap. 7 im Zusammenhang mit der Auswertung qualitativer Daten ausführlicher erläutert haben, nicht einfach unterstellt werden; Bedeutungszuweisungen sollten vielmehr in systematischer Weise unter Anwendung einer geeigneten Methode vorgenommen werden. Entsprechend überprüfte Odag vor der Durchführung der Rezeptionsstudie zunächst im Rahmen einer Inhaltsanalyse, ob die ausgewählten Texte die erforderlichen Merkmale auch tatsächlich aufwiesen. Die Codierung wurde durch literaturwissenschaftliche Expertinnen und Experten vorgenommen, und zwar sowohl für die Texte insgesamt als auch (bezogen auf den Textinhalt) für kleinere Codiereinheiten bzw. Textabschnitte.

Die Variationen von Texttyp und Textinhalt wurden durch Vorgabe authentischer literarischer Texte realisiert und inhaltsanalytisch abgesichert.

Die Untersuchung gliederte sich entsprechend in zwei Phasen: eine erste qualitativ-inhaltsanalytische Phase zur systematischen Erfassung von Textmerkmalen und eine zweite quantitativ-experimentelle Phase zur Überprüfung der Rezeptionshypothesen. Je nachdem, wie weit oder eng man den Begriff der Mixed-Methods-Studie fasst, lässt sich Odags Studie mit zwei eigenständigen Untersuchungsphasen, die jedoch eng aufeinander bezogen sind, somit als **Mixed-Methods-Studie** oder auch als **Multimethod-Design** bezeichnen.

In einer ersten qualitativen Untersuchungsphase wurde das Untersuchungsmaterial einer Inhaltsanalyse unterzogen; in einer zweiten quantitativen Phase wurden die Rezeptionshypothesen experimentell untersucht.

Oben wurde bereits das zentrale Problem angesprochen, das sich bei der Erfassung des Leseerlebens – Odags zentraler abhängiger Variable – stellt, nämlich die Flüchtigkeit und Störanfälligkeit des Phänomens. Odag versuchte, eine möglichst valide Erfassung zu gewährleisten, indem sie zwei Operationalisierungen miteinander kombinierte. Als eine erste Methode der Datenerhebung verwendete sie einen Fragebogen zur Erfassung des Leseerlebens, der mit 72 Items insgesamt 14 verschiedene Facetten des Konstrukts abdeckt, wie beispielsweise das Lesevergnügen, die Identifikation mit den Figuren, die Spannung beim Lesen usw. (Appel, Koch, Schreier & Groeben, 2002). Die Teilnehmerinnen und Teilnehmer erhielten den Fragebogen direkt im Anschluss an die Lektüre und waren gebeten, ihr Leseerleben durch Ankreuzen auf einer 6-stufigen Likert-Skala für jedes der Items näher zu charakterisieren. Es handelt sich also um ein quantitatives Verfahren der Datenerhebung. In Ergänzung zu diesem Fragebogen setzte sie die sog. Reminding-Methode nach Larssen und Seilmann (1988) ein, die speziell für die Erfassung von Kognitionen und Emotionen im Lektüreprozess entwickelt wurde. Dabei werden die Lesenden gebeten, beim Lesen am Textrand ein Kürzel einzutragen, wann immer ihnen ein Gedanke oder eine Erinnerung durch den Kopf geht oder wenn sie ein Gefühl verspüren. Das Verfahren sieht vor, dass sie im Anschluss an die Lektüre zu ihrem Text und ihren Anmerkungen zurückgehen und jede Anmerkung kurz schriftlich ausführen, also spezifizieren, was das für ein Gedanke, eine Erinnerung oder ein Gefühl war. In einer Voruntersuchung konnte Odag sichern, dass Probandinnen und Probanden mit dieser Aufgabe gut zurechtkamen und außerdem angaben, dass das Notieren der Kürzel den Lesefluss nicht weiter störte.

Das Leseerleben wurde sowohl standardisiert mittels Fragebogen als auch offen mittels Reminding-Methode erfasst.

Die Reminding-Methode ist ein qualitatives Verfahren und führt zu verbalen Daten, die vor einer Verwendung im Rahmen der Hypothesenprüfung zunächst eine systematische Bedeutungsanalyse erfordern. Dies erfolgte wiederum mittels Inhaltsanalyse. Das deduktiv-induktive Kategoriensystem, das Odag zu diesem Zweck entwickelte, sah vor, dass jede schriftliche Äußerung zu einer Textstelle im Hinblick auf vier Bedeutungsaspekte analysiert werden sollte: War das Leseerleben positiv oder negativ oder ambivalent? Worauf bezogen sich die Äußerungen (auf eine Figur im Text, auf die Sprache usw.)? Wie »nah« an der Welt des Textes war das beschriebene Leseerleben?

Die qualitativen Rezeptionsdaten wurden inhaltsanalytisch ausgewertet.

Und welche Emotion kam darin ggf. zum Ausdruck? Die Daten aus beiden Verfahren wurden anschließend mittels inferenzstatistischer Verfahren zu den Text- und den Lesermerkmalen in Beziehung gesetzt.

Das Untersuchungsbeispiel kombiniert Elemente einer Mixed-Models- und einer Triangulationsstudie.

Die Rezeptionsstudie erweist sich somit gleich in mehreren Hinsichten als ein Beispiel für eine Mixed-Methods-Studie: Erstens werden im Rahmen eines experimentellen Designs qualitative Daten zum Zweck der Hypothesenprüfung erhoben und anschließend statistisch ausgewertet. Damit handelt es sich gemäß der Definition von Tashakkori und Teddlie (1998) um eine Kombination quantitativer und qualitativer Elemente aus verschiedenen Untersuchungsphasen und somit um eine **Mixed-Model-Studie** bzw. um ein hochkomplexes Design. Zweitens werden ein qualitatives und ein quantitatives Verfahren der Datenerhebung im Sinne einer **Triangulation** miteinander kombiniert; und drittens schließlich kommen auch bei der Auswertung qualitative (qualitative Inhaltsanalyse) und quantitative Verfahren (Inferenzstatistik) zur Anwendung. Auch bei der folgenden Erläuterung von Kriterien zur Systematisierung verschiedener Mixed-Methods-Designs werden wir wieder auf diese Mixed Methods-Studie zurückkommen.

Die Ergebnisse unterscheiden sich in Abhängigkeit von der Operationalisierung des Leseerlebens.

Die Ergebnisse (aus denen hier nur ein sehr geringer Teil dargestellt werden kann) verdeutlichen zugleich die Stärken der Triangulation im Sinne der Komplementarität. Denn in der Tat sehen die Ergebnisse zum Zusammenhang von Geschlecht und Leseerleben anders aus, je nachdem, mit welcher Methode die Daten erhoben wurden.

Anhand der quantitativen Daten fällt das Leseerleben der Männer intensiver aus als das der Frauen. Anhand der qualitativen Daten stellen sich die Unterschiede differenzierter dar.

Legt man die quantitativen Daten zum Leseerleben zugrunde, wie es mittels Fragebogen erfasst wurde, so zeigt sich, dass hypothesenkonträr das Leseerleben der Männer intensiver ausfällt als das der Frauen. Betrachtet man dagegen die qualitativen Daten zum Leseerleben, wie es mittels der Reminding-Methode erhoben und anschließend inhaltsanalytisch kategorisiert wurde, so ergeben sich in erster Linie Gemeinsamkeiten zwischen Männern und Frauen: Sie unterscheiden sich beispielsweise nicht in der Nähe ihrer Rezeption zum Text, sie notieren ähnliche Bezugspunkte usw. Allerdings scheinen die Männer in Odags Stichprobe ein breiteres Spektrum an Lesestrategien zu realisieren als die Frauen: Die Männer identifizieren sich mit den Figuren und gehen auch in der Handlung der Geschichte auf, während die Frauen in erster Linie figurenorientiert rezipieren. Auch zeigt sich, dass die Männer mehr positive Emotionen bei der Lektüre angeben, die Frauen großteils negative Emotionen berichten – die von den Männern durchaus auch genannt werden, aber eben in Ergänzung zu den positiven Gefühlen.

Realisieren Männer ein breiteres Spektrum an Lesestrategien?

Berücksichtigt man außerdem, dass es sich bei der Erfassung des Leseerlebens mittels Fragebogen um ein Selbstberichtsverfahren handelt (▶ Abschn. 2.3), bei dem eigenes Erleben beurteilt und klassifiziert wird und das zudem anfällig ist für Verzerrungen durch soziale Erwünschtheit, so ergibt sich insgesamt ein durchaus stimmiges Bild. Wird das eigene Erleben, wie bei der Reminding-Methode, lediglich beschrieben, so überwiegen die Gemeinsamkeiten zwischen den Geschlechtern. Allerdings scheinen die Männer ihr Leseerleben im Fragebogen anders zu bewerten als die Frauen, nämlich als intensiver. Dieser Effekt könnte möglicherweise dadurch zustande kommen, dass die Männer ihr Erleben – bedingt durch den höheren Anteil an positiven Emotionen – sozusagen näher an sich heranlassen. Dass die Männer mehr positive Emotionen berichten, wäre wiederum durch das breitere Spektrum an Lesestrategien zu erklären, das neben einer figurenorientierten auch eine handlungsorientierte Rezeptionsweise beinhaltet: Auch bei einem tragischen Schicksal der Figuren bietet die Handlung selbst den Männern noch genügend Raum für allgemeines Lesevergnügen, während in der Rezeption der Frauen (in diesem Fall) die negativen Emotionen überwiegen.

Kontrollfragen

1. In welcher Hinsicht stellt das Forschungsbeispiel ein Multimethod-Design dar?
2. In welcher Hinsicht kommt in dem Forschungsbeispiel die Methodentriangulation zur Anwendung?
3. Inwiefern verdeutlicht das Forschungsbeispiel die Stärken der Triangulation im Sinne einer Komplementarität von Methoden?

▶ **Weiterführende Literatur**

Kelle, U. (2008). *Die Integration qualitativer und quantitativer Methoden in der empirischen Sozialforschung* (2. Aufl., Kap. 10). Wiesbaden: VS Verlag für Sozialwissenschaften.

Odag, O. (2007). *Wenn Männer von der Liebe lesen und Frauen von Abenteuern ... Eine empirische Rezeptionsstudie zur emotionalen Beteiligung von Männern und Frauen beim Lesen narrativer Texte.* Lengerich: Pabst.

Plano Clark, V. & Creswell, J. (Eds.) (2007). *The mixed methods reader.* Thousand Oaks: Sage.

9.4 Literatur

Appel, M., Koch, E., Schreier, M. & Groeben, N. (2002). Aspekte des Leseerlebens. Skalenentwicklung. *Zeitschrift für Medienpsychologie, 14,* 149–154.

Campbell, D. T. & Fiske, D. W. (1959). Convergent and discriminant validation by the multitrait-multimethod matrix. *Psychological Bulletin, 56,* 81–105.

Denzin, N.K. (1970). *The research act.* Chicago: Aldine.

Fielding, N. & Schreier, M. (2001, February). Introduction: On the compatibility between qualitative and quantitative research methods [54 paragraphs]. *Forum Qualitative Sozialforschung / Forum: Qualitative Social Research* [On-line Journal], *2*(1). Available at: http://www.qualitative-research.net/index.php/fqs/issue/view/26 [Date of Access: July 20, 2012].

Flick, U. (2011). *Triangulation. Eine Einführung* (3. akt. Aufl.). Wiesbaden: VS Verlag für Sozialwissenschaften.

Graf, W. (2004). Zur Sachtextpräferenz männlicher Jugendlicher. *SPIEL (Siegener Periodikum der Internationalen Empirischen Literaturwissenschaft), 23,* 23–37.

Greene, J. (2007). *Mixed methods in social inquiry.* San Francisco, CA: Wiley.

Kelle, U. (2001, February). Sociological explanations between micro and macro and the integration of qualitative and quantitative methods [43 paragraphs]. *Forum Qualitative Sozialforschung / Forum: Qualitative Social Research* [On-line Journal], *2*(1). Verfügbar unter: http://qualitative-research.net/fqs/fqs-eng.htm [letzter Zugriff: 01.09.2007].

Larssen, S. & Seilmann, U. (1988). Personal remindings while reading literature. *Text, 8,* 411–429.

Morse, J. M. (2003). Principles of mixed methods and multimethod research design. In A. Tashakkori & C. Teddlie (Eds.), *Handbook of mixed methods in social and behavioural research* (pp. 189–208). Thousand Oaks: Sage.

Tashakkori, A. & Teddlie, C. (1998). *Mixed methodology. Combining qualitative and quantitative approaches.* Thousand Oaks: Sage.

Teddlie, C. & Tashakkori, C. (2009). *Foundations of mixed methods research.* Thousand Oaks, CA: Sage.

10 Mixed-Methods-Designs

Margrit Schreier, Gerald Echterhoff

Im Zuge der zunehmenden Verwendung von Mixed-Methods-Designs wurden vielfach Vorschläge zur Systematisierung der verschiedenen Designvarianten vorgelegt. Im Folgenden sollen zunächst einige ausgewählte Systematisierungsvorschläge für Mixed-Methods- und Mixed-Model-Designs dargestellt werden, die zugleich Kriterien einer Methodenkombination verdeutlichen. Anschließend werden einige ausgewählte Designs anhand von Beispielen näher erläutert (◘ Abb. 10.1).

◘ **Abb. 10.1** Mixed Methods – Einkauf im Krämerladen

10.1 Mixed Methods: Dimensionen der Methodenkombination

Lernziele

- Einen Überblick gewinnen über Mixed-Methods-Designs.
- Kennenlernen der Kriterien, nach denen Mixed-Methods-Designs sich systematisieren lassen.

Systematisierung von Mixed-Methods-Studien nach Morse

Als besonders einflussreich für die **Systematisierung** von Mixed Methods-Studien hat sich ein Vorschlag erwiesen, den Janice Morse (1991) vorgelegt hat. Die Kriterien, die sie bei ihrer Systematisierung zugrunde legt, finden sich auch im Kern der meisten nachfolgenden Vorschläge.

Mixed Methods-Studien lassen sich nach **Reihenfolge** und **Gewichtung** der Methoden systematisieren.

- **Kriterium der Reihenfolge:** Mixed Methods-Studien, so Morse, lassen sich erstens danach unterscheiden, in welcher Reihenfolge die Erhebung der qualitativen und der quantitativen Daten erfolgt: Dies kann entweder zeitgleich geschehen (**simultan**) oder **sequenziell**. Bei einer sequenziellen Untersuchungsanordnung ergeben sich wiederum zwei Möglichkeiten: Entweder werden die qualitativen Daten zuerst erhoben und anschließend die quantitativen, oder die Erhebung der quantitativen Daten geht der Erhebung der qualitativen Daten voraus.
- **Kriterium der Gewichtung:** Als zweites Kriterium setzt Morse das Gewicht an, das den qualitativen und den quantitativen Daten jeweils zukommt: Es können beide Datenarten **gleichgewichtig** in die Untersuchung eingehen, oder die eine Datenart ist der anderen **übergeordnet**.

Insgesamt resultieren bei zwei Kriterien mit je drei Ausprägungen somit neun verschiedene Designs (Tab. 10.1). Die klassische Triangulationsstudie, wie Odag sie in ihrer Rezeptionsstudie realisiert hat, lässt sich vor diesem Hintergrund als ein Design rekonstruieren, in dem qualitative und quantitative Daten gleichzeitig erhoben werden und mit gleichem Gewicht in die Untersuchung eingehen (▶ Kap. 9). In der Psychologie findet sich häufig die Variante, in der die beiden Datentypen ebenfalls gleichzeitig erhoben werden, wobei den quantitativen Daten jedoch eindeutig das höhere Gewicht zukommt. Dies ist beispielsweise der Fall, wenn in einen Fragebogen mit geschlossenen Fragen ergänzend auch einige wenige offene Fragen aufgenommen und bei der Auswertung berücksichtigt werden.

Nach Morse lassen sich neun verschiedene Mixed-Methods-Designs unterscheiden.

Tab. 10.1 Systematisierung von Mixed-Model-Studien nach Reihenfolge und Gewichtung

	Gleiches Gewicht	Höheres Gewicht der qualitativen Daten	Höheres Gewicht der quantitativen Daten
Gleichzeitige Erhebung			
Erhebung qualitativer, dann quantitativer Daten			
Erhebung quantitativer, dann qualitativer Daten			

Erweiterungen

In der ursprünglichen Klassifikation von Morse ist lediglich von einer Kombination qualitativer und quantitativer Daten in der Phase der Datenerhebung die Rede. Eine offensichtliche Erweiterung der Klassifikation ergibt sich, wenn neben der Datenerhebung auch Auswertung und Design einer Untersuchung berücksichtigt werden. Die Auswertung kann wiederum qualitativ oder quantitativ erfolgen (oder beides). Im Hinblick auf das Design wird üblicherweise zwischen hypothesentestendem und hypothesengenerierendem Design unterschieden. Weitere Varianten von Mixed-Methods-Designs ergeben sich dann dadurch, dass nicht Verfahren der Datenerhebung miteinander kombiniert werden, sondern ein hypothesengenerierendes und ein hypothesentestendes Design oder qualitative und quantitative Auswertungsverfahren. In jedem dieser Fälle sind prinzipiell wiederum die schon genannten Kombinationen möglich (▶ Beispiel), also die gleichzeitige oder sequenzielle Anwendung der Auswertungsverfahren oder Realisierung der Designs, wobei den qualitativen und den quantitativen Elementen das gleiche oder ein je unterschiedliches Gewicht zukommen kann.

Eine Methodenkombination muss sich nicht auf die Datenerhebung beschränken. Kombinationen sind auch bei der Auswertung und auf der Designebene möglich.

Beispiel

Kombination qualitativer und quantitativer Designs

Es könnten also beispielsweise ein exploratives und ein hypothesentestendes Design gleichzeitig realisiert werden, wobei dem hypothesentestenden Design die größere Bedeutung zukommt. In der Forschungspraxis ist das der Fall, wenn neben den zentralen abhängigen und unabhängigen weitere Variablen erhoben und deren Relation zu den abhängigen und den unabhängigen Variablen zusätzlich zur Hypothesentestung exploriert wird. So hat Odag beispielsweise neben Texttyp und Textinhalt, die als unabhängige Variablen in das Design eingingen, bei ihrer Inhaltsanalyse auch andere Texteigenschaften erfasst, wie etwa die Erzählperspektive, und hat in ihrer Auswertung untersucht, ob diese weiteren Texteigenschaften ebenfalls in einem Zusammenhang mit dem Leseerleben stehen.

Oder es wird zunächst ein exploratives Design realisiert, dann ein hypothesentestendes und es kommt beiden das gleiche Gewicht zu. Diese Konstellation findet sich in der Psychologie häufig, wenn es um die Entwicklung eines neuen Fragebogens geht: Es werden zunächst explorative Interviews mit Angehörigen der Zielgruppe durchgeführt; aus den Interviewäußerungen werden die Items entwickelt und auf ihre psychometrischen Eigenschaften hin überprüft.

Aber auch die Abfolge, bei der zuerst das hypothesentestende und anschließend das explorative Design realisiert wird, finden sich in der Forschung durchaus. Dieses Design eignet sich, wenn im Rahmen des hypothesentestenden Designs besonders interessante Fälle identifiziert werden (etwa Fälle, die gerade nicht hypothesenkonform sind) und dann in einem anschließenden explorativen Schritt genauer betrachtet werden, um zu Vermutungen darüber zu gelangen, was diese Fälle zu abweichenden macht.

10

Ein weiteres Systematisierungskriterium ist die Art und Weise der **Datenkombination**.

Creswell und Plano Clark (2011) berücksichtigen außerdem die Art und Weise, wie qualitative und quantitative Daten miteinander kombiniert werden: Eine erste Möglichkeit besteht darin, die Daten miteinander zu vermischen, also die beiden Datensätze zu einem Satz zu integrieren. Zweitens kann die eine Datenart in ein Design unter Verwendung des anderen Datentyps eingebettet werden: So hat Odag beispielsweise die verbalen Erläuterungen der Lesenden zu ihren Gedanken und Gefühlen während des Lesens in ein experimentell-hypothesentestendes Design eingebettet und dabei mit Fragebogendaten verglichen. Eine dritte Möglichkeit besteht in der (sequenziellen) Verbindung der einen Datenart mit der anderen. Auch diese Variante der Datenkombination findet sich bei Odag, und zwar in der Auswertungsphase, in der sie die qualitativen Daten zunächst einer Inhaltsanalyse unterzieht; daran schließen sich im nächsten Schritt inferenzstatistische Auswertungen der Besetzungshäufigkeiten für die verschiedenen Kategorien mittels Chi-Quadrat und Homogenitätsanalyse an (zum Gesamt der Kombinationsmöglichkeiten ▶ Kritische Betrachtung).

Exkurs

Kritische Betrachtung

Wenn man alle diese Kriterien zusammenbringt, ergibt sich bereits ein erster Eindruck von der Vielzahl an Mixed-Methods-Designs. Bei drei Möglichkeiten der Gewichtung, drei Varianten der Reihenfolge, zwei Arten von Designs, drei Untersuchungsphasen und drei Formen der Datenkombination resultieren insgesamt 162 verschiedene Designs. Auch wenn man berücksichtigt, dass die Dimensionen nicht voneinander unabhängig sind, dürften sich noch über 100 verschiedene Designvarianten unterscheiden lassen.

Hier setzt zugleich auch die Kritik an dieser Art der Systematisierung von Mixed-Methods-Designs an (vgl. etwa Maxwell & Loomis, 2003). Denn genau genommen sind mit den genannten Kriterien die Gesichtspunkte noch keineswegs erschöpft, nach denen sich Mixed-Methods-Designs generieren und systematisieren lassen. Prinzipiell sind alle Dimensionen, wie sie in Teil II dieses Buches zur Beschreibung qualitativen und quantitativen Forschens angeführt wurden, zu diesem Zweck nutzbar. Es lassen sich also auch verschiedene Logiken der Stichprobenziehung miteinander kombinieren (in unterschiedlichen Gewichtungen, Reihenfolgen und Kombinationen), verschiedene Gütekriterien usw. Maxwell und Loomis schlagen deswegen vor, auf die Verwendung von Systematisierungen, wie sie in diesem Kapitel vorgestellt werden, ganz zu verzichten und statt dessen konkrete Designs differenziert im Hinblick auf ihre qualitativen und quantitativen Anteile zu charakterisieren. Einen anderen Weg gehen Creswell und Plano Clark (2011), die aus der Vielzahl von Mixed-Methods-Designs sechs besonders häufige Untersuchungsanlagen herausgreifen und hinsichtlich ihrer Anwendungsmöglichkeiten genauer beschreiben (s. unten).

Kontrollfragen

1. Welche neun Designs ergeben sich, wenn man die Kriterien der Reihenfolge und des Gewichts kombiniert?
2. Nennen Sie ein Beispiel für eine Untersuchung, in der ein qualitatives und ein quantitatives Design gleichgewichtig realisiert werden!
3. Warum ist die Entwicklung von Kriterien zur Systematisierung von Mixed-Methods-Designs in die Kritik geraten?

► Weiterführende Literatur

Morse, J. M. (1991). Approaches to qualitative-quantitative methodological triangulation. *Nursing Research*, 40(2), 120–123.

Nastasi, B. K., Hitchcock, J. H. & Brown, L. M. (2010). An inclusive framework for conceptualizing mixed methods design typologies. In A. Tashakkori & C. Teddlie (Eds.), *Sage Handbook of mixed methods in social and behavioural research* (pp. 305–338). Thousand Oaks: Sage.

Teddlie, C. & Tashakkori, C. (2009). *Foundations of mixed methods research* (Kap. 7). Thousand Oaks, CA: Sage.

10.2 Mixed-Model-Designs

Lernziele

- Kennenlernen der sechs Mixed-Model-Designs nach Tashakkori und Teddlie.

Mixed-Model-Designs kombinieren qualitative und quantitative Elemente in verschiedenen Untersuchungsphasen.

Wie in ► Abschn. 9.2 bereits erläutert wurde, stammt der Begriff der Mixed-Model-Designs von Tashakkori und Teddlie (1998). Sie bezeichnen damit Studien, in denen die Kombination von qualitativen und quantitativen Elementen über verschiedene Untersuchungsphasen hinweg erfolgt. Bei ihrer Klassifikation von Mixed-Model-Designs unterscheiden die Autoren die üblichen drei Untersuchungsphasen (Designtyp, Datenerhebung bzw. Datenart, Auswertung) mit je einer quantitativen und einer qualitativen Ausprägung. Es ergeben sich die folgenden sechs Mixed-Model-Designs:

- hypothesentestend, qualitative Daten, statistische Auswertung
- hypothesentestend, qualitative Daten, qualitative Auswertung
- hypothesentestend, quantitative Daten, qualitative Auswertung
- hypothesengenerierend, quantitative Daten, statistische Auswertung
- hypothesengenerierend, qualitative Daten, statistische Auswertung
- hypothesengenerierend, quantitative Daten, qualitative Auswertung.

Die beiden Autoren haben diese differenzierten Unterscheidungen von Mixed-Model-Designs zwar inzwischen aufgegeben (Teddlie & Tashakkori, 2009; s. auch ► Abschn. 9.2). Trotzdem werden sie im Folgenden genauer beschrieben, denn sie veranschaulichen besonders deutlich, wie Mixed-Methods-Designs im Vergleich zu herkömmlichen quantitativen oder qualitativen Untersuchungsdesigns einzuordnen und zu beschreiben sind.

Die hypothesengenerierende Erhebung quantitativer Daten mit anschließender statistischer Auswertung ist weit verbreitet.

Hypothesengenerierende Erhebung quantitativer Daten Bereits ein erster Blick auf die Mixed-Model-Designs zeigt, dass sie in der Forschungspraxis unterschiedlich geläufig sind. Die explorativ-hypothesengenerierende Erhebung quantitativer Daten mit anschließender statistischer Auswertung (etwa mittels Faktorenanalyse) findet sich so häufig, dass sie zunächst gar nicht unbedingt als »Mischdesign« erkennbar ist.

Hypothesentestende Auswertungen qualitativer Daten sind seltener, aber durchaus Bestandteil einiger qualitativer Ansätze.

Hypothesentestende Erhebung qualitativer Daten Deutlich seltener wird die hypothesentestende Erhebung qualitativer Daten realisiert, sei es mit anschließender quantitativer oder qualitativer Auswertung. Designs mit hypothesentestender Erhebung qualitativer Daten, bei denen auch die Datenauswertung qualitativ erfolgt, sind typischerweise Bestandteil qualitativer Forschungsmethoden, die einen Zyklus von Datenerhebung, Hypothesentestung, Hypothesenmodifikation, erneuter Datenerhebung usw. vorsehen. Zu nennen sind hier beispielsweise die gegenstandsbezogene Theoriebildung (▶ Abschn. 5.4), das qualitative Experiment (▶ Abschn. 5.8) oder auch die objektive Hermeneutik (▶ Abschn. 7.2.2). Ein Beispiel für die statistische Auswertung qualitativer Daten im Rahmen eines hypothesentestenden Designs haben wir mit der Rezeptionsstudie von Odag (2007) bereits vorgestellt.

Designs mit qualitativer Auswertung quantitativer Daten finden sich bisher kaum.

Qualitative Auswertung quantitativer Daten Noch seltener sind in der Praxis Mixed-Model-Designs, in denen eine qualitative Auswertung quantitativer Daten vorgesehen ist. Während die Quantifizierung qualitativer Daten durch Auszählung von Häufigkeiten und anschließende Anwendung nonparametrischer Verfahren in der Regel leicht durchführbar ist, existieren bisher kaum Verfahren für die Transformation quantitativer in qualitative Daten, die einer qualitativen Auswertung quantitativer Daten notwendig vorausgehen. Dass solche Verfahren weitgehend fehlen, ist vor allem darauf zurückzuführen, dass quantitative gegenüber qualitativen Daten den Vorteil der größeren Präzision aufweisen (▶ Abschn. 1.3.1); die Umwandlung quantitativer in qualitative Daten führt daher zunächst einmal zu einem Informationsverlust. Zwar sind qualitative Daten reichhaltiger als quantitative und weisen einen höheren Detaillierungsgrad auf. Dieser Vorteil kommt aber bei der Transformation quantitativer in qualitative Daten nicht zum Tragen: Quantitative Daten erhalten durch die Umwandlung keine zusätzliche Reichhaltigkeit, die im quantitativen Format nicht bereits angelegt ist. Dennoch kann eine solche Umwandlung ihren Sinn haben: Zwar wird das einzelne Datum durch die Transformation nicht reichhaltiger; aber die Kombination einzelner »Datenpunkte« kann neue Muster ergeben, die in den quantitativen Daten noch nicht angelegt sind und durchaus einen eigenständigen Informationsgehalt aufweisen. Dies ist beispielsweise der Fall, wenn quantitative Daten über das Eintreten von Lebensereignissen in verschiedenen Lebensphasen zu einem narrativen Profil kombiniert werden.

Weitere Mixed-Models-Designs sind möglich.

Über die hier dargestellten Versionen von Mixed-Model-Designs hinaus sind weitere Kombinationen von Methoden- und Designelementen über die Untersuchungsphasen hinweg möglich. Ein Beispiel ist in ▶ Abschn. 10.4 dargestellt.

10

? Kontrollfragen

1. Inwiefern stellt eine explorativ-hypothesengenerierende Erhebung quantitativer Daten mit anschließender faktorenanalytischer Auswertung ein Mixed-Models-Design dar?
2. Warum liegen bisher erst wenige Verfahren zur qualitativen Auswertung quantitativer Daten vor?

▶ Weiterführende Literatur

Nastasi, B. K., Hitchcock, J. H. & Brown, L. M. (2010). An inclusive framework for conceptualizing mixed methods design typologies. In A. Tashakkori & C. Teddlie (Eds.), *Sage Handbook of mixed methods in social and behavioural research* (pp. 305–338). Thousand Oaks: Sage.

Tashakkori, A. & Teddlie, C. (1998). *Mixed methodology. Combining qualitative and quantitative approaches.* Thousand Oaks: Sage.

10.3 Ausgewählte Mixed-Methods-Designs: Beispiele

Lernziele

- Kennenlernen der wichtigsten Mixed-Methods-Designs nach Creswell und Plano Clark.

Creswell und Plano Clark (2011) begegnen der Inflation an Systematisierungen von Mixed-Methods-Designs, indem sie sechs Untersuchungsanlagen identifizieren und näher beschreiben, die sich forschungspraktisch als bedeutsam erwiesen haben. Darunter sollen die vier wichtigsten im Folgenden ausführlicher beschrieben werden: das Triangulationsdesign, das eingebettete, das explanative und das explorative Design.

Das Triangulations-, das eingebettete, das explanative und das explorative gelten als die wichtigsten Mixed-Methods-Designs.

Definition

Das **Triangulationsdesign** ist dadurch gekennzeichnet, dass zeitgleich qualitative und quantitative Verfahren der Datenerhebung zur Anwendung kommen; die Daten beziehen sich auf denselben Untersuchungsgegenstand, und es kommt ihnen dasselbe Gewicht zu.

▶ Definition Triangulationsdesign

Triangulationsdesign

Das Triangulationsdesign findet sich in der Forschungspraxis besonders häufig. Wie schon mehrfach erläutert, weist das Design von Odags Rezeptionsstudie (2007) eine solche Triangulationskomponente auf, indem hier quantitative (Fragebogendaten) und qualitative Daten (Reminding-Methode) kombiniert bzw. trianguliert werden, um zu einem umfassenderen Bild des Gegenstandes »Leseerleben« zu gelangen. Varianten des Basisdesigns ergeben sich je nachdem, wie die Datentypen gewichtet, wie die beiden Daten miteinander kombiniert werden und zu welchem Zweck die Triangulation erfolgt: Besteht das Ziel beispielsweise in einer wechselseitigen Validierung im ursprünglichen Sinne der Triangulation, oder geht es eher darum (wie in der Untersuchung von Odag) durch den Vergleich der beiden Datenarten zu einem umfassenderen Bild über den Gegenstand zu gelangen? Ein Vorteil des Designs besteht darin, dass die qualitative und quantitative Forschungsphase relativ unabhängig voneinander durchgeführt werden können. Auch existieren viele Beispiele, an denen man sich orientieren kann. Allerdings ist die Anwendung zeit- und ressourcenaufwändig, vor allem dann, wenn den beiden Datenarten in der Tat das gleiche Gewicht zukommt. Außerdem stellen sich bei einer Anwendung des Designs die beiden Probleme, die bereits im Zusammenhang mit dem Triangulationskonzept diskutiert wurden: Die Methoden sind unter Bezug auf den Forschungsgegenstand so auszuwählen, dass sich ihre Stärken ergänzen und nicht ihre Schwächen potenzieren. Außerdem ist zu überlegen, wie vorgegangen werden soll, wenn die Ergebnisse aus den beiden Untersuchungsteilen nicht übereinstimmen.

Beim Triangulationsdesign werden qualitative und quantitative Methoden der Datenerhebung kombiniert.

Eingebettetes Design

Während die beiden Datenarten sich beim Triangulationsdesign auf dieselbe Forschungsfrage und denselben Untersuchungsgegenstand beziehen, ist das eingebettete Design gerade dadurch gekennzeichnet, dass zwei unterschiedliche Forschungsfragen gestellt werden, deren Beantwortung jeweils einen anderen Datentyp erfordert. Eine Forschungstradition dominiert sozusagen die Untersuchung: Aus dieser dominierenden Tradition stammen das Design und der Großteil der Daten. Die »Mischung« entsteht dadurch, dass zusätzlich mittels einer zweiten Methode aus dem je anderen Paradigma weitere Daten erhoben werden, jedoch innerhalb des übergeordneten Designrahmens. Es kann entweder ein quantitatives Design mit quantitativen Daten dominieren, die durch die Erhebung qualitativer Daten ergänzt werden, oder es kann ein

Beim eingebetteten Design werden ein dominierendes und ein untergeordnetes Paradigma mit ihrem jeweiligen Datentyp miteinander kombiniert.

qualitatives Design mit qualitativen Daten dominieren, wobei zusätzlich quantitative Daten erhoben werden (▶ Beispiel).

Beispiel

Eingebettetes Design

Ein Beispiel für ein eingebettetes Design stellt die Studie von Rogers, Day, Randall und Bentall (2003) zur Compliance bei der Einnahme von Neuroleptika dar (vgl. Creswell & Plano Clark, 2007). Vom Design her handelt es sich um eine quantitativ-experimentelle Interventionsstudie, in der drei Interventionen verglichen werden, die gleichermaßen eine Erhöhung der Compliance bei der Medikamenteneinnahme zum Ziel haben. Als abhängige Variablen werden u. a. die Einstellung zur Medikation, Compliance und Vermeidung eines Rückfalls erfasst; die Datenerhebung erfolgt mehrheitlich mittels standardisierter Fragebögen wie etwa dem »Drug Attitude Inventory« oder der »Morisky Compliance Scale«.

Diese experimentelle Untersuchungsanordnung unter Verwendung standardisierter Verfahren wurde an zwei Stellen und in zweierlei Hinsicht durch qualitative Untersuchungskomponenten ergänzt. Im Anfangsstadium der Untersuchung wurden zunächst Interviews zur Einstellung zu und zum (sozialen) Kontext der Medikamenteneinnahme durchgeführt; die Ergebnisse der Interviews gingen in die Konzeptualisierung der Interventionsmaßnahmen ein. Zum Abschluss der Studie wurden ebenfalls Interviews durchgeführt, diesmal mit dem Ziel, Erzählungen zu Fragen der Medikamenteneinnahme zu evozieren. Diese Erzählungen wurden als Kontext und Interpretationsrahmen der Fragebogendaten verwendet.

Das Beispiel verdeutlicht, inwiefern den qualitativen Daten hier nur eine untergeordnete Funktion zukommt, und es zeigt weiterhin, dass die qualitativen Untersuchungskomponenten mit einer je eigenständigen Fragestellung durchgeführt wurden, die von der Gesamtfragestellung der experimentellen Untersuchung verschieden war.

Den eingebetteten Daten kommt lediglich eine untergeordnete Funktion zu.

Eine zweite Variante des eingebetteten Designs stellt die Verwendung qualitativer Daten in einem korrelativen Design dar; hier dienen die qualitativen Daten dazu, Aufschluss über die Mechanismen zu erhalten, die den quantitativ ermittelten Zusammenhängen zugrunde liegen. Kennzeichnend für das eingebettete Design ist es in jedem Fall, dass den in das Gesamtdesign eingebetteten Daten lediglich eine untergeordnete Funktion zukommt. So handelt es sich bei der Rezeptionsstudie von Odag (2007) nicht um ein eingebettetes Design im Sinne von Creswell und Plano Clark: Zwar verwendet auch Odag die qualitativen Daten aus der Reminding-Methode im Rahmen eines experimentellen Designs, den qualitativen Daten kommt dabei aber dasselbe Gewicht zu wie den quantitativen.

Der Vorteil des eingebetteten Designs besteht darin, dass es einfach zu realisieren ist.

Die zentrale Stärke des eingebetteten Designs sehen Creswell und Plano Clark in erster Linie darin, dass es mit deutlich weniger Aufwand zu realisieren ist als etwa das Triangulationsdesign mit seiner Gleichgewichtigkeit von qualitativen und quantitativen Daten. Allerdings findet das Design seltener Verwendung, und entsprechend stehen auch weniger Untersuchungsbeispiele zur Verfügung, an denen Forscherinnen und Forscher sich orientieren können.

Explanatives Design

Beim explanativen Design wird zunächst eine quantitative, anschließend eine vertiefende qualitative Forschungsphase implementiert.

Beim explanativen Design wird in einer ersten Forschungsphase eine quantitative Untersuchung durchgeführt; die Ergebnisse der quantitativen Phase gehen anschließend in die Konzeptualisierung einer zweiten qualitativen Phase ein, die auf der quantitativen Phase aufbaut. Mit diesem Design verbinden sich vor allem zwei Zielsetzungen: Das ist einmal das Ziel, genaueren Aufschluss über die Prozesse zu erhalten, die den Ergebnissen der quantitativen Phase zugrunde liegen. In diesem Fall kommt der quantitativen gegenüber der qualitativen Phase ein höheres Gewicht zu. So konnten Igo, Kiewa und Bruning (2008) unter Anwendung dieses Designs zeigen, dass hypothesenkonträre Ergebnisse zum Einfluss der Strategie, die Studierende zum Exzerpieren nutzten, u. a. durch die Experimentalsituation bedingt waren. Genau anders herum verhält es sich, wenn die Ergebnisse der quantitativen Phase genutzt werden, um gezielt besondere Personen oder Personengruppen für eine anschließende qualitative Untersuchungsphase auszuwählen. Hier kommt der quantitativen lediglich eine Hilfsfunktion für die qualitative Untersuchungsphase zu.

Die Stärke dieses Designs sehen Creswell und Plano Clark vor allem in der Übersichtlichkeit der Zwei-Phasen-Struktur: Die eine Untersuchung kann relativ unabhängig von der anderen durchgeführt werden. Allerdings ist die Implementierung des Designs zeitaufwändig. Außerdem stellt sich die Frage, ob und in welcher Weise die Stichproben aus den beiden Untersuchungsphasen identisch oder zumindest aufeinander bezogen sein sollten.

Das explanative Design ist vergleichsweise aufwändig.

Exploratives Design

Als vierte Variante eines Mixed-Methods-Designs nennen Creswell und Plano Clark (2011) das in den vorausgehenden Abschnitten schon mehrfach angesprochene explorative Design, bei dem die qualitative der quantitativen Phase vorausgeht. Wie das explanative stellt auch das explorative ein Zwei-Phasen-Design dar. Wir haben bereits darauf hingewiesen, dass dieses Design in der Psychologie insbesondere bei der Erstellung eines neuen Instruments Anwendung findet; in diesem Fall kommt der quantitativen Designkomponente das größere Gewicht zu. Mindestens gleichgewichtig ist die qualitative Komponente in solchen Varianten des Designs, in denen die qualitative Komponente dazu dient, eine Taxonomie zu erstellen; Ziel der anschließenden quantitativen Phase ist es, die Prävalenz der verschiedenen Typen oder Kategorien aus der Taxonomie in der Population festzustellen. Mindestens gleichgewichtig sind die beiden Phasen ebenfalls, wenn die qualitative Phase der Generierung einer Theorie dient, an die sich als quantitative Phase die Testung der Theorie bzw. einzelner aus der Theorie abgeleiteter Hypothesen anschließt. Diese Forschungslogik wurde in Teil II dieses Buches bereits ausführlich anhand des Forschungsprogramms Subjektive Theorien verdeutlicht (▶ Abschn. 5.9). So haben Groeben und Scheele (1984) zunächst subjektive Theorien zu Definition, Anwendungsbedingungen und Folgen von Ironie erhoben und diese in einem nächsten Schritt anschließend auf ihre Geltung hin überprüft.

Beim explorativen Design wird zunächst eine qualitative, anschließend darauf aufbauend eine qualitative Untersuchungsphase realisiert.

Stärken und Schwächen dieses Designs sehen Creswell und Plano Clark ähnlich wie beim ebenfalls zweiphasigen explanativen Design: Auch das explorative Design ist gut überschaubar, aber zeitaufwändig; und auch hier stellt sich die Frage, wie die Stichproben aus beiden Phasen aufeinander zu beziehen sind.

Auch das explorative Design ist aufwändig.

? Kontrollfragen

1. Nennen Sie vier wichtige Mixed-Methods-Designs nach Creswell und Plano Clark.
2. Was versteht man unter einem explorativen Design? Beschreiben Sie das Design im Hinblick auf die Kriterien Reihenfolge und Gewicht!

▶ Weiterführende Literatur

Creswell, J.W. & Plano Clark, V.L. (2011). *Designing and conducting mixed methods research*. Thousand Oaks: Sage.

Schreier, M. & Odag, Ö. (2010). Mixed methods. In G. Mey & K. Mruck (Hrsg.), *Handbuch Qualitative Forschung in der Psychologie* (S. 263–277). Wiesbaden: VS Verlag für Sozialwissenschaften.

10.4 Forschungsbeispiel: Effekte adressatenorientierter Kommunikation auf die kognitiven Repräsentationen der Sprecher

Lernziele

- Verstehen, welche Elemente von Mixed Methods und Mixed Models in dem Forschungsbeispiel implementiert werden und warum.

Das Beispiel illustriert die Bereicherung eines **ursprünglich quantitativ** orientierten Forschungsansatzes durch den Einsatz qualitativer Methoden.

Das in ▶ Abschn. 9.3 geschilderte Forschungsbeispiel (Odag, 2007) widmete sich der Textrezeption und dem damit verbundenen Lektüreerleben – ein Forschungsbereich, in dem komplexes und frei formuliertes verbales Material eine zentrale Rolle spielt und damit der Einsatz qualitativer Methoden vergleichsweise naheliegt. Doch auch in Forschungsfeldern, in denen üblicherweise der Einsatz quantitativer Methoden dominiert (wie etwa in der experimentellen Social-Cognition-Forschung), kann der kombinierte Einsatz qualitativer und quantitativer Methoden wichtig und fruchtbar sein. Wir beschreiben nun ein experimentelles Paradigma, das sog. Saying-is-Believing-Paradigma (Higgins & Rholes, 1978), das wiederholt zur Untersuchung von Effekten adressatenorientierter Kommunikation auf die kognitiven Repräsentationen der Sprecher eingesetzt wurde. Es illustriert die Bereicherung eines ursprünglich quantitativ orientierten Forschungsansatzes durch den Einsatz qualitativer Methoden. Gemäß der Definition von Tashakkori und Teddlie (1998) handelt es sich um eine Kombination quantitativer und qualitativer Elemente in verschiedenen Untersuchungsphasen bzw. um ein Mixed-Models-Design. Während das experimentelle Design dem Bereich quantitativer Methoden zuzuordnen ist, kommen bei der Datenerhebung und Datenauswertung neben quantitativen auch qualitative Methoden zum Zuge, sodass das Forschungsbeispiel zugleich auch Elemente des Triangulationsdesigns aufweist.

Sprecher berücksichtigen in ihren Äußerungen die Eigenschaften ihrer Kommunikationspartner.

Adressatenorientierte Kommunikation Sprecherinnen und Sprecher berücksichtigen in der Regel die Eigenschaften und Zustände ihrer Kommunikationspartner (z. B. Higgins, 1981). Diese Berücksichtigung kann u. a. dadurch zum Ausdruck kommen, dass wir die Schilderung eines Gegenstands (z. B. einer dritten Person) an die Perspektive oder die Einstellung des Adressaten anpassen – ein Beispiel für adressatenorientierte Kommunikation (»audience tuning«). Wenn Menschen z. B. die Verhaltensweisen einer Zielperson einem Adressaten schildern, der offenbar eine positive Einstellung zu der Zielperson hat, dann stellen sie die Zielperson in einem gewissen Ausmaß auch eher positiv dar.

Hypothese: Adressatenorientierte Kommunikation hat Effekte auf die kognitiven Repräsentationen der Sprecher.

Hypothese Die zentrale Hypothese von experimentellen Studien im Saying-is-Believing-Paradigma besagt, dass adressatenorientierte Kommunikation nicht nur unmittelbare Effekte auf die Formulierung einer Mitteilung hat, sondern auch die kognitiven Repräsentationen der Sprecher beeinflussen kann. Nachdem Sprecher Erfahrungen adressatenorientiert formuliert haben, sind – unter bestimmten Bedingungen – auch ihre späteren Kognitionen (Erinnerungen, Urteile) zum Kommunikationsgegenstand in Richtung der vorherigen adressatenorientierten Kommunikation verzerrt (vgl. McCann & Higgins, 1992). Man kann diese Hypothese auch auf den knappen Nenner bringen: Sprecher glauben, was sie zuvor adressatenorientiert mitgeteilt haben: »Saying is believing«.

Effekte adressatenorientierter Kommunikation werden vor allem im Saying-Is-Believing-Paradigma untersucht.

Das experimentelle Saying-is-Believing-Paradigma Solche Effekte der adressatenorientierten Kommunikation auf Erinnerungen und Urteile wurden vor allem im Saying-is-Believing-Paradigma erforscht (Echterhoff, Higgins & Groll, 2005; Higgins & Rholes, 1978). Die wichtigsten Phasen des typischen Versuchsablaufs sind in ◘ Abb. 10.2 schematisch dargestellt.

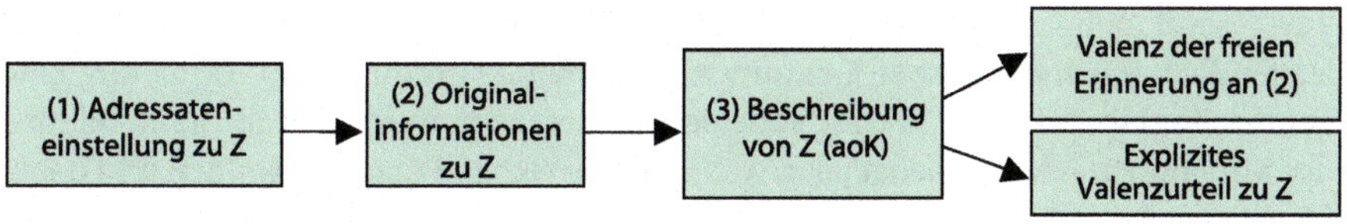

Abb. 10.2 Schematischer Ablauf einer Saying-is-Believing-Studie zum Nachweis des Effekts von adressatenorientierter Kommunikation (aoK) auf Kognitionen der Sprecher

In einer Coverstory wird den Teilnehmenden ein plausibler **Kommunikationszweck** vermittelt.

In diesem Paradigma werden die Versuchspersonen, die später die Rolle von Sprechern einnehmen, dem Adressaten vorgestellt, der angeblich einer Gruppe von Studierenden angehört, deren Sozialverhalten seit Längerem untersucht werde. Die Coverstory (▶ Abschn. 2.1) gibt einen hinreichend plausiblen Kommunikationszweck an: Die Versuchspersonen werden informiert, dass sie ein weiteres Mitglied der Gruppe (die Zielperson, Z) aufgrund einer kurzen Verhaltensbeschreibung ohne Namensnennung ihrem Adressaten so schildern sollen, dass dieser die Zielperson identifizieren kann. Die Mitteilung dient also – angeblich – dem Test der Identifikation der Zielperson durch den Adressaten.

Den Versuchspersonen wird zunächst eine positive oder negative Adressateneinstellung vermittelt. Anschließend lesen sie ambivalente Informationen über die Zielperson.

Die zentrale unabhängige Variable, die interindividuell variiert wird, wird folgendermaßen realisiert: In der Bedingung »positive Adressateneinstellung« erfahren die Versuchspersonen beiläufig, dass der Adressat der Zielperson gegenüber positiv eingestellt sei (vice versa in der Bedingung »negative Adressateneinstellung«). Die Versuchspersonen lesen nun die ambivalenten Originalinformationen über Z. Diese sind ambivalent, da sie mit etwa gleicher Wahrscheinlichkeit auf positive oder negative Eigenschaften schließen lassen (z. B. konsequent vs. starrsinnig oder sparsam vs. geizig).

Ein Effekt der adressatenorientierten Kommunikation liegt vor, wenn ihre freien Erinnerungen an die Informationen über die Zielperson und ihre expliziten Valenzurteile zu dieser Person der Valenz ihrer Kommunikation entsprechen.

Die adressatenorientierte Kommunikation zeigt sich darin, dass die Versuchspersonen die Zielperson für einen positiv eingestellten Adressaten tendenziell positiver darstellen als für einen negativ eingestellten Adressaten (Beschreibung von Z). Ein Effekt der adressatenorientierten Kommunikation auf die Kognitionen der Sprecher liegt vor, wenn ihre freien Erinnerungen an die Originalinformationen zu Z und die expliziten Valenzurteile zu der Zielperson der Valenz ihrer Kommunikation entsprechen (z. B. Echterhoff et al., 2005; Higgins & Rholes, 1978). Aus den freien Erinnerungen und den Valenzurteilen wird also auf die kognitiven Repräsentationen der Sprecher geschlossen; diese stellen mit anderen Worten eine Operationalisierung des abstrakten Konstrukts der kognitiven Repräsentation dar (▶ Abschn. 1.5.3).

Qualitative Methoden kommen bei der Datenerhebung und der Datenauswertung zum Einsatz.

Qualitative Methoden kommen bei der Datenerhebung und Datenauswertung zum Einsatz. Sowohl die Mitteilungen als auch die Erinnerungen der Sprecher stellen frei produziertes verbales Material dar (▶ Beispiel). Somit kommen offene Verfahren zur Erhebung verbaler Daten zum Zuge (▶ Abschn. 6.1). Diese verbalen Daten werden dann mithilfe qualitativer Inhaltsanalysen im Hinblick auf verschiedene Aspekte ausgewertet (▶ Beispiel). Die wichtigste Analysedimension ist die **Valenz** einer Mitteilung bzw. einer freien Erinnerung. Dabei bestimmen zwei Codierende, die die Zuordnung zu der Versuchsbedingung nicht kennen (d. h. für die Versuchsbedingung »blind« sind; auch ▶ Abschn. 3.1), die Verzerrungen in positive oder negative Richtung im Vergleich mit den Originalinformationen, die den Versuchspersonen in der zweiten Untersuchungsphase dargeboten wurden (■ Abb. 10.2). Äußerungen wie »die Person hat zu vielen Themen interessante Aspekte beizusteuern« oder »sie ist sehr redegewandt« stellen positive Verzerrungen dar; Äußerungen wie »die Meinungen anderer hält sie für nicht besonders wichtig« oder »sie ist rechthaberisch« (▶ Beispiel) stellen hingegen negative Verzerrungen dar (▶ Beispiel). Aus den Verzerrungen pro Text bildet jeder Codierende einen Gesamtwert für die Valenz, oft auf einer Skala zwischen –5 (sehr negativ) bis +5 (sehr positiv). Dieser Schritt stellt die Verbindung zum Bereich der quantitativen Methoden dar. Denn die Valenz liegt nach diesem Codierungsschritt in numerischer Form vor. Darüber hinaus wird auch oft analysiert, in welchen Aspekten die produzierten Mitteilungen und freien Erinnerungen die Originalinformationen korrekt wiedergeben. Dabei bestimmen die Codierenden die Kongruenz der Inhalte aus den produzierten

Texten mit den Inhalten der Originalinformationen. Auch in diesem Fall wird letztendlich ein numerischer Gesamtwert für die Akkuratheit (von Mitteilung bzw. Erinnerung) gebildet. Die Werte der beiden Codierenden werden – z. B. durch Bildung des Mittelwerts – zusammengefasst, wenn sie hinreichend übereinstimmen und damit hinreichend reliabel (▶ Abschn. 1.3.1, 2.3) sind. Die Intercodiererübereinstimmung (»intercoder agreement«) wird bei ordinal- oder intervallskalierten Werten durch einen Korrelationskoeffizienten (▶ Abschn. 4.1) angegeben, bei kategorialen Codierungen, also nominalen Daten, üblicherweise durch Cohen's Kappa (▶ Abschn. 7.2.4).

Beispiel

Mitteilungen und Erinnerungen in Abhängigkeit von der Adressateneinstellung

Im Folgenden geben wir kurze Beispiele für Inhalte von Mitteilungen und von freien Erinnerungen aus Studien zu Effekten adressatenorientierter Kommunikation (z. B. Echterhoff et al., 2005; Higgins & Rholes, 1978). Diese sind unterteilt nach den zwei Bedingungen der unabhängigen Variablen Einstellung des Adressaten zur Zielperson (positiv vs. negativ). Der Name der Zielperson (hier: Michael) soll in den Mitteilungen nicht genannt werden, da der Adressat – angeblich – versuchen soll, die Zielperson aufgrund der Mitteilung aus einer Reihe anderer Personen zu identifizieren.

	Positive Adressateneinstellung	Negative Adressateneinstellung
(1) Mitteilungen	Die Person kann sich in Gespräche einbringen und hat zu vielen Themen interessante Aspekte beizusteuern. Sie ist sehr redegewandt und selbstständig.	Die Person redet viel und oft. Weiß immer besser, was das Beste für sie ist und hört auf Ratschläge anderer eher nicht. Sie ist rechthaberisch und man könnte sie beinahe einen Besserwisser nennen.
(2) Erinnerungen	Er ist sehr begeisterungsfähig. Neuerdings interessiert er sich für kulturelle Dinge. Diese stellen dann auch den Großteil seiner Gesprächsinhalte dar. Es ist interessant, ihm zuzuhören, da er sich tatsächlich auf seinen Interessengebieten viel Wissen aneignet. Er versucht auch stets, Probleme selbst zu lösen.	Wenn er mit Freunden unterwegs ist, »referiert« er häufig über verschiedene Themen und verbessert zuweilen ihre Aussagen. Die Meinungen anderer hält er für nicht besonders wichtig.

In der Untersuchung wird ein qualitatives Experiment unter Einbeziehung qualitativer und quantitativer Daten mit inferenzstatistischer Auswertung realisiert.

Die Forschungsmethode, das hypothesentestende Experiment, entstammt dem Bereich der quantitativen Ansätze (▶ Abschn. 3.1). Im Fall von Saying-is-Believing-Studien wird – im Minimalfall – ein einfaktorieller Versuchsplan mit randomisierter Zuweisung der Versuchspersonen zu den Versuchsbedingungen (positive vs. negative Einstellung des Adressaten zur Zielperson) verwendet. Zudem werden einige der Daten (z. B. die expliziten Valenzurteile) durch Ratings (▶ Abschn. 2.3), also geschlossene Fragen mit standardisierten Antwortmöglichkeiten, erhoben. Zum Beispiel geben die Versuchspersonen in der letzten Untersuchungsphase auf einer 8-stufigen Ratingskala an, wie sympathisch sie die Zielperson finden (von 1 = »gar nicht sympathisch« bis 8 = »sehr sympathisch«). Diese Daten werden ebenso wie die codierte Valenz von Mitteilungen und freien Erinnerungen mithilfe der üblichen inferenzstatistischen Auswertungsverfahren, d. h. mit dem t-Test für unabhängige Stichproben (▶ Abschn. 4.3), analysiert. Dabei wird geprüft, ob der Mittelwert der Valenz in der Bedingung »positive Adressateneinstellung« positiver ist als der Mittelwert der Valenz in der Bedingung »negative Adressateneinstellung«. Auch wird der Zusammenhang zwischen der Valenz der Mitteilung und der Valenz der Erinnerung durch Korrelationsrechnung bestimmt (▶ Abschn. 4.2) und auf Signifikanz getestet. Wenn sowohl für die Mitteilungen als auch die Beschreibungen die Valenz in der Bedingung »positive Adressateneinstellung« signifikant positiver ist als in der Bedingung »negative Adressateneinstellung« und eine signifikant positive Korrelation zwischen der Mitteilungs- und Erinnerungsvalenz festgestellt wird, dann gilt die Hypothese als bestätigt.

Validität und Triangulation Wie dargelegt werden die kognitiven Repräsentationen der Sprecher im Saying-is-Believing-Paradigma sowohl durch die (codierte, implizite) Valenz der freien Erinnerungen als auch explizite Valenzurteile ermittelt. Die freie Abfrage von Erinnerungen der Versuchspersonen stellt eine qualitative Art der Datenerhebung dar, die geschlossene Abfrage der Valenz auf einer Ratingskala gehört hingegen zu den quantitativen Datenerhebungsverfahren. Die parallele Verwendung dieser qualitativen und quantitativen Erhebungsformate erlaubt eine Prüfung der Validität, also eines der zentralen Gütekriterien sowohl quantitativer als auch qualitativer Ansätze. Wenn die Ergebnisse, die mit den beiden Erhebungsverfahren gewonnen wurden, eine hohe Übereinstimmung (quantitativ bestimmbar als Korrelation; ▶ Abschn. 4.2) aufweisen, dann ist dies ein Hinweis auf die Validität der Untersuchungsergebnisse. Gemäß dem Prinzip der Methodentriangulation (▶ Abschn. 9.1) gelten die Ergebnisse einer Untersuchung dann als valide, wenn sie unter Anwendung unterschiedlicher Methoden gleichermaßen gesichert werden können. Hier kommt also die Methodentriangulation in ihrer ursprünglichen Version als Validitätskriterium zur Anwendung.

Die kognitiven Repräsentationen werden in einem Triangulationsdesign sowohl quantitativ durch Valenzurteile als auch qualitativ mittels Codierung freier Erinnerungen erfasst.

Kontrollfragen

1. Inwiefern handelt es sich bei dem Beispiel um ein Mixed-Models-Design?
2. Inwiefern handelt es sich bei dem Beispiel um ein Triangulations-, nicht um ein eingebettetes Design?

▶ **Weiterführende Literatur**

Echterhoff, G., Higgins, E. T. & Groll, S. (2005). Audience-tuning effects on memory: The role of shared reality. *Journal of Personality and Social Psychology, 89,* 257–276.

Schreier, M. & Fielding, N. (Eds.) (2001). Qualitative and quantitative research: conjunctions and divergencies. *Forum Qualitative Sozialforschung (FQS), 2,* 1. Available at: http://www.qualitative-research.net/index.php/fqs/issue/view/26 [Date of Access: July 20, 2012]

Tashakkori, A. & Teddlie, C. (2010). (Eds.). *Handbook of mixed methods in social and behavioural research* (2nd ed.). Thousand Oaks: Sage.

10.5 Literatur

Creswell, J. W. & Plano Clark, V. L. (2007). *Designing and conducting mixed methods research.* Thousand Oaks: Sage.

Creswell, J. W. & Plano Clark, V. L. (2011). *Designing and conducting mixed methods research* (2. Aufl.). Thousand Oaks: Sage.

Echterhoff, G., Higgins, E. T. & Groll, S. (2005). Audience-tuning effects on memory: The role of shared reality. *Journal of Personality and Social Psychology, 89,* 257–276.

Groeben, N. & Scheele, B. (1984). *Produktion und Rezeption von Ironie. Pragmalinguistische Beschreibung und psycholinguistische Erklärungshypothesen.* Tübingen: Narr.

Higgins, E. T. (1981). The »communication game«: Implications for social cognition and persuasion. In E. T. Higgins, C. P. Herman, & M. P. Zanna (Eds.), *Social cognition: The Ontario symposium* (Vol. 1, pp. 343–392). Hillsdale, NJ: Erlbaum.

Higgins, E. T. & Rholes, W. S. (1978). »Saying-is-Believing«: Effects of message modification on memory and liking for the person described. *Journal of Experimental Social Psychology, 14,* 363–378.

Igo, L. B., Kiewra, K. A. & Bruning, R. (2008). Individual differences and intervention flaws: A sequential exploratory study of college students' copy-and-paste note taking. *Journal of Mixed Methods Research, 2,* 149–168.

Maxwell, J. A. & Loomis, D. M. (2003). Mixed methods design: An alternative approach. In A. Tashakkori & C. Teddlie (Eds.), *Handbook of mixed methods in social and behavioural research* (pp. 241–272). Thousand Oaks: Sage.

McCann, C. D. & Higgins, E. T. (1992). Personal and contextual factors in communication: A review of the »communication game«. In G. R. Semin & K. Fiedler (Eds.), *Language, interaction and social cognition* (pp. 144–171). London: Sage.

Morse, J. M. (1991). Approaches to qualitative-quantitative methodological triangulation. *Nursing Research, 40*(2), 120–123.

Odag, Ö. (2007). *Wenn Männer von der Liebe lesen und Frauen von Abenteuern… Eine empirische Rezeptionsstudie zur emotionalen Beteiligung von Männern und Frauen beim Lesen narrativer Texte.* Lengerich: Pabst.

Rogers, A., Day, J., Randall, F. & Bentall, R.P. (2003). Patients' understanding and participation in a trial designed to improve the management of antipsychotic medication. *Social Psychiatry and Psychiatric Epidemiology, 38*, 720–728.

Teddlie, C. & Tashakkori, C. (2009). *Foundations of mixed methods research.* Thousand Oaks, CA: Sage.

Tashakkori, A. & Teddlie, C. (1998). *Mixed methodology. Combining qualitative and quantitative approaches.* Thousand Oaks: Sage.

Stichwortverzeichnis

A

B

C

D

E

F

G

H

I

T

U

Printed by Printforce, the Netherlands